元素の略号と原子量

原子番号	名前	略号	原子量	原子番号	名前	略号	原子量
1	水素	H	1.007 94	60	ネオジウム		
2	ヘリウム	He	4.002 60	61	プロメチウム	Pm	(145)
3	リチウム	Li	6.941	62	サマリウム	Sm	150.36
4	ベリリウム	Be	9.012 18	63	ユウロピウム	Eu	151.965
5	ホウ素	B	10.81	64	ガドリニウム	Gd	157.25
6	炭素	C	12.011	65	テルビウム	Tb	158.9254
7	窒素	N	14.0067	66	ジスプロシウム	Dy	162.50
8	酸素	O	15.9994	67	ホルミウム	Ho	164.9304
9	フッ素	F	18.9984	68	エルビウム	Er	167.26
10	ネオン	Ne	20.1797	69	ツリウム	Tm	168.9342
11	ナトリウム	Na	22.989977	70	イッテルビウム	Yb	173.04
12	マグネシウム	Mg	24.305	71	ルテチウム	Lu	174.967
13	アルミニウム	Al	26.981 54	72	ハフニウム	Hf	178.49
14	ケイ素	Si	28.0855	73	タンタル	Ta	180.9479
15	リン	P	30.9738	74	タングステン	W	183.85
16	硫酸	S	32.066	75	レニウム	Re	186.207
17	塩素	Cl	35.4527	76	オスミウム	Os	190.2
18	アルゴン	Ar	39.948	77	イリジウム	Ir	192.22
19	カリウム	K	39.0983	78	白金	Pt	195.08
20	カルシウム	Ca	40.078	79	金	Au	196.9665
21	スカンジウム	Sc	44.9559	80	水銀	Hg	200.59
22	チタン	Ti	47.88	81	タリウム	Tl	204.383
23	バナジウム	V	50.9415	82	鉛	Pb	207.2
24	クロム	Cr	51.996	83	ビスマス	Bi	208.9804
25	マンガン	Mn	54.9380	84	ポロニウム	Po	(209)
26	鉄	Fe	55.847	85	アスタチン	At	(210)
27	コバルト	Co	58.9332	86	ラドン	Rn	(222)
28	ニッケル	Ni	58.69	87	フランシウム	Fr	(223)
29	銅	Cu	63.546	88	ラジウム	Ra	226.0254
30	亜鉛	Zn	65.39	89	アクチニウム	Ac	227.0278
31	ガリウム	Ga	69.72	90	トリウム	Th	232.0381
32	ゲルマニウム	Ge	72.61	91	プロトアクチニウム	Pa	231.0399
33	ヒ素	As	74.9216	92	ウラン	U	238.0289
34	セレン	Se	78.96	93	ネプツニウム	Np	237.048
35	臭素	Br	79.904	94	プルトニウム	Pu	(244)
36	クリプトン	Kr	83.80	95	アメリシウム	Am	(243)
37	ルビジウム	Rb	85.4678	96	キュリウム	Cm	(247)
38	ストロンチウム	Sr	87.62	97	バークリウム	Bk	(247)
39	イットリウム	Y	88.9059	98	カリホルニウム	Cf	(251)
40	ジルコニウム	Zr	91.224	99	アインスタイニウム	Es	(252)
41	ニオブ	Nb	92.9064	100	フェルミウム	Fm	(257)
42	モリブデン	Mo	95.94	101	メンデレビウム	Md	(258)
43	テクネチウム	Tc	(98)	102	ノーベリウム	No	(259)
44	ルテニウム	Ru	101.07	103	ローレンシウム	Lr	(262)
45	ロジウム	Rh	102.9055	104	ラザホージウム	Rf	(261)
46	パラジウム	Pd	106.42	105	ドブニウム	Db	(262)
47	銀	Ag	107.8682	106	シーボーギウム	Sg	(266)
48	カドミウム	Cd	112.41	107	ボーリウム	Bh	(264)
49	インジウム	In	114.82	108	ハッシウム	Hs	(269)
50	スズ	Sn	118.710	109	マイトネリウム	Mt	(268)
51	アンチモン	Sb	121.757	110	ダームスタチウム	Ds	(271)
52	テルル	Te	127.60	111	レントゲニウム	Rg	(272)
53	ヨウ素	I	126.9045	112	コペルニシウム	Cn	(285)
54	キセノン	Xe	131.29	113	ニホニウム	Nh	(284)
55	セシウム	Cs	132.9054	114	フレロビウム	Fl	(289)
56	バリウム	Ba	137.33	115	モスコビウム	Mc	(288)
57	ランタン	La	138.9055	116	リバモリウム	Lv	(292)
58	セリウム	Ce	140.12	117	テネシン	Ts	(293)
59	プラセオジム	Pr	140.9077	118	オガネソン	Og	(294)

基礎化学編

第4版(原書7版)

マクマリー 生物有機化学

Fundamentals of General, Organic, and Biological Chemistry (7th Edition)

John McMurry, David S. Ballantine,
Carl A. Hoeger, Virginia E. Peterson

監訳

菅原二三男

訳

青木　　伸
秋澤　宏行
生方　　信
江頭　　港
桑原　重文
三田　明弘
菅原二三男
堤内　　要
轟　　泰司
星野　　力
渡辺　修治

丸善出版

Authorized translation from the English language edition, entitled FUNDAMENTALS OF GENERAL, ORGANIC, AND BIOLOGICAL CHEMISTRY, 7th Edition, ISBN: 0321750837 by MCMURRY, JOHN E.; HOEGER, CARL A.,; PETERSON, VIRGINIA E.; BALLANTINE, DAVID S., published by Pearson Education, Inc., Copyright © 2013 Pearson Education, Inc.

All rights reserved. No part of this book may be reproduced or transmitted in any form or by any means, electronic or mechanical, including photocopying, recording or by any information storage retrieval system, without permission from Pearson Education, Inc.

JAPANESE language edition published by MARUZEN PUBLISHING CO., LTD., Copyright © 2015.

JAPANESE language edition is divided into 3 volumes. (Vol. I; Chapters 1-11, Appendices Glossary & Answers to Selected Problems: Vol. II; Chapters 12-17, Appendices Glossary & Answers to Selected Problems: Vol. III; Chapters 18-29, Appendices Glossary & Answers to Selected Problems)

JAPANESE translation rights arranged with PEARSON EDUCATION, INC. through JAPAN UNI AGENCY, INC., TOKYO JAPAN

本書は Pearson Education, Inc. の正式翻訳許可を得たものである．

Printed in Japan

まえがき

　この教科書は，主に化学と生化学の知識が必要なライフサイエンス分野の学生を対象に企画した．しかし多くの化学的概念による一般的な内容も含んでいるので，他の分野の学生にとっても，日常生活における化学の重要性を，より正しく認識できるようになるだろう．

　「原子とは？」から「私たちはどのようにしてグルコースからエネルギーを得ているのか？」まで，実にさまざまな化学を教えることは難問である．本書の基礎化学編と有機化学編を通じて，生物や日常生活の化学の基本概念に焦点を当てた．生化学編では，生物系に化学の概念を適用する内容を提供するよう工夫を凝らした．本書の目標は学生が完全に理解するための十分な内容を提供することだが，一方では学生が勉学意欲をなくすほどの過度に詳細な内容は避けるようにした．概念を図式化した実践的かつ適切な例題を用意し，学習効果を増すようにした．

　取り上げた内容は，2学期分の基礎化学，有機化学，生化学の入門書としては十分なものだろう．基礎化学編と有機化学編のはじめの章は生体物質を理解するための基本的な概念を含む内容とし，その後の章は学生と授業のニーズに合わせて調整できるように各論とした．

　文章は明快かつ簡潔なものとし，学生の個人的な経験を考慮した現実的で親しみやすい実例を挿入した．学生の理解を深めるよう多くの概念図を用意し，イラスト，図，分子モデルを積極的に使った．知識の真の試験は，その知識を適正に応用する能力なので，本書は一貫した問題解決法を取り入れた膨大な例題を用意した．

構　成

　基礎化学編：元素，原子，周期表，化学の定量性（1，2章），ついでイオン化合物および分子化合物の章を設けた（3，4章）．そのつぎの3章では，化学反応と化学量論，エネルギー，速度，平衡について述べた（5，6，7章）．生活関連の化学をその後の章にあげた：気体，液体，固体（8章）；溶液（9章）；酸と塩基（10章）．核化学を最後に配した（11章）．

　有機化学編：これらの章では，学生が生化学を理解するために，必ず知っておかなければならない事柄に焦点を当て，簡潔なものにした．基礎的な命名法を炭化水素のところで紹介し（1，2章），その後の説明をできる限り少なくした．酸素，硫黄，ハロゲンの単結合の官能基（3章），ついで生物と薬の化学にとって非常に重要なアミンの短い章をおいた（4章）．アルデヒドとケトンを説明した後（5章），カルボン酸とその誘導体（アミドを含む）の化学をまとめ，同属化合物同士の類似性に焦点を当てた（6章）．有機反応機構に興味がおきるように，解説には日常的な語句を用いた．

　生化学編：複雑な構造をもつタンパク質，炭水化物，脂質，核酸については，まず体内における役割について説明することにし，構造と機能についてまとめて解説し（1章），その後，酵素と補酵素の章を設けた（2章）．酵素が導入されることによって，生化学エネルギー生産の主経路と主題の説明が可能になる（3章）．生物化学に割く学習時間が限られている場合は3章で止めてよ

い．そうすれば学生は代謝の基本を理解するための十分な基礎学力がつく．ここから先の章は，炭水化物の化学（4，5章），脂質の化学（6，7章）になる．ついで核酸とタンパク質の合成（8章），ゲノム科学（9章）を解説した．最後の3章は，タンパク質とアミノ酸の代謝（10章），ホルモンと神経伝達物質の機能，さらに薬の作用（11章），体液の化学（12章）を取り上げた．

重要な特徴

学習に集中する

例題 ほとんどの例題に**解説**と**解答**を用意した．解説は，それぞれの問題を解く道筋を示した．適切と思われる時は**概算値**を示し，問題を解くための全体像を学生に与えて，正答の大まかな値に近づくようにした．解答の項では解説にある方法を使って解き，そして多くの場合，学生の理解をさらに深めるために発展的な内容を盛り込んだ．数値問題の解答の後には**確認**をおき，概算値と計算値を比較し，化学的かつ物理的に意味のある答えであることを確かめる．

例　題　1.10　分子構造：炭素の第一級，第二級，第三級，第四級

つぎの分子の炭素原子を，第一級，第二級，第三級，第四級に区別せよ．

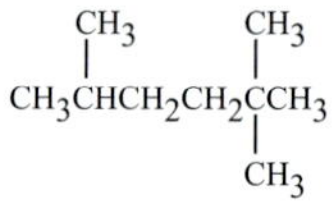

$$CH_3CHCH_2CH_2CCH_3$$
（with CH_3 branches and CH_3 below）

解説 分子中のおのおのの炭素原子を見て，結合しているほかの炭素原子を数えればよい．1炭素と結合していれば第一級；2炭素と結合していれば第二級；3炭素と結合していれば第三級；4炭素と結合していれば第四級と決める．

解答

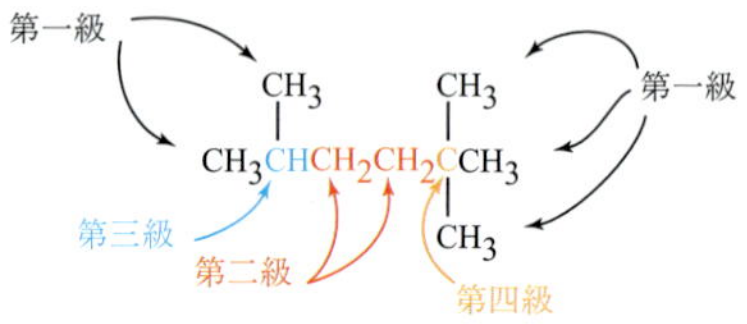

第一級／第二級／第三級／第四級を矢印で示した図．

基礎問題 基本概念を使用することに注意を集中させるため，全章にわたって統一した．章末の**基本概念を理解するために**の問題もおなじで，各章で説明した本質的な原理について，習熟度を試すために企画した．それによって，先の章に進む前に"自分は理解できたか？"と自問自答する機会を用意した．このようなほとんどの基礎問題には，本質的な原理を示すための図や分子モデルなどを使い，視覚教材を使う学習の助けになるようにした．

基礎問題 1.15

つぎのアルカンの IUPAC 名は？

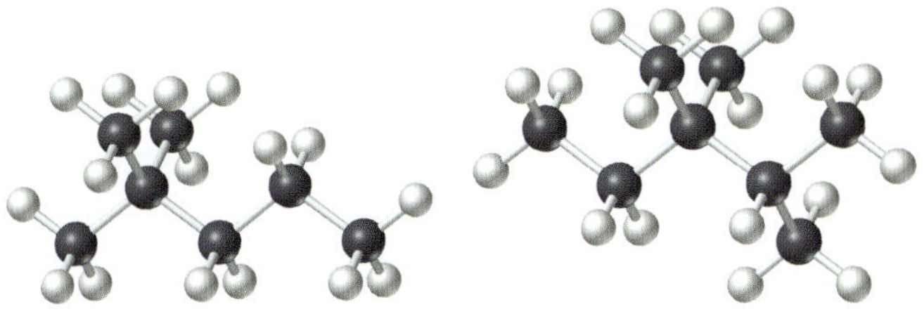

(a)　(b)

問題　巻末に短い解答を用意した各章の問題は，理解すべきあらゆるスキルとトピックスを網羅した．例題の後や各節の最後には一つ以上の問題を用意した．

問題 1.3
(a) 分子式 C_7H_{16} の直鎖アルカンの異性体を描け．
(b) 分子式 C_9H_{20} の直鎖アルカンの異性体を描け．

問題 1.4
分子式 C_7H_{16} の分枝アルカンの二つの異性体を描け．ここで分子内のもっとも長い鎖は 6 炭素とする．

反応式のカラー化，説明書き　化学の教科書を読んでいる時，化学反応式を見落とすことはありがちである．きわめて有益と判断されたこれまでのこの教科書のやり方を継続し，説明している化学反応式と構造式に注意させるため，大量にカラーを使用した．

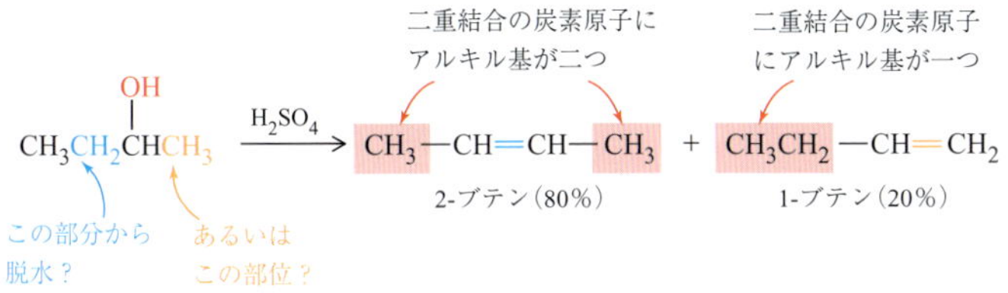

$$CH_3CH_2\underset{|}{\overset{OH}{C}}HCH_3 \xrightarrow{H_2SO_4} CH_3-CH=CH-CH_3 + CH_3CH_2-CH=CH_2$$

二重結合の炭素原子にアルキル基が二つ　　二重結合の炭素原子にアルキル基が一つ

2-ブテン(80%)　　1-ブテン(20%)

この部分から脱水？　あるいはこの部位？

KEY WORDS　重要な用語は，最初に出てきた時に太字にするとともに欄外に定義をのせ，さらに章末にまとめた．これらは各課題を身につけるためには，必ず理解しなければならない項目をあげた．すべての Key Words の定義は用語解説にまとめられている．

社会生活との関連性を重視する

化学は難しく，面倒な課目と考えられがちである．しかし学生が教室で学んだ概念と，日常生活で応用されていることの間に関連づけると，化学は生き生きしたものになり，学生たちは課題に興奮するようになる．本書の Chemistry in Action は，学生の興味を引き，化学的な概念との関連性を強調するものにした．関連する Chemistry in Action を使うことによって，概念をより現実的なものとなり，理解が増すようになる．

- **Chemistry in Action**——前版までの Application を発展させたもので，本書の議論をまとめたものと囲み記事にしたものがある．囲み記事の各項目は合理的な理解ができるよう十分な情報を提供し，その多くの場合で，新たに本文で議論した概念を拡大するものにした．

CHEMISTRY IN ACTION

毒はどれだけ有毒か？

広い意味で，薬とは生体の組織に影響を与える食べ物以外の化学物質をいう．より一般的にいうならば，病気を予防または治療する物質をいう．一方，**毒物**あるいは**有毒物質**とは生体組織に害を与える化学物質をいう(4章, Chemistry in Action,"毒物学" p.134 参照)．変に思うかもしれないが，"毒"と"薬"は相反するものではない．おなじ物質が，低濃度では病気の治療や症状の軽減に使えるが，多量に摂取すると障害が見られたり死んでしまうこともある(これは真実で，がん治療に使われるほとんどの薬についていえることである)．16 世紀ドイツの内科医パラケルスス(Paracelsus)は，ほとんどの物質は絶対に

▲美しいが，きわめて有毒な *Amanita muscaria*（ベニテングタケ）．キノコ狩をする人は毒キノコかどうかを見分けなければならない．

- **Mastering Reactions**——この新しい項目は，付加反応，脱離反応，カルボニル付加反応といった重要な有機反応がどのようにおこると考えられているかを議論するために用意された．有機化学における反応機構の導入が容易になるよう配慮した．

MASTERING REACTIONS

脱離はどのようにしておこるか

すでに付加反応はどのような機構でおこるかについて議論した(p.64)．そこで，ここではこの反応の逆反応，脱離について考えてみよう．脱離は2種類の過程を経て進行する．一つは1段階過程(E2 反応として知られている)，もう一つは2段階過程(E1 反応として知られている)である．ここでは後者のE1 反応について焦点を当て考える．

アルコールを酸性の強い無機酸(たとえば硫酸)と反応させると，最初におこることはアルコールの酸素原子へのプロトン化で，これは平衡反応である．

この過程の進行は，生じるカルボカチオンの安定性に直接影響を受ける(2章, Mastering Reactions,"付加反応はどのようにおきるか", p.64 参照)．結果として第三級アルコールでは第二級アルコールよりも容易に進行し，第一級アルコールではもっとも遅い．

カルボカチオンは容易に H^+ を失い，アルケンを生成する．

水分子はルイス塩基として働き，カルボカチオンの隣りの炭素に結合した水素を除いてアルケンを生成する．ここでプロトン化されたアルコール，カルボカチオンおよびアルケンのあいだには平衡が成り立っている．典型的な反応条件として，加熱下で反応を行うことを思い出してほしい．生成したアルケ

関連づける

　これは教えることが困難な課程である．この授業の大半の学生は生化学編の内容に興味があり，ところが生化学を理解するために必要な物質は，基礎化学編および有機化学編に出ている．基礎化学，有機化学，それと生化学の関連は見失いがちなので，これらの関連に注意を促すために，"復習事項"を用意した．章はじめの復習事項には前章までの内容をあげ，その章の説明の基礎固めとした．評判の良かった"リンクアイコン▶▶"と"さらに先へ"は，新版でも継続して採用した．

　リンクアイコン▶▶　これは，そこで説明している概念と関連する物質が，どこで出てきたかを示すために使った．このアイコンは参照先を提供し，学生たちがその概念をとらえ直すことで，重要な化学的課題を強調した．

　さらに先へ ▶▶▶　これは，その場で述べている物質と，後の章で説明する内容との関連性に注意を促すために用意した．さらに先への注意書きは，いま学んでいるものが，将来どのようなことに，なぜ役に立つかを学生たちに提示するために企画した．

　概念図　これは，その章や前後の章で取り上げた概念の関連性を図示し，理解を助けるために挿入した．

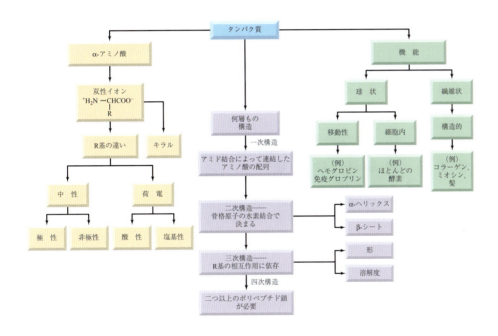

要点をおさえる

章　末
要約：章の目標と復習

要約は，章のはじめに掲げた章の目標を振り返る．章のはじめに問いかけた各項目に対して，各目標に到達するために必要な基本情報をまとめて答えた．

要約：章の目標と復習

1. **有機化合物の基本的な性質とは？**
   主に炭素原子でできている物質は，有機化合物に分類される．多くの有機化合物は，単結合(C—C)，二重結合(C═C)，三重結合(C≡C)の組合せで長い鎖状につながった炭素原子を含んでいる．本章で

3. **異性体とは？**
   異性体は，おなじ分子式をもつが異なる構造をもつ化合物である．原子間の結合が異なる異性体を**構造異性体**という．炭素と水素以外の原子が存在する時は，官能基異性体をもつ可能性がでてくる．結合

KEY WORDS

各章で出てきた太字の用語すべてをまとめて載せ，教科書に出てきたページを参照できるものとした．

基本概念を理解するために

章末の問題は，各章で解説した原理の習熟度を学生自身が試すことができるように用意した．先に進む前に"自分はできてるか？"問いかけてみよう．

基本概念を理解するために

1.22 つぎの炭素骨格の炭化水素を完成させるには，いくつの水素原子が必要か？

(a)　　　(b)　　　(c)

1.23 つぎのモデルを短縮構造で示せ(黒＝C；白＝H；赤＝O)．

1.25 つぎの化合物を線構造で描き，おのおののに含まれる官能基を示せ．

(a)　　　(b)

1.26 つぎのアルカンの IUPAC 名を示せ．

Chemistry in Action および Mastering Reactions からの問題

各ボックスのトピックスに関連する問題．これらの問題は，学生の習熟度を試すためと，それ以上に重要なこととして，化学と自分を取りまく世界の関連に目を向けさせるために設けた．

全般的な質問と問題

これらの問題は，各章とその前の章の随所から題材を選んだ内容となっている．前の章の内容を復習しながら各章で学んだ事項を総合して理解できるよう配慮した．

まえがき：訳者を代表して

　この教科書は，米国では高い評価を受けている原書を翻訳したものです．今回の改訂版では，生物における化学反応の過程への理解と興味がより一層深まるよう，さらに工夫がなされています．高い評価—その理由は，この教科書のあり方が中学理科や高校化学，あるいは生物とは相当異なっていることにも関連があります．この教科書は，物理法則によって成り立つ化学と化学反応によって成り立つ生命活動あるいは現象，それらを関連づけながら"合理的かつ科学的に理解する"ことを目標にしています．つまり，20世紀の学問的な体系を踏襲しているこれまでの教科書とは異なり，生命現象の"必然性"をバイオ系の学生ばかりではなく，理学系，工学系，農学系，食品系など多くの皆さんの学習の助けになるよう，最大限の努力と細心の注意が払われています．たとえば，有機物質とそれらの反応の理解は，そして生化学反応の理解へと自然に向かうよう配慮されています．

　生命現象が化学反応に支えられている以上，この教科書で"化学"を学ぶ目的の一つに生命現象と化学の関連を理解することがあげられるでしょう．しかし生命現象と化学はどのように関わり合っているのだろうか？植物ホルモンのアブシジン酸を例に考えてみます．

　アブシジン酸（略称 ABA）は植物の休眠や生長を抑制する物質で，ワタの葉柄や未熟果実などから発見された植物ホルモンの一つです．これまで，ABA はレセプタータンパク質（PYRABACTIN RESISTANCE 1（PYR/PYL/RCAR ファミリー））とエフェクタータンパク質（protein phosphatase type 2C（PP2C））に結合して下流のシグナルを制御することが見出されています（種子の発芽を阻害する合成成長阻害剤 pyrabactin は選択的な ABA アゴニストとして機能し，そのシグナル伝達経路を標的としています）．
　アブシジン酸と受容体については，シロイヌナズナでは以下のようなことが明らかにされています．

1. PYL（PYR1-like）にアロステリックリガンドとして結合して構造を変化させる
2. PP2C の活性部位に結合して不活性化する
3. *Arabidopsis thaliana* における ABA–PYL–PP2C 複合体は，PYL 受容体 14 と PP2C ファミリー9 タンパク質の組合せとなる

　訳者の一人，轟教授（静岡大学）らのグループは，ABA と受容体 PYR1 の共結晶の構造解析から，PYL と PP2C の結合を阻害する分子を設計しました．

PYLとAS6との共結晶の構造解析から，合成化合物の一つであるAS6はABAと同じ場所で結合し，予測通りにAS6のC6炭素鎖はPYLとPP2Cの結合部位に出ており，PP2Cの本来のリガンドとの結合を十分遮断しました．

ABAの解析をモデル生物の変異体で行って得た結果は，「欠陥品」です（変異体なので！）．一方このAS6による阻害は，正常な生物「非モデル生物」を使うことができるので，「正常な結果」を得ることができます．このように，生物学研究において化学を武器に進める「ケミカルバイオロジー」（化学生物学）がトレンドとなっています．

このような植物ホルモンの作用の研究は，化合物が受容体と結合する，あるいは拮抗的に阻害するという動物モデルを持ち出すだけでは解決しません．植物ホルモンの生合成遺伝子を特定する，さまざまな遺伝子の欠損株（突然変異体：ミュータント）を作出し，作用に密接に関連する遺伝子を特定することが必要になります．そのためには，極微量の植物ホルモンを分離・決定する有機化学，遺伝子を決めるあるいはミュータントを作出する分子生物学，ミュータントのジベレリンに対する反応を解析する生物学など，多くの知識と技術が求められているのです．

もっとも重要なことは，ゲノム解析（ゲノム配列の解明）が生命科学の研究を大きく変えようとしていることです．特定の遺伝子の発現を止める技術（RNA干渉：2006年ノーベル生理学医学賞）やプロテオミクスなど，"遺伝子やタンパク質を化学物質として扱い解析する"知識と技術が開発されています．これらは，"生命の不思議"を連続的な化学反応の積み重ねとして理解することが可能になりつつあることを意味しています．

そのことにどんな意味があり，そして著者はどんなメッセージを皆さんに伝えようとしているのだろうか？この教科書を終えた時，再びこのまえがきを読み直して，皆さん自身が考えてくださることを訳者を代表して心より願うものです．

最後に，本書の出版にあたり多大のご尽力をくださった丸善出版企画・編集部の熊谷現さん，河合桂さんに，訳者を代表して心より感謝いたします．

2014年初冬

東京理科大学理工学部・総合研究機構ケミカルバイオロジ部門 教授
菅原 二三男

全体目次

基礎化学 編
1. 物質と計量
2. 原子と周期表
3. イオン化合物
4. 分子化合物
5. 化学反応の分類と質量保存の法則
6. 化学反応：モルと質量の関係
7. 化学反応：エネルギー，速度および平衡
8. 気体，液体，固体
9. 溶液
10. 酸と塩基
11. 核化学

有機化学 編
1. アルカン：有機化学のはじめの一歩
2. アルケン，アルキン，および芳香族化合物
3. 酸素，硫黄あるいはハロゲン含有化合物
4. アミン
5. アルデヒドとケトン
6. カルボン酸と誘導体

生化学 編
1. アミノ酸とタンパク質：生化学のはじめの一歩
2. 酵素とビタミン
3. 生化学エネルギーの発生
4. 炭水化物
5. 炭水化物の代謝
6. 脂質
7. 脂質の代謝
8. 核酸とタンパク質の合成
9. ゲノム科学
10. タンパク質とアミノ酸代謝
11. 化学メッセンジャー：ホルモン，神経伝達物質，薬物
12. 体液

目　次

1　物質と計量　2

- 1.1　化学：中心の科学　3
- 1.2　物質の三態　5
- 1.3　物質の分類　6
  - Chemistry in Action：アスピリンを例にして　8
- 1.4　化学の元素と表記　9
- 1.5　元素と周期表　11
- 1.6　化学反応：化学変化の例　14
  - Chemistry in Action：水銀と水銀毒　15
- 1.7　物理量　15
- 1.8　質量，長さ，体積の測定　18
- 1.9　測定と有効数字　19
- 1.10　科学的記数法　21
- 1.11　概　数　23
- 1.12　問題の解法：単位の変換と概算　25
- 1.13　温度，熱，エネルギーの測定　29
  - Chemistry in Action：温度感受性素材　31
- 1.14　密度と比重　32
  - Chemistry in Action：測定例：肥満と体脂肪　34
  - 要約：章の目標と復習　35
  - KEY WORDS　36
  - 基本概念を理解するために　37
  - 補充問題　38

2　原子と周期表　42

- 2.1　原子説　43
  - Chemistry in Action：原子は実在するか？　46
- 2.2　元素と原子番号　47
- 2.3　同位体と原子量　48
- 2.4　周期表　50
- 2.5　族の特質　52
  - Chemistry in Action：元素の起源　55
- 2.6　原子の電子構造　55
- 2.7　電子配置　58
- 2.8　電子配置と周期表　61
- 2.9　点電子記号　65
  - Chemistry in Action：原子と光　66
  - 要約：章の目標と復習　67
  - KEY WORDS　68
  - 基本概念を理解するために　68
  - 補充問題　68

3　イオン化合物　72

- 3.1　イオン　73
- 3.2　周期的性質とイオン形成　75
- 3.3　イオン結合　77
- 3.4　イオン化合物の性質　78
  - Chemistry in Action：イオン液体　79
- 3.5　イオンとオクテット則　80
- 3.6　一般的な元素のイオン　81
- 3.7　イオンの命名　84
  - Chemistry in Action：塩　85
- 3.8　多原子イオン　86
  - Chemistry in Action：生物学的に重要なイオン　87
- 3.9　イオン化合物の化学式　88
- 3.10　イオン化合物の命名　91
- 3.11　H^+イオンとOH^-イオン：酸塩基序論　93
  - Chemistry in Action：骨粗鬆症　95
  - 要約：章の目標と復習　96
  - KEY WORDS　96
  - 基本概念を理解するために　97
  - 補充問題　97

4 分子化合物　102

- 4.1　共有結合　103
- 4.2　共有結合と周期表　105
- 4.3　多重共有結合　108
- 4.4　配位共有結合　110
- 4.5　分子化合物の特徴　111
- 4.6　分子式とルイス構造　112
- 4.7　ルイス構造の描き方　113
- 4.8　分子の形　118
  - Chemistry in Action：COとNO：汚染物質かそれとも奇跡の分子か？　119
  - Chemistry in Action：巨大分子　123
- 4.9　極性共有結合と電気陰性度　124
- 4.10　極性分子　127
- 4.11　二元化合物の命名　129
  - Chemistry in Action：ダマセノン，そのほかの名前で甘く感じるだろうか？　130
  - 要約：章の目標と復習　131
  - KEY WORDS　132
  - 概念図：静電力　133
  - 基本概念を理解するために　133
  - 補充問題　134

5 化学反応の分類と質量保存の法則　138

- 5.1　化学反応式　139
- 5.2　化学反応式を釣り合わせる　141
- 5.3　化学反応の分類　144
- 5.4　沈殿反応と溶解度の指針　146
  - Chemistry in Action：痛風と腎臓結石：溶解性の問題　147
- 5.5　酸，塩基，中和反応　148
- 5.6　酸化還元反応　149
- 5.7　酸化還元反応の識別　154
  - Chemistry in Action：電池　155
- 5.8　真イオン反応式　158
  - 要約：章の目標と復習　160
  - KEY WORDS　161
  - 基本概念を理解するために　161
  - 補充問題　162

6 化学反応：モルと質量の関係　166

- 6.1　モルとアボガドロ定数　167
- 6.2　グラムとモルの変換　171
  - Chemistry in Action：ベン・フランクリンはアボガドロ定数を見つけることができたか？　概算してみる　173
- 6.3　モルでの量的関係と化学反応式　174
- 6.4　質量での量的関係と化学反応式　175
- 6.5　限定試薬と収率　177
  - Chemistry in Action：貧血—限定試薬の問題？　181
  - 概念図：化学反応（5章，6章）　182
  - 要約：章の目標と復習　182
  - KEY WORDS　183
  - 基本概念を理解するために　183
  - 補充問題　183

7 化学反応：エネルギー，速度および平衡　188

- 7.1　エネルギーと化学結合　189
- 7.2　化学反応における熱の変化　190
- 7.3　発熱および吸熱反応　191
  - Chemistry in Action：食品からのエネルギー　196
- 7.4　化学反応がおきるのはなぜか？自由エネルギー　197
- 7.5　化学反応はどのようにおきるか？反応速度　202
- 7.6　反応速度におよぼす温度，濃度，触媒の影響　204
  - Chemistry in Action：体温の調節　207
- 7.7　可逆反応と化学平衡　207
- 7.8　平衡式と平衡定数　209
- 7.9　ルシャトリエの法則：平衡におよぼす条件変化の影響　213
  - Chemistry in Action：共役反応　218
  - 要約：章の目標と復習　219
  - 概念図：化学反応：エネルギー，速度および平衡　220
  - KEY WORDS　220
  - 基本概念を理解するために　221
  - 補充問題　221

目　次　xiii

8 気体，液体，固体　226

- 8.1 物質の状態とその変化　227
- 8.2 分子間力　230
- 8.3 気体と気体分子運動論　234
- 8.4 圧　力　235
  - Chemistry in Action：温室効果ガスと地球温暖化　238
- 8.5 ボイルの法則：体積と圧力の関係　239
- 8.6 シャルルの法則：体積と温度の関係　242
  - Chemistry in Action：血圧　243
- 8.7 ゲイ-リュサックの法則：圧力と温度の関係　244
- 8.8 ボイル-シャルルの法則　245
- 8.9 アボガドロの法則：体積と物質量の関係　247
- 8.10 理想気体の法則　248
- 8.11 分圧とドルトンの法則　250
- 8.12 液　体　252
- 8.13 水：独特な液体　254
- 8.14 固　体　255
- 8.15 状態変化　257
  - Chemistry in Action：環境に優しい溶媒としての CO_2　260
  - 要約：章の目標と復習　261
  - KEY WORDS　261
  - 概念図：気体，液体，固体　262
  - 基本概念を理解するために　263
  - 補充問題　264

9 溶　液　268

- 9.1 混合物と溶液　269
- 9.2 溶解の過程　271
- 9.3 固体水和物　273
- 9.4 溶解度　274
- 9.5 溶解度に対する温度の効果　275
- 9.6 溶解度に対する圧力の効果：ヘンリーの法則　277
  - Chemistry in Action：呼吸と酸素輸送　278
- 9.7 濃度の単位　280
- 9.8 希　釈　288
- 9.9 溶液中のイオン：電解質　290
- 9.10 体液中の電解質：当量とミリ当量　291
- 9.11 溶液の性質　293
  - Chemistry in Action：電解質，水分補給，スポーツドリンク　294
- 9.12 浸透と浸透圧　298
- 9.13 透　析　301
  - Chemistry in Action：時限放出型薬剤　302
  - 要約：章の目標と復習　303
  - KEY WORDS　304
  - 概念図：溶液　304
  - 基本概念を理解するために　305
  - 補充問題　305

10 酸 と 塩 基　310

- 10.1 水溶液中の酸と塩基　311
- 10.2 代表的な酸と塩基　312
- 10.3 酸と塩基のブレンステッド-ローリーの定義　313
- 10.4 酸と塩基の強さ　317
  - Chemistry in Action：胃食道逆流症―胃酸過多症それとも低塩酸症？　319
- 10.5 酸解離定数　321
- 10.6 酸および塩基としての水　322
- 10.7 水溶液中の酸性度の測定：pH　324
- 10.8 pHを使った作業　326
- 10.9 実験室での酸性度の決定　329
- 10.10 緩衝液　329
  - Chemistry in Action：体の中の緩衝液：アシドーシスとアルカローシス　333
- 10.11 酸と塩基の当量　335
- 10.12 代表的な酸塩基反応　337

- 10.13 滴　定　339
  Chemistry in Action：酸性雨　342
- 10.14 塩溶液の酸性度と塩基性度　343
  要約：章の目標と復習　344
  KEY WORDS　345
  概念図：酸と塩基　346
  基本概念を理解するために　346
  補充問題　347

11 核化学　352

- 11.1 核反応　353
- 11.2 放射能の発見とその性質　354
- 11.3 安定同位体と放射性同位体　355
- 11.4 壊　変　356
- 11.5 放射性核種の半減期　361
  Chemistry in Action：放射能の医学利用　362
- 11.6 壊変系列　365
- 11.7 電離放射線　366
- 11.8 放射線の検出　368
- 11.9 放射線量の単位　369
  Chemistry in Action：食品への放射線照射　370
- 11.10 人工核変換　372
- 11.11 核分裂と核融合　374
  Chemistry in Action：画像診断　375
  要約：章の目標と復習　378
  KEY WORDS　378
  基本概念を理解するために　379
  補充問題　380

補遺　A．科学的記数法　A−1
　　　　B．換算表　A−5
用語解説　A−6
問題の解答　A−17
Credits　A−25
索　引　A−26

翻 訳 者 一 覧

監訳者

菅原二三男　　東京理科大学理工学部

訳　者

青木　　伸　　東京理科大学薬学部
秋澤　宏行　　昭和薬科大学薬学部
生方　　信　　北海道大学大学院農学研究院
江頭　　港　　日本大学生物資源科学部
桑原　重文　　東北大学大学院農学研究科
三田　明弘　　麻布大学生命・環境科学部
菅原二三男　　東京理科大学理工学部
堤内　　要　　中部大学応用生物学部
轟　　泰司　　静岡大学大学院農学研究科
星野　　力　　新潟大学大学院自然科学研究科
渡辺　修治　　静岡大学創造科学技術大学院

（五十音順，2014年12月現在）

歴代訳者一覧

2版（2007）

菅原二三男

青木　　伸

荒野　　泰

生方　　信

勝村　成雄

桑原　重文

堤内　　要

轟　　泰司

星野　　力

渡辺　修治

1章

物質と計量

目 次
1.1　化学：中心の科学
1.2　物質の三態
1.3　物質の分類
1.4　化学の元素と表記
1.5　元素と周期表
1.6　化学反応：化学変化の例
1.7　物理量
1.8　質量，長さ，体積の測定
1.9　測定と有効数字
1.10　科学的記数法
1.11　概　数
1.12　問題の解法：測定単位の変換と概算
1.13　温度，熱，エネルギーの測定
1.14　密度と比重

◀物質の化学的な性質と物理的な性質に対する知識を増やすためには，精密かつ正確に測定する能力が求められる．

この章の目標

1. **物質とはなにか，どのように分類されるか？**
   目標：物質の性質を説明し，物質の三態について記述し，混合物と純粋な物質を識別し，元素と化合物を区別できる．
2. **化学元素をどのように表記するか？**
   目標：一般的な元素の名前と記号がわかる．
3. **物質はどのような特性をもっているか？**
   目標：化学的な特性と物理的な特性を区別できる．
4. **特性を測定するためには，どのような単位が使用されるか？ある量単位からほかの単位に変換するにはどうすればよいか？**
   目標：質量，長さ，体積，温度を測定するためのメートル法およびSI単位を示し，使うことができるとともに，変換係数を使ってある単位からほかの単位に変えることができる．
5. **測定にはどのような利点があるか？**
   目標：測定の有効数字を説明でき，測定における計算値の切捨て，切上げができる．
6. **大きい数値や小さい数値をもっともよくあらわすにはどうすればよいか？**
   目標：測定単位の接頭辞が説明でき，有効数字が使える．
7. **問題を解くために使う最適な方法はなにか？**
   目標：問題を解析し，問題解法FLMを使って解き，その解が化学的・物理学的に合理的かどうかを確認することができる．
8. **温度，熱量，密度，比重とはなにか？**
   目標：これらの数量を定義することができ，計算に使えるようになる．

土，空気，火，水—すべての物質はこれら四つの基本的な物質からできていると，古代の哲学者たちは信じていた．物質はもっともっと複雑で，ほぼ100の天然由来の基本的な物質あるいは元素による数百万の特徴的な組合せからできていることを，いまの私たちは知っている．すべての見るもの，触れるもの，味わうもの，匂うものは，これらの元素からなる化学物質でできている．多くの化学物質は天然由来だが，現代の生活に欠かせないプラスチックや繊維，医薬品などは化学合成品である．見ているすべてのものが化学物質からできており，目にする身の回りでおこる自然の変化の多くは，化学反応—ある化学物質がほかの物質に変化する—の結果による．暖炉で燃える木材の炎，秋の紅葉，成長と老化に伴うヒトの体の変化など，これらすべてが化学反応の結果である．このような自然界の過程を理解するためは，化学の基本的な理解が必要となる．

考えるとわかると思うが，いきものの化学は複雑で，適切な基礎知識がなければすべての概念を理解することはできない．そこでこの教科書は徐々に難易度を上げる構成とし，「基礎化学編」では化学全般にわたる科学的な原理に関する基礎を，「有機化学編」では炭素を含む化合物や有機物質の性質を，「生化学編」では化学・有機化学の知識を使って生物化学を学ぶ．

この章では，物質の状態と性質を説明し，物質とその挙動を理解するために必須の測定法を紹介する．

1.1 化学：中心の科学

化学はほとんどすべての科学にとって重要なため，"中心の科学"とよく称される．実際，勉強すればするほど化学と生物学，そして物理学の間にある歴

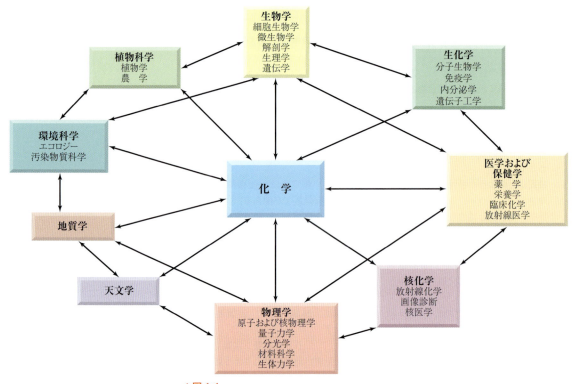

▲図1.1
化学—中心の科学—と,そのほかの科学的分野および生命科学分野との関連

史的な境界線はなくなり,現代の研究はより学際的なものとなる.図1.1に化学や生物化学とほかの科学的な研究分野との関係を示した.皆さんがもっとも興味をもった分野がなんであれ,化学を学ぶことは必要な基礎をつくることになる.

化学とは,物質の性質,特性,変換の学問である.その一方で,**物質**という用語は物理的に確かな存在—見える,触れる,味わえる,匂う—ならどのようなものにでも使われる.より科学的に表現すると,物質とは質量と容積をもつ存在をいう.ほかのすべての科学に対する知識と同様に,化学に対する私たちの知識は**科学的方法**(Chemistry in Action,"アスピリンを例にして"p.8参照)と呼ばれる方法を応用して広がってきた.物理的な視野による観察と測定から始まり,私たちが見たものを説明する仮説をたてる.つぎにこれらの仮説は,私たちの理解を改善するために,より多くの観察と測定,実験によって検証される.

では物質の性質の違いをもっとはっきりと表現するには,どうしたらよいだろうか? あるものを表現したり特定するために使えるようなある特徴—よく知られる例としては大きさ,色,温度など—これを**特性**という.より専門的な特性には,化学的な**組成**(chemical composition)—その物質がなにからできているか,化学的な**反応性**(chemical reactivity)—その物質がどうふるまうか,というものがある.しかしながら,特性そのものに説明を費やすよりは,特性における**変化**(change)について考えるほうが,より有益なことが多い.変化には,**物理**(physical)的なもの,**化学**(chemical)的なものの二つのタイプがある.**物理変化**は,物質の化学組成を変化させることはなく,それに対して**化学変化**は,物質の化学組成を変化させる.たとえば,固体の氷が解けて液体の水になること

化学(chemistry) 物質の性質,特性,変換の学問.

物質(matter) 宇宙をつくる物理的な素材;すべては質量をもち空間を占める.

科学的方法(scientific method) 観察,仮説,実験の系統的な過程で,知識体系を広げ,洗練するために使われる.

特性(property) 物質あるいは物体を認識するために有効な特徴.

物理変化(physical change) 物質あるいは物体の化学的組成に影響しない変化.

化学変化(chemical change) 物質の化学的組成の変化.

は，水は形を変えてはいるものの，化学的な組成に変化はないということから物理変化といえる．しかしながら，雨ざらしにした自転車の鉄の部品が錆びることは化学変化になる．なぜなら鉄が大気中の酸素と水分と結合し，錆という新しい物質をつくったことを意味するからである．

いくつかの一般的な物質—水，砂糖(スクロース，ショ糖)，重曹(炭酸水素ナトリウム)—の化学特性(chemical property)と物理特性(physical property)を表1.1に示した．この表では，砂糖と重曹が加熱されたとき，新しい物質ができ，化学変化がおこることを示している．

表1.1 水，砂糖(スクロース)，重曹(炭酸水素ナトリウム)の特性

水	砂糖(スクロース)	重曹(炭酸水素ナトリウム)
物理特性		
無色の液体	無色結晶	無色粉末
無臭	無臭	無臭
融点：0℃	160℃で分解，黒変，水を放出	270℃で分解，水と二酸化炭素を放出
沸点：100℃	—	—
化学特性		
組成*：	組成*：	組成*：
水素 11.2%	水素 6.4%	水素 1.2%
酸素 88.8%	酸素 51.5%	酸素 57.1%
	炭素 42.1%	炭素 14.3%
		ナトリウム 27.4%
燃焼しない	空気中で燃焼する	燃焼しない

*組成は重量%で示した．

▲水中におけるカリウムの燃焼は，化学変化の一例．

> **問題 1.1**
> 物理変化と化学変化と区別せよ．
> (a) 金属表面を磨く　(b) 果物の皮むき
> (c) 木の燃焼　　　　(d) 水たまりの蒸発

1.2 物質の三態

物質には，固体，液体，気体の三態が存在する．**固体**には，それを置く入れ物に左右されることのない，たとえば木片や大理石，アイスブロック(角氷)のように，範囲の明確な容積と明確な形がある．反対に，**液体**には明確な容積はあるが，明確な形はない．たとえば水を例にすると，液体の容積は異なる容器に入れても変わることはないが，形は変わる．**気体**はさらに様子が異なり，明確な容積も明確な形もいずれも存在しない．気体は容器を満たすまで拡散し，風船に入れたヘリウムガスや沸騰水がつくる蒸気のように，どんな形の容器でも入れた容器の形になる(図1.2)．

多くの物質，たとえば水には三態すべての状態が存在し，固体，気体，液体の**物質の三態**は，温度に依存する．物質のある状態からほかの**状態への変化**はよく知られる現象である．固体の融解，液体の氷結あるいは沸騰，気体から液体への濃縮などの変化は，皆さんもよく知っていることだろう．

固体(solid) 明確な形と容積をもつ物質．

液体(liquid) 明確な容積をもちながら，容器に合わせた形になる物質．

気体(gas) 容積も形も明確ではない物質．

物質の三態(state of matter) 物質の物理的な状態—固体，気体，液体．

状態変化(change of state) 物質のある状態からほかの状態—たとえば，液体から気体—への変換．

図1.2 ▶
物質の三態—固体，液体，気体

(a) 氷：固体は，明確な容積と容器に無関係に明確な形をもつ．

(b) 水：液体は明確な容積をもつが，容器に依存する可変の形をもつ．

(c) 蒸気：気体は，容積，形とも可変で容器に依存する．

例 題 1.1 物質の三態を特定する

ホルムアルデヒドは殺菌剤であり，保存剤であり，かつプラスチックの工業原料である．融点は $-92\,°C$，沸点は $-19.5\,°C$ である．室温（$25\,°C$）では，ホルムアルデヒドは気体，液体，固体のいずれか？

解 説 物質の三態は，どんな物質でも温度に依存する．ホルムアルデヒドの融点と沸点を室温と比較するとどうか？

解 答
室温 $25\,°C$ は，ホルムアルデヒドの沸点（$-19.5\,°C$）よりも高いので，ホルムアルデヒドは気体となる．

▶▶▶ 記号 °C は，温度のセルシウス度をあらわす．これについては1.13節で解説する．

問題 1.2
ビネガーに酸っぱい味を加える酢酸の融点は $16.7\,°C$ で，沸点は $118\,°C$ である．周囲の実験室内の気温が $10\,°C$ の時，酢酸の物理状態を予測せよ．

1.3 物質の分類

　未知の物質を目の前にした化学者の最初の疑問は，それが純粋な物質（純物質）かあるいは混合物かどうかというものだ．物質のすべての試料は，一つあるいはそれ以上の物質である．水や砂糖それ自体は純物質だが，砂糖を水の入ったグラスにいれて混ぜると**混合物**になる．

　純物質と混合物の違いはなにか？ 違いの一つは，**純物質**は化学組成が単一であり，顕微鏡で観察しても特性はおなじである．水，砂糖，あるいは重曹といったすべての試料は，原材料によらず表1.1とおなじ組成と性質をもつ．しかしながら，**混合物**は，どうつくられたかにより組成と特性のいずれも変化する．**均一混合物**は，顕微鏡下で観察しても単一の組成をもつ二つ以上の物質が混じり合ったものである．見た目で純物質と均一混合物を区別することはできない．砂糖と水の混合物は純粋な水とそっくりだが，分子レベルでは異なる．コップの水に溶かした砂糖の量が，混合物の甘さや沸点，そのほかの特性を決める．一方，**不均一混合物**は，二つ以上の純物質が不均一な組成で混じり合ったものである．純物質と不均一混合物は，比較的容易に区別することができる．

　純物質と混合物のもう一つの違いは，混合物の成分を，おのおのの化学的同

純物質（pure substance） 隅から隅まで一律の化学的な組成をもつ物質．

混合物（mixture） 二つ以上の物質を合わせたもので，それぞれが化学的同一性をもつ．

均一混合物（homogeneous mixture） 完全に同一の組成をもつ均一な混合物．

不均一混合物（heterogeneous mixture） 異なる組成の部分のある不均一な混合物．

▶▶▶ 混合物の特性については，9.1節で述べる．

一性を変えることなく分離することができることである．水は，砂糖と水の混合物から，たとえば混合物を煮沸して蒸気を発生させ，つぎに蒸気を濃縮することで純粋な水を回収できる．純粋な砂糖は容器に残る．

純物質は，化学的に分解するとそれ自体が単純な物質になるものと，ならないものとの二つのグループに分かれる．化学的に分解して単純な物質にならない物質を**元素**という．水素，酸素，アルミニウム，金，硫黄がその例である．この教科書が印刷された時点では118の元素が発見されており，そのうちの91が自然界に存在する．宇宙に存在する数百万の物質は，これらの元素から派生している．

化学的な分解によって単純な物質に分解することができるものは，**化合物**と呼ばれる．したがって化合物とは，二つあるいはそれ以上の元素で形成され，新しい物質をつくる．たとえば，水は電流が通ることで化学的に変化し，水素と酸素が生成する．この化学変化を書くにあたり，出発物質あるいは**反応物**（水）は左に，新しい物質つまり**生成物**（水素と酸素）を右に，そして化学変化（**化学反応**）を示すために両方を矢印でつなぐ．反応を進めるのに必要な条件は，矢印の上か下に記載する．

元素(element) 化学的にそれ以上単純な物質に分解されない基礎的な物質．

▶▶▶元素については，つぎの1.4節で述べる．

化合物(chemical compound) 化学反応でより単純な物質に分解することができる純物質．

反応物(reactant) 化学反応のあいだに変化する出発物質．

生成物(product) 化学反応の結果として生成する物質．

化学反応(chemical reaction) 一つ以上の物質の同一性と組成が変化する過程．

▶▶▶化学反応を表現する方法については1.6節でより詳細に述べる．5章で反応の分類について述べる．

混合物，純粋な化合物，そして元素への物質の分類を図1.3にまとめた．

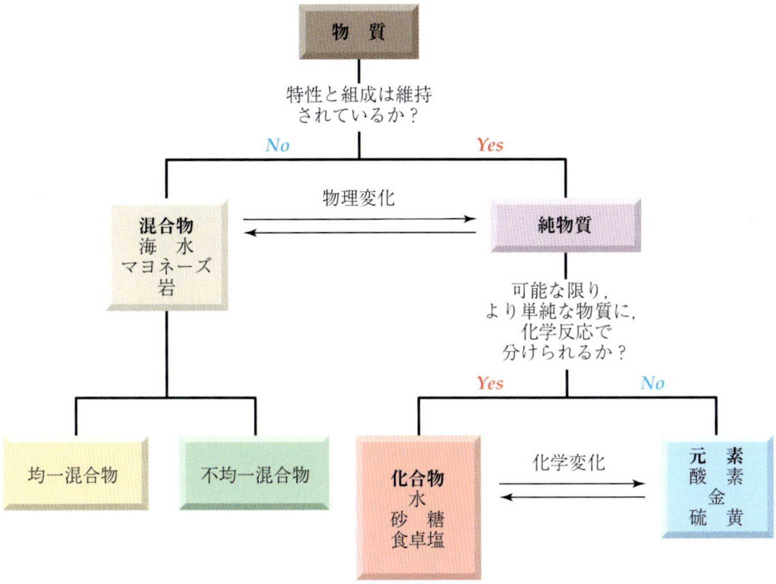

◀**図1.3**
物質の分類の系統図

例題 1.2 物質の分類

つぎのものを混合物か純物質か分類せよ．混合物の場合は，不均一か均一かを分類せよ．純物質の場合は，元素か化合物かを特定せよ．
 (a) バニラアイス　 (b) 砂糖

解説 純物質と混合物の定義に照らし合わせる．その物質は1種類以上の材

料からできているか？組成は均一か？

解　答
(a) バニラアイスは一つ以上の物質—クリーム，砂糖そしてバニラの香料—からできている．その組成は全体に均一なので，均一混合物である．
(b) 砂糖はただ1種類の物質—純粋な砂糖—のみからできている．これは純物質である．化学変化によりほかの物質に変わることができるので(表1.1)，元素ではなく化合物である．

CHEMISTRY IN ACTION

アスピリンを例にして

　一般にアスピリンとして知られるアセチルサリチル酸は，真に驚異的なおそらく最初の薬である．熱を下げる，頭痛や体の痛みをやわらげる鎮痛剤として使用される．また抗凝血剤としての作用を併せもち，低薬量では心臓病を防ぎ，血栓による障害を最小限にとどめる．しかしアスピリンはどのようにして見出され，どのように作用するのだろうか？アスピリンの発見は，偶然と科学的方法—観察，データの評価，仮説の形成，仮説を立証し，より理解を深めるための実験—の組合せによるものである．

　アスピリンの起源は，痛みと熱をやわらげるためにヤナギの木や葉を処方した，紀元前400年の古代ギリシャの哲学者ヒポクラテスまで遡ることができる．これらの薬効に関する彼の知識は，民間伝承—一般の人々が試行錯誤を繰り返して得た知識—を系統的に観察し，評価した結果である．アスピリンの開発は，科学者がヤナギの木からサリシンと呼ばれる苦味成分の黄色い抽出物を得た1828年に大きく前進した．サリシンが活性本体であり，医学的な効果を示す実験的な証拠が得られた．サリシンは化学反応により容易にサリチル酸(SA)に変換でき，1800年代後半には大量生産されて市販された．しかしながらSAの味はまずく，しばしば胃痛と消化不良を引きおこした．

　サリチル酸を変換し，SAの薬理活性を保ちながらも副作用をなくした物質にする，さらなる研究がなされた．SAの類縁体，アセチルサリチル酸(ASA)の発見は，しばしばバイエル社(独)の化学者フェリックス・ホフマンの業績とされるが，ASAの最初の合成そのものはフランス人化学者シャルル・ジェラール(モンペリエ大学)によって1853年に報告されている．にもかかわらず，ホフマンは

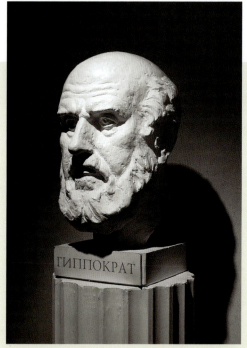

▲ヒポクラテス．古代ギリシャの哲学者で，ヤナギの木に見つかるアスピリンの前駆体を，痛みをやわらげるために処方した．

1900年にASAの特許を取得し，バイエル社は水に溶ける錠剤として新薬アスピリンを発売した．

　一体アスピリンはどのように働くのだろうか？再び，実験データがアスピリンの薬理活性を明らかにした．1971年に，イギリス人薬理学者ジョン・ベーン(ロンドン大学)は，炎症に伴う痛みや化膿にかかわる体内の物質，プロスタグランジンの産生をアスピリンが抑制することを発見した．この作用の発見は，鎮痛薬の新薬開発に結びついた．

　アスピリンによる大腸がん，食道がん，そのほかの病気の予防ができないか，研究が継続している．

章末の"Chemistry in Actionからの問題"1.96を見ること．

問題 1.3
つぎのものを混合物か純物質か分類せよ．混合物の場合は，不均一か均一かを分類せよ．純物質の場合は，元素か化合物かを特定せよ．
  (a) コンクリート　　(b) 風船中のヘリウム　　(c) 鉛のおもり　　(d) 木材

問題 1.4
つぎの変化を物理変化か化学変化か分類せよ．
  (a) 砂糖を水に溶かす
  (b) 石灰岩を加熱して気体の二酸化炭素と固体の石灰をつくる
  (c) 卵を焼く
  (d) サリチル酸をアセチルサリチル酸に変える（Chemistry in Action，"アスピリンを例にして"参照）

▶▶ プロスタグランジンについては，生化学編 6.9 節で述べる．

基礎問題 1.5
下の図で，赤丸は元素 A を，青丸は元素 B を示すものとする．この図に示した過程が化学変化か物理変化か特定せよ．またその理由を述べよ．

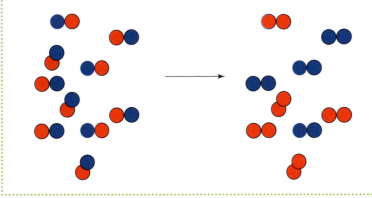

1.4　化学の元素と表記

　この教科書が印刷された時点で，118 の化学元素が特定されている．その中のいくつかは—酸素，ヘリウム，鉄，アルミニウム，銅，そして金などがその例—皆さんにもなじみのあるものだろう．しかしほかの大部分—ルテニウム，ニオブ，タリウム，プロメチウムなど—についてはあまり知らないのではないだろうか．すべての元素の名前を書き出すよりは，化学者はもっと簡略な表記を使い，元素を 1 文字あるいは 2 文字の記号であらわす．いくつかの代表的な元素の記号と名前は表 1.2 に，完全な名前は前表紙裏に一覧にした．

　2 文字によるすべての表記は，つねに大文字（1 番目）と小文字（2 番目）となることに注意する．もっとも代表的な元素の記号は，一般的に使われる元素の名前の最初の 1 文字か 2 文字を使う．たとえば hydrogen の水素は H，aluminium のアルミニウムは Al になる．しかしながら，表 1.2 の右端の列にまとめた元素にとくに注意を払うこと．これらの元素記号はラテン語に由来しており，ナトリウム *natrium* の Na のようになる．これらの記号を習熟するための唯一の方法は，覚えること；幸いなことにそれほど多くはない．

▶▶ 核分裂による新元素の生成については，11 章で述べる．

1. 物 質 と 計 量

表1.2 代表的な元素の名前と記号

元素の記号と名前						ラテン名の元素	
Al	アルミニウム(Aluminium)	Co	コバルト(Cobalt)	N	窒素(Nitrogen)	Cu	銅(Copper：*cuprum*)
Ar	アルゴン(Argon)	F	フッ素(Fluorine)	O	酸素(Oxygen)	Au	金(Gold：*aurum*)
Ba	バリウム(Barium)	He	ヘリウム(Helium)	P	リン(Phosphorus)	Fe	鉄(Iron：*ferrum*)
Bi	ビスマス(Bismuth)	H	水素(Hydrogen)	Pt	白金(Platinum)	Pb	鉛(Lead：*plumbum*)
B	ホウ素(Boron)	I	ヨウ素(Iodine)	Rn	ラドン(Radon)	Hg	水銀(Mercury：*hydragyrum*)
Br	臭素(Bromine)	Li	リチウム(Lithium)	Si	ケイ素(Silicon)	K	カリウム(Potassium：*kalium*)
Ca	カルシウム(Calcium)	Mg	マグネシウム(Magnesium)	S	硫黄(Sulfur)	Ag	銀(Silver：*argentums*)
C	炭素(Carbon)	Mn	マンガン(Manganese)	Ti	チタン(Titanium)	Na	ナトリウム(Sodium：*natrium*)
Cl	塩素(Chlorine)	Ni	ニッケル(Nickel)	Zn	亜鉛(Zinc)	Sn	スズ(Tin：*stannum*)

91の元素のみが自然界にあり，ほかは化学的にあるいは物理的につくり出されたものである．個々の元素は独特の際立った特徴をもっており，1〜95番目のすべての元素は，それらの特性の利点をうまく利用するように使われている．地殻と人体のおおまかな元素の組成を表1.3に示した．この表でわかるように，自然界に存在する元素は，そのすべてが等しい量で存在するわけではない．酸素とケイ素を合わせると，地殻の質量の75％を占めている；酸素，炭素，水素は人体のほぼすべてを占めている．

表1.3 地殻と人体の元素組成*

地　殻		人　体	
酸素(oxygen)	46.1%	酸　素	61%
ケイ素(silicon)	28.2%	炭素(carbon)	23%
アルミニウム(aluminium)	8.2%	水　素	10%
鉄(iron)	5.6%	窒素(nitrogen)	2.6%
カルシウム(calcium)	4.1%	カルシウム	1.4%
ナトリウム(sodium)	2.4%	リン(phosphorus)	1.1%
マグネシウム(magnesium)	2.3%	硫黄(sulfur)	0.20%
カリウム(potassium)	2.1%	カリウム	0.20%
チタン(titanium)	0.57%	ナトリウム	0.14%
水素(hydrogen)	0.14%	塩素(chlorine)	0.12%

*重量％で示した．

化学式(chemical formula) 元素の記号を使う化合物に対する表記法で，各元素の原子数を下付きにしてあらわす．

▶▶原子の構造と分子の構成については，2章で詳しく述べる．

(訳注)：原子は物質の最小構成単位となる粒子．現在発見されているものだけでも約3000〜6000種類が存在する．しかしながら，電子の数(陽子の数)が等しいものをおなじ原子と考えると，118種類の元素にまとまる．元素は原子の種類をあらわし，陽子の数すなわち原子番号のみによる核種の分類法であり，概念である．それに対し，原子はその実体である．

元素が結合して化合物を形成するのとまるでおなじように，記号を組み合わせて**化学式**をつくると，**原子**(atom，物質の最小構成単位)の数を下付きにして，ある化合物にはおのおのの元素がどれだけ存在するかをあらわすことができる．たとえば，式 H_2O は水をあらわし，水素2原子と酸素1原子が結合していることを意味している．おなじく，式 CH_4 は天然ガスのメタンをあらわし，式 $C_{12}H_{22}O_{11}$ は砂糖(スクロース)をあらわす．CH_4 の炭素のように下付きの数字がない時は1と理解する．

問題 1.6
つぎの記述 (a)〜(f) にあたる元素の名前と (1)〜(6) の記号を選べ．
(a) 食卓塩の主成分ナトリウム
(b) 白熱電球に使われる金属タングステン
(c) 明るい赤色の花火に使われるストロンチウム
(d) 人工関節に使われるチタン
(e) 歯のエナメル質を強化するフッ素
(f) はんだに使われる金属の鉛
(1) W (2) Na (3) Sn (4) F (5) Ti (6) Sr

問題 1.7
つぎの化学式があらわす元素を識別し，おのおのの元素の原子の数をあげよ．
(a) NH_3（アンモニア）
(b) $NaHCO_3$（炭酸水素ナトリウム）
(c) C_8H_{18}（オクタン，ガソリンの成分）
(d) $C_6H_8O_6$（ビタミン C）

1.5 元素と周期表

既知の元素の記号は，通常は図 1.4 や表紙裏のような**周期表**にまとめられる．周期表についての詳しい説明と，どのように番号がふられたかについては後に説明するが，ここでは化学でもっとも重要な"系統立つ原則"について説明する．周期表には莫大な量の情報がつまっており，化学者はその情報を使って，元素の既知の化学反応を説明し未知の反応を予測することができる．それらの元素は，おおまかに金属，非金属，メタロイド（半金属）の三つのグループに分かれる．

既知の元素のうち 94 が金属になる—たとえばアルミニウム，金，銅など．**金属**は室温では固体で（水銀は例外的に液体），新しい切り口には光沢があり，熱と電気をよくとおし，砕けずに打ち延べられる性質をもつ．つまり，金属は打ち続けると異なる形になり，たいていても粉々になることはない．金属は周期表の左側に並ぶことに注意すること．

非金属の元素は 18 存在する．そのすべてが熱と電気をとおさず，そのうち 11 は室温で気体，六つが粉末の固体，一つが液体になる．たとえば，酸素と窒素は空気中に気体で存在し，硫黄は地下の埋蔵物から大量に固体で見つかる．臭素は唯一の液体の非金属である．非金属は周期表の右側に並ぶことに注意すること．

六つの元素しか存在しない**メタロイド**の特性は，金属と非金属の中間になる．ホウ素，ケイ素，ヒ素などがその例としてあげられる．純粋なケイ素は，光沢があり表面は金属のように光るが，非金属のように砕ける．その電気伝導率は金属とメタロイドの中間にある．メタロイドは，周期表の左側の金属と右側の非金属のあいだの，ジグザグの部分に位置する．

周期表（periodic table）すべての既知の元素の表．

▶▶▶周期表の規則については，2 章で述べる．

（訳注）：周期表の各枠には原子番号に対応する元素が一つずつ当てはめられていて，安定な同位体の存在確率に基づく原子量が記載されている．安定な核種がない場合には代表的な核種の質量数が記載されている．すなわち，周期表は"元素の周期表"であって，決して原子の周期表や単体の周期表ではない．

金属（metal）光沢のある打ち延べられる元素で，熱と電気をとおす．

非金属（nonmetal）熱と電気をとおさない元素．

メタロイド（metalloid）金属と非金属の中間の特性をもつ元素．

1. 物質と計量

1 1A																	18 8A
1 **H** 1.00794	2 2A											13 3A	14 4A	15 5A	16 6A	17 7A	2 **He** 4.00260
3 **Li** 6.941	4 **Be** 9.01218											5 **B** 10.81	6 **C** 12.011	7 **N** 14.0067	8 **O** 15.9994	9 **F** 18.9984	10 **Ne** 20.1797
11 **Na** 22.98977	12 **Mg** 24.305	3 3B	4 4B	5 5B	6 6B	7 7B	8	9 8B	10	11 1B	12 2B	13 **Al** 26.98154	14 **Si** 28.0855	15 **P** 30.9738	16 **S** 32.066	17 **Cl** 35.4527	18 **Ar** 39948
19 **K** 39.0983	20 **Ca** 40.078	21 **Sc** 44.9559	22 **Ti** 47.88	23 **V** 50.9415	24 **Cr** 51.996	25 **Mn** 54.9380	26 **Fe** 55.847	27 **Co** 58.9332	28 **Ni** 58.69	29 **Cu** 63.546	30 **Zn** 65.39	31 **Ga** 69.72	32 **Ge** 72.61	33 **As** 74.9216	34 **Se** 78.96	35 **Br** 79.904	36 **Kr** 83.80
37 **Rb** 85.4678	38 **Sr** 87.62	39 **Y** 88.9059	40 **Zr** 91.224	41 **Nb** 92.9064	42 **Mo** 95.94	43 **Tc** (98)	44 **Ru** 101.07	45 **Rh** 102.9055	46 **Pd** 106.42	47 **Ag** 107.8682	48 **Cd** 112.41	49 **In** 114.82	50 **Sn** 118.710	51 **Sb** 121.757	52 **Te** 127.60	53 **I** 126.9045	54 **Xe** 131.29
55 **Cs** 132.9054	56 **Ba** 137.33	57 *La 138.9055	72 **Hf** 178.49	73 **Ta** 180.9479	74 **W** 183.85	75 **Re** 186.207	76 **Os** 190.2	77 **Ir** 192.22	78 **Pt** 195.08	79 **Au** 196.9665	80 **Hg** 200.59	81 **Ti** 204.383	82 **Pb** 207.2	83 **Bi** 208.9804	84 **Po** (209)	85 **At** (210)	86 **Rn** (222)
87 **Fr** (223)	88 **Ra** 226.0254	89 †Ac 227.0278	104 **Rf** (261)	105 **Db** (262)	106 **Sg** (266)	107 **Bh** (264)	108 **Hs** (269)	109 **Mt** (268)	110 **Ds** (271)	111 **Rg** (272)	112 **Cn** (285)	113 (284)	114 **Fl** (289)	115 (288)	116 **Lv** (292)	117 (293)	118 (294)

58 **Ce** 140.12	59 **Pr** 140.9077	60 **Nd** 144.24	61 **PM** (145)	62 **Sm** 150.36	63 **Eu** 151.965	64 **Gd** 157.25	65 **Tb** 158.9254	66 **Dy** 162.50	67 **Ho** 164.9304	68 **Er** 167.26	69 **Tm** 168.9342	70 **Yb** 173.04	71 **Lu** 174.967
90 **Th** 232.0381	91 **Pa** 231.0399	92 **U** 238.0289	93 **Np** 237.048	94 **Pu** (244)	95 **Am** (243)	96 **Cm** (247)	97 **Bk** (247)	98 **Cf** (251)	99 **Es** (252)	100 **Fm** (257)	101 **Md** (258)	102 **No** (259)	103 **Lr** (262)

金属　　　　　　　　　　メタロイド　　　　　　　　　非金属

▲図1.4
元素の周期表
金属は左側に，非金属は右側に，メタロイドは金属と非金属のあいだのジグザグの部分に表記される．番号のつけ方については2.4節で説明する．

(a)

(b)

(c)

▲**金属：金，亜鉛，銅**　(a) その美しさで知られる金，それはきわめて反応しにくく，宝飾にそして電気製品に使われる．(b) 食餌中の微量元素の亜鉛，工業的には真ちゅうから屋根ふき材料，電池にまで使われる．(c) 電線，水道管，コインに広く使われる銅．

(a)

(b)

(c)

▲**非金属：窒素，硫黄，臭素**　(a) 窒素，(b) 硫黄，(c) 臭素は，すべての生活用品になくてはならない．空気の80％が窒素で，その純粋なものは室温で気体であり，空気を−200℃まで冷却しないと液体にならない．硫黄は黄色の固体で，テキサスやルイジアナの地下には豊富に埋蔵されている．ヨウ素は，暗紫色の結晶で，はじめ海藻から単離された．

(a) (b)

◀ **メタロイド：ホウ素とケイ素**
(a) ホウ素は強くて硬い非金属であり，軍用航空機に使われる複合材料をつくるのに用いられる．(b) ケイ素は，コンピュータチップをつくるのに利用されることがよく知られている．
[(b) Texas Instruments Incorporated の厚意により掲載]

ヒトの生命に必要な元素を，表1.4にまとめた．よく知られている炭素，水素，酸素，窒素に加え，あまり一般的とは言えないが重要なモリブデンやセレンを含めた．

表 1.4　生命にかかわる基本的な元素*

元　素	記　号	機　能
炭素(carbon)	C	これら四つの元素はすべての生物に存在する
水素(hydrogen)	H	
酸素(oxygen)	O	
窒素(nitrogen)	N	
ヒ素(arsenic)	As	細胞成長と心臓の機能に影響する
ホウ素(boron)	B	Ca，P，Mg の働きを補助
カルシウム(calcium)	Ca*	歯と骨の成長に必須
塩素(chlorine)	Cl*	体液の塩濃度の維持に必須
クロム(chromium)	Cr	糖代謝を補助
コバルト(cobalt)	Co	ビタミン B_{12} の構成成分
銅(copper)	Cu	血液の化学的な作用の維持に必須
フッ素(fluorine)	F	歯と骨の成長に必須
ヨウ素(iodine)	I	甲状腺の機能に必須
鉄(iron)	Fe	血液の酸素輸送に必須
マグネシウム(magnesium)	Mg*	骨，歯と筋肉の形成，神経の働きに必須
マンガン(manganese)	Mn	糖代謝と骨形成に必須
ニッケル(nickel)	Ni	鉄と銅の働きを補助
リン(phosphorus)	P*	歯と骨の成長に必須；DNA と RNA に存在
カリウム(potassium)	K*	体液の成分；神経の働きに必須
セレン(selenium)	Se	ビタミン E と脂質代謝に関係
ケイ素(silicon)	Si	組織や骨の接合を補助
ナトリウム(sodium)	Na*	体液の成分；神経と筋肉の働きに必須
硫黄(sulfur)	S*	タンパク質の原料
亜鉛(zinc)	Zn	成長，治療，健康全般に必須

* C, H, O, N は，すべての食物に存在する．ここにあげたそのほかの元素は，異なる食物では分布が異なる．*印は多量栄養素であり，1日あたり 100 mg 以上の摂取量を必要とする；ほかの元素は微量栄養素であり，C, H, O, N を例外として1日あたり 15 mg あるいはそれ以下の摂取量を必要とする．

さらに先へ ▶▶▶ 表1.4 にあげた元素は，それ自体の形では人体内に存在しない．その代わり，結合して数千の異なる化合物になる．金属がつくる化合物については3章で，非金属がつくる化合物については4章で説明する．

問題 1.8
六つのメタロイドには，ホウ素(b)，ケイ素(Si)，ゲルマニウム(Ge)，ヒ素(As)，アンチモン(Sb)，テルル(Te)がある．周期表の場所を示し，近くにある金属と非金属を示せ．

問題 1.9
元素 Hg(Chemistry in Action，"水銀と水銀毒" 参照)の周期表の場所を示せ．この元素は金属，非金属，メタロイドのいずれか？この元素とこの元素を含む化合物の毒性をもたらす物理的な特性と化学的な特性とはなにか？

1.6 化学反応：化学変化の例

ある化学反応の例を調べてみると，前節で説明したいくつかの考え方を強化することができる．元素のニッケルは，硬く，光る金属であり，化合物の**塩化水素**(hydrogen chloride)は無色の気体で，水に溶解して**塩酸**(hydrochloric acid)になる．試験管内の塩酸にニッケルを加えると，ニッケルはゆっくりと侵され，無色の溶液は緑色に変わり，気体の泡が試験から出る．色の変化，ニッケルの溶解，気体の泡沫の発生などは，図 1.5 に例示したような化学反応が起きていることを示している．

全体では，ニッケルと塩酸の反応は言葉で記載することも，下に示したような反応物と生成物を含む元素あるいは化合物を表す記号を使って，簡略に表記することもできる．

(a)   (b)   (c)

▲ 図 1.5
化学反応の反応物と生成物
(a) 反応物：平皿にニッケル片—典型的な光沢のある金属の元素—を載せる．隣のびんには塩酸—化合物の塩化水素の水溶液—が入っている．これらの反応物が試験管内で結びつく．(b) 反応：化学反応がおこると，無色の溶液は緑色に変わる．このとき水に不溶のニッケル金属が，水に可溶の化合物の塩化ニッケル(Ⅱ)にゆっくり変化する．水素の気体が生成し，緑色の溶液からゆっくり出る．(c) 生成物：気体の水素は溶液から発生する泡から集めることができる．溶液から水を除くと，ほかの生成物—緑色の化合物の塩化ニッケル—が残る．

CHEMISTRY IN ACTION

水銀と水銀毒

▲室温で液体の水銀元素は，多くの毒性化合物をつくる．

　室温で液体の唯一の金属元素—水銀は，千年のあいだ人々を魅了し続けてきた．エジプトの王は水銀の容器とともに埋葬され，中世の錬金術師は水銀を金の溶融に使い，スペインのガリオン船（15〜18世紀はじめのスペインの大帆船）は，1600年代に新世界に水銀を運び，金や銀の発掘に使った．ラテン語の"水のような銀（hydragyum）"から思いついた記号Hgは，いかにも水銀の特性をよくあらわしている．

　水銀に関する最近の興味はその毒性についてだろうが，いくつかのサプライズもある．たとえば，水銀化合物のHg_2Cl_2（塩化水銀（Ⅰ），甘汞：かんこう）は無毒で，長いこと緩下剤として医学的に使われてきた歴史があり，殺菌剤や殺鼠剤としても使われる．歯科医療のアマルガムは，50％の水銀，35％の銀，13％の鉛，1％の銅と微量の亜鉛の合金で，水銀に過敏な少数の患者を例外として，ほとんど副作用なく長いあいだ虫歯の治療に使われてきた．しかし元素の水銀の蒸気に長期間さらされると，気分が落ち込んだり，頭痛がしたり毛髪や歯が抜けるようになる．水銀化合物の一種，硝化水銀は帽子のフェルト部分に広く使用されており，18および19世紀の帽子屋は，毒性レベルの水銀にさらされた．水銀の毒にさらされた帽子屋による常軌を逸した行動から，"まったく気が狂って mad as a hatter"という常套句まで登場した．

　ある水銀は毒で，別の水銀は無毒なのはなぜだろう？水銀とその化合物の毒性は，溶解性に依存することが明らかになった．可溶性の水銀だけが毒で，その理由は血流を通して全身に運搬され，そこでいろいろな酵素と反応し，生物学的な過程を干渉するからである．元素の水銀と不溶性の水銀化合物は，可溶性の水銀化合物に変換した時にのみ毒になる．不溶性の水銀化合物の甘汞の例では，可溶性化合物に変わる前に，長いあいだ体内にとどまる．水銀は簡単には合金から蒸発することはなく，唾液の中で反応することも溶解することもないと考えられているのが，水銀の合金が歯科医療に安全に使われている理由となっている．しかしながら，水銀の蒸気を吸うと，それがゆっくりと可溶性物質に変化するまで肺に残る．

　可溶性の有機水銀は，とくに猛毒である．微量ならほとんどすべての魚から見つかるが，大型のサワラやカジキマグロには，比較的高いレベルの水銀を含んでいる．水銀は胎児の脳や神経系の発達に影響するため，妊婦は摂取を控えるようアドバイスを受けることがある．

　水銀の安全な利用に関して，最近の事案が注目された．おそらくもっとも議論になると思われる例は，インフルエンザワクチンの防腐剤，有機水銀化合物のチメロサールの使用についてだろう．チメロサールと子供の自閉症のあいだには関連性があるという逸話並みの話はあるものの，ほとんどの科学的なデータはその主張を否定しているように思われる．これらの心配事に配慮し，防腐剤を含まないインフルエンザワクチンが幼児や小児および妊婦に使うことが可能になった．

章末の"Chemistry in Actionからの問題"1.97を見ること．

1.7　物　理　量

　私たちの物質を理解するということは，物理変化かつ化学変化に伴う物理的な量の変化を測定する，私たち自身の能力に依存する．測定することが可能な質量，体積，温度，密度そのほかの物理的な特性は**物理量**と呼ばれ，明確な量の大きさの数字と**単位**の両方で記載される．

物理量（physical quantity）　測定可能な物理的な量．

単位（unit）　一般的な測定に用いられる定義された量．

数字そのものは単位なしでは意味をもたない．もしもあなたが，事故の犠牲者の出血量はどのくらいか？と聞いたとする．答えが"3"なら，あなたにはよくわからないことになる．3滴なのか，3 mLなのか，それとも3 Lなのか？（もっとも，成人でも5～6 Lの血液量しかないが）．

どの物理量であっても，多くのさまざまな単位で計量することができる．たとえば，身長はセンチメートル，メートル，インチ，フィート，ヤード，そのほか多くの単位であらわされる．混乱を避けるために，基準とすべき系統的な単位として国際単位（Système International d'Units），略して**SI単位**に世界中の科学者が同意した．一般的な物理量をあらわすこのSI単位を，表1.5に示した．質量は**キログラム**（kg），長さは**メートル**（m），体積は**立方メートル**（m³）で測定され，温度は**ケルビン**（K），時間は**秒**（s）で測定される．

SI単位でもっとも日常的な**メートル単位**は，米国を除くすべての工業国で使われる．SI単位とメートル単位を表1.5で比較すると，メートル単位での質量の基本はキログラムよりも**グラム**（g）であり（1 g = 1/1000 kg），体積のメートル単位は立方メートルよりも**リットル**（L）であり（1 L = 1/1000 m³），温度のメートル単位はケルビンよりも**セルシウス度**（℃）になる．両単位ともメートルは長さの単位で，秒は時間の単位になる．SI単位は科学研究で現在もっともよく使われるが，メートル単位は特定の分野でいまだに使われる．皆さん自身は両方使うことになると思われる．

SI単位（SI units）　国際単位で定義された計量単位．

（訳注）：角度を例外として，単位と数字のあいだにスペースを空けて記載することが，国際度量衡局（BIPM, 2006）から提唱されている（セルシウス度と%は比なので，この規定には当てはまらない）．

表1.5　SI単位およびメートル単位と変換係数

量	SI単位（記号）	メートル単位（記号）	変換係数
質量	キログラム（kg）	グラム（g）	1 kg = 1000 g（グラム）
長さ	メートル（m）	メートル（m）	—
体積	立方メートル（m³）	リットル（L）	1 m³ = 1000 L（リットル）
温度	ケルビン（K）	セルシウス度（℃）	1.13節を参照
時間	秒（s）	秒（s）	—

表1.5にあげた単位に加え，ほかにも広く使われる単位が生じている．たとえば，**1秒あたりのメートル**（m/s）単位は，特定の時間に進む距離—速度によく使われる．おなじように，**立方センチメートルあたりの質量**（g/cm³）は一定量あたりの物質の質量—**密度**に使われる．本書でもこのような単位が使われる．

どの測定法にも問題はあり，単位の大きさが目の前の問題に対して不便なほど大きすぎる，あるいは小さいということがある．赤血球細胞の直径（0.000 006 m）を表現する生物学者にはメートルでは大きすぎて不便だろうが，太陽と地球の距離（150 000 000 000 m）を測る宇宙学者にはメートルは小さすぎて不便だろう．このような理由から，メートル単位とSI単位は小さいあるいは大きい量に対する表現として，接頭辞を前置きにして変えることができる．たとえば質量—キログラム—に対するSI単位は，接頭辞キロ（k）でメートル単位のグラムと区別する．**キロ**は，キログラムがグラムの1000倍大きいことを示す．

$$1 \text{ kg} = (1000)(1 \text{ g}) = 1000 \text{ g}$$

1.7 物理量

薬物療法における微量の活性成分は**ミリグラム**(mg)で報告されることが多い．接頭辞**ミリ**(m)はグラム単位を1000で除したもので，0.001を乗じた値に等しい．

$$1\ \text{mg} = \left(\frac{1}{1000}\right)(1\ \text{g}) = (0.001)(1\ \text{g}) = 0.001\ \text{g}$$

接頭辞の一覧を表1.6に示し，もっとも一般的なものを青色にした．累乗の指数は3の倍数になることに注意する—**メガ**(10^6)，**キロ**(10^3)，**ミリ**(10^{-3})，**マイクロ**(10^{-6})，**ナノ**(10^{-9})，**ピコ**(10^{-12})．**センチ**は1/100，**デシ**は1/10を意味し，これらの指数は3の倍数ではない．**センチ**は，多くの場合長さの単位**センチメートル**(1 cm = 0.01 m)で使われ，**デシ**は臨床の場でよく使われ，血液成分の濃度などはデシリットル中(1 dL = 0.1 L)のミリグラムで表示される．これらの接頭辞は，接頭辞と単位の変換に気をつければ異なる数字の大きさを比較しやすくする．たとえば，

$$1\ \text{メートル} = 10\ \text{dm} = 100\ \text{cm} = 1000\ \text{mm} = 1\ 000\ 000\ \mu\text{m}$$

▶▶指数の使い方については，1.10節で述べる．

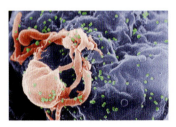

▲白血球細胞の表面から出芽するHIV-1ウイルス粒子(緑色)の直径は，約 0.000 000 120 m になる．

このような比較は，単位を変換する計算を行うときに役立つ(1.12節)．表1.6で5〜6桁の数値は，わかりやすくするために3桁ごとにスペースを入れ，0.000 001 のようにあらわしていることにも注意すること．この数値の書き方は徐々に一般的になっており，この教科書全般で採用する．

表1.6　メートルおよびSI単位の倍数の接頭辞の例

接頭辞	記号	倍数の基本単位*	例
メガ	M	$1\ 000\ 000 = 10^6$	1 メガメートル(Mm) = 10^6 m
キロ	k	$1000 = 10^3$	1 キログラム(kg) = 10^3 g
ヘクト	h	$100 = 10^2$	1 ヘクトグラム(hg) = 100 g
デカ	da	$10 = 10^1$	1 デカリットル(daL) = 10 L
デシ	d	$0.1 = 10^{-1}$	1 デシリットル(dL) = 0.1 L
センチ	c	$0.01 = 10^{-2}$	1 センチメートル(cm) = 0.01 m
ミリ	m	$0.001 = 10^{-3}$	1 ミリグラム(mg) = 0.001 g
マイクロ	μ	$0.000\ 001 = 10^{-6}$	1 マイクログラム(μg) = 10^{-6} g
ナノ	n	$0.000\ 000\ 001 = 10^{-9}$	1 ナノグラム(ng) = 10^{-9} g
ピコ	p	$0.000\ 000\ 000\ 001 = 10^{-12}$	1 ピコグラム(pg) = 10^{-12} g
フェムト	f	$0.000\ 000\ 000\ 000\ 001 = 10^{-15}$	1 フェムトグラム(fg) = 10^{-15} g

*大きいあるいは小さい数値の科学的記数法(たとえば，1 000 000 を 10^6)は，1.10節で解説する．

問題 1.10
つぎの単位の名前を書き，各量を基本単位であらわせ(例：1 mL = 1 ミリリットル = 0.001 L)
　(a) 1 cm　(b) 1 dg　(c) 1 km　(d) 1 μs　(e) 1 ng

1.8　質量，長さ，体積の測定

質量(mass)　目的とする物質の量の測定．

重量(weight)　地球などの大きな物質がほかの物体に働かせる引力の測定．

"質量"と"重量"の用語はおなじように使われることが多いが，じつは全く異なる意味をもっている．**質量**は物体の物質の量の測定であり，一方**重量**は地球，月などの大きな物体がある物体に働く重力による引力の測定である．物体における物質の量が場所に依存しないことは明白である．地球に立とうが月の上に立とうが，あなたの体の質量はおなじである．一方，物体の重量は場所に依存する．地球上の体重が60 kgなら，引力が6分の1になる月面では10 kgになる．

おなじ場所では，同一の質量の二つの物体は同一の重量をもつ；つまり，重力が両者を等しく引く．このように，ある物体の**質量**はその物体の**重量**を標準原器の重量と比較して決めることができる．質量と重量のあいだの混乱は単に言葉の問題でもある．本当は二つの重量を比較して質量を測定する時，私たちは"量る"という．図1.6に物体の質量を測定する上皿天秤を示した．これは，正確な重さをもつ標準の分銅と比較して測定する．

▶図1.6
上皿天秤は，物体の質量を測定するために用いられる．ここでは左側の上皿に銅貨を，右側の上皿には標準の分銅を載せて比較している．

SI単位の質量1 kgは，化学や医学における多様な用途には大きすぎる．そこで，**グラム**(g)や**ミリグラム**(mg)さらには**マイクログラム**(μg)などの小さな単位が一般的に使われる．質量に関するメートル単位や一般的な単位を表1.7に示した．

表1.7　質量単位

単位	等量	単位	等量
1 kg	= 1000 g	1 t	= 1000 kg
1 g	= 0.001 kg = 1000 mg	1 mg	= 0.001 g = 1000 μg
1 μg	= 0.000 001 g = 0.001 mg		

メートルは，SIとメートル法のいずれにおいても長さあるいは距離の標準になる．1 mは化学と医学の計量には長すぎる．一般的に使われるものに**センチメートル**(cm；1/100 m)と**ミリメートル**(mm；1/1000 m)がある．表1.8にこの関係を示した．

表1.8　長さ(距離)の単位

単位	等量	単位	等量
1 km	= 1000 m	1 m	= 100 cm = 1000 mm
1 cm	= 0.01 m = 10 mm	1 mm	= 0.001 m = 0.1 cm

体積は，物体によって占められる量である．体積のSI単位―立方メートル，m³―は大きすぎるので，一般的にはリットル（1 L ＝ 0.001 m³ ＝ 1 dm³）が化学と医学では使われる．1 L は 10 cm（1 dm）角の立方体あるいは 1000 mL になり，1 mL は 1 cm 角の立方体あるいは 1 cm³ になる．実際，医療現場ではミリリットルは**立方センチメートル**（cm³）と呼ばれることが多い．図 1.7 は立方メートルを分割することを，表 1.9 には体積の単位のあいだの相関係数を示した．

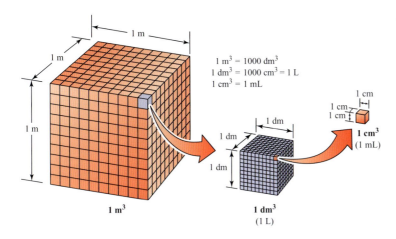

◀ 図 1.7
立方メートルは 1 m 角の立方体の体積である．1 m³ は 1000 dm³（L）に等しく，1 dm³ は 1000 cm³（mL）に等しい．したがって 1 L には 1000 mL が，1 m³ には 1000 L が存在する．

表 1.9　体積の単位

単 位	等　式	単 位	等　式
1 m³	＝ 1000 L	1 L	＝ 0.001 m³ ＝ 1000 mL
1 dL	＝ 0.1 L ＝ 100 mL	1 mL	＝ 0.001 L ＝ 1000 μL
1 μL	＝ 0.001 mL		

1.9　測定と有効数字

テニスボールはどれくらい重いだろうか？ もしこれを普通の体重計にのせると多分 0 kg の表示になるだろう．しかしおなじテニスボールを実験室にある普通の天秤にのせるとすると，54.07 g と表示されると思われる．再度おなじボールを臨床や研究室で使われる高価な電子天秤にのせると，おそらく 57.071 38 g の表示が出るだろう．明らかに答えは測定に使う装置に依存する．

決定される数字の数にはつねに限りがあるため，あらゆる実験上の測定はどれだけ正確であっても一定の不確定性をもつ．小数点以下 5 桁までの質量を測定すると限界に達する分析用天秤を例にすると，テニスボールの重さを何回か量ると 54.071 39 g，54.071 38 g，54.071 37 g のように少しずつ違う表示になる．さらにおなじ測定を違う人がすると，少し異なる結果になると思われる．たとえば図 1.8 の液体の量を見て，どれくらいと思いますか？ 液体の体積が 17.0 と 18.0 mL のあいだにあるのは明らかだが，しかし最後の桁の正確な値は判断しなければならない．

測定の正確性を示すために，数値は確実にわかっているすべての数字を使ったうえで，通常プラスマイナス 1（±1 と書く）程度の不確定性をもつ概算値を付け加える．このような測定値をあらわすために使われる数字の総数は，**有効数字**の数と呼ばれる．このように，54.07 g は四つの有効数字（4，5，0，7）をもち，54.071 38 g は七つの有効数字をもつ．**覚えておくこと**：最後の 1 桁以外のすべての有効数字は，確実にわかっているもの；最後の有効数字は，唯一 ±1 に見積もられたものである．

▲ 実験室にある一般的な天秤では，テニスボールの重さは 54.07 g と表示される．これは 0.01 g の質量を決めることができる．

有効数字（significant figure）　数値をあらわす意味のある数字の数．

1. 物質と計量

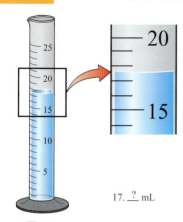

▲図 1.8
このメスシリンダーに入っている液体の体積はいくらか？

　　　　　不確定な数字
54.07 g　　54.06 g と 54.08 g（±0.01 g）のあいだの質量

　　　　　　不確定な数字
54.071 3 8 g　　54.071 37 g と 54.071 39 g（±0.000 01 g）のあいだの質量

ある測定の有効数字の数を決めることは通常は単純なことだが，ゼロが含まれるとそれは面倒になる．状況によって，ゼロは有効数字になることもあれば，単に小数点との距離を埋めるためだけに存在することもある．たとえば，つぎの測定値はそれぞれどれだけの有効数字をもつか？

94.072 g　　　　5 桁の有効数字（9, 4, 0, 7, 2）
0.0834 cm　　　3 桁の有効数字（8, 3, 4）
0.029 07 mL　　4 桁の有効数字（2, 9, 0, 7）
138.200 m　　　6 桁の有効数字（1, 3, 8, 2, 0, 0）
23 000 kg　　　2 桁（2, 3）から 5 桁（2, 3, 0, 0, 0）の有効数字どれか

つぎの規則は，ゼロが存在する時の有効数字の決め方に役立つ．

規則 1. 数字の真ん中にあるゼロは，ほかの数字とおなじ扱いをする：それらはいつも有効数字になる．したがって，94.072 g は 5 桁の有効数字をもつことになる．

規則 2. 数字の頭のゼロは，有効数字にはしない；それらはつねに小数点の位置を示すためにある．したがって，0.0834 cm は 3 桁の有効数字をもつことになる．

規則 3. 数字の最後かつ小数点の**後ろにある**ゼロは，有効数字にする．これらは有効数字ではないのなら，示されることはないと考える．したがって，138.200 m は 6 桁の有効数字をもつことになる．もしわかっている有効数字が 4 桁なら，138.2 m とする．

規則 4. 数字の最後と小数点の**前にある**ゼロは，有効数字にする場合としない場合がある．その数字が測定値の一部かどうか，あるいは書かれてはいない小数点を意味するのかどうか，私たちはいいようがない．したがって，23 000 kg は 2, 3, 4, 5 桁の有効数字をもつかもしれない．最後に小数点をつけると，有効数字は 5 桁になる．

しかしながら，ちょっとした常識が役立つことも多い．20 ℃と表示される温度の有効数字は 2 桁であって，おそらくは 1 桁にはならない．なぜなら 1 桁の有効数字なら 10 ℃から 30 ℃までのどれかになってしまって，役に立つとは思えないからである．おなじように，300 mL の容積の有効数字は，3 桁だろう．ほかにも，地球と太陽の距離は変わるので，その距離 150 000 000 km の有効数字はたった 2 桁か 3 桁になる．この問題についてはつぎの節で扱う．

有効数字に関する結論：物体を数えた時の数や定義となる数などは正確であり，事実上無限の有効数字をもつ．したがって，1 クラスの学生は**正確に** 32 であって 31.9 や 32.0 あるいは 32.1 ではなく，1 m は**正確に** 100 cm と定義される．

▲このホールのイスの数は正確な数値であり，無限の有効数字をもつ．

例 題 1.3 測定値の有効数字

つぎの測定値の有効数字はいくらか？
  (a) 2730.78 m (b) 0.0076 m (c) 3400 kg (d) 3400.0 m²

解 説 ゼロ以外のすべての数が有効数字になる；したがって有効数字の数は，個々の場合のゼロの位置による．（ヒント：それぞれにどの規則を適用するか？）

解 答
  (a) 6（規則1） (b) 2（規則2） (c) 2, 3, 4（規則4） (d) 5（規則3）

問題 1.11
つぎの測定値の有効数字はいくらか？
  (a) 3.45 m (b) 0.1400 kg (c) 10.003 L (d) 35 円

基礎問題 1.12
つぎの温度計の温度を読み取り，答えよ．その答えの有効数字はいくらか？

1.10 科学的記数法

非常に大きいあるいは非常に小さい数はすべて書くよりも，より簡便には科学的記数法を使ってあらわす．**科学的記数法**で書かれる数は，1 と 10 のあいだの数字と，掛ける 10 の数を累乗した数との積としてあらわされる．こうして，215 は科学的記数法では 2.15×10^2 と書かれる．

科学的記数法（scientific notation） 1 と 10 のあいだの数字に，掛ける 10 の数を累乗した数との積としてあらわす数．

$$215 = 2.15 \times 100 = 2.15 \times (10 \times 10) = 2.15 \times 10^2$$

この場合，数が 1 より**大きい**ところで，最初の数字のつぎの位置まで**左側**に小数点を動かすことに注意する．10 の右上の指数は，最初の数字の後ろになるまで左にどれだけ小数点を動かしたかをあらわす．

$$215. = 2.15 \times 10^2$$

小数点が 2 回左に移動したので，指数は 2 になる．

科学的記数法で 1 より**小さい**数をあらわすためには，小数点を最初の数字の**右側**に移動しなければならない．動かした場所の数は 10 の負の指数になる．たとえば 0.002 15 は，2.15×10^{-3} と書くことができる．

$$0.002\ 15 = 2.15 \times \frac{1}{1000} = 2.15 \times \frac{1}{10 \times 10 \times 10} = 2.15 \times \frac{1}{10^3} = 2.15 \times 10^{-3}$$

$$0.002\ 15 = 2.15 \times 10^{-3}$$

小数点が3回右に移動したので，指数は−3になる．

科学的記数法で書かれた数を標準的な記数法に変換するためには，やり方を逆にすればよい．**正の指数の数には，小数点を指数とおなじ数だけ右側に動かす．**

$$3.7962 \times 10^4 = 37\ 962$$

正の指数は4なので，小数点を右側に4動かす．

負の指数の数には，小数点を指数とおなじ数だけ左側に動かす．

$$1.56 \times 10^{-8} = 0.000\ 000\ 015\ 6$$

負の指数は−8なので，小数点を左側に8回動かす．

科学的記数法は，最後がゼロかつ小数点の左側にある数にはどれくらい有効数字があるかを示すためには，とくに有用である．たとえば地球と太陽の距離 150 000 000 km を読む時，有効数字がどれだけあるかを知ることはない．あるゼロは重要かもしれないし，単に小数点の場所を示すだけかもしれない．しかしながら，科学的記数法を使うことで，どれだけのゼロが有効数字かをあらわすことができる．150 000 000 を 1.5×10^8 と書き直すと有効数字は2桁になり，1.500×10^8 とすると有効数字は4桁になる．計算が楽になることはあっても，科学的記数法は10あるいは170のような簡単に書ける数に通常は使わない．

▶▶科学的記数法に書かれている数字を使って計算する法則については補遺Aを参照のこと．

▲この1gの砂糖の山に何分子あるか？

例題 1.4 有効数字と科学的記数法

1gのスクロース（砂糖）には 1 760 000 000 000 000 000 000 分子が存在する．科学的記数法を使い，この数を有効数字4桁であらわせ．

解説 数字は1より大きいので，指数は正になる．小数点を左側に21回動かす必要がある．

解答 最初の数—1，7，6，0—が有効数字になる．つまり19のゼロのうち有効数字ははじめの一つだけになる．小数点を最初の有効数字の後まで場所を左側に21回動かさなければならないので，答えは 1.760×10^{21}．

例題 1.5 科学的記数法

風邪の代表的なウイルス，ライノウイルスの直径は，20 nm あるいは 0.000 000 020 m である．この数値を科学的記数法で示せ．

解説 数字は1より小さいので，指数は負になる．小数点を右側に8回動かす必要がある．

解答 数値のはじめの0は有効数字ではないので，たった二つの有効数字しかない．小数点を右側に8回動かすと，答えは 2.0×10^{-8} になる．

例　題　1.6　科学的記数法と変換係数

臨床研究室では，血液の試料が 0.0026 g のリンと 0.000 101 g の鉄を含むことを見つけた．
(a) 科学的記数法でこれらの量をあらわせ．
(b) これらの量を通常使われる単位—リンを mg，鉄を µg—であらわせ．

解 説　各数値は1より小さいか，あるいは大きいか？ 小数点をどちら側に何回動かさなければならないか？

解 答
(a) リン：$0.0026 \text{ g} = 2.6 \times 10^{-3} \text{ g}$
　　鉄　：$0.000\ 101 \text{ g} = 1.01 \times 10^{-4} \text{ g}$
(b) 表1.6から，$1 \text{ mg} = 1 \times 10^{-3} \text{ g}$ で指数は -3 になる．リンの量を mg にするには，グラムの量 $(2.6 \times 10^{-3} \text{ g})$ が -3 の指数をもっているのでそのままにする．したがって，$2.6 \times 10^{-3} \text{ g} = 2.6 \text{ mg}$ のリンになる．

$$(2.6 \times 10^{-3} \text{ g}) \left(\frac{1 \text{ mg}}{1 \times 10^{-3} \text{ g}} \right) = 2.6 \text{ mg}$$

表1.6から，$1 \text{ µg} = 1 \times 10^{-6} \text{ g}$ で指数は -6 になる．鉄の量を µg にするには，指数を -6 にしてあらわす必要があるので，小数点を右側に6回動かす．

$$0.000\ 101 \text{ g 鉄} = 101 \times 10^{-6} \text{ g 鉄} = 101 \text{ µg 鉄}$$

問題 1.13
つぎの値を科学的記数法に変換せよ．
(a) 0.058 g　(b) 46 792 m　(c) 0.006 072 cm　(d) 345.3 kg

問題 1.14
つぎの値を科学的記数法から標準の記数法に変換せよ．
(a) 4.855×10^4 mg　(b) 8.3×10^{-6} m　(c) 4.00×10^{-2} m

問題 1.15
つぎの数を科学的記数法で指定に従って書け．
(a) 630 000 を5桁の有効数字で
(b) 1300 を3桁の有効数字で
(c) 794 200 000 000 を4桁の有効数字で

1.11　概　　　数

電子式卓上計算機で計算した時などは，正しい有効数字以上の数が表示されることがよくある．ガソリン 11.70 L で 278 km 走った自家用車の燃費を例に計算する．

$$\text{燃料} = \frac{\text{走行距離}}{\text{消費ガソリン}} = \frac{278 \text{ km}}{11.70 \text{ L}} = 23.760\ 684 \text{ km/L}$$

電卓の計算結果は8桁の数値になるが，そもそもの数値がそれほど正確なものではない．つぎに示すように，実際には3桁の有効数字の答えが適当であり **23.8 km/L** の**概数**にすべきである．

概数(rounding off)　有効数字以外の数字を除くために使う方法．

では何桁の数字にすべきか，どのように決めればよいだろうか？この問題に全部答えるのは少し難しく，かつ**誤差解析**と呼ばれる数学的な処理を必要とするが，しかし一般的にはたった二つの規則で済ませることができる．

規則 1. 乗除する時に，答えはもとの数の有効数字のいずれよりも多くならないようにする．これは計算する時の一般的な規則である．したがって，3桁以上の詳しい走行距離(278 は 277, 278, 279 を意味するかもしれない)を知らないのなら，有効数字とおなじ数以上の燃費を計算することができない．

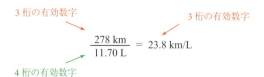

$$\frac{278 \text{ km}}{11.70 \text{ L}} = 23.8 \text{ km/L}$$

規則 2. 加減する時に，答えは小数点より後ろの数値がもとの数値のいずれよりも多くならないようにする．たとえば，3.18 L の水に 0.013 15 L の水を加えると，3.19 L になる．これも計算する時の一般的な規則である．もしはじめの体積の小数点 2 桁(3.17, 3.18, 3.19 を意味するかもしれない)以下の数値を知らないのなら，合わせた体積の小数点 2 桁以下を知ることはできない．

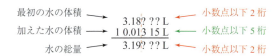

もし計算が数段階になる場合は，一般的にはすべての計算が終わってから概算するのがもっとも好ましく，計算の中でもっとも少ない桁数によって決まる有効数字の数を維持する．答えにすべき数値を決めれば，概数の規則(四捨五入)をつぎのようにする．

規則 1. もし最初に除く数値が 4 以下なら，それ以下を捨てて先に行く．つまり有効数字を 2 桁にする時，2.4271 は最初に除く数値(2)が 4 以下なので 2.4 になる．

規則 2. もし最初に除く数値が 5 以上なら，捨てる数字の左に 1 を加えて概算する．つまり有効数字を 2 桁にする時，4.5832 は最初に除く数値(8)が 5 以上なので 4.6 になる．

例題 1.7 有効数字と計算：加減

ディナー前の体重を 64 kg とする．もし 0.942 kg を食したとすると体重増はいくらになるか？

解説 加算あるいは減算をする時，最後の答えに記載する有効数字は，計算の過程でもっとも少ない正確な桁数で決める．

解答
食後の体重は，もとの体重に食べた量を加える．

$$64 \text{ kg} + 0.942 \text{ kg} = 64.942 \text{ kg}(概算していない)$$

▲計算機はデータの精度以上の数値を表示する．

もとの体重には小数点以下の有効数字はないので，食後の体重にも小数点以下の有効数字はない．したがって小数点以下1桁目を概算(四捨五入)すると，64.942 kgは65 kgになる．

例題 1.8 有効数字と計算：乗除

スグリゼリーをつくるために，砂糖13.75カップをスグリジュース18カップに加えた．ジュース1カップあたりの砂糖はどれほどか？

解 説 乗算，あるいは除算をする時，最後の答えは，はじめの両方の数値の有効数字より多くならないようにする．

解 答
砂糖の量をジュースの量で割る．

$$\frac{13.75 \text{ カップの砂糖}}{18 \text{ カップのジュース}} = 0.763\,888\,89 \frac{\text{カップの砂糖}}{\text{カップのジュース}} \text{(概算していない)}$$

計算で使った18カップの数によって答えの有効数字は2と決まり，ジュース1カップあたりの砂糖は0.76カップと概算されなければならない．

問題 1.16
つぎの量を概算して有効数字を示せ．
- (a) 2.304 g (有効数字は3)
- (b) 188.3784 mL (有効数字は5)
- (c) 0.008 87 L (有効数字は1)
- (d) 1.000 39 kg (有効数字は4)

問題 1.17
つぎを計算し，答えを有効数字に合わせて概算せよ．
- (a) 4.87 mL + 46.0 mL
- (b) 3.4 × 0.023 g
- (c) 19.333 m − 7.4 m
- (d) 55 mg − 4.671 mg + 0.894 mg
- (e) 62 911 ÷ 611

1.12 問題の解法：単位の変換と概算

実験室や医学の多くの活動—測定する，量る，溶液をつくるなど—は，量をある単位からほかの単位に変換することが求められる．例として；解熱剤の錠剤には84 mgのアスピリンが含まれているが，自分には200 mgが必要だ．とすると，1錠でまにあうのだろうか？単位のあいだの変換はあいまいではないし，私たちは毎日それをしている．たとえば，もし400 mトラックを9周走ったとすると，距離の単位では3600 m (9周×400 m)走ったことになる．

異なる単位を含む計算をするもっとも単純な方法は，**問題解法 FLM** を使うことである．この方法では，単位のあいだの関係をあらわす**変換係数**を使い，ある単位における量は異なる単位の等量に変換される．

▲ USドルとユーロの両替は，単位の変換を必要とするもう一つの活動である．

問題解法 FLM (factor-label method)
式を立て，不要な単位を約し，必要な単位のみを残して行う問題解法．

変換係数 (conversion factor) 二つの単位のあいだの数的関係の表現．

はじめの量 × 変換係数 ＝ 等　量

先の例では，トラック1周は400 mに等しいとした．この関係を，メートルと周あるいは周とメートルのいずれかの変換係数であらわす．

すべての変換係数は，数値的には1に等しくなることに注意する．なぜなら量をあらわす分子の数値と分母の数値は等しいからである．このように，変換係数を掛けることは1を掛けることと等しく，量の数値が変わるわけではない．

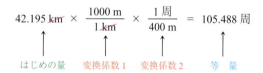

問題解法 FLM の要点は，単位は数のように扱われ，数のように乗除される（しかし加減はされない）ことである．考え方としては，問題を解く時，一つの式にまとめて不要な単位を約し必要な単位を残すことである．たとえばマラソン 42.195 km がトラック何周になるかを知ろうとする場合，周対メートルの変換係数を使うことができる．まずキロメートル(km)とメートル(m)の変換係数を使い，つぎにメートルと周の変換係数を使う．キロメートルとメートルの単位が約され，周だけが単位として残る．

$$42.195 \text{ km} \times \frac{1000 \text{ m}}{1 \text{ km}} \times \frac{1 \text{周}}{400 \text{ m}} = 105.488 \text{周}$$

はじめの量　　変換係数1　　変換係数2　　等　量

問題解法 FLM は，式が立ち，そして不要な単位を約すことができる場合にのみ正しい答えを与える．もし単位を約せないような式なら，正しい答えは得られない．したがって変換係数の選択を誤ると，意味のない間違った答えが得られる．

問題解法 FLM を使う主な欠点は，計算の意味が全くわからなくても答えが出ることにある．そこで問題の解を得たあとにおおよその概算をして計算を確かめるのがよい．もしもおおよその概算が計算結果と合わないなら，どこかに誤解があり問題をやり直さなければならない．たとえばヒト細胞の体積を計算した時の答えが 5.3 cm³ なら，この結果はおかしいと気がつかなければならない．細胞は眼で見るには小さすぎるのに，5.3 cm³ ならクルミの大きさになってしまう．このあとの例題で，単位を変換する簡単な問題の解をどう概算するかを示した．

問題解法 FLM と概算は，さまざまな問題を解く時に助けになる方法で，単に変換するだけのものではない．問題は時に難しいように見えるが，その問題の特質を解析すれば複雑さを整理できる．

段階1：与えられた情報を，単位を含めて特定する．
段階2：解に必要な情報を，単位を含めて特定する．
段階3：既知の情報と未知の解の関係を見つけ，変換係数を使う順を計画する．
段階4：問題を解く．

確 認：概算による確認：大雑把に概算して計算結果の数値と単位が合理的かどうか確認する．

例題 1.9　問題解法：単位の変換

デシリットルとミリリットルの単位のあいだの変換係数を書け（表 1.9 を利用せよ）．

解 答
1 L = 10 dL = 1000 mL なので，1 dL = 100 mL となる．そこで変換係数は，

$$\frac{1\ \text{dL}}{100\ \text{mL}} \quad \text{そして} \quad \frac{100\ \text{mL}}{1\ \text{dL}}$$

例題 1.10　問題解法：単位の変換

(a) 0.75 kg をグラムに変換せよ．
(b) 0.05 dL をマイクロリットルに変換せよ．

解 答
(a) 変換係数を使って式を立て，不要な単位を約し必要な単位を残す．

$$0.75\ \text{kg} \times \frac{1000\ \text{g}}{1\ \text{kg}} = 750\ \text{g}$$

(b) ここでは二つの変換係数，デシリットルとミリリットル，つぎにミリリットルとマイクロリットルを使い，不要な単位を約し必要な単位を残す．

$$0.05\ \text{dL} \times \frac{100\ \text{mL}}{1\ \text{dL}} \times \frac{1000\ \mu\text{L}}{1\ \text{mL}} = 5000\ \mu\text{L}$$

例題 1.11　変換係数：単位の変換

子供の身長が 1.19 m であった．これは何 cm になるか？

解 説　この問題はメートルとセンチメートルの変換なので，メートルとセンチメートルの変換係数 1 m = 100 cm を知っておく必要がある．

概 算　1.2 m を 100 倍して概算する．

解 答
段階 1：情報を特定する．　　　　　身長 = 1.19 m
段階 2：解と単位を特定する．　　　身長 = ?? cm
段階 3：変換係数を特定する．　　　1 m = 100 cm

段階 4：解く．もとの身長に変換係数 100 を乗じて単位を約し，答えを cm で得る．

$$1.19\ \text{m} \times \frac{100\ \text{cm}}{1\ \text{m}} = 119\ \text{cm}$$

確 認　答えの 119 cm は，はじめに概算した 1.2 の 100 倍に近い．

例題 1.12 問題解法：濃度と量

患者には 0.012 g の鎮痛剤の投与が必要だが，この薬剤は 15 mg/mL の溶液で供給される．この溶液はどれだけの量 (mL) 注射すべきか？

解 説 鎮痛剤 1 mL 中の量はわかっているので，変換係数を使って濃度から必要量を割り出す．

概 算 1 mL には 15 mg，つまり 0.015 g の鎮痛剤が入っている．必要な量は 0.012 g なので，1.0 mL よりも少なめに注射しなければならない．

▲どれだけの量を注射すべきか？

解 答
段階 1：情報を特定する．

段階 2：解と単位を特定する．

段階 3：変換係数を特定する．二つの変換係数が必要になる．最初に g を mg に変換し，つぎに mL/mg を使って mL を計算する．

段階 4：解く．必要な薬量を確認し，変換係数を使って単位を約し，最後の答えを mL で得る．

薬量 = 0.012 g
濃度 = 15 mg/mL
投与量 = ?? mL

$1\,\text{mg} = 0.001\,\text{g} \rightarrow \dfrac{1\,\text{mg}}{0.001\,\text{g}}$

$15\,\text{mg/mL} \rightarrow \dfrac{1\,\text{mL}}{15\,\text{mg}}$

$(0.012\,\text{g})\left(\dfrac{1\,\text{mg}}{0.001\,\text{g}}\right)\left(\dfrac{1\,\text{mL}}{15\,\text{mg}}\right) = 0.80\,\text{mL}$

確 認 1 mL よりも少ない概算と合っている．

例題 1.13 問題解法：変換の計算

心臓病の患者の心房細動を調整するデジタリスの過剰摂取は致死になるため，その投与量は注意深く制御しなければならない．患者に合わせて計算するために，薬量は体重のキログラムあたりのマイクログラム量 (µg/kg) で処方されることがある．こうして，体重がかなり異なっていても適量の薬剤が投与される．体重 1 kg あたり 20 µg の薬量 (20 µg/kg) とすると，75 kg の体重の患者には，どれだけのデジタリスを投与されることになるか？

解 説 患者の体重 75 kg と適用量 20 µg/kg がわかっているので，デジタリスは計算できる．

概 算 薬量は 20 µg なので，体重 80 kg の患者なら 80×20 µg から 1600 µg とデジタリスの量を計算する．1 mg は 1000 µg なので 1.6 mg と概算できる．

解 答
段階 1：情報を特定する．

段階 2：解と単位を特定する．

段階 3：変換係数を特定する．正確な投与量は，デジタリス µg/体重 kg から計算する．最後に µg を mg に変換する．

段階 4：解く．既知の情報を確認し，変換係数を使って単位を約し，最後の答えを mg で得る．

体重 = 75 kg
適用量 = デジタリス 20 µg/体重 kg
投与量 = ?? mg デジタリス

$1\,\text{µg} = 1000\,\text{µg} \rightarrow \dfrac{1\,\text{µg}}{1000\,\text{µg}}$

$75\,\text{kg} \times \dfrac{20\,\text{µg}}{1\,\text{kg}} \times \dfrac{1\,\text{mg}}{1000\,\text{µg}}$
$= 1.5\,\text{mg}\ デジタリス$

確 認 概算値 1.6 mg と近い．

問題 1.18
つぎの変換を計算せよ.
(a) 16 mg = ? g　(b) 2500 mL = ? L　(c) 99.0 L = ? dL

問題 1.19
0.840 dL をミリリットルに変換せよ.

問題 1.20
1 海里は正確に 1852 m の距離と，1 ノットは時速 1852 m と国際単位に定められている．14.3 ノットの速度で進む船の秒速は何メートルか？

問題 1.21
1 錠あたり 0.324 g のアスピリンが含まれている解熱剤 2 錠を飲んだ．体重 68 kg の患者の体重 1 kg あたりのアスピリンをミリグラムで計算せよ．体重 18 kg の幼児が 2 錠のアスピリンを飲んだ時の体重 1 kg あたりのアスピリンをミリグラムで計算せよ．

1.13　温度，熱，エネルギーの測定

すべての化学反応は**エネルギー**の変化を伴い，科学的には"**仕事をするあるいは熱を供給する能力**"と定義される（図 1.9）．エネルギーの詳細については 7 章で考察するが，ここではエネルギーと熱に使うさまざまな単位と，どのように熱エネルギーが得られ，あるいは失われるかをみることにする．

物体の熱エネルギーの測定，**温度**は一般的にはセルシウス度の単位（℃）*であらわされる．しかしながら，温度の SI 単位は**ケルビン**（K）である（ケルビンというが，ケルビン度とはいわないことに注意する）．

ケルビンとセルシウス度の度はおなじ大きさである——いずれも大気圧における水の氷点と沸点のあいだを 100 分割したものである．したがって，1 ℃ の温度変化は 1 K の変化に等しい．ケルビンとセルシウス度の温度尺度の唯一の違いは，異なるゼロ点をもつことにある．セルシウス度の尺度は水の氷点を 0 ℃ とし，ケルビン尺度は絶対零度（セルシウス度 −273.15 ℃ に等しい）と呼ばれる可能な限りの低い温度を 0 K としている．したがって 0 K = −273.15 ℃ および +273.15 ℃ = 0 K になる．たとえば，室温 25 ℃ はケルビンの温度では 298 K（一般的に四捨五入した 273 で十分）になる．実際の医学や臨床化学にはもっぱらセルシウス度（℃）が使われる．

$$温度 K = 温度 ℃ + 273.15$$
$$温度 ℃ = 温度 K − 273.15$$

エネルギーは，SI 単位ではジュール（J）で表現されるが，とくに医学の分野ではメートル法のカロリー（cal）も広く使われる．この教科書では，エネルギーの単位として cal も J も両方使う．1 cal は水 1 g の温度を 1 ℃ 上昇させるのに必要な熱量である．キロカロリー（kcal）は，栄養学の人たちが食品のカロリーを大文字の Cal であらわす時に使うことが多く，1000 cal に等しい．

$$1000 \text{ cal} = 1 \text{ kcal} \quad 1000 \text{ J} = 1 \text{ kJ}$$
$$1 \text{ cal} = 4.184 \text{ J} \quad 1 \text{ kcal} = 4.184 \text{ kJ}$$

エネルギー（energy）　仕事をする，あるいは熱を供給する能力．

温度（temperature）　物体における熱エネルギーの測定．

＊（訳注）：セルシウス度には接頭辞をつけることが許されており，0.015 ℃ は 15 m℃ と書くことができる．

▲図 1.9
アルミニウムとホウ素の反応は，熱としてエネルギーを放出する
反応が終結すると，生成物はそれ以上変化しない．

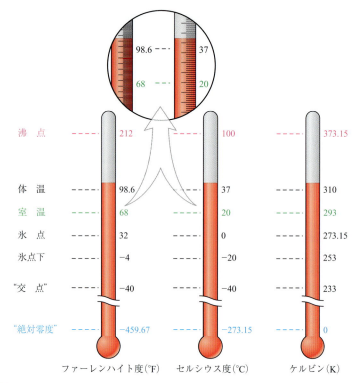

▲図 1.10
ファーレンハイト度，セルシウス度，ケルビンの比較
セルシウス度をファーレンハイト度に：

$$°F = \left(\frac{9}{5} × ℃\right) + 32$$

ファーレンハイト度をセルシウス度に：

$$℃ = \frac{5}{9} × (°F - 32)$$

（訳注）：ファーレンハイト度は科学的には使われないが，米国の一般社会，とくに気温などでは使われている．その一方で体温にはセルシウス度が使われる．米国の文化（映画，TV，小説など）に触れる時の参考に，原書の図 1.10 にあるファーレンハイト度を残した．ファーレンハイト度とセルシウス度の変換係数は距離や体積ほど容易ではなく，1 単位あたりの変換は 1 ℃ =（9/5）°F および 1 °F =（5/9）℃ になる．セルシウス 0 ℃ はファーレンハイト度 32 °F であり，したがってセルシウス度をファーレンハイト度に変換する時には，セルシウス度に 9/5 を乗じた値に氷点の 32 を加算しなければならない．逆にファーレンハイト度をセルシウス度に変換する時は，ファーレンハイト度から氷点 32 を減算してから 5/9 を乗じなければならない．

比熱（specific heat） 1 g の物質の温度を 1 ℃ 上げる熱量．

おなじ量の熱エネルギーが加えられた時，すべての物質が自身の温度をおなじ比で上げるわけではない．水 1 g の温度を 1 ℃ 上げる 1 cal の熱は，1 g の鉄の温度を 10 ℃ 上げる．物質 1 g の温度を 1 ℃ 上げるために必要な熱は，物質の**比熱**と呼ばれる．これは cal/(g・℃) の単位で測定される．

$$比熱 = \frac{カロリー}{グラム × ℃}$$

表 1.10 に示すように，比熱は物質によって大きく変わる．水の比熱は 1 cal/(g・℃)（または 4.184 J/(g・℃)）でありほとんどの物質より高く，そのことはある量の水をある温度まで上げるためには大量の熱の移動が求められることを意味している．ヒトの体を考えると約 60％は水なので，その結果外部の気温の変動にもかかわらず体温を一定に保つことができる．

表 1.10 代表的な物質の比熱

物　質	[cal/(g・℃)]	比熱[J/(g・℃)]
エタノール	0.59	2.5
金	0.031	0.13
鉄	0.106	0.444
水　銀	0.033	0.14
ナトリウム	0.293	1.23
水	1.00	4.18

CHEMISTRY IN ACTION

温度感受性素材

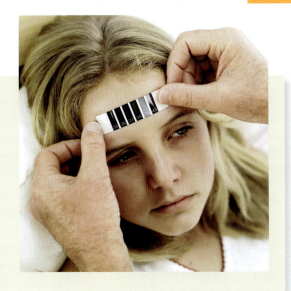

哺乳びんが熱すぎることが触らずにわかるようになったら，素晴らしいじゃないですか？あるいは夕食に買おうとしている鶏肉が，適切に管理されていることが簡単にわかるようになったらどうですか？温度に感受性のある素材は，このような用途をはじめ多方面で使われている．温度によって色が変わるこれらの素材の利用場面が広がっている．

このような素材を使った最新の利用法は，温度が上昇するにつれて色が変化する温度可変素材といわれるもので，液体状態から規則性のある半結晶状態に変化する．これらの液晶材料は，プラスチックや塗料に組み入れることができ，内容物や容器の温度を監視するために使うことができる．たとえば，牛肉のコンテナには温度モニターが備えられており，牛肉がある温度以上で保管されると暗色に変わり，その牛肉は安全に食べることができないことを示す．ある種の食品用コンテナは，飲み物が飲み頃になると色の変化で教えてくれる．病院などの医療機関では日常的にこの素材が使われており，舌の下やひたいでの色の変化から体温の異常を知る．将来的には，道路標識の色の変化から危険な道路状態を知らせてくれるようになるかもしれない．

章末の"Chemistry in Actionからの問題" 1.98, 1.99 を見ること．

物質の質量と比熱がわかれば，ある温度変化に伴う熱量を計算することができる（例題 1.15）．

$$熱\,(\mathrm{cal}) = 質量\,(\mathrm{g}) \times 温度変化\,(℃) \times 比熱\left(\frac{\mathrm{cal}}{\mathrm{g}\cdot℃}\right)$$

例題 1.14 温度の変換：ファーレンハイト度からセルシウス度

体温が107°Fより高くなると致命的である．107°Fはセルシウス度では何度か？

解説 変換係数によりファーレンハイト度をセルシウス度に変換する．

解答

段階1：情報を特定する．	温度 = 107°F
段階2：解と単位を特定する．	温度 = ?? ℃
段階3：変換係数を特定する．式を使えば変換できる．	$℃ = \dfrac{5}{9} \times (°F - 32)$
段階4：解く．既知の温度を式に入れる．	$℃ = \dfrac{5}{9} \times (107 - 32) = 42$

確認 概算値41℃に近い．

1. 物質と計量

例題 1.15 比熱：質量，温度，エネルギー

浴槽には 95 kg の水を使う．その水を 15 ℃ から 40 ℃ に加熱するためには，どれほどのエネルギー（カロリーとジュール）が必要か？

解説 加熱すべき水の量(95 kg)と温度変化の量(40 ℃ − 15 ℃ = 25 ℃)から，エネルギーの総量は変換係数 1.00 cal/(g・℃)を使って計算できる．

概算 水は 15 ℃ から 40 ℃ へ 25 ℃ 加熱される．それには 1 g あたり 25 cal 必要になる．水 95 kg は 95 000 g つまり約 100 000 g になるので，浴槽の水を加熱するためには 25 × 100 000 cal あるいは 2 500 000 cal が必要になる．

解答

段階1：情報を特定する．

水の質量 = 95 kg
温度変化 = 40 ℃ − 15 ℃ = 25 ℃
熱量 = ?? cal

段階2：解と単位を特定する．

段階3：変換係数を特定する．エネルギー量(cal)は，水の比熱(cal/(g・℃))と加熱すべき水の量(g)と温度の変化量(℃)を使って計算できる．比熱の単位を正しく約すためには，最初に水の質量を kg から g に変換しなければならない．

$$\text{比熱} = \frac{1.0 \text{ cal}}{\text{g}\cdot\text{℃}}$$

$$1 \text{ kg} = 1000 \text{ g} \rightarrow \frac{1000 \text{ g}}{1 \text{ kg}}$$

段階4：解く．既知の情報から計算をはじめ，変換係数を使って不用な単位を約す．

$$95 \text{ kg} \times \frac{1000 \text{ g}}{1 \text{ kg}} \times \frac{1.0 \text{ cal}}{\text{g}\cdot\text{℃}} \times 25 \text{ ℃} = 2400\,000 \text{ cal}$$

$$= 2.4 \times 10^6 \text{ cal}$$

確認 概算値 2.5×10^6 に近い．

問題 1.22
記録に残されたもっとも高い気温は，1922 年 9 月 13 日リビアはアジージーヤで記録された 136 °F である．これはセルシウス度では何度になるか？

問題 1.23
記録に残されたもっとも低い気温は，1983 年 7 月 21 日南極はヴォストーク基地で記録された −89 ℃ である．これはケルビンでは何度になるか？

問題 1.24
コーラの比熱を水とおなじと仮定して，冷蔵庫で 350 g のコーラを室温 20 ℃ から 3 ℃ に冷却するとどれだけのエネルギー量(cal)が除かれるか？

問題 1.25
75 g の棒アルミニウムの温度を 10 ℃ 上げるために 161 cal が必要になるとすると，アルミニウムの比熱はいくらになるか？

1.14 密度と比重

この節で取り上げるもう一つの物理量は，体積に対する物体の質量に関する**密度**である．固体の密度には立方センチメートルあたりのグラム(g/cm^3)，液体の密度にはミリリットルあたりのグラム(g/mL)で表示される．このように，もし物質の密度を知っていれば，ある体積に対する質量とある質量に対する体

密度(density) 体積に対する物体の質量に関する物理的な特性；単位体積あたりの質量．

1.14 密度と比重

積がわかることになる．代表的な物質の密度を表1.11にあげる．

$$密度 = \frac{質量(g)}{体積(mL あるいは cm^3)}$$

ほとんどの物質は過熱されると膨張し，冷却されると収縮するが，水は違った挙動を示す．水が100℃から3.98℃に冷却された時は収縮するが，しかしこの温度以下では再び膨張をはじめる．液体の水の密度は3.98℃で最大の1.0000 g/mLになり，0℃では0.999 87 g/mLに減少する．氷結がおきる時，密度は0℃で氷の値0.917 g/mLまで下がる．より密度の小さい物質はより密度の大きい液体に浮くので，氷などの水より密度の小さい物質は水に浮くことになる．逆に，水より密度の大きい物質は水に沈むことになる．

液体の質量を量るよりも体積を量るほうが簡単なので，液体の密度を知ることは役立つ．たとえば1.50 gのエタノールが必要になったとしよう．天秤で正しい質量を正確に量るよりも，エタノールの密度（20℃で0.7893 g/mL）から計算した体積（1.90 mL）を，シリンジあるいはメスシリンダーで正確に量るほうがはるかに簡単である．このように，密度は質量と体積の変換係数になる．

$$1.5\,g\,エタノール \times \frac{1\,mL\,エタノール}{0.7893\,g\,エタノール} = 1.90\,mL\,エタノール$$

ワインづくりから医学まで，多くの目的のためには密度よりも**比重**を使うことがより簡便である．物質（通常は液体）の**比重**は，単純に物質の密度をおなじ温度の水の密度で除したものである．すべての単位は約されるので，比重に単位はない．

$$比重 = \frac{物質の密度(g/mL)}{おなじ温度の水の密度(g/mL)}$$

常温では，水の密度はほぼ1 g/mLに近い．このように，物質の比重は数値的にはその密度に等しく，おなじように使われる．

液体の比重は，図1.11に示したような目盛付きのガラス管の端に錘を入れた玉からなる，**比重計**（hydrometer）と呼ばれる器具で計量される．液体の中に入れた比重計の沈んだ深さは，液体の比重を示す—深く沈むと液体の比重は小さい．

医学では，尿中の固形物の量を示すのに使われる**尿比重計**（urinometer）と呼ばれる比重計が使われる．正常な尿の比重は約1.003～1.030で，糖尿病や高熱は異常に高い尿比重をおこす．これは固体が過剰に排除されるか，あるいは水の排除が減少するためである．異常に低い比重は，水の排除を促す利尿薬を処方される患者に見られる．

▲ガリレオの温度計にはいくつかの重さの球が入っており，液体の密度が温度に応じて変化すると上昇あるいは下降する．

比重（specific gravity） 物質の密度をおなじ温度の水の密度で除したもの．

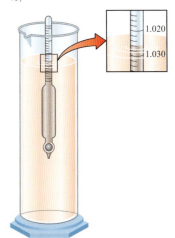

▲図1.11
比重計
この比重計は，目盛付きのガラス管の端に錘を入れた玉をもつ．液体中に沈んだ比重計の深さは，その液体の比重を示す．

▲尿比重計で測定される尿素の比重は，糖尿病などを診断するために使われる．

表1.11 25℃における代表的な物質の密度

物 質	密 度*	物 質	密 度*
気 体		固 体	
ヘリウム	0.000 194	氷（0℃）	0.917
空 気	0.001 185	金	19.3
液 体		ヒト脂肪	0.94
水（3.98℃）	1.0000	コルク	0.22～0.26
尿 素	1.003～1.030	砂 糖	1.59
血 漿	1.027	バルサ材	0.12
		地 球	5.54

*固体の密度はg/cm³，液体と気体の密度はg/mL．

CHEMISTRY IN ACTION

測定例：肥満と体脂肪

米国CDC（Centers for Disease Control and Prevention，米国疾病予防管理センター，米国ジョージア州アトランタにある米国保健福祉省所管の感染症対策の総合研究所）によれば，米国民は肥満という伝染病に罹っているらしい．過去25年以上のあいだ，太りすぎとされる20歳以上の成人の割合は増え続け，1970年は15％だったのが2008年にはほぼ33％までになった．子供や青年でさえ体重が多すぎで，過体重の子供たちはすべての年代でほぼ3倍になった．なかでもティーンエイジャーは，もっとも高い増加率を示した（5％から18.1％）．とくに気になるのは，10代に過体重だった子供たちの80％が，25歳には糖尿病になるという事実だろう．肥満はII型糖尿病や心臓病など，不利な健康状態のリスクを上昇させる．

しかしながら，肥満かどうかはどのように判断し，どのように測定するのだろうか？肥満は，体重（kg）を身長の二乗（m²）で除したBMI（body mass index）を基準に判定される．たとえば，身長1.70 mで体重66.7 kgなら，BMIは23になる．

$$BMI = \frac{体重(kg)}{[身長(m)]^2}$$

BMI値が25かそれ以上なら過体重で，30以上なら肥満とされる．この基準からすれば，米国民の61％が太りすぎということになる．BMI値と健康は密接に関連するので，専門家は米国における急速

▲体脂肪率は，皮下脂肪の厚さを測定して推測できる．

な肥満の増加に関心を寄せている．BMI値と健康との関連については，100万人以上の成人を対象とした最近の調査など，数多くの報告書がある．がんや心臓病など，あらゆる病気に対してもっとも死亡率が低いのは，BMIが22から24となっている．BMIの上昇に比例してリスクが増加し，29以上のBMIともなると倍増する．

体脂肪率は，皮下脂肪法によりもっとも簡単に測定できる．腕，肩，腰など数カ所の皮膚をつまみ，肌の下の脂肪層の厚みを測定する．測定結果を標準表に照らし合わせて，体脂肪率を概算する．この方法に代わり，より正確な体脂肪の測定法は水中体重測定法である．ヒトの水中の体重は，水が体に浮力を与えるため，地上での体重より少ない．体脂肪率が高くなると浮力は大きくなり，地上の体重と水中の体重の差が大きくなる．浮力の測定結果と標準表を照らしあわせて，体脂肪を概算する．

章末の"Chemistry in Actionからの問題" 1.100, 1.101 を見ること．

体重 (kg)

身長 (cm)	50	52	54	56	58	60	62	64	66	68	70	72	74	76	78	80
150	22	23	24	24	25	26	27	28	29	30	31	32	32	33	34	35
155	20	21	22	23	24	24	25	26	27	28	29	29	30	31	32	33
160	19	20	21	21	22	23	24	25	25	26	27	28	28	29	30	31
165	18	19	19	20	21	22	22	23	24	24	25	26	27	27	28	29
170	17	17	18	19	20	20	21	22	22	23	24	24	25	26	26	27
175	16	16	17	18	18	19	20	20	21	22	22	23	24	24	25	26
180	15	16	16	17	17	18	19	19	20	20	21	22	22	23	24	24
185	14	15	15	16	16	17	18	18	19	19	20	21	21	22	22	23

BMI

例　題　1.16　密度：質量と体積の変換

イソプロピルアルコール 25 g の体積はいくらか？ イソプロピルアルコールの密度は，20℃で 0.7855 g/mL とする．

解　説　与えられた情報は，必要なイソプロピルアルコールの質量(25 g)である．その密度 0.7855 g/mL は，イソプロピルアルコールの既知の質量と未知の体積の変換係数になる．

概　算　1 mL のイソプロピルアルコールには 0.7885 g のアルコールが含まれているので，1 g のアルコールを得るには 1 mL の 20％増しの 1.2 mL 位が必要となるだろう．そこで 25 g のアルコールを得るには，体積は 25 × 1.2 mL = 30 mL と概算できる．

解　答

段階 1：情報を特定する．

イソプロピルアルコールの質量 = 25 g
イソプロピルアルコールの密度 = 0.7855 g/mL
イソプロピルアルコールの体積 = ?? mL

段階 2：解と単位を特定する．
段階 3：変換係数を特定する．最初にイソプロピルアルコールの質量(g)を確認し，その体積 (mL) は，密度(g/mL)を変換係数として使って計算できる．

密度 = g/mL → 1/密度 = mL/g

段階 4：解く．既知の情報から計算をはじめ，変換係数を使って不要な単位を約す．

$$25 \text{ g アルコール} \times \frac{1 \text{ mL アルコール}}{0.7855 \text{ g アルコール}} = 31.8 \text{ mL アルコール}$$

確　認　概算値 30 mL と一致する．

問題 1.26
重量 17.4 g の多孔質の火山岩の軽石は，27.3 cm^3 の体積をもつ．もしこれを水の入った容器に入れた場合，水に浮くか，それとも沈むか説明せよ．

問題 1.27
麻酔薬として使われたことのあるクロロホルムの密度は 1.474 g/mL である．12.37 g のクロロホルムの体積はいくらか？

問題 1.28
自動車のバッテリーに入っている硫酸液の比重は 1.27 である．バッテリーの硫酸液は，純水の密度より大きいか小さいか？

要約：章の目標と復習

1. 物質とはなにか，どのように分類されるか？

物質とは，質量をもち空間を占めるもの—それは物理的に存在するものである．物質は，物理的な状態により，**固体**，**液体**，あるいは**気体**に分類される．固体は明確な容積と形をもち，液体は明確な容積と不明確な形をもち，気体は容積，形ともいずれも明確なものをもたない．また物質は成分によって，純物質あるいは混合物に分類される．どの純物質も，元素か化合物のいずれかである．元素は，それ以上単純な物質に化学的に変化することのできない基本的な物質である．元素とは対照的に，化合物は化学的分解によってより単純な物質に変化することができる．混合物は二つかそれ以上の物質で構成されており，物理的な方法で各構成成分に分離でき

る(問題 40〜45, 96, 103).

2. 化学元素をどのように表記するか？

元素は1文字あるいは2文字の記号で，水素をH，カルシウムをCa，アルミニウムをAl，などのように表記される．ほとんどの記号は，元素名の頭文字一つか二つを使うが，ときにラテン名の元素―ナトリウムNa―もある．既知のすべての元素は，周期表に系統的に記載される．そのほとんどが金属で，18が**非金属**，6が**メタロイド**である(問題29〜31, 48〜57, 96, 102, 103).

3. 物質はどのような特性をもっているか？

特性とは，あるものを説明し特定するために使われる特徴である．**物理特性**は，物質の化学的な同一性(色とか融点とか)を変えることなく観察され測定される．**化学特性**は，化学反応などで**化学変化**が進行する時に観察され測定される(問題37〜39, 42〜44, 47, 97, 102, 103).

4. 特性を測定するためには，どのような単位が使用されるか？ある量単位からほかの単位に変換するにはどうすればよいか？

測定が可能な性質は**物理量**と呼ばれ，数と記号あるいは単位の両方で表現される．使われる単位は国際単位(**SI単位**)あるいは**メートル単位**のいずれかである．物体が含む物質の量，質量は**キログラム**(kg)あるいは**グラム**(g)で測定される．長さは**メートル**(m)で測定される．体積は，SI単位では**立方メートル**(m^3)，メートル単位では**リットル**(L)あるいは**ミリリットル**(mL)で測定される．温度は，SI単位では**ケルビン**(K)，メートル単位では**セルシウス度**(℃)で測定される．ある単位での測定は，単位間の正確な関係をあらわす**変換係数**を乗じることでほかの単位に変換できる(問題58〜63, 72〜82, 100, 101, 104, 105, 107〜109, 121).

5. 測定にはどのような利点があるか？

物理量を測定しあるいは計算でそれらを使う時，有効数字の正しい数を使って最後の答えを概算することにより，測定の精度をあらわすことが重要である．**有効数字**の中の一つを除く数字が確実性をもち，最後の数字は($\pm$)1と見積もられる(問題32〜35, 64〜71, 104, 112).

6. 大きい数値や小さい数値をもっともよくあらわすにはどうすればよいか？

小さい量と大きい量の測定は，1から10の数字と10の累乗の積として**科学的記数法**で書かれる．10より大きい数字は正の指数を，1より小さい数字は負の指数をもつ．たとえば，$3562 = 3.562 \times 10^3$，$0.00391 = 3.91 \times 10^{-3}$になる(問題64〜71, 75, 82, 108).

7. 問題を解くために使う最適な方法はなにか？

問題解法**FLM**を応用することで問題は解け，単位は数のように乗除できる．考え方は，式を立て，不要な単位はすべて約し，必要な単位だけを残すものである．既知と未知の情報を特定することからはじめ，既知の情報を変換して解を導く方法を決め，最後に答えが化学的かつ物理的に合理的かどうか確認する(問題76〜82, 101, 106, 107, 109, 110〜112, 114, 115, 118〜123).

8. 温度，熱量，密度，比重とはなにか？

温度は物体がどれだけ熱いか冷たいかを特定する．物質の**比熱**は，1gの物質の温度を1℃上昇させるのに必要な熱量になる($1 cal/(g\cdot℃)$または$4.184 J/(g\cdot℃)$)．水の比熱は非常に高く，体温を維持するのに貢献している．**密度**は体積に対する質量に関連する物理量で，液体の密度はミリリットル(mL)あたりの質量(g)の単位(g/mL)であらわされ，固体の密度は立方センチメートル(cm^3)あたりの質量(g)の単位(g/cm^3)であらわされる．液体の**比重**は，液体の密度をおなじ温度の水の密度で除したものである．水の密度はおおむね1 g/mLなので，比重と密度はおなじ数値をもつ(問題32, 36, 42, 43, 83〜89, 90〜95, 98, 99, 106, 113, 118〜120, 122, 123).

KEY WORDS

液体, p.5	科学的記数法, p.21	金属, p.11
SI単位, p.16	科学的方法, p.4	元素, p.7
エネルギー, p.29	化学反応, p.7	固体, p.5
温度, p.29	化学変化, p.4	混合物, p.6
概数, p.23	化合物, p.7	質量, p.18
化学, p.4	気体, p.5	周期表, p.11
化学式, p.10	均一混合物, p.6	重量, p.18

基本概念を理解するために

純物質, p.6
状態変化, p.5
生成物, p.7
単位, p.15
特性, p.4
反応物, p.7
非金属, p.11

比重, p.33
比熱, p.30
不均一混合物, p.6
物質, p.4
物質の三態, p.5
物理変化, p.4
物理量, p.15

変換係数, p.25
密度, p.32
メタロイド, p.11
問題解法 FLM, p.25
有効数字, p.19

基本概念を理解するために

　ここでの問題は，章の要約と補充問題の橋渡しの役割をするものです．基本的に解きやすい問題とし，それぞれの章でもっとも重要な原理を自分がどれだけ習熟したか，このあとの多数の問題を解く前に確認することができるよう用意しました．ここでの問題の解答は巻末にあります．

1.29　周期表で右端の青の六つの元素は，室温で気体である．中央の赤の元素は硬貨に使われる金属である．前表紙裏の周期表を使いながら，それらがなにか特定せよ．

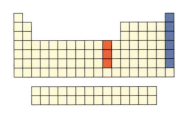

1.30　つぎの周期表で示した三つの元素を特定し，金属か，非金属か，メタロイドか述べよ．

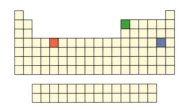

1.31　つぎの周期表で示した放射性元素は煙感知機に使われる．それを特定し，金属か，非金属か，メタロイドか述べよ．

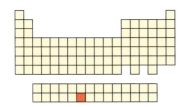

1.32　(a) つぎの図の溶液の比重はいくらか？
　　　(b) その答えの有効数字はいくらか？
　　　(c) この溶液の密度は，水より高いか低いか？

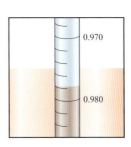

1.33　ここに，(a)は 5 mL，(b)は 50 mL の容量の二つのメスシリンダーがあるとしよう．これらで 2.64 mL の水を量るとすると，どこまで入るか線を書け．どちらが正確と思われるか，説明せよ．

1.34　適切な有効数字で図の鉛筆の長さを答えよ．

1.35　ピペットで溶液の試料を移すとしよう．つぎの図(a)と(b)は試料を分け取る前と後の体積を示している．試料を分け取る前と後の体積を単位 mL で述べ，試料の体積を計算せよ．

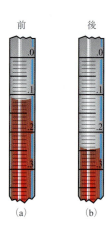

前　　　後
(a)　　　(b)

1.36　おなじ比重計をエタノール(比重 0.7893)とクロロホルム(比重 1.4832)に入れた．比重計がより浮くのはどちらと考えられるか説明せよ．

補　充　問　題

　ここでの問題は，節ごとに分けました．おのおのの節は，復習と基本問題からはじめ，その後，難度の高い多数の問題を配置しました．難度の高い知識と技能を必要とする問題は2問ずつあり，奇数番号の問題と偶数番号の問題はおなじ程度の難度と内容にしました．最後の節には，この章や後の章のいろいろな項目から選んだ全般的な質問と問題をおきました．偶数番号の問題の答は巻末にあります．

物質の化学と特性

1.37　物理変化と化学変化の違いはなにか？
1.38　つぎのどれが物理変化でどれが化学変化か？
　　(a) 沸騰水
　　(b) 電流を通して水を分解する
　　(c) 金属カリウムを水に入れると爆発する
　　(d) ガラスを割る
1.39　つぎのどれが物理変化でどれが化学変化か？
　　(a) レモネードをつくる(レモン＋水＋砂糖)
　　(b) 卵焼をつくる
　　(c) ろうそくに火をつける
　　(d) ホイップクリームをつくる
　　(e) 紅葉

物質の状態と分類

1.40　物質の三態をあげ，説明せよ．
1.41　状態の変化を二つあげ，それぞれがおきる原因を説明せよ．
1.42　二酸化硫黄は，硫黄が空中で燃焼すると生成する化合物である．その融点は $-72.7\,°C$ で，沸点は $-10\,°C$ である．室温(298 K)での状態はなにか？(図 1.10 を参照)
1.43　ブタン(C_4H_8)は簡単に圧縮ガスになり，ライターなどに使われる．融点は $-138.4\,°C$，沸点は $-0.5\,°C$ である．外気温が $-3.9\,°C$ の冬季にブタンガスのライターは使えるだろうか？その理由を述べよ．(図 1.10 を参照)
1.44　つぎのものは混合物か，純物質か判定せよ．
　　(a) ピースープ(干しエンドウ(split pea)でつくる濃厚なスープ)
　　(b) 海水
　　(c) プロパンガスボンベの中身
　　(d) 尿
　　(e) 鉛
　　(f) マルチビタミンの錠剤
1.45　つぎにあげる物質は室温では，(i)混合物，(ii)固体，(iii)液体，(iv)気体，(v)化学元素，(vi)化合物のいずれか？
　　(a) ガソリン　　　　(b) ヨウ素
　　(c) 水　　　　　　　(d) 空気
　　(e) 血液　　　　　　(f) 炭酸ナトリウム
　　(g) アンモニアの気体　(h) ケイ素
1.46　過酸化水素は，切片や切くず(細胞学的検査のために掻爬した検体)の消毒に使われる溶液で，分解して水と酸素を発生する．
　　　　過酸化水素→水 ＋ 酸素
　　(a) 反応物と生成物を特定せよ．
　　(b) どちらが化合物で，どちらが元素か？
1.47　金属ナトリウムを水に入れると，つぎの反応がおきる：
　　　　ナトリウム＋水 → 水素 ＋ 水酸化ナトリウム
　　(a) 反応物と生成物を特定せよ．
　　(b) どちらが化合物で，どちらが元素か？

元素と記号

1.48　金属，非金属，メタロイドの特性について述べよ．
1.49　地球の地殻にもっとも豊富に存在する元素はなにか？人体では？それぞれの名前と記号を書け．
1.50　つぎの元素の記号を書け．
　　(a) ガドリニウム(gadolinium)
　　(b) ゲルマニウム(germanium)
　　(c) テクネチウム(technetium)
　　(d) ヒ素(arsenic)
　　(e) カドミウム(cadmium)

補充問題

1.51 つぎの元素の名前あるいは記号を書け．
(a) N　　(b) K
(c) Cl　　(d) カルシウム
(e) リン　(f) マグネシウム

1.52 つぎの記述は正しくない．訂正せよ．
(a) 臭素の記号は BR
(b) マンガンの記号は Mg
(c) 炭素の記号は Ca
(d) カリウムの記号は Po

1.53 つぎの記述は正しくない．訂正せよ．
(a) 二酸化炭素の分子式は CO2．
(b) 二酸化炭素の分子式は Co_2．
(c) 食卓塩 NaCl は窒素と塩素で構成されている．

1.54 アミノ酸のグリシンの化学式は，$C_2H_5NO_2$ である．グリシンに存在する元素はなにか？化学式であらわされる原子の総数はいくつか？

1.55 糖のグルコースの化学式は，$C_6H_{12}O_6$ である．化学式であらわされる原子の総数はいくつか？

1.56 炭素数 13，水素数 18，酸素数 2 のイブプロフェン（鎮痛薬）の化学式は？

1.57 次にあげた物理的な特性から，各元素を金属，非金属，メタロイドに分類せよ．
(a) 固く，光沢のある，高密度の固体で，電気伝導性がある
(b) 明るい灰色の固体で，わずかに電気伝導性がある
(c) 茶色の結晶性固体で，電気伝導性をもたない
(d) 無色で，無臭の気体

物理量：定義と単位

1.58 物理量と数の違いはなにか？

1.59 質量，体積，距離，温度を計測するために使うメートル単位はなにか？

1.60 つぎの記号の名前はなにか？
(a) cc　　(b) dm　　(c) mm
(d) nL　　(e) mg　　(f) m^3

1.61 つぎの単位の記号はなにか？
(a) ナノグラム　　(b) センチメートル
(c) ミリリットル　(d) マイクロリットル
(e) ミリグラム

1.62 1 mg は何ピコグラムか？35 ng は？

1.63 1 L は何マイクロリットルか？20 mL は？

科学的記数法と有効数字

1.64 つぎの数値を正確な有効数字の科学的記数法であらわせ．
(a) 9457
(b) 0.000 07
(c) 20 000 000 000（有効数字 4 桁）
(d) 0.012 345
(e) 652.38

1.65 つぎの数値を科学的記数法から標準的な記数法に変換せよ．
(a) 5.28×10^3　　(b) 8.205×10^{-2}
(c) 1.84×10^{-5}　(d) 6.37×10^4

1.66 つぎの数はいくらの有効数字をもつか？
(a) 237 401　(b) 0.300　(c) 3.01
(d) 244.4　　(e) 50 000　(f) 660

1.67 つぎの量にはどれだけの有効数字があるか？
(a) ニューヨークからニュージーランドのウェリントンまでの距離，14 397 km
(b) ワニの平均体温，25.6 ℃
(c) 金の融点，1064 ℃
(d) インフルエンザウイルス直径，0.000 01 m
(e) リン原子の周囲，0.110 nm

1.68 地球の赤道半径は 6 378 137 m である．
(a) 有効数字 2 桁，および 6 桁であらわせ．
(b) 地球の赤道半径を科学的記数法であらわせ．

1.69 問題 1.67 の数値を有効数字 2 桁であらわし，さらに概算せよ．

1.70 つぎの計算をし，各解を正しい有効数字で単位を含めてあらわせ．
(a) 9.02 g + 3.1 g
(b) 88.80 cm + 7.391 cm
(c) 362 mL − 99.5 mL
(d) 12.4 mg + 6.378 mg + 2.089 mg

1.71 つぎの計算をし，各解を正しい有効数字で単位を含めてあらわせ．
(a) $5280 \frac{cm}{m} \times 6.2$ m
(b) 4.5 m × 3.25 m
(c) 2.50 g ÷ 8.3 $\frac{g}{cm^3}$
(d) 4.70 cm × 6.8 cm × 2.54 cm

単位の変換と問題解法

1.72 つぎの変換をせよ．
(a) 3.614 mg をセンチグラムに
(b) 12.0 kL をメガリットルに
(c) 14.4 μm をミリメートルに
(d) 6.03×10^{-6} cg をナノグラムに
(e) 174.5 mL をデシリットルに
(f) 1.5×10^{-2} km をセンチメートルに

1.73 つぎの変換をせよ．必要なら表 1.7〜1.9 を参考にすること．
(a) 56.4 km をメガメートルに
(b) 2.0 L をデシリットルに
(c) 7.20 dm をセンチメートルおよびメートルに
(d) 1.35 kg をデシグラムに

1.74 SI 単位の接頭辞を使って，つぎの量を簡単にあらわせ．
(a) 9.78×10^4 g　(b) 1.33×10^{-4} L
(c) 0.000 000 000 46 g　(d) 2.99×10^8 cm

1.75 (a)を参考にして，つぎの空欄を適切な接頭辞か科学的記数法でおなじ量になるようにうめよ．
(a) 125 km = 1.25×10^5 m

(b) 6.285×10^3 mg = ＿＿＿?＿＿＿ kg
(c) 47.35 dL = 4.735 × ＿＿＿?＿＿＿ mL
(d) 67.4 cm = 6.7×10^{-4} ＿＿＿?＿＿＿ kg

1.76 カナダの制限速度は 100 km/h である.
(a) 分速何 m か?
(b) 秒速何 m か?

1.77 米国の二級国道の制限速度は 80 km である.
(a) 分速何 m か?
(b) 秒速何 m か?

1.78 赤血球細胞の直径は 6×10^{-6} m である.
(a) これは何センチメートルになるか?
(b) どれだけの数の赤血球細胞を並べると 1 cm になるか? 2.5 cm では?

1.79 シカゴのシアーズタワーのフロア面積は 418 000 m² である. これは甲子園球場(39 600 m²)何個分に相当するか?

1.80 血中コレステロールの正常値は 200 mg/dL である. もし健常な成人の総血液量が 5 L ならどれだけのコレステロールが体内に存在するか?

1.81 18 歳男性に必要な 1 日のカルシウム量は 1200 mg である. 1.0 カップの牛乳が 290 mg のカルシウムを含むとすると, 毎日どれだけの量の牛乳を飲まなければならないか?

1.82 正常血の白血球細胞の濃度は, およそ細胞数 12 000/mm³ である. 5 L の血をもつ健常な成人はどれだけの白血球細胞をもつか? 科学的記数法で答えよ.

エネルギー, 熱, 温度

1.83 液体窒素の沸点は −195.8℃ である. この温度はケルビンではいくらになるか?

1.84 麻酔薬として使われたこともあるジエチルエーテルは, 0.895 cal/(g・℃) の比熱をもつ. 30.0 g のジエチルエーテルの温度を 10.0℃ から 30.0℃ まで上げるのに必要な熱量は何カロリー(何キロカロリー)かエネルギーは何ジュール(何キロジュール)か? (3.74 J/(g・℃))?

1.85 アルミニウムの比熱は 0.215 cal/(g・℃) である. 20.0 ℃ で 18.4 g のアルミニウムに対し, 25.7 cal (108.5 J)の熱を加えた時, アルミニウムは何度になるか?

1.86 銅 5 g の温度を 25 ℃ から 75 ℃ まで加熱するのに 23 cal (96 J) 必要とする時, この銅の比熱を出せ.

1.87 脂肪の比熱は 0.45 cal/(g・℃) (1.9 J/(g・℃))で, 脂肪の密度は 0.94 g/cm³ である. 脂肪 10 cm³ を室温 (25 ℃)から融点(35 ℃)まで加熱するのに必要なエネルギーはいくらか? カロリーとジュールで記せ.

1.88 150 g の水銀と 150 g の鉄がおなじ温度 20 ℃ にある. もし 250 cal (1050 J) の熱量が加えられると, おのおのの最後の温度はいくらか? (表 1.10)

1.89 100 cal (418 J) の熱が 125 g の物体に加えられる時, 温度は 28 ℃ 上昇する. この物体の比熱を計算し, そしてその解を表 1.10 の値と比較せよ. この物体はなにか?

密度と比重

1.90 アスピリンの密度は 1.40 g/cm³ である. この錠剤 250 mg の体積を, 立方センチメートルで答えよ.

1.91 気体の水素は 0℃ で 0.0899 g/L の密度をもつ. 1.0078 g の水素がほしい時, 何リットル必要になるか?

1.92 高さが 0.500 cm, 幅が 1.55 cm, 長さが 25.00 cm の角柱の鉛の質量が 220.9 g の時, この比重(g/cm³)はいくらになるか?

1.93 角柱の大きさが 0.82 cm × 1.45 cm × 1.25 cm の金属リチウムの質量が 0.3624 g の時, この比重(g/cm³)はいくらになるか?

1.94 発酵で生産されるエタノールの比重は, 25 ℃ で 0.787 である. この温度における 125 g のエタノールの体積はいくらか? (25℃における水の比重は 0.997 g/mL)

1.95 自動車の不凍液に一般的に使われるエチレングリコールは, 室温(25 ℃)で 1.1088 の比重をもつ. この温度におけるエチレングリコール 1.00 L の体積はいくらか?

Chemistry in Action からの問題

1.96 アスピリンの有効成分アセチルサリチル酸(ASA)は, 分子式 $C_9H_8O_4$ をもち 140℃ で融解する. 元素を特定し, ASA にはどれだけの原子が存在するか答えよ. 室温では個体か, 液体か?［アスピリンを例にして, p.8］

1.97 甘汞(Hg_2Cl_2) は無毒 だが, メチル化塩化水銀(CH_3HgCl)はきわめて毒性が高い. この毒性の違いは, 物理的な特性からはどのように説明できるか? ［水銀と水銀毒, p.15］

1.98 牛肉の輸送用コンテナに入っている温度で色変化するプラスチック片は, もし貯蔵温度が −3℃ を超えると, 不可逆的な色変化をする. これはケルビンではいくらか? ［温度感受性素材, p.31］

1.99 温度感受性のお風呂のおもちゃは, 37℃ から 47℃ の間の温度の変化に応じていくつかの色に変わる. この温度の範囲は, ケルビンではいくらになるか? ［温度感受性素材, p.31］

1.100 つぎの例の BMI 値を計算せよ.
(a) 身長 155 cm で体重 70.4 kg の人
(b) 身長 180 cm で体重 77.2 kg の人
(c) 身長 190 cm で体重 88.5 kg の人
健康に懸念があるのはどの人か? ［測定例: 肥満と体脂肪, p.34］

1.101 脂肪吸引は, 体のいろいろな部位から脂肪の塊を吸引する方法である. 体重を 2.5 kg 減らすには, 何リットルの脂肪を吸引しなければならないか? ヒト脂肪の密度を 0.94 g/mL として考えよ. ［測定例: 肥満と体脂肪, p.34］

全般的な質問と問題

1.102 発見報告のある中ではもっとも新しい元素ウンウンセプチウム（Uus）の原子番号は，117 である．周期表の場所から，金属，非金属，メタロイドのいずれか分類せよ．物質の状態や電気伝導率などの物理的な特性を推測し，記載せよ．

1.103 融点 730 ℃ の無色固体がある．この物質が溶解してできた液体に電気を通したところ，茶色の気体と溶解した金属が生成した．これらの金属と気体のいずれも，化学的な方法ではより単純なものに変えることはできない．無色の固体，溶解した金属，茶色の気体は，それぞれ混合物か，あるいは元素か分類せよ．

1.104 省 略

1.105 ダイヤモンドはカラット（正確に 1 carat = 200 mg）で計量される．世界でもっとも大きいブルーダイヤモンドは 44.4 カラットになるが，これは何グラムか？

1.106 カロリーの栄養価の単位 Cal とエネルギーの単位 cal は，1 Cal = 1 kcal の関係である．
(a) ドーナッツ 1 個は 350 Cal である．これをエネルギーのカロリーとジュールに変換せよ．
(b) ドーナッツ 1 個のエネルギーが，水 35.5 kg を加熱するために使われたとすると，水は何度（℃）上昇するか？

1.107 薬は，一般的に体重 1 kg あたり mg 単位で処方される．ある新薬は，推奨される投薬量が 9 mg/kg となっている．
(a) 体重 65 kg の患者に対する投薬量はいくらか？
(b) 1 個あたり 120 mg を含む錠剤は，体重 20 kg の子供に対する推奨される投薬量はいくらか？

1.108 つぎのような血液検査の結果がカルテに書かれている．鉄 39 mg/dL，カルシウム 8.3 mg/dL，コレステロール 224 mg/dL．科学的記数法を使ってデシリットルあたりのグラムで書け．

1.109 空撮に使われるグッドイヤー社の飛行船 The Spirit of America の体積は，5.740×10^6 L である．
(a) この飛行船はヘリウムで充填される．ヘリウムの室温における密度が 0.179 g/L の時，充填に使われたヘリウムの質量はいくらか？
(b) 室温における空気の密度が 0.179 g/L の時，同じ体積の空気の質量はいくらか？

1.110 健常成人の心臓による心拍でくみ出される血液の流量は，おおむね 75 mL である．1 分間に平均 72 回の心拍があるとすると，1 日にくみ出される血液の量はいくらになるか？

1.111 医師が患者に 15 g のグルコースを処方した．グルコースが 50.00 g/1000 mL の溶液で供給される場合，その患者にはどれほど投与すればよいか？

1.112 問題 1.35 のピペットで取り分けた試料の体積を考えよう．ピペットの溶液の密度が 0.963 g/mL の時，正しい有効数字で溶液の質量を答えよ．

1.113 今日，水銀を使う温度計は過去に比べてあまり使われなくなった．その理由は，水銀の毒性と高い融点（−39 ℃）にある．これは，水銀が極低温では固体になるために使えないことを意味する．一方アルコール温度計は，−115 ℃（アルコールの融点）から 78.5 ℃（アルコールの沸点）までの範囲で使える．
(a) アルコールの密度は 0.79 g/mL である．温度計に使われる液体の体積が 1.0 mL の時，温度計に入っているアルコールの質量はいくらか？
(b) 水銀の密度は 13.6 g/mL である．温度計に使われる液体の体積が 1.0 mL の時，温度計に入っているアルコールの質量はいくらか？

1.114 一般的な人の場合，血中グルコース濃度（血糖）は約 85 mg/100 mL になる．平均的な体の血液量が 10 L とすると，グルコースは血中にいくら存在するか？

1.115 ある患者が 100 mL あたり 5 g のグルコース溶液を 1 日あたり 3000 mL 処方されている．もし 1 g のグルコースが 4 kcal/g のエネルギーを発生すると，1 日にグルコースから供給されるエネルギーは何キロカロリーになるか？

1.116 1 日に必要な体重あたりの液体は，最初の 10 kg では 100 mL/kg，つぎの 10 kg では 50 mL/kg，20 kg 以上では 20 mL/kg である．体重 55 kg の人に必要な 1 日あたりの液体の量はいくらか？

1.117 ある睡眠導入薬は 174 mg/mL の溶液で供給される．ある患者に 7.5 g 投与するには何ミリリットルが必要か？

1.118 テーブルスプーン 1 杯のバターが私たちの体内で燃焼すると，100 kcal のエネルギー（100 Cal あるいは 418.4 kJ）を放出する．もしこのエネルギーを使って 18 ℃ の水 3.00 L の温度を 18 ℃ から 90 ℃ に上げるとすると，テーブルスプーン何杯のバターが必要か？

1.119 考古学者が，純金でできていると思われる重さ 1.62 kg のゴブレット（グラスの一種）を見つけた．1350 cal（5650 J）の熱が加えられた時，温度は 7.8 ℃ 上昇した．このゴブレットの比熱を計算して純金かどうか判断し，その理由を述べよ．

1.120 問題 1.119 の考古学者はほかの試験も行って，その体積を 205 mL と決定した．ゴブレットの密度を計算して金の密度（19.3 g/mL），鉛（11.4 g/mL），鉄（7.86 g/mL）の密度と比較し，このゴブレットはなにでできているか推定せよ．

1.121 省 略

1.122 コルク片 1.30 cm × 5.50 cm × 3.00 cm を水に浮かせ，コルクの上部に 1.5 cm 角の鉛を置いた．コルクの密度を 0.235 g/cm³，鉛の密度を 11.35 g/cm³ とすると，この鉛を置いたコルクは浮くか沈むか？

1.123 ある温度でファーレンハイト度とセルシウス度は一致する．これは何度か？

2 章

原子と周期表

目　次
2.1　原子説
2.2　元素と原子番号
2.3　同位体と原子量
2.4　周期表
2.5　族の特質
2.6　原子の電子構造
2.7　電子配置
2.8　電子配置と周期表
2.9　点電子記号

◀北カリフォルニアにあるデビルスタワー・ナショナル・モニュメントの玄武岩柱状節理は，自然界で見出される繰返し模様の一例である．

この章の目標

1. 原子構造の現代的な理論とはなにか？
   目標：原子説の主要な仮説を説明できる．
2. 元素の違いによって原子はどのように異なっているか？
   目標：種々の原子の成り立ちを，原子に含まれる陽子，中性子，および電子の数から説明できる．
3. 同位体とはなにか，そして原子量とはなにか？
   目標：同位体が何であり，それが原子量にどう影響するかを説明できる．
4. 周期表はどのような配置になっているか？
   目標：元素が周期表中にどのように配置されているか説明し，周期表の細区分名を示し，周期表における元素の配置をその電子構造と関連づけることができる．
5. 原子の中で電子はどのように配置しているか？
   目標：電子が原子核のまわりの主殻と副殻にどのように分布しているか，価電子が点電子記号としてどのように描かれるか，そして元素の化学的性質を説明するのに電子配置がどのように役立つかを説明できる．

私たちは化学を二つのレベルで学ぶ必要がある．前章では，大スケールあるいは巨視的（macroscopic）なレベルで化学を扱い，目で見て測定ができる物質の性質と変化を考察した．今度は，超顕微鏡的あるいは原子レベルで考察し，それぞれの原子のふるまいと性質を学ぶ．科学者は原子が確かに存在すると信じてきたけれども，個々の原子を見ることができるほどに強力な新装置を手に入れたのは，この20年以内のことにすぎない．この章では，現代の原子説について学び，原子の構造が巨視的な性質にどのような影響を与えるか考えてみよう．

2.1 原子説

1枚のアルミホイルを手にとってそれを二つに切ってみよう．それから，その一方を手にとってまた半分に切って…．あなたが非常に小さなはさみをもっていて，しかも驚くほど器用だとすれば，アルミホイルをどれくらい長く切り続けられるだろうか？限界はあるだろうか？物質というのは，ますます小さなかけらへと無限に分割していけるものだろうか？この議論は，歴史的に古代ギリシャの哲学者までさかのぼることができる．アリストテレスは物質を無限に分割できると考えたが，デモクリトスは分割には限界があると（正しく）主張した．アルミニウム（あるいはなにか別の元素）を分割していき，それでもなおアルミニウムとして認識され得る，もっとも小さくてもっとも単純なかけらを**原子**と呼ぶ．原子という名は，ギリシャ語で"分割できないもの"を意味する *atomos* に由来する．

化学は，原子と物質についての四つの基本仮説—これらはともに現代の**原子説**を構成している—の上に成り立っている．

- すべての物質は原子で構成されている．
- ある元素の原子は，ほかのすべての元素の原子とは異なっている．
- 原子が特定の比率で結合することで化学物質を構成している．すなわち，原子は原子とのみ結合できる—1個のA原子と1個のB原子，あるいは1個

原子（atom）元素を構成するもっとも小さくてもっとも単純な粒子．

原子説（atomic theory）物質の化学的なふるまいを説明するために，英国の科学者ジョン・ドルトン（John Dalton）が提唱した仮説．

▶▶ 3および4章で化合物，そして5および6章で化学反応に関することをさらに探求する．

亜原子粒子(subatomic particle) 原子を構成する3種の基本粒子；陽子，中性子および電子．

陽子(proton) 正電荷を帯びた亜原子粒子．

中性子(neutron) 電気的に中性の亜原子粒子．

電子(electron) 負電荷を帯びた亜原子粒子．

▲原子の中の原子核の相対的な大きさは，この野球場の中央におかれた豆粒1個の大きさとおなじである．

原子質量単位(amu)(atomic mass unit) 原子の質量をあらわすのに便利な単位；1 amu = 炭素12の原子の1/12の質量．

原子核(nucleus) 陽子と中性子を含む原子の中央に存在する高密度の核．

のA原子と2個のB原子，というように，私たちのまわりに見られる物質がこれほどまでに多様なのは，原子が相互に結合する方法があまりにもたくさんあるからである．

● 化学反応とは，化合物中の原子の結合の仕方が変わるだけであり，原子それ自体は変化しない．

原子はきわめて小さく，その直径は水素原子の約 $7.4×10^{-11}$ m から，セシウム原子の約 $5.24×10^{-10}$ m の範囲にある．質量は，水素原子の $1.67×10^{-24}$ g から，天然に存在するもっとも重い原子であるウランの $3.95×10^{-22}$ g まで変化する．原子がどれほど小さいかを正しく認識するのは難しいが，1本の細い鉛筆の線の幅が原子約 300 万個分であるとか，もっとも小さなほこりの一片ですら約 10^{16} 個の原子を含んでいることを実感してもらえれば，理解の助けになるかもしれない．私たちが現在理解している原子の構造は，1800 年代の終わりから 1900 年代の初めにかけて行われた，数多くの実験の結果によって得られたものである(Chemistry in Action, "原子は実在するか？", p.46 参照)．

原子は，**陽子**，**中性子**，および**電子**と呼ばれる小さな**亜原子粒子**で構成される．**陽子**は，質量 $1.672\,622×10^{-24}$ g で正(+)電荷を帯びている．**中性子**は，陽子とほぼおなじ質量($1.674\,927×10^{-24}$ g)をもつが電気的には中性である．**電子**は，陽子の約 1/1836 の質量しかなく，負(−)電荷を帯びている．実際のところ，電子は陽子や中性子にくらべてあまりにも軽いために，その質量は無視されることが多い．表 2.1 では，三つの主要な亜原子粒子の性質を比較している．

表 2.1 亜原子粒子の比較

名称	記号	質量 (グラム)	質量 (amu)	電荷(電荷単位)
陽子	p	$1.672\,622×10^{-24}$	1.007 276	+1
中性子	n	$1.674\,927×10^{-24}$	1.008 665	0
電子	e^-	$9.109\,328×10^{-28}$	$5.485\,799×10^{-4}$	−1

原子や亜原子粒子の質量は，グラム単位で測定するにはあまりにも小さすぎるため，**相対**(relative)**質量**の目盛りであらわしたほうが都合がよい．すなわちある1個の原子に質量1を割り当て，これと比較することによってほかのすべての原子の質量を測定する．この測定法は，ゴルフボール(46.0 g)に質量1を割り当てると決めた場合と似ている．野球ボール(149 g)はゴルフボールより 149/46.0 = 3.24 倍重いので，その質量は 3.24 となり，バレーボール(270 g)は 270/46.0 = 5.87 の質量をもつという具合になる．

相対原子質量の目盛りは，6個の陽子と6個の中性子をもつ炭素原子に基づいている．炭素原子には，正確に 12 **原子質量単位**(amu；今日知られている原子説の大部分を提案した英国の科学者ジョン・ドルトン(John Dalton)をたたえて，ドルトン(dalton)とも呼ばれる)という質量が割り当てられている．ここで，1 amu = $1.660\,539×10^{-24}$ g である．したがって，便宜上1個の陽子と1個の中性子はともに 1 amu の質量をもつ(表 2.1)．水素原子は炭素原子の約 12 分の1の重さしかないため，その質量はだいたい 1 amu となり，マグネシウム原子は炭素原子よりも約2倍重いので，その質量はおおよそ 24 amu になるというような具合である．

亜原子粒子は原子の中にでたらめに分布しているわけではない．むしろ，陽子と中性子はともに**原子核**と呼ばれる高密度の核にみっちりと詰め込まれている．電子は，原子核のまわりのほとんどなにもない巨大な空間の中を素早く動

き回っている（図2.1）．測定によれば，原子核の直径は約 10^{-15} m しかないのに，原子そのものの直径は 10^{-10} m もある．もし原子が巨大なドーム球場の大きさだとすれば，原子核はグラウンドの中央におかれた小さな豆粒ほどの大きさになる．

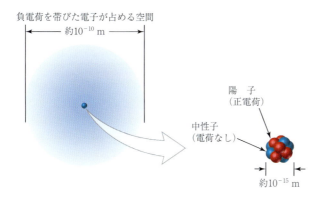

▶図2.1
原子の構造
陽子と中性子は原子核の中に一緒に詰め込まれている．他方，電子は広大な周辺空間を動き回っている．事実上，原子の全質量が原子核に集中している．

引力と斥力の相互作用によって原子の構造が決まる．異なった電荷は互いに引き合うため，負電荷を帯びた電子は正電荷を帯びた原子核近くに束縛される．しかし同種の電荷は互いに反発し合うため，電子同士は互いにできるだけ遠ざかろうとする．その結果，電子の占める空間は比較的広くなる．原子核の中では正電荷を帯びた陽子もまた互いに反発し合うけれども，11章で学ぶ**強い核力**（nuclear strong force）と呼ばれる独特の引力のおかげでばらばらにならずにすんでいる．

例題 2.1 原子質量単位：グラムから原子数への変換

質量 0.100 g のアルミホイル1枚には原子が何個含まれているか？ アルミニウム（Al）1原子の質量を 27.0 amu とする．

解　説　私たちは試料の質量が何グラムかを知っており，1原子の質量を原子質量単位で知っている．試料に含まれる原子数を見つけ出すためには，2回の変換が必要である．まず最初にグラムと原子質量単位のあいだの変換，つぎに原子質量単位と原子数のあいだの変換である．原子質量単位とグラムのあいだの変換係数は，1 amu = $1.660\,539 \times 10^{-24}$ g である．

概　算　アルミニウム1原子の質量は 27.0 amu である．1 amu は約 10^{-24} g なので，アルミニウム1原子の質量は非常に小さい（約 10^{-23} g）．したがって，質量 0.100 g に含まれている原子の数は**非常に多い**（10^{22} 個？）と推測される．

解　答
段階1．情報を特定する．

段階2．解と単位を特定する．
段階3．変換係数を特定する．原子数/amu から原子/g に変換するのに必要な，アルミホイルの質量（g）と個々の原子の質量（amu）を知ること．
段階4．解く．既知情報と変換係数を使って式をつくり，不要な単位を消去する．

アルミホイルの質量 = 0.100 g
Al 1原子の質量 = 27.0 amu
Al 原子の数 = ？
1 amu = $1.660\,539 \times 10^{-24}$ g

$$\rightarrow \frac{1\text{ amu}}{1.660\,539 \times 10^{-24}\text{ g}}$$

$$(0.100\text{ g})\left(\frac{1\text{ amu}}{1.660\,539 \times 10^{-24}\text{ g}}\right)\left(\frac{1\text{ Al 原子}}{27.0\text{ amu}}\right)$$

$$= 2.23 \times 10^{21}\text{ Al 原子}$$

確　認　推測した数（10^{22} 個）の 10 倍以内である．

CHEMISTRY IN ACTION

原子は実在するか？

物質は原子と呼ばれるちっぽけな粒子からできているという前提に化学は基づいている．化学者は，物質の挙動を支配するあらゆる化学反応と物理法則を原子説に基づいて説明する．しかし，原子が単なる想像上の概念などではなく，現実に存在するものだということを知るにはどうすればよいだろうか？また，原子の構造を知るにはどうすればよいだろうか？原子構造に対する理解も，科学的な手法の影響を受けて進展してきた．

ドルトンは 1808 年に原子説をはじめて公表したが，多くの著名な科学者たちはこの説を相手にしなかった．しかしながら以降 100 年のあいだに，互いに関連なく行われたいくつかの実験から，物質の本質と原子の構造が深く理解されるようになった．たとえば 19 世紀に行われた電気に関する研究によって，物質は電荷を帯びた粒子でつくられていることがわかった—絹製の布でガラス棒をこすると"静電気"が発生するが，これはカーペットの上を歩いたあとで金属の表面に触れたときに衝撃を感じるのと同じ現象である．水のようなある種の物質は，電気を通すことでその物質を構成している元素（水の場合は水素と酸素）にまで分解されることもわかった．こうした電荷を帯びた粒子の本質と起源を説明するために，いくつかの仮説が提唱されたが，鍵となるいくつかの実験が行われたことで，原子構造に対する理解が徐々に進み，現在に至っている．

1897 年に J. J. トムソン（J. J. Thomson）が行った実験によって，物質は負電荷を帯びた粒子を含んでおり，その粒子は水溶液中に存在する正電荷を帯びたもっとも軽い粒子である H^+ よりも 1000 倍軽く，その粒子をつくるために使われた物質が何であろうと同じ質量電荷比をもつことがわかった（6.10 節，10 章参照）．この結果は，原子が物質の最小粒子ではなく，より小さな粒子にさらに分割できることを暗示していた．1909 年にロバート・ミリカン（Robert Millikan）は，現在は電子と呼ばれているこの粒子の電荷を 1.6×10^{-19} クーロンと測定した．

しかし，物質の全構造の中のどこに電子が収まっていたのだろうか？ 1910 年にアーネスト・ラザ

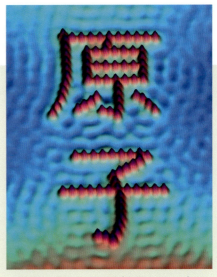

▲銅表面に置いた鉄原子（半径 126 pm）でつくられた"原子"という漢字の STM 画像．[画像は，IBM Corporation により作成]

フォード（Ernest Rutherford）が行った実験により，パズルのピースは正しくはまり，この謎は解明された．ラザフォードは，放射性崩壊中のラジウムから放射された正電荷を帯びた"アルファ"粒子を金箔にぶつけた．粒子の大多数は金箔を真っ直ぐ突き抜けたが，一部は進路が曲がり，跳ね返ってきたものもごく少数存在した．この結果からラザフォードは，原子のほとんどは（負に荷電した電子が占める）空っぽの空間であり，質量の大部分と正電荷のすべては"核"と名付けた比較的小さい，高密度の領域に存在すると推測した．

走査型トンネル顕微鏡（scanning tunneling microscope, STM）とよばれる装置を使えば，今や個々の原子を実際に"見"て操作できるようになっている．IBM の研究チームが 1981 年に発明した STM は倍率を 1000 万倍まで上げられるため，化学者は原子を直接見ることができる．上の写真では，銅表面に置いた鉄原子がコンピュータ処理で強調表示されている．

STM は最近，金属の腐食やポリマー中の分子配列に関する研究に多く使われている．また，免疫グロブリン G やストレプトアビジンのような複雑な生体分子の構造決定にも STM が使われつつある．

章末の"Chemistry in Action からの問題" 2.84, 2.85 を見ること．

問題 2.1
1個の質量 56 amu の鉄原子 150×10^{12} 個の質量は何 g か？

問題 2.2
以下のそれぞれについて，原子数はいくらになるか？
(a) 1個の質量が 1.0 amu の水素原子 1 g
(b) 1個の質量が 12.0 amu の炭素原子 12.0 g
(c) 1個の質量が 23.0 amu のナトリウム原子 23 g

問題 2.3
問題 2.2 に対するあなたの答えは，どんな傾向があるだろう？（この重要な傾向は6章でも説明する）．

問題 2.4
ラザフォードが実験で使用した金箔中の原子の半径は約 1.44×10^{-10} m である（Chemistry in Action，"原子は実在するか？"参照）．金原子の原子核の半径を 1.5×10^{-15} m とすると，原子核が占めているのは原子の体積の何分の1か？（半径 r の球の体積 = $4\pi r^3/3$）

2.2 元素と原子番号

種々の元素を構成する原子は，含有する陽子の数，すなわち元素の**原子番号**(Z)と呼ばれる値が互いに違っている．したがって原子中の陽子の数がわかれば，私たちはその元素を同定することができる．たとえば炭素の原子番号は6 ($Z=6$) なので，6個の陽子をもっている原子が炭素原子である．

原子は全体として中性であり，正味の電荷をもたない．なぜなら，原子中では正電荷をもつ陽子の数が負電荷をもつ電子の数に等しいからである．つまりどんな元素の原子でも，原子番号は電子の数ともおなじである．$Z=1$ の水素は1陽子と1電子をもち，$Z=6$ の炭素は6陽子と6電子をもち，$Z=11$ のナトリウムは11陽子と11電子をもつというように，これは，現在知られているもっとも大きな原子番号をもつ原子($Z=118$)に至るまで変わらない．周期表では元素は原子番号が増える順に並んでおり，左上からはじまって右下で終わる．

原子中の陽子と中性子の合計数をその原子の**質量数**(A)という．1陽子をもち，中性子をもたない水素原子の質量数は1であり，6陽子と6中性子をもつ炭素原子の質量数は12，11陽子と12中性子をもつナトリウム原子の質量数は23，という具合である．水素以外の原子は，一般的に少なくとも陽子と同数か，それ以上の数の中性子を含んでいることもある．

原子番号(Z) (atomic number) 元素を構成する原子中の陽子数；元素を構成する原子中の電子数．

質量数(A) (mass number) 原子中の陽子と中性子の総数．

例題 2.2 原子構造：陽子，中性子および電子

リンは原子番号 $Z=15$ をもつ．質量数 $A=31$ のリン原子には，それぞれ何個の陽子，電子および中性子が存在するか？

解説 原子番号は陽子数であり，それは電子数に等しい．また，質量数は陽子と中性子の総数である．

解答
リン原子は $Z=15$ なので，15陽子と15電子をもつ．中性子数を求めるために，質量数から原子番号を引き算する．

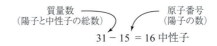

例題 2.3 原子構造：原子番号と原子質量

ある原子は 28 陽子をもち，$A = 60$ である．この原子に含まれる電子数と中性子数を求め，元素を同定せよ．

解 説 陽子数と電子数はおなじであり，原子番号 Z（この場合は 28）に等しい．陽子と中性子の総数（60）から陽子数（28）を引き算すると中性子数が求まる．

解 答 この原子は 28 電子と，$60 - 28 = 32$ 個の中性子をもつ．前表紙裏にある元素の周期表から，原子番号 28 の元素はニッケル（Ni）であることがわかる．

問題 2.5
前表紙裏の周期表を使い，つぎの元素を同定せよ．
(a) $A = 186$，中性子 111 個
(b) $A = 59$，中性子 21 個
(c) $A = 127$，中性子 75 個

問題 2.6
がんの治療に使われるコバルトは $Z = 27$ で $A = 60$ である．コバルト原子には何個の陽子，中性子および電子が存在するか？

2.3 同位体と原子量

同位体（isotope）原子番号がおなじで質量数が異なる原子．

▶▶ 同じ元素の同位体は**化学的**には同じ挙動を示すが（5 章），**核の挙動**は非常に異なる（11 章）ことをあとで学ぶ．

ある一つの元素を構成する原子はどれもその元素に特有の原子番号 Z と同じ数の陽子をもつ．しかしある一つの元素を構成する原子には，中性子数つまり質量数を異にする種々の原子が存在し得る．原子番号がおなじでも質量数を異にする原子を**同位体**（アイソトープ）と呼ぶ．たとえば，水素は 3 種類の同位体をもつ．もっとも多く存在する水素同位体は**軽水素**（protium）であり，中性子を全くもたず質量数は 1 である．2 番目に多い水素同位体は**重水素**（deuterium）であり，中性子を 1 個もち質量数は 2 である．3 番目の同位体は**三重水素**（tritium）であり，2 中性子をもち質量数は 3 である．三重水素は不安定であり，原子炉では生成するものの天然にはほとんど存在しない．

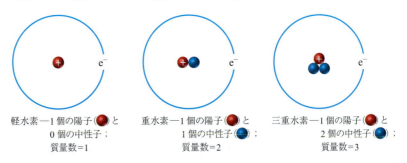

軽水素—1 個の陽子（●）と 0 個の中性子；質量数=1

重水素—1 個の陽子（●）と 1 個の中性子（●）；質量数=2

三重水素—1 個の陽子（●）と 2 個の中性子（●）；質量数=3

ある特定の同位体をあらわす時，その原子記号の前に，質量数（A）を上付き

文字，原子番号(Z)を下付き文字として付す．たとえば，原子記号が X の場合は ^A_ZX と記す．したがって，軽水素は $^1_1$H, 重水素は $^2_1$H, 三重水素は $^3_1$H となる．

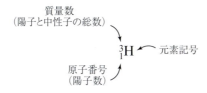

水素の3種類の同位体と異なり，ほとんどの元素の同位体は個別の名称をもっていない．その代わりに，元素名の後に同位体の質量数を付す．たとえば，原子炉で使用される $^{235}_{92}$U 同位体は，ウラン-235 あるいは U-235 と呼ばれるのが普通である．

天然に存在する元素のほとんどは同位体の混合物である．たとえば，天然に存在する水素原子を大量に扱う場合には，その 99.985 % が質量数 $A=1$（軽水素）であり，0.015 % が質量数 $A=2$（重水素）である．したがって大量の原子を扱う場合には，原子の**平均**(average)質量，すなわち元素の**原子量**と呼ばれる値を知っていると役に立つ．水素の場合，その原子量は 1.008 amu となる．全元素の原子量をこの教科書の前表紙裏に示した．

元素の原子量を計算するためには，天然に存在する同位体の個々の質量とその割合を知る必要がある．そうすれば，その元素に含まれる個々の同位体質量の総計として原子量を計算できる．すなわち，

$$\text{原子量} = \Sigma\,[(\text{同位体存在度}) \times (\text{同位体質量})]$$

ここで，ギリシャ記号の Σ は項の数学的な総和を意味している．

たとえば，塩素は 75.77 % の Cl-35 原子（質量 = 34.97 amu）と 24.23 % の Cl-37（質量 = 36.97 amu）の混合物として地球上に存在する．各同位体が寄与する質量の割合を計算すれば原子量を求めることができる．塩素の場合，その計算は（有効数字 4 桁で）下のようになり，原子量 35.45 amu が求まる．

^{35}Cl の寄与：$(0.7577)(34.97\ \text{amu}) = 26.4968$ amu
^{37}Cl の寄与：$(0.2423)(36.97\ \text{amu}) = 8.9578$ amu
$$\text{原子量} = 35.4546 = 35.45\ \text{amu}$$
（有効数字 4 桁に丸めた）

この場合，最終的な有効数字の桁数(4)を原子質量に基づいて決めた．有効数字 4 桁に丸めたのは最終的な答えが**得られたあと**であることに注意せよ．

▶ 原子炉については 11.11 節で学ぶ．

原子量(atomic weight) 元素に含まれる原子の加重平均質量．

例題 2.4 平均原子質量：加重平均計算

ガリウム(Ga)は非常に低い融点—あなたの掌の中で融けてしまうだろう—をもつ金属である．その同位体は天然に 2 種類存在し，60.4 % が Ga-69（質量 = 68.9257 amu），39.6 % が Ga-71（質量 = 70.9248 amu）である．ガリウムの原子量を計算せよ．

解 説 天然に存在する各同位体の寄与を合計すれば，元素の平均原子質量を計算できる．

概 算 天然に存在する二つのガリウム同位体の質量(68.9 および 70.9 amu)の差は 2 amu である．より軽い同位体(Ga-69)がガリウム原子の半数より少し多く存在するので，平均原子質量は二つの同位体質量の中間値よりも少し小さくなるだろう：概算値 = 69.8 amu.

解 答
段階1. 情報を特定する．
段階2. 解と単位を特定する．
段階3. 変換係数あるいは式を特定する．この式を使って，天然に存在するすべての同位体の加重平均として平均原子量を計算する．
段階4. 解く．既知情報を代入して解く．

Ga-69 (68.9257 amu で 60.4%)
Ga-71 (70.9248 amu で 39.6%)
Ga の平均原子量 (単位は amu) = ?
原子量 = Σ[(同位体存在度) × (同位体質量)]

原子量 = (0.604) × (68.9257 amu) = 41.6311 amu
   + (0.396) × (70.9248 amu) = 28.0862 amu
              原子量 = 69.7 amu (有効数字 3 桁)

確 認 概算値 (69.8 amu) に近い！

例題 2.5 原子質量と原子番号から同位体を同定する

$^{194}_{78}X$ という記号であらわされる元素 X を同定し，その原子番号，質量数，陽子数，電子数，および中性子数を求めよ．

解 説 原子番号 78 に相当する原子を同定する．

解 答
元素 X は $Z = 78$ なので，白金である (前表紙裏の周期表を参照)．同位体 $^{194}_{78}Pt$ の質量数は 194 であり，この質量数から原子番号を引き算すると中性子数を求めることができる．したがって，この白金同位体は 78 陽子，78 電子，そして 194 − 78 = 116 個の中性子をもつ．

問題 2.7
カリウム (K) は 2 種類の天然同位体，K-39 (93.12%；質量 = 38.9637 amu) と K-41 (6.88%；質量 = 40.9618 amu) をもつ．カリウムの原子量を計算せよ．あなたの答えは，この教科書の前表紙裏の周期表に示されている原子量と比較してどうだろうか？

問題 2.8
臭素は，殺菌剤や燻蒸剤 (たとえば臭化エチレン) として使われる化合物に含まれている元素であり，質量数 79 と 81 の 2 種類の天然同位体をもつ．それぞれについて，原子番号と質量数を含む記号を記せ．

問題 2.9
水道水の消毒に使われる元素は質量数 35 と 37 の 2 種類の天然同位体をもち，17 個の電子をもつ．両同位体の記号を原子番号と質量数をつけて記せ．

2.4 周期表

10 種類の元素，すなわちアンチモン (Sb)，炭素 (C)，銅 (Cu)，金 (Au)，鉄 (Fe)，鉛 (Pb)，水銀 (Hg)，銀 (Ag)，硫黄 (S)，そしてスズ (Sn) は，有史のはじめにはすでに知られていた．これらの元素の多くは，そのラテン語名にちなんだ元素記号で表記される，つまりラテン語があらゆる学術的な仕事で使われる言語であった時からこれらの元素は知られていたことを覚えておいてほしい．有史以来，数千年を経てはじめて発見されることになった"新"元素はヒ素 (As) であり 1250 年頃に発見された．それから 1776 年のアメリカ独立革命に至るまでに知られることになった元素は，たった 24 種しかない．

2.4 周期表

1700年代の終わり頃から1800年代のはじめにかけて元素が続々と発見されるに従い，化学者は研究の結果を一般化できるように，元素間の類似性を探しはじめた．とくに重要なのは，1829年にヨハン・デーベライナー（Johann Döbereiner）が行った，化学的および物理的に類似した性質をもつ三つの元素の組（triads）がいくつかあるという観察である．たとえば，リチウム，ナトリウムおよびカリウムはいずれも水と激しく反応する銀色の金属であり，塩素，臭素およびヨウ素はいずれも刺激臭のある有色非金属であることが知られていた．

1800年代半ばには，こういったグループ元素間の類似性を説明する試みが何度も行われたが，突破口が大きく開いたのは1869年のことである．この年，ロシアの化学者ドミトリー・メンデレーエフ（Dmitri Mendeleev）は，元素を質量が大きくなる順に並べたあと，化学的な挙動が類似している元素を縦に並べてグループ化し，現代の周期表の先駆けとなるものを編み出した．1.5節ですでに紹介した現代の周期表を図2.2にもう一度示した．周期表では元素一つ一つに対して箱が用意され，この箱の中に元素記号，原子番号，そして元素の原子質量が示される．

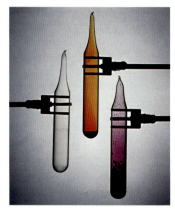

▲ 塩素，臭素，およびヨウ素の試料．これらの元素はデーベライナーの3組元素の一つであり，互いに似た化学的性質をもつ．

周期（period） 周期表の横7段の一つ．

族（group） 周期表の縦18列の一つ．

主族元素（main group element） 周期表の左側二つあるいは右側六つの族のいずれかに属する元素．

遷移金属元素（transition metal element） 周期表の中央付近の小さな10個の族のいずれかに属する元素．

内遷移金属元素（inner transition metal element） 周期表の下部別枠に表記された14個の族のいずれかに属する元素．

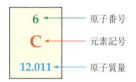

元素は，周期表の左上から原子番号が増加する順に，**周期**と呼ばれる横7段と**族**と呼ばれる縦18列に配置される．このように配置すると，**あるおなじ族に属する元素は同様の化学的性質をもつ**．リチウム，ナトリウム，カリウム，そのほか1族に属する元素はおなじような挙動を見せる．塩素，臭素，ヨウ素，そのほか17族の元素も似たような挙動を示すなど，この傾向は周期表全体に認められる．

周期（段）が違うと，そこに含まれる元素の数も異なることに注意しよう．第1周期には水素とヘリウムの二つしか元素がない．第2および第3周期にはそれぞれ8個の元素がある．第4および第5周期には18個，第6および第7周期には32個の元素がある．ランタンに続く14元素（ランタノイド）とアクチニウムに続く14元素（アクチノイド）は，表の外，ほかの元素よりも下に表示されているので注意しよう．

図2.2に示したように，18個の族すべてに順番に1から18までの番号がつけられる*1．左端二つの大きな（元素数が多い）族と右端六つの族を**主族元素**と呼び，周期表中央の10個の小さな（元素数が少ない）族を**遷移金属元素**と呼ぶ*2．周期表の下部に別枠で示されている14個の族は**内遷移金属元素**と呼ばれ，番号はつけられていない．

元素は族という18個の縦の列と周期という7個の横の段に配置される．左側の二つの族と右側の六つの族は主族であり，中央の六つの族は遷移金属である．ランタンに続く14元素はランタノイド，アクチニウムに続く14元素はアクチノイドであり，ともに内遷移金属（inner transition metal）として知られる．

臭素（B）からテルル（Te）に至る黒いジグザグ線より左側の元素（水素を除く）は**金属**（黄）であり，右側の元素は**非金属**（青），境界線上の元素は**メタロイド**（半金属，紫）である．

*1（訳注）：族には番号のつけ方が2とおりある．主族元素には1Aから8Aまで，遷移金属元素には1Bから8Bまで番号がつけられている．

*2（訳注）：主に米国では，主族元素と典型元素をAとBに分けて番号をふる方法が用いられてきた．ヨーロッパでは，1970年のIUPAC勧告以来，周期表左から順に1A～7A，8（3列），1B～7B，0とする方式（旧IUPAC方式）が用いられ，日本でもこれに従って表記されてきた．二つの方式が存在することによる混乱を収拾して統一をはかるため，周期表左から順に1～18族とする新IUPAC方式を1989年から用いることになり，現在，日本では，新IUPAC方式に旧IUPAC方式をカッコづけで併記するかたちをとっている．米国ではいまだに古い方式も使われている．

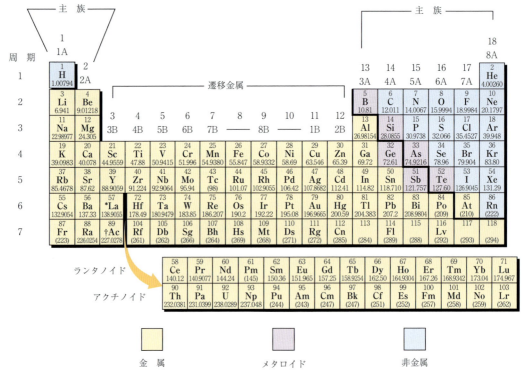

▲図 2.2
元素の周期表
各元素は 1 文字または 2 文字の記号で同定され，原子番号によって特徴づけられる．周期表は左上角の水素 (H, 原子番号 1) からはじまり，まだ名称が決まっていない原子番号 118 の元素まで続く．ランタン (La, 原子番号 57) に続く 14 個の元素とアクチニウム (Ac, 原子番号 89) に続く 14 個の元素はほかの元素の下，表外の別枠に示される．

問題 2.10
周期表中のアルミニウムの位置を示し，その族番号と周期番号を答えよ．

問題 2.11
第 5 周期の 11 族元素と第 4 周期の 2 族元素を同定せよ．

問題 2.12
周期表の 15 族には五つの元素がある．それらを同定し，それぞれの周期を答えよ．

2.5 族の特質

周期表が周期表たるゆえんを理解するには，原子番号に対して原子半径をプロットした図 2.3 のグラフを見るとよい．このグラフは明らかな**周期性** (periodicity)—上下動パターンの繰返し—を示している．原子サイズは，左端の原子番号 1 (水素) から順に大きくなって原子番号 3 (リチウム) で極大になった後，減少に転じて極小になり，その後また大きくなって原子番号 11 (ナトリウム) で極大を迎え，その後また減少に転じるといった具合である．極大になるのは，1 族元素の原子— Li, Na, K, Rb, Cs, および Fr —であり，極小になるのは，17 族元素の原子であることがわかる．

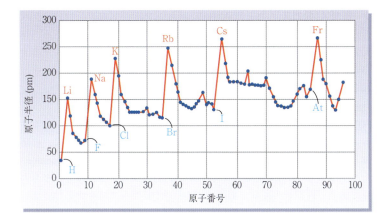

◀図 2.3
ピコメートル(pm)単位であらわした原子半径を原子番号に対してプロットしたグラフは，周期的な上下動パターンを示す
1族元素の原子(Li, Na, K, Rb, Cs, Fr, 赤字)で極大になり，17族元素(青字)の原子で極小になる．18族元素については正確なデータが入手できない．

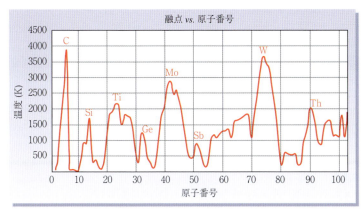

◀図 2.4
融点を原子番号に対してプロットしたグラフは図 2.3 と同様の周期性を示す
極大と極小は図 2.3 ほど明確ではないが，元素の融点は原子半径と同じように周期的に変化する傾向がある．

　図 2.3 に示した原子半径に見られる周期性はとくに珍しいものではない．たとえば図 2.4 に示したように，最初の 100 元素の融点は，周期表の元素順に見ていくと山と谷が規則的に繰り返され，原子半径と同じような周期的挙動を示す．実際のところ，周期表中の同族元素は，その物理化学的性質の多くが驚くほど似ている．例として以下の四つの族を見てみよう．

- **1族—アルカリ金属**：リチウム(Li)，ナトリウム(Na)，カリウム(K)，ルビジウム(Rb)，セシウム(Cs)，そしてフランシウム(Fr)は，光り輝く，柔らかい，低融点の金属である．いずれも急速に(時に激しく)水と反応して，強いアルカリ性あるいは塩基性の生成物を生じる—こうして**アルカリ金属**と呼ばれるようになった．反応性が高いためにアルカリ金属が純粋な状態で天然に見出されることは決してなく，ほかの元素との化合物としてしか見出されない．
- **2族—アルカリ土類金属**：ベリリウム(Be)，マグネシウム(Mg)，カルシウム(Ca)，ストロンチウム(Sr)，バリウム(Ba)，そしてラジウム(Ra)もまた，光沢のある銀色の金属であるが，隣りの 1 族ほど反応性は高くない．アルカリ金属と同様に，アルカリ土類金属も純粋な状態で天然に見出されることは決してない．
- **17族—ハロゲン**：フッ素(F)，塩素(Cl)，臭素(Br)，ヨウ素(I)，およびアスタチン(At)は色彩豊かで腐食性の非金属である．食塩(塩化ナトリウム，NaCl)において塩素がナトリウムと結合しているように，いずれの元素もほかの元素との化合物の形でのみ天然に見出される．実際のところ，**ハロゲン**という族名は，ギリシャ語で塩を意味するハルス(hals)に由来する．

▲アルカリ金属の一つであるナトリウムは，水と激しく反応して水素ガスとアルカリ性(塩基性)水溶液を生じる．

アルカリ金属(alkali metal)　周期表の 1 族に属する元素．

アルカリ土類金属(alkaline earth metal)　周期表の 2 族に属する元素．

ハロゲン(halogen)　周期表の 17 族に属する元素．

貴ガス（希ガス, noble gas） 周期表の 18 族に属する元素.

▶▶ 同族元素の化学的性質が似ている理由を 2.8 節で説明する.

● **18 族—貴ガス（希ガス）**：ヘリウム（He），ネオン（Ne），アルゴン（Ar），クリプトン（Kr），キセノン（Xe），そしてラドン（Rn）は，無色の気体である．18 族の元素は化学反応性がないために，"貴"ガスと呼ばれる—ヘリウム，ネオン，およびアルゴンはほかのいかなる元素とも化合せず，クリプトンとキセノンはごく少数の元素と化合する．

同族内の元素ほど顕著ではないけれども，隣り同士の元素も似通ったふるまいをすることが多い．そのため 1.5 節で説明し図 2.2 でも示したように，周期表の元素は主に三つに分類することができる—**金属**（metal），**非金属**（nonmetal），そして**メタロイド**（metalloid，金属に似たもの）である．金属はもっとも大きな区分であり，周期表の左側にあって，ホウ素（B）からアスタチン（At）まで上から下にのびるジグザグ線で右側部分につながっている．非金属は周期表の右側に位置し，金属と非金属のあいだのジグザグの境界線に隣接する六つの元素はメタロイドである．

さらに先へ ▶▶ 炭素は生命の基礎となる元素であり，周期表の右上近辺に位置する 14 族の非金属である．酸素，窒素，リン，そして硫黄といった生体によく見出される元素が炭素の近くに集まっている．有機化学編では**有機化学**（organic chemistry）—炭素化合物の化学—を取り上げ，生化学編で**生化学**（biochemistry）—生物の化学—を学ぶことになる．

問題 2.13
以下の元素を，金属，非金属，メタロイドのいずれかに帰属せよ．
(a) Ti (b) Te
(c) Se (d) Sc
(e) At (f) Ar

問題 2.14
周期表において，(a) クリプトン，(b) ストロンチウム，(c) 窒素，および (d) コバルトの位置を示せ．また，(ⅰ) 金属，(ⅱ) 非金属，(ⅲ) 遷移元素，(ⅳ) 主族元素，(ⅴ) 貴ガスのいずれに分類されるか示せ．

問題 2.15
より重い元素は星の中で水素とヘリウムが核融合して生じた（Chemistry in Action，"元素の起源"参照）．Fe-56 原子核 1 個をつくるには He-4 原子核が何個必要か？　また，どのような粒子がさらに必要だろうか？

基礎問題 2.16
下に示した原子核をもつ元素を同定せよ．それぞれ，族番号と周期番号を示すとともに，金属，非金属，メタロイドのいずれかを示せ．

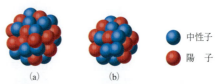

CHEMISTRY IN ACTION

元素の起源

天文学者は，150億年ほど前の"ビッグバン"という驚異の瞬間から宇宙がはじまったと考えている．ビッグバン直後，宇宙は信じられないほど高温だったに違いないが，1秒後には10^{10}Kまで下がり，陽子，中性子，電子といった亜原子粒子が形成されはじめた．3分後には10^9Kまで温度が低下し，陽子が中性子と融合してヘリウム原子核 $^4_2$He が形成されはじめた．

それから何百万年ものあいだ，物質はこのような状態のまま変化しなかったが，宇宙が膨張を続けて10 000 Kまで冷えると，ようやく電子が陽子とヘリウム原子核に結合できるようになり，安定な水素原子とヘリウム原子が生まれた．

水素原子とヘリウム原子の密度が平均より高い領域では重力作用によって物質濃度が局所的に著しく高くなり，ついには何十億という星をもつ銀河がたくさん誕生した．水素とヘリウムのガス雲が重力によって凝縮して恒星が形成されるようになると，温度は10^7 Kに，密度は100 g/cm^{3}に到達した．陽子と中性子が再び融合してヘリウム原子核を生成し，莫大な量の熱と光を生み出した．

こういった黎明期の恒星のほとんどは数十億年で燃え尽きたが，非常に大きくて重い恒星の中には，核燃料の減少とともに重力による急速な収縮に至り，中心核の温度と密度がさらに—5×10^8 Kおよび5×10^5 g/cm^{3}にまで—高くなるものもあった．炭素，酸素，ケイ素，マグネシウム，そして鉄といった

▲ "光エコー"が超巨星V838モノセロティスの周囲のちりを照らす（ハッブル宇宙望遠鏡によって撮影された）．

より重い原子核はこのような極限条件で生成した．最終的に恒星は重力によって崩壊し，さらに重い元素を生成しながら爆発する―この様子は**超新星**（supernova）として宇宙の至るところで観測される．

超新星爆発によって物質が銀河中に飛散し，新世代の恒星と惑星を生み出す．私たちの太陽と太陽系は，約45億年前に前世代の超新星が放出した物質から生み出された．水素とヘリウムを除いて，私たちの体と私たちの太陽系すべてに存在する原子はいずれも，爆発する恒星の中で50億年以上前に生み出されたものである．私たちと私たちの世界は，死を迎えた恒星の亡骸からつくられている．

章末の"Chemistry in Actionからの問題" 2.86，2.87を見ること．

2.6 原子の電子構造

周期表が，長さの違う周期で構成されているのはなぜだろうか？原子半径やそのほか多くの元素の性質にはなぜ周期的変化が観察されるのだろうか？また，周期表の同族元素が似たような化学的挙動を示すのはなぜだろう？こういった疑問は，メンデレーエフの登場から50年以上にわたって化学者の頭を悩ませてきたものであり，その答えが確立されたのはようやく1920年代に入ってからであった．今日の私たちは，**元素の性質がその原子中の電子配置によって決定される**ことを知っている．

私たちが現在理解している原子の電子構造は，1926年にオーストリアの物理学者アーウィン・シュレーディンガー（Erwin Schrödinger）によって展開され，受け入れられた**量子力学モデル**（quantum mechanical model）に基づいている．

▲ 階段は不連続に高さが変化するため量子化（quantized）されている．対照的に，スロープは連続的に高さが変わるため量子化されていない．

このモデルの基礎となっている仮定の一つは，電子は粒子のような性質と波のような性質の両方をもっていること，そして波動関数と呼ばれる数式を使って電子の挙動を記述することができるということである．電子は原子の中をどこでも自由に動き回れるわけではない，というのがこの仮定から導かれる結論の一つである．事実，それぞれの電子はそのエネルギー準位に応じて動き回れる空間領域が限定されている．電子のエネルギーの大きさはそれぞれ異なっているため，それぞれ原子内の違った領域を占める．さらに，電子のエネルギーは**量子化**(quantized)，すなわちあるエネルギー値だけしかもてないように制限されている．

量子化という考え方を理解するために，階段とスロープの違いについて考えてみよう．スロープは量子化されていない，なぜなら連続的にその高さが変化するからである．対照的に，階段は量子化されている，なぜならある一定量だけその高さが変化するからである．1段，2段と階段を昇ることはできても，1.5段分を昇ることはできない．おなじように，原子中の電子がとり得るエネルギー値は連続的ではなく段階的にしか変化しない．

量子力学モデルから導かれた波動関数は，原子中の電子配置についても重要な情報を与えてくれる．県内の住所を指定すれば住民を特定できるのとおなじように，電子も原子内における"住所"を指定すれば特定できる．さらに，人の住所が徐々に小さくなっていくいくつかの区分—市，町，番地から構成されるのとおなじように，電子の住所もまた，徐々に小さくなっていく区分—量子力学モデルで定義される**主殻**，**副殻**，および**軌道**によって構成されている．

主殻（電子）（shell（electron））原子中の電子をエネルギーに従ってグループ分けしたもの．

原子中の電子はそのエネルギーに応じて，原子核のまわりの，おおまかにいえばタマネギの層のような**主殻**の中に分かれて配置する．主殻は原子核から離れるにつれてより大きくなって収容できる電子数も増え，電子のエネルギーはますます高くなる．第1殻（原子核にもっとも近い主殻）は電子を2個だけ収容することができ，第2殻は8個，第3殻は18個，そして第4殻は32個の電子を収容できる．

主殻番号：	1	2	3	4
最大収容電子数：	2	8	18	32

副殻（電子）（subshell（electron））主殻中の電子を占有する空間領域の形によってグループ分けしたもの．

主殻中で，電子はさらにエネルギーが増える順番に s, p, d, および f という文字で識別される4種の異なった**副殻**に分かれて配置する．第1殻はただ一つの副殻，s副殻だけをもつ．第2殻は二つの副殻，s副殻とp副殻をもつ．第3殻はs副殻とp副殻，d副殻をもつ．第4殻はs副殻とp副殻，d副殻，f副殻をもつ．4種の副殻の中で私たちが主として扱うのはs副殻とp副殻である．なぜなら，生体に見出される元素のほとんどはこれら二つの副殻だけを使っているからである．ある一つの副殻を特定する場合，主殻番号に続いて副殻をあらわす文字を記す．たとえば3pと表記すれば，それは第3殻のp副殻のことである．主殻中の副殻数は主殻番号に等しいことに注意しよう．たとえば主殻番号が3なら，三つの副殻をもつ．

軌道（orbital）副殻中で電子を見出すことのできる原子内の空間領域．

最終的には，各副殻の中で，電子は**軌道**，つまり電子をもっとも特定できる可能性が高い原子中の空間領域に分かれて配置する．副殻の種類が異なれば，その中の軌道数も異なる．s副殻には一つの軌道だけしかないが，p副殻には三つの軌道があり，d副殻には五つ，そしてf副殻には七つの軌道がある．各軌道は，**スピン**(spin)として知られる性質が互いに異なる電子を二つまでしか収容できない．もし一方の電子が時計回りのスピンをもっていれば，おなじ軌道のもう一方の電子は半時計回りのスピンをもたなければならない．主殻，副殻，および軌道の構成をつぎの図にまとめた．

主殻番号	1	2	3	4
副殻表記	s	s, p	s, p, d	s, p, d, f
軌道数	1	1, 3	1, 3, 5	1, 3, 5, 7

軌道が異なれば，その形と方向性—これらは量子力学モデルで描かれる—も異なる．s副殻の軌道は原子核を中心とした球状領域であり，一方p副殻の軌道はおおよそダンベル型領域である（図2.5）．図2.5bに示したように，副殻の三つのp軌道は互いに直角に配置している．

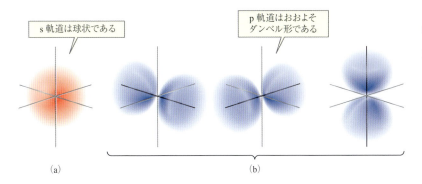

◀図2.5
s軌道とp軌道のかたち
（a）s軌道と（b）p軌道．副殻内の三つのp軌道は互いに直角に配置する．各軌道は電子を二つだけ収容できる．

原子における総電子配置を表2.2と下にまとめた．
- 第1殻は電子を二つだけ収容する．二つの電子は異なったスピンをもち，一つしかない1s軌道にある．
- 第2殻は8個の電子を収容する．2s軌道に2個，三つの異なった2p軌道に6個収容する（2p軌道ごとに2個）．
- 第3殻は18個の電子を収容する．3s軌道に2個，三つの3p軌道に6個，そして五つの3d軌道に10個収容する．
- 第4殻は32個の電子を収容する．4s軌道に2個，三つの4p軌道に6個，五つの4d軌道に10個，そして七つの4f軌道に14個収容する．

例題 2.6 原子構造：電子殻

第1殻と第2殻が満たされていて第3殻に四つの電子をもつ原子には，何個の電子が存在しているか？元素名を示せ．

解説 原子中の電子数は，それぞれの殻の総電子数を加えれば計算できる．原子核中の陽子数—原子中の電子数に等しい—から元素を同定できる．

解答
原子の第1殻は1s軌道に二つの電子をもち，第2殻は8個（2s軌道に2個と三つの2p軌道に6個）の電子をもつ．そのため，この原子は総計 2 + 8 + 4 = 14 個の電子をもつことになるので，ケイ素（Si）に違いない．

問題 2.17
第1殻および第2殻と3s副殻が満たされた原子には，何個の電子が存在するか？元素名を示せ．

> **問題 2.18**
> $n=1$ と $n=2$ の主殻が完全に満たされ，$n=3$ の主殻に 6 個の電子をもつ元素がある．この元素を同定し，どのグループ（たとえば主族，遷移金属など）に属するか示せ．金属だろうか，それとも非金属だろうか？ また，最後の電子はどの軌道にあるか示せ．

表 2.2 原子の電子分布

主殻番号	1	2	3	4
副殻の表記	s	s, p	s, p, d	s, p, d, f
軌道数	1	1, 3	1, 3, 5	1, 3, 5, 7
電子数	2	2, 6	2, 6, 10	2, 6, 10, 14
総電子収容数	2	8	18	32

2.7 電子配置

電子配置(electron configuration) 原子の主殻と副殻における電子の特異的な配列．

原子の主殻と副殻における電子の正確な配置を原子の**電子配置**と呼び，三つのルールを適用することでこれを予測できる．

ルール 1：電子は利用可能なもっともエネルギーの低い軌道を占有する．占有は 1s 軌道からはじまり，図 2.6a に示した順で続いていく．おのおのの主殻内では，s, p, d, f の順に軌道エネルギーが増大する．しかしながら 3p 準位以上になると異主殻軌道間でエネルギーの"交差"が多少おきるため，全体の順序は複雑になる．たとえば 4s 軌道は 3d 軌道よりも低エネルギーであるため，先に占有される．エネルギー準位図を使えば，どの軌道が先に占有されるか予測できるが，これを丸暗記するのは難しいかもしれない．図 2.6b に示した図も使うと，もっと簡単に覚えられる．

ルール 2：各軌道は電子を二つだけ収容することができ，それら電子のスピンは互いに反対でなければならない．

ルール 3：おなじエネルギーをもつ二つ以上の軌道—たとえばある主殻の三つの p 軌道や五つの d 軌道—は，電子 1 個ずつでそれぞれ半占有された後，2 番目の電子が加わって完全に占有される．

表 2.3 に最初の 20 元素の電子配置を示した．それぞれの副殻中の電子数を上付き文字で示しているので注意すること．たとえばマグネシウムに対する $1s^2 2s^2 2p^6 3s^2$ という表記は，マグネシウム原子が第 1 殻に 2 個の電子，第 2 殻に 8 個の電子，そして第 3 殻に 2 個の電子をもつことを意味している．

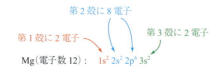

Mg (電子数 12)： $1s^2\ 2s^2\ 2p^6\ 3s^2$
第 1 殻に 2 電子 — 第 2 殻に 8 電子 — 第 3 殻に 2 電子

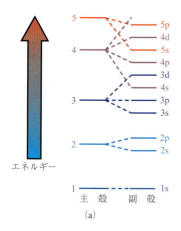

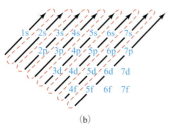

▲図 2.6 軌道エネルギー準位の序列
(a) エネルギー準位図はそれぞれの主殻における軌道の占有序列を示す．3p 準位を越えると異主殻軌道間でエネルギーが交差する場合がある．(b) 占有序列を覚えるための簡便なスキーム．

表 2.3 の電子配置に目を通して原子番号をチェックし，周期表（図 2.2）における各元素の位置を確認しよう．電子配置と周期表中の位置とのあいだの相関関係を見つけ出せるだろうか．

●**水素**($Z=1$)：水素原子中のただ一つの電子は，最低エネルギーの 1s 準位に

表 2.3 最初の 20 元素の電子配置

元素		原子番号	電子配置
H	水素	1	$1s^1$
He	ヘリウム	2	$1s^2$
Li	リチウム	3	$1s^2\,2s^1$
Be	ベリリウム	4	$1s^2\,2s^2$
B	ホウ素	5	$1s^2\,2s^2\,2p^1$
C	炭素	6	$1s^2\,2s^2\,2p^2$
N	窒素	7	$1s^2\,2s^2\,2p^3$
O	酸素	8	$1s^2\,2s^2\,2p^4$
F	フッ素	9	$1s^2\,2s^2\,2p^5$
Ne	ネオン	10	$1s^2\,2s^2\,2p^6$
Na	ナトリウム	11	$1s^2\,2s^2\,2p^6\,3s^1$
Mg	マグネシウム	12	$1s^2\,2s^2\,2p^6\,3s^2$
Al	アルミニウム	13	$1s^2\,2s^2\,2p^6\,3s^2\,3p^1$
Si	ケイ素	14	$1s^2\,2s^2\,2p^6\,3s^2\,3p^2$
P	リン	15	$1s^2\,2s^2\,2p^6\,3s^2\,3p^3$
S	硫黄	16	$1s^2\,2s^2\,2p^6\,3s^2\,3p^4$
Cl	塩素	17	$1s^2\,2s^2\,2p^6\,3s^2\,3p^5$
Ar	アルゴン	18	$1s^2\,2s^2\,2p^6\,3s^2\,3p^6$
K	カリウム	19	$1s^2\,2s^2\,2p^6\,3s^2\,3p^6\,4s^1$
Ca	カルシウム	20	$1s^2\,2s^2\,2p^6\,3s^2\,3p^6\,4s^2$

ある．つぎの二つの方法のいずれかで電子配置を表現できる．

$$H \quad 1s^1 \quad \text{または} \quad \frac{\uparrow}{1s^1}$$

書式法では，$1s^1$ という表記の上付き文字は 1s 軌道を 1 個の電子が占有していることを意味する．図式法では，1s 軌道を 1 本の線で示し，この軌道を占有する 1 個の電子を上向き矢印（↑）で示す．一つの軌道にただ一つの電子がある場合，それを**不対**（unpaired）ということがしばしばある．

- **ヘリウム（Z=2）**：ヘリウム中の 2 個の電子はともに最低エネルギーの 1s 軌道にあり，それらのスピンは**対**（paired）になっているため，上向きおよび下向きの矢印（↑↓）で表現する．

$$He \quad 1s^2 \quad \text{または} \quad \frac{\uparrow\downarrow}{1s^2}$$

- **リチウム（Z=3）**：第 1 殻がいっぱいになり，第 2 殻が占有されはじめる．3 個目の電子は 2s 軌道に入る．

$$Li \quad 1s^2\,2s^1 \quad \text{または} \quad \frac{\uparrow\downarrow}{1s^2} \quad \frac{\uparrow}{2s^1}$$

[He] の電子配置は占有 $1s^2$ 軌道なので，電子対表記で $1s^2$ 軌道の代わりに [He] を用いることがある．この略記法を使えば，Li の電子配置は [He]$2s^1$ と書ける．

- **ベリリウム（Z=4）**：つぎの電子が対をつくり，2s 軌道が占有される．

$$Be \quad 1s^2\,2s^2 \quad \text{または} \quad \frac{\uparrow\downarrow}{1s^2} \quad \frac{\uparrow\downarrow}{2s^2} \quad \text{または} \quad [He]\,2s^2$$

- **ホウ素（Z=5），炭素（Z=6），窒素（Z=7）**：つぎの三つの電子は，三つの 2p 軌道に一度に一つずつ入る．線と矢印で電子配置をあらわすと，p 副殻内

の個々の軌道を電子が占有して対をつくる様子がわかるので，書式法よりも多くの情報をあらわせる．

B　$1s^2\ 2s^2\ 2p^1$　または　$\underset{1s^2}{\uparrow\downarrow}\ \underset{2s^2}{\uparrow\downarrow}\ \underbrace{\uparrow\ \rule{0.5em}{0.4pt}\ \rule{0.5em}{0.4pt}}_{2p^1}$　または　$[He]\ 2s^2\ 2p^1$

C　$1s^2\ 2s^2\ 2p^2$　または　$\underset{1s^2}{\uparrow\downarrow}\ \underset{2s^2}{\uparrow\downarrow}\ \underbrace{\uparrow\ \uparrow\ \rule{0.5em}{0.4pt}}_{2p^2}$　または　$[He]\ 2s^2\ 2p^2$

N　$1s^2\ 2s^2\ 2p^3$　または　$\underset{1s^2}{\uparrow\downarrow}\ \underset{2s^2}{\uparrow\downarrow}\ \underbrace{\uparrow\ \uparrow\ \uparrow}_{2p^3}$　または　$[He]\ 2s^2\ 2p^3$

- **酸素($Z=8$), フッ素($Z=9$), ネオン($Z=10$)**：つぎに，電子は一つずつ対をつくって三つの 2p 軌道を満たし，第 2 殻が完全に占有される．

O　$1s^2\ 2s^2\ 2p^4$　または　$\underset{1s^2}{\uparrow\downarrow}\ \underset{2s^2}{\uparrow\downarrow}\ \underbrace{\uparrow\downarrow\ \uparrow\ \uparrow}_{2p^4}$　または　$[He]\ 2s^2\ 2p^4$

F　$1s^2\ 2s^2\ 2p^5$　または　$\underset{1s^2}{\uparrow\downarrow}\ \underset{2s^2}{\uparrow\downarrow}\ \underbrace{\uparrow\downarrow\ \uparrow\downarrow\ \uparrow}_{2p^5}$　または　$[He]\ 2s^2\ 2p^5$

Ne　$1s^2\ 2s^2\ 2p^6$　または　$\underset{1s^2}{\uparrow\downarrow}\ \underset{2s^2}{\uparrow\downarrow}\ \underbrace{\uparrow\downarrow\ \uparrow\downarrow\ \uparrow\downarrow}_{2p^6}$

ここまでくれば，[Ne] という略記を用いて，第 2 殻までの軌道がすべて占有された電子配置をあらわせる．

- **ナトリウムからカルシウムまで($Z=11 \sim 20$)**：リチウムからネオンに至る過程で見てきたパターンが，ナトリウム($Z=11$)からアルゴン($Z=18$)に至る過程で再び繰り返され，3s および 3p 副殻が占有される．第 3 殻まで占有された元素については，第 3 殻まで完全に満たされたことを示すのに [Ar] を用いることもできる．しかしアルゴン以降になると，副殻エネルギーが交差しはじめる．図 2.6 に示したように，4s 副殻は 3d 副殻よりもエネルギーが低いため先に占有される．そのため，カリウム($Z=19$)とカルシウム($Z=20$)はつぎのような電子配置になる．

K　$1s^2\ 2s^2\ 2p^6\ 3s^2\ 3p^6\ 4s^1$　または　$[Ar]\ 4s^1$　　Ca　$1s^2\ 2s^2\ 2p^6\ 3s^2\ 3p^6\ 4s^2$　または　$[Ar]\ 4s^2$

例題 2.7　原子構造：電子配置

マグネシウムの電子配置はどのように書けるか示せ．

解説　マグネシウムは $Z=12$ なので，12 個の電子をそれぞれ決まった軌道に配置する．図 2.6 に示した順序に従って，各軌道に 2 個ずつ電子を入れると電子配置をあらわせる．
- 最初の 2 電子は 1s 軌道に入れる($1s^2$).
- つぎの 2 電子は 2s 軌道に入れる($2s^2$).
- つぎの 6 電子は三つの 2p 軌道に入れる($2p^6$).
- 残りの 2 電子は二つとも 3s 軌道に入れる($3s^2$).

解答
マグネシウムの電子配置は $1s^2\ 2s^2\ 2p^6\ 3s^2$ または $[Ne]3s^2$ である．

例題 2.8　電子配置：軌道占有図

リン($Z=15$)の電子配置を書け．上向きおよび下向き矢印を使い，各軌道で電子が対をつくっている様子を示すこと．

解説　リンは15個の電子をもっており，それらが図2.6に示したような順序に従って軌道を占有する．
- 最初の2個は対になって第1殻を満たす($1s^2$)．
- つぎの8個は第2殻を満たす($2s^2\,2p^6$)．電子はすべて対になる．
- 残りの5電子は第3殻に入る．このうち2個は3s軌道を満たし($3s^2$)，3個は三つの3p軌道のそれぞれに一つずつ入るかたちで3p副殻を占有する．

解答

$$P \quad \underset{1s^2}{\uparrow\downarrow} \quad \underset{2s^2}{\uparrow\downarrow} \quad \underset{2p^6}{\underbrace{\uparrow\downarrow\ \uparrow\downarrow\ \uparrow\downarrow}} \quad \underset{3s^2}{\uparrow\downarrow} \quad \underset{3p^3}{\underbrace{\uparrow\ \uparrow\ \uparrow}}$$

問題 2.19
つぎの元素の電子配置を書け（表2.3で答えが確認できる）．
(a) C　(b) P　(c) Cl　(d) K

問題 2.20
33個の電子をもつ原子について占有が不完全な副殻を同定し，上向きおよび下向き矢印を使ってこの副殻中で対になっている電子および(または)対になっていない電子を示せ．

基礎問題 2.21

つぎのような電子占有図で示される原子を同定せよ．

$1s^2\ 2s^2\ 2p^6\ 3s^2\ 3p^6$　$\underset{4s}{\uparrow\downarrow}$　$\underset{3d}{\uparrow\downarrow\quad\uparrow\downarrow\quad\uparrow\downarrow\quad\uparrow\downarrow\quad\uparrow\downarrow}$　$\underset{4p}{\uparrow\ \_\ \_}$

2.8 電子配置と周期表

　原子の電子配置は，その化学的挙動とどのように関連づけられるだろうか，また類似した挙動を見せる元素を周期表の同族に見出せるのはなぜだろうか？図2.7に示したように，**最後に満たされた副殻**がどういったタイプの電子副殻であるかによって，周期表は四つの領域または**ブロック**(block)に分けられる．

- 周期表左側の主族1族および2族元素（とHe）はs副殻が最後に満たされるため，**sブロック元素**と呼ばれる．
- 周期表右側の主族13〜18族までの元素（Heを除く）はp副殻が最後に満たされるため，**pブロック元素**と呼ばれる．
- 周期表中央の遷移金属はd副殻が最後に満たされるため，**dブロック元素**と呼ばれる．
- 周期表下に別枠で示されている内部遷移元素はf副殻が最後に満たされるため，**fブロック元素**と呼ばれる．

sブロック元素(s-block element)
s軌道の占有に由来する主族元素．

pブロック元素(p-block element)
p軌道の占有に由来する主族元素．

dブロック元素(d-block element)
d軌道の占有に由来する遷移金属元素．

fブロック元素(f-block element)
f軌道の占有に由来する内部遷移金属元素．

▶図 2.7
周期表中の元素ブロックは占有副殻の違いに対応している
左上端からはじめて周期表を順に横に見ていくと，1s → 2s → 2p → 3s → 3p → 4s → 3d → 4p などというように，軌道占有序列を覚えられる．

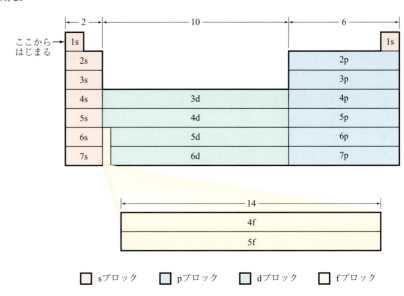

　図 2.7 に略記したように周期表を捉えれば，先に図 2.6 で示した軌道を占有する序列を簡単に覚えられる．周期表の左上隅から見ていくと，最初の行には二つの元素 (H と He) しかない．なぜなら，第 1 殻の s 軌道を満たすには 2 個の電子しか必要としないからである ($1s^2$)．2 行目は，二つの s ブロック元素 (Li と Be) からはじまって，六つの p ブロック元素 (B から Ne まで) へと続く．電子がつぎの s 軌道 (2s) を満たしてから最初の p 軌道 (2p) を満たすからである．3 行目は 2 行目に似ており，3s および 3p 軌道が順に満たされる．4 行目もまた二つの s ブロック元素 (K と Ca) からはじまるが，そのあとに続くのは 10 個の d ブロック元素 (Sc から Zn まで) と六つの p ブロック元素 (Ga から Kr まで) である．したがって軌道の占有序列は，4s，つぎに最初の d 軌道 (3d)，そして 4p となる．周期表の行を追って順々に続けていけば，図 2.6 で示したのとおなじ完全な占有序列ができあがる．

$$1s \to 2s \to 2p \to 3s \to 3p \to 4s \to 3d \to 4p \to 5s \to$$
$$4d \to 5p \to 6s \to 4f \to 5d \to 6p \to 7s \to 5f \to 6d \to 7p$$

原子価殻 (valence shell) 原子の最外電子殻．

価電子 (valence electron) 原子の原子価殻にある電子．

　しかし，なぜ周期表の同族元素は性質が似ているのだろうか？ 主族 1, 2, 17, そして 18 に属する元素の電子配置を示した表 2.4 を見れば答えはおのずから明らかである．原子価殻あるいは**原子価殻**の電子だけに注目すれば，**周期表の同族元素はその原子価殻電子の電子配置が互いに似ている**．たとえば，1 族元素はすべて 1 個の**価電子**，ns^1 (ここで n は原子価殻番号をあらわす．Li に対しては $n=2$，Na に対しては $n=3$，K に対しては $n=4$ などとなる) を有する．2 族元素は 2 個の価電子 (ns^2) を有し，17 族元素は 7 個の価電子 ($ns^2\,np^5$) を有し，18 族元素 (He を除く) は 8 個の価電子 ($ns^2\,np^6$) を有する．価電子は原子価殻電子であり，最後に占有される軌道の電子では必ずしもないことに注意せよ！

　主族元素に対するこのような事実は，周期表のほかの族に対しても正しく当てはまる．同族の原子は同数の価電子をもち，互いに似た電子配置を有する．**価電子は，原子核による束縛がもっとも緩いので，元素の性質の決定にかかわるもっとも重要な電子になる．**したがって，類似した電子配置は，なぜ周期表の同族元素が互いに似た化学的挙動を示すかを説明している．

2.8 電子配置と周期表

表 2.4　1, 2, 17 および 18 族元素の原子価殻電子

族	元素	原子番号	原子価殻電子配置
1	Li(リチウム)	3	$2s^1$
	Na(ナトリウム)	11	$3s^1$
	K(カリウム)	19	$4s^1$
	Rb(ルビジウム)	37	$5s^1$
	Cs(セシウム)	55	$6s^1$
2	Be(ベリリウム)	4	$2s^2$
	Mg(マグネシウム)	12	$3s^2$
	Ca(カルシウム)	20	$4s^2$
	Sr(ストロンチウム)	38	$5s^2$
	Ba(バリウム)	56	$6s^2$
17	F(フッ素)	9	$2s^2\,2p^5$
	Cl(塩素)	17	$3s^2\,3p^5$
	Br(臭素)	35	$4s^2\,4p^5$
	I(ヨウ素)	53	$5s^2\,5p^5$
18	He(ヘリウム)	2	$1s^2$
	Ne(ネオン)	10	$2s^2\,2p^6$
	Ar(アルゴン)	18	$3s^2\,3p^6$
	Kr(クリプトン)	36	$4s^2\,4p^6$
	Xe(キセノン)	54	$5s^2\,5p^6$

さらに先へ 　同族元素は価電子の配置が似ているのでおなじような化学的挙動を示すこと，そして**化学特性**の多くが周期表の横に沿って周期的に変化する傾向があることを見てきた．ほとんどすべての元素の化学的挙動は，周期表中の位置に基づいて予測できる．これについては 3 章と 4 章でより詳しく説明する．おなじように，元素の種々の同位体の原子核の挙動はその構成(すなわち，中性子数と陽子数)に関係しており，これについては 11 章で説明する．

例題 2.9　電子配置：価電子

つぎの元素の電子配置を完全表記法と簡略表記法の両方で示せ．いずれの電子が価電子であるかを示せ．
　(a) Na　(b) Cl　(c) Zr

解説　図 2.7 で，各元素が何段目の何ブロックに位置するか見る．位置がわかれば，完全な電子配置を決定できるし，価電子を同定できる．

解答
(a) Na(ナトリウム)は 3 段目に位置し，s ブロックの最初の列にある．したがって，3s までのすべての軌道が完全に満たされ，3s 軌道には 1 個の電子が入る．
　　Na：　$1s^2\,2s^2\,2p^6\,\underline{3s^1}$　　[Ne]$\underline{3s^1}$(価電子を下線で示した)
(b) Cl(塩素)は 3 段目，p ブロックの 5 列目に位置する．
　　Cl：　$1s^2\,2s^2\,2p^6\,\underline{3s^2\,3p^5}$　　[Ne]$\underline{3s^2\,3p^5}$
(c) Zr(ジルコニウム)は 5 段目，d ブロックの 2 列目に位置する．4d までのすべての軌道が完全に満たされ，4d 軌道には電子が 2 個入る．図 2.6 および図 2.7 を見て，5s 軌道が満たされた後に 4d 軌道が満たされることに注意せよ．
　　Zr：　$1s^2\,2s^2\,2p^6\,3s^2\,3p^6\,4s^2\,3d^{10}\,4p^6\,\underline{5s^2}\,4d^2$　　[Kr]$\underline{5s^2}\,4d^2$

例題 2.10 電子配置：原子価殻配置

原子価殻の番号を n であらわし，16族元素の一般的な原子価殻電子配置を記せ．

解説 16族元素は6個の価電子をもつ．いずれの元素についても，これら6電子の最初の2個が原子価殻のs副殻に入って ns^2 となり，残りの4個の電子が原子価殻のp副殻に入って np^4 となる．

解答
16族の一般的な原子価殻電子配置は $ns^2\,np^4$ である．

例題 2.11 電子配置：内殻 vs. 原子価殻

スズ原子には何個の電子が存在するか？ 各主殻の電子数を示せ．また，スズ原子には何個の価電子が存在するか？ スズの原子価殻電子配置を記せ．

解説 総電子数はスズの原子番号（$Z=50$）とおなじである．価電子の数は，原子価殻電子の数に等しい．

解答
周期表を調べると，スズの原子番号は50であり，14族に属することがわかる．それぞれの主殻における電子数は，

主殻番号：	1	2	3	4	5
電子数：	2	8	18	18	4

である．族番号から予想されるように，スズは4個の価電子をもつ．これらの電子は 5s と 5p 副殻に入るのでその電子配置は $5s^2\,5p^2$ となる．

問題 2.22
完全表記法と簡略表記法の両方を使って，つぎの元素の電子配置を記せ．
　(a) F　　(b) Al　　(c) As

問題 2.23
すべての元素の原子価殻電子配置が ns^2 となる族を同定せよ．

問題 2.24
塩素について，族番号を同定し，各占有殻の電子数を示し，原子価殻電子配置を記せ．

基礎問題 2.25

下の周期表中の赤で示した元素について，族番号を同定し，一般的な原子価殻電子配置（たとえば，1族元素なら ns^1）を記せ．

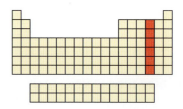

2.9 点電子記号

価電子は原子の挙動に重要な役割を果たしているので，価電子を元素記号といっしょに表記する方法があれば便利である．**点電子記号**では，価電子の数を示すために元素記号の周囲に点を置く．たとえば，ナトリウムのような1族原子は1個の点をもち，マグネシウムのような2族原子は2個の点をもち，ホウ素のような13族原子は3個の点をもつ．

各主族の最初の数元素の原子の点電子記号を表 2.5 に示した．見てわかるように，元素記号の四方がそれぞれ1個の点をもつまでは，一方に1個だけ点を置いていく．さらに点電子を増やすと電子対ができるが，一方に2個を超える点電子を置くことはない．ヘリウムはほかの貴ガスと違って，8個ではなく2個の価電子しかもっていないことに注意しよう．それにもかかわらず，ヘリウムの性質はほかの貴ガスのそれと似ており，その最高被占副殻が満たされているため($1s^2$)，18族の一員と見なされる．

> **点電子記号**（electron-dot symbol）
> 価電子数を示すために周囲に点を置いた元素記号．

表 2.5　いくつかの主族元素の点電子記号

1	2	13	14	15	16	17	貴ガス
H·							H:
Li·	·Be·	·B̈·	·C̈·	·N̈·	·Ö·	·F̈·	:N̈e:
Na·	·Mg·	·Äl·	·S̈i·	·P̈·	·S̈·	·C̈l·	:Ä̈r:
K·	·Ca·	·Ga·	·Ge·	·Äs·	·S̈e·	·B̈r·	:K̈r:

例題 2.12　電子配置：点電子記号

15 族の元素 X の点電子記号を記せ．

解説　15 族の元素は5個の価電子をもっている．最初の4電子を元素記号の四方に一つずつ置いてから，対になるようにつぎの電子を置き加える．

解答
·Ẍ:　　（5電子）

問題 2.26
13 族の元素 X の点電子記号を記せ．

問題 2.27
ラドン，鉛，キセノン，およびラジウムの点電子記号を記せ．

問題 2.28
ストロンチウム原子の電子が励起状態から基底状態に戻るとき，p.66 の Chemistry in Action, "原子と光"の説明にあるように赤色光を放つ．銅原子の電子が励起状態から基底状態に戻るときには青色光を放つ．赤色光と青色光の波長はおおよそどのくらいか？　より高いエネルギーをもっているのはどちらの色か？

CHEMISTRY IN ACTION

原子と光

▲花火の鮮やかな色は，電子が高エネルギー準位から低エネルギー準位に落ち込む時に励起原子から放出されるエネルギーが原因である．

私たちが光(light)として見ているものは，実際には空間を貫いて進んでくるエネルギーの波である．波の長さ(**波長**，wavelength)が短くなるにつれて，そのエネルギーは高くなり，波長が長くなるにつれてエネルギーは低くなる．

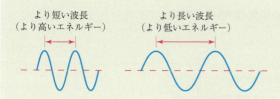

より短い波長 (より高いエネルギー) / より長い波長 (より低いエネルギー)

可視光は 400～800 nm の領域の波長をもつが，下に示した図にあるように，それは**全電磁スペクトル**(electromagnetic spectrum)のほんの一部分にすぎない．私たちは，可視光以外の波長の電磁エネルギーを見ることはできないけれども，多くの目的にそれらを利用しており，たとえば，γ(ガンマ)線，X線，紫外(UV)線，赤外(IR)線，マイクロ波，そしてラジオ波など，なかには見慣れた名前があるかもしれない．

電磁エネルギーのビームが原子に衝突するとなにがおきるだろうか？ 電子は，そのエネルギー準位に基づいて軌道に配置されていることを思い出してほしい．最低エネルギー準位に電子を配置した通常の原子は**基底状態**(ground state)にあるという．電磁エネルギーの大きさがぴったり一致していれば，電子は通常のエネルギー準位からより高いエネルギー準位に跳ね上がる．放電や発熱によって生じるエネルギーもまた，より高いエネルギー準位に電子を押し上げる．電子一つがより高いエネルギー準位に昇位した場合，原子は**励起**(excited)されたという．しかしながら励起状態は長続きせず，すぐにより安定な基底エネルギー準位に戻り，その過程で余分なエネルギーを放出する．もし放出したエネルギーが可視光領域にあれば，私たちはエネルギー放出の様子を見ることができる．これは，ネオンライトから花火に至るまで実際に幅広く利用されている．

"ネオン"ライトの場合，放電によって貴ガス原子が励起されると，ガスに応じたさまざまな色—ネオンからは赤，クリプトンからは白，そしてアルゴン

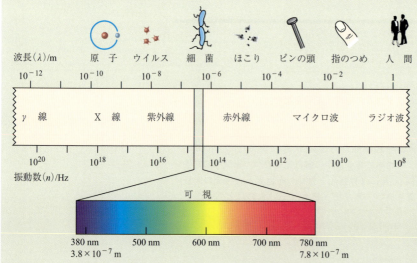

◀電磁スペクトルは連続的な波長域で構成され，見慣れた可視領域は中央近くのわずかな部分を占めるにすぎない．

からは青—を生じながら電子はエネルギーを放出し，基底状態に戻る．おなじように，電気エネルギーで励起された水銀やナトリウム原子は，それぞれ強い青や黄の光を生み出すことから街灯に利用されている．同様に，熱によって励起された金属原子は花火の壮観な色彩—たとえば，ストロンチウムからは赤，バリウムからは緑，銅からは青—を生み出す．

花火で見たのとおなじ電子励起原理に基づいた高感度装置を使えば，血液や尿のような体液に含まれる生物学的に重要な金属の濃度を測定できる．リチウム(赤)，ナトリウム(黄)およびカリウム(紫)によって生み出される炎色の強度をこの装置で測定し，多くの臨床検査報告書にあるように金属濃度を算出する．

章末の"Chemistry in Action からの問題" 2.88，2.89 を見ること．

要約：章の目標と復習

1. 原子構造の現代的な理論とはなにか？

すべての物質は**原子**でできている．原子とは，元素試料をその性質を維持したままで分割し得る，もっとも小さくもっとも単純な単位のことである．原子を構成しているのは，**陽子**や**中性子**，**電子**といった亜原子粒子である．陽子は正電荷をもち，中性子は電気的に中性であり，電子は負電荷をもつ．原子中の陽子と中性子は**原子核**と呼ばれる，高密度で正電荷をもった中心領域に存在する．電子は原子核から比較的遠いところに離れて位置しており，原子のほとんどは真空である（問題 34，42，43）．

2. 元素の違いによって原子はどのように異なっているか？

元素はそれを構成する原子に含まれる陽子数，すなわち元素の**原子番号**(Z)と呼ばれる値によって異なっている．ある一つの元素を構成している原子はすべておなじ数の陽子と電子をもっている．原子中の中性子数を予測することはできないが，たいていの場合陽子と同数かそれ以上である．原子中の陽子と中性子の総数をその原子の**質量数**(A)という（問題 35，44，46，86，87，92）．

3. 同位体とはなにか，そして原子量とはなにか？

陽子数と電子数がおなじで中性子数が異なる原子を**同位体**という．元素の原子量は**原子質量単位**(amu)で測定される，天然存在同位体の原子質量の加重平均である（問題 36〜41，45〜53，92，96，97）．

4. 周期表はどのような配置になっているか？

元素は，七つの段すなわち**周期**と 18 の列すなわち**族**に配置されている．周期表左の二つの族と右の六つの族を**主族元素**と呼ぶ．中央部の 10 個の族は**遷移金属**であり，周期表の下部に別枠で示されている 14 個の族は**内遷移金属**である．周期表中の同族元素は原子価殻の価電子数がおなじであり，互いに似た電子配置をもつ（問題 29，30，54〜65，90，91，93）．

5. 原子の中で電子はどのように配置しているか？

原子のまわりの電子は，層すなわち**主殻**に分かれて配置する．それぞれの主殻の中で電子は**副殻**に分かれて配置し，さらに各副殻の中で**軌道**—電子がもっとも見出されやすい空間領域—に分かれて配置する．s 軌道は球状であり，p 軌道はダンベル型をしている．

それぞれの主殻は特定の数の電子を収容することができる．第 1 殻は s 軌道に 2 個の電子を収容でき（$1s^2$），第 2 殻は一つの s 軌道と三つの p 軌道に 8 個の電子を収容でき（$2s^2\, 2p^6$），第 3 殻は一つの s 軌道と三つの p 軌道，五つの d 軌道に 18 個の電子を収容できる（$3s^2\, 3p^6\, 3d^{10}$）などである．最低エネルギー軌道からはじめて順々に電子を軌道に入れていくことで，元素の電子配置を予測できる．最外殻あるいは原子価殻の電子は点電子記号中に表記される（問題 31〜33，54，55，57，66〜83，91，94，95，98〜100，102〜106）．

KEY WORDS

亜原子粒子, p.44
アルカリ金属, p.53
アルカリ土類金属, p.53
sブロック元素, p.61
fブロック元素, p.61
価電子, p.62
貴ガス(希ガス), p.54
軌道, p.56
原子, p.43
原子価殻, p.62
原子核, p.44

原子質量単位(amu), p.44
原子説, p.43
原子番号(Z), p.47
原子量, p.49
質量数(A), p.47
周期, p.51
主殻(電子), p.56
主族元素, p.51
遷移金属元素, p.51
族, p.51
中性子, p.44

dブロック元素, p.61
電子, p.44
電子配置, p.58
点電子記号, p.65
同位体, p.48
内遷移金属元素, p.51
ハロゲン, p.53
pブロック元素, p.61
副殻(電子), p.56
陽子, p.44

基本概念を理解するために

2.29 つぎの元素あるいは元素の族は下に示した周期表の概略図のどこに位置するか？
(a) アルカリ金属　　(b) ハロゲン
(c) アルカリ土類金属　(d) 遷移金属
(e) 水素　　　　　　(f) ヘリウム
(g) メタロイド

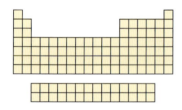

2.30 下に示した周期表の右上の赤で示した元素は，気体，液体，あるいは固体だろうか？青で示した元素の原子番号はいくつか？緑で示した元素と似ていると思われる元素の名を少なくとも一つあげよ．

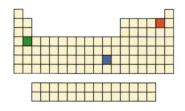

2.31 下に示した空の周期表を使って，つぎの記述にあてはまる元素がどこに位置するかを示せ．
(a) 原子価殻電子配置が ns^2np^5 である元素
(b) 第3殻に二つのp電子を有する元素
(c) 原子価殻が完全に占有されている元素

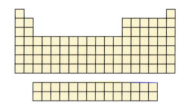

2.32 つぎの軌道占有図をもつ原子はなにか？

$1s^2\ 2s^2\ 2p^6\ 3s^2\ 3p^6$　$\underline{\uparrow\downarrow}$　$\underline{\uparrow\downarrow}\ \underline{\uparrow\downarrow}\ \underline{\uparrow\downarrow}\ \underline{\uparrow\downarrow}\ \underline{\uparrow\downarrow}$　$\underline{\uparrow}\ \underline{\downarrow}\ \underline{\downarrow}$
　　　　　　　　　　　　4s　　　　　3d　　　　　　　4p

2.33 つぎの軌道占有図を使って，Seの電子配置を示せ．

$1s^2\ 2s^2\ 2p^6\ 3s^2\ 3p^6$　$\underline{\ \ \ }$　$\underline{\ \ \ }\ \underline{\ \ \ }\ \underline{\ \ \ }\ \underline{\ \ \ }\ \underline{\ \ \ }$　$\underline{\ \ \ }\ \underline{\ \ \ }\ \underline{\ \ \ }$
　　　　　　　　　　　　4s　　　　　3d　　　　　　　4p

補 充 問 題

原子説と原子の構成

2.34 現代の原子説を構成している，原子と物質についての四つの基本仮説とはなにか？

2.35 元素が違うと原子はどう違うのか？

2.36 つぎの元素の1原子の質量をグラムで示せ．
(a) Bi，原子量 208.9804 amu
(b) Xe，原子量 131.29 amu
(c) He，原子量 4.0026 amu

2.37 つぎの質量を原子質量単位で示せ．
(a) 質量 2.66×10^{-23} g のO原子1個
(b) 質量 1.31×10^{-22} g のBr原子1個

2.38 質量 14.01 amu の窒素原子 6.022×10^{23} 個の質量は何グラムか？

2.39 質量 16.00 amu の酸素原子 6.022×10^{23} 個の質量は

補 充 問 題　69

何グラムか？

2.40　酸素 15.99 g には，質量 15.99 amu の O 原子が何個含まれるか？

2.41　炭素 12.00 g には，質量 12.00 amu の C 原子が何個含まれるか？

2.42　三つの亜原子粒子の名前はなにか？それらのおおよその質量は原子質量単位でいくらか？また，それぞれのもつ電荷はなにか？

2.43　3 種類の亜原子粒子は原子内のどこに位置しているか？

2.44　アルゴンの天然存在同位体，Ar-36，Ar-38，Ar-40 について，それぞれの中性子数を示せ．

2.45　つぎの同位体の陽子数，中性子数，および電子数を示せ．
　(a) Al-27　(b) $^{28}_{14}$Si　(c) B-11　(d) $^{115}_{47}$Ag

2.46　おなじ元素の同位体をあらわしている記号は，つぎのどれか？
　(a) $^{19}_{9}$X　(b) $^{19}_{10}$X　(c) $^{21}_{9}$X　(d) $^{21}_{12}$X

2.47　問題 2.46 で，各記号で示した同位体の名前と中性子数をそれぞれ答えよ．

2.48　つぎの同位体を記号で書け．
　(a) 6 陽子と 8 中性子をもつ原子
　(b) 質量数 39 で 19 陽子をもつ原子
　(c) 質量数 20 で 10 電子をもつ原子

2.49　つぎの同位体を記号で書け．
　(a) 50 電子と 70 中性子をもつ原子
　(b) $A = 56$ で $Z = 26$ の原子
　(c) $A = 226$ で 88 電子をもつ原子

2.50　炭素には，質量数 12, 13, および 14 の三つの天然存在同位体がある．それぞれ何個の中性子をもっているか？それぞれの同位体を記号で書き，原子番号と質量数を示せ．

2.51　テクネチウム-99 m (m は準安定同位体を意味する) は医療診断でもっとも広く使用される同位体の一つである．この同位体を記号で書き，質量数と原子番号の両方を示せ．

2.52　天然に存在する銅は，質量 62.93 amu の Cu-63 を 69.17%，質量 64.93 amu の Cu-65 を 30.83% 含む混合物である．銅の原子量はいくつか？

2.53　天然に存在するリチウムは，質量 7.016 amu の Li-7 を 92.58%，質量 6.105 amu の Li-6 を 7.42% 含む混合物である．リチウムの原子量はいくつか？

周期表

2.54　周期表の第 3 周期に 8 種類の元素が含まれているのはなぜか？

2.55　周期表の第 4 周期に 18 種類の元素が含まれているのはなぜか？

2.56　アメリシウムは原子番号 95 であり，家庭用の煙探知機に使われている．アメリシウムに対する元素記号はなにか？アメリシウムは金属か，それとも非金属か，あるいはメタロイドか？

2.57　メタロイド元素で満たされているのはどの副殻か？

2.58　スカンジウムから亜鉛までの元素について，つぎの問いに答えよ．
　(a) これらの元素は金属かそれとも非金属か？
　(b) これらの元素はどのような共通の類に属すか？
　(c) これらの元素で電子で満たされた副殻はなにか？

2.59　セリウムからルテチウムまでの元素について，つぎの問いに答えよ．
　(a) これらの元素は金属かそれとも非金属か？
　(b) これらの元素はどのような共通の分類に属しているか？
　(c) これらの元素で電子で満たされた副殻はなにか？

2.60　(a) ルビジウム (Rb)，(b) タングステン (W)，(c) ゲルマニウム (Ge)，(d) クリプトン (Kr) に対して，つぎの用語に該当するのはどれか？
　(i) 金属，(ii) 非金属，(iii) メタロイド，
　(iv) 遷移元素，(v) 主族元素，(vi) 貴ガス，
　(vii) アルカリ金属，(viii) アルカリ土類金属

2.61　(a) カルシウム，(b) パラジウム，(c) 炭素，(d) ラドンに対して，つぎの用語に該当するのはどれか？
　(i) 金属，(ii) 非金属，(iii) メタロイド，
　(iv) 遷移元素，(v) 主族元素，(vi) 貴ガス，
　(vii) アルカリ金属，(viii) アルカリ土類金属

2.62　化学的に硫黄と似ていると思われる元素を周期表からあげよ．

2.63　化学的にカリウムと似ていると思われる元素を周期表からあげよ．

2.64　リチウム以外に，どんな元素がアルカリ金属族を構成しているか？

2.65　フッ素以外に，どんな元素がハロゲン族を構成しているか？

電子配置

2.66　最大で何個の電子が一つの軌道に入れるか？

2.67　s 軌道と p 軌道は，原子中でどのような形をし，どこに位置しているか？

2.68　最大で何個の電子が第 1 殻に入れるか？第 2 殻はどうか？第 3 殻はどうか？

2.69　最大で何個の電子が第 3 殻に入れるか？第 4 殻はどうか？

2.70　第 3 殻には何個の副殻があるか？第 4 殻はどうか？第 5 殻はどうか？

2.71　第 5 殻の最後の副殻には，何個の軌道があると予想されるか？この副殻を満たすためには何個の電子が必要か？

2.72　1s, 2s, および 2p 副殻が満たされた原子には何個の電子が存在するか？この元素はなにか？

2.73　1s, 2s, 2p, 3s, 3p および 4s 副殻が満たされ，3d 副殻に電子が 2 個入った原子には何個の電子が存在するか？この元素はなにか？

2.74　つぎの原子価 p 副殻で対になっている電子を矢印表記で示せ．

(a) 硫黄
(b) 臭素
(c) ケイ素

2.75 以下の 5s および 4d 軌道で対になっている電子を矢印表記で示せ．
(a) ルビジウム
(b) ニオブ
(c) ロジウム

2.76 問題 2.74 と 2.75 で，各原子の不対電子の数を示せ．

2.77 教科書を見ずに，つぎの電子配置を記せ．
(a) チタン，$Z = 22$
(b) リン，$Z = 15$
(c) アルゴン，$Z = 18$
(d) ランタン，$Z = 57$

2.78 $Z = 12$ の元素は原子価殻に何個の電子をもつか？ この元素の点電子記号を記せ．

2.79 14族元素は何個の価電子をもっているか？ 説明せよ．この族の元素の一般的な点電子記号を記せ．

2.80 ベリリウムおよびヒ素原子について電子で満たされた原子価副殻を同定せよ．

2.81 原子価殻電子配置が ns^2np^3 となるのは周期表のどの族か？

2.82 つぎの元素の原子について価電子数を示し，点電子記号を記せ．
(a) Kr　(b) C　(c) Ca
(d) K　(e) B　(f) Cl

2.83 原子価殻の番号をあらわすのに n を使い，16族と2族の元素について一般的な原子価殻電子配置を記せ．

Chemistry in Action からの問題

2.84 通常の光学顕微鏡と比較して，走査型トンネル顕微鏡を使用する利点はなにか？ [**原子は実在するか？**, p.46]

2.85 p.46 の図の下側の漢字 "子" について：(a) この漢字の幅は鉄原子何個分か？ (b) 鉄原子の半径を 126 pm とすると，この漢字の幅はセンチメートルの単位でいくらになるか？ [**原子は実在するか？**, p.46]

2.86 恒星でつくられる最初の二つの元素はなにか？ [**元素の起源**, p.55]

2.87 鉄より重い元素はどうやってつくられるか？ [**元素の起源**, p.55]

2.88 つぎのそれぞれの組で，よりエネルギーが高いのはどちらのタイプの電磁エネルギーか？ [**原子と光**, p.66]
(a) 赤外線，紫外線
(b) ガンマ波，マイクロ波
(c) 可視光，X線

2.89 太陽の紫外線が，可視光線よりも肌に対して有害と考えられるのはなぜだろうか？ [**原子と光**, p.66]

全般的な質問と問題

2.90 ヘリウム以外の貴ガス族を構成する元素はなにか？

2.91 水素はアルカリ金属ではないのに，多くの周期表で1族に配置されている．しかしながら周期表の中には，ハロゲンではないにもかかわらず，水素を17族に入れているものがある．説明せよ（ヒント：水素と1族および17族の点電子記号を記せ）．

2.92 テルル（$Z = 52$）は，ヨウ素（$Z = 53$）よりも原子番号が小さいのに原子量は大きい（ヨウ素の 126.90 amu に対してテルルは 127.60 amu）．このようなことがなぜおきるのか？

2.93 周期表のフランシウム（Fr）以降でまだ発見されていない元素の原子番号は，何番か？

2.94 鉛の各殻における電子数を示せ．

2.95 つぎの元素の原子でもっともエネルギーの高い占有副殻を同定せよ．
(a) ヨウ素
(b) スカンジウム
(c) ヒ素
(d) アルミニウム

2.96 天然に存在する臭素は質量 78.92 amu の Br-79 を 50.69％，および質量 80.91 amu の Br-81 を 49.31％ 含んでいる．原子量はいくらか？

2.97 (a) 1個の炭素-12 原子の質量は（amu およびグラムで）いくらか？
(b) 6.02×10^{23} 個の炭素-12 原子の質量は（グラムで）いくらか？
(c) 設問(b)に対するあなたの答えに基づくと，6.02×10^{23} 個のナトリウム-23 原子の質量はいくらか？

2.98 ある未知元素は 2 8 18 8 2 という主殻電子配置をもっている．この元素の族と周期はなにか？ この元素は金属か非金属か？ この元素の原子1個は何個の陽子をもっているか？ 元素名はなにか？ 点電子記号を記せ．

2.99 原子番号 32 のゲルマニウムは，超小型電子装置の半導体の製造に使われており，2 8 18 4 という主殻電子配置をもつ．
(a) ゲルマニウムの電子配置を記せ．
(b) 価電子が入っている主殻と軌道は何か？

2.100 スズは原子番号 50 であり，周期表のゲルマニウム（問題 2.99）のすぐ下に位置する．スズの主殻電子配置を予想せよ．スズは金属か非金属か？

2.101 ある血液試料が 8.6 mg/dL の Ca を含むことがわかった．Ca 原子は 8.6 mg 中に何個あるか？ Ca の原子量は 40.08 である．

2.102 つぎの電子配置はどこが間違っているか？
(a) Ni　$1s^22s^22p^63s^23p^63d^{10}$
(b) N　$1s^22p^5$
(c) Si　$1s^22s^22p$ ↑↓ __ __
(d) Mg　$1s^22s^22p^63s$ ↑↑

2.103 必ずしもすべての元素が図 2.7 に示した電子占有序列に厳密に従っているわけではない．つぎの電

子配置で表されるのはどの元素の原子か？
  (a) $1s^22s^22p^63s^23p^63d^54s^1$
  (b) $1s^22s^22p^63s^23p^63d^{10}4s^1$
  (c) $1s^22s^22p^63s^23p^63d^{10}4s^24p^64d^55s^1$
  (d) $1s^22s^22p^63s^23p^63d^{10}4s^24p^64d^{10}5s^1$

2.104 問題 2.103 の原子について，それらの電子配置にはどんな類似性があるか？ 変則的な電子配置はこれらの類似性によってどう説明されるか？

2.105 問題 2.103 で電子配置から元素を同定したことを踏まえて，原子番号 $Z=79$ の元素の電子配置を記せ．

2.106 最近発見された元素 117 において，最後に満たされる軌道はなにか？

3章 イオン化合物

◀ 中国の乃古石林（Nangu Stone Forest）の鍾乳洞に見られるような石筍と鍾乳石は，炭酸カルシウム（$CaCO_3$）および炭酸マグネシウム（$MgCO_3$）といったイオン化合物からできている．

目 次
- 3.1 イオン
- 3.2 周期的性質とイオン形成
- 3.3 イオン結合
- 3.4 イオン化合物の性質
- 3.5 イオンとオクテット則
- 3.6 一般的な元素のイオン
- 3.7 イオンの命名
- 3.8 多原子イオン
- 3.9 イオン化合物の化学式
- 3.10 イオン化合物の命名
- 3.11 H^+イオンとOH^-イオン：酸塩基序論

この章の目標

1. イオンおよびイオン結合とは？ イオン化合物の一般的性質は？
   目標：イオンとイオン結合を説明し，イオン化合物の一般的な性質をあげることができる．
2. オクテット則とは？ イオンにオクテット則を適用するには？
   目標：オクテット則を説明し，典型元素のイオンの電子配置を予測できる．（◀◀ B.）
3. 周期表での元素の位置とイオン形成の関係は？
   目標：与えられた元素から形成されるイオンを予測できる．（◀◀ A, B.）
4. イオン化合物の化学式を決定するには？
   目標：イオンの属性を考慮して，イオン化合物の化学式を書ける．
5. イオン化合物を命名するには？
   目標：イオン化合物を化学式から命名でき，逆に化合物名から化学式を書くことができる．
6. 酸と塩基とは？
   目標：代表的な酸および塩基を認識できる．

復習事項

A. 周期表
(2.4，2.5節)

B. 電子配置
(2.7，2.8節)

　一酸化炭素（CO）のような2原子からなる（diatomic）化合物から，正確につながった数十億の原子を含むデオキシリボ核酸（DNA）まで，大きさに幅がみられる1900万以上の化学物質が存在する．明らかに，化合物の原子を互いに結びつける何らかの力があるはずだ．そうでなければ，原子は離ればなれになり，化合物というものはあり得ない．化合物の原子と原子を結びつける力は，化学結合（chemical bond）と呼ばれ，イオン結合（ionic bond）と共有結合（covalent bond）の二つが主なものである．この章では，イオン結合とそれらよって形成される物質について考察し，共有結合については次章で取り上げる．

　すべての化学結合は，反対符号の電荷（正に荷電した核と負に荷電した電子）間の電気的引力により生ずる．その結果，異なる元素が結合する仕組みは，それらの異なる電子配置と，それぞれの原子がより安定な電子配置をとろうとする時に生ずる変化と関連している．

3.1　イ　オ　ン

　初期の化学者によって記述された一般的な規則は，"周期表の左側の金属は右側の非金属と化合物を形成する傾向がある"というものである．たとえば1族のアルカリ金属は17族のハロゲンと反応し，さまざまな化合物を生成する．ナトリウムと塩素の反応で生成する塩化ナトリウム（食塩）は，よく知られた例である．1族と17族の元素を含むほかのいくつかの化合物の名称と化学式をつぎに示す．

ヨウ化カリウム，**KI**	甲状腺に必要なヨウ素を補うために食塩に添加される*¹．
フッ化ナトリウム，**NaF**	虫歯予防のためにフッ化物イオンを供給するため，多数の公共の上水道に添加される*²．
ヨウ化ナトリウム，**NaI**	シンチレーションカウンターで放射線を検出するために使われる（11.8節）．

　これらのアルカリ金属–ハロゲン化合物の組成と性質は，互いによく似てい

*1（訳注）：海藻を食べる日本では通常添加されない．
*2（訳注）：1950年代から1960年代にかけて，日本でも0.8 mg/L以下の濃度でフッ化ナトリウムが水道水に加えられていた自治体があったが，現在は添加されていない．

る．たとえば，二つの元素はつねに1対1の比で結合する，すなわちハロゲン原子1個に対して1個のアルカリ金属である．それぞれの化合物の融点は高く（すべて500℃以上），安定で無色の結晶性固体であり，水に溶けやすい．

さらに，これらの化合物を含む水溶液は電気を通し，その性質は原子をつなぎ合わせるこの種の化学結合を考えるヒントを与えてくれる．

自由に動く荷電粒子を含む媒体を通じてしか電気は流れることはできない．たとえば，金属の電気伝導性は負に荷電した電子が金属を通って移動した結果もたらされる．では，アルカリ金属-ハロゲン化合物の水溶液の中では，どんな荷電粒子があるのだろうか？ この疑問に答えるため，原子の構造について考えてみよう．原子は陽子の数と同数の電子を含むので，電気的には中性である．しかし，原子は1個以上の電子を獲得したり放出したりして，**イオン**と呼ばれる荷電粒子に変換される．

中性の原子から1個以上の電子が放出されると，**カチオン**(陽イオン)と呼ばれる**正に荷電した**(positive)イオンが生じる．2.8節で見てきたように，ナトリウムとほかのアルカリ金属原子は，原子価殻に1個の価電子をもっており，ns^1とあらわされる電子配置をとる．ここで，nは主殻番号をあらわす．この電子を失うことにより，アルカリ金属は正に荷電したカチオンになる．

▲塩化ナトリウムの水溶液は電気をとおし，電球を点灯させる．

イオン(ion) 電気的に荷電した原子または原子団．

カチオン(cation) 正に荷電したイオン．

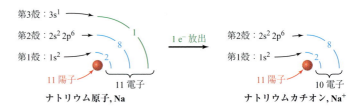

アニオン(anion) 負に荷電したイオン．

反対に，中性原子が1個以上の電子を獲得すると，**アニオン**(陰イオン)と呼ばれる**負に荷電した**(negative)イオンを生じる．塩素とほかのハロゲン原子はns^2np^5の価電子をもち，さらに1電子を獲得して原子価副殻を満たすことができる．その結果，負に荷電したアニオンを形成する．

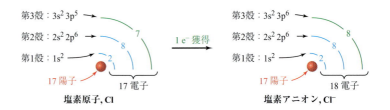

カチオンを示す記号は，元素記号に上付き符号で正電荷を加えることで示される．一方，アニオンは負電荷を添えることであらわされる．1電子を失ったり得たりすると，電荷は+1あるいは-1となるが，1は省略されNa^+およびCl^-のようにあらわされる．ただし，二つ以上の電子を失ったり得たりした場合，電荷は±2かそれ以上となりCa^{2+}やN^{3-}のように，その数が示される．

問題 3.1
マグネシウム原子が反応し，2電子を失った．生成するイオン式を示せ．生成したイオンはカチオンかアニオンか？

問題 3.2
硫黄原子が反応し，2電子を獲得した．生成するイオン式を示せ．生成したイオンはカチオンかアニオンか？

基礎問題 3.3
つぎに示したイオンのイオン式を記せ．このイオンはカチオンかアニオンか？

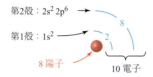
第2殻：$2s^2 2p^6$ → 8
第1殻：$1s^2$ → 2
8 陽子　10 電子

3.2 周期的性質とイオン形成

原子が電子を失って正に荷電するカチオンの形成のしやすさは，気体状態で1原子から1電子を除くのに必要なエネルギーと定義される**イオン化エネルギー**と呼ばれる量で示される．反対に，原子が電子を得て負に荷電するアニオンの形成のしやすさは，気体状態で1原子に1電子を加えた時に放出されるエネルギーと定義される**電子親和力**と呼ばれる量で示される．

イオン化エネルギー　　原子 + エネルギー $\xrightarrow{e^-放出}$ カチオン + 電子
（エネルギーの付加）

電子親和力　　　　　　原子 + 電子 $\xrightarrow{e^-獲得}$ アニオン + エネルギー
（エネルギーの放出）

> **イオン化エネルギー**（ionization energy）気体状態で，単一の原子から1電子を取り去るのに必要なエネルギー．
>
> **電子親和力**（electron affinity）気体状態で，単一の原子に1電子を加える時に放出されるエネルギー．

周期表の第1周期から第4周期までの元素に対するイオン化エネルギーおよび電子親和力の相対強度を，図3.1に示す．イオン化エネルギーは1個の中性原子から電子を引き抜くために加えなければならないエネルギー量を測定するので，周期表の左にあるアルカリ金属（Li，Na，K）などの元素が示す図3.1の低い数値は，これらの元素が電子を容易に失いやすいことを意味している．反対に，周期表の右側にあるハロゲン（F，Cl，Br）および貴ガス（He，Ne，Ar，Kr）の示す高い数値は，これらの元素が電子を容易には失わないことを意味している．これに対し，電子親和力は原子が電子を獲得する時放たれるエネルギー量を測定する．電子親和力はイオン化エネルギーにくらべ値が低いが，それでもやはりハロゲンが最大の値をとり，それゆえ電子をもっとも容易に獲得する．一方，金属の電子親和力は最小の値をとり，電子を容易には受け取らない．

アルカリ金属
- 低いイオン化エネルギー — 電子は容易に失われる
- 小さな電子親和力 — 電子を容易には受け入れない
- 差し引きすると：カチオンを形成しやすい

ハロゲン
- 高いイオン化エネルギー — 電子を失いにくい
- 大きな電子親和力 — 電子を容易に受け入れる
- 差し引きすると：アニオンを形成しやすい

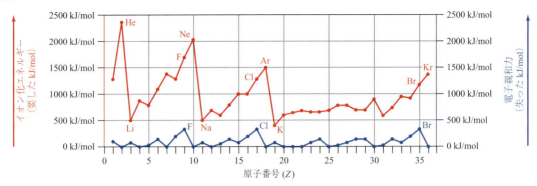

▲図 3.1
周期表の第 4 周期までの元素の相対的イオン化エネルギー(赤)ならびに電子親和力(青)
電子親和力の値がゼロの元素は電子を受け入れない．アルカリ金属(Li，Na，K)はもっとも低いイオン化エネルギーをもち，もっとも容易に電子を失うが，ハロゲン(F，Cl，Br)はもっとも大きい電子親和力をもち，もっとも容易に電子を得やすいことに注意．貴ガス(He，Ne，Ar，Kr)は電子を容易には失わず得ることもない．

　図 3.1 において，周期表の中央に近い主族元素——ホウ素($Z=5$，13族)，炭素($Z=6$，14族)および窒素($Z=7$，15族)——は容易には電子を失わず，受け入れることもないため，イオンを形成しにくいことに気づくかもしれない．次章で，これらの元素がイオン結合を形成せず，共有結合を形成する傾向があることを確かめる．

　ナトリウムのようなアルカリ金属は 1 電子を失いやすく，塩素のようなハロゲンは 1 電子を得やすいため，これらの二つの元素(ナトリウムと塩素)は，金属からハロゲンへ 1 電子を移すことで互いに反応する(図 3.2)．その生成物——塩化ナトリウム(NaCl)——は，それぞれの Na$^+$ イオンの正電荷が対応する Cl$^-$ イオンの負電荷により釣り合うため，電気的に中性である．

▶図 3.2
(a) 塩素は有毒な黄緑の気体，ナトリウムは反応性の高い金属，塩化ナトリウム(食塩)は無害の白色固体である．(b) 金属ナトリウムを塩素ガス中に入れると，白い塩化ナトリウムの"煙"を出しながら強烈な黄色の炎をあげて燃える．

(a)

(b)

例題 3.1　周期的傾向：イオン化エネルギー

図 3.1 の周期的傾向に注目し，ルビジウムのイオン化エネルギーが図のどこに位置するか予測せよ．

解説　ルビジウムの族番号(1族)を確認し，その族のほかの元素が図 3.1 のどこに表示されているかを探す．

解答
ルビジウム(Rb)は，周期表でカリウム(K)の下のアルカリ金属である．アルカリ金属，Li, Na, K は，すべて図の底辺近くにイオン化エネルギーをもつので，ルビジウムのイオン化エネルギーもおそらくおなじである．

例題 3.2 周期的傾向：アニオンとカチオンの形成

MgとSのうち，どちらの元素がより電子を失いやすいか？

解説 元素の族番号を確認し，これらの族の元素が図 3.1 のどこに位置するかを探す．

解答
マグネシウムは周期表の左側の 2 族元素であり，比較的低いイオン化エネルギーをもつため，容易に電子を失う．硫黄は周期表の右側に位置する 16 族元素であり，より高いイオン化エネルギーを示すため電子を失いにくい．

問題 3.4
図 3.1 の周期的傾向を見て，キセノンのイオン化エネルギーがどのあたりにくるか予測せよ．

問題 3.5
つぎに示す二つの元素のうち，どちらが電子を失いやすいか？
(a) Be または B   (b) Ca または Co   (c) Sc または Se

問題 3.6
つぎに示す二つの元素のうち，どちらが電子を獲得しやすいか？
(a) H または He   (b) S または Si   (c) Cr または Mn

3.3 イオン結合

　ナトリウムが塩素と反応すると，生成するのは塩化ナトリウムであり，もとの元素のどちらにも全く似ていない．ナトリウムは柔らかい銀色の金属であり，水と激しく反応する．塩素は腐食性で有毒な黄緑色の気体である(図 3.2a)．しかしこれらが化合すると，Na^+イオンとCl^-イオンからなる，誰でも知っている食塩を生成する．反対の電荷は互いに引き合うので，正のNa^+イオンと負のCl^-イオンは**イオン結合**により結合しているといえる．

　膨大な数のナトリウム原子が同数の塩素原子に電子を受け渡すと，目に見える塩化ナトリウムの結晶が生成する．この結晶の中には，同数のNa^+イオンとCl^-イオンが規則的に配列して詰まっている．正に荷電したNa^+イオン 1 個につき，6 個の負に荷電したCl^-イオンがまわりを取り囲んでおり，それぞれのCl^-イオンもまた 6 個のNa^+イオンに囲まれている(図 3.3)．この充塡配列をとると，それぞれのイオンは同符号イオンからは可能な限り離れることになり，6 個の近傍イオンの異なる符号の電荷との引力によって安定化する．

　塩化ナトリウムの結晶中のイオンは三次元配列のために，特定のイオン対の特定のイオン結合について述べることはできない．むしろ，囲まれた隣りのイオンとのイオン結合により引き付けられている多くのイオンが存在する．その

イオン結合(ionic bond)　結晶中で正反対に荷電したイオン同士の電気的引力．

▶図 3.3
塩化ナトリウム結晶中のNa⁺イオンとCl⁻イオンの配列

正に荷電したNa⁺イオン1個1個は，6個の負に荷電したCl⁻イオンに囲まれており，同じくCl⁻イオンは6個のNa⁺イオンに囲まれている．この結晶はイオン結合（正反対に荷電したイオン間引力）により形を保っている．

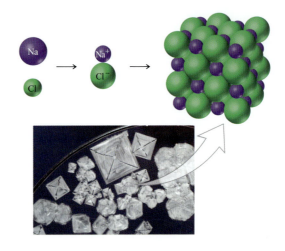

イオン性固体(ionic solid)　イオン結合により形を保っている結晶固体．

イオン化合物(ionic compound)　イオン結合を含んでいる化合物．

▲塩化ナトリウムの融点は801℃．

ため，NaClの結晶全体を**イオン性固体**，そのような化合物を**イオン化合物**と呼ぶ．これは，イオンで構成されるすべての化合物に当てはまる．

3.4　イオン化合物の性質

　塩化ナトリウムのように，イオン化合物は通常結晶性の固体である．異なるイオンは異なる大きさと電荷をもつので，異なる様式で充填される．それぞれの化合物のイオンは効果的に充填され，イオン結合が最大となるように収まる．

　イオン性固体中のイオンは，隣接するイオンとの引力によりあるべき位置に固く束縛されているので，移動することはできない．しかし，一度イオン性固体が水に溶解されると，イオンは自由に動くことができ，溶液中におけるこれらの化合物の電気伝導性の説明がつく．

　イオン化合物に見られる高い融点と高い沸点もまた，イオン結合により説明がつく．反対に荷電した粒子間の引力はきわめて強く，互いを捉えている力をふりほどくためには，高い温度まで加熱して大量のエネルギーを得る必要がある．たとえば，塩化ナトリウムは801℃で融解し，1413℃で沸騰する．ヨウ化カリウムは681℃で融解し，1330℃で沸騰する．

　イオン結合はこれほど強いにもかかわらず，イオン性固体を強くたたくと粉々になる．強打するとカチオンとアニオンの規則的な配列が壊れ，同符号の荷電粒子が近づく．このように同符号電荷が近接すると，反発エネルギーが生まれ結晶は割れてしまう．

　イオン化合物が水に溶けるのは，複数の水分子とイオンとの引力がイオン同士の引力より大きい場合である．塩化ナトリウムのような化合物は水によく溶け，高濃度の溶液を調製することができる．しかし，塩化ナトリウムやよく知られたほかのイオン化合物が水に溶けることに惑わされてはならない．これら以外の多くのイオン化合物，たとえば水酸化マグネシウムや硫酸バリウムは水に溶けない．なぜなら，イオンと複数の水分子との引力が結晶中のイオン間の結合力に打ち勝つことができないためである．

問題 3.7

Chemistry in Action，"イオン液体"について考察せよ．イオン液体の性質は，一般的なイオン化合物の性質とどう違うのか？

CHEMISTRY IN ACTION

イオン液体

　核廃棄物の問題の解決に役立ち，太陽エネルギーをより効率的にし，バイオマスからつくられる再生可能なエンジンの開発に大きな変化をもたらし，酵素を用いた生化学変換の溶媒となり，月に設置する液体鏡を使った反射望遠鏡の主要成分としての役割を果たす物質を想像してみよ．イオン液体はこれらすべての役割のみならず，より多くの役割も果たす！イオン化合物について論じる時，私たちの多くは食塩(Chemistry in Action，"塩"，p.85 参照)のような，融点が高くて固い結晶性の物質を思い浮かべる．しかしイオン液体は低融点，高粘度で，中程度以下の電気伝導率をもち，揮発性が低いなど，一般的なイオン化合物とは著しく異なる性質を示す．このような性質が上で述べたきわめて多様な用途に適しているのである．

　イオン液体の発見のいきさつにはいろいろな論議があるが，最初の**室温でのイオン液体**(room temperature ionic liquid，RTIL)の一つである硝酸エチルアンモニウムは，1914年にポール・ワルデン(Paul Walden)により合成された．それ以来，開発されたほとんどのRTILはさまざまなアニオンと結合したかさ高く非対称的な有機カチオンからできている．かさ高いカチオンは秩序だって密に詰めることができないため，これらの化合物は室温では凝集しない．イオン液体は揮発性が低いため，月のような気圧の低い環境中で，回転による遠心力で放物面を形成する大口径の液体鏡(巨大天体望遠鏡)をつくるのに理想的な性質を示す，粘性のきわめて高い液体となる傾向がある．このような粘稠液に金属の薄膜を被覆することが可能であり，遠赤外線を集めるためのパラボラ型反射面を形成することができる．加えて，このような回転液体鏡にかかる費用は，磨き上げなければならない伝統的なレンズの約1%である．

　このようなかさ高いカチオンはユニークな溶媒としての性質をもち，従来の溶媒には難溶であった物質を溶かすこともできる．その揮発性の低さにより，イオン液体は環境に優しいグリーン溶媒として魅力的である．燃料源としてのバイオマスを使うことを考えてみてほしい．(トウモロコシやビート，あるいはサトウキビ由来の)糖やデンプンを発酵法によりエタノールに変換する，よく知られたやり方がある．しかし，これらをはじめとした植物の主成分はセルロースである．セルロースは長鎖で繋がった多くの糖からなる高分子である(4章，Chemistry in Action，"巨大分子"および有機化学編6章，Chemistry in Action，"ケブラー：命を守るポリマー"を参照)．セルロースはデンプンと化学的には似ているが，ほとんどの溶媒に溶けず発酵に向いていない．ところが下の図に示したようなRTILを使うと，室温でセルロースを溶かすことができ，発酵可能な糖にまで分解しやすくなる．地球上のバイオマスのおよそ7000億トンという量からして，セルロースは重要で再生可能なエネルギー源となっている．セルロースを燃料に変換することができれば，拡大するエネルギーの必要量を確実にまかなえるだろう．

章末の"Chemistry in Actionからの問題" 3.80, 3.81を見ること．

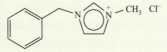

ベンジルメチルイミダゾリウムクロリド

◀ベンジルメチルイミダゾリウムクロリドの構造とイオン液体に溶解したマツの木の繊維．

3.5 イオンとオクテット則

アルカリ金属原子が1価の電子殻 ns^1 をもつことはすでに見てきた。したがって、点電子記号（electron-dot symbol、点電子式）で表した M・（M = Li, Na, K, Rb, Cs）は価電子（1個）の配置を示している。ns^2np^5 の七つの価電子をもつハロゲンは :Ẍ・ という点電子記号で表すことができる。貴ガス配置をとると ns^2np^6 の8個の価電子をもつため :Ẍ:⁻ と表記できる。アルカリ金属とハロゲンはともに反応性が高く、多様な化学反応によりさまざまな化合物を生成する。しかし貴ガスは全く異なっており、すべての元素の中でもっとも反応しにくい。

ここでは塩化ナトリウムとそれに似たイオン化合物について考えてみよう。ナトリウムやほかのアルカリ金属が塩素やほかのハロゲンと反応すると、金属の原子価殻からハロゲンの原子価殻へ1電子が移動する。このため、ナトリウムは原子価殻の電子配置を $2s^22p^63s^1$ から Na^+ イオンの $2s^22p^6(3s^0)$ に変え、塩素は原子の $3s^23p^5$ から Cl^- イオンの $3s^23p^6$ に変わる。結果として、**ナトリウムと塩素は8個の価電子をもった貴ガスとおなじ電子配置をとる**。Na^+ イオンは $n=2$ 殻に8電子をもち、ネオンの電子配置に一致する。Cl^- イオンは $n=3$ 殻に8電子をもち、アルゴンの電子配置に一致する。

$$
\begin{array}{ccccccc}
\text{Na} & + & \text{Cl} & \longrightarrow & \text{Na}^+ & + & \text{Cl}^- \\
1s^2\,2s^2\,2p^6\,3s^1 & & 1s^2\,2s^2\,2p^6\,3s^2\,3p^5 & & 1s^2\,2s^2\,2p^6 3s^0 & & 1s^2\,2s^2\,2p^6\,3s^2\,3p^6 \\
& & & & \underbrace{}_{\text{ネオン配置}} & & \underbrace{}_{\text{アルゴン配置}}
\end{array}
$$

$$
\text{Na·} \quad + \quad \text{·C̈l:} \quad \longrightarrow \quad \text{Na}^+ \quad + \quad \text{:C̈l:}^-
$$

化学的に反応性を失い、安定化をもたらす（s および p 副殻を満たした）8個の価電子をもつことは特別な意味がある。事実、多くの化合物を観察することにより、主族元素はそれぞれが8個の価電子をもついわゆるオクテット配置（electron octet）をとることが示された。これは**オクテット則**（octet rule）と呼ばれ、つぎのように要約される。

オクテット則 主族元素は、8個の価電子をもつように反応をする傾向がある。

言いかえると、主族の金属は周期表における直前の貴ガスとおなじ電子配置をとるように反応して電子を失う傾向があり、反応性の高い主族の非金属はすぐつぎの貴ガスとおなじ電子配置をとるように反応して電子を獲得する傾向がある。どちらの場合も、生成するイオンは原子価殻の s 副殻と p 副殻を満たしている。

例題 3.3 電子配置：カチオンのオクテット則

マグネシウム（$Z=12$）の電子配置を書け。価電子8個をもったイオンを形成するためには、マグネシウムは何個の電子を失わなければならないかを示し、そのイオン配置を書け。イオンが荷電する理由を説明し、イオンの記号を書け。

解説 2.7節に示されているようにマグネシウムの電子配置を書き、原子価殻の電子の数を数える。

解　答
マグネシウムは $1s^22s^22p^63s^2$ の電子配置をもつ．第2殻はオクテットを満たし ($2s^22p^6$)，第3殻は部分的にしか電子が満たされていない ($3s^2$) ので，マグネシウムは 3s 軌道の 2 個の電子を失うことにより，オクテット則を満たす原子価殻をとることができる．この結果，ネオンの電子配置をもつ 2 価カチオン Mg^{2+} を生成する．

$$Mg^{2+} \quad 1s^22s^22p^6 \quad (\text{ネオン配置}[Ne])$$

中性のマグネシウム原子は 12 個の陽子と 12 個の電子をもつ．2 個電子を失うことで 2 個の陽子が残り，Mg^{2+} イオンの $+2$ の電荷を説明できる．

例題 3.4　電子配置：アニオンのオクテット則

窒素原子 ($Z=7$) が貴ガス配置をとるためには何個の電子を獲得しなければならないか？ 形成されたイオンをイオン式と点電子記号で記せ．

解　説　窒素の電子配置を書き，貴ガスの電子配置に達するには，あと何個の電子が必要か確かめる．

解　答
15 族元素の窒素は $1s^22s^22p^3$ の電子配置をもっている．第 2 殻には 5 電子が含まれ ($2s^22p^3$)，オクテット配置に達するにはさらに 3 電子が必要となる．結果として，ネオンの電子配置と一致する 8 個の価電子をもった 3 価アニオン N^{3-} を生成する．

$$N^{3-} \quad 1s^22s^22p^6(\text{ネオン配置}) \quad :\ddot{N}:^{3-}$$

問題 3.8
カリウム ($Z=19$) の電子配置を書き，カリウムがどのように貴ガス配置をとるか示せ．

問題 3.9
アルミニウム原子 ($Z=13$) は貴ガス配置をとるためには，何個の電子を失わなければならないか？ 生成するイオン式を記せ．

基礎問題 3.10
つぎの反応でどちらの原子が電子を獲得し，どちらの原子が電子を失うか？ 生成するイオンを点電子記号で記せ．

$$X: + \cdot \ddot{Y} \cdot \longrightarrow \ ?$$

3.6　一般的な元素のイオン

　どの元素がイオンを形成し，イオンを形成しない元素はどれかを理解し記憶するための鍵となるのが周期表である．図 3.4 に示したように，同族元素の原子はおなじ電荷のイオンを形成する傾向がある．たとえば 1 族および 2 族の金属は，それぞれ $+1$ と $+2$ のイオンのみを生成する．これらの元素のイオンは，

▶図 3.4
第 4 周期までの元素により形成される一般的なイオン
生化学で重要なイオンを赤で示す.

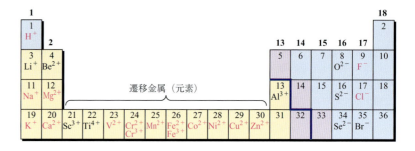

価電子の s 軌道から電子を失い貴ガス配置をとる（失われる電子が生成物として示されている下の式に注意）.

1 族：　　$M\cdot \rightarrow M^+ + e^-$
　　　　　　（M=Li, Na, K, Rb, Cs）

2 族：　　$M: \rightarrow M^{2+} + 2e^-$
　　　　　　（M=Be, Mg, Ca, Sc, Ba, Ra）

これらのイオンのうち，4 種類のイオン，Na^+，K^+，Mg^{2+}，Ca^{2+} は体液に存在し，生化学的な過程できわめて重要な役割を果たしている.

イオン化合物として普通に出会う唯一の 13 族元素はアルミニウムであり，価電子の s および p 軌道から 3 電子を失って Al^{3+} イオンを生成する．アルミニウムはある種の生物には存在するが，食事に含まれる必須元素とは考えられていない.

14 族の 3 元素（C, Si, Ge）および 15 族の 3 元素（N, P, As）は，通常カチオンやアニオンを生成しない．なぜなら，1 電子を引き離すのにあまりにも高いエネルギーが必要となり，1 電子を付加してもエネルギー的に有利となるほど十分なエネルギーが放出されないからである．これらの元素の結合は主に共有結合によるものであり，つぎの章で説明する．生命は炭素に依存しており，とくに重要な元素である．水素，窒素，リン，酸素とともに，炭素は本書の後半を通じて述べられるすべての基本となる化合物に存在する.

16 族元素である酸素と硫黄からは多数の化合物ができ，イオン性のものと共有結合性のものがある．2 電子を得ることにより，それらのイオンは貴ガス配置をとる.

16 族：　　$\cdot\ddot{O}\cdot + 2e^- \longrightarrow :\ddot{O}:^{2-}$
　　　　　　$\cdot\ddot{S}\cdot + 2e^- \longrightarrow :\ddot{S}:^{2-}$

ハロゲンは，1 電子を得ることにより生成するイオンとして，多くの化合物に存在する.

17 族：　　$\cdot\ddot{X}: + e^- \longrightarrow :\ddot{X}:^-$
　　　　　　（X = F, Cl, Br, I）

遷移金属は電子を失ってカチオンを生じ，ある種のカチオンはヒトの体内に存在する．遷移元素カチオンの電荷は，主族元素のカチオンのように予測できない．なぜなら，多くの遷移金属の原子は s 副殻にある価電子を失うだけでなく，1 個以上の d 電子を失うことができるからである．たとえば，鉄（…

3s²3p⁶3d⁶4s²)は 4s 副殻から 2 個の電子を失って Fe^{2+} を形成するが,さらに 3d 副殻からも 1 個の電子を失って Fe^{3+} を形成する.鉄の電子配置を見れば,オクテット則が主族元素に限られている理由がわかる.遷移金属のカチオンはすべての d 電子を失う必要があるので,通常貴ガス配置をとらないからである.

イオン形成と周期表の要点

- **金属は,1 個以上の電子を失ってカチオンを生じる.**
  - 1 族と 2 族の金属は,それぞれ 1 価のカチオン(+1)と 2 価のカチオン(+2)(たとえば Li^+ と Mg^{2+})を生じて,貴ガス配置をとる.
  - 遷移金属は,原子価殻の s 電子と内殻の d 電子を失って(たとえば Fe^{2+} と Fe^{3+} のように),2 種類以上のカチオンを形成する.
- **反応性の高い非金属は,1 個以上の電子を得てアニオンを生じ,貴ガス配置をとる.**
  - 16 族の非金属である酸素や硫黄は,アニオン O^{2-} および S^{2-} を生成する.
  - 17 族の元素(ハロゲン)は,1 価のアニオン(−1)を生じる:たとえば F^- や Cl^-.
- **18 族の元素(貴ガス)は非反応性である.**
- **主族元素のイオン電荷は,族番号とオクテット則を用いれば予測可能である.**
  - 1 および 2 族の金属:カチオン電荷 = 族番号.
  - 15 および 16 ならびに 17 族の非金属:アニオン電荷 = 8 − (族番号).

例題 3.5 イオン形成:価電子の獲得と放出

つぎのイオンのうち生成しやすいのはどれか?
  (a) S^{3-} (b) Si^{2+} (c) Sr^{2+}

解説 それぞれのイオンの価電子の数を数える.主族元素では 8 価電子をもつイオンだけが生成する可能性がある(オクテット則).

解答
  (a) 硫黄は 16 族であり,6 価電子をもっている.オクテット配置に達するためには,あと 2 電子だけが必要である.2 電子を獲得すると貴ガスの電子配置をもつ S^{2-} イオンが生成する.3 電子を獲得するとオクテット則に反するので,S^{3-} イオンは生成しないだろう.
  (b) ケイ素は 14 族の非金属である.炭素と同様,ケイ素はイオンを生成しない.なぜなら,貴ガス配置をとるには多すぎる電子(4 個)の獲得か放出が必要だからである.Si^{2+} イオンはオクテット配置をもたないため,生成しないだろう.
  (c) ストロンチウムは 2 族の金属であり外殻には 2 電子をもつにすぎない.したがって,2 電子を失って貴ガス配置をとることができる.すなわち,Sr^{2+} イオンはオクテット配置をもつため,容易に生成する.

問題 3.11
モリブデンはカチオンとアニオンのどちらを生成しやすいか? その理由は?

問題 3.12
つぎの反応過程で生成するイオンをイオン式と点電子記号で示せ.

(a) セレンが2電子を獲得　　(b) バリウムが2電子を放出
(c) 臭素が1電子を獲得

問題 3.13
海水は3.5%のNaCl（食塩）を含む（Chemistry in Action,"塩"参照）．1 Lの海水が35 gのNaClを含むとして，1 kgのNaClを生産するには何Lの海水を蒸発させなければならないか？

3.7　イオンの命名

1，2，13族の金属カチオンは，以下に示すように金属を明示してから"イオン"をつける．

K^+　　　　　　　Mg^{2+}　　　　　　　Al^{3+}
カリウムイオン　　マグネシウムイオン　　アルミニウムイオン

　金属とそのイオンにおなじ名前を使うと混乱をまねき，なにを意味しているか考えなくてはならないこともある．たとえば栄養学と健康関連分野では，血流のナトリウムやカリウムに関して話題にすることは一般的である．しかし，**金属**ナトリウムと**金属**カリウムは水と激しく反応するので，血液中に存在することはない．この場合のナトリウムとカリウムは，溶解したナトリウム**イオン**とカリウム**イオン**のことである．

　鉄やクロムのような遷移金属およびスズや鉛のようなpブロック元素の多くの金属は，2種類以上のカチオンを生成することが可能である．混乱をさけるため，それらのイオンを区別する方法が必要であり，その方法は二つある．古くから使われていた命名法では，電荷の小さいほうのイオンに第一，大きいほうのイオンに第二をつけて区別する（英語では，電荷の小さいイオンの語尾に(-ous)，電荷の大きいイオンの語尾に(-ic)をつける）．

　新しい命名法は，金属の名称の直後にカッコ内のローマ数字で電荷を示すものである．たとえば，

	Cr^{2+}	Cr^{3+}
旧名称	第一クロムイオン	第二クロムイオン
	(Chromous ion)	(Chromic ion)
新名称	クロム(Ⅱ)イオン	クロム(Ⅲ)イオン
	(Chromium(Ⅱ)ion)	(Chromium(Ⅲ)ion)

　本書では新名称に重点をおくが，旧名称が市販薬品のラベルに見られることもあるので両方を理解しておくことが必要かもしれない．どちらの名称であっても，薬品を使う前にわずかな違いを意識して，注意深く読むことが重要である．同じ2種類の元素からできていても，カチオンが異なる電荷をもっている化合物には重大な違いがある．たとえば，鉄欠乏性貧血の治療には2価鉄(iron(Ⅱ))化合物のほうが，3価鉄(iron(Ⅲ))化合物より著しく体内に吸収されやすいので望ましい．

　一般的な遷移金属のカチオンの名称を表3.1に示す．銅イオン，鉄イオン，スズイオンの英語の旧名称は，ラテン語名(cuprum, ferrum, および stannum)に由来することに注意する．

CHEMISTRY IN ACTION

塩

普通の人であれば，食事の時に塩（食塩）に手を伸ばすのを躊躇するかもしれない．実際，塩分のとり過ぎと高血圧が密接に関連していることは，かつてないほど人々のあいだに広まっている栄養学の知識の一つである．

塩がいつもこのような悪評をこうむってきたわけではない．歴史的にみれば，塩は最古の記録が残る時代から調味料や食品の保存料として珍重されてきた．塩の重要性は"生命を与えるもの"や"生命を支えるもの"として多くの言語の言い回しに反映されている．たとえば，思いやりがあり寛大な人を"地の塩"と呼び，有能であることを"給料（塩）に見合うだけの働きがある"ということがある．ローマ時代の兵士には，塩が支給されていた．給料を意味する英語の"salary"は，報酬として塩を支払うことを意味する"salarium"というラテン語に由来する．

おそらく塩は，もっとも容易に得ることができ，もっとも容易に精製することができる無機物である．太陽の光が豊富で，雨量の少ない沿岸気候にある世界中の地域で，何千年ものあいだ使われてきたもっとも簡単な方法は，海水を蒸発させることである．正確な量は出典にもよるが，海水は平均して約3.5％の溶解物を含み，そのほとんどが塩化ナトリウムである．世界中の海水をすべて蒸発させると，おおよそ $1.9 \times 10^{17}\,m^3$ のNaClができると見積もられる．

現在の塩の生産のうち，海水の蒸発によるものは約10％にすぎない．ほとんどの塩は，古代の内海の蒸発によってできた岩塩の膨大な堆積物を採掘することで得られている．これらの岩塩層の厚さは数百メートルにまでおよび，地表からの深さは数メートルから数千メートルまでと幅がある．少なくとも3400年のあいだ，岩塩の採掘は続いており，ポーランドのガリツィアにあるヴィエリチカ（Wieliczka）岩塩抗は，西暦1000年頃から現在まで途絶えることなく稼働している*．

では，塩と高血圧との関係はどうなっているだろう？ ナトリウムは細胞膜におけるイオン輸送と荷電平衡に重要な役割を果たす主栄養素ではあるけれど，ナトリウムの過剰摂取は高血圧と腎臓病に関連づけられてきた．米国でのナトリウムの1日の推奨摂取量（RDI）は2300 mgであり，換算するとおおよそ4 gの塩となる．しかしながら，ほとんどの先進

▲世界中の多くの地域で，海水や潮汐水を蒸発させて塩が収穫されている．

- 5％ 調理に使用
- 6％ 食事時に使用
- 12％ 自然由来食品
- 77％ 加工食品，加工調理済み食品

工業国の平均的な成人はこの量の倍以上を消費しており，そのほとんどは加工食品由来である．

個人としてはどうすべきだろう？ ほかのことにも言えるが，最良の答えは節度を保ち常識を働かせることである．高血圧症の人はナトリウム摂取を低く抑える努力をすべきだし，そのほかの人は塩気のないスナックを選び，加工食品の消費量をチェックし，ナトリウム含量を示す栄養成分表示を読むように忠告されるかもしれない．

章末の"Chemistry in Actionからの問題" 3.82を見ること．

＊（訳注）：現在は世界遺産としての観光地．

多くの場合，アニオンを命名する時は元素名の語尾を"-化物"に変えて"イオン"をつける（英語名では語尾を -ide に置き換え，"ion"をつける．表 3.2 を参照）．たとえば，フッ素（fluorine）が形成するアニオンはフッ化物イオン（fluoride ion），硫黄（sulfur）が形成するアニオンは硫化物イオン（sulfide ion）である．

表 3.1　一般的な遷移金属カチオンの名称

元　素	記　号	旧名称	新名称
クロム（chromium）	Cr^{2+}	第一クロム（chromous）	クロム（Ⅱ）（chromium（Ⅱ））
	Cr^{3+}	第二クロム（chromic）	クロム（Ⅲ）（chromium（Ⅲ））
銅（copper）	Cu^{+}	第一銅（cuprous）	銅（Ⅰ）（copper（Ⅰ））
	Cu^{2+}	第二銅（cupric）	銅（Ⅱ）（copper（Ⅱ））
鉄（iron）	Fe^{2+}	第一鉄（ferrous）	鉄（Ⅱ）（iron（Ⅱ））
	Fe^{3+}	第二鉄（ferric）	鉄（Ⅲ）（iron（Ⅲ））
水銀（mercury）	*Hg_2^{2+}	第一水銀（mercurous）	水銀（Ⅰ）（mercury（Ⅰ））
	Hg^{2+}	第二水銀（mercuric）	水銀（Ⅱ）（mercury（Ⅱ））
スズ（tin）	Sn^{2+}	第一スズ（stannous）	スズ（Ⅱ）（tin（Ⅱ））
	Sn^{4+}	第二スズ（stannic）	スズ（Ⅳ）（tin（Ⅳ））

*このカチオンは 2 原子の水銀からなり，それぞれが + 1 の平均電荷をもつ．

表 3.2　一般的なアニオンの名称

元　素	記　号	名　　称
臭素（bromine）	Br^{-}	臭化物イオン（bromide ion）
塩素（chlorine）	Cl^{-}	塩化物イオン（chloride ion）
フッ素（fluorine）	F^{-}	フッ化物イオン（fluoride ion）
ヨウ素（iodine）	I^{-}	ヨウ化物イオン（iodide ion）
酸素（oxygen）	O^{2-}	酸化物イオン（oxide ion）
硫黄（sulfur）	S^{2-}	硫化物イオン（sulfide ion）

問題 3.14
つぎのイオンを命名せよ．
　(a) Cu^{2+}　　(b) F^{-}　　(c) Mg^{2+}　　(d) S^{2-}

問題 3.15
つぎのイオンをイオン式で示せ．
　(a) 銀（Ⅰ）イオン　　(b) 鉄（Ⅱ）イオン
　(c) 第一銅イオン　　(d) テルル化物イオン

問題 3.16
体液のイオン濃度を調整するために点滴静注に使われるリンゲル液は，ナトリウム，カリウム，カルシウム，塩素のイオンを含む．それぞれのイオンの名称とイオン式を示せ．

3.8　多原子イオン

多原子イオン（polyatomic ion）　2 種類以上の原子からなるイオン．

二つ以上の原子からなるイオンは，**多原子イオン**と呼ばれる．ほとんどの多原子イオンは酸素とほかの元素を含み，それぞれ何個の原子が存在するかを下付きの数字であらわす化学式で示される．たとえば，硫酸イオンは硫黄 1 原子と酸素 4 原子からなり − 2 の電荷をもつ，すなわち SO_4^{2-}．多原子イオンの原子は次章で取り上げる共有結合により結合しており，結合した原子全体が単一

のものとして働く．多原子イオンは，構成原子の陽子の総数と異なる数の電子をもつため荷電する．

一般的な多原子イオンを表3.3に示す．アンモニウムイオン NH_4^+ およびオキソニウムイオン H_3O^+ だけがカチオンで，あとはすべてアニオンであることに注意してほしい．これらのイオンは化学，生物学，医学でしばしば目にするので，それらの名称とイオン式は記憶する以外にない．幸いにして覚えるべきものはそれほど多くはない．

表3.3　一般的な多原子イオン

名　称	イオン式	名　称	イオン式
オキソニウムイオン	H_3O^+	硝酸イオン	NO_3^-
アンモニウムイオン	NH_4^+	亜硝酸イオン	NO_2^-
酢酸イオン	$CH_3CO_2^-$	シュウ酸イオン	$C_2O_4^{2-}$
炭酸イオン	CO_3^{2-}	過マンガン酸イオン	MnO_4^-
炭酸水素イオン	HCO_3^-	リン酸イオン	PO_4^{3-}
（重炭酸イオン）		リン酸水素イオン	HPO_4^{2-}
クロム酸イオン	CrO_4^{2-}	リン酸二水素イオン	$H_2PO_4^-$
二クロム酸イオン	$Cr_2O_7^{2-}$	硫酸イオン	SO_4^{2-}
シアン化物イオン	CN^-	硫酸水素イオン	HSO_4^-
水酸化物イオン	OH^-	（重硫酸イオン）	
次亜塩素酸イオン	OCl^-	亜硫酸イオン	SO_3^{2-}

CHEMISTRY IN ACTION

生物学的に重要なイオン

人体が適切に働くためには多くの異なるイオンが必要になる．Ca^{2+}, Mg^{2+}, HPO_4^{2-} などのイオンは，それら自身が必須の機能をもつだけでなく，骨と歯の構成物質として使われる．Ca^{2+} の99％は骨と歯に含まれているが，体液に含まれる少量のカルシウムイオンは神経インパルスの伝達にきわめて重要な役割を果たしている．必須遷移金属のイオンを含む Fe^{2+} のようなイオンは，体内の特異的な化学反応に必要である．そのほか，K^+, Na^+, Cl^- などのイオンが，体中の体液に含まれている．

溶液の電荷を中性に保つために（アニオン由来の）負電荷の総量は（カチオン由来の）正電荷の総量と釣り合う必要がある．いくつかの1原子からなるアニオンと多原子アニオン（とくに HCO_3^- と HPO_4^{2-}）は，カチオンとの電荷バランスを保つのに役立っている．イオンのうち，もっとも重要なものとそれらの機能を下の表に示す．

章末の "Chemistry in Action からの問題" 3.83〜3.85を見ること．

生物学的に重要なイオン

イオン	存在箇所	機　能	補給源
Ca^{2+}	細胞の外側，Ca^{2+} の99％は $Ca_3(PO_4)_2$ や $CaCO_3$ として骨と歯に存在	骨と歯の構造；血液凝固，筋肉収縮，神経インパルスの伝達	牛乳，全粒穀物，葉もの野菜
Fe^{2+}	血液ヘモグロビン	肺から細胞への酸素運搬	レバー，赤身肉，緑の葉もの野菜
K^+	細胞内液	細胞内イオン濃度の維持，インスリンの放出および心拍の調節	牛乳，オレンジ，バナナ，肉
Na^+	細胞外液	体液喪失に対する予防，筋肉収縮と神経インパルスの伝達に必須	食塩，魚介類
Mg^{2+}	細胞内液	多くの酵素に存在，エネルギーの発生と筋肉収縮に必要	緑の葉もの野菜，魚介類，ナッツ類
Cl^-	細胞外液，消化液	細胞内の体液平衡の維持，血液から肺への CO_2 の運搬を補助	食塩，魚介類
HCO_3^-	細胞外液	血液の酸塩基平衡の調節	食物代謝の副産物
HPO_4^{2-}	細胞内液	細胞内の酸塩基平衡の調節	魚，鶏肉，牛乳

表 3.3 で，いくつかの対になるイオン（たとえば CO_3^{2-} と HCO_3^-）は，水素イオン H^+ があるかないかの違いであることを知っておく必要がある．このような場合，水素を伴うイオンの接頭辞として"重"，英語では"bi"を入れて命名されることがある（ただし現在，化学界では日本語表記としては使用していない）．CO_3^{2-} は炭酸イオン（carbonate ion），HCO_3^- は重炭酸イオン（bicarbonate ion），同様に SO_4^{2-} は硫酸イオン（sulfate ion），HSO_4^- は重硫酸イオン（bisulfate ion）といった具合である．

問題 3.17
つぎのイオンを命名せよ．
  (a) NO_3^- (b) CN^- (c) OH^- (d) HPO_4^{2-}

問題 3.18
1 族，2 族，遷移金属ならびにハロゲンに属するイオンのうち，生物学的に重要なイオンを記せ（Chemistry in Action，"生物学的に重要なイオン"参照）．

3.9　イオン化合物の化学式

すべての化合物は中性となるので，イオン化合物の化学式を理解するのは比較的容易である．いったんイオンが特定できれば，それぞれの型のイオンがいくつずつで全体として電荷がゼロになるかを決定するだけでよい．すなわち，イオン化合物の化学式はアニオンとカチオンの比で決まる．

イオンがおなじ電荷をもつなら，それぞれのイオンが 1 個ずつ必要となる．

$$K^+ \text{ と } F^- \text{ は KF を生成する}$$
$$Ca^{2+} \text{ と } O^{2-} \text{ は CaO を生成する}$$

これは，オクテット則を満たすためにそれぞれの原子が何個の電子をやりとりしなければならないかを考えてみれば，理にかなっていることがわかる．

$$K\cdot + \cdot\ddot{\underset{..}{F}}: \longrightarrow K^+ + :\ddot{\underset{..}{F}}:^-$$
$$\cdot Ca\cdot + \cdot\ddot{O}\cdot \longrightarrow Ca^{2+} + :\ddot{\underset{..}{O}}:^{2-}$$

イオンが異なる電荷をもつ場合，全体の電荷をゼロとするために異なる数のアニオンとカチオンが化合しなければならない．たとえばカリウムと酸素が化合するとき，O^{2-} イオンの -2 の電荷と釣り合うためには，2 個の K^+ イオンが必要となる．いい換えれば，O 原子のオクテット則を満たすのに必要な 2 電子を供給するためには，2 個の K 原子が必要となる．

$$2\,K\cdot + \cdot\ddot{O}\cdot \longrightarrow 2\,K^+ + :\ddot{\underset{..}{O}}:^{2-}$$
$$2\,K^+ \text{ と } O^{2-} \text{ は } K_2O \text{ を生成する}$$

Ca^{2+} イオンが Cl^- イオンと反応する場合，状況は逆になる．Ca 1 原子は 2 電子を供給することができ，オクテット則を満たすため，Cl 原子は 1 電子しか必要としない．したがって，2 個の Cl^- アニオンに対し 1 個の Ca^{2+} カチオンとなる．

Ca^{2+} と $2\,Cl^-$ は $CaCl_2$ を生成する

　イオン化合物の化学式を書くにあたって，対となる二つのイオンが異なる電荷をもつ時，一つのイオンの数がもう一方のイオンの電荷と等しくなることを覚えておくと，時に役に立つ．

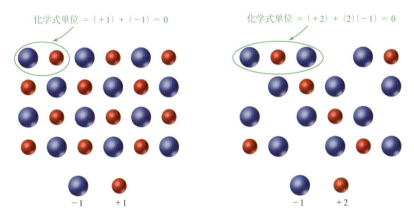

　イオン化合物の化学式は，その化合物の原子の比のうちもっとも低い比を示しており，もっとも簡単な**化学式**（組成式，simplest formula）であらわす．イオン化合物の中性の単一粒子というものは存在しないが，最小の中性**単位**(unit)を示すために**化学式単位**という言葉を使う（図3.5）．NaCl の式は 1 Na^+ イオンと 1 Cl^- イオン，K_2SO_4 の式は 2 K^+ イオンと 1 SO_4^{2-} イオン，CaF_2 の式は 1 Ca^{2+} イオンと 2 F^- イオンといった具合である．

化学式単位（formula unit）　イオン化合物の最小の中性単位を識別する化学式．

◀**図 3.5**
イオン化合物の化学式単位
化学式単位のイオン電荷の総和はゼロである．

　化合物のイオンの種類と数がわかれば，その化学式は下の規則に従って書ける．

- カチオンを先に，アニオンをあとに書く．たとえば，ClNa ではなく NaCl．
- イオンの電荷は書かない．たとえば，K^+F^- ではなく KF．
- 多原子イオンの化学式に下付き数字がある場合には，カッコで囲む．たとえば，Al_2SO_{43} ではなく $Al_2(SO_4)_3$．

例題 3.6 イオン化合物：化学式の書き方

カルシウムイオンと硝酸イオンにより生成する化合物の化学式を記せ．

解説 カチオンとアニオンの化学式と電荷(表3.4)を知ることで，中性になるイオン化合物の化学式を生じるためには，それぞれ何個が必要かを決定する．

解答
イオンは Ca^{2+} と NO_3^- である．それぞれ-1の電荷をもつ2個の硝酸イオンは，$+2$の電荷をもつカルシウムイオンと釣り合う．

$$Ca^{2+} \quad 電荷 = 1 \times (+2) = +2$$
$$2\,NO_3^- \quad 電荷 = 2 \times (-1) = -2$$

2個の硝酸イオンがあるため，硝酸の化学式はカッコで囲まなければならない．

$$Ca(NO_3)_2 \quad 硝酸カルシウム$$

問題 3.19
つぎに示した各イオンと銀(Ⅰ)からなるイオン化合物の化学式を書け．
(a) ヨウ素イオン　　(b) 酸化物イオン　　(c) リン酸イオン

問題 3.20
つぎに示した各イオンと硫酸イオンからなるイオン化合物の化学式を書け．
(a) ナトリウムイオン　　(b) 鉄(Ⅱ)イオン　　(c) クロム(Ⅲ)イオン

問題 3.21
アンモニウムイオンと炭酸イオンを含むイオン化合物はアンモニアの臭いを放ち，失神した人の意識を回復させる気付け薬に使われる．この化合物の化学式を書け．

問題 3.22
アストリンゼン(astringent)は，血液，汗，体液に含まれるタンパク質を収れんさせる化合物であり，制汗剤に使われる．安全で効果的な2種類のアストリンゼンは，硫酸イオンとアルミニウムおよび酢酸イオンとアルミニウムからなるイオン化合物である．それぞれのイオン化合物の化学式を書け．

🔑 基礎問題 3.23

つぎの表に3種類のイオン化合物が，赤のカチオンと赤のアニオン，青のカチオンと青のアニオン，緑のカチオンと緑のアニオンとで示されている．それぞれの化合物に対応すると考えられる化学式を書け．

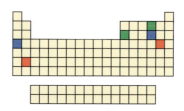

基礎問題 3.24

イオン化合物である窒化カルシウムを下図に示す．図をもとに，窒化カルシウムの化学式を書け．またカルシウムイオンの電荷と窒化物イオンの電荷を記せ．

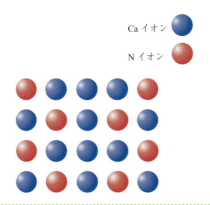

3.10 イオン化合物の命名

イオン化合物の式を書く時とは逆に，日本語では，アニオンを最初に，カチオンを後にして命名する．イオン化合物には2種類あり，それらを命名する規則は少し異なる．

タイプⅠ：主族元素（1族，2族，アルミニウム）のカチオンを含むイオン化合物．これらのカチオンの電荷は変化しないので，3.7節で考察したようにカチオンの電荷を特定する必要はない．たとえば，NaClは塩化ナトリウム，$MgCO_3$は炭酸マグネシウムである．

タイプⅡ：2種類以上の電荷を示す金属からなるイオン化合物．遷移金属など，ある種の金属は2種類以上のイオンを生成することがあるので，これらのカチオンの電荷を明確に定義する必要がある．異なるカチオンを区別するために，3.7節で述べた新名称（ローマ数字表記）あるいは旧名称（第一，第二）が使われる．$FeCl_2$は塩化鉄（Ⅱ）（または塩化第一鉄），$FeCl_3$は塩化鉄（Ⅲ）（または塩化第二鉄）と呼ばれる．これらを塩化第二鉄，塩化第三鉄とは呼ばないので注意が必要である．いったん金属の電荷がわかれば，全体として中性な化合物をつくるのに必要なアニオンの数もわかり，化合物の一部として示す必要はないからである．表3.4に一般的なイオン化合物とその用途を示す．

表3.4 一般的なイオン化合物とその用途

化学名（慣用名）	化学式	用途
炭酸アンモニウム	$(NH_4)_2CO_3$	気付け薬
水酸化カルシウム（消石灰）	$Ca(OH)_2$	モルタル，プラスター，しっくい
酸化カルシウム（石灰）	CaO	芝生の手入れ，工業用薬品
炭酸リチウム（リチウム）	Li_2CO_3	双極性障害の治療
水酸化マグネシウム（ミルマグ）	$Mg(OH)_2$	制酸剤
硫酸マグネシウム（エプソム塩）	$MgSO_4$	下剤，抗けいれん剤
過マンガン酸カリウム	$KMnO_4$	防腐剤，消毒剤*
硝酸カリウム（硝石）	KNO_3	火薬，マッチ，歯の減感剤
硝酸銀	$AgNO_3$	防腐剤，殺菌剤
炭酸水素ナトリウム（重曹）	$NaHCO_3$	ベーキングパウダー，制酸剤，口腔洗浄薬，脱臭剤
次亜塩素酸ナトリウム	NaOCl	消毒剤，家庭用漂白剤の有効成分
酸化亜鉛	ZnO	皮膚保護剤，カラミンローション

*防腐剤や消毒剤は非病原性微生物にも作用し得るが，とくに病原性微生物の感染を防ぐために使われる．

3. イオン化合物

さらに先へ ▶▶▶ イオン化合物の式は中性でなければならないため，化合物の名称からその化学式を一義的に書くことができるし，化学式からその名称を明確に書くこともできる．4章で学ぶ原子間の共有結合は，より多様な化合物を生じ得る．共有結合からなる化合物の命名法では，元素の複数の組み合わせを考慮に入れなければならない(たとえば CO と CO_2)．

例題 3.7 イオン化合物：多原子イオンを含む化学式

炭酸マグネシウムはバファリン錠剤(アスピリンと緩衝制酸剤の合剤)の成分として使われる．化学式を書け．

解説 マグネシウムは主族の金属なので，アニオンとカチオンの電荷と化学式を見極めることにより，このイオン化合物の化学式を決定することができる．全体の化学式が中性になることを思い起こすこと．

解答 カチオン部分とアニオン部分を分けて，化合物名を見ること：2族元素のマグネシウムは2価カチオン Mg^{2+}，炭酸アニオンは2価の CO_3^{2-} を生じる．アニオンとカチオンの電荷は等しいので，$MgCO_3$ の化学式は中性になる．

例題 3.8 イオン化合物：化学式とイオン電荷

ナトリウムとカルシウムは，ともに多様なイオン化合物を生成する．つぎの化合物の化学式を書け．
  (a) 臭化ナトリウムと臭化カルシウム
  (b) 硫化ナトリウムと硫化カルシウム
  (c) リン酸ナトリウムとリン酸カルシウム

解説 表 3.2 と表 3.3 に示したカチオンとアニオンの化学式と電荷を用い，化学式が中性になるために，何個のカチオンとアニオンが必要か決めることができる．

解答
  (a) カチオン = Na^+ と Ca^{2+}；アニオン = Br^-：$NaBr$ と $CaBr_2$
  (b) カチオン = Na^+ と Ca^{2+}；アニオン = S^{2-}：Na_2S と CaS
  (c) カチオン = Na^+ と Ca^{2+}；アニオン = PO_4^{3-}：Na_3PO_4 と $Ca_3(PO_4)_2$

例題 3.9 イオン化合物の命名

必要ならカチオンの電荷を示すためにローマ数字を用いて，つぎの化合物を命名せよ．
  (a) KF   (b) $MgCl_2$ (c) $AuCl_3$ (d) Fe_2O_3

解説 主族の金属の場合，電荷は族数から決定され，ローマ数字を必要としない．遷移金属では，金属の電荷はアニオンの全電荷をもとに決定できる．

解答
  (a) フッ化カリウム．主族である1族金属は1種類のカチオンだけを生じるため，ローマ数字を必要としない．
  (b) 塩化マグネシウム．2族のマグネシウムは Mg^{2+} のみを生じるため，ロー

(c) 塩化金(III). 3個のCl⁻イオンを中性の化学式とするため，+3の電荷が必要である．金は遷移金属なので，別のイオンを生成することができる．+3の電荷を明示するためにローマ数字が必要である．

(d) 酸化鉄(III). 3個の酸化物アニオン(O^{2-})は−6の負電荷をもつので，2個の鉄カチオンは+6の正電荷をもつことになる．したがって，それぞれの鉄カチオンはFe^{3+}であり，この電荷がローマ数字(III)で示される．

問題 3.25
Ag_2Sは銀製品によく見られる変色や錆に関係している．この化合物を命名し，銀イオンの電荷を示せ．

問題 3.26
つぎの化合物を命名せよ．
(a) SnO_2　　(b) $Ca(CN)_2$　　(c) Na_2CO_3
(d) Cu_2SO_4　　(e) $Ba(OH)_2$　　(f) $Fe(NO_3)_2$

問題 3.27
つぎの化合物の化学式を書け．
(a) リン酸リチウム　　(b) 炭酸銅(II)
(c) 亜硫酸アルミニウム　　(d) フッ化銅(I)
(e) 硫酸鉄(III)　　(f) 塩化アンモニウム

基礎問題 3.28
クロムと酸素からなるイオン化合物を下に示す．この化合物の名称を述べ，その化学式を書け．

3.11　H^+イオンとOH^-イオン：酸塩基序論

10章で取り上げられる，きわめて重要な2種類のイオンは，水素イオン(H^+)と水酸化物イオン(OH^-)である．水素原子は1陽子と1電子を含んでいるので，水素イオンは陽子（プロトン）となる．酸が水に溶けると，プロトンは水1分子に付加し，オキソニウムイオン(H_3O^+)を生成する．しかし，化学者はH^+イオンとH_3O^+イオンをほとんど同じ意味で使うことが多い．これに対し，水酸化物イオンは酸素原子と水素原子が共有結合した多原子イオンである．10章のほとんどは，H^+イオンとOH^-イオンの化学に費やされているが，

▶▶ 10章では，酸と塩基の化学的挙動と化学の多くの領域における重要性について学ぶ．

3. イオン化合物

ここで前もって見ておく価値がある.

H^+イオンとOH^-イオンが重要である理由は,酸と塩基の概念の基礎となるからである.事実,**酸**には"水に溶かした時にH^+イオンを生じる物質"という定義がある.例として,HCl,HNO_3,H_3PO_4などをあげることができる.**塩基**には"水に溶かした時にOH^-イオンを生じる物質"という定義がある.例として,NaOH,KOH,$Ba(OH)_2$などをあげることができる.

塩酸(HCl),硝酸(HNO_3),硫酸(H_2SO_4),リン酸(H_3PO_4)はもっとも一般的な酸に含まれる.これらの物質のどれもが,水に溶けると対応するアニオンとともにH^+イオンを生成する(表3.5).

酸(acid) 水中でH^+イオンを生じる物質.

塩基(base) 水中でOH^-イオンを供給する物質.

表3.5 一般的な酸と生成するアニオン

酸		アニオン	
酢 酸	CH_3COOH	酢酸イオン	*CH_3COO^-
炭 酸	H_2CO_3	炭酸水素イオン (重炭酸イオン) 炭酸イオン	CO_3^{2-}
塩 酸	HCl	塩素イオン	Cl^-
硝 酸	HNO_3	硝酸イオン	NO_3^-
亜硝酸	HNO_2	亜硝酸イオン	NO_2^-
リン酸	H_3PO_4	リン酸二水素イオン リン酸水素イオン リン酸イオン	$H_2PO_4^-$ HPO_4^{2-} PO_4^{3-}
硫 酸	H_2SO_4	硫酸水素イオン 硫酸イオン	HSO_4^- SO_4^{2-}

*$C_2H_3O_2^-$または$CH_3CO_2^-$とも書かれる.

酸が異なると,1分子あたり異なる数のH^+イオンを生じ得る.たとえば,塩酸は1個,硫酸は2個,リン酸は3個のH^+イオンを生じることができる.

塩基の例としては,水酸化ナトリウム(NaOH;カセイソーダ),水酸化カリウム(KOH;カセイカリ),水酸化バリウム[$Ba(OH)_2$]をあげることができる.これらの化合物はいずれも水に溶かすと,OH^-イオンは対応する金属カチオンとともに溶液の状態になる.水酸化ナトリウムと水酸化カリウムは1分子あたり1個のOH^-イオンを生じ,水酸化バリウムは化学式$Ba(OH)_2$で示されるように,1分子あたり2個のOH^-イオンを生じる.

▶▶▶ **多塩基酸**(分子あたり2個以上のH^+イオンを生じる酸)については,10章で詳しく学ぶ.

問題 3.29
つぎの化合物のうち,どれが酸でどれが塩基か? 説明せよ.
 (a) HF (b) $Ca(OH)_2$ (c) LiOH (d) HCN

基礎問題 3.30
つぎの図のうち,一方がHCl溶液をあらわしており,もう一方はH_2SO_4溶液をあらわしている.どちらがどちらか?

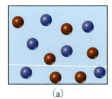 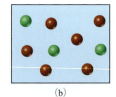

(a)　　　　　　　　　　(b)

CHEMISTRY IN ACTION

骨粗鬆症

骨は主として無機と有機の2種類の化合物からできている．骨の約70％が**ヒドロキシアパタイト**（hydroxyapatite）$Ca_{10}(PO_4)_6(OH)_2$であり，**骨梁**（trabecular）あるいは海綿骨と呼ばれている．この無機化合物が約30％をしめるタンパク性のコラーゲン繊維と複雑な細胞間質中で混ぜ合わされている部分は皮質骨や緻密骨と呼ばれている．骨の硬さと強さを担っているのがヒドロキシアパタイトであり，柔軟性と折れにくさはコラーゲン繊維によっている．

体の中で骨量は生まれた時から増え続け30代半ばに最大に達する．しかし男女問わず40代初めまでには加齢性の骨量減少がはじまる．骨密度は減少し，骨の微細構造が破壊されるため，とくに骨盤，背骨，手首の骨などの骨格の脆弱化につながる．もし骨の脆弱化が極端に進み多孔質で脆くなると，**骨粗鬆症**（osteoporosis）と呼ばれる病態になる．骨粗鬆症は，米国ではおよそ2500万人がかかるごく一般的な骨の病気である．毎年，およそ150万件の骨折が骨粗鬆症によるものとされており，その治療費は140億ドルと見積もられている．

男女ともに骨粗鬆症にかかるが，閉経後の女性にとくによくみられる．閉経後の女性は加齢による低下に加え，毎年2〜3％の割合で骨量の低下がおきる．事実，生涯にわたる骨量の低下は，男性の20〜30％に対して，女性は40〜50％に達しかねない．50歳以上の半数の女性が，人生のどこかで骨粗鬆症関連の骨折をすると推計されている．ほかのリスクファクターとして，やせていること，ほとんど動かない生活をしていること，骨粗鬆症の家族歴があること，喫煙，低カルシウムの食生活などがあげられる．

▲正常な骨は強靱で密であるが，骨粗鬆症の骨は脆く，見かけは海綿状である．

骨粗鬆症を完治させる治療法はないが，予防と病態の管理には閉経後の女性に対するエストロゲン補充療法と**ビスホスホネート**（bisphosphonate）と呼ばれるいくつかの認可された薬物を用いた治療法がある．ビスホスホネート類は骨のカルシウムと結合し，**破骨細胞**（osteoclast）という骨組織を破壊する細胞の働きを阻害することにより骨量の低下を防ぐ．カルシウム補助剤も，体に負荷をかける適切な運動とともに推奨されている．さらにフッ化ナトリウムを用いた治療法が活発に研究されており，かなり有望である．フッ化物イオンはヒドロキシアパタイトと反応して，OH^-イオンがF^-に置き換わった**フルオロアパタイト**（fluorapatite）となり，骨の強さと密度を増加させる．

$$Ca_{10}(PO_4)_6(OH)_2 + 2F^- \longrightarrow Ca_{10}(PO_4)_6F_2$$
ヒドロキシアパタイト　　　　　フルオロアパタイト

章末の"Chemistry in Actionからの問題" 3.86, 3.87を見ること．

要約：章の目標と復習

1. イオンおよびイオン結合とは？イオン化合物の一般的性質は？

原子は1個以上の電子を失って**カチオン**に，1個以上の電子を得て**アニオン**になる．イオン化合物はカチオンとアニオンからなり，正電荷と負電荷のあいだに働く引力によって生じる**イオン結合**で結合している．イオン化合物は水に溶かすと電気伝導性を示し，一般的には高い融点と高い沸点をもつ結晶性の固体である(問題33，35，38～41，80，81，95～97)．

2. オクテット則とは？イオンにオクテット則を適用するには？

最外殻のs副殻，p副殻に8電子(オクテット)をもつと，18族の貴ガスに象徴されるような安定性と乏しい反応性を示す．貴ガス配置に達するため主族元素の原子は**オクテット則**に従って，しかるべき数の電子を出し入れしてイオンを生成する傾向がある(問題42～49，88，89)．

3. 周期表での元素の位置とイオン形成の関係は？

原子から電子を引き抜くのに必要なエネルギー量である，**イオン化エネルギー**の周期的変化を見れば，金属が非金属よりも容易に電子を失いやすいことが理解できる．その結果，金属はカチオンになるのが普通である．原子に電子を与える時に放出されるエネルギー量である**電子親和力**の周期的変化からは，反応性の高い非金属が金属よりも容易に電子を獲得することがわかる．結果として，反応性の高い非金属はたいていアニオンになる．イオン電荷は族番号とオクテット則により予測できる．主族の金属の場合，カチオンの電荷は族番号と同じである．非金属の場合，アニオンの電荷＝8－(族番号)である(問題31，32，36，40，41，50～57，88，89，96)．

4. イオン化合物の化学式を決定するには？

イオン化合物は，全体として中性を維持するために必要な数のアニオンとカチオンからなる．この原則は，イオン化合物の化学式を決定するのに用いられる(問題36，37，64，65，68，69，86，87，90，92，94)．

5. イオン化合物を命名するには？

カチオンは誘導される金属と同じ名称をもつ．1原子からなるアニオンの場合，元素の語尾を"-化物"に変えイオンをつける．2種類以上のイオンを生成する金属では，イオンの電荷数をカッコつきのローマ数字としてカチオンの名称の直後におく(旧名称は日本語の名称として使われなくなったが，英語名としては使われることがある．電荷数の少ないほうにカチオンの名称に"-ous"をつけ，電荷数の多いほうに"-ic"をつける)．イオン化合物を命名するには，語尾を"-化"に変えたアニオンの名称を最初にし，必要とあれば金属の電荷数とともにカチオンの名称を加える(問題36，58～63，66，68，70～75，93，94)．

6. 酸と塩基とは？

化学において，水素イオン(H^+)と水酸化物イオン(OH^-)はもっとも重要なイオンに入る．なぜなら，酸と塩基を考える時に欠かせないものであるからである．一般的な定義によれば，酸とは水に溶かした時にH^+イオンを生成する物質であり，塩基とは水に溶かした時にOH^-イオンを生成する物質である(問題76～79，91)．

KEY WORDS

アニオン，p.74
イオン，p.74
イオン化エネルギー，p.75
イオン化合物，p.78
イオン結合，p.77
イオン性固体，p.78
塩　基，p.94
オクテット則，p.80
化学式単位，p.89
カチオン，p.74
酸，p.94
多原子イオン，p.86
電子親和力，p.75

基本概念を理解するために

3.31 つぎの元素は下に示す周期表のどこに位置するか？
(a) 通常 1 種類のカチオンだけを生成する元素
(b) アニオンを生成する元素
(c) 2 種類以上のカチオンを生成し得る元素
(d) アニオンやカチオンを生成しにくい元素

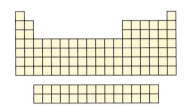

3.32 つぎの元素は下に示す周期表のどこに位置するか？
(a) 通常 2 価のカチオン（＋2）を生成する元素
(b) 通常 2 価のアニオン（－2）を生成する元素
(c) 3 価のカチオン（＋3）を生成する元素

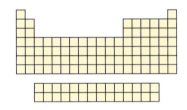

3.33 つぎの図に示したイオンのイオン式を書け．

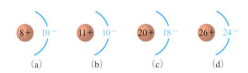

3.34 つぎの図のうち，一方は Na 原子を，もう一方は Na^+ イオンをあらわしている．どちらがどちらかを示し，なぜ大きさが違うか理由を述べよ．

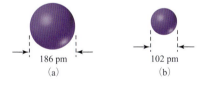

3.35 つぎの図のうち，一方は Cl 原子を，もう一方は Cl^- イオンをあらわしている．どちらがどちらかを示し，なぜ大きさが違うか理由を述べよ．

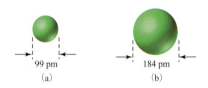

3.36 周期表に赤で記した元素は，2 種類以上の電荷をもつカチオンを生成し得る．青で示したアニオンと赤で示したカチオンで生成する化合物の名称と化学式を記せ．

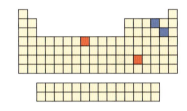

3.37 つぎの図(a)～(d)は，イオン化合物 $PbBr_2$，ZnS，CrF_3，Al_2O_3 のどれかを示している．どれがどれか？

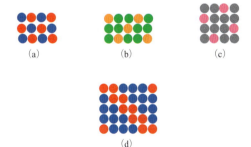

補 充 問 題

イオンとイオン結合

3.38 つぎのイオンを生成する時の各原子の電子の授受を示す式を書け．
(a) Ca^{2+}　(b) Au^+
(c) F^-　(d) Cr^{3+}

3.39 以下で生成するイオンの電子配置とイオン式を書け．
(a) リンが 3 電子の獲得
(b) リチウムが 1 電子を放出
(c) コバルトが 2 電子を放出
(d) タリウムが 3 電子を放出

3.40 イオンに関する記述が正しいか誤っているか述べ

よ．記述が誤っているとしたら，その理由も述べよ．
(a) カチオンは原子に1以上の電子を加えることで生成する．
(b) 14族元素は4電子を失って，+4の電荷をもつイオンを生成する．
(c) 14族元素は4電子を得て，−4の電荷をもつイオンを生成する．
(d) 多原子イオンの個々の原子は，共有結合により結合している．

3.41 イオン性固体に関する記述が正しいか誤っているか述べよ．記述が誤っているとしたら，その理由も述べよ．
(a) イオンはイオン性固体で無秩序に配置している．
(b) イオン性固体中ですべてのイオンの大きさは等しい．
(c) イオン性固体は，強くたたくことで粉々にすることができる．
(d) イオン性固体の沸点は低い．

イオンとオクテット則

3.42 オクテット則とはなにか？
3.43 HとHeがオクテット則に従わないのはなぜか？
3.44 34陽子と36電子を含むイオンのイオン式を書け．
3.45 21陽子と19電子を含むイオンの電荷は？
3.46 つぎのイオンの元素Xを特定し，その電子配置がどの貴ガスとおなじか述べよ．
(a) X^{7+}，36電子をもつカチオン
(b) X^-，36電子をもつアニオン
3.47 元素Zは31陽子をもつイオンZ^{3+}を生成する．Zを特定し，Z^{3+}は何電子をもつか述べよ．
3.48 つぎのイオンの電子配置を書け．
(a) Rb^+ (b) Br^- (c) S^{2-}
(d) Ba^{2+} (e) Al^{3+}
3.49 つぎの原子番号と電子配置をもとに，イオン式を記せ．
(a) $Z = 20$；$1s^2 2s^2 2p^6 3s^2 3p^6$
(b) $Z = 8$；$1s^2 2s^2 2p^6$
(c) $Z = 22$；$1s^2 2s^2 2p^6 3s^2 3p^6 3d^2$
(d) $Z = 19$；$1s^2 2s^2 2p^6 3s^2 3p^6$
(e) $Z = 13$；$1s^2 2s^2 2p^6$

周期的性質とイオン形成

3.50 周期表だけを見て，対になっている原子のうち，イオン化エネルギーが高く，より電子を失いにくいのはどちらか述べよ．
(a) LiとO (b) LiとCs
(c) KとZn (d) MgとN
3.51 周期表だけを見て，対になっている原子のうち，電子親和力が高く，より電子を得やすいのはどちらか述べよ．
(a) LiとS (b) BaとI (c) CaとBr

3.52 つぎのイオンのうち生成しやすいイオンはどれか？その理由を述べよ．
(a) Li^{2+} (b) K^- (c) Mn^{3+}
(d) Zn^{4+} (e) Ne^+
3.53 つぎの元素のうち，どれが二つ以上のカチオンを生成するか？
(a) マグネシウム (b) ケイ素
(c) マンガン
3.54 Cr^{2+}とCr^{3+}の電子配置を書け．
3.55 Co，Co^{2+}，Co^{3+}の電子配置を書け．
3.56 Li^+のイオン化エネルギーは，Liのイオン化エネルギーよりも小さいか，大きいか，おなじか？その理由を説明せよ．
3.57 (a) K原子による電子の放出と，K^+による電子の獲得を示す式を書け．
(b) 上で示した二つの式にはどのような関係があるか説明せよ．
(c) K原子のイオン化エネルギーとK^+の電子親和力にはどのような関係があるか説明せよ．

イオン式，多原子イオンのイオン式，イオンの命名

3.58 つぎのイオンを命名せよ．
(a) S^{2-} (b) Sn^{2+} (c) Sr^{2+}
(d) Mg^{2+} (e) Au^+
3.59 つぎのイオンの旧名称と新名称を記せ．
(a) Cr^{2+} (b) Fe^{3+} (c) Hg^{2+}
3.60 つぎのイオンのイオン式を記せ．
(a) セレン化物イオン
(b) 酸化物イオン
(c) 銀（I）イオン
3.61 つぎのイオンのイオン式を記せ．
(a) 鉄（II）イオン
(b) スズ（IV）イオン
(c) 鉛（II）イオン
(d) クロム（III）イオン
3.62 つぎの多原子イオンのイオン式を記せ．
(a) 水酸化物イオン
(b) 硫酸水素イオン（重硫酸イオン）
(c) 酢酸イオン
(d) 過マンガン酸イオン
(e) 次亜塩素酸イオン
(f) 硝酸イオン
(g) 炭酸イオン
(h) 重クロム酸イオン
3.63 つぎのイオンを命名せよ．
(a) NO_2^- (b) CrO_4^{2-}
(c) NH_4^+ (d) HPO_4^{2-}

イオン化合物の命名と化学式

3.64 つぎのカチオンと硝酸イオンで生成する化合物の化学式を記せ．
(a) アルミニウム (b) 銀（I）
(c) 亜鉛 (d) バリウム

3.65 つぎのカチオンと炭酸イオンで生成する化合物の化学式を記せ．
(a) ストロンチウム　(b) Fe(Ⅲ)
(c) アンモニウム　(d) Sn(Ⅳ)

3.66 つぎに示す物質の化学式を書け．
(a) 重炭酸ナトリウム（重曹）
(b) 硝酸カリウム（背中の痛みの治療薬）
(c) 炭酸カルシウム（制酸剤）
(d) 硝酸アンモニウム（応急用冷湿布）

3.67 つぎの化合物の化学式を書け．
(a) プール用消毒剤として使われる次亜塩素酸カルシウム
(b) プール用殺藻剤として使われる硫酸銅(Ⅱ)
(c) クリーニング作用を増強するため，洗剤に使われるリン酸ナトリウム

3.68 各イオンの組合せで生成する化合物の化学式を書き，表を完成せよ．

	S^{2-}	Cl^-	PO_4^{3-}	CO_3^{2-}
銅(Ⅱ)	CuS			
Ca^{2+}				
NH_4^+				
鉄(Ⅲ)イオン				

3.69 各イオンの組合せで生成する化合物の化学式を書き，表を完成せよ．

	O^{2-}	HSO_4^-	HPO_4^{2-}	$Cr_2O_7^{2-}$
K^+	K_2O			
Ni^{2+}				
NH_4^+				
クロム(Ⅱ)				

3.70 問題 3.68 の表に示された化合物の名称を記せ．
3.71 問題 3.69 の表に示された化合物の名称を記せ．
3.72 つぎの物質の名称を記せ．
(a) $MgCO_3$　(b) $Ca(CH_3CO_2)_2$
(c) $AgCN$　(d) $Na_2Cr_2O_7$

3.73 つぎの物質の名称を記せ．
(a) $Fe(OH)_2$　(b) $KMnO_4$
(c) Na_2CrO_4　(d) $Ba_3(PO_4)_2$

3.74 つぎの化学式のうち，リン酸カルシウムとして正しいのはどれか？
(a) Ca_2PO_4　(b) $CaPO_4$
(c) $Ca_2(PO_4)_3$　(d) $Ca_3(PO_4)_2$

3.75 つぎの化合物の正しい化学式を完成せよ．
(a) $Al_?(SO_4)_?$　(b) $(NH_4)_?(PO_4)_?$
(c) $Rb_?(SO_4)_?$

酸と塩基

3.76 酸と塩基の違いはなにか？
3.77 つぎの物質を酸あるいは塩基として分類せよ．

(a) H_2CO_3　(b) HCN
(c) $Mg(OH)_2$　(d) KOH

3.78 問題 3.77 の物質は水に溶解した時に，イオンを生成する．おのおのの化学反応を記せ．
3.79 問題 3.77 の酸を水に溶解した時に生じるアニオンの名称を述べよ．

Chemistry in Action からの問題

3.80 ほとんどのイオン化合物は室温で固体である．RTIL が固体ではなく液体なのはなぜか，説明せよ．[**イオン液体**，p.79]

3.81 月面での回転液体鏡に使用するために，イオン液体の評価がなされている．イオン液体のどんな性質が月面で液体鏡を作製するのに適しているのか？[**イオン液体**，p.79]

3.82 成人のナトリウムの RDI（一日あたりの推奨摂取量）は何 mg か？ その量のナトリウムを含む食塩の量 (g) はどの程度か？[**塩**，p.85]

3.83 カルシウムイオンが存在するのは主に体内のどこか？[**生物学的に重要なイオン**，p.87]

3.84 過剰のナトリウムイオンは有害と考えられるが，体の正常な働きのためには一定量が必要である．体内でのナトリウムの効果はなにか？[**生物学的に重要なイオン**，p.87]

3.85 献血の前に，十分な量の鉄が含まれているかを調べる血液検査が行われる（男性，41 μg/dL；女性，38 μg/dL）．検査はなぜ必要か？[**生物学的に重要なイオン**，p.87]

3.86 ヒドロキシアパタイト，$Ca_{10}(PO_4)_6(OH)_2$ を構成するイオンの名称を述べ，その電荷を示せ．またこの化学式が中性化合物をあらわしていることを説明せよ．[**骨粗鬆症**，p.95]

3.87 フッ化ナトリウムはヒドロキシアパタイトと反応し，フルオロアパタイトを生じる．フルオロアパタイトの化学式を示せ．[**骨粗鬆症**，p.95]

全般的な質問と問題

3.88 ヒドリドイオン，H^- が貴ガス配置をとる理由を説明せよ．

3.89 問題 3.88 で示した H^- イオンは安定であるが，Li^- イオンは安定ではない．理由を説明せよ．

3.90 それぞれ 1 種類ずつの金属と非金属からなる多くの化合物はイオン性ではないが，3.7 節で述べたイオン化合物に使うローマ数字表記を用いて命名される．以下に示す化合物の化学式を書け．
(a) 酸化クロム(Ⅵ)
(b) 塩化バナジウム(Ⅴ)
(c) 酸化マンガン(Ⅳ)
(d) 硫化モリブデン(Ⅳ)

3.91 ヒ素イオンは AsO_4^{3-} の化学式をもつ．このアニオンを含む酸に対応する化学式を書け．

3.92 市販のカルシウムのサプリメントには，インスタントコーヒーの固化防止剤としても使われるグルコン

酸カルシウムを含むものがある．
(a) この化合物がグルコン酸イオン二つに対してカルシウムイオンを一つ含むとして，グルコン酸イオンの電荷を記せ．
(b) 市販の鉄サプリメントであるグルコン酸鉄(III) のグルコン酸イオンに対する鉄イオンの比率を記せ．

3.93 つぎの化合物に与えられた名称は正しくない．正しい名称を述べよ．
(a) Cu_3PO_4，　　リン酸銅(III)
(b) Na_2SO_4，　　硫化ナトリウム
(c) MnO_2，　　酸化マンガン(II)
(d) $AuCl_3$，　　塩化金
(e) $Pb(CO_3)_2$，　酢酸鉛(II)
(f) Ni_2S_3，　　硫化ニッケル(II)

3.94 つぎの化合物に与えられた化学式は正しくない．正しい化学式を書け．
(a) シアン化コバルト(II)，$CoCN_2$
(b) 酸化ウラン(VI)，　　UO_6
(c) 硫酸スズ(II)，　　　$Ti(SO_4)_2$
(d) 酸化マンガン(IV)，　MnO_4
(e) リン酸カリウム，　　K_2PO_4
　（リン酸三カリウム）
(f) リン化カルシウム，　CaP
　（二リン酸三カルシウム）
(g) 硫酸水素リチウム，　$Li(SO_4)_2$
(h) 水酸化アルミニウム，$Al_2(OH)_3$

3.95 つぎのイオンには，それぞれ何個の陽子，何個の電子，何個の中性子があるか？
(a) $^{16}O^{2-}$　　(b) $^{89}Y^{3+}$
(c) $^{133}Cs^+$　　(d) $^{81}Br^-$

3.96 元素 X の単体は元素 Y の単体と反応して，イオン X^{3+} と Y^{2-} からなる化合物を生成する．
(a) 元素 X は金属と非金属のうち，どちらが妥当か？
(b) 元素 Y は金属と非金属のうち，どちらが妥当か？
(c) 化合物の化学式を記せ
(d) 元素 X と元素 Y は周期表のどの族に入るのが妥当か？

3.97 つぎの電荷と電子配置をもつイオンを特定せよ．
(a) X^{4+}；$[Ar]4s^03d^3$
(b) X^+；$[Ar]4s^03d^{10}$
(c) X^{4+}；$[Ar]4s^03d^0$

4章 分子化合物

目次

- 4.1 共有結合
- 4.2 共有結合と周期表
- 4.3 多重共有結合
- 4.4 配位共有結合
- 4.5 分子化合物の特徴
- 4.6 分子式とルイス構造
- 4.7 ルイス構造の描き方
- 4.8 分子の形
- 4.9 極性共有結合と電気陰性度
- 4.10 極性分子
- 4.11 二元化合物の命名

（訳注）：分子化合物は電荷移動錯体のように，分子同士が結合して新たな化合物をつくる場合にも用いられているので，混乱しないように注意すること．

◀ベルギー・ブリュッセルにある原子のモニュメント(アトミウム)．原子間結合力を芸術的に表現している．

この章の目標

1. 共有結合とはなにか？
   目標：共有結合の性質とそれがどのように構成されているかを説明できるようになる．(◀◀◀ A, B, C.)
2. 共有結合を形成する時オクテット則をどのように適用するのか？
   目標：よく見られる主要な原子からなる共有結合の数をオクテット則から予測できる．(◀◀◀ A, B, C.)
3. イオン化合物と分子化合物の主な違いはなにか？
   目標：イオン化合物と分子化合物の構造，組成，性質を比較できる．
4. 分子化合物はどのように描くべきか？
   目標：分子式を説明し，分子のルイス構造を描ける．(◀◀◀ D.)
5. 原子価殻電子(価電子)が分子の形にどのような影響をもつのか？
   目標：ルイス構造を用いて分子の幾何構造を予測できる．(◀◀◀ D.)
6. どんな時に結合や分子が極性をもつのか？
   目標：電気陰性度と分子の幾何構造を利用して共有結合と分子の極性を予測できる．

復習事項

A. 周期表
 (2.4, 2.5 節)
B. 電子配置
 (2.7, 2.8 節)
C. オクテット則
 (3.5 節)
D. 点電子記号
 (2.9 節)

　前章では，イオン化合物が正と負の電荷をもつイオンからなる結晶性の固体について説明した．しかしすべての化合物がイオン性物質であるというわけではない．実際身のまわりには，たとえば食塩(NaCl)，重曹($NaHCO_3$)，庭仕事用の生石灰(CaO)などの結晶性でもろく，高融点をもつようなイオン性の固体も見られるが，これらは少数例にすぎない．むしろ気体(たとえば大気中の物質)，液体(たとえば水)，低温で融ける固体(たとえばバター)，プラスチックのような柔軟な固体を目にするほうがずっと多い．これらの物質の多くはイオンではなくて，共有結合をもつ化合物で構成されていて，基本的にはいずれも金属元素ではなく非金属元素からできている．

4.1 共有結合

　二酸化炭素，水，ポリエチレンのほか，私たちの体を構成し，生活上重要な何百万という非イオン化合物の結合を，どのように記述すればよいのだろうか？簡単にいえば，このような化合物の結合はある原子からほかの原子へ電子が完全に移動してできるイオン結合ではなく，原子間で電子を共有している．電子を共有してできる結合を**共有結合**といい，共有結合で結びついた原子の集まりを**分子**という．たとえば，水 1 分子は 2 個の水素原子と 1 個の酸素原子をもち，それらが互いに共有結合している．水分子はスペースフィリングモデルでは下のように視覚化できる．

共有結合(covalent bond)　原子間で電子対を共有してできる結合．

分子(molecule)　共有結合によって結合している原子のグループ．

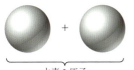
水素 2 原子

酸素 1 原子
結合してできるのは →

水(H_2O) 1 分子

　オクテット則(3.5 節)によれば，主族元素が 8 個の価電子(あるいは水素原子では 2 個と)が外殻の軌道を埋めるように反応して，電子が貴ガス配置になることを思い出そう．金属や非金属は，イオンをつくる時に電子をやりとりして 8 電子配置となるが，その時，非金属は適切な数の電子を**共有**して 8 電子配置をとれる．

まずはじめに水素分子中の2個の水素原子同士の結合を例にあげて，共有結合がどのようにできるのかを説明してみよう．水素原子は1個の正の電荷を有する核と，1個の負の電荷を有する1s価電子をもっており，これを点電子記号でH・と書きあらわす．2個の水素原子が同時に近づくと静電的相互作用が生じる．その一つは核と核，あるいは電子と電子のあいだでおきる静電的反発である．もう一つの作用としては，それぞれの核が両方の電子を引き付け，それぞれの電子が両方の核を引き付ける力である（図4.1）．互いに引き付け合う力が反発力より大きいため共有結合が形成し，その結果，2個の水素原子が一緒に存在する．

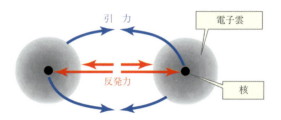

▲図 4.1
水素-水素原子間の共有結合は電子対と核の引力と核間の反発力の総和の結果である
核-電子の引力（青の矢印）は，核-核および電子-電子間の反発力（赤の矢印）よりも大きく，その結果として H_2 分子をつくる原子を支える引力となる．

要約すると，2個の電子が"接着剤"の役割を果たして2個の核を結合し，H_2 分子を形成する．2個の核は同時におなじ2個の電子に引き付けられるので一緒に保持され，あたかも綱引きをすると2チームが1本のロープによって維持されるのに似ている．

H-H分子の共有結合のでき方を視覚化するには，各原子の球状の1s軌道が混合して，H_2 分子の卵形の電子雲（訳注：電子の存在領域）ができるように**重なり合う**（overlap）ようにイメージするのがよい．H-H共有結合の2電子が核間の中央部を占める結果，両方の原子が2電子を共有するようになるので，貴ガスのヘリウムとおなじ $1s^2$ の電子の配置となる．これを単純化すると，共有結合で共有される1対の電子は，原子のあいだの直線であらわされる．したがって，H-H，H：H，H_2 は，すべて水素分子をあらわすことになる．

▲2チームは1本のロープをもっているので，互いにつながっている．これと同じように，二つの原子は同じ電子対をもつことで結合する．

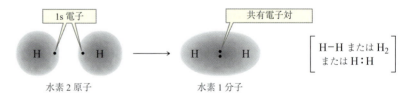

共有結合中の電子と核間での引力と反発力の大きさは，原子同士がどれだけ近くにあるかに依存していることは容易に予測できる．もし原子が互いに十分離れていれば引力は小さいので結合は存在しない．一方，原子が近づきすぎると核間の反発力が大きくなるので核を互いに遠ざけてしまう．このように引力がもっとも大きい点，すなわち H_2 分子がもっとも安定である最適な原子間距離が存在する．この時，二つの核間距離を**結合距離**といい，水素分子では 74 pm（7.4×10^{-11} m）である．

もう一つ，共有結合形成の例として，塩素分子 Cl_2 を考えてみよう．それぞれの塩素原子は7個の原子価殻電子をもっており，その電子配置は $3s^2 3p^5$ で

結合距離（bond length） 共有結合している最適な原子間距離．

ある．点電子記号を用いて価電子をあらわすと，Cl 原子は :C̈l· と表記できる．
3s 軌道と 3 個の 3p 軌道のうち 2 個は 1 対の電子で占有されているが，3 個目の 3p 軌道は 1 個だけの電子をもっている．2 個の塩素原子が互いに近づくと，それぞれの不対の 3p 電子が両方の原子に共有されて共有結合となる．こうしてできた Cl_2 分子中の塩素原子は 6 個の原子価殻電子をもち，さらに 2 個の電子を"共有"し，その結果，その原子価殻が貴ガスであるアルゴンと同様にオクテットとなる．塩素原子間での共有結合の形成を以下のように表記できる．

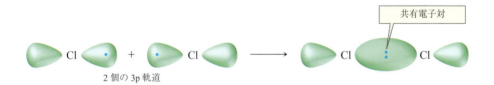

このような結合の形成を絵にすると，つぎの図にあるように 1 電子ずつが入っている 2 個の Cl 原子の 3p 軌道が重なり合って，核間に電子密度が高い領域が新たにつくられることがわかる．

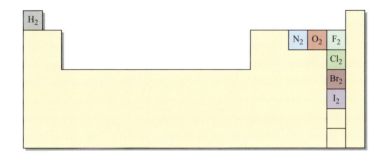

H_2 や Cl_2 だけでなく，図 4.2 にあるそのほか 5 個の元素はいつも **2 原子**(two-atoms)分子として存在する．窒素 N_2 と酸素 O_2 は大気中では無色，無臭，無毒の気体として，フッ素 F_2 は薄黄色の高い反応性気体として，臭素 Br_2 は暗赤色の有毒液体として，ヨウ素 I_2 は紫色の結晶性固体としてそれぞれ存在する．

◀ 図 4.2
2 原子分子をつくる元素の周期表における位置

問題 4.1
ヨウ素分子を点電子記号で書け．またその時の共有電子対を示せ．またヨウ素原子は，その分子内ではどの貴ガスとおなじ電子配置をとるか？

4.2 共有結合と周期表

おなじ核種の原子だけでなく，異種の原子間でもおなじように共有結合ができ，膨大な数の**分子化合物**をつくっている．たとえば，水分子 H_2O は水素 2 原子が酸素 1 原子と，アンモニア(ammonia)分子 NH_3 は水素 3 原子と窒素 1 原子が，またメタン分子 CH_4 は水素 4 原子と炭素 1 原子が，それぞれ共有結合してできている．

分子化合物(molecular compound)
イオンではなく分子である化合物．

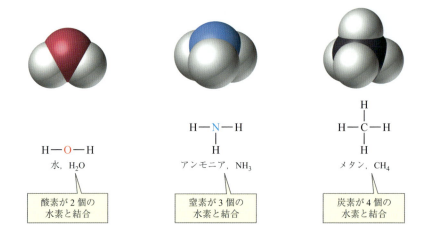

水, H_2O / 酸素が2個の水素と結合

アンモニア, NH_3 / 窒素が3個の水素と結合

メタン, CH_4 / 炭素が4個の水素と結合

　これらすべての分子では，おのおのの電子が原子価殻の軌道すべてを埋めて貴ガス配置になるために必要な数の電子，つまり水素は2電子を，酸素，窒素，炭素は8電子を共有することに注意しよう．1電子をもつ水素 H· とは，貴ガスのヘリウムの配置 ($1s^2$) になるために，もう1電子が必要であり，こうして一つの共有結合をつくる．6電子をもつ酸素 ·Ö· がオクテット (octet) になるためには，2電子を共有して二つの共有結合をつくる．5電子をもつ窒素 ·N̈· は，オクテットをつくるためにあと3電子が必要であり，3電子を共有して三つの共有結合をつくる．4電子をもつ炭素 ·C̈· は，4電子を共有して四つの共有結合をつくる．図4.3には主要な元素によく見られる共有結合の数を示した．

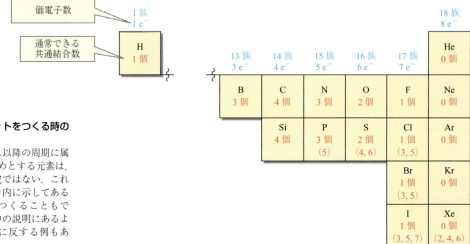

▶図 4.3
主族元素がオクテットをつくる時の共有結合の数
第3周期およびそれ以降の周期に属する P, S, Cl をはじめとする元素は，共有結合の数は一定ではない．これらの元素ではカッコ内に示してあるような数の結合をつくることもでき，結果的に本文中の説明にあるようにオクテット則に反する例もある．

　オクテット則はこの場合有用な指針であるが，数え切れないほどの例外がある．たとえば，ホウ素 ·B̈· では共有できる価電子がたった3個しかないため，BF_3 に見られるように6電子からなる3個の共有結合しかもたない分子をつくる．オクテット則の例外は，周期表の第3周期およびそれ以降の元素で見られる．それは結合の形成に利用できる空のd軌道をもつためである．リンでは10個の価電子を使って五つの共有結合，硫黄は8個または12個の価電子を使って四または六つの共有結合をそれぞれつくることがある．また，塩素，臭素，ヨウ素は三，五，七つの共有結合をつくることがある．また，リンと硫黄は PCl_5, SF_4, SF_6 をつくることもある．

BF₃
三フッ化ホウ素
(B には価電子 6)

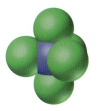
PCl₅
五塩化リン
(リンには価電子 10)

SF₆
六フッ化硫黄
(硫黄には価電子 12)

例 題 4.1　分子化合物：オクテット則と共有結合

図 4.3 に示す分子は存在し得るか？

(a) $\mathrm{Br-\underset{\underset{Br}{|}}{\overset{\overset{Br}{|}}{C}}-Br}$　　(b) I—Cl　　(c) $\mathrm{H-\underset{\underset{H}{|}}{\overset{\overset{H}{|}}{F}}-H}$　　(d) H—S—H

　　CBr₃　　　　　　ICl　　　　　　　FH₄　　　　　　H₂S

解 説　それぞれの中心原子がつくる共有結合の数を数え，図 4.3 に示された数に該当するかどうかを検討する．

解 答
(a) 存在しない．炭素は四つの共有結合が必要であるが，この分子 CBr₃ は三つしかもたない．
(b) 存在する．ICl ではヨウ素と塩素は一つの共有結合をもつ．
(c) 存在しない．フッ素はオクテットになるために一つだけの共有結合が必要である．第 2 周期にあり，結合に利用できる原子価 d 軌道がないので一つ以上の共有結合をつくれない．
(d) 存在する．硫黄は酸素とおなじように 16 族であるが，二つの共有結合をつくる．

例 題 4.2　分子化合物：点電子記号

点電子記号を用いて，水素原子とフッ素原子の反応を記述せよ．

解 説　点電子記号で水素原子とフッ素原子の価電子を示す．一つの共有結合は，それぞれの不対電子を 2 個の原子間で共有してつくられる．

解 答
H と F 原子を点電子記号で示し，共有結合を 1 組の共有電子対で示す．

$$\mathrm{H\cdot \;+\; \cdot\overset{\cdot\cdot}{\underset{\cdot\cdot}{F}}: \;\longrightarrow\; H\!:\!\overset{\cdot\cdot}{\underset{\cdot\cdot}{F}}:}$$

例題 4.3 分子化合物：結合数の予測

つぎの分子の分子式を完成せよ．
(a) $SiH_2Cl_?$　(b) $HBr_?$　(c) $PBr_?$

解説　それぞれの元素がつくり得る共有結合の数は，図 4.3 に示すとおりである．

解答
(a) ケイ素は通常四つの結合をつくる：SiH_2Cl_2
(b) 水素は一つしか結合をつくらない：HBr
(c) リンは通常三つの結合をつくる：PBr_3

問題 4.2
つぎの分子では，それぞれの原子がいくつの共有結合をつくるか？点電子記号と直線によって共有結合をあらわし，分子を書け．
(a) PH_3　(b) H_2Se　(c) HCl　(d) SiF_4

問題 4.3
鉛のイオン化合物と分子化合物をつくる．図 4.3，周期表，および，電子配置を利用して，鉛と塩素を含むつぎの化合物 $PbCl_2$ と $PbCl_4$ のどちらがイオン化合物となる可能性が高いか？また，どちらが分子化合物となりそうかを予測せよ．

問題 4.4
つぎの分子の分子式を完成せよ．
(a) $CH_2Cl_?$　(b) $BH_?$　(c) $NI_?$　(d) $SiCl_?$

4.3 多重共有結合

原子間に 2 電子だけを共有することでは結合を説明できない分子がある．たとえば，二酸化炭素 CO_2 分子の炭素原子と酸素原子や，窒素分子の窒素原子では，2 電子を共有するだけではオクテット則を満たす電子配置をとれない．

$$\underbrace{\cdot\ddot{O}\cdot + \cdot\dot{C}\cdot + \cdot\ddot{O}\cdot}_{\cdot\ddot{O}:\dot{C}:\ddot{O}\cdot} \qquad \underbrace{\cdot\ddot{N}\cdot + \cdot\ddot{N}\cdot}_{\cdot\ddot{N}::\ddot{N}\cdot}$$

不安定—炭素は 6 電子，それぞれの酸素は 7 電子しかもっていない．　　**不安定**—それぞれの窒素は 6 電子しかもっていない．

CO_2 や N_2 分子の原子では，原子価殻電子がオクテットをとるための唯一の方法は 2 電子以上を共有し，結果として多重結合をつくることである．炭素原子がそれぞれの酸素原子と 4 電子を共有することによって，はじめて CO_2 分子の全部の原子がオクテット則を満たすことができる．同様に，窒素 2 原子が 6 電子を共有することで窒素 2 原子がオクテット則を満たす．2 電子（1 対）を共有することでつくられる結合を**単結合**，4 電子（2 対）を共有してできる結合を**二重結合**，6 電子（3 対）を共有してできる結合を**三重結合**という．単結合は原子間の 1 本の線で示し，二重結合は 2 本の，三重結合は 3 本の直線でそれぞれ書きあらわす．

単結合(single bond)　1 対の電子を共有してできる結合．

二重結合(double bond)　2 対の電子を共有してできる結合．

三重結合(triple bond)　3 対の電子を共有してできる結合．

4.3 多重共有結合

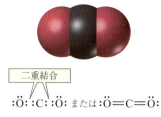
二重結合
:Ö::C::Ö: または :Ö=C=Ö:

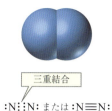
三重結合
:N::N: または :N≡N:

　CO$_2$ の炭素原子は二つの二重結合(それぞれ 4 e$^-$ を有する)をもち，全部で 8 電子を有する．それぞれの酸素原子は一つの二重結合で 4 e$^-$，2 組の非共有電子対 4 e$^-$ によって完全なオクテットとなっている．同様に，N$_2$ では三重結合をつくるとそれぞれの窒素原子は，三重結合の 6 電子と 1 組の非共有電子対でオクテットを完成している．

　炭素，窒素，酸素は多重結合をもっともよくつくる元素である．炭素と窒素は二重結合と三重結合を，酸素は二重結合をつくる．多重共有結合はとくに有機化合物に多く見られ，これらは炭素を主要構成元素としている．たとえば，果実の熟成を引きおこす単純な化合物のエチレンは C$_2$H$_4$ の分子式をもつ．炭素 2 原子がオクテットを満足する唯一の方法は，炭素-炭素二重結合に 4 電子を共有することである．

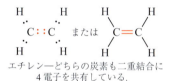

エチレン—どちらの炭素も二重結合に 4 電子を共有している．

　そのほかの例として，溶接で用いられる気体であるアセチレンは C$_2$H$_2$ の分子式をもつ．オクテットを形成するためには，アセチレンの炭素 2 原子は炭素-炭素三重結合に 6 電子を共有する必要がある．

H:C⋮⋮C:H　または　H—C≡C—H

アセチレン—どちらの炭素も三重結合に 6 電子を共有している．

エチレンやアセチレンのように多重結合をもつ化合物でも，それぞれの炭素原子は計 4 個の共有結合をもっていることに注意する．

例題 4.4 分子化合物：多重結合

1-ブテンは一つの多重結合をもっている．下図では原子間の結合だけを示してあり，多重結合はとくに明記されていない．多重結合の位置を特定せよ．

```
     H H H H
     | | | |
 H—C—C—C—C—H
     | |
     H H
      1-ブテン
```

解　説　共有結合の数が典型的な場合にくらべて少ない隣接する原子を探し，それらを二重結合あるいは三重結合で結合する．図 4.3 を参考にして，水素と炭素がそれぞれいくつの結合をもつのか確認する．

解答

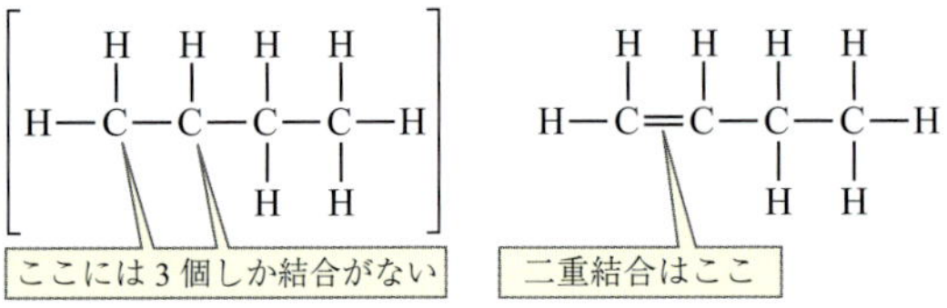

```
     H H H H              H H H H
     | | | |              | | | |
  H-C-C-C-C-H          H-C=C-C-C-H
     | | | |                | | |
     H H H              H   H H H
```
ここには3個しか結合がない　　二重結合はここ

例 題 4.5 多重結合：点電子記号と直線表記法

酸素分子を，(a)点電子記号と(b)点の代わりに直線表記法でそれぞれ書け．

解 説 それぞれの酸素原子は6個の価電子をもっているので2個の共有結合をつくればオクテットになる．したがって，それぞれの酸素は4電子を共有して二重結合をつくる．

解 答

:Ö::Ö:　　または　　:Ö=Ö:

問題 4.5
酢の構成有機化合物の一つである酢酸(acetic acid)は，点電子記号で下記のようにあらわされる．何個の原子価殻電子がそれぞれの原子に存在しているか？ 点電子記号でなく直線を用いて共有結合をあらわし，その構造を書け．

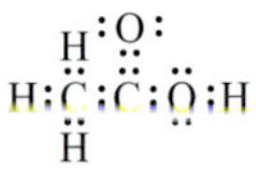

$$H:\ddot{C}:\overset{:\ddot{O}:}{\underset{H}{C}}:\ddot{O}:H$$

問題 4.6
コーヒーや種々のソフトドリンクの覚醒物質として，あるいは，アスピリンなどの OTC (over-the-counter) 薬に添加されているカフェインは，下記のような原子同士の結合によってあらわされる．すべての二重結合の位置を特定せよ．

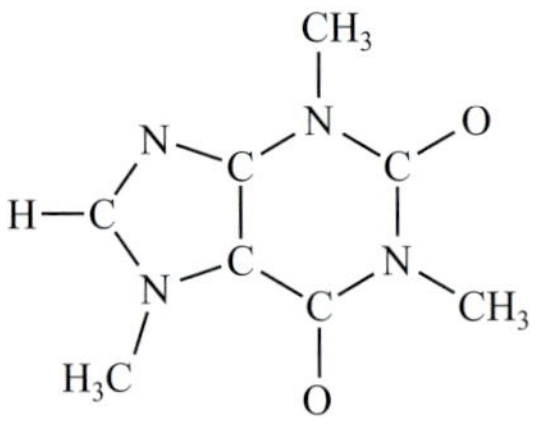

（カフェインの構造式）

4.4 配位共有結合

これまで学んだように，共有結合では共有電子対は異なる原子に由来している．つまり，1電子が入っているおのおのの原子の2個の価電子軌道の重なり合いによって結合ができている．しかし，ある場合には2電子がいずれも同一の原子に由来し，一方の原子の被占軌道ともう一つの原子の空軌道の重なり合いによって結合ができる場合がある．このような場合にできる結合を**配位共有結合**という．

配位共有結合(coordinate covalent bond) 一つの原子が電子対を与えることによってできる共有結合．

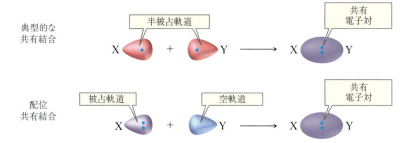

アンモニウムイオン NH_4^+ は配位共有結合の1例である．アンモニアが水中で水素イオン H^+ と反応すると，その窒素原子が被占軌道から2電子を空の1s軌道をもつ水素イオンに与えて共有結合をつくる．

$$H^+ + H-\underset{\underset{H}{|}}{\overset{\overset{H}{|}}{N}}-H \longrightarrow \left[H-\underset{\underset{H}{|}}{\overset{\overset{H}{|}}{N}}-H\right]^+$$

いったんこの結合がつくられると，配位共有結合は2組の共有電子対をもっており，ほかの共有結合と何ら違いがない．NH_4^+ のもつ全部で四つの共有結合は全く同一である．しかし，たとえばN原子では，通常は三つであるが配位共有結合を形成すると四つの共有結合をもつ．また，酸素原子では通常二つの共有結合をもつが，三つの結合を有する H_3O^+ など珍しい結合パターンをもたらす．遷移金属が非金属と配位共有結合を形成する能力に基づいてつくられている多くの物質がある．これらの**配位化合物**（coordination compound）といわれる多くの化合物は生物界において重要な役割をもっている．たとえば，生体内では有害金属は水溶性配位化合物によって血流から除去される．

▶▶そのほかの例として，生化学編2章にあるように，酵素分子に必要な金属イオンが配位共有結合して保持されている．

4.5 分子化合物の特徴

前章3.4節で説明したとおり，イオン化合物は正反対に荷電したイオン間の引力で大変強く結合しているため，高い融点，沸点を有する．一方，**分子**（molecule）は中性であり，分子間では強い静電的引力は働かない．しかし，分子間には**分子間力**（intermolar force）という種々の弱い相互作用がある．これらについては8章で詳述する．

分子間力が大変弱いと，物質の分子は相互に大変弱く引き合い，常温では気体となる．分子間力がやや強くなると分子が引き合って液体となり，さらに強い分子間力が働くと分子は固体となる．しかし，このような固体であっても通常，融点，沸点はイオン化合物よりも低い．

低い沸点や融点に加え，分子化合物の性質はイオン化合物とは以下の点で異なる．大半の分子化合物は，非常に極性の高い水分子からほとんど引き付けられないため，水に不溶である．さらに，分子化合物は溶解した際に荷電粒子とならないため，電気伝導性をもたない．表4.1にイオン化合物と分子化合物の性質を比較して示した．

> **問題 4.7**
> 塩化アルミニウム $AlCl_3$ の融点は190℃であるが，酸化アルミニウム Al_2O_3 の融点は2070℃である．2化合物の融点が大きく異なる理由を説明せよ．

4. 分子化合物

表 4.1　イオン化合物と分子化合物の比較

イオン性化合物	分子化合物
最小単位はイオン(例：Na^+，Cl^-)	最小単位は分子(例：CO_2，H_2O)
通常，金属が結合している	通常，非金属が結合している
結晶性固体	気体，液体，低融点固体
高融点(例：NaCl = 801 ℃)	低融点(H_2O = 0.0 ℃)
高い沸点(700 ℃ 以上)	低沸点
(例：NaCl = 1413 ℃)	(例：H_2O = 100 ℃，CH_3CH_2OH = 76 ℃)
溶融時，水溶解時に電気伝導性	電気非伝導性(絶縁性)
多くが，水溶性	水溶性のものは少ない
有機溶媒に不溶	多くが有機溶媒に可解

4.6　分子式とルイス構造

　H_2O，NH_3，あるいは CH_4 のように，1分子中の原子の数と種類を示す式を**分子式**という．分子式は重要ではあるが，原子の結合様式についての情報がないため，その利用は限られている．

　もっとも重要なのは，分子中の原子がどのように結合しているかを示すために直線を用いた**構造式**と，原子間の結合と，結合に関与していない価電子の配置も示す**ルイス構造**である．たとえば水分子では，酸素原子は 2 組の電子対を水素原子と共有して共有結合をつくり，ほかの 2 組の価電子対は結合には関与していない．このような非共有価電子対は**非共有電子対**(または孤立電子対)という．アンモニア分子では 3 組の電子対が結合に使われ，1 組の非共有電子対をもつ．メタンでは 4 組の電子対全部が結合している．

分子式(molecular formula)　化合物 1 分子中の原子の種類と数をあらわす式．

構造式(structural formula)　共有結合をあらわす直線によって原子間の結合が表現されている分子の表記法．

ルイス構造(Lewis structure)　原子間の結合と非共有価電子対の位置をあらわす分子の表記法．

非共有電子対(lone pair)　結合には使われていない電子対．

ルイス構造　H—Ö—H　　H—N̈—H　　H—C—H
　　　　　　水　　　　　　|　　　　　|
　　　　　　　　　　　　　H　　　　H
　　　　　　　　　　　アンモニア　メタン

（非共有電子対）

　さて，3.9 節で述べたとおり，分子式はどのようにイオン組成式と異なるのかを思い出してほしい．**分子式**は一つの分子化合物中で結合している原子の数を示しているが，**イオン組成式**はそれぞれのイオンの比率を示しているにすぎない(図 4.4)．エチレンの分子式 C_2H_4 は，すべてのエチレン分子が炭素 2 原子と酸素 4 原子をもっていることを意味している．一方，塩化ナトリウムの式 NaCl はその結晶中におなじ数だけ Na^+ と Cl^- が存在することを意味しているが，そのイオンがどのように相互作用しているのかについては何の情報も与えてくれない．

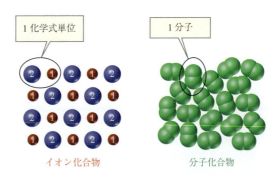

▶図 4.4
イオン化合物と分子化合物の違い
イオン化合物ではもっとも小さな粒子がイオンであり，分子化合物ではもっとも小さい粒子が分子である．

4.7 ルイス構造の描き方

ルイス構造を描くには原子間の結合を知らなければならない．たとえば水分子に見られるように，その結合が明らかなことがある．水分子では H–O–H しか考えられない．というのは酸素だけが真ん中に位置し，二つの共有結合をつくることができるからである．多くの場合，原子がどのように結合しているのかを見出さなければならない．

いったん原子間の結合がわかると，ルイス構造を描くための方法は二つある．その第一の方法は，普通，一般的な結合の仕方が原子によって決まっているので，生物によく見られる有機分子の場合は大変有用である．第二の方法は，より一般的でどの分子にも適用でき，段階的に描いていく方法である．

C, N, O, X（ハロゲン），H を含む分子のルイス構造

図 4.3 にまとめられているように，炭素，窒素，酸素，ハロゲンおよび水素原子の結合様式は普遍で一定である．

- 炭素 C は 4 個の共有結合をつくり，多くの場合ほかの炭素原子と結合する．
- 窒素 N は 3 個の共有結合をつくり，1 組の非共有電子対をもつ．
- 酸素 O は 2 個の共有結合をつくり，2 組の非共有電子対をもつ．
- ハロゲン（X = F, Cl, Br, I）は 1 個の共有結合をつくり，3 組の非共有電子対をもつ．
- 水素 H は 1 個の共有結合をつくる．

このような結合様式に基づけば，ルイス構造を単純化して描くことができる．たとえば天然ガスの成分であるエタン C_2H_6 では，それぞれの炭素原子の 4 個の共有結合のうち 3 個は水素原子との結合に使われ，4 個目が炭素–炭素結合をつくっている．炭素と水素の結合様式から考えれば，エタンの 8 原子がほかの結合様式をとることができないことは明らかである．香水や染料，プラスチックの製造に使われているアセトアルデヒド C_2H_4O では，一方の炭素が 3 個の水素原子と結合し，もう一方の炭素は水素 1 原子と結合し，酸素とは二重結合をつくっている．

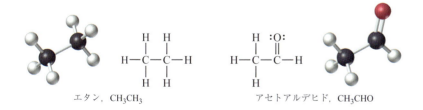

エタン，CH_3CH_3 アセトアルデヒド，CH_3CHO

大きい分子のルイス構造は描きにくいので，結合をあらわす直線を省いた短縮した形で構造を描くことがある．エタンを**短縮構造式**で描くと CH_3CH_3 であり，これはおのおのの炭素が水素 3 原子と結合し（CH_3），二つの CH_3 が互いに結合していることをあらわす．同様に，アセトアルデヒドは CH_3CHO と描ける．アセトアルデヒドでは，非共有電子対と炭素–酸素（C=O）二重結合はとも

短縮構造式（condensed structure）　原子間の結合はとくに示さず，その並び方で理解できるように標記する分子構造をあらわす式．

▶▶▶短縮構造式は，とくに有機化合物の構造を表記する場合によく使われる（有機化学編参照）．

に省略されていることに注意する．後章でもっと多くの短縮形の構造式を学ぶことになる．

本書に載せたコンピュータで描いた図としては，**ボールアンドスティックモデル**（ball-and-stick-model）を以前用いていたスペースフィリングモデル（space-filling model）より多用していく．スペースフィリングモデルはより真の状態に近いが，ボールアンドスティックモデルは結合と分子の形を示すのに優れている．どのモデルでも共通の色を用いた．炭素（C）は黒か濃い灰色，水素（H）は白，酸素（O）は赤，窒素（N）は青，硫黄（S）は黄，リン（P）は紺，フッ素（F）は黄緑，塩素（Cl）は緑，臭素（Br）は赤茶，ヨウ素（I）は紫である．

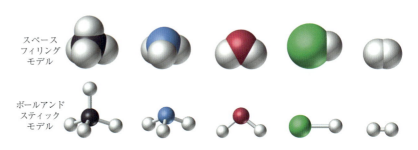

ルイス構造を描くための一般的手順・方法

どんな分子やイオンでも，以下の 5 段階の方法に従えばルイス構造を描くことができる．例として PCl_3 を取り上げる．この物質は中心のリン（P）原子のまわりを 3 個の塩素（Cl）原子が取り囲んでいる．

段階1：分子あるいはイオンに含まれるすべての原子の価電子の総和を求める．PCl_3 ではリン（P）（15 族元素）は 5 個の価電子を，また塩素（Cl）（17 族元素）は 7 個の価電子をそれぞれもつため，合計 26 個の価電子となる．

$$P + (3 \times Cl) = PCl_3$$
$$5\,e^- + (3 \times 7\,e^-) = 26\,e^-$$

多原子イオンでは陰イオン一つに対して電子一つを加え，陽イオン一つに対して電子一つを除く．OH^- では全部で 8 電子（酸素から 6 個，水素から 1 個，これに負電荷 1 の分だけ電子を加える）をもつ．NH_4^+ では全部で 8 個（窒素から 5 個，4 個の水素からそれぞれ 1 個，これから正電荷 1 の分だけ差し引く）．

段階2：結合している原子と原子のあいだに共有結合電子 2 個を意味する**1 本の直線を引く**．周期表の第 2 周期の元素は，本節ですでに議論したとおりの結合数をもつ．一方，第 3 周期およびそれ以降の元素はさらに 8 個以上の電子を使えるので，図 4.3 にあるような通常の結合数より多くの結合をつくる．とくに第 3 周期とそれ以降の元素では，分子集合体の中では中心原子になる．たとえば PCl_3 では 3 個の塩素原子と結合したリン原子が中心原子である．

段階3：中心原子に結合している周囲の原子〔水素原子（H）以外の〕がオクテットになるように残りの電子を使うことによって非共有電子対を加える．PCl_3 では，26 個の価電子のうち，共有結合をつくるのに 6 電子を使う．残りの 20 個の価電子のうち，各 Cl 電子はオクテットを満たすのに 3 組の非共有電子対

を必要とする．

$$:\!\ddot{\underset{\!}{Cl}}\!:$$
$$:\!\ddot{Cl}\!-\!P\!-\!\ddot{Cl}\!:$$

段階4：残り全部の電子を中心原子に非共有電子対として加える．PCl_3 では 26 電子のうち 24 電子(6 電子を三つの単結合，18 電子をそれぞれの塩素原子に対して 3 組の非共有電子対として)をすでに使った．つまり 2 電子がリンの非共有電子対として残されている．

$$:\!\ddot{Cl}\!:$$
$$:\!\ddot{Cl}\!-\!\ddot{P}\!-\!\ddot{Cl}\!:$$

段階5：すべての電子を使っても中心原子がまだオクテットにならない場合は，隣接する原子の非共有電子対を中心原子に移動して多重結合をつくる．PCl_3 では，それぞれの原子はオクテットとなっており，26 電子すべてが使われているので，ルイス構造が完成している．

例題 4.6～4.8 では，この段階 5 の操作をどのように進めるべきかを示している．

例題 4.6 多重結合：点電子記号と価電子

有毒ガスのシアン化水素 HCN のルイス構造を描け．原子は上述の HCN の順に結合させる．

解 説 この教科書に示した順序に従うこと．

解 答
段階1：全価電子数を求める．
$$H=1, \ C=4, \ N=5 \quad 全価電子数=10$$
段階2：結合している原子間を結合電子対をあらわす直線で結ぶ．
  H－C－N　二つの結合＝4 電子を使ったので，6 電子が余っている．
段階3：水素 H 以外の各原子が完全なオクテットとなるよう非共有電子対を加える．

$$H\!-\!\ddot{C}\!-\!\ddot{N}\!:$$

段階4：これで全価電子を使ったので段階 4 の操作は不要である．H と N は原子価殻が電子で満たされているが C は満たされていない．
段階5：中心原子(ここでは C)がオクテットになっていない場合は，隣接する原子 N の非共有電子対で多重結合をつくる．最終的に C と N のあいだの結合は，下記に示す点電子記号あるいはボールアンドスティック表示にあるように三重結合となる．

$$H\!-\!C\!\equiv\!N\!:$$

構造式をもとに，10 個の価電子が四つの共有結合と一つの非共有電子対の形成にすべて使われていること，各原子がもつべき結合数(H は 1，N は 3，C は 4)であることを確認できる．

例 題 4.7 ルイス構造：多重結合の位置

ポリ塩化ビニル，すなわち PVC プラスチック製造時に用いる化合物である塩化ビニル C_2H_3Cl のルイス構造を描け．

解 説 H と Cl はそれぞれ一つの結合だけつくるので，炭素原子は互いに結合しなければならない．残りの原子は炭素原子に結合し，あと4原子しか使えないので，炭素2原子は二重結合で結合しないかぎりそれぞれ四つの共有結合がつくれない．

解 答
段階1：全価電子数は18であり，内訳は炭素の2原子それぞれが4個，水素の3原子それぞれが1個，塩素原子が7個である．
段階2：2個のCを中心に置いて結合する．残りの4個の原子を2個ずつCに結合する．10個の価電子によって五つの結合をつくるので，残りの価電子は8個となる．

$$\begin{array}{cc} H & Cl \\ C-C & \\ H & H \end{array}$$

段階3：残り8個の価電子のうち，Cl原子がオクテットとなるよう Cl 原子のまわりに6個を配置する．(どちらのC原子でもよいので)残り2個の価電子をC原子のまわりに配置する．

$$\begin{array}{cc} H & :\ddot{Cl}: \\ C-C: & \\ H & H \end{array}$$

全部の価電子を配置してもC原子は完全なオクテットになっていない．つまり，それぞれのC原子は四つの結合が必要なのに三つしか結合をもたない．
段階4：C原子上の非共有電子対をC原子間の二重結合形成に使うと，それぞれのC原子は四つの結合(8電子)を有する．この二重結合を形成することで，下記のように，塩化ビニルのルイス構造式とボールアンドスティックモデルが完成する．

全部で18個の価電子は六つの共有結合と3組の非共有電子対に使われており，それぞれの原子は定められた結合数を有する．

例 題 4.8 ルイス構造：オクテット則と多重結合

二酸化硫黄(SO_2)をルイス構造で描け．その結合は O-S-O である．

解 説 この教科書に書かれた方法に従うこと．

解 答
段階1：全価電子数はそれぞれの原子から6個ずつ，計18である．

$$S + (2 \times O) = SO_2$$
$$6\,e^- + (2 \times 6\,e^-) = 18\,e^-$$

段階 2: O—S—O 2 個の共有結合が 4 個の価電子を使う．
段階 3: :Ö—S—Ö: それぞれの酸素原子に 3 組の非共有電子対をおき，それぞれの原子がオクテットになるようにすると 12 個の価電子が使われる．
段階 4: :Ö—S̈—Ö: 残りの 2 個の価電子を硫黄(S)におくが，それでも硫黄(S)はまだオクテットに満たない．
段階 5: 隣りの酸素原子(O)から非共有電子対を動かし，中心の硫黄(S)とのあいだに二重結合をつくる(どちら側に S＝O 結合をもってきてもかまわない)．

$$:\ddot{\text{O}}-\ddot{\text{S}}=\ddot{\text{O}}:$$

注意：SO_2 のルイス構造には 1 個の O とのあいだに一つの結合，ほかの 1 個の O とのあいだに一つの二重結合を含む．どちらの O が二重結合をもとうと，いずれも許容される．より正確には，この分子では，実際にはそれぞれの S-O 結合は 2 個の可能な構造式の平均値である 1.5 に近い．これは共鳴構造，または同一の分子に対する異なるルイス構造式を描くことのできる例である．

▶▶有機化学編 2.9 節で説明する．有機化合物の 1 種である芳香族化合物の共鳴構造は，重要な例の一つである．

問題 4.8
メチルアミン(CH_5N)は魚が腐ったときの特徴的な臭いを有する．メチルアミンのルイス構造を描け．

問題 4.9
つぎの構造式の適当なところに非共有電子対を書き入れよ．

(a) H—C(H)(H)—O—H (b) N≡C—C(H)(H)—H (c) Cl—N(Cl)—Cl

問題 4.10
つぎのルイス構造を描け．
(a) 毒ガスのホスゲン，$COCl_2$
(b) 多くの水泳用プールの化学物質として使われている亜塩素酸，OCl^-
(c) 過酸化水素，H_2O_2
(d) 二塩化硫黄，SCl_2

問題 4.11
硝酸，HNO_3 のルイス構造を描け．窒素原子(N)が中心であり，水素原子(H)は酸素原子(O)に結合している．

基礎問題 4.12
つぎに示す分子モデルは，透明なアクリル樹脂(ルサイト)の出発原料とて使われるメタクリル酸メチル(methyl methacrylate)をあらわす．原子間の結合だけを示しているが多重結合は明示していない．
(a) メタクリル酸メチルの分子式は？
(b) 多重結合と非共有電子対の位置を示せ．

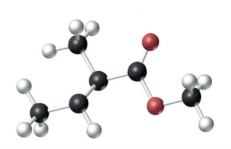

> **問題 4.13**
> Chemistry in Action,"CO と NO：汚染物質かそれとも奇跡の分子か？"で議論される CO と NO 分子をあらわすルイス構造を描き，それらのルイス構造式をもとに，これらの分子の反応性をどのように説明できるだろうか？

4.8 分子の形

　前節のコンピュータで描画した分子モデルを見直すと，分子は特有の形をもつことがわかる．アセチレンは直線型，水は折れ曲がり型，アンモニアは三角錐型，メタンは正四面体型，エチレンは平面型である．なにがこの形を決めるのだろうか？たとえば水分子の3原子が直線状でなく，なぜ104.5度の角度で結合しているのだろうか？分子が示す性質とおなじように，分子の形もそれを構成する原子の価電子（最外殻の電子）の数と位置に関係している．

　分子の形は，構成するそれぞれの原子の結合と電子対の数によって予想することができる．その際に，**原子価殻電子対反発モデル（VSEPR モデル）**と呼ばれるものを応用する．VSEPR モデルの基本的な考え方は，結合内で動き続ける価電子および非共有電子対が負に荷電した電荷雲を形成し，これらが互いに電気的に反発し合うというものである．つまり電荷雲が互いにもっとも遠ざかるように位置することで，分子に特有の形を生じさせる．VSEPR モデルを適用して以下の3段階で分子の形を推測する．

原子価殻電子対反発モデル（VSEPRモデル）（valence-shell electron-pair repulsion model）　原子のまわりの電荷雲数を数え，それぞれが互いにできるだけ遠ざかるように配向するとの仮定に基づいて分子の形を予測する方法である．

段階1：分子のルイス構造を描き，どの原子の幾何構造を知りたいかを決める． PCl_3 や CO_2 などの単純な分子では，通常これは中心原子になる．

段階2：決定すべき原子の電荷雲の数を決定する． 電荷雲の数は，非共有電子対とほかの原子との結合数の総和になる．結合が単結合だろうと多重結合だろうとそれには無関係である．ここで注目すべきことは電荷雲の数であり，それぞれの電荷雲が何個の電子をもっているかということではない．たとえば，二酸化炭素の炭素原子（C）では酸素原子（O）と結合する二つの二重結合（O＝C＝O）をもつので，2個の電荷雲をもつことになる．

段階3：それぞれの電荷雲が，空間的にできるだけ遠くに位置するように分子の形を予測する． 好ましい配向は電荷雲の数によって決まり，これらは表4.2にまとめられている．

結合角（bond angle）　分子内で隣接する3個の原子がつくる角のこと．

　2個の電荷雲しかない場合は，CO_2（二つの二重結合）の中心原子や HCN（一つの単結合と一つの三重結合）の分子中の中心原子とおなじように，電荷雲が逆向きの時にもっとも離れた位置になる．そのため，HCN も CO_2 もいずれも直線型分子であり，その**結合角**は 180 度になる．

CHEMISTRY IN ACTION

COとNO：汚染物質かそれとも奇跡の分子か？

一酸化炭素（CO）が殺人ガスであることは誰もが知っている事実だ．米国では，一酸化炭素によって年間3500人もが事故死あるいは自殺しており，一酸化炭素は毒物によるすべての死亡原因の第1位である．一酸化窒素（NO）はエンジンの排気ガスに含まれ，酸素と反応して都会のスモッグの原因となる赤茶色のガスの二酸化窒素（NO_2）となる．ほとんどの人には知られていないことであるが，私たちの体はこれらの分子なしには機能しない．1992年，驚いたことにCOとNOが細胞内での代謝過程で，重要な化学メッセンジャーであることが明らかにされた．

ある濃度でのCOの毒性は，血液に含まれるヘモグロビン分子とCOが結合するため，ヘモグロビンが組織に酸素を運搬するのが阻害されることによる．NOの高い反応性により，毒性のある刺激物質を生成する．しかし，低濃度のCOが体組織の細胞中で実際に生産されている．COやNOは水によく溶けるため，一つの細胞からほかの細胞へと拡散して，**グアニル酸シクラーゼ**（guanylate cyclase）と呼ばれる物質の生産を促進している．グアニル酸シクラーゼは，逆に多くの細胞の機能を制御している**サイクリック GMP**（cGMP）という物質の生産を制御している．

COの生産量は，嗅覚や長期の記憶を司る領域を含む脳のある領域でとくに高い．ラットの脳を用いた実験によると，脳の海馬にある特殊な細胞には隣接する細胞からの信号によって分子メッセンジャーが移動することは確かである．この情報を受けた細胞はCOを遊離することで伝達細胞に反応し，このことがさらに多くの分子メッセンジャーを生み出す．こうした伝達が数回行われると受容細胞は変化

▲夕暮れのロサンゼルス．COは光化学スモッグの主要な要因である．しかし，おなじ化合物が私たちの体において欠くことのできない化学メッセンジャーとして機能している．

し記憶となる．ある医学的条件や毒性を有する金属などに暴露されることでCO生産が阻害されると長期記憶は維持されず，以前の記憶も失われる．CO生産が促進されると記憶は再び固定される．

NOは体内では限りないほどの機能を有するようである．免疫システムはNOを使って感染や腫瘍と戦っている．また，NOは神経細胞間で伝達され，学習，記憶，睡眠，抑うつにかかわっている．NOのもっとも注目すべき役割は，**血管拡張作用**（vasodilator）である．NOは血管をリラックスさせ拡張させる物質である．この発見により，一酸化窒素合成酵素（NOS）の生成を促進する新しい薬剤が開発された．このような薬剤は勃起機能傷害の治療薬（Viagra）としてだけでなく高血圧治療としても使用可能である．神経科学，生理学，免疫学の分野におけるNOの重要性を考えると，1992年が"分子年"と命名されたことは当然である．

章末の"Chemistry in Actionからの問題" 4.89, 4.90 を見ること．

表 4.2 電荷雲の数が 2, 3, 4 個の原子のまわりの立体配置

結合数	非共有電子対の数	電荷雲の数	分子の立体配置		例
2	0	2		直線型	O=C=O
3	0	3		平面三角型	H₂C=O
2	1			折れ曲がり型	O=S (O)
4	0	4		正四面体型	CH₄
3	1			三角錐型	NH₃
2	2			折れ曲がり型	H₂O

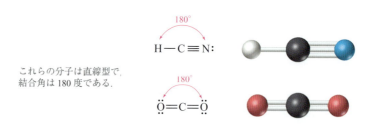

これらの分子は直線型で，結合角は180度である．

ホルムアルデヒド(一つの単結合と一つの二重結合をもつ)やSO₂(一つの単結合と一つの二重結合，1組の非共有電子対をもつ)に見られるように，中心原子が3個の電荷雲をもつ時，それらがもっとも遠ざかろうとすると，平面でかつ正三角形の頂点方向に位置する．したがってホルムアルデヒド分子は平面三角形であり，そのすべての結合角は120度となる．同様にして，SO₂分子はその三つの電荷雲が平面三角形に配置する．しかし一つの三角形の頂点は非共有電子対に占有されている．したがって3個の原子は直線ではなく折れ曲がり型に配置しており，O-S-O結合角は約120度になる．

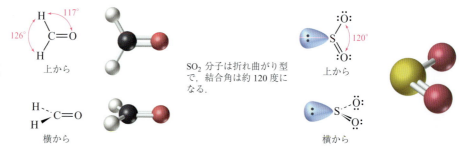

ホルムアルデヒド分子は平面三角形であり，結合角は約120度になる．

上から／横から

SO₂分子は折れ曲がり型で，結合角は約120度になる．

上から／横から

ホルムアルデヒドやSO₂分子の三次元構造がどのようにあらわされている

のか，注意深く見てみよう．直線は紙面上にあり，破線は読者から見ると紙面の下に遠ざかる方向であり，黒いくさび形の線は読者側に突き出ている．三次元構造を示すために，今後この教科書では，このような標準的な書式を一貫して用いる．

　CH_4（四つの単結合），NH_3（三つの単結合と1組の非共有結合電子対），H_2O（二つの単結合と2組の非共有電子対）で見られるように，中心原子が4個の電荷雲をもつ時，正四面体の各頂点にそれぞれの電荷雲が伸びるとそれらが互いにもっとも遠ざかる．図4.5に示すように，正四面体はその4面が正三角形の立体である．その中心原子は**正四面体**の重心に位置し，電荷雲は頂点方向に広がっているので，中心からいずれか二つの頂点を結ぶ2直線間の角度は109.5度になる．

正四面体（regular tetrahedron）　おなじ大きさの4個の正三角形の面をもつ立体．

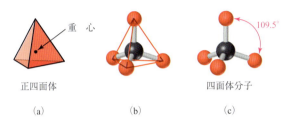

◀図4.5
四つの電荷雲をもつ原子の正四面体型配置
中心原子は正四面体の重心にあり，四つの電荷雲はその頂点方向に伸びている．2個の電荷雲と中心原子との角度は109.5度になる．

　原子価殻電子を8個もつ場合が多いので，大部分の分子は四面体を基礎とした形をもっている．たとえば，メタン（CH_4）の炭素原子は正四面体構造をもち H-C-H の結合角は正確に109.5度になる．アンモニア（NH_3）では，窒素原子は4個の電荷雲をもつ四面体構造であるが，そのうち一つの頂点は非共有電子対なので，分子の形としては三角錐型である．同様に，水では2組の非共有電子対が四面体の二つの頂点に向いているので分子全体としては折れ曲がった形になる．

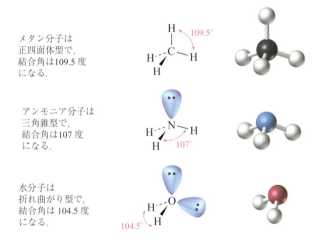

　アンモニアにおける H-N-H の角度（107度）と水の H-O-H の角度（104.5度）は，正四面体の理想的な角度109.5度に近い値であるが全くおなじではないことに注意する．その角度は，理想的な値から少し小さくなっている．これは非共有電荷雲がほかの電荷雲と強く反発し，ほかの電荷雲を圧迫しているからである．

　より大きい分子中の特定の原子も，表4.2に示した形をもとにしてその周辺の形状が決まる．たとえばエチレン（$CH_2 = CH_2$）の炭素2原子はそれぞれ三つの電荷雲をもち，三角形平面の形をしている．これによって分子全体も平面になり，H-C-C と H-C-H の結合角はおよそ120度になる．

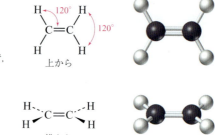

エチレン分子は平面上で，結合角は120度になる．

エタン（$CH_3 - CH_3$）のように，4原子と結合している炭素原子は，すべて四面体の真ん中に位置している．

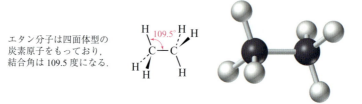

エタン分子は四面体型の炭素原子をもっており，結合角は109.5度になる．

例題 4.9 ルイス構造：分子の形

オキソニウムイオン H_3O^+ はどのような形になるだろうか？

解 説 この分子イオンのルイス構造を描いて，中心酸素原子の電荷雲の数を数える．その電荷雲ができるだけ遠ざかって配置するよう想像する．

解 答
オキソニウムイオンのルイス構造では，酸素原子が4個の電荷雲（三つの単結合と1組の非共有電子対）をもつ．したがってオキソニウムイオンは結合角が約109.5度の三角錐型になる．

例題 4.10 ルイス構造：電荷雲の形

アセトアルデヒド CH_3CHO のそれぞれの炭素原子の立体を予測せよ．

解 説 ルイス構造を描き，それぞれの炭素原子の電荷雲の数を決定する．

解 答
アセトアルデヒドのルイス構造では，CH_3 炭素は4個の電荷雲（いずれも単結合）をもっており，CHO 炭素は3個の電荷雲（二つの単結合と一つの二重結合）をもっている．表4.2からわかるように，CH_3 炭素は正四面体型であるが CHO 炭素は平面三角形型である．

CHEMISTRY IN ACTION

巨大分子

▲オートバイ操縦者，消防士，治安部隊が着用する防護服は，最先端の高分子材料によってつくられている．

分子はどこまで大きくなれるか？その答えは，とてつもなく大きい．体中の非常に大きい分子や，私たちが買う多くの商品はすべて高分子である．

高分子は，ビーズの鎖のように多くの繰返し単位（ユニット）が結合して長い鎖をつくっている．鎖中のそれぞれの"ビーズ"は単純な分子からできており，その両端が化学結合してほかの分子につながっている．繰返し単位がおなじもの，

-a-a-a-a-a-a-a-a-a-a-a-

や異なるものがある．異なっている場合はある一定の繰返し：

-a-b-a-b-a-b-a-b-a-b-

か，ランダムな形：

-a-b-b-a-b-a-a-b-a-b-b-

があり得る．

さらに，高分子の鎖は枝をもち，主鎖とおなじ繰返しユニットをもつものと，主鎖とは異なるユニットがつながっていることもある．

さらに多くのいろいろな場合があり，複雑で，架橋鎖による三次元ネットワークをもつこともある．たとえばタイヤのゴムは，高分子鎖が硫黄原子による架橋によって，より硬度が増している．

私たちは皆，普通，プラスチックと呼んでいる合成高分子を使っている．普通の合成高分子は，何百何千もの小分子がつながり，何百万にも達する分子量をもつ巨大分子となっている．たとえば，ポリエチレンは50 000にも達するエチレン（$CH_2=CH_2$）分子が結合して$-CH_2CH-$単位を繰り返す高分子をつくっている．

たくさんの $H_2C=CH_2$ ⟶ $-CH_2CH_2CH_2CH_2CH_2CH_2-$
　　　　　エチレン　　　　　　　　ポリエチレン

その高分子は，いす，玩具，配水管，ミルクびんや包装用フィルムなどに利用されている．高分子のそのほかの例としては，衣類やストッキングに使われているナイロン，ボルト，ナットのような成型ハードウエア，防弾チョッキに使用されているケブラー（有機化学編6章，Chemistry in Action，"ケブラー：命を守るポリマー"参照）がある．

人が利用するずっと前から，自然は非常に多種多様な高分子の性質を利用してきた．近年の（科学の）偉大な進歩にもかかわらず，生物の高分子についてはまだまだ学ぶべきことが多い．炭水化物やタンパク質は，すべての生物の生殖を含む細胞内プロセスを制御するデオキシリボ核酸（DNA）と同様に高分子である．しかし自然の高分子は，化学者がこれまでにつくり出したどれよりもずっと複雑である．

▶▶ 炭水化物は長い糖鎖からなる高分子である（生化学編4章）．タンパク質はアミノ酸とよばれる小さい分子の高分子である（生化学編1章）．DNAは核酸単位の繰返し高分子であり，生化学編8章で説明する．

章末の"Chemistry Actionからの問題"4.91，4.92を見ること．

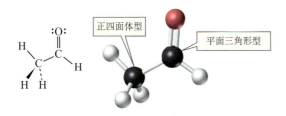

問題 4.14
ホウ素(B)は3個の価電子をもつので，三つの共有結合をもつが，配位共有結合もつくることができる．BF_4^-のルイス構造を描き，そのイオンの形を予測せよ．

問題 4.15
クロロホルム $CHCl_3$，1,1-ジクロロエチレン $Cl_2C=CH_2$ の分子構造を予測せよ．

問題 4.16
プレキシガラス(アクリルガラス，lucite)として知られているポリカーボネートは，図のような基本繰返し単位を有する．本構造の "a"，"b" で示す炭素の電荷雲の幾何学的構造をどのようなものか．

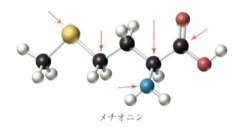

問題 4.17
セレン化水素(H_2Se)，硫化水素(H_2S)はいずれも強烈な臭いと毒性をもつことでよく似ている．これらの分子の形は？

🔑 基礎問題 4.18
つぎに示すメチオニンの分子モデルに従って構造式を描け．矢印で示した各原子の形を述べよ(4.7節に示した各原子の色別を思い出すこと．黒＝炭素，白＝水素，赤＝酸素，青＝窒素，黄＝硫黄)．

メチオニン

4.9 極性共有結合と電気陰性度

共有結合の電子対は，結合している原子間のある領域に存在している．たとえば H_2 や Cl_2 のように，結合している原子がおなじであれば，結合の電子対は両方の原子におなじ力で引き合って均等に共有される．一方，HCl のように，異なる原子間の結合の電子対は片側の原子により強く引き寄せられ，均等に共有されなくなる．このような電子の分布が不均等な結合を，**極性共有結合**という．たとえば塩化水素では，電子は水素原子の近くよりも塩素原子の近くに存在する時間が長くなる．分子全体では中性であるが，塩素は水素よりも電気的により陰性で，その結果，塩素原子上に**部分電荷**(partial charge)が生じる．このような部分電荷は，ギリシャ語の小文字の**デルタ**(δ, delta)を使って，陰性の部分電荷をもつ原子に $\delta-$，陽性の部分電荷をもつ原子に $\delta+$ をつけてあらわす．

静電ポテンシャルマップ(electrostatic potential map)は，不均等な結合電子の分布を可視化するのに非常に都合のよい方法である．これは，計算によって求

極性共有結合(polar covalent bond) 結合電子が一方の原子により引き付けられている結合．

めた分子内の電子分布の違いを色の違いによってあらわしたものである．HClでは，たとえば電子分布が低い水素は青で，電子分布が高い塩素は橙であらわされている．

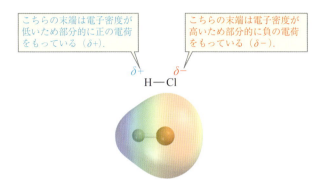

共有結合電子を引き付ける原子の能力のことをその原子の**電気陰性度**という．図4.6にあるようにフッ素（F）はもっとも電気陰性度の大きい元素であり，その大きさは4とされており，より低い電気陰性度をもつ元素はそれより小さい値とされている．周期表の左側にある金属元素は，電子を少しだけ引き付けるので低い電気陰性度をもち，他方ハロゲンや周期表の右上にある反応性の高い非金属元素は，電子を強く引き付けるため高い電気陰性度をもつ．図4.6にあるように，電気陰性度は周期表のおなじ族にある元素は下にいくほど小さくなる．

結合した原子の電気陰性度を比較すると，その結合の極性を比較でき，またイオン結合の生成を予測できる．酸素（電気陰性度3.5）と窒素（電気陰性度3.0）は，いずれも炭素（電気陰性度2.5）より電気的に陰性である．その結果，C–O，C–N結合はいずれも極性をもち，炭素が陽性の末端になる．二つの結合のうち，電気陰性度の差がより大きいC–O結合がより極性が高い．

電気陰性度（electronegativity） ある原子が共有結合電子対を引き付ける能力．

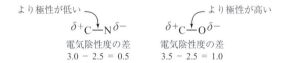

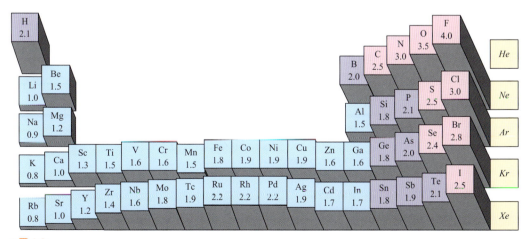

▲図4.6
いくつかの主族元素と一部の遷移元素の電気陰性度
周期表の右上にある反応性が高い非金属はほとんど電気陰性度が高く，左下にある金属元素は電気陰性度がもっとも低い．貴ガスの電気陰性度は決まっていない．

一般的な規則として，電気陰性度の差が 0.5 より小さい場合は非極性共有結合であり，その差が 1.9 までなら極性共有結合であるという．またその差が 2 以上になると基本的にイオン結合になる．このように，電気陰性度の差によって，たとえば炭素とフッ素の結合は強い極性結合であり，ナトリウムと塩素間の結合はイオン結合であり，またルビジウムとフッ素のあいだの結合は完全なイオン結合であることがわかる．

電気陰性度の相違	結合の種類
0～0.4	～ 共有
0.5～1.9	～ 極性共有
2.0 以上	～ イオン

$$^{\delta+}C—F^{\delta-} \quad Na^+Cl^- \quad Rb^+F^-$$

電気陰性度の差　　1.5　　　2.1　　　3.2

しかしながら，共有結合とイオン結合とのあいだには明瞭な境界があるわけではなく，ほとんどの結合は両者の中間的な性質をもつ．

さらに先へ ▶▶▶ 図 4.6 に示したそれぞれの値は，炭素と水素が近い電気陰性度をもつことを意味しており，その結果 C-H 結合は非極性になる．有機化学編，生化学編 1～8 章において，炭素や水素が主要な構成因子である有機化学的，生物化学的な化合物の性質を説明するために，どれほどこの性質が重要か理解できる．

例題 4.11　電気陰性度：イオン結合，非極性および極性共有結合

つぎの原子間での結合はイオン結合か，極性共有結合かそれとも非極性共有結合かを予測せよ．もし極性共有結合なら，どちらの原子が部分的に正，負の電荷をもつか答えよ．
(a) C と Br　　(b) Li と Cl
(c) N と H　　(d) Si と I

解　説　原子の電気陰性度を比較し，電気陰性度の相違に基づいて結合の性質を分類する．

解　答
(a) 炭素(C)，臭素(Br)の電気陰性度はそれぞれ 2.5, 2.8. したがって違いは 0.3. これらの原子間の結合は非極性共有結合になる．
(b) リチウム(Li)，塩素(Cl)の電気陰性度はそれぞれ 1.0, 3.0. したがって違いは 2.0. これらの原子はイオン結合をつくる．
(c) 窒素(N)，水素(H)の電気陰性度はそれぞれ 3.0, 2.5. したがって違いは 0.5. 結合は極性共有結合になる．この時，$N = \delta-$, $H = \delta+$.
(d) ケイ素(Si)，ヨウ素(I)の電気陰性度はそれぞれ 1.8, 2.5. したがって違いは 0.7. 結合は極性共有結合になる．この時，$I = \delta-$, $Si = \delta+$.

問題 4.19
元素 H, N, O, P, S は有機化合物の炭素(C)によく結合している．電気陰性度が大きくなる順に並べよ．

問題 4.20
電気陰性度の違いに基づいてつぎの原子間での結合を，イオン結合，非極性共有結合，極性共有結合に分類せよ．記号 $\delta+$ および $\delta-$ を用いて極性共有結合の部分的分極の位置を特定せよ．
(a) I と Cl　　(b) Li と O　　(c) Br と Br　　(d) P と Br

4.10 極性分子

それぞれの結合が極性をもつように，分子内の一部分にほかの部位よりも電子が強く引き寄せられていれば，分子全体にも極性が生じる．分子の極性は，それぞれの結合の極性と非共有結合電子対の寄与の総和によって生じ，生じた電子分布の偏りの向きは矢印であらわすことが多い．矢印の先端は電気的に陰性なほうを，基部には部分的に正電荷を帯びたことを示すプラス（＋）の印を描く：$(\delta+) \longleftrightarrow (\delta-)$.

分子の極性は，極性共有結合と非共有結合電子対の存在だけでなく，分子の形にも依存している．たとえば水分子では，電気陰性度の低い水素2原子から電気的により陰性な酸素原子のほうへ電子が引き寄せられているので，正味の極性は二つの O–H 結合のあいだの方向を向くことになる*．塩化メチル（CH_3Cl）では，電子は炭素と水素が結合した部分から電気陰性度の高い塩素原子に引き寄せられているので，正味の極性は C–Cl 結合に沿っている．静電ポテンシャルマップではこれらの極性が，電子密度の低い領域が青で，高い領域が赤で明確に表現される．

＊（訳注）：2個のベクトルの総和の向きとなる．

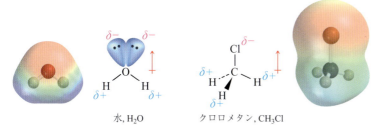

水, H_2O クロロメタン, CH_3Cl

しかしながら，分子が極性共有結合をもっているからといって，必ずしも分子全体が極性をもつとは限らない．二酸化炭素（CO_2）や四塩化炭素（CCl_4）では，分子全体が対称的な形をもっているため，各 C=O，C–Cl 結合は極性をもっていても，それらが全体的には打ち消し合うので，これらの分子は非極性となる．

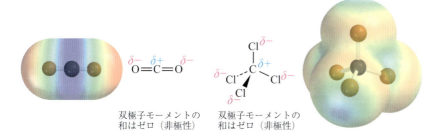

双極子モーメントの和はゼロ（非極性）　双極子モーメントの和はゼロ（非極性）

極性は分子の物性，とくに融点，沸点，溶解度などの分子の物理的性質を大きく左右する．後の章で多くの例を紹介する．

例題 4.12 電気陰性度：極性結合と極性分子

例題 4.6, 4.7 にある (a) シアン化水素（HCN），(b) 塩化ビニル（$H_2C=CHCl$）の構造から，これらの分子が極性かどうかを決定し，正味の極性の向きを示せ．

解説 まずルイス構造を描き，おのおのの分子の形を決める．さらに図 4.6 の電気陰性度の値を参考にして，どれが極性結合かを見つける．最後に，それ

それの寄与を総和して正味の極性を決定する．

解　答

(a) シアン化水素の炭素原子は電荷雲2個をもっているので，HCNは直線状である．そのC–H結合は比較的非極性であるが，C≡N結合ではより電気陰性度の高いNのほうに電子が偏って分布している．さらに窒素から非共有電子対が突き出ている．したがって分子全体は極性である．

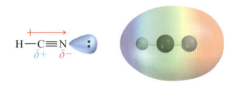

(b) 塩化ビニルはエチレンとおなじように平面的な分子である．そのC–H結合とC=C結合は非極性であるが，C–Cl結合では電子対が電気陰性度の高い塩素のほうに引き寄せられている．したがって分子全体としては極性になる．

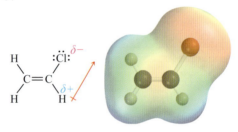

問題 4.21
p.120で示したホルムアルデヒド(CH_2O)の構造を見て，この分子が極性をもつか否かを決定し，極性の正味の向きを示せ．

問題 4.22
ジメチルエーテル(CH_3OCH_3)のルイス構造を描き，分子の形を予測せよ．そのうえで分子全体が極性をもつか否かを決定せよ．

基礎問題 4.23
つぎに示すメチルリチウムの静電ポテンシャルマップを見て，分子全体の極性の向きを決定せよ．この極性を電気陰性度の値に基づいて説明せよ．

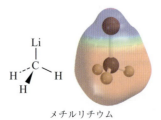

メチルリチウム

4.11 二元化合物の命名

2種類の元素が結合すると，**二元化合物**といわれる物質ができる．二元化合物の分子式は，通常電気陰性度のより低い元素を最初に書く．したがって金属元素はつねに非金属元素の前に書かれ，周期表のより左側の非金属元素は右側にある非金属元素の前に書かれる．たとえば，

二元化合物（binary compound）　2種類の異なる原子が結合してつくられている化合物．

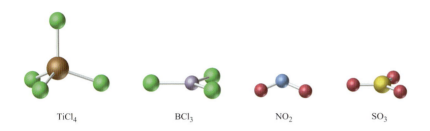

TiCl$_4$　　BCl$_3$　　NO$_2$　　SO$_3$

3.9節で学んだように，イオン化合物の化学式はそれが中性となるようにカチオンとアニオンの数が示されており，それぞれの数はそれぞれのイオンの電荷数によって決まる．分子化合物では，非金属元素が多くの共有結合をつくる傾向があるので，多くの組合せが考えられる．二元化合物を命名する時は，分子式中に正味何個ずつの元素が含まれているのか決めなければならない．二元化合物の名称は，表4.3に示すようなそれぞれの結合原子の数を示す接頭語を用いて，以下に示す2段階で決定する．

段階1：化学式の中の最初の元素数をあらわす接頭語をつけて示す．
段階2：3.7節で示したアニオンを示す -ide を用いて，2番目の元素数をあらわす接頭語も含めて示す．

接頭語**モノ**（mono-）は一つを意味し，おなじ組成の2種の異なる化合物を区別してあらわす時以外はこの接頭語はつけない．たとえば炭素の2種類のカルボニル化合物では，COに対しては一酸化炭素（carbon monoxide），CO$_2$に対しては二酸化炭素（carbon dioxide）と呼ぶ（通常はmonooxideよりmonoxideを用いる）．ほかの例を以下に示す．

表4.3 化学名に用いられる数をあらわす接頭語

数	接頭語
1	モノ-
2	ジ-
3	トリ-
4	テトラ-
5	ペンタ-
6	ヘキサ-
7	ヘプタ-
8	オクタ-
9	ノナ-
10	デカ-

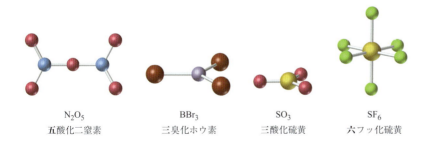

N$_2$O$_5$　　BBr$_3$　　SO$_3$　　SF$_6$
五酸化二窒素　三臭化ホウ素　三酸化硫黄　六フッ化硫黄

分子化合物を命名するときは，2種以上の元素が存在すると難しくなる．大半が炭素からなる**有機化合物**（organic compound）ではとくに難しい（Chemistry in Action, "ダマセノン，そのほかの名前で甘く感じるだろうか？"参照）．このような化合物の命名は後章で説明する．

例題 4.13 分子化合物の命名

つぎの化合物を命名せよ．
(a) N_2O_3　　(b) $GeCl_4$　　(c) PCl_5

解答
(a) 三酸化二窒素　　(b) 四塩化ゲルマニウム　　(c) 五塩化リン

CHEMISTRY IN ACTION

ダマセノン，そのほかの名前で甘く感じるだろうか？

　名前にどんな意味があるのだろうか？シェイクスピアのロミオとジュリエットによれば，バラがほかの名前だったら甘い香りを感じさせるだろうか？と．しかし，化学名はたいていの場合あまりよい感じはしない．いわく，"発音しにくい"，"複雑すぎる"，"なにか悪いもののようだ"と．

　化学名はどうしてこんなに複雑なのだろうか？その理由は，1900万以上の既知の化合物があることを知れば納得するだろう．化学物質の**フルネーム**は，化学者がその化合物の組成や化学構造などを十分理解できるだけの情報をもっていなくてはならない．ちょうどそれは，この世の誰もが，身長，髪の色をはじめとする，個々の特徴がわかるような独特の名前をもっているようなものである．ほんのわずかな構造上の違いが化学的，物理的な性質の違いをもたらすことも知っていなければならない．たとえば，ゲラニオールは食品産業において香料添加物として使用されているが，シトロネロールは化粧品，昆虫忌避剤，あるいはシトロネラキャンドルに使用されている．これらの化合物の一般名は容易に覚えられるが，その化学名からは構造上の相違や類似性に関する詳細な情報を得ることができる．ゲラニオール（$C_{10}H_{18}O$）は 3,7-ジメチルオクタ-2,6-ジエン-1-オールとして知られているが，シトロネロール（$C_{10}H_{20}O$，あるいは 3,7-ジメチルオクタ-6-エン-1-オール）とはたった一つの C-C 二重結合がある点で異なっている．

　残念なことに，化学名がついているものは自然に

▲これらバラの香りは，β-ダマセノン，β-イオノン，シトロネロール，ゲラニオール，ネロール，オイゲノール，メチルオイゲノール，β-フェニルエチルアルコール，ファルネソール，リナロール，テルピネオール，ローズオキサイド，カルボン，そのほか多くの天然物質を含んでいる．

反し，危険であると結論づけられることが多いが，どちらも正しくない．もちろん，たとえば，アセトアルデヒドはほとんどのタルトや成熟した果実に含まれており，人工香料として少量ではあるが添加されている．**純粋な**アセトアルデヒドは可燃性で毒であり，かつ高濃度では爆発性である．

　水，砂糖，食塩を含むほとんどすべての化学物質について，無害か有害なのか検討できる．この判定を下す時には，各物質の性質だけでなくそれがどのような状況で利用されているのかも評価されるべきである．ところで，ダマセノン，ゲラニオール，シトロネロールはバラのすばらしい香りに寄与する化学物質である．

章末の"Chemistry in Action からの問題" 4.93，4.94 を見ること．

例題 4.14 分子化合物の組成式を書く

つぎの化合物の化学式を書け.
(a) 三ヨウ化窒素　　(b) 四塩化ケイ素　　(c) 二硫化炭素

解答
(a) NI_3　　(b) $SiCl_4$　　(c) CS_2

問題 4.24
つぎの化合物を命名せよ.
(a) S_2Cl_2　　(b) ICl　　(c) ICl_3

問題 4.25
つぎの化合物の化学式を書け.
(a) 四フッ化セレン　　(b) 五酸化二リン　　(c) 三フッ化臭素

問題 4.26
ゲラニオールはバラ精油(Chemistry in Action, "ダマセノン, そのほかの名前で甘く感じるだろうか?"参照)に含まれる化合物の一つであり, 下記の構造式であらわされる. 多重結合を含めゲラニオールの構造式を描け. また, その短縮構造式も書け.

$$\begin{array}{c} CH_3 \quad H \quad H \quad CH_3 \, H \\ | \quad\quad | \quad | \quad\quad | \quad\;\; | \\ CH_3-C-C-C-C-C-C-C-OH \\ | \quad\quad | \quad | \quad\;\; | \quad\;\; | \quad\;\; | \\ H \quad H \quad H \quad H \quad H \end{array}$$

要約：章の目標と復習

1. 共有結合とはなにか？

共有結合は，一方の原子から他方に電子を完全に移動するのではなく，原子と原子のあいだで電子対を共有することでつくられる．2電子を共有する原子同士は**単結合**(たとえばC–C)，4電子を共有する原子同士は二重結合(たとえばC＝C)で，また，6電子を共有する原子同士は**三重結合**(たとえばC≡C)で結ぶ．共有結合で一緒に保持される原子のグループを**分子**という．共有結合は，一方の原子の1電子を有する軌道と他方の1電子を有する軌道との**重なり合い**で形成される．これらの2電子は両方の原子に属する軌道を占有することで両原子を結合する．あるいは，2電子を有する非共有被占軌道が他の原子の空軌道と重なり合うと**配位共有結合**が形成される(問題 33〜35, 40, 41, 44, 45, 89, 92).

2. 共有結合を形成する時オクテット則をどのように適用するのか？

価電子数によって異なる原子が異なる数の共有結合をつくる．一般に，1原子は貴ガス電子配置の数だけ電子を共有する．たとえば水素では，もう1電子を共有してヘリウムの電子配置($1s^2$)となって，一つの共有結合をつくる．炭素とそのほかの14族の元素はオクテット則を満たすためにあと4電子を必要とするので四つの共有結合をつくる．同様にして，窒素および15族の元素は三つの共有結合を，酸素および16族の元素は二つの共有結合を，さらにハロゲン(17族)は一つの共有結合をつくる(問題 38, 39, 50, 51, 95).

3. イオン化合物と分子化合物の主な違いはなにか？

分子化合物は気体，液体，低融点の固体である．通常，イオン化合物よりも融点，沸点とも低く，その多くは水に難溶で，溶融によっても不導体である（問題 33, 35〜37, 42, 43, 47, 99, 102, 103）.

4. 分子化合物はどのように描くべきか？

H_2O，NH_3，CH_4 などの化学式は分子式といわれ，分子内の原子の数と種類をあらわす．より有用な表記は**ルイス構造**で，原子が分子内でどのように結合しているかがわかる．共有結合は原子間の直線であらわし，原子価殻非共有電子対は点であらわされる．ルイス構造は，分子内や多原子イオンの全共有電子数を数え，その全電子を共有電子対（結合電子対）と非共有電子対（孤立電子対）のいずれかに配置することによって描くことができる（問題 30, 46〜66, 94〜100, 104〜109）.

5. 原子価殻電子（価電子）が分子の形にどのような影響をもつのか？

分子は原子周辺の電荷雲（結合電子対および非共有電子対）の数によって決まる．これらの形は**原子価殻電子対反発モデル**（VSEPR モデル）に基づいて予測できる．2 個の電荷雲をもつ原子は直線形，3 個の電荷雲をもつ原子は平面三角形，4 個の電荷雲をもつ原子は四面体の配置をとる（問題 27, 28〜31, 67〜72, 81, 96, 100, 109）.

6. どんな時に結合や分子が極性をもつのか？

結合電子対が原子間で均等に保有されていない時，原子間の結合を**極性共有結合**という．共有結合中の電子対を引き付ける能力を原子の**電気陰性度**といい，これは周期表の右上の反応性の高い非金属元素でもっとも高く，左下の金属元素でもっとも低い．電気陰性度を比較することによってその結合が非極性共有結合か極性共有結合か，それともイオン結合なのかを予測できる．それぞれの極性共有結合と同様に，電子対がほかの部分にくらべて分子の一方の部分により強く引き寄せられている時，分子全体が極性をもつ．分子の極性は分子内のすべての共有結合の極性と，非共有電子対の寄与の総和によって生じる（問題 32, 73〜84, 96, 97, 101）.

KEY WORDS

共有結合, p.103
極性共有結合, p.124
結合角, p.118
結合距離, p.104
原子価殻電子対反発モデル（VSEPR モデル）, p.118
構造式, p.112

二重結合, p.108
正四面体, p.121
単結合, p.108
短縮構造式, p.113
電気陰性度, p.125
二元化合物, p.129
二重結合, p.108

配位共有結合, p.110
非共有電子対, p.112
分 子, p.103
分子化合物, p.105
分子式, p.112
ルイス構造, p.112

概念図：静電力

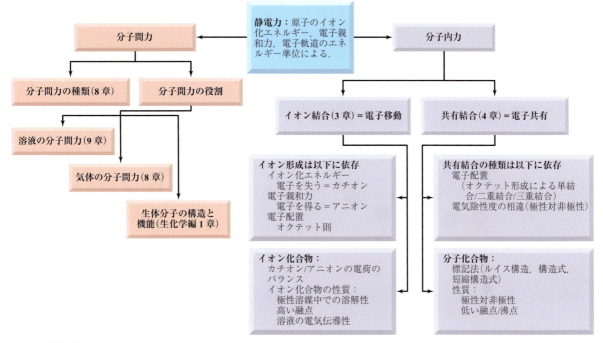

▲図 4.7
概念図
ほかの学問と同様，化学も文脈によって記述されていたほうがわかりやすい．概念と概念の関係を理解するか，一つの考え方からほかを導き出せるようになると"大きい構造"を容易に理解したり，ある概念の重要性を理解できるようになる．概念図は概念同士の関係を図示し，なにを学び，つぎになにを学ぶのかのつながりを示す．

図 4.7 の概念図からわかるように，2 章で学んだ原子の電子構造は，イオン化合物（3 章），分子化合物（4 章）のどちらを形成しやすいのかという，原子の化学的挙動を知るうえで必須できわめて重要である．また，粒子間の引力（分子間対分子内）の性質は，後章で説明するように物質の物理化学的性質において果たす役割が大きい．

これからさらに多くの課題を学んでいくので，この概念図をさらにほかの領域にまで広げたり，必要に応じて新しい分岐を書き加えていこう．

基本概念を理解するために

4.27 つぎの分子モデルにおいて，中心原子の形は？（それぞれのモデルでは"隠れた"原子はなく，すべて見えている．）

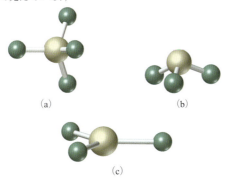

4.28 四つのモデルのうち，三つは中心原子が四面体であり，一つは異なる．どれが異なっているか？

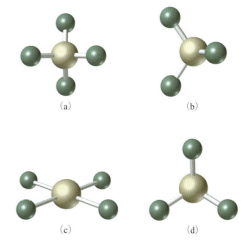

4.29 下に示すボールアンドスティックモデルは，タイレノール(Tylenol)として薬局薬店で販売される(OTC)頭痛薬の有効成分のアセトアミノフェンを示している．棒(直線)は単にそれぞれの原子を結合しているだけであり，それらが単結合，二重結合，三重結合のいずれであるのかは示していない(赤＝O，黒＝C，青＝N，白＝H)．
(a) アセトアミノフェンの分子式は？
(b) アセトアミノフェン分子の多重結合の位置を示せ．
(c) 各炭素と窒素の形は？

アセトアミノフェン

4.30 ビタミンC(アスコルビン酸)は図のような原子間結合を有する．この骨格構造式をルイス構造式に書き換えて，多重結合と非共有電子対の位置を示せ．

ビタミンC

4.31 下に示すボールアンドスティックモデルはサリドマイド分子をあらわす．この薬は，ハンセン病治療薬として開発承認され，これを服用した妊婦が奇形児を出産するという副作用を示した．棒(直線)は単にそれぞれの原子を結合しているだけであり，それらが単結合，二重結合，三重結合のいずれかは示していない(赤＝O，黒＝C，青＝N，白＝H)．
(a) サリドマイドの分子式は？
(b) サリドマイド分子の多重結合の位置を示せ．
(c) 各炭素と窒素の形は？

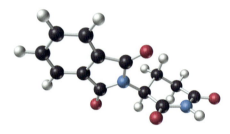

サリドマイド

4.32 下に示すアセトアミド分子の構造式中に，非共有電子対と電子密度の高い領域および低い領域を示せ．

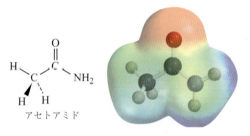

アセトアミド

補 充 問 題

共有結合

4.33 共有結合とはなにか？また，それはイオン結合とどこが違うか？

4.34 配位共有結合とはなにか？また，それは共有結合とどこが違うか？

4.35 つぎの元素のうち，(ⅰ) 2原子分子，(ⅱ) 主として共有結合，(ⅲ) 主としてイオン結合，(ⅳ) 共有結合とイオン結合をするのは，それぞれいずれの元素か？(ただし，一つ以上当てはまる場合もある．非金属でも金属とイオン結合を形成できることを思い出そう．)
(a) 酸素　　(b) カリウム　　(c) リン
(d) ヨウ素　(e) 水素　　　　(f) セシウム

4.36 つぎの元素のどの組合せが共有結合，イオン結合をつくるか？
(a) アルミニウムと臭素
(b) 炭素とフッ素
(c) セシウムとヨウ素
(d) 亜鉛とフッ素
(e) リチウムと塩素

4.37 問題4.36における各原子間の反応で生成する分子を，共有結合の数，非共有電子対がわかるように点電子記号を用いて描け．

4.38 元素の周期表から，テルル(原子番号52)はいくつの共有結合をつくることができるか予測せよ，またそれを説明せよ．

4.39 元素の周期表を見て，アンチモン(原子番号51)はいくつの共有結合をつくれるか予測せよ．また，$SbCl_3$ と $SbCl_5$ のうちどちらが共有結合，イオン結合化合物であるのか答えよ．

4.40 つぎのどれが配位共有結合をもつか？(ヒント：下線の中心原子がいくつの共有結合をつくれるか)
(a) $\underline{Pb}Cl_2$　(b) $\underline{Cu}(NH_3)_4^{2+}$　(c) $\underline{N}H_4^+$

4.41 つぎのどれが配位共有結合をもつか？(ヒント：下

線の中心原子がいくつの共有結合をつくれるか）
(a) H₂O　(b) BF₄⁻　(c) H₃O⁺

4.42 スズ(Sn)は塩素(Cl)と結合して，イオン化合物も共有結合化合物もつくる．イオン化合物はSnCl₂であるが，SnCl₃，SnCl₄，SnCl₅のうちどれが共有結合化合物か？その理由も説明せよ．

4.43 ガリウム(Ga)と塩素の化合物の融点は77℃，沸点は201℃である．この化合物はイオン結合か共有結合か？またその分子式は？

4.44 亜酸化窒素 N₂O はつぎの構造式をもつ．この分子のどの結合が配位共有結合か？

:N≡N—Ö:
亜酸化窒素

4.45 塩化チオニル SOCl₂ はつぎの構造式をもつ．この分子のどれが配位共有結合か？

:Ö:
|
:Cl—S—Cl:
塩化チオニル

構造式

4.46 つぎのおのおのの用語の違いを明らかにせよ．
(a) 分子式と構造式
(b) 構造式と短縮構造式
(c) 非共有電子対と共有電子対

4.47 一方はイオン結合性，他方は共有結合性の2種の白色，結晶状の試料を与えるとする．これらをどのように区別できるか説明せよ．

4.48 つぎの分子の価電子の数を求めよ．分子内に多重結合があるときはその位置と二重結合か三重結合であるかを示せ．
(a) N₂　(b) NOCl
(c) CH₃CH₂CHO　(d) OF₂

4.49 つぎの構造式中の適当な部分に非共有電子対を書き入れよ．
(a) C≡O　(b) CH₃SH
(c) (d) H₃C—N—CH₃ (H上)

4.50 科学雑誌にC₂H₈の分子式をもつ新しい分子が報告されたら，すべての化学者は信じない．なぜか？

4.51 下の構造式中 C₃H₆O₂ として正しいのはどれか考えよ．構造式が妥当でない場合は，どこを変えれば妥当な構造式をつくることができるか説明せよ．

(a) H—C—C—C—OH (H H O, H H)
(b) H—C—C—C—H (H OH OH, H H)
(c) H—C—O—C—C=O (H H H, H H)

4.52 つぎのルイス構造の結合電子対を直線に換えた構造式を描け．ただし，非共有電子対も描き入れよ．
(a) H:Ö:N::Ö:　(b) H:C:C:::N: (H H)　(c) H:F:

4.53 ルイス構造で描かれた硝酸イオンを，非共有結合電子対を含めて直線を用いた構造式で描け．硝酸イオンはなぜ電荷が−1となるか答えよ．

[:Ö:
|
:Ö:N:Ö:]⁻

4.54 つぎの構造式を短縮構造式で描け．
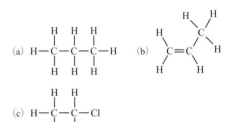

4.55 つぎの短縮構造式を正しい構造式で描け．
(a) CH₃CH₂COCH(H₃)₂　(b) CH₃CH₂COOCH₃
(c) CH₃CH₂OCH₂Cl

4.56 酢酸は酢に含まれる主要な有機化合物である．下の構造式を問題4.55に示すような短縮構造式で描け．

H—C—C—OH (H, ‖O, H)

ルイス構造の描き方

4.57 つぎの分子のルイス構造を描け．
(a) SF₆　(b) AlCl₃　(c) CS₂　(d) SeF₄
(e) BeCl₂（この化合物はオクテット則に従わないことに注意する）　(f) N₂O₄

4.58 つぎの分子のルイス構造を描け．
(a) 亜硝酸，HNO₂（Hは一つのOに結合している）
(b) オゾン，O₃
(c) アセトアルデヒド，CH₃CHO

4.59 エタノールあるいは穀物アルコールはC₂H₆Oの分子式をもち，O—H結合を含む．適当な結合様式となるようエタノールの構造式を描け．

4.60 ジメチルエーテルはエタノール(問題4.59)とおなじ分子式をもつが全く異なる性質を有している．酸素を2個の炭素に結合させてジメチルエーテルの構造を描け．

4.61 ヒドラジンはロケット燃料に用いられる物質であり，N₂H₄の分子式をもつ．ヒドラジンの構造式を

4. 分子化合物

描け．

4.62 テトラクロロエチレン C_2Cl_4 はドライクリーニング店で溶媒として使われている．有機化合物として適当な結合様式を用いてこの分子構造を描け．どのような C–C 結合をもつか？

4.63 ジメチルスルホキシドは DMSO として知られており，皮膚浸透性が高いのでドラッグデリバリー用溶媒として使用される．DMSO の構造式は $(CH_3)_2SO$ である．このルイス構造を描け．いずれの C 原子とも S 原子に結合している．

4.64 ヒドロキシルアミン NH_2OH のルイス構造を描け．

4.65 炭酸イオン CO_3^{2-} は一つの二重結合を有する．ルイス構造式を描け．また，なぜ −2 価イオンであるのか説明せよ．

4.66 つぎの多原子イオンのルイス構造を描け．
(a) ギ酸イオン，HCO_2^-
(b) 亜硫酸イオン，SO_3^{2-}
(c) チオシアン酸塩イオン，SCN^-
(d) リン酸イオン，PO_4^{3-}
(e) 亜塩酸イオン，ClO_2^-（塩素が中心元素となる）

分子の立体構造

4.67 AB_3，AB_2E の一般式であらわされる分子で，中心原子 A のまわりの立体配置と結合角を予測せよ．なお，B は A 以外の原子，E は非共有電子対をあらわす．

4.68 AB_4，AB_3E，AB_2E_2 の一般式であらわされる分子で，中心原子 A のまわりの配置と結合角を予測せよ．なお，B は A 以外の原子，E は非共有電子対をあらわす．

4.69 つぎの分子の三次元構造を予測せよ．
(a) メチルアミン，CH_3NH_2
(b) ヨードホルム，CHI_3
(c) オゾン，O_3
(d) 五塩化リン，PCl_5
(e) 塩素酸，$HClO_3$

4.70 つぎに示す分子の三次元構造を予測せよ．
(a) SiF_4 (b) CF_2Cl_2 (c) SO_3
(d) BBr_3 (e) NF_3

4.71 アミノ酸の 1 種，アラニンのそれぞれの炭素原子のまわりの立体配置を予測せよ．

アラニン

4.72 自動車の安全ガラスに用いられているポリビニルアルコールの原料，酢酸ビニル (vinyl acetate) の各炭素のまわりの立体配置を予測せよ．

$H_2C=CH-O-\overset{\overset{O}{\|}}{C}-CH_3$
酢酸ビニル

結合と分子の極性

4.73 元素の周期表において，もっとも電気陰性度の高い元素はどこにあるか？また，もっとも電気陰性度が低い元素はどこか？

4.74 まだ発見されていない原子番号 119 の元素の電気陰性度を予測せよ．

4.75 周期表から，電気陰性度が増加する順につぎの元素を並べよ．K, Si, Be, O, B.

4.76 周期表から，電気陰性度が低下する順につぎの元素を並べよ．C, Ca, Cs, Cl, Cu

4.77 下の結合中，極性のものはどれか？また，結合に極性があれば，プラスとマイナスがそれぞれどちらになるのかを $\delta+$，$\delta-$ で示せ．
(a) I—Br (b) O—H (c) C—F
(d) N—C (e) C—C

4.78 つぎの結合中，極性のものはどれか？また，結合に極性があれば，プラスとマイナスがそれぞれどちらになるのかを $\delta+$，$\delta-$ で示せ．
(a) O—Cl (b) N—Cl (c) P—H
(d) C—I (e) C—O

4.79 つぎの原子間での結合が，イオン結合か共有結合かを電気陰性度の違いに基づいて予測できるか？
(a) Be, F (b) Ca, Cl (c) O, H (d) Be, Br

4.80 つぎの分子を結合の極性が増加する順に並べよ．
(a) HCl (b) PH_3 (c) H_2O (d) CF_4

4.81 平面三角形の分子，三塩化ホウ素 BCl_3 は極性か？その理由を説明せよ．

4.82 問題 4.80 に示されたそれぞれの化合物は極性か？また，その極性の向きを示せ．

4.83 二酸化炭素は非極性分子であるが，二酸化硫黄は極性分子である．両者をルイス構造で描き，このことを説明せよ．

4.84 水 H_2O は硫化水素 H_2S に比べ，極性が高い．その理由を説明せよ．

分子化合物の命名と分子式

4.85 つぎの 2 原子分子を命名せよ．
(a) PI_3 (b) $AsCl_3$ (c) P_4S_3
(d) Al_2F_6 (e) N_2O_5 (f) $AsCl_5$

4.86 つぎの化合物を命名せよ．
(a) SeO_2 (b) XeO_4 (c) N_2S_5 (d) P_3Se_4

4.87 つぎの化合物の分子式を書け．
(a) 二酸化窒素
(b) 六フッ化硫黄
(c) 三ヨウ化臭素
(d) 三酸化二窒素
(e) 三ヨウ化二窒素
(f) 七フッ化ヨウ素

4.88 つぎの化合物の組成式を書け．
(a) 四塩化ケイ素
(b) 水酸化ナトリウム
(c) 五フッ化アンチモン
(d) 四酸化オスミウム

Chemistry in Action からの問題

4.89 一酸化炭素 CO 分子は大変反応性が高く，血中ヘモグロビンの Fe^{2+} イオンと結合して酸素輸送を阻害する．CO 分子と Fe^{2+} イオンはどのような型の結合をつくるか？［**CO と NO：汚染物質かそれとも奇跡の分子か？**，p.119］

4.90 なにが血管拡張剤か？ また，なぜ高血圧の治療に有用なのか［**CO と NO：汚染物質かそれとも奇跡の分子か？**，p.119］

4.91 高分子はどのようにできるか？［**巨大分子**，p.123］

4.92 自然界には高分子は存在するか？ 説明せよ．［**巨大分子**，p.123］

4.93 化学名はどうしてこんなに複雑なのか？［**ダマセノン，そのほかの名前で甘く感じるだろうか？**，p.130］

4.94 バラの香気成分の一つとして見出されるシトロネロールは，香水や昆虫忌避剤として用いられる．つぎのシトロネロールの構造式を短縮構造式で描け．［**ダマセノン，そのほかの名前で甘く感じるだろうか？**，p.130］

$$CH_3 \quad H \quad H \quad CH_3 \quad H$$
$$\quad| \quad\ \ | \quad\ \ | \quad\ \ | \quad\ \ |$$
$$CH_3-C-C-C-C-C-OH$$
$$\quad| \quad\ \ | \quad\ \ | \quad\ \ | \quad\ \ |$$
$$H \quad H \quad H \quad H \quad H$$

全般的な質問と問題

4.95 1960 年代，キセノンとフッ素とが反応して分子化合物をつくることが発見され，多くの化学者は大変驚いた．というのは貴ガスは結合をつくれないと考えられてきたからである．
  (a) どうして貴ガスは結合をつくれないと考えられていたか？
  (b) XeF_4 のルイス構造を描け．これはいくつの電荷雲をもつのか？
  (c) Xe-F 結合はどんな型の結合であるのか説明せよ．

4.96 マニキュアをはがす時に溶媒として使われるアセトンは，C_3H_6O の組成式をもっており，一つの炭素-酸素二重結合をもっている．
  (a) アセトンに対して可能な 2 種のルイス構造式を描け．
  (b) (a) 上のそれぞれの構造における炭素原子の立体配置はどのようなものか？
  (c) それぞれの構造のどの結合が極性結合か？

4.97 C_2H_4O の分子式をもつ分子の構造式を描け．またそれぞれの炭素の立体配置を描け．またこれらの分子は極性か非極性か？（ヒント：一つの二重結合がある）

4.98 つぎの式は正しいとはいえない．それぞれどこが間違いなのか？
  (a) CCl_3 (b) N_2H_5 (c) H_3S (d) C_2OS

4.99 つぎの (a) から (d) の化合物のどれがイオン結合をもっているか？ また，どれが共有結合をもっているか？ 配位結合をもっているのはどれか？（化合物には一つ以上の結合の型が含まれているかもしれない）
  (a) $BaCl_2$ (b) $Ca(NO_3)_2$
  (c) BCl_4^- (d) $TiBr_4$

4.100 ホスホニウムイオン PH_4^+ はホスフィン PH_3 と酸とのあいだの反応によってできる．
  (a) ホスホニウムイオンのルイス構造を描け．
  (b) その分子の立体配置を予測せよ．
  (c) 4 番目の水素は PH_3 にどのように加わるか説明せよ．
  (d) このイオンがなぜ +1 の電荷をもつか？

4.101 図 4.6 (p.125) にある電気陰性度の傾向を，図 3.1 (p.76) にある傾向と比較し，どのような類似性，あるいは相違があるか説明せよ．

4.102 つぎの化合物を命名せよ．ただし，化合物がイオンか共有結合かを区別して規則を正しく用いること．
  (a) $CaCl_2$ (b) $TeCl_2$ (c) BF_3
  (d) $MgSO_4$ (e) K_2O (f) FeF_3
  (g) PF_3

4.103 チタンは非金属とのあいだで，たとえば $TiBr_4$, TiO_2 に見られるように，分子化合物，イオン化合物いずれも形成する．一方の融点は 39 ℃ であり，他方の融点は 1825 ℃ である．それぞれどちらがイオン化合物，分子化合物であるか？ 結合に関与している原子の電気陰性度に基づいて説明せよ．

4.104 「探偵物語」の中で "ノックアウトドロップ" として知られるクロラール水和物のルイス構造を描け．また，すべての非共有電子対も示せ．

$$\begin{array}{c} Cl \quad O-H \\ |\quad\ \ | \\ Cl-C-C-O-H \quad\text{クロラール水和物} \\ |\quad\ \ | \\ Cl \quad H \end{array}$$

4.105 重クロム酸イオン $Cr_2O_7^{2-}$ は，Cr-Cr 結合も O-O 結合ももっていない．ルイス構造を描け．

4.106 シュウ酸 $H_2C_2O_4$ は調理してないホウレンソウの葉や高濃度では毒となる（たとえば，新鮮なルバーブの葉に含まれる物質である）．シュウ酸が C-C 単結合と両方の水素が O 原子と結合していると仮定して，そのルイス構造を描け．

4.107 周期表の第 4 周期に存在する X であらわされる元素を特定せよ．

  (a) $\ddot{O}=X=\ddot{O}$ (b) $:\!\ddot{F}\!-\!\ddot{X}\!-\!\ddot{F}\!:$

4.108 つぎのような結合をする分子のルイス構造を，多重結合および非共有電子対の位置も含めて描け．

$$\text{(a)}\ \ Cl-C-O-C-H \qquad \text{(b)}\ \ H-C-C-H$$

4.109 電子対反発は中性分子の場合と同様に，多原子イオンの形に影響する．アンモニウムイオン NH_4^+，硫酸イオン SO_4^{2-}，リン酸イオン PO_4^{3-} の点電子記号を描き，その形を予測せよ．

5 章

化学反応の分類と質量保存の法則

目 次
5.1 化学反応式
5.2 化学反応式を釣り合わせる
5.3 化学反応の分類
5.4 沈殿反応と溶解度の指針
5.5 酸,塩基,中和反応
5.6 酸化還元反応
5.7 酸化還元反応の識別
5.8 真イオン反応式

◀ 水の再生利用と浄化プラントは,この章で考えるような多くの異なる化学反応を利用している.

この章の目標

1. 化学反応をどのように書きあらわせばよいか？
   目標：反応物と生成物が与えられると，等式の化学反応式もしくはイオン反応式を書くことができる．
2. イオン化合物の化学反応はどのように分類されるか？
   目標：沈殿，酸塩基の中和，そして酸化還元反応を見分けることができる．
3. 酸化数とはなにか？またどのように使うのか？
   目標：化合物における原子に酸化数を割り当て，与えられた反応において酸化あるいは還元された物質を特定することができる．(◀◀◀ A.)
4. 真イオン反応とはなにか？
   目標：傍観イオンを見分け，反応に含まれるイオン化合物の真イオン反応式を書くことができる．(◀◀◀ A, B.)

復習事項

A. 周期的性質とイオン形成
   (3.2節)
B. H^+ イオンと OH^- イオン：酸塩基序論
   (3.11節)

私たちのまわりでおきている変化のほとんどすべて，たとえば暖炉で薪が燃える，貝が真珠をつくる，種から植物が育つ，といったことは化学反応の結果といえる．化学反応がなぜ，どのようにおきるかということは化学の主要な研究分野であり，私たちに魅力的かつ実用的な知識を与えてくれる．この章では化学反応をどのように書きあらわせばよいかを考察しながら，化学反応を眺めてみる．さらに，化学反応式がどのように釣り合い，そして化学反応の種類の違いあるいは分類をどのように見分けるかについても考える．

5.1 化学反応式

化学反応を料理のレシピと考えると理解しやすいだろう．レシピとおなじように，化学反応式ではすべての材料と得られる生成物の相対的な量が与えられる．たとえば，チョコレート，マシュマロ，グラハムクラッカーからスモア*をつくるレシピを考えてみよう．これは下のように書くことができる．

グラハムクラッカー ＋ 焼いたマシュマロ ＋ チョコバー ⟶ スモア

しかしこのレシピは材料名を羅列しただけで，それぞれの材料の相対的な量も，どのくらいのスモアが得られるのかも示されていない．もっと詳しいレシピはつぎのようなものだ．

グラハムクラッカー2枚 ＋ 焼いたマシュマロ1個 ＋ チョコバー 1/4 本
⟶ スモア1個

このレシピでは，最終生成物のスモアの量だけでなく，それぞれの材料の相対的な量も与えられている．

典型的な化学反応についておなじように考えてみよう．炭酸水素ナトリウム（重炭酸ナトリウム）を 50〜100℃ の範囲で加熱すると，炭酸ナトリウム，水，二酸化炭素が生成する．この反応を言葉で表現すると，つぎのように書ける．

炭酸水素ナトリウム ─加熱→ 炭酸ナトリウム ＋ 水 ＋ 二酸化炭素

レシピとおなじように，出発物質と最終生成物が示されている．物質名を化学式であらわすと，言葉による表現が**化学反応式**に変わる．

*（訳注）：s'more は米国でキャンプの時によくつくる菓子．子供が"もっとちょうだい．Some more."と言うことからこの名前になった．

化学反応式（chemical equation） 記号や式を使って化学反応をあらわす表現法．

5. 化学反応の分類と質量保存の法則

$$\underbrace{2\,\text{NaHCO}_3}_{\text{反応物}} \xrightarrow{\text{加熱}} \underbrace{\text{Na}_2\text{CO}_3 + \text{H}_2\text{O} + \text{CO}_2}_{\text{生成物}}$$

反応物(reactant) 化学反応で変化する物質．化学反応式で矢印の左辺に書かれる．

生成物(product) 化学反応で生成する物質．化学反応式で矢印の右辺に書かれる．

この式がどのようにして書かれているか見てみよう．**反応物**は左辺に，**生成物**は右辺に書かれ，そのあいだの矢印は化学変化を示している．反応がおきるのに必要な条件——この例では加熱——は，矢印の上に記入されることが多い．

この式を見ると，なぜ NaHCO_3 の前に 2 という数字がおかれているのだろうか？ 化学反応で物質が消滅したり，なにもないところから物質が生じることはないという，**質量保存の法則**(law of conservation of mass)と呼ばれる自然の基本的な法則のため，その 2 が必要になる．

化学反応により新しい化合物が生成する時，反応物の原子間の結合は変化するが，新しい原子が生成したり消滅することはない．だから，化学反応式は左右が釣り合った**等式**でなければならない．つまり，**矢印の両側で原子の数と種類はおなじでなければならない**．

等式の反応式(balanced equation) 原子の数と種類が矢印の両辺でおなじ化学反応式．

質量保存の法則 化学反応で物質が消滅したり，なにもないところから物質が生じることはない．

係数(coefficient) 化学反応式を釣り合わせるために化学式の前につける数．

等式を成立させるために化学式の前におかれた数字は**係数**と呼ばれ，それらは化学式の中のすべての原子にかかっている．たとえば，"$2\,\text{NaHCO}_3$" という記号は炭酸水素ナトリウム 2 個をあらわし，Na 原子 2 個，H 原子 2 個，C 原子 2 個，O 原子 6 個（2×3＝6，係数と O の右下の数字の積）を含んでいる．本当に釣り合っているか，自分で反応式の右辺の原子の数を数えて確かめること．

化学反応に関与する物質は固体，液体，あるいは気体で，溶媒に溶けるかもしれない．とくにイオン化合物はしばしば**水溶液中**で反応する．すなわち，イオン化合物は水に溶ける．そこで，時にはつぎのような略号を化学式の後に付け加え，物質の状態を示すことがある．

（固）	（液）	（気）	（水）
固体	液体	気体	水溶液

たとえば，固体の炭酸水素ナトリウムの分解はつぎのように書くことができる．

$$2\,\text{NaHCO}_3(\text{固}) \xrightarrow{\text{加熱}} \text{Na}_2\text{CO}_3(\text{固}) + \text{H}_2\text{O}(\text{液}) + \text{CO}_2(\text{気})$$

例題 5.1 化学反応を釣り合わせる

硫化鉛（方鉛鉱）から鉛をとり出す反応をあらわすつぎの反応式を，言葉で説明せよ．また反応式が等式になることを示せ．

$$2\,\text{PbS}(\text{固}) + 3\,\text{O}_2(\text{気}) \longrightarrow 2\,\text{PbO}(\text{固}) + 2\,\text{SO}_2(\text{気})$$

解 答

この反応式は "固体の硫化鉛（Ⅱ）と気体の酸素が反応して固体の酸化鉛（Ⅱ）と気体の二酸化硫黄になる" と解釈することができる．

反応式が等式になることを示すために，矢印の両辺にある各元素の原子の数を数える．

左辺：　　　2 Pb　　　　2 S　　　　　　　(3 × 2)O = 6 O
右辺：　　　2 Pb　　　　2 S　　　2 O + (2 × 2)O = 6 O
　　　　　　　　　　　　　　　　　↑　　　　↑
　　　　　　　　　　　　　　　2 PbO から　2 SO$_2$ から

反応物と生成物それぞれの成分の原子の数はおなじになり，したがって反応式は等式である．

問題 5.1
つぎの反応式を言葉で説明せよ．
(a) CoCl$_2$(固) + 2 HF(気) ⟶ CoF$_2$(固) + 2 HCl(気)
(b) Pb(NO$_3$)$_2$(水) + 2 KI(水) ⟶ PbI$_2$(固) + 2 KNO$_3$(水)

問題 5.2
つぎの反応式で，どの反応式が等式か？
(a) HCl + KOH ⟶ H$_2$O + KCl
(b) CH$_4$ + Cl$_2$ ⟶ CH$_2$Cl$_2$ + HCl
(c) H$_2$O + MgO ⟶ Mg(OH)$_2$
(d) Al(OH)$_3$ + H$_3$PO$_4$ ⟶ AlPO$_4$ + 2 H$_2$O

5.2　化学反応式を釣り合わせる

　レシピには，料理に必要な材料それぞれに適切な量が指示されている．それとおなじように，釣り合いのとれた化学反応式は，ある一定量の生成物を生じるためにはどれだけの量の反応物が必要であるかを示している．以下の4段階に従って適当な数字を順に当てはめていくならば，多くの化学反応式を等式として書くことができる．

段階1：とりあえず釣り合いは無視して，与えられているすべての反応物と生成物に対して正しい化学式を用いて化学反応式を書く．たとえば水素と酸素はHやOではなく，H$_2$やO$_2$と書かなければならない．それは両元素が二原子分子として存在するためである．**反応式の釣り合いをとるために，化学式の下付き文字を変更することはできない．**なぜなら，変更すると違う物質をあらわすことになってしまうからだ．

段階2：**それぞれの元素の原子数が釣り合うように適切な係数を決める．** 反応式の両辺で一度だけ式に出てくる化合物や元素から合わせるのがよく，そして，酸素や水素は最後までそのまま残しておく．たとえば，硫酸と水酸化ナトリウムが反応して硫酸ナトリウムと水を生じる場合は，まずナトリウムの係数を考え，NaOHに係数2をつける．

H$_2$SO$_4$ + NaOH ⟶ Na$_2$SO$_4$ + H$_2$O　　（釣り合いがとれていない）
H$_2$SO$_4$ + 2 NaOH ⟶ Na$_2$SO$_4$ + H$_2$O　　（Naの釣り合いがとれている）
　　　　　　↑　　　　　　　　↑
ここに係数をつける…　　…Naが2個で釣り合いがとれる．

　反応式の両辺に多原子イオンが存在する時は，一つの単位として扱う．たとえば，上の例の硫酸イオン(SO$_4^{2-}$)は左辺と右辺に一つずつあるので釣り合っている．

$$\underset{\underset{\text{ここに硫酸塩が1個…}}{\underbrace{}}}{H_2SO_4} + 2\,NaOH \longrightarrow \underset{\underset{\text{…そして，ここにも1個}}{\underbrace{}}}{Na_2SO_4} + H_2O \quad (\text{Naと}SO_4^{2-}\text{の釣り合いがとれている})$$

この時点で H_2O に係数 2 をつけると，反応式の H と O が釣り合うことになる．

$$\underset{\underset{\text{ここにH 4個とO 2個}}{\underbrace{}}}{H_2SO_4 + 2\,NaOH} \longrightarrow Na_2SO_4 + \underset{\underset{\text{ここにH 4個とO 2個}}{\underbrace{}}}{2\,H_2O} \quad (\text{完全に釣り合いがとれている})$$

段階3：反応式の両辺で原子の数と種類がおなじになることを確認する．
段階4：係数がもっとも簡単な整数比であらわされていることを確認する．
たとえばつぎの式では，

$$2\,H_2SO_4 + 4\,NaOH \longrightarrow 2\,Na_2SO_4 + 4\,H_2O$$

これで釣り合っているが，すべての係数を 2 で割って簡単にすることができる．

$$H_2SO_4 + 2\,NaOH \longrightarrow Na_2SO_4 + 2\,H_2O$$

例題 5.2　化学反応式を釣り合わせる

ハーバー法は，窒素元素と水素元素を結合させてアンモニアを製造する重要な工業的合成方法である．この正しい化学反応式を書け．

解答
段階1：とりあえず釣り合いは無視して，すべての反応物と生成物に対する正しい化学式を用いて化学反応式を書く．

$$N_2(\text{気}) + H_2(\text{気}) \longrightarrow NH_3(\text{気})$$

この問題では，N と H の 2 元素だけ釣り合わせればよいことがわかる．これら両元素は，自然界において 2 原子の気体として存在している．反応式の反応物側に示したとおりである．
段階2：それぞれの元素の原子数が釣り合うように適切な係数を決める．N_2 と H_2 の右下の数字 2 は，これらが 2 原子分子であることを示しているということを忘れないように (すなわち 1 分子あたり N 2 原子，または H 2 原子)．左辺には窒素 2 原子があるので，窒素原子を釣り合わせるために，反応式の右辺の NH_3 に係数 2 をつける必要がある．

$$N_2(\text{気}) + H_2(\text{気}) \longrightarrow 2\,NH_3(\text{気})$$

いま水素原子が左辺には 2 個，右辺には 6 個ある．左辺の H_2(気) の前に係数 3 をつけると，水素原子に関して反応式が釣り合う．

$$N_2(\text{気}) + 3\,H_2(\text{気}) \longrightarrow 2\,NH_3(\text{気})$$

段階3：反応式の両辺で原子の数と種類がおなじことを確認する．

左辺：　　$(1 \times 2)N = 2\,N$　　$(3 \times 2)H = 6\,H$
右辺：　　$(2 \times 1)N = 2\,N$　　$(2 \times 3)H = 6\,H$

段階4：係数がもっとも簡単な整数比であらわされていることを確認する．この例題では，係数はすでにもっとも簡単な整数比になっている．

例題 5.3 化学反応式を釣り合わせる

天然ガス(メタン,CH_4)は酸素中で燃焼して水と二酸化炭素(CO_2)を生成する.この反応の反応式を書け.

解答

段階1:とりあえず釣り合いは無視して,すべての反応物と生成物に対する正しい化学式を用いて化学反応式を書く.

$$CH_4 + O_2 \longrightarrow CO_2 + H_2O \quad \text{(釣り合いがとれていない)}$$

段階2:炭素は両辺で一つの化学式にあるだけなので,炭素元素からはじめる.それぞれの化学式に炭素1原子しかないので,反応式は炭素に関してはすでに釣り合っている.つぎに,左辺には水素4原子があり(CH_4),右辺には2原子しかない(H_2O)ことに注目する.H_2Oに係数2をつけると両辺の水素原子の数は等しくなる.

$$CH_4 + O_2 \longrightarrow CO_2 + 2\,H_2O \quad \text{(CとHの釣り合いがとれている)}$$

最後に酸素原子の数を見てみよう.左辺の酸素原子は2個だが(O_2),右辺には4個ある(CO_2の2個とH_2Oに1個ずつ).O_2に係数2をつけると両辺の酸素原子の数がおなじになり,ほかの元素の数は変わらない.

$$CH_4 + 2\,O_2 \longrightarrow CO_2 + 2\,H_2O \quad \text{(C, H, Oの釣り合いがとれている)}$$

段階3:反応式の両辺で原子の数がおなじことを確認する.

左辺: 1 C   4 H   (2 × 2)O = 4 O
右辺: 1 C   (2 × 2)H = 4 H   2 O + 2 O = 4 O
                                        ↑ CO_2から   ↑ $2\,H_2O$から

段階4:係数がもっとも簡単な整数比であらわされていることを確認する.この例題では,すでに正しい答えが得られている.

例題 5.4 化学反応式を釣り合わせる

塩素酸ナトリウム($NaClO_3$)は熱すると分解し,塩化ナトリウムと酸素を生成する.この反応は航空機の緊急用酸素マスクに利用されている.その化学反応式を書け.

解答

段階1:釣り合いを無視した化学反応式は,

$$NaClO_3 \longrightarrow NaCl + O_2$$

段階2:NaとClはどちらも反応式の左辺と右辺に1原子しかないので,すでに釣り合いがとれている.酸素原子は左辺には3個あるが右辺には2個しかないので,反応式の右辺のO_2に係数$1\frac{1}{2}$をつけると釣り合う.

$$NaClO_3 \longrightarrow NaCl + 1\frac{1}{2}\,O_2$$

段階3:反応式の両辺で原子の数と種類がおなじことを確認する.両辺にNaとClが1原子,Oが3原子あることがわかる.

段階4:この場合,すべての係数をもっとも簡単な整数比であらわすにはすべての係数を2倍するとよい.

$$2\,NaClO_3 \longrightarrow 2\,NaCl + 3\,O_2$$

▲緊急用酸素マスクの酸素は,塩素酸ナトリウムを加熱することで発生する.

> 確認
> 　　　　左辺：　2 Na　2 Cl　(2 × 3)O = 6 O
> 　　　　右辺：　2 Na　2 Cl　(3 × 2)O = 6 O

問題 5.3
オゾン(O_3)は成層圏において，酸素分子への太陽光からの照射により生成する．酸素からオゾンが生成する化学反応式を書け．

問題 5.4
つぎの化学反応式の係数を合わせよ．

(a) $Ca(OH)_2 + HCl \longrightarrow CaCl_2 + H_2O$

(b) $Al + O_2 \longrightarrow Al_2O_3$

(c) $CH_3CH_3 + O_2 \longrightarrow CO_2 + H_2O$

(d) $AgNO_3 + MgCl_2 \longrightarrow AgCl + Mg(NO_3)_2$

基礎問題 5.5
つぎの図は A(赤球)と B_2(青球)との反応を示している．この反応の化学反応式を書け．

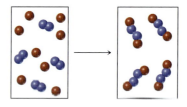

5.3　化学反応の分類

　どんな問題でも，多くの情報を分類して補助になるようなパターンを見つけると理解しやすくなる．たとえば化学反応を学ぶ時，イオン化合物の反応を一般的な三つの種類：**沈殿反応**，**酸塩基中和反応**，**酸化還元反応**に分類するとわかりやすい．反応を分類する方法はこれだけではないが，それでも理解しやすくなる．これら3種類の反応は次節で詳しく考察するが，その前にそれぞれの例を概略する．

沈殿(precipitate)　化学反応中に溶液中に生じる不溶性の固体．

- **沈殿反応**(precipitation reaction)とは，水溶液中で反応物が結合して**沈殿**と呼ばれる不溶性の固体が生じる反応である．たいていの沈殿は，二つのイオン化合物のアニオン(陰イオン)とカチオン(陽イオン)が相手を変えた時におきる．たとえば，硝酸鉛(Ⅱ)の水溶液とヨウ化カリウムの水溶液が反応して，硝酸カリウムの水溶液と不溶性のヨウ化鉛の黄色い沈殿を生じる．

$$Pb(NO_3)_2(水) + 2\,KI(水) \longrightarrow 2\,KNO_3(水) + PbI_2(固)$$

塩(salt)　酸と塩基の反応で生じるイオン化合物．

▶▶ 酸と塩基について，詳しくは3.11節を参照．

- **酸塩基中和反応**(acid-base neutralization reaction)とは，酸と塩基が反応して水と**塩**と呼ばれるイオン化合物を生じる反応である．酸と塩基についてはどちらも10章でより詳しく見ていくが，皆さんはここで，水に溶けた時に H^+

イオンを生じる化合物を酸，OH⁻ イオンを生じる化合物を塩基と定義していたことを思い出しただろうか．このように，中和反応は溶液の H⁺ イオンと OH⁻ イオンから中性の H₂O が生じることであり，塩酸と水酸化ナトリウムの反応はその典型的な例である．

$$HCl(水) + NaOH(水) \longrightarrow H_2O(液) + NaCl(水)$$

ここで注意することは，この反応で生じた"塩"は塩化ナトリウム，つまり普通の食卓塩だが，一般的な意味では，酸塩基反応で生じたイオン化合物はどれもおなじく塩と呼ばれるということである．ほかの例として，硝酸カリウム（KNO_3），臭化マグネシウム（$MgBr_2$），硫酸ナトリウム（Na_2SO_4）などがある．

- **酸化還元反応**とは，1個以上の電子が反応の相手（原子，分子，イオン）とのあいだで移動する反応である．この電子の移動の結果，さまざまな反応物中の原子の電荷が変わることである．たとえば，金属マグネシウムがヨウ素の蒸気と反応する時，マグネシウム1原子はヨウ素2原子それぞれに1電子を与え，Mg^{2+} の1イオンと I^- の2イオンを生じる．マグネシウムの電荷は0から +2 に，それぞれのヨウ素の電荷は 0 から −1 に変わる．

$$Mg(固) + I_2(気) \longrightarrow MgI_2(固)$$

本質的に，共有化合物（covalent compound）を含んでいるすべての反応は酸化還元反応に分類することができる．なぜなら，結合の切断と新しい結合の形成には電子がかかわっているからである．しかしながら，ここではイオン化合物に主に焦点を当てて考える．

▲ 水溶性の $Pb(NO_3)_2$ と水溶性の KI が反応して PbI_2 の黄色い沈殿が生じる．

酸化還元反応（oxidation-reduction（redox）reaction） 原子からほかの原子へ電子が移動する反応．

例題 5.5 化学反応の分類

つぎの反応を沈殿反応，酸塩基中和反応，酸化還元反応に分類せよ．

(a) $Ca(OH)_2(水) + 2 HBr(水) \longrightarrow 2 H_2O(液) + CaBr_2(水)$
(b) $Pb(ClO_4)_2(水) + 2 NaCl(水) \longrightarrow PbCl_2(固) + 2 NaClO_4(水)$
(c) $2 AgNO_3(水) + Cu(固) \longrightarrow 2 Ag(固) + Cu(NO_3)_2(水)$

解 説 反応を分類する一つの方法は，生じた生成物を調べ，この節で説明した3種類の反応のどれに当てはまるか考えることである．当てはまらないものを消去していけば，簡単に適切な分類をすることができる．

解 答
(a) この反応の生成物は水とイオン化合物，つまり塩（$CaBr_2$）である．これは酸塩基中和反応の説明と一致する．
(b) この反応では二つの水溶性反応物，$Pb(ClO_4)_2$ と NaCl が反応して固体生成物 $PbCl_2$ を生じる．これは沈殿反応の説明と一致する．
(c) この反応の生成物は固体の Ag（固）と水溶性のイオン化合物の $Cu(NO_3)_2$ である．これは"水とイオン化合物を生じる"という中和反応の説明に合わない．生成物の一つは固体だが，反応物は両方とも水溶性ではなく，一つはおなじく固体（Cu）である．したがって，この反応は沈殿反応にも分類できない．中和反応，沈殿反応を消去すると，酸化還元反応となるに違いない．

問題 5.6
つぎの反応を沈殿反応，酸塩基中和反応，酸化還元反応に分類せよ．

(a) $AgNO_3(水) + KCl(水) \longrightarrow AgCl(固) + KNO_3(水)$
(b) $2\,Al(固) + 3\,Br_2(液) \longrightarrow 2\,AlBr_3(固)$
(c) $Ca(OH)_2(水) + 2\,HNO_3(水) \longrightarrow 2\,H_2O(液) + Ca(NO_3)_2(水)$

問題 5.7
光合成によって，二酸化炭素と水から糖が生成される．

$$CO_2(気) + H_2O(液) \xrightarrow{\text{太陽光線}} C_6H_{12}O_6(固) + O_2(気)$$

この反応式を釣り合わせ，分類せよ．

5.4 沈殿反応と溶解度の指針

ここで沈殿反応をより詳しく調べることにする．二つのイオン化合物の水溶液を混合した時，沈殿反応がおきるかどうかを予測するには，生じると考えられる生成物の**溶解度**，すなわち各化合物が一定温度で一定量の溶媒にどの程度溶けるかを知る必要がある．ある物質の水への溶解度が低ければ水溶液から沈殿することが予測され，溶解度が高ければ沈殿は生じないだろう．

溶解度は複雑な問題であり，つねに正しい予測ができるわけではない．しかし，経験則としてつぎのイオン化合物の溶解度の指針が役に立つ．

溶解度(solubility) 一定温度で一定量の溶媒に溶ける化合物の量．

溶解度の一般的規則
規則 1：つぎのカチオンのうち一つが含まれている化合物は，おそらく溶解性である．
- 1 族のカチオン：Li^+，Na^+，K^+，Rb^+，Cs^+
- アンモニウムイオン：NH_4^+

規則 2：つぎのアニオンのうち一つが含まれている化合物は，おそらく溶解性である．
- ハロゲン化合物：Cl^-，Br^-，I^-．ただし，Ag^+，Hg_2^{2+}，Pb^{2+} 化合物を除く．
- 硝酸塩 (NO_3^-)，過塩素酸塩 (ClO_4^-)，酢酸塩 ($CH_3CO_2^-$)，硫酸塩 (SO_4^{2-})．ただし，Ba^{2+}，Hg_2^{2+}，Pb^{2+} の硫酸塩を除く．

ある化合物が上記のイオンを全く含んでいなければ，それはおそらく**不溶性**である．Na_2CO_3 は 1 族のカチオンを含んでいるので溶解性であり，$CaCl_2$ はハロゲンアニオンを含んでいるので溶解性である．しかし，$CaCO_3$ は上記のイオンをどれも含んでいないのでおそらく**不溶性**である．表 5.1 はこの規則を表の形であらわしたものである．

硝酸ナトリウム ($NaNO_3$) の水溶液と硫酸カリウム (K_2SO_4) の水溶液を混合するとどうなるだろうか？この問題に答えるには，指針を見て，生じると考えられる二つの生成物，Na_2SO_4 と KNO_3 の溶解度を調べる．どちらも 1 族のカチオン (Na^+ と K^+) を含んでおり，どちらも水溶性だから沈殿はできない．しかし，硝酸銀 ($AgNO_3$) の水溶液と炭酸ナトリウム (Na_2CO_3) の水溶液を混合した時は，不溶性の炭酸銀 (Ag_2CO_3) の沈殿が生じることが指針から予測できる．

$$2\,AgNO_3(水) + Na_2CO_3(水) \longrightarrow Ag_2CO_3(固) + 2\,NaNO_3(水)$$

CHEMISTRY IN ACTION

痛風と腎臓結石：溶解性の問題

生体内で進行する核酸 (DNA および RNA) の主要な分解経路から**尿酸** (uric acid) と呼ばれる物質, $C_5H_4N_4O_3$ が生成する. 尿酸は 1776 年に尿からはじめて単離されたため, このように名づけられた. 尿酸は酸塩基反応により尿酸ナトリウムを形成し, 人は 1 日あたり 0.5 g 程度の尿酸をこのナトリウム塩の形で排出する. 問題は, 尿酸ナトリウムの水または尿に対する溶解度があまり高くないことである. 人の平熱である 37 ℃ においては 0.07 mg/mL 程度しか溶解しないため, ひとたび尿酸ナトリウムが過剰に生成したり, その排出機構が崩れると, 血中および尿中の濃度が上昇し, 溶け切れなかった分が関節や腎臓に沈着することがある.

痛風は核酸代謝の異常であり, 中年の男性に多い病気である (女性の患者は 5 % にすぎない). この病気は血液中の尿酸ナトリウム濃度が上昇し, 関節, とくに手の関節や足の親指の付け根周辺の軟組織に結晶が沈着するのだが, 鋭い針のような結晶が激痛を伴う炎症を引きおこし, 関節炎になったり骨の破壊に至ることもある.

血液中で尿酸ナトリウムの濃度が増すと痛風を引きおこすが, それとおなじように, 尿中での濃度が増すと小さな結晶が腎臓の中に沈殿して 1 種の腎臓結石をつくることがある. 腎臓結石の多くはごく小さなものだが, 尿管 (腎臓から膀胱へ尿を運ぶ導管) を通過する時に耐え難い痛みを引きおこす. また, 時には尿管を完全にふさいでしまうこともある.

尿酸ナトリウムの過剰生産の治療は, 食事の改善と薬物投与による. レバー, イワシ, アスパラガスなどを避け*, 尿酸ナトリウムの生成を抑えるアロプリノールのような薬を服用する. アロプリノールはキサンチンオキシダーゼと呼ばれる酵素の働きを阻害して, 核酸代謝を妨げる.

*(訳注)：これらの食品は尿酸の原料となるプリン体を多く含んでいる.

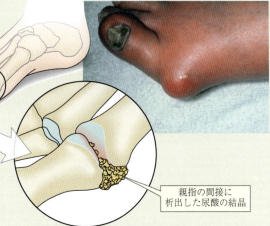

▲ 尿酸の過剰生成により, 関節に尿酸ナトリウム結晶が蓄積し, 特徴ある痛風性症状を生み出す.

親指の間接に析出した尿酸の結晶

章末の "Chemistry in Action からの問題" 5.63, 5.64 を見ること.

表 5.1 イオン化合物の水に対する溶解度の一般的な指針

溶解性	例 外
アンモニウム化合物 (NH_4^+)	無
リチウム化合物 (Li^+)	無
ナトリウム化合物 (Na^+)	無
カリウム化合物 (K^+)	無
硝酸塩 (NO_3^-)	無
過塩素酸塩 (ClO_4^-)	無
酢酸塩 ($CH_3CO_2^-$)	無
塩化物 (Cl^-)	
臭化物 (Br^-)	Ag^+, Hg_2^{2+}, Pb^{2+} 化合物
ヨウ化物 (I^-)	
硫酸塩 (SO_4^{2-})	Ba^{2+}, Hg_2^{2+}, Pb^{2+} 化合物

例題 5.6 化学反応：溶解度の規則

$CdCl_2$ 水溶液と $(NH_4)_2S$ 水溶液を混ぜると沈殿反応はおきるか？

解答

生じると考えられる二つの生成物をつきとめ，指針を使ってそれぞれの溶解度を予測する．この例では，$CdCl_2$ と $(NH_4)_2S$ から CdS と NH_4Cl が生成する．指針では CdS が不溶性であると予測しているので沈殿反応がおきるといえる．

$$CdCl_2(水) + (NH_4)_2S(水) \longrightarrow CdS(固) + 2\,NH_4Cl(水)$$

問題 5.8
つぎの化合物の溶解度を予測せよ．
(a) $CdCO_3$ (b) Na_2S (c) $PbSO_4$ (d) $(NH_4)_3PO_4$ (e) Hg_2Cl_2

問題 5.9
つぎの場合，沈殿反応がおきるかどうか予測せよ．もし沈殿反応がおきているなら，化学反応式を正しく釣り合わせよ．

(a) $NiCl_2(水) + (NH_4)_2S(水) \longrightarrow$
(b) $AgNO_3(水) + CaBr_2(水) \longrightarrow$

問題 5.10
尿酸ナトリウムによる腎臓結石の形成 (Chemistry in Action, "痛風と腎臓結石：溶解性の問題" 参照) に加えて，多くの腎臓結石は，カルシウムによるシュウ酸の沈殿によって形成される．ホウレンソウやブルーベリーや，チョコレートなどの多くの食物には，シュウ酸塩が存在している．では，出発物質が塩化カルシウム ($CaCl_2$) とシュウ酸ナトリウム ($Na_2C_2O_4$) である場合，シュウ酸カルシウムの沈殿生成の正しい化学反応式を示せ．

5.5 酸，塩基，中和反応

中和反応 (neutralization reaction) 酸と塩基の反応．

酸と塩基を適切な割合で混合すると**中和反応**がおこり，酸と塩基両方の性質は消失する．もっとも一般的な中和反応は，酸 (一般に HA とあらわす) と金属の水酸化物 (MOH とあらわす) とのあいだでおこり，水と塩が生じる．酸の H^+ イオンと塩基の OH^- のイオンとが結合して中性の H_2O ができ，酸のアニオン (A^-) と塩基のカチオン (M^+) とが結合して塩ができる．

中和反応：　$HA(水) + MOH(水) \longrightarrow H_2O(液) + MA(水)$
　　　　　　　酸　　　　塩基　　　　　　水　　　　塩

塩酸と水酸化カリウムから塩化カリウムを生じる反応はその1例である．

$$HCl(水) + KOH(水) \longrightarrow H_2O(液) + KCl(水)$$

別のタイプの中和反応では，酸と炭酸塩 (あるいは重炭酸塩) から水と塩と二酸化炭素が生じる．たとえば，塩酸は炭酸カリウムと反応して H_2O, KCl, CO_2 になる．

$$2\,HCl(水) + K_2CO_3(水) \longrightarrow H_2O(液) + 2\,KCl(水) + CO_2(気)$$

この反応がおきるのは，炭酸イオン (CO_3^{2-}) がはじめに H^+ と反応し H_2CO_3

を生じるが，H_2CO_3 は不安定なためすぐに分解して CO_2 と H_2O になるからである．

塩基としての炭酸塩については 10 章で詳しく考察するので，ここでは，水に溶解すると KOH やほかの塩基とおなじように，OH^- イオンが生じることを指摘するにとどめる．

$$K_2CO_3(固) + H_2O(液) \xrightarrow{水に溶解させる} 2\,K^+(水) + HCO_3^-(水) + OH^-(水)$$

さらに先へ ▶▶ 酸や塩基は生化学では非常に重要である．たとえば，生化学編 1 章では酸や塩基がタンパク質の構造や性質にいかに影響しているかを学ぶ．

例題 5.7 化学反応：酸塩基の中和

HBr 水溶液と $Ba(OH)_2$ 水溶液の中和反応をあらわす化学反応式を書け．

解 答
HBr と $Ba(OH)_2$ の反応は，酸からのプロトン(H^+)と塩基からの OH^- の結合によって水と塩($BaBr_2$)を生じる．

$$2\,HBr(水) + Ba(OH)_2(水) \longrightarrow 2\,H_2O(液) + BaBr_2(水)$$

問題 5.11
つぎに示す酸塩基の中和反応をあらわす化学反応式を書き，等式にせよ．

(a) $CsOH(水) + H_2SO_4(水) \longrightarrow$
(b) $Ca(OH)_2(水) + CH_3CO_2H(水) \longrightarrow$
(c) $NaHCO_3(水) + HBr(水) \longrightarrow$

5.6 酸化還元反応

この節では，反応の三つ目で最後の分類に相当する酸化還元反応について考察するが，この反応は沈殿反応や中和反応よりも複雑である．たとえば，つぎの三つの反応になにか共通点を見つけることができるだろうか？ 金属銅は硝酸銀水溶液と反応して金属銀と硝酸銅(Ⅱ)水溶液になる；鉄は空気中で錆びて酸化鉄(Ⅲ)になる；電池の外側の金属亜鉛容器は，電池内部の酸化マンガン，塩化アンモニウムと反応して電気を発生させ，塩化亜鉛水溶液と酸化マンガン(Ⅲ)を与える．これらの反応や，ほかにも関連がありそうには見えない非常に多くの反応が，酸化還元反応の例としてあげられる．

$$Cu(固) + 2\,AgNO_3(水) \longrightarrow 2\,Ag(固) + Cu(NO_3)_2(水)$$
$$4\,Fe(固) + 3\,O_2(気) \longrightarrow 2\,Fe_2O_3(固)$$
$$Zn(固) + 2\,MnO_2(固) + 2\,NH_4Cl(固) \longrightarrow$$
$$ZnCl_2(水) + Mn_2O_3(固) + 2\,NH_3(水) + H_2O(液)$$

歴史的に見ると，**酸化**とはある元素と酸素が結合して酸化物が得られることを意味し，**還元**とはある酸化物から酸素を除去し元素が得られることを意味した．しかし今日では，これらの用語はより広い意味で使われるようになり，**酸化**とは 1 原子につき一つあるいはもっと多くの電子を失うこと，**還元**とは 1 原

酸化(oxidation)　1 原子につき 1 個以上の電子を失うこと．

還元(reduction)　原子が 1 個以上の電子を得ること．

子につき1電子以上を得ることと定義される．このように，酸化還元反応とは，**原子から原子への電子の移動である**とあらわすことができる．

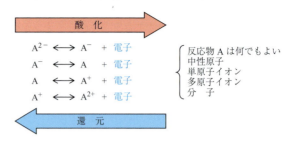

図5.1に示されている銅と銀イオン（Ag^+）水溶液との反応を例に考えてみよう．金属銅は二つのAg^+イオンそれぞれに1電子を与え，Cu^{2+}と金属銀になる．銅はこの過程で酸化され，Ag^+は還元される．電子の移動について考えてみよう．銅が二つの電子を失うと銅の電荷は0から+2に増加するのに対して，Ag^+が1電子を得るとAg^+の電荷は+1から0に減少すると考えることができる．

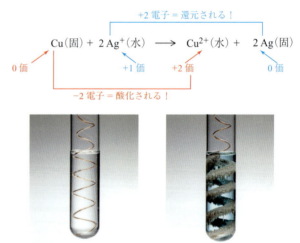

▶図5.1
銅線はAg^+イオン水溶液と反応して，金属銀でおおわれる．同時に，銅(II)イオンが溶液中に溶け出して青色になる．

おなじように，水溶性ヨウ化物イオンと臭素の反応では，ヨウ化物イオンは臭素に一つの電子を与え，ヨウ素と臭素イオンが生成する．ヨウ化物イオンは酸化されて電荷が−1から0に増加し，臭素は還元されて電荷が0から−1に減少する．

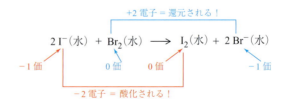

これらの例で示したように，酸化と還元はつねに同時におきる．ある物質が電子を失うと（酸化される），もう一方の物質はその電子を受け取らなければならない（還元される）．電子を与え還元をおこす物質—たとえば，CuとAg^+の反応における銅原子や，I^-とBr_2の反応におけるヨウ化物イオン—は**還元剤**と呼ばれる．電子を受け取り，酸化をおこす物質—CuとAg^+の反応における銀イオンや，I^-とBr_2の反応における臭素分子—は**酸化剤**と呼ばれる．還元剤の

還元剤（reducing agent）　電子を与えて相手の物質を還元する反応物．

酸化剤（oxidizing agent）　電子を受け取って相手の物質を酸化する反応物．

電荷は反応中に増加し，酸化剤の電荷は反応中に減少する．

還元剤　1 電子以上を失う．
相手の物質を還元する．
酸化される．
正の電荷が増す（負の電荷が減る）．
（酸素原子を得ることかもしれない）

酸化剤　1 電子以上を得る．
相手の物質を酸化する．
還元される．
負の電荷が増す（正の電荷を失う）．
（酸素原子を失うことかもしれない）

もっとも単純な酸化還元の過程は，元素（たいていの場合は金属）とカチオンの水溶液の反応で，異なる元素と異なるイオンが得られる．たとえば，金属鉄は水溶液中の銅（Ⅱ）イオンと反応して鉄（Ⅱ）イオンと金属銅を与える．おなじように，金属マグネシウムは水溶液中の酸と反応してマグネシウムイオンと水素ガスになる．両方とも反応物の元素（Fe や Mg）は酸化され，反応物のイオン（Cu^{2+} や H^+）は還元される．

$$Fe(固) + Cu^{2+}(水) \longrightarrow Fe^{2+}(水) + Cu(固)$$
$$Mg(固) + 2\,H^+(水) \longrightarrow Mg^{2+}(水) + H_2(気)$$

金属が水あるいは酸性溶液（H^+）と反応して水素ガスを発生する反応は，とくに重要な過程になる．3.2 節で考察した周期的性質から予測されるように，アルカリ金属やアルカリ土類金属（前表紙裏の周期表の左側）はもっとも強力な還元剤（電子供与体）になる．これらの還元剤は非常に強力なため，H^+ の濃度がきわめて低い純水とも反応する．この現象はいくぶん，アルカリ金属やアルカリ土類金属が低いイオン化エネルギーであることによるものである．元素における電子の失いやすさを示すイオン化エネルギーは，周期表の左および下へいくほど減少する傾向にある．これに対して，鉄やクロムのように周期表の中央にある高いイオン化エネルギーをもつ金属は簡単には電子を失わない．これらの金属は酸性溶液とのみ反応し，水とは反応しない．白金や金のような周期表の右下の金属は，酸性溶液とも水とも反応しない．アルカリ金属とは別に，周期表の右上の反応性の高い非金属は，非常に高いイオン化エネルギーをもつ，きわめて弱い還元剤であり，むしろ強い酸化剤（電子受容体）である．これも，やはり電子親和力の周期的性質（3.2 節）から予測できることだが，この力は周期表で上や右のほうへいくとよりエネルギー的に強力になる．

▶▶ イオン形成におけるイオン化エネルギー／電子親和力の関係については，3 章で述べた．

金属および非金属の酸化還元反応について，いくつか一般的にいえることがある．

1. 金属および非金属の反応では，金属は電子を失い，一方，非金属は電子を受け取る傾向にある．受け取ったり失ったりする電子の数は，周期表における元素の位置から予測することができる（3.5 節）．
2. 非金属の反応では，より金属的な元素（周期表ではより下，または左にあるほう）は電子を失い，より非金属性の元素（周期表ではより上，または右にあるほう）は電子を受け取る傾向がある．

酸化還元反応は周期表のほとんどすべての元素に関係しており，自然

界，生物界から産業に至るまで，非常に多くの場面でおきている．つぎにほんの1例をあげる．

- **腐食**(corrosion)は，鉄が湿った空気中で錆びるように，酸化による金属の劣化をいう．さびが経済に与える影響は非常に大きい．米国で製造される鉄の4分の1以上が，腐食によって壊れた橋や建物，そのほかの建築物をつくり直すために使われると推定される(錆をあらわす化学式 $Fe_2O_3 \cdot H_2O$ のドットは，水1分子がそれぞれ Fe_2O_3 とさまざまな形で関係していることを示す)．

- **燃焼**(combustion)は，空気中の酸素での酸化により燃料が燃えることである．ガソリン，燃料油，天然ガス，木，紙，そのほか炭素や水素からなる有機物は，空気中で燃えやすいもっとも一般的な燃料である．また，金属にも空気中で燃えるものがある．マグネシウムやカルシウムがその例である．

$$CH_4(気) + 2\,O_2(気) \longrightarrow CO_2(気) + 2\,H_2O(液)$$
メタン
(天然ガス)

$$2\,Mg(固) + O_2(気) \longrightarrow 2\,MgO(固)$$

- **呼吸作用**(respiration)は，生物が酸素を吸って多くの酸化還元反応を行い，生きていくために必要なエネルギーを供給する過程である．呼吸作用について詳しくは生化学編4〜5章で説明する．食物の分子からゆっくりと複雑な多くの段階を経てエネルギーが放出されるが，呼吸作用の全体的な結果は単純な燃焼反応とよく似ている．たとえば，簡単な糖のグルコースは O_2 と反応して，下の反応式で示すように CO_2 と H_2O になる．

$$C_6H_{12}O_6 + 6\,CO_2 \longrightarrow 6\,CO_2 + 6\,H_2O + エネルギー$$
グルコース
(糖)

- **漂白**(bleaching)は，酸化還元反応を利用して色のついた物質の色を消したり明るくしたりすることである．黒い髪を脱色して金髪にする，服についた染みをとる，木材パルプを漂白して白い紙をつくる，などはその例である．使われる酸化剤は用途によって異なり，髪の毛には過酸化水素(H_2O_2)，衣服には次亜塩素酸ナトリウム(NaClO)，パルプには塩素が使われるが，原理は全くおなじである．いずれの場合も，色のついた有機物質は強力な酸化剤との反応により分解される．

- **冶金**(metallurgy)は，鉱石から金属を抽出，精錬する技術であり，多くの酸化還元反応を利用する．世界中で毎年およそ8億トンもの鉄が，赤鉄鉱(Fe_2O_3)の一酸化炭素での還元によって製造されている．

$$Fe_2O_3(固) + 3\,CO(気) \longrightarrow 2\,Fe(固) + 3\,CO_2(気)$$

例題 5.8 化学反応：酸化還元反応

つぎの反応でどの原子が酸化されて，どの原子が還元されているかを，この節で説明した定義に基づいて示せ．また酸化剤および還元剤も示せ．

(a) $Cu(固) + Pt^{2+}(水) \longrightarrow Cu^{2+}(水) + Pt(固)$
(b) $2\,Mg(固) + CO_2(気) \longrightarrow 2\,MgO(固) + C(固)$

解説 酸化とは電子を失い，電荷が増加し，酸素原子を得ることであり，還元とは電子を得て，電荷が減少し，そして酸素原子を失うことと定義されている．

解　答
(a) この反応において，Cu原子の電荷は0から+2に増加する．これは，2電子を失うことに相当する．よって，Cuは酸化され，還元剤として働く．逆に，Pt^{2+}イオンの電荷は+2から0へ減少し，これは2電子を得ることに相当する．よってPt^{2+}は還元され，酸化剤として働く．

(b) この場合に，どの原子が酸化され，どの原子が還元されるかを考えるには，酸素原子の増減に注目するのがいちばん簡単である．Mg原子は酸素を得てMgOになるので，Mgは酸化されて還元剤として働く．CO_2中のC原子は酸素を失うので，CO_2中のC原子は還元されてCO_2は酸化剤として働く．

例　題　5.9　化学反応：酸化剤，還元剤を識別する

呼吸および冶金の反応で，酸化された原子および還元された原子をあげ，酸化剤および還元剤を示せ．

解　説　この場合も，この節で説明した酸化および還元の定義を用いて，どの原子が電子を得るかあるいは失うか，またどの原子が酸素原子を得るか失うかを決めることができる．

解　答

呼吸：　　$C_6H_{12}O_6 + 6\,O_2 \longrightarrow 6\,CO_2 + 6\,H_2O$

おのおのの原子の電荷は明らかにされていないので，酸素原子の増減とした酸化還元の定義に従って考えてみる．この反応では酸素のほかには反応物質は一つしかないので($C_6H_{12}O_6$)，化合物中のどの原子が変化しているかを決めればよい．$C_6H_{12}O_6$中の炭素と酸素の比は1:1であるが，CO_2におけるその比は1:2である．したがって炭素原子は酸素を得て酸化されており，$C_6H_{12}O_6$が還元剤で，O_2は酸化剤である．また水素原子の酸素原子に対する割合は，$C_6H_{12}O_6$でもH_2Oでもいずれも2:1であることに注目すると，水素原子は酸化も還元もされていないことがわかる．

冶金：　　$Fe_2O_3(固) + 3\,CO(気) \longrightarrow 2\,Fe(固) + 3\,CO_2(気)$

Fe_2O_3は酸素原子を失ってFe(固)になる．Fe_2O_3は還元され，酸化剤として働く．逆に，COは酸素を得てCO_2になる．すなわち，COは酸化され還元剤として働く．

例　題　5.10　化学反応：酸化還元反応を識別する

つぎの反応で，どの原子が酸化され，どの原子が還元されるかを示せ．

(a) $2\,Al(固) + 3\,Cl_2(気) \longrightarrow 2\,AlCl_3(固)$
(b) $C(固) + 2\,Cl_2(気) \longrightarrow CCl_4(液)$

解　説　この例でも，電子の授受を示す電荷の明らかな増減はない．さらに，この反応では酸素原子の増減も含まれていない．しかし金属と非金属の典型的な反応特性から判断できる．

解　答
(a) これは金属(Al)と非金属(Cl_2)の反応である．金属は電子を失い，非金属は電子を受け取る傾向にあるので，Al原子が酸化され(電子を失い)，Cl_2は還元される(電子を得る)．

(b) 炭素原子は電気陰性度の小さい元素であり（周期表でより左側），電子を得ることが少ない元素である．より電気陰性度の大きい元素である Cl 元素は，電子を受け取る傾向がある（還元される）．

問題 5.12
つぎの反応で，酸化された反応物，還元された反応物，および酸化剤，還元剤を示せ．

(a) Fe(固) + Cu^{2+}(水) ⟶ Fe^{2+}(水) + Cu(固)
(b) Mg(固) + Cl_2(気) ⟶ $MgCl_2$(固)
(c) 2 Al(固) + Cr_2O_3(固) ⟶ 2 Cr(固) + Al_2O_3(固)

問題 5.13
カリウム（銀白色の金属）と臭素（腐食性のある赤色溶液）を反応させると，臭化カリウムの白色固体が得られる．この反応を等式の化学反応式で書き，酸化剤と還元剤を示せ．

問題 5.14
Chemistry in Action，"電池"で説明する，リチウム電池からのエネルギー供給は酸化還元反応によるものであり，つぎの式で書ける．

$$2\ Li(固) + I_2(固) \longrightarrow 2\ LiI(水)$$

この反応における，酸化された反応物と還元された反応物を示せ．

5.7 酸化還元反応の識別

酸化還元反応がおきていることは，どうしたらわかるだろうか？ イオンを含む反応の場合は，電荷に変化があるかどうかを見ればわかる．金属と非金属を含む反応の場合には，すでに学んだように電子のやりとりを予測することができる．しかし，分子性物質の反応はそれほどはっきりとはわからない．硫黄と酸素との結合は酸化還元反応だろうか？ もしそうなら，どちらが酸化剤でどちらが還元剤だろうか？

$$S(固) + O_2(気) \longrightarrow SO_2(気)$$

この反応を理解する一つの方法は，硫黄による酸素の獲得に注目することで，S 原子が酸化され O 原子が還元されたことがわかる．しかし，この反応を S 原子と O 原子による電子の増減という観点からも考えることができるだろうか？ 酸素は硫黄より電気的に陰性で，SO_2 の酸素原子は硫黄原子よりもより強く S–O 結合間で電子を引き付け，その結果，酸素原子は硫黄原子より多くの電子を共有している．酸化還元の定義を，完全な電子の**移動**の代わりに**共有**する電子における増減にまで拡張すると，硫黄原子は酸素との反応で共有する電子をいくらか失うので酸化されるということができ，一方，酸素原子は共有する電子をいくらか受け取って還元されるといえる．

共有電子の変化をたどり，原子が反応中に酸化されたか還元されたかを決定できる，系統だった考え方が考案されている．物質の中で，それぞれの原子に対して**酸化数**（または**酸化状態**，oxidation state）と呼ばれる値を割り当て，原子が中性か電子に富むか乏しいかを示す．反応の前後で原子の酸化数を比較することで，原子が共有する電子をさらに得たかあるいは失ったかがわかる．**酸化数は必ずしもイオンの電荷を意味するとは限らない**．酸化数は単に，酸化還元

▶▶ 電気陰性度，あるいは原子間の共有電子を引き付ける性質は 4.9 節で述べた．

酸化数(oxidation number) 酸化数は，原子が中性か電気的に陰性か陽性かを示す．

CHEMISTRY IN ACTION

電　　池

▲ノートパソコン，携帯電話，デジタルオーディオプレーヤー….私たちが毎日使っている電池が必要な機器にはどんなものがあるだろうか？

電池のない生活を想像してほしい．自動車も（電池なしで始動させることはそう簡単ではない）心臓のペースメーカーも懐中電灯も補聴器もノートパソコンもラジオも携帯電話もない．このほかにも電池がないと使えないものが何千もある．現代社会は電池なしでは成り立たない．

電池にはいろんな型や大きさがあるが，どれも酸化還元反応を利用している．実験室で行われる典型的な酸化還元反応—たとえば亜鉛と銀イオンを反応して亜鉛イオンと銀にする—では，反応物をフラスコの中に一緒に入れ，直接接触させることにより反応物のあいだで電子が移動する．しかし電池の中では二つの反応物は別々に仕切られており，両者をつなぐ導線をとおって電子が移動する．

懐中電灯やラジオに使われる一般的な家庭用の電池はマンガン**乾電池**(dry cell)で，1866年に開発された．反応物の一つは亜鉛容器で，もう一つの反応物はペースト状の固体の二酸化マンガン(MnO_2)である．ペースト状の MnO_2 の中を炭素棒が貫通して電気接点となり，湿ったペースト状の塩化アンモニウムが二つの反応物を隔てている．亜鉛容器と炭素棒を導線でつなぐと，酸化還元反応で亜鉛は導線をとおして MnO_2 へ電子を流し送る．その結果，生じた電流が電球を明るくしたりラジオから音を出したりする．下の図は乾電池の内部をあらわしている．

$Zn(固) + 2\,MnO_2(固) + 2\,NH_4Cl(固) \longrightarrow$
 $ZnCl_2(水) + Mn_2O_3(固) + 2\,NH_3(水) + H_2O(液)$

マンガン乾電池とよく似ているのが，一般によく知られている**アルカリ電池**(alkaline)である．これは，ペースト状の塩化アンモニウムの代わりに水酸化ナトリウムまたは水酸化カリウムといったアルカリ（塩基）を使う．亜鉛容器は塩基性条件では腐食しにくいため，アルカリ乾電池は標準的なマンガン乾電池より長持ちする．その反応は，

$Zn(固) + 2\,MnO_2(固) \longrightarrow ZnO(水) + Mn_2O_3(固)$

心臓のペースメーカーなど，人体に埋め込まれる医療機器に使用する電池は，小さく，耐食性があり，故障せず，10年程度もつ必要がある．今日使われているペースメーカー—毎年約75万個が埋め込まれている—のほとんどすべてはチタン容器に入ったリチウム・ヨウ素電池で，その反応は，

$2\,Li(固) + I_2(固) \longrightarrow 2\,LiI(水)$

章末の"Chemistry in Action からの問題" 5.65, 5.66 を見ること．

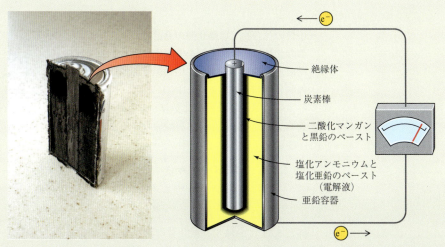
▲マンガン乾電池．その内部をあらわした図は，酸化還元反応をおこす二つの反応物を示している．

反応における電子の流れをわかりやすくするための便宜的な考え方である．

酸化数を割り当てるルールは簡単である．

- **単体中の原子の酸化数は 0．**

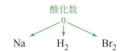

- **単原子イオンの酸化数は，イオンの電荷に等しい．**

- **分子化合物中の原子は，その原子が単原子イオンになった時の酸化数に等しい．** 3章と4章で学習したことだが，周期表の左側に位置する電気陰性度の小さい元素（水素と金属）はカチオンを形成する傾向にあり，周期表の右上付近に位置する電気陰性度の大きい元素（酸素，窒素，ハロゲン）はアニオンを形成する傾向にある．したがって水素と金属はほとんどの化合物中で正の酸化数をとり，他方，反応性に富む非金属は一般的に負の酸化数をとる．普通，水素は +1，酸素は -2，窒素は -3，ハロゲンは -1 になる．

▶▶ イオン形成と周期表の要点は，3.6節を参照．

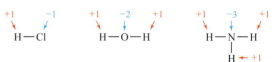

SO_2，NO，あるいは CO_2 のように，二つ以上の非金属物質を含む化合物については，電気陰性度の大きい元素—この場合は酸素—は負の酸化数をもち，電気陰性度の低い元素は正の酸化数をもつ．したがって，この節のはじめに提起した疑問に戻ると，硫黄の酸化数が 0 から +4 に増加し，酸素の酸化数が 0 から -2 に減少するから，硫黄と酸素が結合して SO_2 が生成する反応は酸化還元反応である．

- **中性の化合物では酸化数の合計は 0．** この規則を用いると，化合物中の原子の酸化数は，ほかの原子の酸化数がわかれば計算することができる．たとえば前述の SO_2 の場合，二つの酸素原子の酸化数はそれぞれ -2 だから S 原子の酸化数は +4 になる．HNO_3 では，水素原子の酸化数は +1 で電気陰性度の大きい酸素原子の酸化数は -2 だから，窒素原子の酸化数は +5 になる．多原子イオンでは，酸化数の合計はイオンの電荷に等しい．

合計 = 1 + 5 + 3(-2) = 0

例題 5.11 と 5.12 で，酸化数の割り当て方や使い方についてさらに学習しよう．

例題 5.11 酸化還元反応：酸化数

$TiCl_4$ 中のチタン原子の酸化数はいくらか？ローマ数字を用いて化合物を命名せよ（3.10節）．

解 答

反応性の高い非金属の塩素はチタンよりも電気陰性度が大きく，酸化数は -1 である．$TiCl_4$ の中には四つの塩素原子があるので，チタンの酸化数は $+4$ になる．化合物は塩化チタン(Ⅳ)と名づけられる．この分子化合物の名前の中のローマ数字Ⅳは，真のイオン電荷というよりむしろ酸化数が $+4$ であることを示している．

例題 5.12 酸化還元反応：酸化還元反応の識別

鉄の生産で，鉄鉱石(Fe_2O_3)を木炭(C)と反応させるのは酸化還元反応であることを，酸化数を用いて示せ．どの反応物が酸化され，どの反応物が還元されるか？また酸化剤および還元剤も答えよ．

$$2\,Fe_2O_3(固) + 3\,C(固) \longrightarrow 4\,Fe(固) + 3\,CO_2(気)$$

解 答

考え方は，反応物と生成物の両方に酸化数を割り当てて，変化があったかどうかを見ることである．Fe_2O_3 からの鉄の生産過程で，Fe の酸化数は $+3$ から 0 に変化し，C の酸化数は 0 から $+4$ に変化する．鉄は還元され(酸化数の減少)，炭素は酸化されている(酸化数の増加)．酸素は酸化数の変化がないので酸化も還元もされていない．炭素が還元剤で，Fe_2O_3 は酸化剤である．

$$\overset{+3\ -2}{2\,Fe_2O_3} + \overset{0}{3\,C} \longrightarrow \overset{0}{4\,Fe} + \overset{+4\ -2}{3\,CO_2}$$

問題 5.15
つぎに示す化合物中の金属原子の酸化数はいくつか？酸化数をローマ数字であらわして，それぞれを命名せよ．
  (a) VCl_3 (b) $SnCl_4$ (c) CrO_3 (d) $Cu(NO_3)_2$ (e) $NiSO_4$

問題 5.16
反応物と生成物中のそれぞれの原子の酸化数を示し，つぎの反応が酸化還元反応かどうか示せ．
  (a) Na_2S(水) + $NiCl_2$(水) $\longrightarrow$ 2 NaCl(水) + NiS(固)
  (b) 2 Na(固) + 2 H_2O(液) $\longrightarrow$ 2 NaOH(水) + H_2(気)
  (c) C(固) + O_2(気) $\longrightarrow$ CO_2(気)
  (d) CuO(固) + 2 HCl(水) $\longrightarrow$ $CuCl_2$(水) + H_2O(液)
  (e) 2 MnO_4^-(水) + 5 SO_2(気) + 2 H_2O(液) $\longrightarrow$ 2 Mn^{2+}(水) + 5 SO_4^{2-}(水) + 4 H^+(水)

問題 5.17
問題5.16中の酸化還元反応において，酸化剤と還元剤をそれぞれ示せ．

5.8 真イオン反応式

ここまでは，反応に関与する全物質の組成式をあらわす化学反応式を書いてきた．たとえば，5.3節で述べた硝酸鉛(II)とヨウ化カリウムの沈殿反応の反応式を見ると，反応が実際には水溶液中でおきていることは，カッコで囲まれた(水)が示しているだけで，イオンの関与についてはどこにもはっきりとは示されていない．

$$Pb(NO_3)_2(水) + 2\,KI(水) \longrightarrow 2\,KNO_3(水) + PbI_2(固)$$

実際には，硝酸鉛(II)，ヨウ化カリウムおよび硝酸カリウムは水に溶けてイオンを生じる．したがって全イオンを明確に示す**イオン反応式**のほうが，反応をより正確にあらわすことができる．

イオン反応式（ionic equation） イオンを明確に示した反応式．

イオン反応式： $Pb^{2+}(水) + 2\,NO_3^-(水) + 2\,K^+(水) + 2\,I^-(水)$
$\longrightarrow 2\,K^+(水) + 2\,NO_3^-(水) + PbI_2(固)$

このイオン反応式を見ると，NO_3^-およびK^+はこの反応では何の変化も受けていないことがわかる．これらのイオンは反応式の両辺に現れ，存在はするが何の役割も果たさない**傍観イオン**にすぎない．実際の反応は，本質的なものを残し真のイオン反応式を書くことによって，もっと簡単に記述することができる．この時の**真イオン反応式**は，つぎに示すように傍観イオンをすべて無視し，変化するイオンのみを扱う．

傍観イオン（spectator ion） 反応の前後で変化しないイオン．

真イオン反応式（net ionic equation） 傍観イオンを含まない反応式*．

イオン反応式： $Pb^{2+}(水) + 2\,\cancel{NO_3^-(水)} + 2\,\cancel{K^+(水)} + 2\,I^-(水)$
$\longrightarrow 2\,\cancel{K^+(水)} + 2\,\cancel{NO_3^-(水)} + PbI_2(固)$

真イオン反応式： $Pb^{2+}(水) + 2\,I^-(水) \longrightarrow PbI_2(固)$

*（訳注）：真イオン反応式は"実効イオン反応式"，"真イオン式"，"正味のイオン反応式"ともいう．また，その場合"イオン反応式"を"全イオン反応式"ともいう．

化学反応式を書く時はいつもそうであるように，真イオン反応式も両辺で原子の種類と数および電荷の総和が等しくなるようにし，係数はもっとも簡単な整数比にしなければならない．また，溶液中でイオンを与えない化合物(すべての不溶性化合物や分子化合物)は組成式であらわすものとする．

イオン反応式の概念は，酸と塩基の中和反応や酸化還元反応にもおなじように利用することができる．KOHとHNO_3の中和反応について考えてみると，

$$KOH(水) + HNO_3(水) \longrightarrow H_2O(液) + KNO_3(水)$$

酸および塩基は水溶液に溶けるとイオンを生じるため，この反応のイオン反応式を書くことができる．

イオン反応式： $\cancel{K^+(水)} + OH^-(水) + H^+(水) + \cancel{NO_3^-(水)}$
$\longrightarrow H_2O(液) + \cancel{K^+(水)} + \cancel{NO_3^-(水)}$

傍観イオン(K^+とNO_3^-)を消すと，中和反応における真イオン反応式が得られる．

真イオン反応式： $OH^-(水) + H^+(水) \longrightarrow H_2O(液)$

この真イオン反応式は，塩基から生じるOH^-と酸から生じるH^+が互いに中和し水を生じるという酸塩基中和反応の基本をはっきりと示している．

おなじように，多くの酸化還元反応もイオン反応式の見地から眺めることができる．Cu(固)と$AgNO_3$の反応(5.6節)について考えてみると，

$$Cu(固) + 2\,AgNO_3(水) \longrightarrow 2\,Ag(固) + Cu(NO_3)_2(水)$$

水溶性の生成物および反応物は，溶けているイオンとして書くことができる．

イオン反応式： Cu(固) + 2 Ag$^+$(水) + 2 N̶O̶$_3^-$̶(̶水̶)̶ ⟶
2 Ag(固) + Cu^{2+}(水) + 2 N̶O̶$_3^-$̶(̶水̶)̶

傍観イオン(NO$_3^-$)を消すと，この酸化還元反応における真イオン反応式が得られる．

真イオン反応式： Cu(固) + 2 Ag$^+$(水) ⟶ 2 Ag(固) + Cu^{2+}(水)

この反応式から，Cu(固)は 2 電子を失って酸化され，他方 Ag$^+$ はそれぞれ 1 電子を受け取って還元されることがわかる．

例題 5.13 化学反応：真イオン反応式

つぎの反応における等式の真イオン反応式を書け．

(a) AgNO$_3$(水) + ZnCl$_2$(水) ⟶
(b) HCl(水) + Ca(OH)$_2$(水) ⟶
(c) 6 HCl(水) + 2 Al(固) ⟶ 2 AlCl$_3$(水) + 3 H$_2$(気)

解　答

(a) 5.4 節で学んだ溶解度についての指針から，Ag$^+$ と Cl$^-$ の水溶液を混ぜ合わせると，不溶性の AgCl の沈殿物ができることが予測される．すべてのイオンを示すイオン反応式を書いてから，傍観イオン Zn^{2+} と NO$_3^-$ を消すと真イオン反応式が得られる．

イオン反応式： 2 Ag$^+$(水) + 2̶ ̶N̶O̶$_3^-$̶(̶水̶)̶ + Z̶n̶$^{2+}$̶(̶水̶)̶ + 2 Cl$^-$(水) ⟶
2 AgCl(固) + Z̶n̶$^{2+}$̶(̶水̶)̶ + 2̶ ̶N̶O̶$_3^-$̶(̶水̶)̶

真イオン反応式： 2 Ag$^+$(水) + 2 Cl$^-$(水) ⟶ 2 AgCl(固)

係数はすべて 2 で割ることができるので，

真イオン反応式： Ag$^+$(水) + Cl$^-$(水) ⟶ AgCl(固)

両辺で原子の種類，数および電荷が等しいことを確認する(両辺とも 0)．

(b) 酸 HCl と塩基 Ca(OH)$_2$ を反応させることで中和反応がおきる．すべてのイオンを書き，忘れずに正しく水の化学式を書けばイオン反応式が得られる．そこで傍観イオンを消去し，両辺の係数を 2 で割ると真イオン反応式が得られる．

イオン反応式： 2 H$^+$(水) + 2̶ ̶C̶l̶$^-$̶(̶水̶)̶ + C̶a̶$^{2+}$̶(̶水̶)̶ + 2 OH$^-$(水) ⟶
2 H$_2$O(液) + C̶a̶$^{2+}$̶(̶水̶)̶ + 2̶ ̶C̶l̶$^-$̶(̶水̶)̶

真イオン反応式： H$^+$(水) + OH$^-$(水) ⟶ H$_2$O(液)

両辺で原子の種類，数および電荷が等しいことを確認する．

(c) 金属の Al と酸(HCl)の反応は酸化還元反応である．Al は酸化数が 0 ⟶ +3 に増加するので酸化され，一方，HCl の H は酸化数が +1 ⟶ 0 に減少するので還元される．それぞれの水溶性イオンに対して生じたイオンを示しながらイオン反応式を書き，傍観イオンを消すと真イオン反応式が得られる．

イオン反応式： 6 H$^+$(水) + 6̶ ̶C̶l̶$^-$̶(̶水̶)̶ + 2 Al(固) ⟶
2 Al^{3+}(水) + 6̶ ̶C̶l̶$^-$̶(̶水̶)̶ + 3 H$_2$(気)

真イオン反応式： 6 H$^+$(水) + 2 Al(固) ⟶ 2 Al^{3+}(水) + 3 H$_2$(気)

両辺で原子の種類，数および電荷が等しいことを確認する．

> **問題 5.18**
> つぎの反応の真イオン反応式を書け.
>
> (a) Zn(固) + Pb(NO$_3$)$_2$(水) ⟶ Zn(NO$_3$)$_2$(水) + Pb(固)
> (b) 2 KOH(水) + H$_2$SO$_4$(水) ⟶ K$_2$SO$_4$(水) + 2 H$_2$O(液)
> (c) 2 FeCl$_3$(水) + SnCl$_2$(水) ⟶ 2 FeCl$_2$(水) + SnCl$_4$(水)
>
> **問題 5.19**
> 問題 5.18 の反応を,酸塩基中和反応,沈殿反応,そして酸化還元反応のどれに当たるかを示せ.

要約:章の目標と復習

1. 化学反応をどのように書きあらわせばよいか?

化学反応式は**等式**でなければならない.すなわち,反応物と生成物の両方で原子の種類と数が等しくなければならない.反応式を等式にするために,化学式そのものを変えるのではなく化学式の前に**係数**をつける(問題 21〜23, 26〜37, 59, 60, 64, 67, 68, 71, 72, 75, 76, 79, 80).

2. イオン化合物の化学反応はどのように分類されるか?

一般的にイオン化合物の反応にはつぎの三つの種類がある(問題 38〜50, 65, 70, 79, 81).

沈殿反応は,沈殿物と呼ばれる不溶性の固体を形成する反応である.ほとんどの沈殿は,二つのイオン化合物のアニオンとカチオンのあいだで相手を変える時におきる.イオン化合物の溶解度についての指針は,いつ沈殿が生成するかを予測するのに用いられる(問題 24, 25, 43〜46, 49, 69, 76〜78).

酸と塩基の**中和反応**は,酸と塩基が反応し水および**塩**と呼ばれるイオン化合物を生じる反応である.水に溶けることで酸から H$^+$ が,塩基から OH$^-$ が生じ,中和反応によって溶液中の H$^+$ と OH$^-$ が除かれ中性の H$_2$O が生成する(問題 37, 39, 75, 81).

酸化還元反応は,1 個またはそれ以上の電子が相手に移動する反応である.**酸化**とは 1 原子について 1 電子以上が失われることであり,**還元**とは 1 原子について 1 電子以上を得ることである.**酸化剤**は電子を受け取って相手の物質を酸化し,**還元剤**は電子を与えて相手の物質を還元する(問題 51〜54, 57〜62, 65, 66, 68, 82).

3. 酸化数とはなにか?またどのように使うのか?

酸化数は反応物や生成物の原子に割り当てられ,その原子が中性か,電子に富むか乏しいかの尺度を与えるものである.ある原子の酸化数を反応の前後で比較すると,その原子に電子の増減があったかどうか,すなわち,酸化還元反応がおきたかどうかを知ることができる(問題 51〜62, 65, 66, 70〜74, 82).

4. 真イオン反応式とはなにか?

真イオン反応式とは,イオン反応式に直接かかわるイオンのみを示した反応式である.それらのイオンは化学反応式の反応物と生成物の両側において,異なった相あるいは異なった化合物がつくられることによって確認することができる.真イオン反応式には化学反応式の両側において,同じ状態で存在している**傍観イオン**は含まれない(問題 39, 47, 48, 50, 69, 76〜78, 81).

KEY WORDS

イオン反応式, p.158
塩, p.144
化学反応式, p.139
還元, p.149
還元剤, p.150
係数, p.140
酸化, p.149

酸化還元反応, p.145
酸化剤, p.150
酸化数, p.154
質量保存の法則, p.140
真イオン反応式, p.158
生成物, p.140
中和反応, p.148

沈澱, p.144
等式の反応式, p.140
反応物, p.140
傍観イオン, p.158
溶解度, p.146

基本概念を理解するために

5.20 図(a)に描かれている物質の混合物が反応すると仮定する. 質量保存の法則に従って, 生成混合物をあらわしているのは, 図(b)〜(d)のうちどれか？

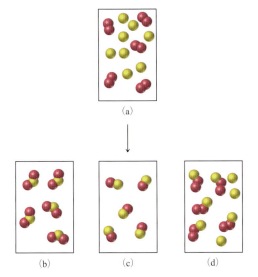

5.21 A(緑の球)とB(青の球)の反応がつぎの図に示されている.

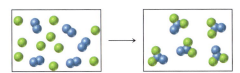

上の反応をもっともよくあらわしている式はどれか？

(a) $A_2 + 2B \longrightarrow A_2B_2$
(b) $10A + 5B_2 \longrightarrow 5A_2B_2$
(c) $2A + B_2 \longrightarrow A_2B_2$
(d) $5A + 5B_2 \longrightarrow 5A_2B_2$

5.22 つぎの図で, 青い球が窒素原子, 赤い球が酸素原子をあらわしているとすると, $2NO(気) + O_2(気) \longrightarrow 2NO_2(気)$ の反応における反応物および生成物をあらわしている箱はどれか？おのおの答えよ.

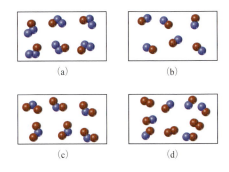

5.23 カチオン(図では赤の球)の水溶液と, アニオン(黄の球)の溶液が混ざると仮定すると, 箱(1)〜(3)に示すような三つの結果がおこり得る.

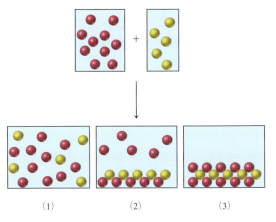

つぎの反応(a)〜(c)のおのおのに当てはまる結果は(1)〜(3)のうちどれか？

(a) $2Na^+(水) + CO_3^{2-}(水) \longrightarrow$
(b) $Ba^{2+}(水) + CrO_4^{2-}(水) \longrightarrow$
(c) $2Ag^+(水) + SO_3^{2-}(水) \longrightarrow$

5.24 カチオン(図では青の球)の水溶液と, アニオン(緑の球)の水溶液が混ざり, つぎの図のような結果が得られている.

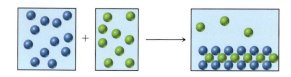

カチオンおよびアニオンのどの組合せが得られた結果に合うか，下のリストから選択せよ．またその理由も説明せよ．

カチオン：Na^+，Ca^{2+}，Ag^+，Ni^{2+}
アニオン：Cl^-，CO_3^{2-}，CrO_4^{2-}，NO_3^-

5.25 右に示すような二つのイオン性分子の水溶液がある．
(a) ビーカーAに溶けている化合物にもっとも近いのはどれか：KBr，$CaCl_2$，PbI_2，Na_2SO_4．
(b) ビーカーBに溶けている化合物にもっとも近いのはどれか：Na_2CO_3，$BaSO_4$，$Cu(NO_3)_2$，$FeCl_3$．
(c) ビーカーAとビーカーBを混合する時，反応後の沈殿物と傍観イオンを確認せよ．

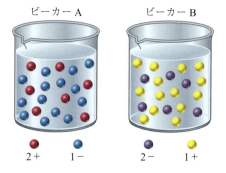

ビーカーA　　　　ビーカーB

2+　　1−　　　　2−　　1+

補 充 問 題

化学反応を釣り合わせる

5.26 "等式の化学反応式"とはどういうことか？ 説明せよ．

5.27 たとえば H_2O を H_2O_2 にするといったように，化学反応式の釣り合いをとるために物質の下付き文字を変えてはいけないのはなぜか？

5.28 つぎの反応の化学反応式を書け．
(a) 気体の二酸化硫黄と水が反応すると亜硫酸水溶液(H_2SO_3)が生成する．
(b) 液体の臭素が固体の金属カリウムと反応すると固体の臭化カリウムが生成する．
(c) プロパンガス(C_3H_8)が酸素中で燃焼すると二酸化炭素ガスと水蒸気が発生する．

5.29 ロケット燃料として使用されるヒドラジン N_2H_4 の合成をつぎに示す．この化学反応式を等式にせよ．

NH_3(気) + Cl_2(気) ⟶ N_2H_4(液) + NH_4Cl(固)

5.30 つぎの式の中で等式はどれか？ また等式でないものは等式にせよ．
(a) 2 C_2H_6(気) + 5 O_2(気) ⟶ 2 CO_2(気) + 6 H_2O(液)
(b) 3 $Ca(OH)_2$(水) + 2 H_3PO_4(水) ⟶ $Ca_3(PO_4)_2$(水) + 6 H_2O(液)
(c) Mg(固) + O_2(気) ⟶ 2 MgO(固)
(d) K(固) + H_2O(液) ⟶ KOH(水) + H_2(気)

5.31 つぎの式の中で等式はどれか？ また等式でないものは等式にせよ．
(a) CaC_2 + 2 H_2O ⟶ $Ca(OH)_2$ + C_2H_2
(b) $C_2H_8N_2$ + 2 N_2O_4 ⟶ 2 N_2 + 2 CO_2 + 4 H_2O
(c) 3 MgO + 2 Fe ⟶ Fe_2O_3 + 3 Mg
(d) N_2O ⟶ N_2 + O_2

5.32 つぎの式を等式にせよ．
(a) $Hg(NO_3)_2$(水) + LiI(水) ⟶ $LiNO_3$(水) + HgI_2(固)
(b) I_2(固) + Cl_2(気) ⟶ ICl_5(固)
(c) Al(固) + O_2(気) ⟶ Al_2O_3(固)
(d) $CuSO_4$(水) + $AgNO_3$(水) ⟶ Ag_2SO_4(固) + $Cu(NO_3)_2$(水)
(e) $Mn(NO_3)_3$(水) + Na_2S(水) ⟶ Mn_2S_3(固) + $NaNO_3$(水)

5.33 つぎの式を等式にせよ．
(a) NO_2(気) + O_2(気) ⟶ N_2O_5(気)
(b) P_4O_{10}(固) + H_2O(液) ⟶ H_3PO_4(水)
(c) B_2H_6(液) + O_2(気) ⟶ B_2O_3(固) + H_2O(液)
(d) Cr_2O_3(固) + CCl_4(液) ⟶ $CrCl_3$(液) + $COCl_2$(水)
(e) Fe_3O_4(固) + O_2(気) ⟶ Fe_2O_3(固)

5.34 有機化合物が酸素と反応して燃焼すると，CO_2 と H_2O が生成する．つぎの化合物が燃焼する時の化学反応式を書け．
(a) C_4H_{10}(ブタン；ライターに使用されている)
(b) C_2H_6O(エタノール；ガソホール*やレースカー燃料に使われている)
＊(訳注)：ガソリンにエタノールを1割加えた混合燃料
(c) C_8H_{18}(オクタン；ガソリンの1成分)

5.35 有機化合物が十分な酸素なしに燃焼する時，二酸化炭素の代わりに一酸化炭素が生成される．問題5.34を参考に，CO_2 の代わりに CO が生成する化学反応式を書け．

5.36 フッ化水素(HF)はガラス(SiO_2)を腐食する．この反応の生成物は四フッ化ケイ素(SiF_4)と水である．この化学反応式を書け．

5.37 炭酸ナトリウム(Na_2CO_3)水溶液と硝酸(HNO_3)水溶液が反応すると，CO_2 と $NaNO_3$ と H_2O が生成する．この反応の化学反応式を書け．

化学反応の種類

5.38 つぎの反応は，沈殿反応，中和反応，酸化還元反応のいずれか答えよ．

(a) $Mg(固) + 2 HCl(水) \longrightarrow MgCl_2(水) + H_2(気)$

(b) $KOH(水) + HNO_3(水) \longrightarrow KNO_3(水) + H_2O(液)$

(c) $Pb(NO_3)_2(水) + 2 HBr(水) \longrightarrow PbBr_2(固) + 2 HNO_3(水)$

(d) $Ca(OH)_2(水) + 2 HCl(水) \longrightarrow 2 H_2O(液) + CaCl_2(水)$

5.39 つぎの反応の等式のイオン反応式および真イオン反応式を書け．

(a) 硫酸水溶液が水酸化カリウム水溶液によって中和される．

(b) 水酸化マグネシウム水溶液が塩酸水溶液によって中和される．

5.40 つぎの反応における等式のイオン反応式および真イオン反応式を書け．

(a) 硝酸バリウム水溶液と硫酸カリウム水溶液を混ぜると硫酸バリウムの沈殿が生じる．

(b) 金属亜鉛が硫酸水溶液と反応すると，亜鉛イオンと水素ガスが発生する．

5.41 問題 5.30 に示されている反応は沈殿反応，中和反応，酸化還元反応のいずれか答えよ．

5.42 問題 5.32 に示されている反応は沈殿反応，中和反応，酸化還元反応のいずれか答えよ．

5.43 つぎの物質の中で水に溶けると考えられるものはどれか？

(a) $ZnSO_4$

(b) $NiCO_3$

(c) $PbCl_2$

(d) $Ca_3(PO_4)_2$

5.44 つぎの物質の中で水に溶けると考えられるものはどれか？

(a) Ag_2O

(b) $Ba(NO_3)_2$

(c) $SnCO_3$

(d) Al_2S_3

5.45 5.4 節の溶解度の指針を用いて，下の物質の水溶液を混ぜた時，沈殿反応がおこるかどうか予測せよ．

(a) $NaOH + HClO_4$

(b) $FeCl_2 + KOH$

(c) $(NH_4)_2SO_4 + NiCl_2$

5.46 5.4 節の溶解度の指針を用いて，下の反応物質間で沈殿反応がおこるかどうか予測せよ．また，それらの反応がおこった場合の等式の化学反応式も書け．

(a) $NaBr$ と $Hg_2(NO_3)_2$

(b) $CuCl_2$ と K_2SO_4

(c) $LiNO_3$ と $Ca(CH_3CO_2)_2$

(d) $(NH_4)_2CO_3$ と $CaCl_2$

(e) KOH と $MnBr_2$

(f) Na_2S と $Al(NO_3)_3$

5.47 つぎの反応の真イオン反応式を書け．

(a) $Mg(固) + CuCl_2(水) \longrightarrow MgCl_2(水) + Cu(固)$

(b) $2 KCl(水) + Pb(NO_3)_2(水) \longrightarrow PbCl_2(固) + 2 KNO_3(水)$

(c) $2 Cr(NO_3)_3(水) + 3 Na_2S(水) \longrightarrow Cr_2S_3(固) + 6 NaNO_3(水)$

5.48 つぎの反応の真イオン反応式を書け．

(a) $2 AuCl_3(水) + 3 Sn(固) \longrightarrow 3 SnCl_2(水) + 2 Au(固)$

(b) $2 NaI(水) + Br_2(液) \longrightarrow 2 NaBr(水) + I_2(固)$

(c) $2 AgNO_3(水) + Fe(固) \longrightarrow Fe(NO_3)_2(水) + 2 Ag(固)$

5.49 つぎの沈殿反応を等式の化学反応式にせよ．

(a) $FeSO_4(水) + Sr(OH)_2(水) \longrightarrow$

(b) $Na_2S(水) + ZnSO_4(水) \longrightarrow$

5.50 問題 5.49 のそれぞれの反応の真イオン反応式を書け．

酸化還元反応と酸化数

5.51 周期表の中で，もっともすぐれた還元剤およびもっともすぐれた酸化剤はどこにあるか？

5.52 周期表の中で，もっとも容易に還元される元素はどこにあるか？また，もっとも容易に酸化される元素も答えよ．

5.53 つぎに示すものの中で，酸化還元反応がおきる際に電子を得る物質はどれか？電子を失う物質はどれか？

(a) 酸化剤

(b) 還元剤

(c) 酸化される物質

(d) 還元される物質

5.54 酸化還元反応により，つぎに示す物質の酸化数は増えるか，減るかを答えよ．

(a) 酸化剤

(b) 還元剤

(c) 酸化される物質

(d) 還元される物質

5.55 つぎに示す化合物の，それぞれの元素あるいはイオンの酸化数を答えよ．

(a) N_2O_5 (b) SO_3^{2-}

(c) CH_2O (d) $HClO_3$

5.56 つぎに示す化合物の金属の酸化数を答えよ．

(a) $CoCl_3$ (b) $FeSO_4$

(c) UO_3 (d) CuF_2

(e) TiO_2 (f) SnS

5.57 つぎの反応でどの元素が酸化され，またどの元素が還元されるか答えよ．

(a) $Si(固) + 2\,Cl_2(気) \longrightarrow SiCl_4(液)$

(b) $Cl_2(気) + 2\,NaBr(水) \longrightarrow Br_2(水) + 2\,NaCl(水)$

(c) $SbCl_3(固) + Cl_2(気) \longrightarrow SbCl_5(固)$

5.58 つぎの反応でどの元素が酸化され，またどの元素が還元されるか答えよ．

(a) $2\,SO_2(気) + O_2(気) \longrightarrow 2\,SO_3(気)$

(b) $2\,Na(固) + Cl_2(気) \longrightarrow 2\,NaCl(固)$

(c) $CuCl_2(水) + Zn(固) \longrightarrow ZnCl_2(水) + Cu(固)$

(d) $2\,NaCl(水) + F_2(気) \longrightarrow 2\,NaF(水) + Cl_2(気)$

5.59 つぎの酸化還元反応を等式にせよ．

(a) $Al(固) + H_2SO_4(水) \longrightarrow Al_2(SO_4)_3(水) + H_2(気)$

(b) $Fe(固) + Cl_2(気) \longrightarrow FeCl_3(固)$

(c) $CO(気) + I_2O_5(固) \longrightarrow I_2(気) + CO_2(気)$

5.60 つぎの酸化還元反応を等式にせよ．

(a) $N_2O_4(液) + N_2H_4(液) \longrightarrow N_2(気) + H_2O(液)$

(b) $CaH_2(固) + H_2O(液) \longrightarrow Ca(OH)_2(水) + H_2(気)$

(c) $Al(固) + H_2O(液) \longrightarrow Al(OH)_3(固) + H_2(気)$

5.61 問題 5.59 のそれぞれの反応において，酸化剤と還元剤はどれか？

5.62 問題 5.60 のそれぞれの反応において，酸化剤と還元剤はどれか？

Chemistry in Action からの問題

5.63 腎臓結石の主要成分で痛風の原因物質でもある尿酸ナトリウムは，$NaC_5H_3N_4O_3$ であらわされる．尿酸ナトリウムの水への溶解度はわずか 0.067 g/L である．血液中で飽和する尿酸ナトリウムは何グラムか？（成人の血液量は平均 5 L である）[痛風と腎臓結石：溶解性の問題, p.147]

5.64 プリンの代謝によって人体で尿酸が形成される．反応はつぎの式に従って反応する．

$$C_5H_4N_4 (プリン) + O_2 \longrightarrow C_5H_4N_4O_3$$

(a) 反応式を等式にせよ．

(b) この反応はどの種類の反応になるか？[痛風と腎臓結石：溶解性の問題, P.147]

5.65 再充電可能な NiCd 電池は，つぎの式に従って反応する．

$$2\,NiO(OH) + Cd + 2\,H_2O \longrightarrow 2\,Ni(OH)_2 + Cd(OH)_2$$

この反応において，どの物質が酸化され，どの物質が還元されるか？[電池, P.155]

5.66 標準的な乾電池における酸化剤，還元剤を確認せよ．[電池, p.155]

全般的な質問と問題

5.67 つぎの化学反応式を完成させよ．

(a) テルミット反応は，溶接に使われている

$$Al(固) + Fe_2O_3(固) \longrightarrow Al_2O_3(液) + Fe(液)$$

(b) 硝酸アンモニウムの爆発

$$NH_4NO_3(固) \longrightarrow N_2(気) + O_2(気) + H_2O(気)$$

5.68 スペースシャトルにおいて酸化リチウムは空気中の水を除くのに使われていて，下の反応式に従っている．

$$Li_2O(固) + H_2O(気) \longrightarrow LiOH(固)$$

(a) 化学反応式を等式にせよ．

(b) この反応は酸化還元反応か？その理由を示せ．

5.69 5.4 節の溶解度の指針を見て，$CuCl_2(水)$ と $Na_2CO_3(水)$ が混合された時，沈殿が生じるかどうか予測せよ．生じるとすれば，その過程を示す等式の化学反応式および真イオン反応式で書け．

5.70 つぎの式の係数を書き，式を完成させ，それぞれ沈殿反応，中和反応，酸化還元反応のいずれであるか分類せよ．

(a) $Al(OH)_3(水) + HNO_3(水) \longrightarrow Al(NO_3)_3(水) + H_2O(液)$

(b) $AgNO_3(水) + FeCl_3(水) \longrightarrow AgCl(固) + Fe(NO_3)_3(水)$

(c) $(NH_4)_2Cr_2O_7(固) \longrightarrow Cr_2O_3(固) + H_2O(気) + N_2(気)$

(d) $Mn_2(CO_3)_3(固) \longrightarrow Mn_2O_3(固) + CO_2(気)$

5.71 白リン（黄リン，P_4）は元素状態で存在するリンの中で非常に高い反応性を示し，酸素と反応して五酸化二リンを含むさまざまな分子化合物を形成する．

(a) この反応の等式の化学反応式を書け．

(b) この反応の両辺の P および O の酸化数を計算し，酸化剤および還元剤を示せ．

5.72 硫黄を含む化石燃料の燃焼は，酸性雨として知られる現象の原因となっている．燃焼は硫黄を二酸化硫黄の形にし，二酸化硫黄は二つの反応を経て硫酸に変換される．

(a) はじめの反応で，二酸化硫黄は酸素分子と反応して三酸化硫黄を形成する．この反応の等式の化学反応式を書け．

(b) 2 番目の反応で，三酸化硫黄は空気中の水と反応して硫酸になる．この反応の等式の化学反応式を書け．

(c) これらの反応でのおのおのの化合物の S 原子の酸化数を計算せよ．

5.73 酸素と結合している遷移金属の化合物は，金属が異なった酸化状態を取れる．つぎの状態における化合物中の遷移金属の酸化数を計算せよ．

(a) MnO_2，Mn_2O_3，$KMnO_4$ 中の Mn

(b) CrO_2，CrO_3，Cr_2O_3 中の Cr

5.74 酒気検知テストにおいて，血中アルコールは二クロム酸とアルコールの反応によって測定する．

$$16\,H^+(水) + 2\,Cr_2O_7^{2-}(水) + C_2H_5OH(水) \longrightarrow 4\,Cr^{3+}(水) + 2\,CO_2(気) + 11\,H_2O(液)$$

(a) $Cr_2O_7^{2-}$ 中の Cr の酸化数を計算せよ．
(b) C_2H_5OH から CO_2 になった C の酸化数を計算せよ．
(c) この反応における酸化剤と還元剤はどれか．

5.75 胃酸過多の中和に使うマグネシア乳剤は，水に水酸化マグネシウムを懸濁させたものである．この中和反応の等式の化学反応式を書け．

5.76 飲料水中の鉄は NaOH と反応させて Fe^{3+} にし，水酸化鉄(Ⅲ)の沈殿をつくらせて取り除く．この反応の化学反応式を完成させ，真イオン反応式を書け．

5.77 硬水はマグネシウムイオン(Mg^{2+})とカルシウムイオン(Ca^{2+})を含んでいるが，熱湯を管に通したり，あるいは水を加熱したりすることによって，炭酸塩として沈殿させることができる．この反応の真イオン式を書け．

5.78 胃酸中和剤，制瀉剤(下痢止め)である，商品名 Pepto-Bismol® は次サリチル酸ビスマス($C_7H_5BiO_4$)を含んでいる．この化合物の使用者は"黒い舌"として知られる状態を経験する．これは唾液中に含まれるほんのわずかな量の S^{2-} とビスマス(Ⅲ)イオンが反応して，黒い沈殿物を生成するのが原因である．この沈殿反応の完全な真イオン反応式を書け．

5.79 鉄は鉄鉱石と一酸化炭素の反応によって生成される．

$$Fe_2O_3(固) + CO(気) \longrightarrow Fe(固) + CO_2(気)$$

(a) 等式の化学反応式にせよ．
(b) この反応は沈殿反応，中和反応，酸化還元反応のいずれか？

5.80 一般に使われる肥料の尿素の合成反応を等式にせよ．

$$CO_2(気) + NH_3(気) \longrightarrow NH_2CONH_2(固) + H_2O(液)$$

5.81 地質学者は，ミネラルの炭酸塩と酸との反応をよく観察している．たとえば，ドロマイト(dolomite*，苦石灰)は炭酸マグネシウムを含んでいて，つぎのように塩酸と反応する．

$$MgCO_3(固) + HCl(水) \longrightarrow MgCl_2(水) + CO_2(気) + H_2O(液)$$

(a) 反応式を等式にし，真イオン反応式を書け．
(b) この反応は沈殿反応，中和反応，酸化還元反応のいずれか？

*(訳注)：dolomite(苦石灰)は $MgCO_3 \cdot CaCO_3$(炭酸マグネシウムと炭酸カルシウム)の化合物．

5.82 防腐剤として使われるヨウ素は，つぎの反応によって実験室でつくれる．

$$2\,NaI(固) + 2\,H_2SO_4(水) + MnO_2(固) \longrightarrow Na_2SO_4(水) + MnSO_4(水) + I_2(気) + 2\,H_2O(液)$$

(a) 反応式の両側における Mn と I の酸化数を決定せよ．
(b) 反応における酸化剤と還元剤はどれか？

6章

化学反応：
モルと質量の関係

目　次
6.1 モルとアボガドロ定数
6.2 グラムとモルの変換
6.3 モルでの量的関係と化学反応式
6.4 質量での量的関係と化学反応式
6.5 限定試薬と収率

◀飛行機や自動車などにおいて燃料を燃やすことで生成するCO_2とH_2Oの量を，モル比と物質量(モル)から質量への変換により計算することができる．

この章の目標

1. モルとは何で，化学にどう有用なのか？
   目標：モルとアボガドロ定数の意味と有用性について説明できる．
2. 物質量と質量はどのように関係するのか？
   目標：元素や化合物について，物質量（モル）と質量を変換することができる．（◀◀◀ A.）
3. 限定試薬，理論収量，反応の収率とはなにか？
   目標：化学反応で実際に生成する化合物の量を取り上げること，理論的に得られるはずの量を計算すること，および収率の形でその結果をあらわすことができる．（◀◀◀ A，B.）

復習事項

A. 問題の解法：単位の変換と概算（1.12節）
B. 化学反応式を釣り合わせる（5.2節）

ライスプディング*をつくる際に，シェフは米粒がいくつとか，レーズンが何粒，砂糖の粒がいくつという数え方はしない．そうではなく，より便利な単位—たとえばカップやスプーンなど—を用いて，おおよその必要量を計りとる．化学者が化学反応を行おうとする際にも，同様の方法をとる．この章ではモル（物質量）の概念を紹介し，化学者が反応物と生成物の間の量的な関係を調べる際にそれをどのように用いるかを紹介する．

*（訳注）：欧米でよくつくられる，米をミルクで甘く煮たデザート．日本人にはなじみがないので，これを"おはぎ"と読み替え，原料のレーズンを"小豆"とでも読み替えると，理解しやすいであろう．

6.1 モルとアボガドロ定数

前章では化学反応において分子レベルでおこっていることを示し，化学反応式をどのように釣り合わせるかを学んだ．ここでは，つぎのような実験を想定してみよう．エチレン（C_2H_4）と塩化水素（HCl）との反応により，無色で低沸点の液体であり医療やスポーツでのスプレー式麻酔剤として用いられる塩化エチル（C_2H_5Cl）が得られる．この反応は次式のようにあらわされる．

$$C_2H_4（気）+ HCl（気）\longrightarrow C_2H_5Cl（気）$$

この反応では1分子のエチレンと1分子の塩化水素が反応し，1分子の塩化エチルが生成する．

どのようにすれば，それぞれの反応物の分子を1対1の比でフラスコに入れることが可能だろうか？ 分子の個数を正確に手作業で数えることは不可能なので，代わりに秤量しなければならない（これは，少量のものを取り扱うあらゆる場合で一般的な方法である．香り付けやナッツ，米などはすべて，数えるよりも秤量して用いる）．しかし秤量する場合には別の問題が生じる．エチレン，塩化水素，あるいはほかの物質でもよいが，これらの1グラムの中にはどのくらいの数の分子が含まれているだろうか？ 分子の質量は分子の種類により異なるため，この答えは物質の種類により異なる．

ある質量の，ある物質中にどのくらいの個数の分子があるかを決定するためには，**分子量**と呼ばれる量を定義する．ある元素の原子量が原子の平均的な質量のとき，**分子量**（MW）はある物質の分子の平均的な質量に等しい．ある物質の分子量（イオンからなる物質であれば**式量**）は，分子あるいは化学式を構成する原子の原子量の総和に等しい．

たとえばエチレン（C_2H_4）の分子量は 28.0 amu，塩化水素（HCl）の分子量は 36.5 amu，塩化エチル（C_2H_5Cl）の分子量は 64.5 amu となる（正確な値は詳細にわかっているが，ここでは簡単のために桁を丸めてある）．

分子量（molecular weight） 分子内のすべての原子の原子量の総和．

▶▶▶ 2.3節の原子量の議論を参照のこと．

式量（formula weight） 分子性，イオン性にかかわらず，ある化合物の分子式を構成するすべての原子の原子量の総和．

▲ 硫黄，銅，水銀，ヘリウムをそれぞれ1 mol含む試料．これらの重さはみな同じ？

エチレン C_2H_4 について

$$2Cの原子量 = 2 \times 12.0\ amu = 24.0\ amu$$
$$4Hの原子量 = 4 \times 1.0\ amu = 4.0\ amu$$
$$C_2H_4の分子量 = 28.0\ amu$$

塩化水素 HCl について

$$Hの原子量 = 1.0\ amu$$
$$Clの原子量 = 35.5\ amu$$
$$HClの分子量 = 36.5\ amu$$

塩化エチル C_2H_5Cl について

$$2Cの原子量 = 2 \times 12.0\ amu = 24.0\ amu$$
$$5Hの原子量 = 5 \times 1.0\ amu = 5.0\ amu$$
$$Clの原子量 = 35.5\ amu$$
$$C_2H_5Clの分子量 = 64.5\ amu$$

分子量はどのように用いられるのか？エチレン1分子と塩化水素1分子の質量比は 28.0：36.5 なので，いくつの分子数のエチレンでもそれと同数の塩化水素の質量比は 28.0：36.5 になる．言いかえると，エチレンと塩化水素の質量比を 28.0：36.5 とすれば，つねに分子は**同数**となる．**2種以上の異なる物質の試料を考えるとき，それらの質量比が分子量あるいは式量の比と等しい場合は，いつも同数の分子あるいは化学式の構成単位を含んでいる**（図 6.1）．

▲ 図 6.1
(a) 黄色の球（左側の皿）は緑色の球（右側の皿）よりも大きいので，重さが等しい時に数が同じとはいえない．おなじことが，異なる物質の原子や分子についてもいえる．(b) 同数のエチレン分子と塩化水素分子の質量比は，分子量の比 28.0：36.5 に等しい．

こうした分子の質量と分子数の関係をもっと便利な形で使うには，分子量に等しい数にグラムを付けた量を計りとればよい．たとえば，もしこの実験に 28.0 g のエチレンと 36.5 g の塩化水素を用いると，反応物の分子数比は1対1となる．

目に見える形で化学反応にかかわる分子あるいは化学式単位の数は非常に莫大なので，**モル**と呼ばれ **mol** と書かれる計数単位を導入すると都合がよい．物質の種類によらず，1モルは amu 単位での分子量あるいは式量の数字にグラム単位を付けた**質量**（**モル質量**）と等しい量になる．エチレン1モルの質量は 28.0 g，塩化水素1モルの質量は 36.5 g，塩化エチル1モルの質量は 64.5 g となる．

1モルにはどのくらいの分子数が存在するのか？2章で，グラム単位の試料

モル（mole）　分子量あるいは式量と同じ数字のグラム（質量）をもつ物質の量．

モル質量（molar mass）　物質 1 mol あたりのグラム単位の質量であり，数字として分子量と等しい．

の質量，原子の原子量，およびグラム/amu の変換係数が与えられたときの原子数の計算について学んだことを思い出してほしい．問題2.2 で，1 g の水素(質量 1 amu)と 12 g の炭素(質量 12 amu)はいずれも 6.022×10^{23} 個の原子を含むことが示された．そのため，物質の種類によらず 1 モルでは 6.022×10^{23} 個の化学式単位を含み，この値は質量と分子数の関係を最初に認識したイタリアの化学者の名をとって，**アボガドロ定数**(N_A と書かれる) と呼ばれる．物質によらず，化学式単位をアボガドロ定数だけ集めると(これは 1 モルと等しい)，質量はその物質の分子量にグラム単位を付けたものと等しくなる．

> **アボガドロ定数(N_A)** (Avogadro's number) あらゆる物質 1 mol あたりの化学式単位の数；6.022×10^{23}.

$$1 \text{ mol の HCl} = 6.022 \times 10^{23} \text{ 個の HCl 分子} = 36.5 \text{ g の HCl}$$
$$1 \text{ mol の } C_2H_4 = 6.022 \times 10^{23} \text{ 個の } C_2H_4 \text{ 分子} = 28.0 \text{ g の } C_2H_4$$
$$1 \text{ mol の } C_2H_5Cl = 6.022 \times 10^{23} \text{ 個の } C_2H_5Cl \text{ 分子} = 64.5 \text{ g の } C_2H_5Cl$$

アボガドロ定数の大きさはどのくらいか？ 6.022×10^{23} ほどの大きさは感覚的に受け入れられないが，桁としては以下のように比較できる．

例題 6.1 モル質量とアボガドロ定数：分子の数

プソイドエフェドリン塩酸塩($C_{10}H_{16}ClNO$)は，風邪への処方でよく用いられる鼻づまり防止薬である．(a) プソイドエフェドリン塩酸塩のモル質量はいくらか？ (b) この薬を 30.0 mg 含む錠剤中にプソイドエフェドリン塩酸塩は何分子存在するか？

解 説 質量が与えられており，分子数に変換する必要がある．これには(a)で計算されるプソイドエフェドリン塩酸塩のモル質量を用いて，アボガドロ定数だけの分子数(6.022×10^{23})を含む物質量に変換すると，解答は容易になる．

概 算 化学式を見ると，プソイドエフェドリンは炭素 10 原子(原子量 12.0 amu)で構成されるので，分子量は 120 amu より大きく，おそらく 200 amu 程度になろう．プソイドエフェドリン塩酸塩 30 mg はこの分子の 1 mol 分と比較して 10^4 の桁で(0.03 g 対 200 g であるので)小さく，分子数も同様の桁だけ小さい(1 mol では 10^{23} なので，錠剤 1 錠分では 10^{19} 程度のはず)．

解 答
(a) プソイドエフェドリンの分子量は分子中の全原子の原子量の総和になる．

炭素 C 10 原子の原子量	$: 10 \times 12.011$ amu	$= 120.11$ amu
水素 H 16 原子	$: 16 \times 1.00794$ amu	$= 16.127$ amu
塩素 Cl 1 原子	$: 1 \times 35.4527$ amu	$= 35.4527$ amu
窒素 N 1 原子	$: 1 \times 14.0067$ amu	$= 14.0067$ amu
酸素 O 1 原子	$: 1 \times 15.9994$ amu	$= 15.9994$ amu
$C_{10}H_{16}ClNO$ の分子量		$= 201.6958$ amu $\longrightarrow$ 201.70 g/mol

amu 単位の分子量はそのまま g/mol 単位のモル質量に変換できることを思い出してほしい．1.9 節および 1.11 節の有効数字の規則に従い，最終的な答えは小数点以下 2 桁で丸めておく．

(b) この問題は単位の変換を伴うため，1章で紹介した問題解法 FLM と概算を用いる．

段階1：情報を特定する．プソイドエフェドリン塩酸塩の質量(mg単位)が与えられている．
段階2：解と単位を特定する．30 mgの錠剤中のプソイドエフェドリン塩酸塩の分子数が未知である．
段階3：変換係数を特定する．プソイドエフェドリン塩酸塩の分子量は 201.70 amu であるため，201.70 g で 6.022×10^{23} 個の分子を含む．この比を質量から分子数へ変換する係数とする．30 mg を g 単位に変換するのも忘れずに．
段階4：解く．不要な単位を消すように式を立てる．

プソイドエフェドリン塩酸塩の質量 30.0 mg

プソイドエフェドリン塩酸塩の分子数 = ??

$$\frac{6.022 \times 10^{23} \text{ 分子}}{201.70 \text{ g}}$$

$$\frac{0.001 \text{ g}}{1 \text{ mg}}$$

$$\left(\frac{\text{プソイドエフェドリン塩酸塩}}{30.0 \text{ mg}}\right) \times \left(\frac{0.001 \text{ g}}{1 \text{ mg}}\right) \times \left(\frac{6.022 \times 10^{23} \text{ 分子}}{201.70 \text{ g}}\right)$$

$= 8.96 \times 10^{19}$ 分子のプソイドエフェドリン塩酸塩

確　認　概算した分子数は 10^{19} の桁となり，上で計算した結果と一致する．

例題 6.2　アボガドロ定数：原子数から質量への変換

裸眼でほんの少しに見える鉛筆の小さな印にも，おおよそ 3×10^{17} 個の炭素原子が含まれている．この鉛筆の印の質量はどのくらいか．

解　説　原子数が与えられており，それを質量に変換する必要がある．変換係数は，原子量にグラムを付けた質量の炭素には，アボガドロ定数 6.022×10^{23} 個の原子が含まれていることから求めることができる．

概　算　与えられている原子数はアボガドロ定数より6桁小さいので，その量に等しい質量は炭素のモル質量より6桁程度小さい値，すなわち 10^{-6} g 程度でなければならない．

解　答
段階1：情報を特定する．鉛筆の印に含まれる炭素原子数は与えられている．
段階2：解と単位を特定する．
段階3：変換係数を特定する．炭素の原子量は 12.01 amu なので，12.01 g の炭素は 6.022×10^{23} 個の炭素原子を含む．
段階4：解く．上の変換係数を用い，不要な単位を消すように式を立てる．

3×10^{17} 個の炭素原子

炭素の質量 = ?? g

$$\frac{12.01 \text{ g の炭素}}{6.022 \times 10^{23} \text{ 個の原子}}$$

$$(3 \times 10^{17} \text{ 原子}) \times \left(\frac{12.01 \text{ g 炭素}}{6.022 \times 10^{23} \text{ 個の原子}}\right) = 6 \times 10^{-6} \text{ g の炭素}$$

確　認　答えは概算値と同程度であり，ほんの少しの鉛筆の印にも，炭素が確かに存在する．

問題 6.1
つぎの物質の分子量を計算せよ．
　(a) イブプロフェン，$C_{13}H_{18}O_2$　(b) フェノバルビタール，$C_{12}H_{12}N_2O_3$

問題 6.2
アスコルビン酸(ビタミンC，$C_6H_8O_6$)の 500 mg の錠剤1錠中には，どのくらいの分子が含まれているか？

問題 6.3
アスピリン($C_9H_8O_4$) 5.0×10^{20} 分子の質量は何グラムか？

> **基礎問題 6.4**
>
> DNA(デオキシリボ核酸)の主要な構成成分であるシトシンの分子量はいくらか？
> (図中：黒＝C, 青＝N, 赤＝O, 白＝H)

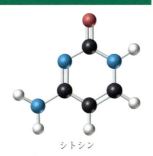

シトシン

6.2　グラムとモルの変換

　釣り合わせた化学反応式での分子と分子(あるいはモルとモル)の関係を確認するため，反応物間の一定の質量比の関係を活用することにする．物質の種類によらず，1 mol の物質(すなわちアボガドロ定数分の分子あるいは化学式単位)の質量(グラム)は，その物質のモル質量と呼ばれる．

　　モル質量＝1 mol の物質の質量
　　　　　　＝6.022×10^{23} 個の分子(化学式単位)の質量
　　　　　　＝分子量(式量)にグラム単位を付けたもの

　モル質量は物質量(モル)と質量のあいだの変換係数となる．何モルあるかがわかっていれば，その質量を計算できる．ある試料の質量がわかれば，その物質量を計算できる．たとえば仮に，0.25 mol の水の質量を知りたいとしよう．水 H_2O の分子量は$(2 \times 1.0$ amu$) + 16.0$ amu $= 18.0$ amu になる．これより水のモル質量は 18.0 g/mol となり，水のモルと質量のあいだの変換係数は 18.0 g/mol になる．

$$0.25 \text{ mol } H_2O \times \frac{18.0 \text{ g } H_2O}{1 \text{ mol } H_2O} = 4.5 \text{ g } H_2O$$

（モル質量を変換係数として使用）

　これとは別に，27 g の水は何モルであるかを知りたい時，変換係数は 1 mol/18.0 g なので，以下のようになる．

$$27 \text{ g } H_2O \times \frac{1 \text{ mol } H_2O}{18.0 \text{ g } H_2O} = 1.5 \text{ mol } H_2O$$

（モル質量を変換係数として使用）

　数式中の 1 mol は絶対数なので，最終的な解答の有効数字は 27 g H_2O(数字 2 桁)に合わせる．例題 6.3 および 6.4 で，グラムとモルの変換を練習する．

例題　6.3　モル質量：モルからグラムへの変換

　米国で処方箋がなくても買える，ある痛み止め薬は，分子量 206.3 amu のイブプロフェン($C_{13}H_{18}O_2$)(問題 6.1(a)参照)を含んでいる．もし痛み止め 1 びんすべての錠剤を合わせて 0.082 mol のイブプロフェンを含んでいるとすれば，びんの中のイブプロフェンは何グラムだろうか？

解説　物質量(モル)が与えられており，質量(グラム)を問われている．モル質量がこの二つの変換係数となる．

概　算　イブプロフェン 1 mol の質量は約 200 g なので，0.08 mol では 0.08×200 g＝約 16 g となる．

解　答

段階 1：情報を特定する．
段階 2：解と単位を特定する．
段階 3：変換係数を特定する．

びんの中のイブプロフェン 0.082 mol
びんの中のイブプロフェンの質量＝?? g
イブプロフェンの分子量を物質量と質量の変換に用いる．
イブプロフェン 1 mol＝206.3 g

$$\frac{206.3 \text{ g イブプロフェン}}{1 \text{ mol イブプロフェン}}$$

段階 4：解く．わかっている情報と変換係数を用いて，不要な単位を消すように式を立てる．

$$0.082 \text{ mol } C_{13}H_{18}O_2 \times \frac{206.3 \text{ g イブプロフェン}}{1 \text{ mol イブプロフェン}} = 17 \text{ g } C_{13}H_{18}O_2$$

確　認　計算値は概算での 16 g とほぼ等しい．

例　題　6.4　モル質量：グラムからモルへの変換

リン酸水素ナトリウム(Na_2HPO_4，分子量＝142.0 モル質量)の便秘薬としての 1 日あたり最大服用量は 3.8 g である．この服用量ではリン酸水素ナトリウム，Na^+ イオンおよび全イオンはそれぞれ何モルになるか？

解　説　モル質量が質量(グラム)と物質量(モル)の変換係数である．化学式 Na_2HPO_4 より，各式単位は 2 Na^+ および 1 HPO_4^{2-} イオンを含んでいる．

概　算　最大服用量は分子量に比べて 2 桁ほど小さい(モル質量 142 g に対し約 4 g)．そのため，リン酸水素ナトリウム 3.8 g の物質量(モル)は 1 mol より 2 桁小さくなる．Na_2HPO_4 および全イオンの物質量はすなわち，10^{-2} の桁になる．

解　答

段階 1：情報を特定する．Na_2HPO_4 の質量と分子量が与えられている．
段階 2：解と単位を特定とする．Na_2HPO_4 の物質量(モル)，および含まれるイオン全体での物質量を求めなければならない．
段階 3：変換係数を特定する．グラムからモルへの変換に Na_2HPO_4 の分子量を用いる．
段階 4：解く．与えられた情報および変換係数を用いて，Na_2HPO_4 の物質量を求める．1 mol の Na_2HPO_4 は 2 mol の Na^+ イオンおよび 1 mol の HPO_4^{2-} イオンを含むので，値を求めるにはこの物質量を掛ければよい．

3.8 g Na_2HPO_4：分子量＝142.0 amu

Na_2HPO_4 の物質量＝?? mol
Na^+ イオンの物質量＝?? mol
全イオンの物質量＝?? mol

$$\frac{1 \text{ mol } Na_2HPO_4}{142.0 \text{ g } Na_2HPO_4}$$

$$3.8 \text{ g } Na_2HPO_4 \times \frac{1 \text{ mol } Na_2HPO_4}{142.0 \text{ g } Na_2HPO_4} = 0.027 \text{ mol } Na_2HPO_4$$

$$\frac{2 \text{ mol } Na^+}{1 \text{ mol } Na_2HPO_4} \times 0.027 \text{ mol } Na_2HPO_4 = 0.054 \text{ mol } Na^+$$

$$\frac{3 \text{ mol イオン}}{1 \text{ mol } Na_2HPO_4} \times 0.027 \text{ mol } Na_2HPO_4 = 0.081 \text{ mol イオン}$$

確　認　計算値(Na_2HPO_4 では 0.027 mol，イオンでは 0.081 mol)は，10^{-2} の桁という概算と一致する．

問題 6.5
10.0 g のエタノール(C_2H_6O)は何モルになるか？エタノール 0.10 mol は何グラムになるか？

問題 6.6
アセトアミノフェン($C_8H_9NO_2$) 5.00 g と 0.0225 mol ではどちらが重いか？

CHEMISTRY IN ACTION

ベン・フランクリンはアボガドロ定数を見つけることができたか？ 概算してみる

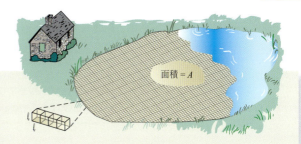

クラッパム (Clapham) の大きな池で，私は薬味びんをとり出し，少しだけ水の上に油を落としてみた．驚くべき速さで，それは池の表面上に広がった．油は，茶さじ1杯ほどでしかないが，一瞬のうちに音もなく数ヤード四方にわたって驚くほど広がり，さらに次第に拡張した．池の4分の1以上，おそらく半エーカー (1 エーカー＝約 4000 m²) くらいまで広がり，池の表面がガラスのように滑らかに見えた．
（ベンジャミン・フランクリンがウィリアム・ブラウニッヒに宛てた手紙，1773 年）

▲ 2人の共通点は何だろう？ ［ベンジャミン・フランクリン (左)，アメデオ・アボガドロ (右)］

ベンジャミン・フランクリンは，著述家であり有名な政治家であるが，発明家および科学者でもあった．雷が電気であることを示すための，凧と鍵を用いたフランクリンの実験は，小学生にまでも知られている．彼が行った油が水面に広がる度合いの測定から，分子サイズとアボガドロ定数を簡単に見積もることができることは，あまり知られていない．

つぎのような計算を行う：アボガドロ定数は物質1モルの分子数である．それでは，もしフランクリンが池に落とした茶さじ1杯の油に含まれる分子数と物質量 (モル) を見積もることができれば，アボガドロ定数を計算することができる．まず油の分子数を計算することからはじめよう．

1. フランクリンが用いた茶さじ1杯の体積 (V) は 4.9 cm³，油が覆った面積 (A) は 1/2 エーカー ＝ 2.0×10^7 cm² である．油の分子は均質な小さい立方体で，1分子分の厚みの膜をつくったと仮定しよう．図のような様子であると考えると，油の体積は膜の面積と1分子の厚み (l) の積に等しい：$V = A \times l$．この式を変形すると長さ l を求めることができ，分子の大きさを算出できる．

$$l = \frac{V}{A} = \frac{4.9 \text{ cm}^3}{2.0 \times 10^7 \text{ cm}^2} = 2.5 \times 10^{-7} \text{ cm}$$

2. 油が覆った面積は，1分子分の面積 (l^2) に油の分子数 (N) を掛けたものである：$A = l^2 \times N$．この式を変形することにより，分子数を求めることができる．

$$N = \frac{A}{l^2} = \frac{2 \times 10^7 \text{ cm}^2}{(2.5 \times 10^{-7} \text{ cm})^2} = 3.2 \times 10^{20} \text{ 分子}$$

3. 物質量 (モル) を計算するには，まず油の質量 (M) を知る必要がある．油を秤量すればよいのだが，フランクリンはそうしていない．そこで，油の体積 (V) と典型的な油の密度 (D) 0.95 g/cm³ をかけ合わせて，質量を見積もる（油は水に浮いているので，油の密度は水の密度 1.00 g/cm³ より若干小さくても驚くにはあたらない）．

$$M = V \times D = 4.9 \text{ cm}^3 \times 0.95 \frac{\text{g}}{\text{cm}^3} = 4.7 \text{ g}$$

4. 計算を進める前に，分子量に関する仮定も入れておく必要がある．典型的な油の分子量は 200 amu であると仮定すると，1 mol の油の質量は 200 g となる．油の質量 (M) を 1 mol 分の質量で割ると，油の物質量 (モル) が得られる．

$$\text{油の物質量(モル)} = \frac{4.7 \text{ g}}{200 \text{ g/mol}} = 0.024 \text{ mol}$$

5. 最後に，1モルあたりの分子数—アボガドロ定数—が，上で見積もられた物質量 (モル) で分子数を割ることにより得られる．

$$\text{アボガドロ定数} = \frac{3.2 \times 10^{20} \text{ 分子}}{0.024 \text{ mol}} = 1.3 \times 10^{22}$$

この計算はもちろんさほど正確なものではないが，フランクリンはここでアボガドロ定数を求めさせようと意図したわけではなく，油が池にどの程度広がるかという実験から粗く見積もっただけである．しかし簡単な実験にしては結果はそう悪くない．

章末の "Chemistry in Action からの問題" 6.58 を見ること．

> **問題 6.7**
> ベンジャミン・フランクリンの油の実験からのアボガドロ定数の推算（Chemistry in Action, "ベン・フランクリンはアボガドロ定数を見つけることができたか？ 概算してみる"参照）について，油の分子を立方体ではなく球と仮定すると，計算にはどう影響するか？ もし油の密度を 0.90 g/mL としたら？ もしモル質量を 200 g/mol ではなく 150 g/mol としたら？

6.3 モルでの量的関係と化学反応式

一般的な料理のレシピでは，必要な食材の量はさまざまな単位で指定されている．たとえば小麦粉の量はカップで指定され，一方で食塩やバニラエッセンスの量は小さじ何杯かで示される．化学反応では，反応物と生成物の量的関係を指定するのにもっとも適切な単位としてモルが使われる．

化学反応式の係数により，どれくらいの分子数（あるいは物質量）の反応物が必要か，どれくらいの分子数（あるいは物質量）の生成物が生成するか，が示される．そこからモル質量を用いて，反応物と生成物の質量の関係が得られる．たとえば，アンモニアの工業的合成のベースとなるつぎの化学反応式では，1 mol の N_2（28.0 g）との反応には 3 mol の H_2（3 mol × 2.0 g/mol = 6.0 g）が必要で，その反応により 2 mol の NH_3（2 mol × 17.0 g/mol = 34.0 g）が得られることがわかる．

$$3\ H_2 + 1\ N_2 \longrightarrow 2\ NH_3$$

係数はモル比であると見なすことができ，単位を含めた計算式をつくる際の変換係数となる．たとえばアンモニア合成では，H_2 と N_2 のモル比は 3：1，H_2 と NH_3 のモル比は 3：2，N_2 と NH_3 のモル比は 1：2 になる．

$$\frac{3\ \text{mol}\ H_2}{1\ \text{mol}\ N_2} \quad \frac{3\ \text{mol}\ H_2}{2\ \text{mol}\ NH_3} \quad \frac{1\ \text{mol}\ N_2}{2\ \text{mol}\ NH_3}$$

例題 6.5 では，モル比をどのように用いて式を立てるかを示す．

例題 6.5 化学反応式：モル比

さびは鉄と酸素が反応して，酸化鉄（Ⅲ）Fe_2O_3 を生成する過程である．

$$4\ Fe(固) + 3\ O_2(気) \longrightarrow 2\ Fe_2O_3(固)$$

(a) それぞれの反応物と生成物のモル比，および反応物同士のモル比はどうなるか？
(b) 6.2 mol の鉄が完全に酸化されると，何モルの酸化鉄（Ⅲ）が生成するか？

解説と解答
(a) 化学反応式の係数がモル比をあらわす．

$$\frac{2\ \text{mol}\ Fe_2O_3}{4\ \text{mol}\ Fe} \quad \frac{2\ \text{mol}\ Fe_2O_3}{3\ \text{mol}\ O_2} \quad \frac{4\ \text{mol}\ Fe}{3\ \text{mol}\ O_2}$$

(b) 何モルの Fe_2O_3 が生成するか知るためには，与えられた情報—鉄 6.2 mol—を書き出し，この量を打ち消して所望の量を与えるモル比を選べばよい．

$$6.2 \text{ mol Fe} \times \frac{2 \text{ mol Fe}_2\text{O}_3}{4 \text{ mol Fe}} = 3.1 \text{ mol Fe}_2\text{O}_3$$

モル比は絶対数なので,計算結果での有効数字の考慮からは除外してよい.

問題 6.8

(a) つぎの化学反応式を釣り合わせ,9.81 mol の塩酸と反応するニッケルは何モルか答えよ.

$$\text{Ni(固)} + \text{HCl(水)} \longrightarrow \text{NiCl}_2\text{(水)} + \text{H}_2\text{(気)}$$

(b) 6.00 mol の Ni と 12.00 mol の HCl が反応すると,何モルの $NiCl_2$ が生成するか?

問題 6.9

植物は光合成により,二酸化炭素と水をグルコース($C_6H_{12}O_6$)と酸素に変換する.この反応の化学反応式を書き,15.0 mol のグルコースを生成するためには何モルの CO_2 が必要か決定せよ.

6.4 質量での量的関係と化学反応式

化学反応式の係数は,反応物と生成物の分子と分子(あるいはモルとモル)の量的関係をあらわすことを覚えておくべきである.モル比は反応物と生成物の物質量(モル)から計算することができる.しかし,実験室で使用する実際の物質の量はグラム単位で秤量するものである.反応物や生成物の量(質量,体積,分子数など)を特定するのにどのような単位を使おうとも,反応はつねに物質量とモルの比でおこる.そのため,化学反応式に基づく計算では3とおりの変換を行う必要がある.

- **物質量から物質量への変換**は,モル比を変換係数として使用.前節の例題 6.5 はこの種の計算である.

$$A \text{ の物質量(モル)} \xrightarrow{\text{モル比を変換係数として使用}} B \text{ の物質量(モル)}$$
(既知) (未知)

- **物質量から質量へ,および質量から物質量への変換**は,モル質量を変換係数として使用.6.2 節の例題 6.3 および 6.4 は,この種の計算例である.

$$A \text{ の物質量(モル)} \xleftrightarrow{\text{モル質量を変換係数として使用}} A \text{ の質量(グラム)}$$

- **質量から質量への変換**はしばしば必要とはなるが,直接行うことはできない.もしある物質 A の質量を知っていて,対応する物質 B の質量を知りたい場合,まず最初に A の質量を A の物質量に変換し,物質量から物質量への変換により B の物質量へ変換し,B の物質量を B の質量に変換するとよい(図 6.2).

▶図 6.2
化学反応での物質のモル，質量，分子数の変換の概要
物質量(モル)により，化学反応式の係数で与えられているようなおのおのの物質のどのくらいの分子が必要かが示される．質量(グラム)により，どのくらいの質量の物質が必要かがわかる．

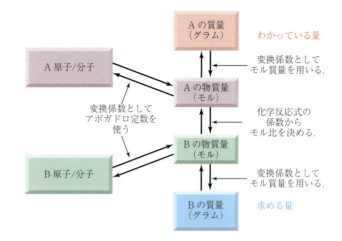

　全体として，反応物と生成物の質量での量的関係は，つぎの四つの段階を経て決まる．
段階1：化学反応式を書く．
段階2：与えられた情報を必要な情報に変換するためのモル質量とモル比を選ぶ．
段階3：単位を含めた換算式を立てる．
段階4：計算して答えを出し，計算前に行っておいた概算の結果と比較して確認する．

例題 6.6 モル比：物質量から質量への変換

大気中で，二酸化窒素は水と反応して一酸化窒素(NO)および硝酸(HNO_3)を生成する．この硝酸は，酸性雨として環境汚染をもたらす．

$$3\,NO_2(気) + H_2O(液) \longrightarrow 2\,HNO_3(水) + NO(気)$$

1.0 mol の NO_2 の反応により，何グラムの HNO_3 が生成するか？ HNO_3 の分子量は 63.0 amu とする．

解 説 反応物の物質量(モル)が与えられており，生成物の質量が求められている．図 6.2 で概要を示したように，この種の問題ではつねに，物質量(モル)を用いて反応物間の関係を計算したあとに，質量(グラム)に変換することが求められる．

概 算 硝酸のモル質量はおおよそ 60 g/mol であり，反応式の係数に基づけば，3 mol の NO_2 が反応して 2 mol の HNO_3 が生成する．すなわち，1 mol の NO_2 は約 2/3 mol の HNO_3 を与えるため，2/3 mol × 60 g/mol = 40 g となる．

解 答
段階1：**化学反応式を書く**．
段階2：**変換係数を特定する**．生成物の物質量(モル)を得るためには物質量から物質量への変換が必要であり，その後生成物の物質量を質量に変換する．最初の変換では HNO_3 と NO_2 のモル比を変換係数に用い，つぎの物質量から質量への変換の計算には，HNO_3 のモル質量(63.0 g/mol)を変換係数として用いる．
段階3：**単位を含めた式を立てる**．NO_2 の物質量から HNO_3 の物質量への変換，および HNO_3 の質量(グラム)への変換に適切なように，モル比の単位を含む式を確認する．
段階4：**解く**．

$$3\,NO_2(気) + H_2O(液) \longrightarrow 2\,HNO_3(水) + NO(気)$$

$$\frac{2\;\text{mol}\;HNO_3}{3\;\text{mol}\;NO_2}$$

$$\frac{63.0\;\text{g}\;HNO_3}{1\;\text{mol}\;HNO_3}$$

$$1.0\;\text{mol}\;\cancel{NO_2} \times \frac{2\;\text{mol}\;\cancel{HNO_3}}{3\;\text{mol}\;\cancel{NO_2}} \times \frac{63.0\;\text{g}\;HNO_3}{1\;\text{mol}\;\cancel{HNO_3}} = 42\;\text{g}\;HNO_3$$

確 認 概算では 40 g！

例題 6.7 モル比：質量から物質量へ，物質量から質量への変換

つぎの反応により 0.022 g のシュウ酸カルシウム(CaC_2O_4)を生成した．反応物として用いた塩化カルシウムの質量はいくらか？（CaC_2O_4 のモル質量は 128.1 g/mol，$CaCl_2$ のモル質量は 111.0 g/mol．）

$$CaCl_2(水) + Na_2C_2O_4(水) \longrightarrow CaC_2O_4(固) + 2\,NaCl(水)$$

解 説 与えられている情報も得るべき情報も質量なので，この問題は質量から質量への変換の問題である．まず CaC_2O_4 の質量を物質量（モル）に変換し，モル比を用いて $CaCl_2$ のモルを得る．そして $CaCl_2$ の物質量を質量に変換する．

概 算 化学反応式によると，1 mol の $CaCl_2$ が反応して 1 mol の CaC_2O_4 が生成する．この二つの化合物の式量は同程度なので，約 0.02 g の $CaCl_2$ から約 0.02 g の CaC_2O_4 が生成すると見なせる．

解 答

段階 1：化学反応式を書く．
段階 2：変換係数を特定する．CaC_2O_4 の質量を物質量（モル）に変換，$CaCl_2$ とのモル比により変換，および $CaCl_2$ の物質量を質量に変換する．あわせて三つの変換係数が必要となる．

段階 3：単位を含めた式を立てる．質量から物質量，および物質量から物質量への変換により，CaC_2O_4 の質量から $CaCl_2$ の質量が得られる．

段階 4：解く．

$$CaCl_2(水) + Na_2C_2O_4(水) \longrightarrow CaC_2O_4(固) + 2\,NaCl(水)$$

CaC_2O_4 の質量を物質量に：$\dfrac{1\ \text{mol}\ CaC_2O_4}{128.1\ \text{g}}$

CaC_2O_4 のモルを $CaCl_2$ の物質量に：$\dfrac{1\ \text{mol}\ CaCl_2}{1\ \text{mol}\ CaC_2O_4}$

$CaCl_2$ のモルを質量に：$\dfrac{111.0\ \text{g}\ CaCl_2}{1\ \text{mol}\ CaCl}$

$$0.022\ \text{g}\ CaC_2O_4 \times \dfrac{1\ \text{mol}\ CaC_2O_4}{128.1\ \text{g}\ CaC_2O_4} \times \dfrac{1\ \text{mol}\ CaCl_2}{1\ \text{mol}\ CaC_2O_4} \times \dfrac{111.0\ \text{g}\ CaCl_2}{1\ \text{mol}\ CaCl_2} = 0.019\ \text{g}\ CaCl_2$$

確 認 計算値(0.019 g)は概算(0.02 g)と一致する．

問題 6.10

フッ化水素はガラス（二酸化ケイ素 SiO_2 からなる）と反応する数少ない物質のうちの一つである．

$$4\,HF(気) + SiO_2(固) \longrightarrow SiF_4(気) + 2\,H_2O(液)$$

(a) 9.90 mol の SiO_2 と完全に反応する HF は何モルか？
(b) 23.0 g の SiO_2 の反応により，何グラムの水が生成するか？

問題 6.11

電球のフィラメントに用いられるタングステンは，三酸化タングステンと水素との反応により得られる．

$$WO_3(固) + 3\,H_2(気) \longrightarrow W(固) + 3\,H_2O(気)$$

5.00 g のタングステンを得るためには，何グラムの三酸化タングステンと何グラムの水素とを反応させなければならないか？（WO_3 の分子量 = 231.8 amu）

6.5 限定試薬と収率

ここまでのいくつかの章で行ってきた計算ではすべて，試薬が 100％生成物に変換するものと見なしている．しかし，そのようなことは実際にはまれである．前章で紹介したスモアのレシピに戻ろう．

グラハムクラッカー2枚 ＋ 焼いたマシュマロ1個 ＋ チョコバー1/4本
$\longrightarrow$ スモア1個

必要物を確認したときに，20枚のグラハムクラッカー，8個のマシュマロ，および3本のチョコバーがあったとしよう．これでどのくらいのスモアをつくることができるだろうか？（答えは8個！）グラハムクラッカーとチョコバーは余分にあるものの，8個つくった時点でマシュマロが足りなくなってしまう．同様に，化学反応を進行させる際に，すべて反応するようなちょうどいい量の試薬をつねに準備できるわけではない．そのような反応において最初に消費されてしまう試薬を**限定試薬**と呼ぼう．限定試薬がすべて反応したと仮定したときに得られる生成物の量を，この反応の**理論収量**と呼ぶ．

スモアを調理する過程において，8個のマシュマロのうちの一つが焼けてパリパリになってしまったとしよう．こうしたことがおこると，実際にできるスモアの数は，出発材料の量から想定したものより少なくなるだろう．同様に，化学反応もつねに出発物質の量から予測される量の生成物が得られるわけではない．それよりありがちなのは，反応分子のほとんどは反応式に示されるとおりに反応するが，副反応と呼ばれる別の過程もおこることである．さらに，生成物のいくらかは取り扱う際に失われる．結果として，実際に生成した生成物の量は─この反応の**実収量**といえるが─理論収量に比べてやや少なくなる．実際に生成した生成物の量は，**収率**としてあらわされる．

限定試薬（limiting reagent）　いかなる反応においても，最初に消費される試薬．

理論収量（theoretical yield）　限定試薬がすべて反応したと仮定したときの生成物の量．

実収量（actual yield）　反応で実際に生成した生成物の量．

収率（percent yield）　化学反応での理論収量に対する，実際に得られた生成物の百分率．

$$収率 = \frac{実収量}{理論収量} \times 100\%$$

ある反応での実際の収量は，生成物を秤量することで得られる．理論収量は前節（例題6.7）で学んだように，限定試薬の量を用いて質量から質量への計算を行うことで得られる．例題6.8から6.10では，限定試薬，収率，実収量，および理論収量の計算を扱う．

例題 6.8 収率

アセチレン（C_2H_2）ガスを燃焼させると，次式で示されるように二酸化炭素と水が生成する．

$$2\,C_2H_2(気) + 5\,O_2(気) \longrightarrow 4\,CO_2(気) + 2\,H_2O(気)$$

26.0 gのアセチレンを十分な量の酸素中で燃焼させ完全に反応させた時，CO_2の理論収量は88.0 gとなる．この反応での実際のCO_2収量が72.4 gであるとすると，この反応の収率はいくらか計算せよ．

解 説　収率は実収量を理論収量で割り，100を掛けることで計算できる．

概 算　理論収量（88.0 g）は100 gに近い．実収量（72.4 g）は理論収量より約15 g少ない．そのため実収量は理論収量より約15%低く，収率は約85%となる．

解 答

$$収率 = \frac{実収量}{理論収量} \times 100 = \frac{72.4\text{ g CO}_2}{88.0\text{ g CO}_2} \times 100 = 82.3\%$$

確 認　計算により得られた収率は概算の85%とよく一致している．

6.5 限定試薬と収率

例題 6.9 質量からモルへの変換：限定試薬と理論収量

ホウ素の単体は商業的には，高温でのホウ酸とマグネシウムとの反応により得られる．

$$B_2O_3(液) + 3\,Mg(固) \longrightarrow 2\,B(固) + 3\,MgO(固)$$

2350 g のホウ酸を 3580 g のマグネシウムと反応させるとき，理論収量はいくらか？ホウ酸とマグネシウムのモル質量はそれぞれ，69.6 g/mol および 24.3 g/mol とする．

解説 理論収量を計算するためには，まず限定試薬を決めなければならない．グラム単位で示される理論収量は，反応に用いられる限定試薬の量から計算される．前節で議論した質量から物質量（モル）への変換，および物質量から質量への変換により計算する．

解答

段階1：情報を特定する． 反応物の質量およびモル質量がわかっている．

段階2：解と単位を特定する． ホウ素の理論収量を求めている．

段階3：変換係数を特定する． 反応物（B_2O_3, Mg）の質量を物質量（モル）に変換するにはモル質量を用いる．反応物の物質量から化学反応式のモル比を用いて，完全に反応することを仮定し B の物質量を求める．Mg がすべて消費された場合（98.0 mol の B が生成）より少ない生成物（67.6 mol の B が生成）が仮定されることから，限定試薬は B_2O_3 である．

段階4：解く． 限定試薬（B_2O_3）が決まれば，B の理論量は物質量から質量への変換により求められる．

B_2O_3：質量 2350 g，モル質量 69.6 g/mol
Mg：質量 3580 g，モル質量 24.3 g/mol
ホウ素の理論収量 = ?? g

$$(2350\ \text{g}\ B_2O_3) \times \frac{1\ \text{mol}\ B_2O_3}{69.6\ \text{g}\ B_2O_3} = 33.8\ \text{mol}\ B_2O_3$$

$$(3580\ \text{g}\ \text{Mg}) \times \frac{1\ \text{mol}\ \text{Mg}}{24.3\ \text{g}\ \text{Mg}} = 147\ \text{mol}\ \text{Mg}$$

$$33.8\ \text{mol}\ B_2O_3 \times \frac{2\ \text{mol}\ B}{1\ \text{mol}\ B_2O_3} = 67.6\ \text{mol}\ B^*$$

$$147\ \text{mol}\ \text{Mg} \times \frac{2\ \text{mol}\ B}{3\ \text{mol}\ \text{Mg}} = 98.0\ \text{mol}\ \text{Mg}\ B$$

(*B_2O_3 基準として得られるはずの B の物質量が少ない)

$$67.6\ \text{mol}\ B \times \frac{10.8\ \text{g}\ B}{1\ \text{mol}\ B} = 730\ \text{g}\ B$$

例題 6.10 質量からモルへの変換：収率

エチレンと水が反応してエタノール（CH_3CH_2OH）が，実際の収率 78.5% で得られた．25.0 g のエチレンが反応して生成したエタノールは何グラムか？（エチレンの分子量 = 28.0 amu；エタノールの分子量 = 46.0 amu とする．）

$$H_2C = CH_2 + H_2O \longrightarrow CH_3CH_2OH$$

解説 この問題は 25.0 g のエチレンから生成できるエタノールの理論収量を求め，そこから実収量を 0.785（実収量と理論収量の比）により算出する．典型的な質量の相互変換の問題として扱える．

概算 25.0 g のエチレンは 1 mol より若干少ないくらいである．収率は約 78 % なので，生成するエタノールは 0.78 mol より若干少なく，おそらく約 3/4 mol 程度である．3/4 × 46 g = 34 g となる．

解答
エタノールの理論収量は

$$25\ \text{g エチレン} \times \frac{1\ \text{mol エチレン}}{28.0\ \text{g エチレン}} \times \frac{1\ \text{mol エタノール}}{1\ \text{mol エチレン}} \times \frac{46.0\ \text{g エタノール}}{1\ \text{mol エタノール}}$$

$$= 41.1\ \text{g エタノール}$$

そうすると，実収量は

$$41.1 \text{ g エタノール} \times 0.785 = 32.3 \text{ g エタノール}$$

確　認　計算値(32.3 g)は概算(34 g)と近い．

問題 6.12
19.4 g のエチレンと 50 g の塩化水素を反応させるとき，塩化エチルの理論収量はいくらか？実際に反応を行った際に 25.5 g の塩化エチルが生成したとすると，収率はいくらか？（エチレンの分子量 = 28.0 amu；塩化水素の分子量 = 36.5 amu；塩化エチルの分子量 = 64.5 amu とする）

$$H_2C=CH_2 + HCl \longrightarrow CH_3CH_2Cl$$

問題 6.13
エチレンオキシドと水が反応して，エチレングリコール（自動車の不凍液）が実際の収率 96.0 % で生成した．35.0 g のエチレンオキシドの反応により生成したエチレングリコールは何グラムか（エチレンオキシドの分子量 = 44.0 amu；エチレングリコールの分子量 = 62.0 amu である．）

（エチレンオキシド） + H_2O ⟶ $HOCH_2CH_2OH$ （エチレングリコール）

問題 6.14
鉄の必要摂取量は成人男性で 8 mg，妊娠中の女性で 18 mg である（Chemistry in Action，"貧血—限定試薬の問題？"参照）．この鉄の質量を物質量（モル）に変換せよ．

基礎問題 6.15
下の図のように反応物が混合しているとき，限定試薬はどれか？化学反応式はつぎの通りである．

$$A_2 + 2B_2 \longrightarrow 2AB_2$$

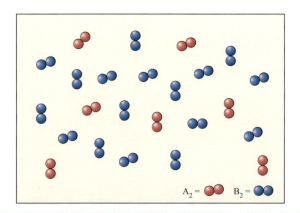

CHEMISTRY IN ACTION

貧血—限定試薬の問題？

貧血は病気と診断される血液の不調の中でもっともありふれたものであり，無気力，疲れ，集中力の低下，寒気などの症状が現れる．貧血には細胞の因子を含め多くの原因があるが，もっとも多い原因は日常での鉄の摂取および吸収量の不足である．

ヘモグロビン（以後 Hb とあらわす）は赤血球に含まれ，鉄を含むタンパク質であるが，体内での酸素の運搬の役割を担っている．体内の鉄の濃度が低い場合，Hb の生成量および赤血球中への供給量が減少する．その上，怪我や女性の月経による失血により，失われた Hb を回復しようという体内での需要が増大する．米国では，子供を産める年齢の女性の 20％近くが，成人男子では 2％ほどしか見られない鉄欠乏性の貧血に苦しんでいる．

1 日あたりの鉄分の必要最小摂取量は，成人男性で 8 mg，妊娠中の女性で 18 mg である．十分に鉄を摂取するための一つの方法は，鉄分強化穀物やシリアル，赤身の肉，卵の黄身，葉物の野菜，トマト，レーズンなどを含むバランスのとれた食事をとることである．果物や野菜の中の鉄分は，人体で肉や鶏や魚ほどすぐには吸収されにくいので，ベジタリアンはとくに食事に気をつけるべきである．葉酸

▲鋳鉄鍋を用いて調理すると貧血は減らせるか？

や硫酸鉄あるいは硫酸グルコシドを含むビタミンサプリメントは，鉄の欠乏の恐れを減少させることができ，またビタミン C が鉄分の体内への吸収を促進する．

しかしながら，鉄の摂取量を増やすもっとも単純な方法は，鋳鉄を調理器具として用いることである．多くの食料中の鉄の含有量は，鉄の鍋を用いると増加することが，研究により明らかになっている．鋳鉄の調理器具を用いて調理した食事をとるエチオピアの子供は，アルミニウムの調理器具で調理した食事をとる子供と比べて，鉄欠乏性貧血が少ないという報告もある．

章末の "Chemistry in Action からの問題" 6.59, 6.60 を見ること．

▶▶ 酸素の運搬におけるヘモグロビンの役割は，9 章でくわしく説明する．

概念図：化学反応（5 章，6 章）

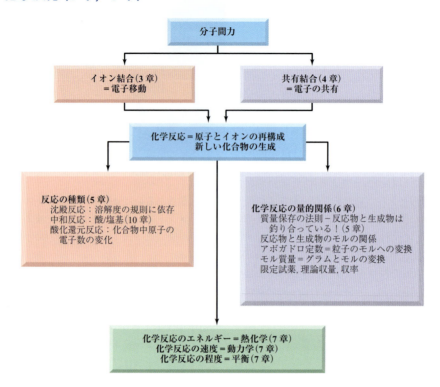

▲図6.3

概念図 5章と6章では，化学反応を取り扱った．上の概念図では，化学反応は反応物の結合が壊れて生成物の新しい結合が生成する際の，化合物の分子間の力の再構成をあらわす．イオンの反応は沈殿反応，中和反応，酸化還元反応に分類できる．ある分類の反応（酸塩基の中和）に関しては，10章でより詳しく取り扱う．他の反応の特徴については7章で取り扱う．

要約：章の目標と復習

1. モルとは何で，化学にどう有用なのか？

モルとは，ある物質の化学式単位の**アボガドロ定数** 6.022×10^{23} 個分の量をあらわす．あらゆる物質において1モルの質量（**モル質量**）は，その物質の分子量あるいは式量にグラム単位を付けたものとなる．同じ物質量（モル）の物質は同じだけの個数の化学式単位を含むので，モル質量は物質量と質量（グラム）のあいだの変換係数として扱うことができる（問題 16, 21〜25, 27, 28, 32, 33, 38, 41, 62, 63）．

2. 物質量と質量はどのように関係するのか？

化学反応式の係数は，反応に関与する反応物と生成物の物質量（モル）をあらわす．そのため，係数の比は反応物と生成物，あるいは反応物間の量的関係を示す**モル比**として扱うことができる．単位を付した計算式においてモル質量とモル比を用いることにより，既知の物質の質量あるいは物質量から未知の物質の質量あるいは物質量を得ることができる（問題 17, 20, 25, 26, 29〜31, 34〜57, 59〜61, 63〜76）．

3. 限定試薬，理論収量，反応の収率とはなにか？

限定試薬は最初に消費される反応物である．**理論収量**は限定試薬の量を基にして得られるはずの生成物の量である．**実収量**は実際の反応により得られた生成物の量である．**収率**とは，実収量を理論収量で割った値に100％を掛けたものである（問題 18, 19, 52〜57, 71, 72参照）．

補　充　問　題

KEY WORDS

アボガドロ定数（N_A），p.169　　実収量，p.178　　分子量，p.167
限定試薬，p.178　　　　　　　　　モル，p.168　　　　収率，p.178
式量，p167　　　　　　　　　　　　モル質量，p.168　　理論収量，p.178

基本概念を理解するために

6.16 体内器官でタンパク質合成に用いられるアミノ酸であるメチオニンは，つぎの分子模型であらわされる構造を有する．メチオニンの化学式を書き，分子量を計算せよ．
（赤＝O，黒＝C，青＝N，黄＝S，白＝H）

メチオニン

6.17 下図は A_2（赤色）と B_2（青色）との反応をあらわす．
(a) この反応の化学反応式を書け．
(b) 1.0 mol の A_2 から何モルの生成物が生成するか？ 1.0 mol の B_2 ではどうか？

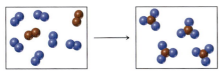

6.18 化学反応式 $2A + B_2 \longrightarrow 2AB$ について考える．つぎの容器内での反応で，生成物の理論収量を求めよ．

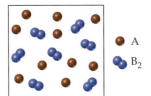

● A
◦◦ B_2

6.19 つぎの化学反応式を考える．$A_2 + 2B_2 \longrightarrow 2AB_2$ この反応が，A_2 および B_2 の初期濃度が図(a)の状態からはじまった．生成物は図(b)のように得られた．収率を求めよ．

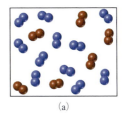

(a)

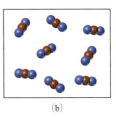

(b)

6.20 つぎの図はエチレンオキシドと水との反応により，自動車用不凍液として用いられるエチレングリコールが生成する反応を示す．9.0 g の水と反応するエチレンオキシドの質量は何グラムで，生成するエチレングリコールの質量は何グラムか？

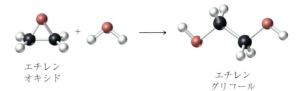

エチレン　　　　　　　　　　　　　　エチレン
オキシド　　　　　　　　　　　　　　グリコール

補　充　問　題

モル質量とモル

6.21 物質の1モルとはなにか？分子化合物 1 mol には何分子が含まれるか？

6.22 分子量と式量の違いはなにか？分子量とモル質量の違いはなにか？

6.23 1 mol の Na_2SO_4 にはどのくらいの Na^+ イオンが含まれるか？ SO_4^{2-} はどうか？

6.24 1.75 mol の K_2SO_4 には何モルのイオンが含まれるか？

6.25 16.2 g のカルシウムにはどのくらいのカルシウム原子が含まれるか？

6.26 2.68×10^{22} 個のウラン原子の質量は何グラムか？

6.27 つぎの化合物のモル質量を計算せよ．
(a) 炭酸カルシウム，$CaCO_3$
(b) 尿素，$CO(NH_2)_2$
(c) エチレングリコール，$C_2H_6O_2$

6.28 問題 6.27 の化合物それぞれ 1 mol あたり，炭素原子は何モル含まれているか？

6.29 問題 6.27 の化合物それぞれ 1 mol あたり，炭素原子は何個含まれるか？また酸素は何グラム含まれるか？

6.30 カフェインの化学式は $C_8H_{10}N_4O_2$ である．1杯のコーヒー中におおよそ 125 mg のカフェインが含まれるとすれば，この1杯中のカフェインは何モルか？

6.31 アスピリン $C_9H_8O_4$ は 500 mg の錠剤中には何モル含まれるか？

6.32 ジアゼパム（バリウム，鎮静薬）$C_{16}H_{13}ClN_2O$ のモル質量はいくらか？

6.33 つぎの物質のモル質量を求めよ．
(a) 硫酸アルミニウム，$Al_2(SO_4)_3$
(b) 炭酸水素ナトリウム，$NaHCO_3$
(c) ジエチルエーテル，$(C_2H_5)_2O$
(d) ペニシリン V，$C_{16}H_{18}N_2O_5S$

6.34 問題 6.33 の化合物の 4.50 g は何モルであるか？

6.35 成人男性および妊娠中の女性1日あたりのカルシウム必要最小摂取量は 1000 mg/日である．クエン酸カルシウム $Ca(C_6H_5O_7)_2$（分子量 = 498.5 amu）は通常，このサプリメントとして用いられる．カルシウムの1日必要最小摂取量を満たすクエン酸カルシウムの質量はいくらか？

6.36 アスピリン $C_9H_8O_4$ の 0.0015 mol の質量は何グラムか？また，この 0.0015 mol の試料中には何個のアスピリン分子が含まれているか？

6.37 問題 6.33 の化合物の 0.075 mol は何グラムか？

6.38 腎結石の主な成分はシュウ酸カルシウム CaC_2O_4 である．典型的なケースの患者から回収される腎結石は，8.5×10^{20} の化学式単位のシュウ酸カルシウムを含んでいる．腎結石中に含まれる CaC_2O_4 は何モルか？腎結石の質量は何グラムか？

化学反応におけるモルと質量の関係

6.39 自動車のエンジン内での温度上昇に伴い，N_2 と O_2 の反応により大気汚染の要因となる NO が生成する．
(a) この反応の化学反応式を書け．
(b) 7.50 mol の O_2 との反応には何モルの N_2 が必要か？
(c) 3.81 mol の N_2 の反応により何モルの NO が生成するか？
(d) 0.250 mol の NO の生成には何モルの O_2 が反応しなければならないか？

6.40 酢酸エチルは触媒の存在下で H_2 と反応してエタノールを与える．

$$()C_4H_8O_2(液) + H_2(気) \longrightarrow ()C_2H_6O(液)$$

(a) この化学反応式に適切な係数を付けよ．
(b) 1.5 mol の酢酸エチルの反応により生成するエタノールは何モルか？
(c) 1.5 mol の酢酸エチルと H_2 との反応により生成するエタノールは何グラムか？
(d) 12.0 g の酢酸エチルと H_2 との反応により生成するエタノールは何グラムか？
(e) 12.0 g の酢酸エチルとの反応に必要な H_2 は何グラムか？

6.41 "Milk of Magnesia（酸化マグネシウムのミルク）"の商標で市販される制酸剤の有効成分は，水酸化マグネシウム $Mg(OH)_2$ である．一服分（小さじ1杯）では 1.2 g の $Mg(OH)_2$ を含む．(a) 水酸化マグネシウムのモル質量，および(b) 小さじ1杯中に水酸化マグネシウムが何モルあるか，それぞれ計算せよ．

6.42 肥料として用いられるアンモニア NH_3 は，N_2 と H_2 との反応により製造する．
(a) この反応の化学反応式を適切な係数を付けて書け．
(b) 16.0 g の NH_3 を得るために必要な N_2 は何モルか？
(c) 75.0 g の N_2 と反応させるのに必要な H_2 は何グラムか？

6.43 ロケットの燃料として用いられる物質ヒドラジン N_2H_4 は，酸素と次式のように反応する．

$$()N_2H_4(液) + ()O_2(気) \longrightarrow ()NO_2(気) + ()H_2O(気)$$

(a) この化学反応式に適切な係数を付けよ．
(b) 165 g のヒドラジンとの反応に必要な酸素は何モルか？
(c) 165 g のヒドラジンとの反応に必要な酸素は何グラムか？

6.44 Fe_2O_3 から高純度の鉄を生成するための方法として，一酸化炭素との反応があげられる．

$$()Fe_2O_3(固) + ()CO(気) \longrightarrow ()Fe(固) + ()CO_2(気)$$

(a) この化学反応式に適切な係数を付けよ．
(b) 3.02 g の Fe_2O_3 との反応に必要な CO は何グラムか？
(c) 1.68 mol の Fe_2O_3 との反応に必要な CO は何モルか？

6.45 マグネシウム金属は酸素中で燃え，酸化マグネシウム MgO が生成する．
(a) この反応の化学反応式を適切な係数を付けて書け．
(b) 25.0 g の Mg との反応に必要な酸素は何グラムか？また，何グラムの MgO が生成するか？
(c) 25.0 g の O_2 との反応に必要な Mg は何グラムか？また，何グラムの MgO が生成するか？

6.46 金属チタンはルチル（金紅石）TiO_2 から得られる．95 kg の Ti を製造するのに必要なルチルは何キログラムか？

6.47 ヘマタイトからの鉄の調製（問題 6.44 参照）において，105 kg の Fe_2O_3 を完全に反応させるのに必要な一酸化炭素は何モルか？

6.48 1980 年のセントヘレナ山の噴火により，大気中に 4

$\times 10^8$ kg の SO_2 が排出した．この SO_2 がすべて硫酸に変換したとすると，何モルの H_2SO_4 が生成したことになるか？ kg 単位ではどうか．

6.49 テルミット反応は，アーク溶接を行う前に溶融鉄を製造するのに用いられる．テルミット反応は次式であらわされる．

$$Fe_2O_3(固) + 2\,Al(固) \longrightarrow Al_2O_3(固) + 2\,Fe(液)$$

1.5 kg の酸化鉄(III)から何モルの溶融鉄を製造することができるか？

6.50 "愚者の金"としても知られるパイライトは，二硫化鉄 FeS_2 からなる．商業的には，紙製品の製造において SO_2 を生成するのに用いられる．1.0 kg のパイライトから何モルの SO_2 が生成できるか？

6.51 ジボラン (B_2H_6) は室温で気体であり，空気と混合することで爆発性を示す．この物質と酸素との反応は下式に従う．

$$B_2H_6(気) + 3\,O_2(気) \longrightarrow B_2O_3(固) + 3\,H_2O(液)$$

7.5 mol の O_2 と反応するジボランは何グラムか？

限定試薬と収率

6.52 空気を遮断して木材を加熱すると，高圧での一酸化炭素と水素との反応によりメタノール (CH_3OH) が生成する．

$$CO(気) + 2\,H_2(気) \longrightarrow CH_3OH(液)$$

(a) 25.0 g の CO が 6.00 g の H_2 と反応するとき，限定試薬はどちらか？
(b) 10.0 g の CO がすべて反応すると，何グラムの CH_3OH が生成するか？
(c) (b)と同じ条件下で反応させ，9.55 g の CH_3OH が回収されたとすると，収率はいくらか？

6.53 問題 6.43 において，ヒドラジンは酸素と，(係数は合わせていないものの)以下の式のように反応する．

$$N_2H_4(液) + O_2(気) \longrightarrow NO_2(気) + H_2O(気)$$

(a) 75.0 kg のヒドラジンと 75.0 kg の酸素を反応させるとき，限定試薬はどちらか．
(b) 75.0 kg の限定試薬の反応により，何キログラムの NO_2 が生成するか．
(c) 59.3 kg の NO_2 が(a)の過程で得られたとすると，収率はいくらか．

6.54 コーヒー豆の脱カフェインの溶剤として用いられるジクロロメタン CH_2Cl_2 は，CH_4 と Cl_2 との反応により得られる．

(a) 適切な係数を付けて化学反応式を書け(HCl も同時に生成する)．
(b) 50.0 g の CH_4 との反応に必要な Cl_2 は何グラムか？
(c) 収率 76 % だとすると，50.0 g の CH_4 から生成するクロロメタンは何グラムか？

6.55 抗がん剤に用いられるシスプラチン [$Pt(NH_3)_2Cl_2$] は，アンモニアと四塩化白金酸カリウムとの反応により得られる．

$$K_2PtCl_4 + 2\,NH_3 \longrightarrow 2\,KCl + Pt(NH_3)_2Cl_2$$

(a) 55.8 g の K_2PtCl_4 との反応に必要な NH_3 は何グラムか？
(b) 収率 95 % で 55.8 g の K_2PtCl_4 と反応して得られるシスプラチンの量はいくらか？

6.56 ニトロベンゼン ($C_6H_5NO_2$) は香水の香料として少量用いるが，大量に用いると毒性を示す．この物質はベンゼン (C_6H_6) と硝酸の反応により製造する．

$$C_6H_6(液) + HNO_3(水) \longrightarrow C_6H_5NO_2(液) + H_2O(液)$$

(a) 27.5 g の硝酸と 75 g のベンゼンとの反応で，限定試薬となるものを指摘せよ．
(b) この反応の理論収量を計算せよ．

6.57 問題 6.56 で扱った反応で 48.2 g のニトロベンゼンが生成したとき，収率を計算せよ．

Chemistry in Action からの問題

6.58 池の表面に広がった油からアボガドロ定数を計算する際に，どのような誤差が含まれるか考えよ．[ベン・フランクリンはアボガドロ定数を見つけることができたか？ 概算してみる, p.173]

6.59 食事に含まれる鉄分はヘモグロビン (Hb) と 1：1 錯体を形成し，次式の反応に基づき体内での O_2 運搬を担う．

$$Hb + 4\,O_2 \longrightarrow Hb(O_2)_4$$

8 mg の鉄分から形成したヘモグロビン錯体は，何モルの酸素を運ぶことができるか？[貧血—限定試薬の問題？, p.181]

6.60 硫酸鉄は鉄欠乏性貧血を防ぐサプリメントである．この化合物の分子式，および分子量はいくらか？ 硫酸鉄 250 mg のとき，鉄は何ミリグラムあるか．[貧血—限定試薬の問題？, p.181]

全般的な質問と問題

6.61 亜鉛金属は下式のように塩化水素 (HCl) と反応する．

$$Zn(固) + 2\,HCl(水) \longrightarrow ZnCl_2(水) + H_2(気)$$

(a) 15.0 g の亜鉛が反応することにより生成する水素は何グラムか？
(b) この反応は酸化還元反応か？ もしそうであれば，何が還元され何が酸化されているか？ 酸化剤および還元剤を特定せよ．

6.62 南米で用いられていた毒矢の毒の主成分であるバトラコトキシン $C_{31}H_{42}N_2O_6$ は，猛毒であり人間の致死量は 0.05 µg である．この致死量中には何分子含まれているか？

6.63 血清コレステロールを下げる薬であるロバスタチンの分子式は，$C_{24}H_{36}O_5$ である．

(a) ロバスタチンのモル質量を計算せよ．
(b) 10 mg の錠剤 1 錠中に含まれるロバスタチンは何モルか？

6.64 砂糖（スクロース $C_{12}H_{22}O_{11}$）を加熱すると，分解して C と H_2O が生成する．
(a) この過程の化学反応式を書け．
(b) 60.0 g のスクロースが分解することにより，何グラムの炭素が生成するか？
(c) このプロセスで 6.50 g の炭素ができるとき，何グラムの水が生成するか？

6.65 Cu は酸と反応するほど活性ではないが，濃い硝酸には溶解する．そのとき硝酸は下式のように酸化剤として働く．

$$Cu(固) + 4 HNO_3(水) \longrightarrow Cu(NO_3)_2(水) + 2 NO_2(固) + 2 H_2O(液)$$

(a) このプロセス全体のイオン反応式を書け．
(b) 5.00 g の銅との反応に，HNO_3 は 35.0 g で十分か？

6.66 体内のアルコール濃度を示し，飲酒検知機検査に用いられる Breathalyzer テストの全イオン反応式は，つぎのようになる．

$$16 H^+(水) + 2 Cr_2O_7^{2-}(水) + 3 C_2H_6O(水) \longrightarrow 3 C_2H_4O_2(水) + 4 Cr^{3+}(水) + 11 H_2O(液)$$

(a) 1.50 g の C_2H_6O を消費するのに用いる $K_2Cr_2O_7$ は何グラムか？
(b) 80.0 g の C_2H_6O から生成する $C_2H_4O_2$ は何グラムか？

6.67 糖やデンプンの発酵において，酵素の作用によりエタノールが生成する．

$$C_6H_{12}O_6 \longrightarrow 2 CO_2 + 2 C_2H_6O$$

エタノールの密度を 0.789 g/mL とすると，45 kg の糖の発酵により生じるエタノールは何リットルか？

6.68 気体状のアンモニアは白金触媒の存在下で酸素と反応し，一酸化窒素と水蒸気が生成する．
(a) この反応の化学反応式を適切な係数を付けて書け．
(b) 17.0 g のアンモニアが完全に反応することにより生成する一酸化窒素の質量はいくらか？

6.69 市販の漂白剤の有効成分である次亜塩素酸ナトリウムは，水酸化ナトリウム水溶液に塩素ガスを通気することで生成する．

$$NaOH(水) + Cl_2(気) \longrightarrow NaOCl(水) + H_2O(液)$$

32.5 g の NaOH から何モルの次亜塩素酸ナトリウムが生成するか？

6.70 硫酸バリウムは，胃の X 線撮影の前に患者が飲む不溶性のイオン化合物である．
(a) 塩化バリウムと硫酸ナトリウムから硫酸バリウムが沈殿する反応の化学反応式を，適切な係数を付けて書け．
(b) 27.4 g の Na_2SO_4 が完全に反応して生成する硫酸バリウムの質量はいくらか？

6.71 硝酸製造の最終段階は，二酸化窒素と水との反応である．

$$(\ \ )NO_2(気) + (\ \ )H_2O(液) \longrightarrow (\ \ )HNO_3(水) + (\ \ )NO(気)$$

(a) この化学反応式に適切な係数を付けよ．
(b) 65.0 g の二酸化窒素が過剰の水と反応するとき，理論収量を計算せよ．
(c) 上の条件下で，もし 43.8 g の硫酸しか得られないとすると，そのときの収率を計算せよ．

6.72 アスピリンの有効成分であるアセチルサリチル酸は，サリチル酸と無水酢酸の反応で得られる．

$$C_7H_6O_3 + C_4H_6O_3 \longrightarrow C_9H_8O_4 + C_2H_4O_2$$
（サリチル酸）（無水酢酸）（アセチルサリチル酸）（酢酸）

(a) 47 g のサリチル酸が 25 g の無水酢酸と反応するときの理論収量を計算せよ．
(b) 上の条件下で 35 g しか得られないときの収率を求めよ．

6.73 宝石や食器などは，硝酸銀の溶液から銀イオンの還元により銀めっきされている．全イオン反応式は $Ag^+(水) + e^- \longrightarrow Ag(固)$ となる．15.2 g の銀を宝石の上にめっきしたいとき，何グラムの硝酸銀が必要か？

6.74 リンの単体は P_4 分子として存在する．この分子と Cl_2(気) との反応により，五塩化リンが生成する．
(a) この反応の化学反応式を，適切な係数を付けて書け．
(b) 15.2 g の P_4 が完全に反応して得られる五塩化リンの質量はいくらか？

6.75 スペースシャトルに積載した酸化リチウムは，つぎの反応に従い空気中の水分を取り除く．

$$Li_2O(固) + H_2O(気) \longrightarrow 2 LiOH(固)$$

80.0 kg の水を取り除くためには，何グラムの Li_2O を積載しなければならないか？

6.76 スペースシャトルの着陸の推進力の一つとして，過塩素酸アンモニウムとアルミニウムとの反応により $AlCl_3$(固)，H_2O(気)，NO(気)を生成する反応が用いられる．
(a) この反応の化学反応式を適切な係数を付けて書け．
(b) 14.5 kg の過塩素酸アンモニウムの反応により生成する気体は何モルか？

7章

化学反応：エネルギー，速度および平衡

▲多くの自然化学反応はエネルギーの発散を伴い，時には爆発的なものとなる．

目　次

- 7.1 エネルギーと化学結合
- 7.2 化学反応における熱の変化
- 7.3 発熱および吸熱反応
- 7.4 化学反応がおきるのはなぜか？自由エネルギー
- 7.5 化学反応はどのようにおきるか？反応速度
- 7.6 反応速度におよぼす温度，濃度，触媒の影響
- 7.7 可逆反応と化学平衡
- 7.8 平衡式と平衡定数
- 7.9 ルシャトリエの法則：平衡におよぼす条件変化の影響

この章の目標

1. 反応中にどんなエネルギー変化がおきているか？
   目標：化学反応におけるエネルギー変化に影響する要素を説明できる．(◀◀◀ A, B, C.)
2. "自由エネルギー"とはなにか，また化学における自発性の定義とはなにか？
   目標：エンタルピー，エントロピー，自由エネルギーの変化の区別ができ，これらの量が化学反応にどのように影響するか説明できる．
3. 化学反応の速度を決めているのはなにか？
4. 目標：活性化エネルギーと反応速度を決めるほかの要素について説明できる．(◀◀◀ D.)
5. 化学平衡とはなにか？
   目標：平衡時にその反応の中でなにがおきているかを記述でき，また与えられた反応に対する平衡式が書ける．(◀◀◀ D.)
6. ルシャトリエの法則とはなにか？
   目標：ルシャトリエの法則を説明でき，それを使って温度，圧力，濃度の変化が反応におよぼす影響を予想できる．

復習事項

A. エネルギーと熱
(1.13節)
B. イオン結合
(3.3節)
C. 共有結合
(4.1節)
D. 化学反応式
(5.1節)

反応について多くの疑問が未解決のままになっている．たとえば，なぜ反応がおきるのか？ 収支のとれた反応式が書けたからといって，その反応がおきるわけではない．仮に金と水との反応式が書けたとしても，実際には反応がおきない．だからあなたの金の指輪はシャワーの中でも安全なのである．

収支はとれているが，
反応はしない　　　　　　$2\,Au(固) + 3\,H_2O(液) \longrightarrow Au_2O_3(固) + 3\,H_2(気)$

反応をより完全に記述するために，よく質問されるいくつかの基本的な事項がある．反応がおきる際にエネルギーは放出されるか，吸収されるか？ 与えられた反応は速いか，遅いか？ 反応はすべての反応物が生成物に変わるまで続くか，あるいは，もうそれ以上生成物が形成されることはないような状態は存在するのか？

7.1　エネルギーと化学結合

ポテンシャルエネルギーと運動エネルギー：これらは，基本的かつ相互に変換可能なエネルギーである．**ポテンシャルエネルギー**はたくわえられたエネルギーである．ダムにたくわえられた水，坂を下る前の自動車，あるいは巻き上げられたぜんまいなどは，ポテンシャルエネルギーが解放されるのを待っている状態である．対照的に，**運動エネルギー**は動きのエネルギーである．ダムから水が落ちタービンを回す，車が坂を下る，ぜんまいがゆるんで時計の針が動くなどの際に，それぞれのポテンシャルエネルギーは運動エネルギーに変換される．もちろん，すべてのポテンシャルエネルギーが変換されてしまったら，もうなにもおきない．ダムの底の水，谷の底の車，ゆるんでしまったばね，これらはもうポテンシャルエネルギーをもっておらず，変化することはない．

化学物質では，磁石のN極とS極のあいだに働く引力に似たイオン，あるいは原子のあいだの引力がポテンシャルエネルギーとなる．これらの引力がイオンあるいは原子のあいだでイオン結合あるいは共有結合を形成させたとき，このポテンシャルエネルギーはしばしば**熱**，すなわちその分子をつくりあげて

ポテンシャルエネルギー（potential energy）　蓄積されたエネルギー．

運動エネルギー（kinetic energy）　運動している物体がもつエネルギー．

熱（heat）　熱エネルギー移動の尺度．

いる粒子の運動エネルギーの尺度に変換される．これらの結合の切断にはエネルギーの入力が必要となる．

化学反応では，反応物の化学結合のいくつかは切れなければならず（エネルギー入），そうして生成物に新しい結合ができる（エネルギー出）．もし生成物が反応物よりも低いポテンシャルエネルギーをもつ場合，生成物は反応物より"安定"と表現する．この"安定"という用語は，化学ではポテンシャルエネルギーがほとんど残っておらず，それ以上変わる傾向のない物質をいう．反応がおきるかどうか，さらに反応にどれだけのエネルギーあるいは熱がかかわるかは，反応物や生成物に含まれるポテンシャルエネルギー量の差に依存している．

結合解離エネルギー（bond dissociation energy） 孤立した気体分子における単一の結合を切断し，原子を分離するために必要なエネルギーの量．

7.2 化学反応における熱の変化

塩素はいろいろな元素や化合物と容易に反応するのに，窒素が容易に反応しないのはなぜか？それらの反応性の違いを説明し得る塩素分子 Cl_2 と窒素分子 N_2 の違いとはなにか？答えは窒素–窒素三重結合が塩素–塩素単結合よりもずっと強く，化学反応では容易に開裂できないことにある．

共有結合の強さは，単一の気体分子における結合が切れて，原子状態に分裂するのに必要なエネルギー量，すなわち**結合解離エネルギー**によって測定することができる．結合の解離エネルギーが大きいほど，原子あるいはイオンのあいだの化学結合はより安定になる．たとえば，N_2 の三重結合は，226 kcal/mol（946 kJ/mol）の結合解離エネルギーをもち，それに対し，塩素の単結合はほんの 58 kcal/mol（243 kJ/mol）の結合解離エネルギーしかもたない．

$:N:::N:\xrightarrow{226\text{ kcal/mol}} \cdot\dot{N}: + :\dot{N}\cdot$ N_2 の結合解離エネルギー = 226 kcal/mol (946 kJ/mol)

$:\ddot{Cl}:\ddot{Cl}:\xrightarrow{58\text{ kcal/mol}} :\ddot{Cl}\cdot + \cdot\ddot{Cl}:$ Cl_2 の結合解離エネルギー = 58 kcal/mol (243 kJ/mol)

N_2 における三重結合の大きな安定性が，なぜ窒素原子が Cl_2 よりも反応性が低いかを説明する．いくつかの代表的な結合解離エネルギーを表 7.1 にあげた．

表 7.1 平均結合解離エネルギー

結合	結合解離エネルギー (kcal/mol, kJ/mol)	結合	結合解離エネルギー (kcal/mol, kJ/mol)	結合	結合解離エネルギー (kcal/mol, kJ/mol)
C―H	99, 413	N―H	93, 391	C=C	147, 614
C―C	83, 347	N―N	38, 160	C≡C	201, 839
C―N	73, 305	N―Cl	48, 200	C=O*	178, 745
C―O	86, 358	N―O	48, 201	O=O	119, 498
C―Cl	81, 339	H―H	103, 432	N=O	145, 607
Cl―Cl	58, 243	O―H	112, 467	C≡N	213, 891
H―Cl	102, 427	O―Cl	49, 203	N≡N	226, 946

*CO_2 における C=O の結合解離エネルギーは，191 kcal/mol（799 kJ/mol）．

吸熱的（endothermic） 熱を吸収すること．

発熱的（exothermic） 熱を放出すること．

結合の開裂のような，熱を吸収する化学変化は**吸熱的**（endothermic，ギリシャ語の endon（引き込む）と therme（熱）に由来．熱を引き込むの意味）と呼ばれ，結合開裂の逆となる結合形成のような，熱を発する変化を**発熱的**（exothermic，

ギリシャ語のexo(外)に由来．熱を外へ出すの意味)と呼ぶ．結合が形成する時に放出されるエネルギー量は，その結合を開裂させる際に吸収されるのとおなじ値になる．したがって，窒素原子が結合してN_2となる際は226 kcal/mol (946 kJ/mol)の熱が放出される．おなじように，塩素原子が結合してCl_2を与える際は58 kcal/mol (243 kJ/mol)の熱が放出される．化学変化におけるエネルギー移動の方向を，数値の前につけた符号であらわす．もし熱が吸収される場合は(吸熱的)，符号を正にして物質によってエネルギーが**獲得**されることを示す．もし熱が放出される場合は(発熱的)符号を負にし，化学変化のあいだに物質によってエネルギーが**失われる**ことを示す．

$$:\!\dot{N}\!\cdot\; +\; \cdot\dot{N}\!: \longrightarrow\; :\!N\!:\!:\!:\!N\!: \;+\; 226\,\text{kcal/mol}\,(946\,\text{kJ/mol})\;熱放出$$

$$:\!\dot{\underset{..}{Cl}}\!\cdot\; +\; \cdot\dot{\underset{..}{Cl}}\!: \longrightarrow\; :\!\underset{..}{Cl}\!:\!\underset{..}{Cl}\!: \;+\; 58\,\text{kcal/mol}\,(243\,\text{kJ/mol})\;熱放出$$

結合の開裂や生成で生じるような，おなじエネルギーの関係はすべての物理的あるいは化学的変化に当てはまる．つまり，ある方向への変化で移動した熱量は，反対方向への変化で移動した熱量に等しい，すなわち熱移動の方向だけが異なる．この関係は，**エネルギー保存の法則**(law of conservation of energy)という自然界の基本的な法則を反映している．

> **エネルギー保存の法則**　いかなる物理的あるいは化学的変化においても，エネルギーは生成もされなければ分解もされない．

もし発熱反応で放出されるエネルギーが，反対の反応で消費されるエネルギーよりも多くなると，その法則は破棄され，私たちは反応を前後に行ったり来たりを繰り返すだけで，どこからともなくエネルギーを"つくり出す"ことができる—明らかに不可能である．

すべての化学反応において，反応物ではいくつかの結合が切断され，生成物ではいくつかの結合が形成される．結合を切断する時に吸収される熱エネルギーと，結合を形成する際に放出される熱エネルギーとの差は**反応熱**と呼ばれ，測定できる数値である．定圧条件で反応した際に測定される反応熱は，ΔH (Δはギリシャ語デルタの大文字で一般に"差"をあらわす記号である．また，Hは**エンタルピー**と呼ばれる数量である)という略語であらわされる．つまり，ΔHの値は反応の過程で生じた**エンタルピー変化**をあらわしている．**エンタルピー変化**と**反応熱**という言葉はよくおなじ意味として使われるが，本書では一般に後者の表現を用いる．

反応熱(heat of reaction) または**エンタルピー変化**(ΔH)(enthalpy change) 反応物で切断される結合のエネルギーと生成物で形成される結合のエネルギーとの差．

エンタルピー(H)(enthalpy) 反応に関与する物質がもつエネルギーの尺度．

7.3　発熱および吸熱反応

生成物で形成される結合の強度の合計が，反応物で切断される結合強度の合計より**大きい**場合，最終的な結果としてエネルギーは放出され，反応は発熱的になる．また，すべての燃焼反応は発熱的である．たとえば1モルのメタンの燃焼は，熱という形で213 kcal (891 kJ)のエネルギーを放出する．発熱反応で放出される熱は，一つの反応生成物として考慮することができる．なお，全体として反応のあいだに熱が**失われる**ことになるため，反応熱ΔHは**負の値**で示される．

▲**テルミット反応**と呼ばれる金属アルミニウムと酸化鉄(Ⅲ)との反応は,強烈な発熱を伴い,鉄を熔かす.

発熱反応—負のΔH

$CH_4(気) + 2\,O_2(気) \longrightarrow CO_2(気) + 2\,H_2O(液) + 213\,\text{kcal}\,(891\,\text{kJ})$

熱は生成物

または

$CH_4(気) + 2\,O_2(気) \longrightarrow CO_2(気) + 2\,H_2O(液)$

$$\Delta H = -213\,\text{kcal/mol}\,(-891\,\text{kJ/mol})$$

　反応熱は生成物における結合解離エネルギーと反応物における結合解離エネルギーとの差として計算することができる.

$$\Delta H = \Sigma(\text{結合解離エネルギー})_{反応物} - \Sigma(\text{結合解離エネルギー})_{生成物}$$

　メタンの燃焼の反応を見直してみよう.化学反応式の両辺にある結合の数から,表7.1にある結合解離エネルギーを用いて反応のΔHを見積もることができる.

反応物	結合解離エネルギー (kcal/mol)	生成物	結合解離エネルギー (kcal/mol)
(C—H)×4	99×4 = 396 kcal	(C=O)×2	191×2 = 382 kcal
(O=O)×2	119×2 = 238 kcal	(H—O)×4	112×4 = 448 kcal
合計:	= 634 kcal		= 830 kcal

$$\Delta H = (634\,\text{kcal})_{反応物} - (830\,\text{kcal})_{生成物} = -196\,\text{kcal}\,(-820\,\text{kJ})$$

　この反応では,反応物の結合を切るために必要なエネルギー量は,生成物の結合をつくる際に放出されるエネルギー量よりも少ない.過剰のエネルギーは熱として放出されるため,反応は発熱的になる(ΔH=負).

　表7.1に示した結合エネルギーは平均値であり,実際の結合エネルギーは結合が存在する化学的な環境によって変化するかもしれないことに注意する.たとえば,平均的なC=Oの結合エネルギーは178 kcal/molであるが,CO_2のC=O結合の実際の値は191 kcal/molである.平均的なC-Hの結合エネルギーは99 kcal/mol(413 kJ/mol)であるが,CH_3CH_3のC-H結合の実際の値は101 kcal/mol(423 kJ/mol)である.このように,結合エネルギーの平均値から計算した反応のΔHは,実験で得られた値と若干異なることがある.たとえばメタンの燃焼では,結合エネルギーから見積もったΔHは－196 kcal/mol(－820 kJ/mol)となるが,実験で測定された値は－213 kcal/mol(－891 kJ/mol)と,約9%の差がある.

　ΔHがキロカロリー/モルまたはキロジュール/モルの単位であらわされることに注意する.ここでいう"/モル"は,**収支のとれた化学式における係数によってあらわされる生成物や,反応物の物質量の反応**を意味している.ここでは,$\Delta H = -213\,\text{kcal/mol}\,(-891\,\text{kJ/mol})$の実験値は1モル(16.0 g)のメタンが2モルの酸素と反応して,1モルのCO_2ガスと2モルの液体の水を与える時に放出される熱量をあらわしている.もしメタンの量を1モルから2モルへと2倍にした場合は,放出される熱量もまた2倍になる.

　天然ガス(主成分はメタン)を含む,いくつかの燃料を燃焼した際に放出される熱の量を表7.2で比較した.比較しやすいように,値はキロカロリー/グラムとキロジュール/グラムで示した.表から水素が燃料として注目されている理

表7.2 一般燃料のエネルギー値

燃料	エネルギー値(kcal/g, kJ/g)
木(松)	4.3, 18.0
エタノール	7.1, 29.7
石炭(無煙炭)	7.4, 31.0
原油(テキサス産)	10.5, 43.9
ガソリン	11.5, 48.1
天然ガス	11.7, 49.0
水素	34.0, 14.2

由に気づくはずである．

　生成物に形成される結合から放出されるエネルギーの総量が，反応物の結合を切るために加えられる総量よりも少ない場合，最終的にエネルギーは吸収され反応が吸熱的になる．酸化窒素(あるいは窒化酸素物，自動車の排気ガスに含まれる成分)を生成する窒素と酸素の結合は，この種の反応になる．吸熱反応で加えられる熱は，反応物として取り扱われる．なお熱が**加えられる**ため，ΔHは**正の値**で示される．

吸熱反応—正の ΔH

$$N_2(気) + O_2(気) + 43\ \text{kcal}(180\ \text{kJ}) \longrightarrow 2\ NO(気)$$

(熱は反応物)

または

$$N_2(気) + O_2(気) \longrightarrow 2\ NO(気) \quad \Delta H = +43\ \text{kcal/mol}(+180\ \text{kJ/mol})$$

熱移動と化学反応に関する重要事項

- 発熱反応は周囲に熱を放出する．ΔHは負の値．
- 吸熱反応は周囲から熱を吸収する．ΔHは正の値．
- 発熱反応の逆は吸熱反応．
- 吸熱反応の逆は発熱反応．
- 逆の反応において吸収あるいは放出される熱量は，もとの反応で放出あるいは吸収される熱量と数値は等しい．ただし，ΔHは符号が反対となる．

　所定量の物質を用いた反応において，吸収あるいは放出される熱量の計算方法を例題7.1から7.4に示す．必要なものは，収支のとれた反応式とその反応におけるΔHあるいはΔHの計算を可能にする結合解離エネルギーだけである．6.3および6.4節で学んだように，反応物あるいは生成物の質量やモルの変換にはモル比や分子量を使う．

例題 7.1　反応熱：結合エネルギーからの計算

水素と酸素から水をつくる反応のΔH(kcal/mol)を計算せよ．

$$2\ H_2 + O_2 \longrightarrow 2\ H_2O \quad \Delta H = ?$$

解説　表7.1の個々の結合エネルギーが反応物や生成物における結合エネルギーの総量計算に用いることができる．そうすれば，ΔHはつぎの式で計算できる．

7. 化学反応：エネルギー，速度および平衡

$$\Delta H = \Sigma(\text{結合解離エネルギー})_{反応物} - \Sigma(\text{結合解離エネルギー})_{生成物}$$

概　算　H–H の結合エネルギーの平均値は約 100 kcal/mol で，O=O の結合エネルギーは約 120 kcal/mol である．そこで，反応物の結合を切るのに必要なエネルギーの総量はおよそ (200 + 120) = 320 kcal/mol となる．O–H 結合は約 110 kcal/mol なので，生成物の結合が生成される時に放出されるエネルギーの総量は約 440 kcal/mol となる．これらの値から，ΔH はおよそ -120 kcal/mol と計算される．

解　答
$$\begin{aligned}
\Delta H &= \Sigma(\text{結合解離エネルギー})_{反応物} - \Sigma(\text{結合解離エネルギー})_{生成物} \\
&= (2(\text{H–H}) + (\text{O=O})) - (4(\text{O–H})) \\
&= (2(103 \text{ kcal/mol}) + (119 \text{ kcal/mol})) - (4(112 \text{ kcal/mol})) = -123 \text{ kcal/mol}
\end{aligned}$$

確　認　概算では，-120 kcal/mol であった．計算値との差は 3% 以内である．

例題 7.2　反応熱：モル計算

メタンは，つぎの式に従い酸素で燃焼する．

$$\text{CH}_4(気) + 2\,\text{O}_2(気) \longrightarrow \text{CO}_2(気) + 2\,\text{H}_2\text{O}(液) \quad \Delta H = -213 \,\frac{\text{kcal}}{\text{mol CH}_4}$$

0.35 mol のメタンの燃焼で放出される熱量 (kcal または kJ) はいくらか？

解　説　この反応における ΔH の値 (-213 kcal) は負の値なので，1 mol のメタンが O_2 と反応する際に放出される熱量を示している．私たちは 1 mol 以外の量が反応する場合は，既知あるいは与えられた単位からキロカロリーあるいはキロジュールへ変換する適切な変換係数を用いて放出される熱量を求める必要がある．

概　算　メタンが 1 mol 反応するごとに 213 kcal が放出されるので，0.35 mol のメタンでは 213 kcal の約 3 分の 1，すなわち約 70 kcal が放出される．1 kcal はおよそ 4 kJ なので，70 kcal は約 280 kJ となる．

解　答
0.35 mol のメタンの燃焼によって放出される熱量（キロカロリー）を求めるために kcal/mol の変換係数を利用する．さらに kJ/kcal の変換係数 (1.13 節) を用いてキロジュールに変換することができる．

$$0.35 \,\text{mol CH}_4 \times \frac{-213 \text{ kcal}}{1 \text{ mol CH}_4} = -75 \text{ kcal}$$

$$-75 \text{ kcal} \times \left(\frac{4.184 \text{ kJ}}{\text{kcal}}\right) = -314 \text{ kJ}$$

負の符号は 75 kcal (314 kJ) の熱が放出されることを示す．

確　認　計算値は概算値 (70 kcal または 280 kJ) とほぼ一致している．

例 題 7.3 反応熱:質量から物質量(モル)への変換

7.50 g のメタンの燃焼で放出される熱量はいくらか(モル質量 = 16.0 g/mol)?

$$CH_4(気) + 2\,O_2(気) \longrightarrow CO_2(気) + 2\,H_2O(液)$$

$$\Delta H = -213\,\frac{\text{kcal}}{\text{mol CH}_4} = -891\,\frac{\text{kJ}}{\text{mol CH}_4}$$

解 説 質量からモルへの変換に分子量を用いて,反応にかかわるメタンのモルを計算することができる.また,ΔH の値から放出される熱量を算出できる.

概 算 1 mol のメタン(モル質量 = 16.0 g/mol)は 16.0 g の質量をもつので,7.50 g のメタンは 0.5 mol よりも少ない.そこで,213 kcal の半分以下あるいは約 100 kcal(418 kJ)が 7.50 g の燃焼から放出される.

解 答 与えられたメタンの質量から反応で放出される熱量を求めるには,モル質量(mol/g)を用いてメタンの物質量(モル)を計算し,それからキロカロリーやキロジュールを算出しなければならない.

$$7.50\,\text{g CH}_4 \times \frac{1\,\text{mol CH}_4}{16.0\,\text{g CH}_4} \times \frac{-213\,\text{kcal}}{1\,\text{mol CH}_4} = -99.8\,\text{kcal}$$

または

$$7.50\,\text{g CH}_4 \times \frac{1\,\text{mol CH}_4}{16.0\,\text{g CH}_4} \times \frac{-891\,\text{kJ}}{1\,\text{mol CH}_4} = -418\,\text{kJ}$$

負の符号は 99.8 kcal(418 kJ)の熱が放出されることを示している.

確 認 概算は,-100 kcal(-418 kJ)であった!

例 題 7.4 反応熱:モル比計算

2.50 mol の O_2 がメタンと完全に反応すると kcal あるいは kJ でどれだけの熱が放出されるか?

$$CH_4(気) + 2\,O_2(気) \longrightarrow CO_2(気) + 2\,H_2O(液)$$

$$\Delta H = -213\,\frac{\text{kcal}}{\text{mol CH}_4} = -891\,\frac{\text{kJ}}{\text{mol CH}_4}$$

解 説 反応の ΔH は 1 mol のメタンの燃焼に基づいているので,モル比計算をする必要がある.

概 算 収支のとれた式から 2 mol の酸素が反応するごとに 213 kcal(891 kJ)が放出されることがわかる.そこで,2.5 mol の酸素は 213 kcal より少し多い,250 kcal(1050 kJ)程度放出する.

解 答 2.50 mol の酸素の燃焼によって放出される熱量を求めるため,収支のとれた化学式に基づきモル比計算をする.

$$2.50\,\text{mol O}_2 \times \frac{1\,\text{mol CH}_4}{2\,\text{mol O}_2} \times \frac{-213\,\text{kcal}}{1\,\text{mol CH}_4} = -266\,\text{kcal}$$

または

$$2.50\,\text{mol O}_2 \times \frac{1\,\text{mol CH}_4}{2\,\text{mol O}_2} \times \frac{-891\,\text{kJ}}{1\,\text{mol CH}_4} = -1110\,\text{kJ}$$

CHEMISTRY IN ACTION

食品からのエネルギー

現在,体重の減少を目的とした食品のカロリーに関する研究が盛んに行われている.食品ラベルに示されている数字がどのようにして求められているか,不思議に思ったことはないだろうか?

食品は体の中で"燃焼"されて H_2O, CO_2, そしてエネルギーになる.ちょうど天然ガスが炉で燃やされておなじ生成物を与えるのと同様である.事実,食品の"カロリー値"は食品を完全燃焼した時の反応熱(若干の補正はある)に対応する.食品は体の中で燃焼されても,実験室の中で燃焼されても,反応熱はおなじである.1gのタンパク質は4kcalの熱を放出し,1gの砂糖(炭水化物)は4kcal,1gの脂肪は9kcalの熱を放出する(下表を参照).

食品のカロリー値

物質,試料量	カロリー値 (kcal, kJ)	
タンパク質,1g	4	17
炭水化物,1g	4	17
脂肪,1g	9	38
アルコール,1g	7.1	29.7
コーラ,369g(12オンス)	160	670
リンゴ,中1個(138g)	80	330
レタス,刻み1カップ(55g)	5	21
食パン,1枚(25g)	65	270
ハンバーガーの肉,85g(3オンス)	245	1030
ピザ,1枚(120g)	290	1200
バニラアイスクリーム,1カップ(133g)	270	1130

食品のカロリー値は,普通"カロリー(Cal)"(大文字のCに注意)で与えられ,1 Cal = 1000 cal = 1 kcal = 4.184 kJ となっている.これらの値を実験的に求めるため,食品試料を注意深く乾燥し,重量を量り,**カロリメーター**と呼ばれる装置の中で酸素を用いて燃焼する.さらに,その温度変化を測定することで,発散した熱量を計算している.カロリ

▲このドーナッツを食べることで330カロリー(Cal)を摂取することができる.熱量計でこのドーナッツを燃焼させると,熱として330 kcal(1380 kJ)が放出される.

メーターでは食品からの熱が速やかに放出され,急激に温度が上昇する.しかし食品が体内で燃焼される時には,明らかに違うことがおきているはずである.そうでなければ,私たちは食後にその炎で燃えてしまうことになる.

化学の基本原則として,反応物から生成物までのあいだに,たとえ多くの反応が含まれていても,それらの過程で放出あるいは吸収される総熱量は等しくなる.体の中では,食品から一つの反応で一度にすべてのエネルギーを獲得するのではなく,長い一連の連鎖反応で少しずつエネルギーを取り出しているのである.体の中で継続的に行われるこのような反応は,**体内代謝**と呼ばれ,生化学編3章で学ぶことができる.

章末の"Chemistry in Actionからの問題" 7.70, 7.71 を見ること.

負の符号は266 kcal(110 kJ)の熱が放出されることを示す.

確 認 計算は概算値(−250 kcal または −1050 kJ)と近い値になっている.

問題 7.1
緑色植物は光合成によって，つぎの式に従い二酸化炭素と水をグルコース（$C_6H_{12}O_6$）に変換する．

$$6\,CO_2(気) + 6\,H_2O(液) \longrightarrow C_6H_{12}O_6(水) + 6\,O_2(気)$$

(a) 表 7.1 の結合解離エネルギーを用いて，この反応の ΔH を計算し，kcal/mol と kJ/mol で答えよ（$C_6H_{12}O_6$ には C-C 結合は 5，C-H 結合は 7，O-H 結合は 5 存在する）．

(b) この反応は発熱的か，それとも吸熱的か？

問題 7.2
つぎの式は酸化アルミニウム（ボーキサイト由来）をアルミニウムに変換する反応である．

$$2\,Al_2O_3(固) \longrightarrow 4\,Al(固) + 3\,O_2(気) \quad \Delta H = +801\,\text{kcal/mol}\,(+3350\,\text{kJ/mol})$$

(a) この反応は発熱的か，それとも吸熱的か？

(b) 1.00 mol のアルミニウムを生成するのに何キロカロリーおよび何キロジュール必要か？

(c) 10.0 g のアルミニウムを生成するのに何キロカロリーおよび何キロジュール必要か？

問題 7.3
窒素と酸素との反応により 127 g の NO を生成するには，どれだけの熱が吸収されるか？

$$N_2(気) + O_2(気) \longrightarrow 2\,NO(気) \quad \Delta H = +43\,\text{kcal/mol}\,(+180\,\text{kJ/mol})$$

問題 7.4
アルコール（エタノール，CH_3CH_2OH；分子量 = 46 g/mol）を飲むと，体はそれを二酸化炭素と水に代謝する．収支のとれた反応式は，つぎのようになる．

$$CH_3CH_2OH + 3\,O_2 \longrightarrow 2\,CO_2 + 3\,H_2O$$

表 7.1 の結合解離エネルギーを使って，この反応の ΔH を kcal/mol を計算せよ．また，Chemistry in Action，"食品からのエネルギー" に与えられているアルコールのカロリー値と比べてどうか？

7.4 化学反応がおきるのはなぜか？自由エネルギー

より低いエネルギーのところへ導く出来事は自然におきる．たとえば水は低いところへ流れる．その際，たくわえていた（ポテンシャル）エネルギーを放出し，より低いエネルギー，すなわちより安定な位置に到達する．おなじように，巻き上げたぜんまいを自由にするとゆるんでしまう．これを化学に当てはめると，熱エネルギーを放出する発熱的な過程が自然におきることは明らかである．暖炉で薪が燃えている現象は，熱を放出する自発的な反応のまさに一例である．熱エネルギーを吸収する吸熱的な過程が自然にはおきない．これらの見解はおおむね正しいが，いつもそうとは限らない．すべてというわけではないが，多くの場合，発熱的な過程が自然におき，吸熱的な過程は自然にはおき

▲より低いエネルギーへ向かう現象は自然におきる．したがって滝では水が落ち，決して上ることはない．

ない．

話を進める前に，化学の分野で"自発的な"という言葉がどんな意味をもっているか理解することは重要である．日々使っている言葉とおなじというわけではない．**自発的な過程**とは，一度はじまると外部の影響を受けずに進む過程のことをいう．その変化は，ぜんまいが急にゆるんだり，車が坂を下ったりするように，早くおきる必要はない．捨てられた自転車が徐々に錆びていくように，ゆっくりとおきる場合もある．一方，**非自発的な過程**は，継続的に外部からの影響がある時に限りおきる．すなわち，ぜんまいを巻き直したり車を高いところへ押し上げたりするには，エネルギーを継続的に使わなければならない．自発的な過程の逆はいつも非自発的な過程なのである．

自発的におきる過程で，しかも熱を吸収する例として，冷蔵庫から氷を取り出した際になにがおきているかを考える．氷は周囲から熱を吸収するが，自然にとけて0℃以上の水を与える．これらの自発的で吸熱的な過程が獲得するものは，通常，分子の無秩序さ，あるいは自由な広がりである．固体の氷がとけた時，H_2O分子はもはや決まった位置にとどまってはおらず，液体の水の中を自由に動き回っている．

系の無秩序さの量はその系の**エントロピー**と呼ばれ，Sの記号であらわされ，カロリー（またはジュール）/（モル・ケルビン）[cal/(mol・K)またはJ/(mol・K)]という単位であらわされる．物質や混合物における粒子の無秩序さや自由な広がりが大きくなればなるほど，Sの値は大きくなる（図7.1）．気体中の粒子は液体中の粒子よりも自由に動き回ることができるので，気体は液体よりも無秩序で，それゆえ高いエントロピーをもっている．またおなじように，液体は固体よりも高いエントロピーをもつ．化学反応では，たとえば固体から気体が生成する，2モルの反応物から4モルの生成物へと分割されるような場合に，エントロピーが増加する．

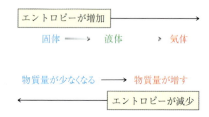

▲図7.1
エントロピーとS値
新しいトランプ一組は，きちんと積まれていて，乱雑にシャッフルされてばらまかれた右のカードよりも，秩序立っていて，エントロピーが低い．左から右へ系が変換する際，エントロピーが増加するため，エントロピー変化（ΔS）は正となる．

過程における**エントロピー変化**―すなわちΔS―は系の無秩序さが増加する場合に正の値になる．氷がとけて水になるのは一つの例である．逆に，系の無秩序さが減少する場合はΔSが**負**の値になる．水が凍って氷になるのは一つの

自発的な過程（spontaneous process） 一度はじまると外部からの影響を受けなくても，自ら進行する過程．

エントロピー（S）（entropy） 系中における分子の無秩序性の尺度．

エントロピー変化（ΔS）（entropy change） 化学反応あるいは物理的変化がおきる時の無秩序性の増加（ΔS＝正）あるいは無秩序性の減少（ΔS＝負）の尺度．

例である.

熱の放出あるいは吸収，ΔH，そしてエントロピーの増加あるいは減少，ΔS，これら二つの要素が化学的または物理的変化の自発性を決定していると考えられる．**したがってある過程が自発的かどうかを決めるには，エンタルピー変化とエントロピー変化の両方を考慮しなければならない**．負の ΔH が自発性を好むことはすでに学んだが，では ΔS はどうだろうか？ 分子の無秩序さが増すと（正の ΔS）自発性を好むというのが，その答えである．ここにわかりやすい例がある．寝室あるいは職場のデスクの周りは自発的に乱雑になる（無秩序さの増加，正の ΔS）一方であり，綺麗にする（無秩序さの減少，負の ΔS）には非自発的なエネルギーを必要とする．化学の例をあげると，材木の燃焼は巨大で複雑な分子のリグナンやセルロース（大きな分子量，低エントロピー）を，CO_2 と H_2O（多数の小分子，高エントロピー）に変換する．この過程は，無秩序さの程度が増し，したがって ΔS は正となる．光合成で行われる CO_2 と H_2O をセルロースに戻す逆反応は，太陽光による著しいエネルギーの投入を必要とする．

エンタルピーとエントロピーがともに好ましい場合（ΔH が負の値，ΔS が正の値），その過程は自発的である．一方，両方が好ましくない場合は非自発的となる．しかし二つの要素が必ずおなじ方向に作用する必要がないのは明らかである．エンタルピーは好ましくない（過程が熱を吸収し，正の ΔH をもつ）がエントロピーは好ましい（無秩序性が増加し，正の ΔS をもつ）場合もある．0 ℃ 以上で氷がとけるというのはこのような過程である［$\Delta H = +1.44$ kcal/mol（$+6.02$ kJ/mol），$\Delta S = +5.26$ cal/(mol・K)（$+22.0$ J/mol・K）］．そこで，ある過程の自発性を決める際に，反応熱（ΔH）と無秩序性の変化（ΔS）の両方を考慮しなければならないため，**自由エネルギー変化**という数量が必要となる．

自由エネルギー変化

$$\Delta G = \Delta H - T\Delta S$$

自由エネルギー変化 ΔG の値が自発性を決定する．ΔG が負の値ということは，自由エネルギーが放出され，反応や過程が自発的であることを意味する．このような出来事を**発エルゴン的**という．ΔG が正の場合は，自由エネルギーが加えられ，反応は非自発的になる．このような出来事は**吸エルゴン的**という．

自由エネルギー変化の式は，自発性が温度（T）にも依存していることを示している．低温では $T\Delta S$ の値が小さくなるので，ΔH が支配的な要素となる．しかし，高温では $T\Delta S$ の値が ΔH よりも大きくなる．したがって，低温では非自発的だった吸熱的過程も，高温では自発的になる．炭素と水との反応による水素の工業的合成が例としてあげられる．

$$C(固) + H_2O(液) \longrightarrow CO(気) + H_2(気)$$
$\Delta H = +31.3$ kcal/mol（$+131.0$ kJ/mol）　（好ましくない）
$\Delta S = +32$ cal/(mol・K)（$+134$ J/(mol・K)）　（好ましい）

この反応は，一つの固体と一つの液体が二つの気体へと変換する際に無秩序性が増大するため，ΔH は好ましくない（正の値）が，ΔS の項は好ましい（正の値）．もし 25 ℃（298 K）で炭素と水を混合すると，好ましくない ΔH が好ま

自由エネルギー変化（ΔG）（free-energy change）　化学反応あるいは物理的変化がおきる時の自由エネルギーの変化の尺度．

発エルゴン的（exergonic）　自由エネルギーを放出し，負の ΔG をもつこと．自発的な反応または過程は発エルゴン的である．

吸エルゴン的（endergonic）　自由エネルギーを吸収し，正の ΔG をもつこと．非自発的な反応および過程は吸エルゴン的である．

しい $T\Delta S$ よりも大きくなるので，反応はおきない．しかし約 700 ℃ (973 K) では，好ましい $T\Delta S$ が好ましくない ΔH よりも大きくなるため，その反応は自発的になる．

自発性と自由エネルギーに関する重要事項

- 自発的な過程は，一度はじまると外部から助けがなくても進行し，発エルゴン的，すなわち自由エネルギーが放出され負の ΔG を有する．
- 非自発的な過程は，継続的に外部からの影響を必要とし，吸エルゴン的，すなわち自由エネルギーが加えられ正の ΔG を有する．
- 逆反応における ΔG の値はもとの反応の ΔG の値と数値は等しい．ただし，その符号は反対になる．

さらに先へ ▶▶▶ 後の章で代謝反応がどう進むかを理解する際に，私たちは自由エネルギー変化の知識がとくに重要なことに気づく．生物は，体温を上げることで非自発的な反応を自発的な反応に変換することができず，ほかの方法に頼らざるを得なかった．なお，これらは生化学編 3 章で調べることができる．

例題 7.5 過程のエントロピー変化

つぎの過程でエントロピーは増えているか？あるいは減っているか？
(a) タバコの煙が喫煙者の頭上で漂っている状態から部屋中に分散する．
(b) 水が沸騰し，液体から蒸気へと変化する．
(c) つぎの化学反応がおきる． $3\,H_2$(気) $+ N_2$(気) $\rightarrow 2\,NH_3$(気)

解説 エントロピーは分子の無秩序性の尺度である．生成物が反応物より無秩序性が高くなればエントロピーは増大する．生成物が反応物より無秩序性が低くなればエントロピーは減少する．

解答
(a) 煙の粒子がより広い空間に自由に拡散する時，無秩序性が高くなるので，エントロピーは増加する．
(b) 液相よりも気相のほうが H_2O 分子の自由度および無秩序さが高くなるので，エントロピーは増加する．
(c) 4 モルの気体粒子である反応物が 2 モルの気体粒子である生成物となり，自由度および無秩序さが結果的に減少することとなるため，エントロピーは減少する．

例題 7.6 反応の自発性．エンタルピー，エントロピー，自由エネルギー

炭素と水との反応による水素の工業的合成法では，$\Delta H = +31.3$ kcal/mol ($+131$ kJ/mol)，$\Delta S = +32$ cal/(mol・K) [$+134$ J/(mol・k)] となっている．この反応の 27 ℃ (300 K) における ΔG の値はどれくらいか(kcal および kJ)？また，この温度では反応は自発的か，あるいは非自発的か？

$$C(固) + H_2O(液) \longrightarrow CO(気) + H_2(気)$$

解説 反応は吸熱的(ΔH が正)なので自発性を下げている．一方，ΔS が無秩序性の増加を示し(ΔS が正)，自発性を上げている．自発的であることを決定するために ΔG を計算する．

7.4 化学反応がおきるのはなぜか？自由エネルギー

概　算　好ましくない ΔH（+31.3 kcal/mol）は，好ましい ΔS（+32 cal/mol）の 1000 倍になるため，ΔG に対する反応式中の $T\Delta S$ の値が ΔH より大きくなる程度に温度が十分に高い時にのみ，反応は自発的だろう（ΔG が負）．これは $T \geq$ 1000 K の時におきる．T = 300 K なので，ΔG は正で反応は非自発的であると予想される．

解　答　この温度における ΔG の値を計算するために，自由エネルギーの式を使う（ΔS が kcal/(mol・K) あるいは kJ/(mol・K) ではなく，cal/(mol・K) もしくは J/(mol・K) の単位をもっていたことを思い出すこと）．

$$\Delta G = \Delta H - T\Delta S$$

$$\Delta G = +31.3 \frac{\text{kcal}}{\text{mol}} - (300\ \text{K}) \left(+32 \frac{\text{cal}}{\text{mol}\cdot\text{K}}\right) \left(\frac{1\ \text{kcal}}{1000\ \text{cal}}\right) = +21.7 \frac{\text{kcal}}{\text{mol}}$$

$$\Delta G = +131 \frac{\text{kJ}}{\text{mol}} - (300\ \text{K}) \left(+134 \frac{\text{J}}{\text{mol}\cdot\text{K}}\right) \left(\frac{1\ \text{kJ}}{1000\ \text{J}}\right) = +90.8 \frac{\text{kJ}}{\text{mol}}$$

確　認　ΔG が正なので，300 K では非自発的である．概算と一致している．

問題 7.5
つぎの過程でエントロピーは増えているか？あるいは減っているか？
(a) 複雑な多糖が体内で代謝されて，単純な糖に変換される．
(b) 蒸気がガラス表面で凝結する．
(c) $2\ SO_2(気) + O_2(気) \longrightarrow 2\ SO_3(気)$

問題 7.6
石灰(CaO)は石灰石($CaCO_3$)の分解によってつくられる．

$$CaCO_3(固) \longrightarrow CaO(固) + CO_2(気)$$
$$\Delta H = +\ 42.6\ \text{kcal/mol}\ (+178.3\ \text{kJ/mol})\ ;$$
$$\Delta S = +\ 38.0\ \text{cal/(mol・K)}\ (+159\ \text{J/(mol・K)}),\ 25\ ℃$$

(a) 25 ℃ における ΔG を計算せよ．単位は kcal/mol と kJ/mol で解答せよ．反応は自発的におきるか？
(b) 高温あるいは低温で反応は自発的におきるか？

問題 7.7
固体の氷がとけて液体の水になる時，ΔH = +1.44 kcal/mol (+ 6.02 kJ/mol)，ΔS = +5.26 cal/(mol・K)（+22.0 J/(mol・K)）になる．つぎの温度でこの氷が融解する過程の ΔG 値はいくらか？単位は kcal/mol と kJ/mol で解答せよ．また，これらの温度でこの融解は自発的か？あるいは非自発的か？
(a) −10 ℃ (263 K)　　(b) 0 ℃ (273 K)　　(c) +10 ℃ (283 K)

基礎問題 7.8
つぎの図は A(固) $\longrightarrow$ B(固) + C(気) のタイプの反応を描いており，異なる色の球は異なる分子構造をあらわしている．反応について ΔH = −23.5 kcal/mol（−98.3 kJ/mol）として答えよ．
(a) 反応の ΔS の符号はなにか？
(b) 反応はすべての温度で自発的か？それとも非自発的か？あるいはある温度で自発的，そのほかの温度で非自発的になるか？

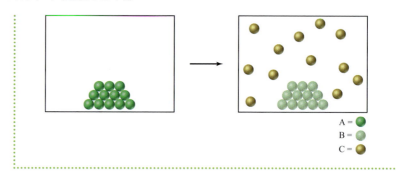

7.5　化学反応はどのようにおきるか？反応速度

　ある化学反応が好ましい自由エネルギー変化を有しているからといって，速やかにおきるとは限らない．ΔG の値は反応がおきるかどうかだけを教えてくれる．逆に，その反応速度や，反応のあいだにおきる分子変化の詳細についてはなにも伝えていない．今度はこれらの事柄について考察する．

　化学反応がおきる際に，反応物の粒子が衝突しなければならない．そしていくつかの結合が切断され，新しい結合が形成されなければならない．しかし，すべての衝突が生成物へとつながるわけではない．反応を進める一つの条件として，新しい結合を形成する原子が結合できるために，衝突する分子は正しい方向から近づかなければならない．たとえば，オゾン O_3 が窒化酸素 NO と反応して酸素 O_2 と二酸化窒素 NO_2 となる際に，NO の窒素原子が O_3 の端の酸素原子に当たるように，二つの反応物が衝突しなければならない（図 7.2）．

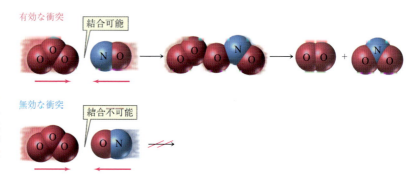

▶図 7.2
化学反応はどのようにおきるのか？
NO と O_3 の衝突により O_2 と NO_2 を与える反応では，原子同士が適切に衝突しなければならない．分子が誤った向きで衝突した場合，結合は形成されない．

　反応がおきるためのもう一つの条件として，反応物における適切な結合が切断できるだけのエネルギーを，その衝突が伴っていなければならない．反応物の粒子がゆっくりと動いている場合，衝突はあまりに穏やかで，反応物間の電子の反発に打ち勝つことができず，それらの粒子は単に跳ね返るだけになる．反応物の分子間の衝突が十分なエネルギーをもっている場合にのみ，反応は進行する．

　この理由により，好ましい自由エネルギー変化を伴う多くの反応は室温条件下ではおきない．このような反応が開始するためには，エネルギー（熱）が加えられなければならない．熱は反応物の粒子の動きを速め，そこで衝突の頻度と強さが増す．たとえばマッチが燃焼することを考える．マッチをするまでは発火はおきない．摩擦熱により，一部の分子が反応するのに十分なエネルギーが供給される．一度反応がはじまると，反応した分子により放出されるエネルギーがほかの分子を反応させるのに十分なエネルギーを提供するので，その反

応は自ら反応を維持する．

化学反応の進行に伴うエネルギーの変化は，図7.3のようなエネルギー図で示される．反応の開始時（図の左側）には，反応物は示されたエネルギー準位にある．反応終了時（図の右側）には，もしその反応が発エルゴン的（図7.3a）なら生成物は反応物より低いエネルギー準位に，その反応が吸エルゴン的（図7.3b）なら高いエネルギー準位にある．

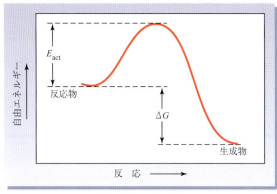
(a) 発エルゴン反応

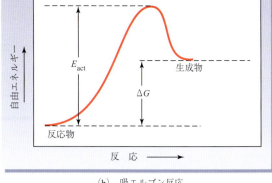
(b) 吸エルゴン反応

▲図7.3
反応のエネルギー図は，化学反応におけるエネルギー変化をあらわしている
左からはじまり，右へと進行する．(a) 発エルゴン反応では，生成物が反応物よりもエネルギー準位が低い．(b) 吸エルゴン反応では，状況が逆転する．反応物から生成物へと進行する際のエネルギー障壁の高さが活性化エネルギー（E_{act}）である．反応物と生成物のエネルギー準位の差は，自由エネルギー変化（ΔG）である．

反応物と生成物のあいだには，乗り越えなければならないエネルギーの"障壁"が存在する．この障壁の高さは，衝突する粒子が反応を進めるためにもっていなければならないエネルギー量をあらわしており，その反応の**活性化エネルギー（E_{act}）**という．活性化エネルギーの大きさは，その**反応速度**，すなわちその反応がどれだけ速く進行するかを決定する．活性化エネルギーが低ければ低いほど反応を進める衝突の数が多くなり，結果として反応が速くなる．逆に，活性化エネルギーが高いほど反応を進める衝突の数が少なくなり，反応は遅くなる．

活性化エネルギーの大きさと自由エネルギー変化の大きさとのあいだには，相関がないことに注意する．大きなE_{act}を有する反応は，たとえ大きな負のΔGをもっていたとしても，非常にゆっくりとしか進行しない．すべての反応は独自の活性化エネルギーと自由エネルギー変化をもっており，それぞれ異なっている．

活性化エネルギー（E_{act}）（activation energy） 反応のエネルギー障壁を越えるために，反応物が必要とするエネルギー量．反応速度を決定する．

反応速度（reaction rate） 反応がおきる速さの尺度．E_{act}により決定される．

例題 7.7　反応のエネルギー：エネルギー図

小さな負の自由エネルギー変化をもち，非常に速い反応のエネルギー図を描け．

解説 非常に速い反応は小さなE_{act}をもつ．小さな負の自由エネルギー変化を有する反応は，出発物質-生成物間のエネルギー差が小さい，好ましい反応である．

解 答

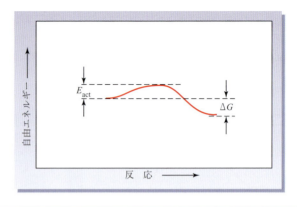

問題 7.9
とても遅いが非常に好ましい反応のエネルギー図を描け．

問題 7.10
少し好ましくない反応のエネルギー図を描け．

7.6 反応速度におよぼす温度，濃度，触媒の影響

反応物が活性化エネルギーの障壁を越えたり，反応をスピードアップさせたりすることのできる要素がいくつかある．

温 度

反応速度を増加させる一つの方法は，温度を上げて反応物にエネルギーを与えることである．その系により多くのエネルギーを与えることによって，反応物はより速く運動し，それにより衝突の頻度が増加する．さらに，衝突の際の力が増加するため，反応物が活性化障壁を乗り越えやすくなる．経験的に10℃の温度上昇は反応速度を 2 倍にする．

濃 度

濃度(concentration) 混合物中の与えられた物質の量の尺度．

反応速度を増加させる二つ目の方法は，反応物の**濃度**を増加させることである．濃度が増加すると，反応物が混み合い，反応物の分子間の衝突が頻繁におこるようになる．衝突の頻度が増加すると，分子間の反応がよりおきやすくなる．たとえば，発火性の物質は純粋な酸素の中ではより素早く燃焼する．なぜなら，O_2 の濃度がより高いからである（空気の酸素濃度はおよそ 21 ％）．だから，病院では酸素吸引をしている患者の近くでは火を使わないよう，特別の配慮をしなければならない．反応により濃度変化に対する応答に違いはある

が, 多くの場合, 反応物濃度が2倍あるいは3倍になると, 反応速度も2倍あるいは3倍になる.

```
濃度増加 → 衝突頻度の増加 → 反応速度の増加
```

触 媒

反応速度を増加させる三つ目の方法は, **触媒**—化学反応を促進させるが, それ自身は変化しない物質—を加えることである. たとえば, ニッケル, パラジウム, 白金といった金属は, 植物油に含まれる炭素—炭素二重結合に水素を付加し, 半固体のマーガリンにする反応を触媒する. 金属触媒なしでは, この反応は進まない.

触媒(catalyst) 化学反応を促進させるが, それ自身は変化しない物質.

触媒は反応物あるいは生成物のエネルギー準位に影響をおよぼさない. エネルギー障壁がより低い経路で反応させたり, 反応分子を適切に配向させたりすることにより, 反応速度を増加させる. 反応のエネルギー図では, 触媒反応はより低い活性化エネルギーをもつように示される(図7.4). 反応の自由エネルギーの変化が反応物や生成物のエネルギー準位に**のみ**依存し, 反応の経路に依存**しない**ことは注目すべき点である. したがって触媒反応では反応速度はより速くなるが, 放出(あるいは吸収)されるエネルギー量は反応が触媒されない場合とおなじになる.

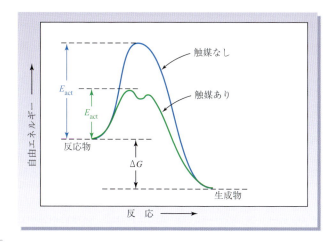

◀図7.4
触媒の存在下(緑曲線)と非存在下(青曲線)における反応のエネルギー図
触媒反応は, エネルギー障壁のより低い経路をとるため, 低い E_{act} をもつ(緑曲線の複数の盛り上がりであらわされている). 自由エネルギー変化(ΔG)は触媒の有無に影響されない.

産業界で広く利用されることに加え, 自動車エンジンからの排気ガスに由来する大気汚染の低減にも触媒は役立っている. ほとんどの自動車の排気管には二つのタイプの触媒変換器が装着されている(図7.5). 一つの触媒は排気中の炭化水素や CO を CO_2 や H_2O に完全に酸化させ, もう一つの触媒は NO を N_2 や O_2 に分解する.

▶ 図 7.5
触媒変換器
車の排気ガスは，2段の触媒変換器を通って排出される．1段目は一酸化炭素や燃焼できなかった炭化水素を CO_2 と H_2O に変換し，2段目では NO を N_2 と O_2 に変換する．

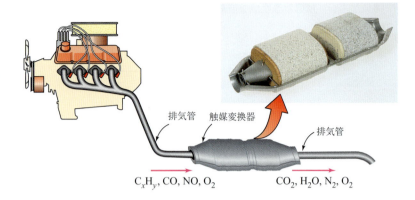

反応条件の変化が反応速度におよぼす影響を表 7.3 にまとめた．

表 7.3 反応条件の変化が反応速度におよぼす影響

変　化	影　響
濃　度	反応物濃度の上昇は速度を増加させる． 反応物濃度の減少は速度を減少させる．
温　度	温度の上昇は速度を増加させる． 温度の低下は速度を減少させる．
触媒添加	反応速度を増加させる．

さらに先へ ▶▶▶ 私たちの体の中で継続的に行われている何千もの生化学的な反応は，反応分子の配向を制御することによって反応を促進する **酵素** と呼ばれる巨大なタンパク質の分子によって触媒されている．ほとんどすべての反応が独自の酵素によって触媒されているので，酵素の構造や活性，制御に関する研究は，生化学研究の中心的な課題になっている．生化学編2章では，酵素やそれらの働きについてより詳しく学ぶことができる．

問題 7.11
アンモニアは，化学式　$3\,H_2(気) + N_2(気) \longrightarrow 2\,NH_3(気)$　に従い，窒素と水素との反応により工業的に合成される．この反応は室温では容易におきないが，この反応の自由エネルギー変化は $\Delta G = -3.8\text{ kcal/mol}\,(-16\text{ kJ/mol})$ である．
　(a) この反応の反応エネルギー図を描き，E_{act} と ΔG を示せ．
　(b) この反応の速度を増加させる3通りの方法をあげよ．

問題 7.12
私たちが運動する時，私たちの体はグルコースを代謝し，CO_2 と H_2O に変換し，身体活動に必要なエネルギーを供給する．その簡単な反応はつぎのとおりである．

$$C_6H_{12}O_6(水) + 6\,O_2(気) \longrightarrow 6\,CO_2(気) + 6\,H_2O(液) + 678\text{ kcal}\,(2840\text{ kJ})$$

1モルのグルコースの代謝によって発生する熱をとり除くためには，何グラムの水を汗として蒸発させなければならないか？(Chemistry in Action，"体温の調節" 参照)

CHEMISTRY IN ACTION

体温の調節

通常の体温を維持することはきわめて重要なことである。もし体の温度調節機能が37℃を維持できない場合，体内で継続的に行われている何千もの化学反応の速度が次第に変化し，悲惨な結果を招くだろう．

たとえば，もしスケート選手が凍った湖の氷から落ちた場合，すぐに**低体温症**となってしまうだろう．低体温症とは，体温を維持するのに十分な熱を生成することができない状態でおきる，非常に危険な状態のことである．体温の低下により体の中のすべての化学反応が遅くなり，エネルギー生産は落ち込み，最終的に死に至る．しかし，体内における反応速度の低下は有効に用いられることもある．開心術では心臓を停止させ，およそ15℃に維持する．そして，外部ポンプから酸素を含んだ血液を受け取る体も25〜32℃に冷やす．

この場合，身体は外部のポンプによって，医学的に管理された容器内の酸素添加された血液を送られることになる．もし何らかの環境的な要因で低体温症になると，心臓が減速し，呼吸が低下し，体は十分な酸素を得ることができず，その結果死に至る．

逆に，気温と湿度の高い日のマラソン選手はオーバーヒート状態になり，**熱中症**になるだろう．熱中症は**熱射病**とも呼ばれ，十分な熱を放出できないために体温の上昇を抑えられない症状をいう．体の中における化学反応が温度上昇に伴い加速され，心臓はより多くの酸素を供給するためにさらに速く血液を送り出すように働く．その結果，41℃以上に体温が上昇すると脳にダメージを受ける．

体温は，脳の視床下部領域と甲状腺の作用による代謝速度の調節により，一定の温度に保たれる．環境の変化がおきた時，皮膚，脊髄および腹部に存在する温度受容体が，熱感受性あるいは冷感受性ニューロンを有する視床下部に信号を送る．

暑い日には熱感受性ニューロンが刺激され，さまざまな作用を促す．すなわち，信号が伝わり，汗腺が刺激され，皮膚の血管が拡張し，筋肉の活動が低下し，代謝速度が減少する．発汗することにより汗が蒸発し，体温が下がる．たとえば，1.0 gの汗が蒸発することにより約540 cal（2260 J）の熱がとり除かれる．拡張された血管は，空気に触れやすく熱の発散に効果的な皮膚表面への血流増加を促し，体を冷やす．筋肉の活動を低下させ代謝速度を減少することは，体内における熱生成の低減に寄与する．

寒い日には冷感受性ニューロンが刺激され，さまざまな作用を促す．すなわち，代謝速度を増加させるためホルモンのアドレナリン（エピネフリン）を放出し，皮膚への血流を減少させて熱の損失を抑えるために末梢血管を収縮し，そしてより多くの熱をつくり出すために筋収縮を活性化し，結果的に"鳥肌"や体の震えをもたらす．

余談：寒い日の暖をとるための飲酒は，実際には逆効果になる．アルコールは血管を拡張し，皮膚への血流量を増加させるため，暖まったような気になるだけである．その暖かさは一時的には心地よく感じるが，熱が皮膚から急激に失われるので，結果的に体温の低下を招く．

章末の"Chemistry in Actionからの問題"7.72, 7.73を見ること．

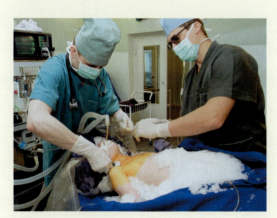

▲開心術では代謝を遅くするため，氷で体を25〜32℃に冷やす．

7.7　可逆反応と化学平衡

多くの化学反応では，一見すべての反応物が生成物に変換したように見える．たとえば金属ナトリウムが塩素ガスと反応する場合，両方とも完全に消費

される．この反応では，塩化ナトリウムの生成物が反応物よりも非常に安定なので，一度反応が開始するとその反応は完結するまで進行し続ける．

反応物と生成物がほぼおなじ安定性の場合は，どうなるか？ たとえば，酢酸(酢の主成分)とエタノールから，マニキュア落しや糊の溶剤として用いられる酢酸エチルを得る反応がこれにあたる．

$$\underset{酢\ 酸}{CH_3\overset{O}{\overset{\|}{C}}OH} + \underset{エタノール}{HOCH_2CH_3} \underset{それともこの方向？}{\overset{この方向？}{\rightleftarrows}} \underset{酢酸エチル}{CH_3\overset{O}{\overset{\|}{C}}OCH_2CH_3} + \underset{水}{H_2O}$$

酢酸とエタノールを混合する実験を想像する．その二つの試薬は酢酸エチルと水をつくる．しかし酢酸エチルと水がつくられるにつれ，それらは酢酸とエタノールに戻りはじめる．このように，どちらの方向へも容易に進行する反応を**可逆反応**といい，化学式の中の二重の矢印($\rightleftarrows$)であらわす．左から右への反応を**正反応**といい，右から左への反応を**逆反応**という．

可逆反応(reversible reaction) 生成物から反応物へ，あるいは反応物から生成物へと，どちらの方向にも進み得る反応．

つぎに酢酸エチルと水を混合したと仮定する．おなじことがおきる．すなわち，少量の酢酸とエタノールが形成されると，すぐに反対方向の反応がはじまる．どちらの反応物を混ぜたとしても，反応物と生成物の濃度が一定の値に到達し，もうこれ以上変化しない状態になるまで両方が反応し続ける．この時点では，反応容器中にすべての四つの物質，すなわち酢酸，酢酸エチル，エタノール，水が含まれており，その反応が**化学平衡**の状態にあると表現される．

化学平衡(chemical equilibrium) 正反応と逆反応の速度が等しい状態．

一度平衡に達すると，反応物と生成物の濃度はこれ以上変化しないので，正反応と逆反応が停止しているように見える．しかしこの場合はそうではない．正反応は反応開始時には素早くおきるが，反応物の濃度が減少するにつれて遅く進行するようになる．同時に，逆反応は反応の開始時にはゆっくりとおきていたが，生成物の濃度が上昇するにつれて，反応速度も上昇する(図7.6)．最終的に正反応と逆反応の速度は等しくなり，変化が認められなくなる．

▶ **図 7.6**
平衡反応における反応速度
正反応の速度は最初高く，反応物の濃度が減少するにつれて低くなる．一方，逆反応の速度は最初低く，生成物の濃度が増加するにつれて高くなる．平衡時には正反応と逆反応の速度は等しい．

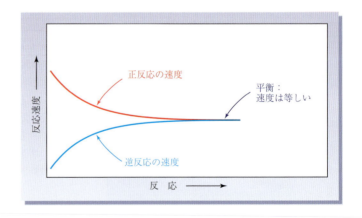

化学平衡は活発で動的な状態である．存在するすべての物質は，継続的におなじ速度で生成かつ分解される．そして平衡条件下ではそれらの濃度は一定となる．たとえば，上下のエスカレーターでつながった二つの階について考える．もし上がっていく人の数が降りていく人の数と等しい場合，それぞれの階にいる人の数は一定のままである．**それぞれの人**についてみると，ある階からもう一つの階へと移動しているが，それぞれの階の**人数の合計**は平衡になっている．

平衡状態における反応物と生成物の濃度が等しい必要はない(エスカレー

ターでつながった二つの階の人数が等しい必要はないのとおなじである).平衡は,純粋な生成物と純粋な反応物とのあいだのいかなる点でも存在し得る.正反応あるいは逆反応のおきやすさが,与えられた条件下のその反応の特性となる.

7.8 平衡式と平衡定数

反応速度は分子間の衝突の頻度にあることを思い出そう(7.5節).衝突の頻度は濃度に依存しており,たとえばある溶液中の分子の数による(7.6節).したがって可逆反応では,正反応と逆反応の両方の速度が反応物と生成物それぞれの濃度に依存しなければならない.反応が平衡に達すると,正反応と逆反応の両方の速度は等しくなり,反応物と生成物の濃度はそれぞれ一定となる.この事実を用いると,反応に関する有用な情報を得ることができる.

特定の平衡反応について詳しく説明する.二酸化硫黄と酸素を混合し,727℃で三酸化硫黄と平衡状態とし,混合物に含まれる三つの気体すべての濃度を測定したと想定する.

$$2\,SO_2(気) + O_2(気) \rightleftarrows 2\,SO_3(気)$$

▲上る人と下る人の数が等しい場合,各階の人の数は一定になり平衡状態になる.

1.00 L の容器で,1.00 mol の SO_2 と 1.00 mol の O_2 のみを用いた反応を,ある実験で開始した.言い換えると,反応物のはじめの濃度は 1.00 mol/L である.反応が平衡に達した時,SO_2 が 0.062 mol/L,O_2 が 0.538 mol/L,そして SO_3 が 0.938 mol/L になった.別の実験では,1.00 mol/L の SO_3 で反応を開始した.この反応が平衡に達した時,SO_2 が 0.150 mol/L,O_2 が 0.0751 mol/L,そして SO_3 が 0.850 mol/L になった.両方の実験とも開始条件は異なるが,平衡に到達した時には反応物よりも多くの生成物(SO_3)が存在する.与えられた反応から平衡状態がどうなるかを予測することができるだろうか?

答えは YES!最初の濃度や平衡状態の濃度がどんな値であっても,つぎの式に平衡濃度を当てはめると一定の値となることがわかる.

$$\frac{[SO_3]^2}{[SO_2]^2[O_2]} = 定数\,T$$

この式の角カッコはそれぞれの物質の濃度をあらわし,単位はモル/リットルである.上述のそれぞれの反応における平衡濃度を用いて,値を計算し,それが一定であることを確かめることができる.

実験 1. $\quad \dfrac{[SO_3]^2}{[SO_2]^2[O_2]} = \dfrac{(0.938\text{ mol/L})^2}{(0.0620\text{ mol/L})^2(0.538\text{ mol/L})} = 425$

実験 2. $\quad \dfrac{[SO_3]^2}{[SO_2]^2[O_2]} = \dfrac{(0.850\text{ mol/L})^2}{(0.150\text{ mol/L})^2(0.0751\text{ mol/L})} = 428$

温度が 727℃ では,実際の定数の値は 429 である.平衡状態における二つの実験の生成物と反応物の濃度の比は,実験誤差の範囲内でおなじ結果になる.同様の多くの実験から,どんな反応にも適用できる一般式が導き出された.以下の可逆的な反応を考える.

$$aA + bB + \cdots \rightleftharpoons mM + nN + \cdots$$

A, B, …は反応物，M, N, …は生成物，そして $a, b, \cdots, m, n, \cdots$ はいずれも収支のとれた反応式における係数をあらわす．平衡状態では反応混合物の組成はつぎの**平衡式**に従い，その式における K は**平衡定数**となる．

平衡定数(K) (equilibrium constant) ある温度において，収支のとれた化学式における係数で，生成物と反応物それぞれの濃度を累乗したものの比から得られる値．

化学平衡式　　$K = \dfrac{[M]^m[N]^n \cdots}{[A]^a[B]^b \cdots}$ ← 生成物濃度 / 反応物濃度

↑ 平衡定数

平衡定数 K は，収支のとれた化学式における係数でそれぞれの物質濃度を累乗した値を用い，生成物の平衡濃度の積を反応物の平衡濃度で割ることによって得られる数値である．二酸化硫黄と酸素の反応をもう一度見てみると，平衡定数がどのようにして得られるかがわかる．

$$2\,SO_2(気) + O_2(気) \rightleftharpoons 2\,SO_3(気)$$

$$K = \dfrac{[SO_3]^2}{[SO_2]^2[O_2]}$$

反応方程式中の反応物や生成物に係数がなければ，係数は 1 である．K の値は，とくに断りのない限り温度(25 ℃)で変わり，単位は通常省略される．純粋な固体あるいは液体を含む反応の場合，これらの純物質は平衡定数の式からは除く．その理由を説明するため，問題 7.6 の石灰岩の分解を考える．

$$CaCO_3(固) \longrightarrow CaO(固) + CO_2(気)$$

この反応に対する平衡定数式を書くと，反応の濃度以上の生成物の濃度が得られることになる．

$$K = \dfrac{[CaO][CO_2]}{[CaCO_3]}$$

固体の CaO と $CaCO_3$ を例に考える．これらの濃度(mol/L)は，モル質量と特定の温度における密度から算出できる．たとえば，25 ℃における CaO の濃度はつぎのように計算できる．

$$\dfrac{\left(3.25\,\dfrac{\text{g CaO}}{\text{cm}^3}\right) \cdot \left(\dfrac{1000\,\text{cm}^3}{\text{L}}\right)}{56.08\,\dfrac{\text{g CaO}}{\text{mol CaO}}} = 58.0\,\dfrac{\text{mol CaO}}{\text{L}}$$

もし CO_2 が反応に加えられる，あるいは反応から除かれると，反応物に対する生成物の比が変化することになる．しかしながら私たちが 10 g 持とうが 500 g 持とうが，CaO の濃度は同じである．固体の CaO を加えることは，反応物に対する生成物の比を変えることにはならない．固体の濃度は存在する固体

の量とは無関係なので，これらの濃度は K の式からは除外される．

$$K = \frac{[\text{CaO}][\text{CO}_2]}{[\text{CaCO}_3]} = [\text{CO}_2]$$

　平衡定数の値は平衡時における反応の位置を示す．もし正反応が好ましい場合，生成物の項 $[\text{M}]^m[\text{N}]^n$ が反応物の項 $[\text{A}]^a[\text{B}]^b$ より大きくなり，K の値は1より大きくなる．逆に，逆反応が好ましい場合，平衡時に $[\text{M}]^m[\text{N}]^n$ が $[\text{A}]^a[\text{B}]^b$ より小さくなり，K の値は1より小さくなる．

　水素と酸素から水蒸気がつくられる反応では，平衡定数はきわめて大きくなり（3.1×10^{81}），水の生成がきわめて好ましいことを示す．このような反応に対しては，平衡は事実上存在せず，反応は**完結すると記述される**．

　一方，窒素と酸素が 25 ℃ で反応して NO を与える反応では，平衡定数はきわめて小さく（4.7×10^{-31}），空気中の N_2 と O_2 が室温でほとんど結合せず，観測できないことを示す．

$$\text{N}_2(\text{気}) + \text{O}_2(\text{気}) \rightleftharpoons 2\,\text{NO}(\text{気}) \qquad K = \frac{[\text{NO}]^2}{[\text{N}_2][\text{O}_2]} = 4.7 \times 10^{-31}$$

　K が1に近い（いわゆる 10^3 と 10^{-3} のあいだ）場合，平衡時に反応物も生成物もともに意味のある量で存在する．例として酢酸とエタノールから酢酸エチルを得る反応がある（7.7 節）．この反応では $K = 3.4$ となる．

$$\text{CH}_3\text{CO}_2\text{H} + \text{CH}_3\text{CH}_2\text{OH} \rightleftharpoons \text{CH}_3\text{CO}_2\text{CH}_2\text{CH}_3 + \text{H}_2\text{O}$$

$$K = \frac{[\text{CH}_3\text{CO}_2\text{CH}_2\text{CH}_3][\text{H}_2\text{O}]}{[\text{CH}_3\text{CO}_2\text{H}][\text{CH}_3\text{CH}_2\text{OH}]} = 3.4$$

平衡定数の意味合いを，つぎのようにまとめることができる．

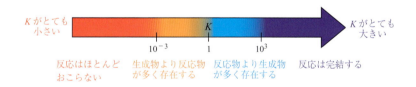

K が 0.001 よりとても小さい	平衡時には反応物のみしか存在しない．本質的に反応はおきない．
K が 1〜0.001 のあいだ	平衡時には生成物より反応物が多く存在する．
K が 1〜1000 のあいだ	平衡時には反応物より生成物が多く存在する．
K が 1000 よりとても大きい	平衡時には生成物しか存在しない．反応は本質的に完結する．

例題 7.8 平衡式の記述

水素の工業的合成法の第1段階は，水蒸気とメタンから一酸化炭素と水素を得る反応である．反応の平衡式を書け．

$$H_2O(気) + CH_4(気) \rightleftarrows CO(気) + 3\,H_2(気)$$

解説 平衡定数 K は，収支のとれた化学式における係数でそれぞれの物質濃度を累乗した値を用い，生成物(CO と H_2)の平衡濃度の積を反応物(H_2O と CH_4)の平衡濃度で割ることによって得られる数値である．

解答

$$K = \frac{[CO][H_2]^3}{[H_2O][CH_4]}$$

例題 7.9 平衡式：K の計算

Cl_2 と PCl_3 との反応では，平衡時における反応物と生成物の濃度は実験的に求められており，PCl_3 が 7.2 mol/L，Cl_2 が 7.2 mol/L，PCl_5 が 0.050 mol/L であることがわかっている．

$$PCl_3(気) + Cl_2(気) \rightleftarrows PCl_5(気)$$

その反応の平衡式を書き，平衡定数を計算せよ．どちらの反応が好ましいか，正反応か，逆反応か？

解説 収支のとれた化学式における係数はすべて1である．したがって，平衡定数は生成物(PCl_5)の濃度を二つの反応物(PCl_3 と Cl_2)の濃度の積で割った値に等しくなる．与えられたそれぞれの濃度を式に当てはめ，K の値を計算する．

概算 平衡では，反応物の濃度(それぞれの反応物に対して 7.2 mol/L)は生成物の濃度(0.05 mol/L)より高いため，K の値は1より小さいと予測する．

解答

$$K = \frac{[PCl_5]}{[PCl_3][Cl_2]} = \frac{0.050 \text{ mol/L}}{(7.2 \text{ mol/L})(7.2 \text{ mol/L})} = 9.6 \times 10^{-4}$$

K の値が1より小さいため，逆反応が好ましくなる．K の単位が省略されていることに注意する．

確認 計算した K の値は，予測したとおり $K < 1$ である．

問題 7.13
つぎの反応の平衡式を書け．
(a) $N_2O_4(気) \rightleftarrows 2\,NO_2(気)$
(b) $2\,H_2S(気) + O_2(気) \rightleftarrows 2\,S(固) + 2\,H_2O(気)$
(c) $2\,BrF_5(気) \rightleftarrows Br_2(気) + 5\,F_2(気)$

問題 7.14

つぎの反応では平衡時に反応物と生成物のどちらが好ましいか？ 平衡における相対濃度をあげよ．

(a) スクロース(水) + H_2O(液) $\rightleftharpoons$
　　　　　　　　　　グルコース(水) + フルクトース(水)　　$K = 1.4 \times 10^5$
(b) NH_3(水) + H_2O(液) $\rightleftharpoons$ NH_4^+(水) + OH^-(水)　　$K = 1.6 \times 10^{-5}$
(c) Fe_2O_3(固) + 3 CO(気) $\rightleftharpoons$ 2 Fe(固) + 3 CO_2(気)　　$K(727\ ºC) = 24.2$

問題 7.15

H_2(気) + I_2(気) $\rightleftharpoons$ 2HI(気)の反応では，25℃での平衡濃度は[H_2] = 0.0510 mol/L，[I_2] = 0.174 mol/L，[HI] = 0.507 mol/L である．25℃における K の値はいくらか？

基礎問題 7.16

つぎの図は二つの類似した反応をあらわしており，すでに平衡に達している．

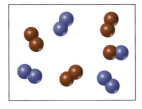
$A_2 + B_2 \longrightarrow 2\,AB$

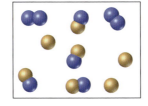
$A_2 + 2\,B \longrightarrow 2\,AB$

(a) それぞれの反応の平衡定数の式を書け．
(b) それぞれの反応の平衡定数の値を計算せよ．

7.9　ルシャトリエの法則：平衡におよぼす条件変化の影響

化学平衡におよぼす反応条件の変化の影響は，**ルシャトリエの法則**(Le Châelier's principle)と呼ばれる一般則に従い予測することができる．

> **ルシャトリエの法則**　　平衡状態の系に圧力が加わる時，平衡は圧力を解放する方向に向かう．

ここでいう"圧力"という言葉は，本来の平衡状態を乱すような濃度，圧力，体積，温度における変化を意味し，正反応と逆反応の速度が一時的に等しくならない状況をつくる．

7.6節では，温度や濃度，そして触媒添加に反応速度が影響されることを学んだ．では，平衡定数はどうか？ それらはおなじように影響を受けるか？ 答えは，濃度や温度，圧力は平衡に影響をおよぼすが，触媒添加は影響をおよぼさない(ただし，平衡に到達するまでの反応時間は短くなる)．触媒によってもたらされる変化は正反応にも逆反応にも影響するため，触媒の有無にかかわらず平衡濃度はおなじになる．

濃度変化の影響

COとH$_2$との反応からCH$_3$OH(メタノール)を生成する反応を例にとり，濃度変化の影響について考える．一度平衡に達すると反応物と生成物の濃度は一定となり，正反応と逆反応の速度は等しくなる．

$$CO(気) + 2\,H_2(気) \rightleftharpoons CH_3OH(気)$$

では，COの濃度を高くするとなにがおこるか？ルシャトリエの法則に従い，加えられたCOの"圧力"を解放するために，余分なCOを使い切らなければならない．言いかえれば，正反応の速度を上げてCOを消費しなければならない．平衡式の左側に加えられたCOを右側へ"押し込む"ように考える．

$$\overset{[CO \longrightarrow]}{CO(気) + 2\,H_2(気) \rightleftharpoons CH_3OH(気)}$$

もちろん，より多くのCH$_3$OHが生成することにより逆反応も加速し，いくらかのCH$_3$OHは逆にCOとH$_2$に変換される．次第に正反応と逆反応の速度が近づき，最終的に再びおなじ速度となり，平衡状態が再構築される．この新しい平衡状態では，加えられたCOと反応するためにいくらかのH$_2$が消費されて最終的に[H$_2$]の値は低くなり，反応によって生じるCH$_3$OHはCOの付加によって右へ進むために[CH$_3$OH]の値は高くなる．しかしこれらの変化が互いに相殺し合い，結果として平衡定数Kの値は一定のままになる．

$$CO(気) + 2\,H_2(気) \rightleftharpoons CH_3OH(気)$$

…もしこれが増加すると…　…これが減少して…　…これが増加する…

…しかし，これは一定のままである．
$$K = \frac{[CH_3OH]}{[CO][H_2]^2}$$

つぎに，平衡状態でCH$_3$OHを加えた場合はどうか？いくらかのメタノールは反応してCOやH$_2$となり，平衡状態が再構築される際には，[CO]，[H$_2$]，[CH$_3$OH]の値がより高くなっている．そして前述の場合と同様に，Kの値は変化しない．

$$CO(気) + 2\,H_2(気) \rightleftharpoons CH_3OH(気)$$

もし，これが増加すると…

…これが増加して…　…これも増加する…

…しかし，これは一定のままである．
$$K = \frac{[CH_3OH]}{[CO][H_2]^2}$$

化学平衡の状態を，反応物(左側)と生成物(右側)の自由エネルギーをのせた天秤のように考えることもできる．もし，反応物をさらに加えると天秤は反応物のほうに傾く．釣り合った状態を取り戻すために，反応物を生成物に変換し，反応を右側へ移動させなければならない．逆に，反応物を取り除いた場合，天秤は生成物のほうが重くなりすぎてしまうので，釣り合った状態を取り戻すために，反応物をつくり出すように反応を左側へ移動しなければならない．

7.9 ルシャトリエの法則：平衡におよぼす条件変化の影響

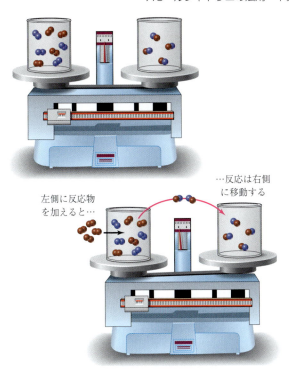

▶ 反応物と生成物の自由エネルギーをのせた天秤で，平衡状態が示されている．反応物（あるいは生成物）を一方に加えると天秤は傾き，そして釣り合いを復元するよう反応がある方向へ進む．

…反応は右側に移動する

左側に反応物を加えると…

　最後に，反応物の供給と生成物の除去が継続する場合を考える．それぞれの濃度は絶えず変化しているので，平衡状態には決して到達しない．結果として，平衡定数が好ましくないとしても，目的とする生成物を大量合成し得る反応系が構築できることになる．例として，酢酸とエタノールから酢酸エチルを得る反応を考える．前節で紹介したように，この反応の平衡定数 K は 3.4 であり，平衡時には反応物と生成物が実質的に存在することを意味している．しかし，もし酢酸エチルが生成と同時に除かれるなら，ルシャトリエの法則に従い，生成物をつくり続ける．

$$\underset{\text{酢酸}}{CH_3\overset{\overset{O}{\|}}{C}OH} + \underset{\text{エタノール}}{CH_3CH_2OH} \rightleftarrows \underset{\text{酢酸エチル}}{CH_3\overset{\overset{O}{\|}}{C}OCH_2CH_3} + H_2O$$

反応系からこの生成物を継続的に除去するとさらに生成するようになる

　代謝反応では，時々この作用を利用してある反応が平衡に到達しないよう，生成物をつぎの段階の反応で継続的に消費する．

温度と圧力の変化の影響

　7.2 節で説明したように，発熱反応の逆反応は必ず吸熱反応になる．したがって平衡反応では，一方の反応が発熱的でもう一方が吸熱的になる．ルシャトリエの法則から，温度上昇は加えられた熱を吸収するよう，吸熱反応が好ましくなる方向へ平衡を移動させると予想される．逆に，温度の低下はより多くの熱が放出されるよう，発熱反応が好ましくなる方向へ平衡を移動させる．言いかえれば，反応物や生成物の濃度と全く同様に，平衡に圧力を加減する要素として熱を考慮することができる．

吸熱反応(熱が吸収される)　温度上昇により促進
発熱反応(熱が放出される)　温度低下により促進

たとえば，N_2 と H_2 から NH_3 を得る発熱反応では温度が上昇すると，熱を吸収する逆反応が好ましくなる．

$$N_2(気) + 3H_2(気) \rightleftharpoons 2NH_3(気) + 熱$$

[←――――――熱]

平衡混合物におよぼす温度の影響を考慮する際にも，天秤のたとえが利用できる(今回は，反応物や生成物のように熱を考える)．反応温度の上昇では，左側(吸熱反応の場合)あるいは右側(発熱反応の場合)に熱を加える．系の"釣り合い"を再び保つために反応が進むべき方向がわかるはずである．

つぎに圧力変化について考える．もし，平衡にかかわる一つあるいはそれ以上の物質が気体である場合，圧力は平衡に影響をおよぼす．ルシャトリエの法則で予測されるように，このような反応における圧力の増加は，気相における分子数の減少，すなわち圧力の低下を伴う方向へと平衡を移動させる．アンモニア合成について見ると，反応系の体積を減少させた場合，反応物と生成物の両方が濃度上昇を示すが，化学式における気相の物質は反応物のほうが生成物よりも多く存在するため，反応物側でより大きな影響を受けることとなる．すなわち，4モルの気体が2モルの気体へと変換する反応のほうが好ましくなるため，圧力上昇は正反応を促進する．

[圧力――――→]

$$\underset{4モルの気体}{N_2(気) + 3H_2(気)} \rightleftharpoons \underset{2モルの気体}{2NH_3(気)}$$

反応条件の変化が平衡におよぼす影響を表 7.4 にまとめた．

表 7.4　反応条件の変化が平衡におよぼす影響

変化	影響
濃度	反応物濃度の増加または生成物濃度の減少は正反応を促進する． 生成物濃度の増加または反応物濃度の減少は逆反応を促進する．
温度	温度の上昇は吸熱反応を促進する． 温度の低下は発熱反応を促進する．
圧力	圧力の増加は気体の物質量が少なくなる反応を促進する． 圧力の減少は気体の物質量が多くなる反応を促進する．
触媒添加	より早く平衡に到達する．K の値は変わらない．

さらに先へ　▶▶▶　生化学編 3 章では，体の中の代謝経路における物質循環を維持するために，ルシャトリエの法則がうまく利用されていることを学ぶ．そこでは，ある反応の生成物がつぎの反応で継続的に消費されるために，平衡に到達しないような工夫がなされている．

例題 7.10 ルシャトリエの法則と平衡混合物

窒素は酸素と反応して NO を与える．

$$N_2(気) + O_2(気) \rightleftharpoons 2 NO(気) \quad \Delta H = +43 \text{ kcal/mol}（+180 \text{ kJ/mol}）$$

反応物や生成物の濃度におよぼすつぎの変化の影響を説明せよ．
(a) 温度の上昇
(b) NO 濃度の増加
(c) 触媒添加

解 答
(a) 反応は吸熱的（ΔH が正）なので，温度の上昇は正反応を促進する．したがって平衡時には NO 濃度は高くなる．
(b) 生成物である NO の濃度増加は逆反応を促進する．平衡時には，NO と同様に N_2 と O_2 の濃度も高くなる．
(c) 触媒は平衡に達するまでの速度を加速するが，平衡時における濃度は変わらない．

問題 7.17
平衡反応における SO_3 の生成は，圧力を変化させることで促進できるか？ また温度変化ではどうか？

$$2 SO_2(気) + O_2(気) \rightleftharpoons 2 SO_3(気) \quad \Delta H = -47 \text{ kcal/mol}$$

問題 7.18
下に示す炭素と水素との反応で，つぎの変化は平衡の位置にどのような影響をおよぼすか？

$$C(固) + 2 H_2(気) \rightleftharpoons CH_4(気) \quad \Delta H = -18 \text{ kcal/mol}（-75 \text{ kJ/mol}）$$

(a) 温度の上昇
(b) 体積の減少に伴う圧力の上昇
(c) 反応容器からの CH_4 の継続的な除去

問題 7.19
銅鉱石の製錬（Chemistry in Action，"共役反応"参照）に用いられる共役反応のもう一つの例は，375 ℃で行うつぎの二つの反応を伴う．

(1) $Cu_2O(固) \longrightarrow 2 Cu(固) + \frac{1}{2} O_2(気) \quad \Delta G(375 ℃) = +140.0 \text{ kJ}（+33.5 \text{ kcal}）$
(2) $C(固) + \frac{1}{2} O(気) \longrightarrow CO(気) \quad \Delta G(375 ℃) = -143.8 \text{ kJ}（-34.5 \text{ kcal}）$

反応全体を導き，共役反応の正味の自由エネルギー変化を計算せよ．

CHEMISTRY IN ACTION

共役反応

生物は，化学反応を用いて日々の活動に必要なエネルギーを生成する，非常に複雑なシステムである．しかし，これらの化学反応の多くは，平常時の体温でおこるとすれば，非常に遅い反応である．したがって，生物は必要なエネルギーを得て最適に機能するために，この章で論じているいくつかの異なる方法を使う．たとえば，化学反応の速度が遅い場合，生物触媒の酵素を加えると反応が加速する（生化学編2章参照）．ルシャトリエの法則は，酸素輸送（9章, Chemistry in Action, "呼吸と酸素輸送"参照）と血液のpH（10章, Chemistry in Action, "体の中の緩衝液：アシドーシスとアルカローシス"参照）を含め，重要な過程の制御に使用される．しかし，自発的におこらない反応にはどうすればいいだろうか？ 有用な方法の一つは，非自発的な反応を自発的な反応と"共役"させることである．

共役反応は，生化学でも工業用途でもしばしば認められる方法である．鉱石を含む Cu_2S の製錬から銅金属を回収するための，つぎの反応について考えてみよう．

$$Cu_2S(固) \longrightarrow 2\,Cu(固) + S(固)$$
$$\Delta G = +86.2\text{ kJ }(+21.6\text{ kcal})$$

上記の過程では ΔG が正（吸エルゴン的）であるので，この反応は自発的に進行しない．しかし，製錬過程が酸素の存在下で，かつ高温で行われるとき，この反応は別の反応に"共役"することができる．

$$Cu_2S(固) \longrightarrow 2\,Cu(固) + S(固)$$
$$\Delta G = +86.2\text{ kJ }(+21.6\text{ kcal})$$
$$S(固) + O_2(気) \longrightarrow SO_2(気)$$
$$\Delta G = -300.1\text{ kJ }(-71.7\text{ kcal})$$

正味の反応：
$$Cu_2S(固) + O_2(気) \longrightarrow 2\,Cu(固) + SO_2(気)$$
$$\Delta G = -213.9\text{ kJ }(-51.1\text{ kcal})$$

全体的な反応は，自発的に純粋な銅を生産する負の ΔG（発エルゴン的）をもつ．

生化学における共役反応

生化学における共役反応の重要な例は，グルコースの代謝で必須な最初の段階である，グルコース（生化学編5.6節参照）の吸エルゴン的なリン酸化である．これは，アデノシン三リン酸（ATP）を加水分解してアデノシン二リン酸（ADP）を生成する発エルゴン的な過程と共役している．

グルコース + $HOPO_3^{2-}$ ⟶ グルコース 6-リン酸 + H_2O
$$\Delta G = +13.8\text{ kJ/mol}$$
ATP + H_2O ⟶ ADP + $HOPO_3^{2-}$ + H^+
$$\Delta G = -30.5\text{ kJ/mol}$$

正味の反応：グルコース + ATP
⟶ ADP + グルコース 6-リン酸
$$\Delta G = -16.7\text{ kJ/mol}$$

代謝活動のために重要なグルコース 6-リン酸の産生に加えて，共役反応によって生成されるあらゆる熱が体温の維持に用いられている．

章末の "Chemistry in Action からの問題" 7.74, 7.75 を見ること．

要約：章の目標と復習

1. 反応中にどんなエネルギー変化がおきているか？

共有結合の強さはその**結合解離エネルギー**，すなわち単離した気体分子の結合を切断するのに用いられるエネルギー量を用いて求めることができる．どんな反応においても，結合の変化によって発散あるいは吸収される熱は，**反応熱**あるいは**エンタルピー変化**(ΔH)と呼ばれる．もし反応で生成される結合の強度の合計が切断される結合の強度の合計よりも大きい場合は，反応に伴い熱が放出され(負の ΔH)，**発熱的**な反応となる．一方，反応で生成される結合の強度の合計が切断される結合の強度の合計よりも小さい場合は，反応に伴い熱が吸収され(正の ΔH)，**吸熱的**な反応となる(問題26〜33，40，62，63，70，71，76〜78，80，81，83，85)．

2. "自由エネルギー"とはなにか，また化学における自発性の定義とはなにか？

自発的な反応とは一度はじまると外部の影響を受けずに進む過程をいい，非自発的な反応とは継続的に外部からの影響を必要とする過程をいう．反応中に吸収あるいは放出される熱量(ΔH)と，反応中の分子の無秩序さの変化を示す**エントロピー変化**(ΔS)という二つの要素に自発性は依存する．自発的な反応は熱の放出(負の ΔH)や無秩序性の増加(正の ΔS)によって促進される．**自由エネルギー変化**(ΔG)は両方の要素を考慮したもので，$\Delta G = \Delta H - T\Delta S$ という式であらわされる．ΔG が負の値の時は自発的であることを示し，ΔG が正の値の時は非自発的であることを示す(問題20〜22，25，34〜43，46，50，51，73，84)．

3. 化学反応の速度を決めているのはなにか？

化学反応は，反応物の粒子が適切な方向から十分なエネルギーで衝突した際におきる．そのような衝突に必要とされるエネルギー量のことを**活性化エネルギー**(E_{act})と呼ぶ．反応が高い活性化エネルギーを有する場合は，十分なエネルギーをもった衝突が少なくなることから遅い反応となる．逆に，低い活性化エネルギーの反応は速い反応となる．反応速度は，温度の上昇や反応物濃度の増加，そして**触媒**の添加によって増加する．なお触媒自身は反応中に変化せず，反応を加速する(問題23，24，44〜51，75)．

4. 化学平衡とはなにか？

反応が正方向にも逆方向にもおきる反応は**可逆的**と呼ばれ，最終的に**化学平衡**の状態に到達する．平衡時には，正反応と逆反応がおなじ速度でおき，反応物と生成物の濃度が一定になっている．すべての可逆反応は，**平衡式**で求められる独自の**平衡定数**(K)をもつ(問題52〜63，78，82)．

$$a\text{A} + b\text{B} + \cdots \rightleftarrows m\text{M} + n\text{N} + \cdots$$

$$K = \frac{[\text{M}]^m[\text{N}]^n\cdots}{[\text{A}]^a[\text{B}]^b\cdots}$$

生成物の濃度は係数とおなじだけ累乗される

反応物の濃度は係数とおなじだけ累乗される

5. ルシャトリエの法則とはなにか？

ルシャトリエの法則は，平衡状態の系に圧力が加わる時，その平衡は圧力を解放する方向に移動することをあらわす．この原理を適用すると，温度，圧力，濃度の変化の影響を予測することができる(問題62〜69，79，82)．

概念図：化学反応：エネルギー，速度および平衡

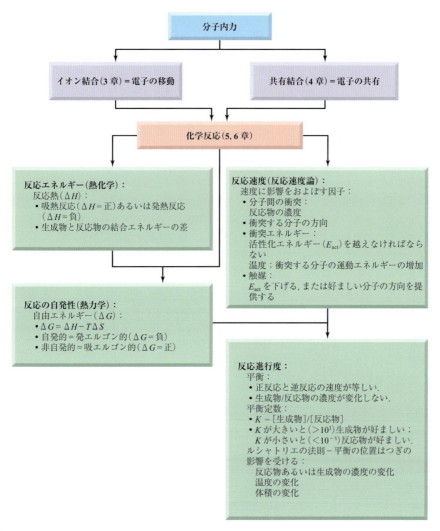

▲図 7.7
概念図　5，6 章で化学反応の基本を学んだ．7 章では反応熱，反応速度，反応の自発性，平衡定数 K で示される反応進行度を学んだ．これらの概念と，すでに学んだ概念との関連について図 7.7 で示す．

KEY WORDS

運動エネルギー，p.189
エネルギー保存の法則，p.191
エンタルピー(H)，p.191
エンタルピー変化(ΔH)，p.191
エントロピー(S)，p.198
エントロピー変化(ΔS)，p.198
化学平衡，p.208
可逆反応，p.208

活性化エネルギー(E_{act})，p.203
吸エルゴン的，p.199
吸熱的，p.190
結合解離エネルギー，p.190
自発的な過程，p.198
自由エネルギー変化(ΔG)，p.199
触　媒，p.205
熱，p.189

濃　度，p.204
発エルゴン的，p.199
発熱的，p.190
反応速度，p.203
反応熱，p.191
平衡定数(K)，p.210
ポテンシャルエネルギー，p.189
ルシャトリエの法則，p.213

基本概念を理解するために

7.20 結晶性固体から気体への自発的な変化について，ΔH，ΔS，ΔG の符号はどうなるか？ 説明せよ．

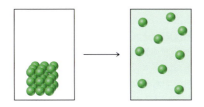

7.21 蒸気から液体への自発的な濃縮について，ΔH，ΔS，そして ΔG の符号はどうなるか？ 説明せよ．

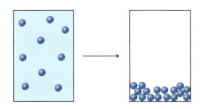

7.22 つぎに示す A_2 分子(赤)と B_2 分子(青)の自発的な反応について考えよ．

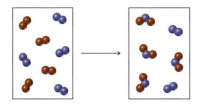

(a) この反応について，収支のとれた反応式を完成させよ．
(b) この反応における ΔH，ΔS，ΔG の符号はどうなるか？ 説明せよ．

7.23 つぎのエネルギー図には二つの曲線が描かれている．

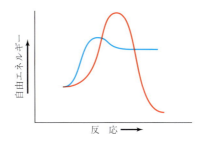

(a) より速い反応をあらわしているのはどの曲線か？ またより遅い反応はどれか？
(b) 自発的な反応をあらわしているのはどの曲線か？ また非自発的な反応はどれか？

7.24 つぎの状況をあらわすエネルギー図を描け．
(a) 大きな負の ΔG をもつ遅い反応
(b) 小さな正の ΔG をもつ速い反応

7.25 つぎの図は $A(固) \longrightarrow B(気) + C(気)$ という反応を示している（なお，この図では異なる色の球は異なる分子構造をあらわす）．この反応では $\Delta H = +9.1\ \text{kcal/mol}\,(+38.1\ \text{kJ/mol})$ と仮定して考えよ．

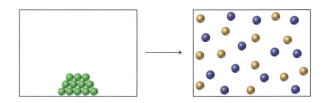

(a) この反応における ΔS の符号はどうなるか？
(b) この反応はすべての温度において自発的か？ あるいは非自発的か？ それともある温度では自発的で，そのほかの温度では非自発的か？

補 充 問 題

エンタルピーと反応熱

7.26 吸熱反応では，反応物の総エンタルピー(H)は生成物の総エンタルピーより大きいか？ それとも小さいか？

7.27 "反応熱"という言葉はどんな意味か？ また反応熱の同義語はなにか？

7.28 液体から気体状態への臭素の蒸発には $7.4\ \text{kcal/mol}$ ($31.0\ \text{kJ/mol}$) 必要である．
(a) この過程における ΔH の符号はどうなるか？ 熱を生成物もしくは反応物としてあらわし，反応を書け．
(b) $5.8\ \text{mol}$ の臭素を蒸発させるには何 kcal 必要か？
(c) $82\ \text{g}$ の臭素を蒸発させるには何 kcal 必要か？

7.29 液体の水を固体の氷にする時，$1.44\ \text{kcal/mol}$ ($6.02\ \text{kJ/mol}$) の熱が放出される．
(a) この過程における ΔH の符号はどうなるか？ 熱を生成物もしくは反応物としてあらわし，反応を書け．
(b) $2.5\ \text{mol}$ の水が凍ると何 kJ の熱が放出されるか？
(c) $32\ \text{g}$ の水が凍ると何 kcal の熱が放出されるか？
(d) $1\ \text{mol}$ の氷が溶けると何 kcal の熱が吸収される

7.30 アセチレン(H—C≡C—H)は，溶接トーチに用いられる燃料である．
  (a) 1 mol のアセチレンと O_2(気)から CO_2(気)と水蒸気が生成する燃焼反応について，収支のとれた化学式を書け．
  (b) 表 7.1 の結合解離エネルギーを使って，この反応の ΔH(kJ/mol)を推測せよ．
  (c) アセチレンのエネルギー値(kJ/g)を計算せよ．表 7.2 のほかの燃料のエネルギー値と比較してどうか？

7.31 空気中の窒素は，高温でつぎの反応によって NO_2 を生成する． $N_2 + 2 O_2 \longrightarrow 2 NO_2$
  (a) 反応物と生成物の分子構造を，単結合，二重結合，三重結合がわかるように記せ．
  (b) この反応の ΔH(kcal と kJ)を表 7.1 の結合解離エネルギーを使って推測せよ．

7.32 血液を測る時，"血糖"としても知られるグルコースは， $C_6H_{12}O_6$ の分子式をもつ．
  (a) グルコースと O_2 との燃焼反応から， CO_2 と H_2O を与える反応式を書け．
  (b) 1 g のグルコースが燃焼する場合，3.8 kcal (16 kJ)の熱が放出されるとすると，1.5 mol のグルコースが燃焼する際に何 kcal の熱が放出されるか？ また，何 kJ か？
  (c) 植物が 15.0 g のグルコースをつくり出す際に，吸収しなければならない最小エネルギー量(kJ)はいくらか？

7.33 3.00 g のオクタン C_8H_{18} を燃焼させたとき 239.5 kcal (1002 kJ)の熱が放出される．
  (a) この燃焼反応に対する収支のとれた化学式を書け．
  (b) この反応における ΔH の符号はどうなるか？
  (c) 1.00 mol の C_8H_{18} を燃焼させた場合，どれだけのエネルギー(kJ)が放出されるか？
  (d) 450.0 kcal の熱を放出するには，何 g あるいは何 mol のオクタンを燃焼させる必要があるか？
  (e) 17.0 g の C_8H_{18} を燃焼させた場合，何 kcal の熱が放出されるか？

エントロピーと自由エネルギー

7.34 系のエントロピーを増加させるのはつぎの過程のうちどれか？
  (a) 1 滴のインクが水に落ちて広がる
  (b) 蒸気が窓で凝縮して液滴になる
  (c) ばらばらのレンガから建物をつくる

7.35 つぎのそれぞれの過程について，エントロピーが増加するか減少するか特定せよ．それぞれの答えを説明せよ．
  (a) ジグソーパズルを完成させる
  (b) I_2(固) + 3 F_2(気) $\longrightarrow$ 2 IF_3(気)
  (c) 二つの溶液を混ぜて沈殿物をつくる
  (d) $C_6H_{12}O_6$(水) + 6 O_2(気) $\longrightarrow$ 6 CO_2(気) + 6 H_2O(気)
  (e) $CaCO_3$(固) $\longrightarrow$ CaO(固) + CO_2(気)
  (f) $Pb(NO_3)_2$(水) + 2 $NaCl$(水) $\longrightarrow$ $PbCl_2$(固) + 2 $NaNO_3$(水)

7.36 反応の自発性に影響をおよぼす二つの因子とはなにか？

7.37 発熱反応と発エルゴン反応との違いはなにか？

7.38 ほとんどの自発的な反応が発熱的であるのはなぜか？

7.39 吸熱的であるが，発エルゴン的な反応はどのような条件下によるか？ 説明せよ．

7.40 つぎの反応について答えよ．

$$NaCl(固) \xrightarrow{水} Na^+(水) + Cl^-(水)$$
$$\Delta H = +1.00 \text{ kcal/mol} (+4.184 \text{ kJ/mol})$$

  (a) この過程は吸熱的か？ それとも発熱的か？
  (b) この過程でエントロピーは増加するか？ それとも減少するか？
  (c) 食塩(NaCl)は容易に水に溶ける．(a)や(b)の答えに基づき説明せよ．

7.41 つぎの反応について答えよ．

$$2 Hg(液) + O_2(気) \longrightarrow 2 HgO(固)$$
$$\Delta H = -43 \text{ kcal/mol} (-180 \text{ kJ/mol})$$

  (a) この過程でエントロピーは増加するか？ それとも減少するか？ 説明せよ．
  (b) この過程が自発的であるには，どのような条件下によると考えられるか？

7.42 気体の H_2 と液体の Br_2 から気体の HBr を得る反応は， $\Delta H = -17.4$ kcal/mol(-72.8 kJ/mol)および $\Delta S = 27.2$ cal/(mol・K)(114 J/(mol・K))である．
  (a) この反応に対する収支のとれた化学式を書け．
  (b) この過程でエントロピーは増加するか？ それとも減少するか？
  (c) この過程はすべての温度で自発的か？ 説明せよ．
  (d) 300 K におけるこの反応の ΔG の値(kcal と kJ)を求めよ．

7.43 つぎの反応は PVC ポリマーの工業生産に用いられている．

$$Cl_2(気) + H_2C = CH_2(気) \longrightarrow ClCH_2CH_2Cl(液)$$
$$\Delta H = -52 \text{ kcal/mol} (-218 \text{ kJ/mol})$$

  (a) この過程における ΔS は正の値か？ それとも負の値か？
  (b) この過程はすべての温度で自発的か？ 説明せよ．

化学反応速度

7.44 反応の活性化エネルギーとはなにか？

7.45 $E_{act} = +10$ kcal/mol（$+41.8$ kJ/mol）の反応と $E_{act} = +5$ kcal/mol（$+20.9$ kJ/mol）の反応のどちらが速いか？説明せよ．

7.46 つぎの記述に見合うような発エルゴン反応のエネルギー図を描け．
(a) 自由エネルギー変化の小さい遅い反応
(b) 自由エネルギー変化の大きい速い反応

7.47 一般的に濃度の増加が反応速度を増加させる理由を述べよ．

7.48 触媒とはなにか？また，それが反応の活性化エネルギーにおよぼす影響を述べよ．

7.49 もし触媒が正反応の活性化エネルギーを 28.0 kcal/mol から 23.0 kcal/mol へ変化させる場合，逆反応にはどのような影響が考えられるか？

7.50 C（固，ダイヤモンド）$\longrightarrow$ C（固，グラファイト）の反応は，25 ℃で $\Delta G = -0.693$ kcal/mol（-2.90 kJ/mol）になる．下の問いに答えよ．
(a) この情報からダイヤモンドは自発的にグラファイトへ変化すると考えられるか？
(b) (a)の答えを考慮して，なぜダイヤモンドが何千年ものあいだ変化せずにいられたのか，その理由を述べよ．

7.51 気体の水素と炭素の反応によってエチレンが生成する．

$$2\,H_2(気) + 2\,C(固) \longrightarrow H_2C=CH_2(気)$$
$$\Delta G = +16.3 \text{ kcal/mol}(+68.2 \text{ kJ/mol})\quad(25\,℃)$$

(a) この反応は 25 ℃で自発的か？
(b) 25 ℃で反応が進む触媒を開発することは妥当か？説明せよ．

化学平衡

7.52 "化学平衡"という言葉の意味を述べよ．平衡時において反応物と生成物の量は等しくなければならないか？

7.53 触媒が平衡時に存在する反応物と生成物の量を変えないのは，なぜか？

7.54 つぎの反応の平衡定数を求める計算式を書け．
(a) $2\,CO(気) + O_2(気) \rightleftharpoons 2\,CO_2(気)$
(b) $Mg(固) + HCl(水) \rightleftharpoons MgCl_2(水) + H_2(気)$
(c) $HF(水) + H_2O(液) \rightleftharpoons H_3O^+(水) + F^-(水)$
(d) $S(固) + O_2(気) \rightleftharpoons SO_2(気)$

7.55 つぎの反応の平衡定数を求める計算式を書け．
(a) $S_2(気) + 2\,H_2(気) \rightleftharpoons 2\,H_2S(気)$
(b) $H_2S(水) + Cl_2(水) \rightleftharpoons S(固) + 2\,HCl(水)$
(c) $Br_2(気) + Cl_2(気) \rightleftharpoons 2\,BrCl(気)$
(d) $C(固) + H_2O(気) \rightleftharpoons CO(気) + H_2(気)$

7.56 $N_2O_4(気) \longrightarrow 2NO_2(気)$ の反応について，25 ℃における平衡濃度は $[NO_2] = 0.0325$ mol/L および $[N_2O_4] = 0.147$ mol/L である．25 ℃における K の値を求めよ．反応物あるいは生成物は好ましいか？

7.57 $2\,CO(気) + O_2(気) \rightleftharpoons 2\,CO_2(気)$ の反応において，ある温度での平衡時の濃度は $[CO_2] = 0.11$ mol/L, $[O_2] = 0.015$ mol/L, $[CO] = 0.025$ mol/L であった．
(a) 反応の平衡定数を求める計算式を書け．
(b) この温度での K の値を求めよ．反応物あるいは生成物は好ましいか？

7.58 問題 7.56 の答えを用いてつぎの計算をせよ．
(a) 平衡時，$[NO_2] = 0.0250$ mol/L であった場合の $[N_2O_4]$．
(b) 平衡時，$[N_2O_4] = 0.0750$ mol/L であった場合の $[NO_2]$．

7.59 問題 7.57 の答えを用いて下の計算をせよ．
(a) 平衡時，$[CO_2] = 0.18$ mol/L, $[CO] = 0.0200$ mol/L であった場合の $[O_2]$．
(b) 平衡時，$[CO] = 0.080$ mol/L, $[O_2] = 0.520$ mol/L であった場合の $[CO_2]$．

7.60 問題 7.56 における反応で圧力が上昇した場合，反応物あるいは生成物の量は多くなるか？説明せよ．

7.61 問題 7.57 における反応で圧力が減少した場合，反応物あるいは生成物の量は多くなるか？

ルシャトリエの法則

7.62 光や放電の働きにより酸素はオゾンへと変換される．

$$3\,O_2(気) \rightleftharpoons 2\,O_3(気)$$

この反応では，25 ℃で $\Delta H = +68$ kcal/mol（$+285$ kJ/mol），$K = 2.68 \times 10^{-29}$ になる．
(a) この反応は発熱的か？それとも吸熱的か？
(b) 平衡状態では反応物が好ましいか？それとも生成物が好ましいか？
(c) 平衡におよぼすつぎの影響を説明せよ．
　(1) 体積の減少を伴う圧力の増加
　(2) O_2（気）の濃度の増加
　(3) O_3（気）の濃度の増加
　(4) 触媒の添加
　(5) 温度の上昇

7.63 塩化水素は塩素と水素との反応によりつくられる．

$$Cl_2(気) + H_2(気) \longrightarrow 2\,HCl(気)$$

この反応では，25 ℃で $K = 26 \times 10^{33}$, $\Delta H = -44$ kcal/mol（-184 kJ/mol）になる．
(a) この反応は発熱的か？それとも吸熱的か？
(b) 平衡状態では反応物が好ましいか？それとも生成物が好ましいか？
(c) 平衡におよぼすつぎの影響を説明せよ．
　(1) 体積の減少に伴う圧力の増加

(2) HCl(気)の濃度の増加
(3) Cl_2(気)の濃度の減少
(4) H_2(気)の濃度の増加
(5) 触媒の添加

7.64 つぎの平衡に圧力の上昇をもたらした時，反応生成物の濃度は増加するか？減少するか？それともおなじままか？

(a) $2\,CO_2$(気) $\rightleftharpoons$ $2\,CO$(気) $+$ O_2(気)
(b) N_2(気) $+$ O_2(気) $\rightleftharpoons$ $2\,NO$(気)
(c) Si(固) $+$ $2\,Cl_2$(気) $\rightleftharpoons$ $SiCl_4$(気)

7.65 つぎの平衡反応について，平衡混合物の体積を減少させ，圧力を増加させた場合の反応の方向をルシャトリエの法則を用いて予測せよ．

(a) C(固) $+$ H_2O(気) $\rightleftharpoons$ CO(気) $+$ H_2(気)
(b) $2\,H_2$(気) $+$ O_2(気) $\rightleftharpoons$ $2\,H_2O$(気)
(c) $2\,Fe$(固) $+$ $3\,H_2O$(気) $\rightleftharpoons$ Fe_2O_3(固) $+$ $3\,H_2$(気)

7.66 CO(気) $+$ H_2O(気) $\rightleftharpoons$ CO_2(気) $+$ H_2(気) の反応は，$\Delta H = -9.8$ kcal/mol (-41 kJ/mol)になる．平衡混合物における水素の量は，温度の低下に伴い増加するか？それとも減少するか？

7.67 $3\,O_2$(気) $\rightleftharpoons$ $2\,O_3$(気) の反応は，$\Delta H = +68$ kcal/mol ($+285$ kJ/mol)になる．この反応の平衡定数は温度上昇に伴い増加するか？それとも減少するか？

7.68 H_2(気) $+$ I_2(気) $\rightleftharpoons$ $2\,HI$(気)の反応は，$\Delta H = -2.2$ kcal/mol (-9.2 kJ/mol)になる．つぎの操作をした場合，HIの平衡濃度は増加するか？それとも減少するか？

(a) I_2 の追加
(b) H_2 の除去
(c) 触媒の添加
(d) 温度の上昇

7.69 Fe^{3+}(水) $+$ Cl^-(水) $\rightleftharpoons$ $FeCl^{2+}$(水)の反応は吸熱的である．下の操作をした場合，$FeCl^{2+}$の平衡濃度はどうなるか？

(a) $Fe(NO_3)_3$ の追加
(b) $AgNO_3$ を加え Cl^- を沈殿
(c) 温度の上昇
(d) 触媒の添加

Chemistry in Action からの問題

7.70 1gの炭水化物と1gの脂質をくらべると，どちらのほうがたくさんのエネルギーを供給できるか？[**食品からのエネルギー**，p.196]

7.71 ポテトチップスは炭水化物50％，脂肪50％と仮定すると，ポテトチップス45.0gはどれだけのカロリー値(kcal)になるか？[**食品からのエネルギー**，p.196]

7.72 体温の調節にもっとも役立っている器官はどこか？[**体温の調節**，p.207]

7.73 血管拡張の目的はなにか？[**体温の調節**，p.207]

7.74 グルコース 6-リン酸の生成に必要な ATP は別の共役反応によって再生される．

$ADP + HOPO_3^{2-} \longrightarrow ATP + H_2O$　$\Delta G = +30.5$ kJ/mol
ホスホエノールピルビン酸 $+ H_2O \longrightarrow$
　　　　　　　　　　　　　ピルビン酸 $+ HOPO_3^{2-}$
　　　　　　　　　　　　　$\Delta G = -61.9$ kJ/mol

正味の反応を導き，共役反応の ΔG を計算せよ．[**共役反応**，p.218]

7.75 高温での銅の製錬における反応の共役では，反応全体でエネルギー的に好ましい状況となる．多くの生物にとっては，なぜ高温は適していないのか？生物が平常時の体温で反応を引きおこすために用いるほかの方法はなにか？[**共役反応**，p.218]

全般的な質問と問題

7.76 つぎの収支のとれていない燃焼反応について，1モルのエタノール，C_2H_5OH から 327 kcal(1370 kJ)が放出する．

$$C_2H_5OH + O_2 \longrightarrow CO_2 + H_2O$$

(a) この燃焼反応について，収支のとれた反応式を書け．
(b) この反応における ΔH の符号はどうなるか？
(c) 5.00 g のエタノールの燃焼からどれだけの熱(kcal)が放出されるか？
(d) 500 mL の水を 20.0℃から 100.0℃まで上昇させるには，何 g の C_2H_5OH を燃やさなければならないか？(水の比熱は 1.00 cal/(g・℃)もしくは 4.184 J/(g・℃)である．1.13節をみよ．)
(e) エタノールの密度を 0.789 g/mL として，エタノールの燃焼熱を kcal/mL または kJ/mL で計算せよ．

7.77 アンモニアを単体から生成すると，$\Delta H = -22$ kcal/mol (-92 kJ/mol)になる．

(a) この過程は吸熱的か？それとも発熱的か？
(b) 0.700 mol の NH_3 の生成はどれだけのエネルギー(kcal および kJ)を伴うか？

7.78 Fe_3O_4 の化学式をもつ鉄鉱石(マグナタイト)は，水素で処理すると還元され金属鉄と水蒸気を与える．

(a) 収支のとれた反応式を書け．
(b) Fe_3O_4 の還元は，1.00 mol ごとに 36 kcal(151 kJ) の熱を必要とする．55 g の鉄を得るにはどれだけのエネルギー(kcal および kJ)が必要か？
(c) 75 g の鉄を得るには何 g の水素が必要か？
(d) この反応では $K = 2.3 \times 10^{-18}$ になる．反応物と生成物のどちらが好ましいか？

7.79 ヘモグロビン(Hb)は O_2 と可逆的に反応し，HbO_2(酸素を組織へ運搬する物質)を生成する．

$$Hb(水) + O_2(水) \rightleftharpoons HbO_2(水)$$

一酸化炭素(CO)は O_2 の 140 倍の強さで Hb と結合し，別の平衡状態をつくる．

(a) ルシャトリエの法則を用い，CO の吸引が衰弱や偶発死をもたらす理由を説明せよ．

(b) O_2 と CO が共存する場合には，別の平衡反応が生じる．

$$Hb(CO)(水) + O_2(水) \rightleftharpoons HbO_2(水) + CO(水)$$

ルシャトリエの法則を用い，純酸素が CO 中毒の犠牲者を救出するのに用いられる理由を説明せよ．

7.80 尿素は代謝廃棄物の一つであり，つぎの反応によってアンモニアと二酸化炭素に分解する．

$$NH_2CONH_2 + H_2O \longrightarrow 2\,NH_3 + CO_2$$

(a) 尿素のルイス構造を描け．
(b) 表 7.1 の結合解離エネルギーを使って，この反応の ΔH(kcal と kJ)を推定せよ．

7.81 水の蒸留 H_2O(液) $\longrightarrow H_2O$(気)は，100℃で $\Delta H = +9.72$ kcal/mol($+40.7$ kJ/mol)になる．

(a) 10.0 g の H_2O(液)を蒸発させるには，何 kcal の熱が必要か？
(b) 10.0 g の H_2O(気)が凝縮する際には，何 kcal の熱が放出されるか？

7.82 アンモニアは空気中でゆっくりと反応し，一酸化窒素と水蒸気になる．

$$NH_3(気) + O_2(気) \rightleftharpoons NO(気) + H_2O(気) + 熱$$

(a) 化学式の収支を合わせよ．
(b) 平衡式を書け．
(c) つぎの操作が平衡におよぼす影響を説明せよ．
 (1) 圧力の増加
 (2) NO(気)の追加
 (3) NH_3 濃度の減少
 (4) 温度の低下

7.83 メタノール CH_3OH は，レーシングカーの燃料として利用されている．

(a) メタノールと O_2 から CO_2 と H_2O が生成する燃焼反応について，収支のとれた化学式を書け．
(b) メタノールのこの過程は，$\Delta H = -174$ kcal/mol(-728 kJ/mol)になる．1.85 mol のメタノールを燃焼させると，何 kcal の熱が放出されるか？
(c) 50.0 g のメタノールを燃焼させると，何 kJ の熱が放出されるか？

7.84 正反応が $E_{act} = +25$ kcal/mol($+105$ kJ/mol)，逆反応が $E_{act} = +35$ kcal/mol($+146$ kJ/mol)になる系のエネルギー図を描け．

(a) 正反応は吸エルゴン的か？それとも発エルゴン的か？
(b) この反応の ΔG の値を求めよ．

7.85 テルミット反応(p.192 の写真)は，アルミニウム金属が酸化鉄(III)と反応して目を見張るような火花を発するが，とても発熱するので生成物(鉄)が溶融状態になる．

$$2\,Al(固) + Fe_2O_3(固) \longrightarrow 2\,Al_2O_3(固) + 2\,Fe(液)$$
$$\Delta H = -202.9 \text{ kcal/mol}(-848.9 \text{ kJ/mol})$$

(a) この反応で 0.255 mol の Al が使われる時，どれだけの熱(kJ)が放出されるか？
(b) この反応で 5.00 g の Al が使われる時，どれだけの熱(kcal)が放出されるか？

7.86 1.00 g の Na と H_2O との反応では，どれだけの熱(kcal)が放出されるか？あるいは吸収されるか？またこの反応は発熱的か？それとも吸熱的か？

$$2\,Na(固) + 2\,H_2O(液) \longrightarrow 2\,NaOH(水) + H_2(気)$$
$$\Delta H = -88.0 \text{ kcal/mol}(-368 \text{ kJ/mol})$$

8 章

気体，液体，固体

目 次

- 8.1 物質の状態とその変化
- 8.2 分子間力
- 8.3 気体と気体分子運動論
- 8.4 圧 力
- 8.5 ボイルの法則：体積と圧力の関係
- 8.6 シャルルの法則：体積と温度の関係
- 8.7 ゲイ-リュサックの法則：圧力と温度の関係
- 8.8 ボイル-シャルルの法則
- 8.9 アボガドロの法則：体積と物質量の関係
- 8.10 理想気体の法則
- 8.11 分圧とドルトンの法則
- 8.12 液 体
- 8.13 水：独特な液体
- 8.14 固 体
- 8.15 状態変化

◀このイエローストーン国立公園の冬景色は，水の三つの状態を映している．それは，固体（雪と氷），液体（水），そして気体（もやと水蒸気）であり，これらが同時に存在している．

この章の目標

1. 主な分子間相互作用はなにか？ それらは物質の状態にどのように影響するか？
   目標：双極子−双極子相互作用，ロンドン分散力，水素結合を説明することができる．ある物質において，どの力が優位であるかがわかる．(◀◀◀ B.)
2. 科学者は気体の挙動をどのように説明するか？
   目標：気体分子運動論に関する仮説を記述し，その仮説を用いて気体の運動を説明することができる．(◀◀◀ B.)
3. 温度・圧力・体積が変化すると，気体はどのように変化するか？
   目標：ボイルの法則，シャルルの法則，ゲイ−リュサックの法則，アボガドロの法則を使って気体の圧力，体積，温度の変化を説明することができる．
4. 理想気体の法則とはなにか？
   目標：気体分子運動論に関する仮説を記述し，その仮説を用いて気体の圧力，体積，温度，物質量を決めることができる．
5. 分圧とはなにか？
   目標：分圧の定義を説明でき，分圧に関するドルトンの法則を使うことができる．
6. 固体にはどのような種類があるか？ それらはどのように違うか？
   目標：固体の種類の違いがわかる．それらの特徴を述べることができる．(◀◀◀ A, B.)
7. 状態変化に必要な要因はなにか？
   目標：熱遷移，平衡，蒸気圧，分子間力の概念を状態変化に適用できる．(◀◀◀ A, B, C.)

復習事項

イオン結合
(3.3節)
極性共有結合と極性分子
(4.9節, 4.10節)
エンタルピー，エントロピー，自由エネルギー
(7.2〜7.4節)

　これまでの七つの章では，物質を分子レベルで取り扱ってきた．私たちは，すべての物質が原子，イオン，分子でできていること，これらの分子が絶えず運動していること，原子が化学結合することによって化合物をつくること，物理的および化学的変化がエネルギーの放出および吸収を伴うことなどを確認した．この章では，目に見えない個々の原子の性質や小さいスケールでの挙動だけでなく，目に見える物質の性質と大きいスケールでの挙動を見ることにしよう．

8.1　物質の状態とその変化

　物質は三つの相または**状態**，すなわち固体，液体，気体のいずれかで存在する．ある条件のもとで，化合物がこれら三つの相のどの状態で存在するかは，物質内における分子の運動エネルギーよりも，分子間引力の相対的強度に依存している．運動エネルギー（7.1節）は分子運動に関連したエネルギーであり，物質の温度に関連する．気体中では分子間引力がその分子の運動エネルギーにくらべて非常に弱いため，分子が自由に動き回り，分子同士が離れていて互いにほとんど影響をおよぼさない．液体中では分子間引力がより強くなり，分子同士を引き付けているが，それでもなお自由な分子運動が許される．固体中では分子間引力が分子の運動エネルギーよりもっと強くなり，原子，分子またはイオンは，ある位置に固定され，わずかに振動できる（図8.1）．

　ある物質が一つの状態からもう一つの状態へ変化することを，**相変化**または**状態変化**と呼ぶ．すべての状態変化は可逆的であり，すべての化学的および物理的変化と同様に自由エネルギー変化 ΔG で定義できる．片方向のみに自発的に進行する相変化（発熱反応，負の ΔG）は，逆方向（吸熱反応，正の ΔG）には自発的に進行しない．前述のとおり，自由エネルギー変化 ΔG はエンタルピー項

状態変化（change of state）　物質の一つの状態（気体，液体，固体）からもう一つの状態への変化．

▶ 図 8.1
気体，液体，固体の比較
(a) 気体では，分子間力が非常に弱いので，分子は乱雑に運動することができる．(b) 液体では，分子は引力によって近くにあるが，まだ運動ができる．(c) 固体では分子は互いに強く引き付け合っていて，わずかに運動することができるが，特定の位置に固定される．

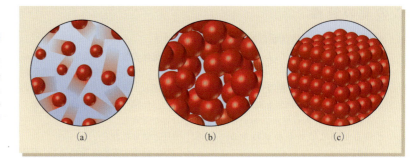

▶▶▶ この考え方を再確認するために7.4 節を参照のこと．

ΔH と温度に依存するエントロピー項 $T\Delta S$ を含んでおり，$\Delta G = \Delta H - T\Delta S$ となる．

エンタルピー変化 ΔH は，与えられた状態変化に伴って熱が吸収されたか，放出されたかをはかる指標である．たとえば，固体が液体に融解する場合，熱が吸収され ΔH は正である（吸熱過程）．逆反応，すなわち液体が固体になる場合には，熱は放出され ΔH は負である（発熱過程）．例として，氷と水のあいだの変化を見ることにしよう．

融　解：H_2O（固）$\longrightarrow H_2O$（液）　$\Delta H = +1.44$ kcal/mol または $+6.02$ kJ/mol
凝　固：H_2O（液）$\longrightarrow H_2O$（固）　$\Delta H = -1.44$ kcal/mol または -6.02 kJ/mol

エントロピー変化 ΔS は，ある状態変化に伴う分子配列の乱雑さまたは分子配列の自由度の変化の指標である．たとえば固体が液体に融解する場合，分子はより自由度を獲得するため乱雑さが増大し，ΔS は正になる．逆反応，すなわち液体が固体になる場合には，分子がある場所に固定されるために乱雑さは減少し，ΔS は負になる．実際に氷と水のあいだの変化を見ることにしよう．

融　解：H_2O（固）$\longrightarrow H_2O$（液）$\Delta S = +5.26$ cal/(mol·K) または $+22.0$ J/(mol·K)
凝　固：H_2O（液）$\longrightarrow H_2O$（固）$\Delta S = -5.26$ cal/(mol·K) または -22.0 J/(mol·K)

融点(mp)（melting point） 固体と液体が平衡にある温度．

沸点(bp)（boiling point） 液体と気体が平衡にある温度．

自由エネルギーの式のどちらかの項では進みにくく，もう一つの項では進みやすい状態変化の場合，ΔG の符号は温度に依存する（7.4節）．たとえば，氷の融解は正の ΔH では進まないが，正の ΔS によって進行する．したがって低い温度では，好ましくない ΔH のほうが，好ましい $T\Delta S$ よりも大きいので，ΔH は正となり氷の融解はおきない．しかし高い温度では，$T\Delta S$ のほうが ΔH よりも大きくなり，ΔG が負となり氷の融解がおきる．この状態変化がおきる温度のことを**融点(mp)**と呼び，固体と液体が平衡状態にある温度を示す．液体と気体のあいだで変化する場合，**沸点(bp)**で二つの状態が平衡になる．

これらの状態変化に関連する名前とエンタルピー変化を図8.2にまとめた．固体が液体を介さず，直接気体に変わることができることに注意してほしい（これを**昇華**と呼ぶ）．たとえば，ドライアイス（固体 CO_2）は常圧で融解せずに直接気体に変化する．

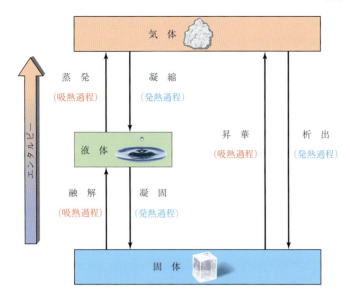

▶図 8.2
状態変化
下から上への変化は吸熱過程であり，上から下への変化は発熱過程である．融点では固体と液体状態が平衡にあり，沸点では液体と気体状態が平衡にある．

例題 8.1 状態変化：エンタルピー，エントロピー，自由エネルギー

麻酔薬として使われるクロロホルムが液体から気体に状態変化する時，
$\Delta H = +6.98$ kcal/mol（+29.2 kJ/mol），$\Delta S = +20.9$ cal/(mol・K)［+87.4 J/(mol・K)］である．
- (a) 液体から気体への状態変化は ΔH に関して進行しやすいか，ΔS に関してしやすいか？
- (b) 35 ℃で液体から気体への状態変化は進行するか？
- (c) 65 ℃で液体から気体への状態変化は進行するか？

解 説 エネルギーが放出される場合（ΔH =負の値），および乱雑さが減少する場合（ΔS =正の値），その過程は進行する．片方の要素が有利であり，もう一方の要素が不利な場合，下の式に従って自由エネルギー変化を計算することができる．

$$\text{自由エネルギー変化} \quad \Delta G = \Delta H - T\Delta S$$

もし ΔG が負の値であれば，その過程は有利になる．

解 答
- (a) ΔH（ΔH は正）はこの状態変化を進行させないが，ΔS は進行させる．これら二つの要素が一致しないため，ある温度でこの状態変化がおきるかどうかを決定するためには，自由エネルギー変化を計算しなければならない．
- (b) ΔH と ΔS の値を自由エネルギー変化の式に代入すると，35 ℃（308 K）において ΔG の値が正か負かを決めることができる．まずセルシウス度をケルビン単位に変換し，ΔS 値を cal から kcal に変えなければならない．

$$\Delta G = \Delta H - T\Delta S = \left(\frac{6.98 \text{ kcal}}{\text{mol}}\right) - (308 \text{ K})\left(\frac{20.9 \text{ cal}}{\text{mol}\cdot\text{K}}\right)\left(\frac{1 \text{ kcal}}{1000 \text{ cal}}\right)$$

$$= 6.98 \frac{\text{kcal}}{\text{mol}} - 6.44 \frac{\text{kcal}}{\text{mol}} = +0.54 \frac{\text{kcal}}{\text{mol}}$$

$$\left(+0.54 \frac{\text{kcal}}{\text{mol}}\right)\left(\frac{4.184 \text{ kJ}}{\text{kcal}}\right) = +2.26 \frac{\text{kJ}}{\text{mol}}$$

ΔG が正であるから，この状態変化は 35 ℃で進行しない．
(c) 65 ℃ (338 K) において，同様の計算をする．

$$\Delta G = \Delta H - T\Delta S = \left(\frac{6.98 \text{ kcal}}{\text{mol}}\right) - (308 \text{ K})\left(\frac{20.9 \text{ cal}}{\text{mol} \cdot \text{K}}\right)\left(\frac{1 \text{ kcal}}{1000 \text{ cal}}\right)$$

$$= 6.98 \frac{\text{kcal}}{\text{mol}} - 7.06 \frac{\text{kcal}}{\text{mol}} = -0.08 \frac{\text{kcal}}{\text{mol}}$$

$$\left(\text{あるいは} -0.33 \frac{\text{kJ}}{\text{mol}}\right)$$

ΔG が負であるから，65 ℃でこの状態変化は進行する．

問題 8.1
水が液体から気体に状態変化する時，$\Delta H = +9.72$ kcal/mol（$+40.7$ kJ/mol），$\Delta S = -26.1$ cal/(mol・K)〔-109 J/(mol・K)〕である．
(a) 水が液体から気体に状態変化するかどうかは，ΔH によって支配されるか？ それとも ΔS によるか？
(b) 373 K において水が液体から気体に変化する時の ΔG（kcal/mol および kJ/mol 単位で）を求めよ．
(c) 水が気体から液体に状態変化する時の ΔH と ΔS（kcal/mol および kJ/mol 単位で）を求めよ．

8.2 分 子 間 力

ある温度で，物質が気体，液体，固体のどの状態になるかは，なにによって決定されるのか？ 消毒用アルコールはなぜ水よりも速く蒸発してしまうのか？ なぜ分子化合物のほうがイオン化合物よりも低い融点を有するのか？ これらの多くの疑問に答えるために，私たちは，それぞれの分子内に存在する力よりも，**分子間力**，つまり異なる分子のあいだに働く力について調べる必要がある．

気体中の分子間力はほとんど無視できるので，気体分子はほかの分子とは独立して運動する．しかし液体と固体では，分子同士を接近させるのに十分な分子間力が存在する．一般的に，物質内の分子間力が強ければ強いほど分子同士を分離するのが困難になり，物質の融点と沸点がより高くなる．

主な分子間力は三つ存在する．**双極子-双極子相互作用**，**ロンドン分散力**，**水素結合**である．以下，それぞれについて検討する．

双極子-双極子相互作用

多くの分子は極性の共有結合をもち，極性を有する．そのような場合，異なる分子の正に帯電した部分と負に帯電した部分が，いわゆる**双極子-双極子相互作用**によって互いに引き合う（図 8.3）．

双極子-双極子相互作用のエネルギーは 1 kcal/mol 程度であり，典型的な共有結合の結合エネルギー 70〜100 kcal/mol（300〜400 kJ/mol）にくらべると非常に弱い．しかしながら双極子-双極子相互作用の影響は重要である．それは極性分子と無極性分子の沸点の差によくあらわれている．たとえば，ブタンは分子量 58 amu の無極性分子であり，その沸点は -0.5 ℃である．一方，おなじ分子量をもつアセトンは極性分子なので，その沸点は 56.2 ℃である．

分子間力（intermolecular force） 分子と分子のあいだに働き，一方がもう一方の近くに保つ力．

▶▶ 4.9 節と 4.10 節で述べたように，極性共有結合の電子は片側の原子により強く引き付けられていることを思い出そう．

双極子-双極子相互作用（dipole-dipole force） 極性分子の正に帯電した部分と負に帯電した部分に働く引力．

▶▶ 4.9 節で，分子内の分極を，静電ポテンシャルマップを使って視覚化したことを思い出そう．

8.2 分子間力

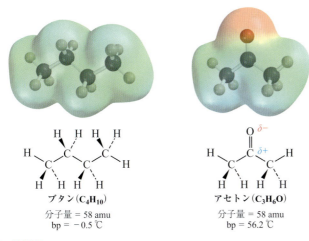

ブタン(C_4H_{10})
分子量 = 58 amu
bp = −0.5 ℃

アセトン(C_3H_6O)
分子量 = 58 amu
bp = 56.2 ℃

▲図8.3
双極子−双極子相互作用
極性分子の正電荷と負電荷が双極子−双極子相互作用によって互いに引き合う。その結果，おなじ大きさの無極性の分子よりも高い沸点をもつ。

ロンドン分散力

双極子−双極子相互作用は極性分子だけがもつ分子間力であるが，すべての分子には，その構造にかかわらず，分子内の電子の動きに起因する**ロンドン分散力**が存在する。たとえば無極性分子の Br_2 を考えてみよう。分子内の電子の分布は長い時間で考えると非極在化しているが，ある瞬間を考えると電子は分子のどこかに偏って存在する（図8.4）。その瞬間，分子は短寿命の極性をもつことになる。隣りの分子内の電子が極性分子の正の部分に引き付けられ，隣りの分子内に電子の偏りを発生させてロンドン分散力が生じる。その結果，Br_2 は室温で気体としてではなく液体として存在する。

ロンドン分散力（London dispersion force）分子内の電子の動きによる短寿命の引力。

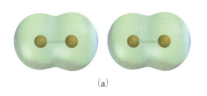
(a)

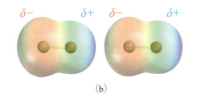
(b)

◀図8.4
(a) 平均すると，Br_2 分子の電子分布は対称的である。(b) ある瞬間，電子分布が非対称になって一時的な分布の偏りを生じると，隣の分子に相補的な電子の誤りを誘発する。

ロンドン分散力は非常に弱く，0.5〜2.5 kcal/mol（2〜10 kJ/mol）程度になるが，分子量と分子間の接触表面の増大に伴って大きくなる。分子量が大きくなればなるほど多くの電子が移動し，分子の一時的な極性が大きくなる。分子表面が大きければ大きいほど異なる分子同士の接触面が大きくなる。

ロンドン分散力の強さにおよぼす分子表面の影響は，おなじ分子量をもつ二つの分子，おおよそ球のような形をしている分子と直線的な分子を比較してみるとわかりやすい。2,2−ジメチルプロパンとペンタンはおなじ組成（C_5H_{12}）をもつ。しかし2,2−ジメチルプロパンがおおよそ球のような形をもち，直線的な形をもっているペンタンよりも隣りの分子との接触表面が少ない（図8.5）。

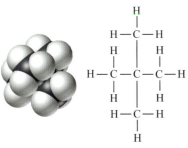
(a) 2,2−ジメチルプロパン (bp = 9.5 ℃)

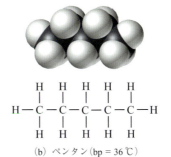
(b) ペンタン (bp = 36 ℃)

◀図8.5
ロンドン分散力
2,2−ジメチルプロパンのようにより詰まった分子は表面積がより小さく，ロンドン分散力が小さく，沸点も低い。それにくらべて，ペンタンのようにより平面的で，詰まっていない分子は表面積がより大きく，より強いロンドン分散力をもっているので，沸点が高くなる。

その結果として，2,2-ジメチルプロパンのロンドン分散力は小さく，分子間の凝集は小さくなって沸点がより低くなる．ペンタンの沸点36℃に対し，2,2-ジメチルプロパンの沸点は9.5℃である．

水素結合

水素結合はいろいろな意味で地球上の生命を支えている．水素結合は常温で水を気体ではなく液体とし，巨大な生体分子の重要な役割を担うのに必要な形状を保持する主たる分子内相互作用である．その例として，デオキシリボ核酸（DNA）やケラチン（図8.6）のα-ヘリックスと呼ばれ，水素結合によってできるらせん状構造をあげることができる．

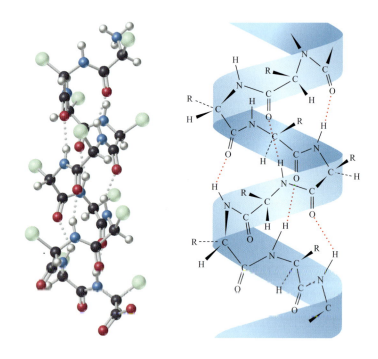

▶図8.6
ケラチンのα-らせんは分子のアミノ酸骨格の水素結合によって生成する．水素結合は，左側のボールアンドスティックモデル（球と棒モデル）において灰色の点線で，右側の分子構造において赤い点線であらわされている．

水素結合(hydrogen bond) 電子陰性のO，N，Fに結合する水素と，近くに存在するO，N，Fとのあいだに生じる引力．

水素結合は，電気陰性のO，N，Fの非共有電子対と，それ以外のO，N，Fに結合し正に分極する水素原子のあいだに働く引力である．たとえば，水素結合は水分子同士やアンモニア分子同士に見られる．

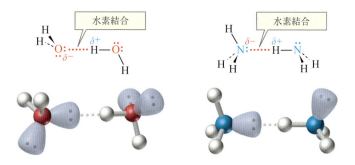

水素結合は，じつは特殊な双極子-双極子相互作用の特殊な例である．O-H，N-H，F-H結合は高い極性をもち，水素原子上には部分的な正電荷を，電気陰性の原子上には部分的な負電荷をもつ．しかも水素原子は内殻電子をもたないので非常に小さく，ほかの原子が接近することができる．その結果，正に帯電した水素原子を含む双極子-双極子相互作用は非常に強くなり，水素結

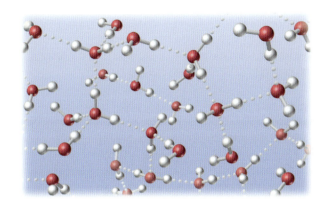

▶図 8.7
水中の水素結合
水中の分子間相互作用は非常に強い．それは酸素原子が二つの非共有電子対と二つの水素原子をもち，1 分子につき四つの水素結合が可能であるからである．個々の水素結合は生成したり切断したりしている．

合を形成する．とくに水分子は水素 2 原子と 2 電子対をもつため，三次元的な水素結合のネットワークをつくることができる（図 8.7）．

水素結合はかなり強く，結合エネルギーは 10 kcal/mol（40 kJ/mol）程度に達する．水素結合の影響については，表 8.1 を見ること．この表では，第 2 周期と第 3 周期元素の水素化物の沸点を比較した．NH_3，H_2O，HF 分子は水素結合で強く結合しており，沸騰させるためには非常に大きなエネルギーを与える必要がある．そのため，これらの分子の沸点は第 2 周期の CH_4 や第 3 周期の化合物よりも高い．

表 8.1　第 2 周期と第 3 周期元素の水素化物の沸点

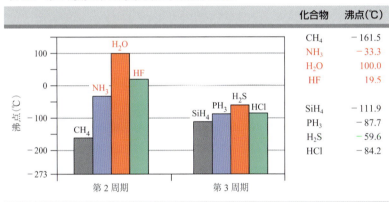

化合物	沸点（℃）
CH_4	−161.5
NH_3	−33.3
H_2O	100.0
HF	19.5
SiH_4	−111.9
PH_3	−87.7
H_2S	−59.6
HCl	−84.2

いろいろな種類の分子間力のまとめと比較を表 8.2 に示す．

表 8.2　分子間力の比較

分子間力	強さ	特徴
双極子–双極子相互作用	弱い（1 kcal/mol, 4 kJ/mol）	極性分子中で働く
ロンドン分散力	弱い（0.5〜2.5 kcal/mol, 2〜10 kJ/mol）	すべての分子中で働く（分子の大きさに依存）
水素結合	中程度（2〜10 kcal/mol, 8〜40 kJ/mol）	O–H，N–H，F–H 結合間（分子間）で働く

さらに先へ ▶▶ 双極子-双極子相互作用，ロンドン分散力，水素結合は昔から分子間相互作用と呼ばれていた．しかし，これらの力は巨大な分子の中の異なる部分のあいだでも作用している．その意味では，"非共有結合"と呼ぶことができる．これよりあとの章では，非共有結合がどのようにタンパク質や核酸など生物学的に重要な分子の構造を制御しているのか確かめてみよう．

例題 8.2 分子間力を特定する：極性分子か無極性分子か

つぎの化合物の性質に影響するのは，どの分子間力か？
(a) メタン，CH_4 (b) HCl (c) 酢酸，CH_3CO_2H

解　説 分子間力は分子の構造に依存する．つまり分子内の結合の種類（極性か非極性か）や結合の配列に依存する．

解　答
(a) メタンは C–H 結合しか含まないので，無極性分子である．したがってロンドン分散力をもつ．
(b) H–Cl 結合には極性があるので，HCl は極性分子である．したがって双極子-双極子相互作用とロンドン分散力をもつ．
(c) 酢酸は O–H 結合を有する極性分子であり，双極子-双極子相互作用，ロンドン分散力，水素結合をもつ．

問題 8.2
つぎの化合物の記載順は，沸点が高い順か低い順か？ 説明せよ．
(a) Kr, Ar, Ne (b) Cl_2, Br_2, I_2

問題 8.3
つぎの分子のうち，どれが水素結合を生成するか？

メタノール (a)　エチレン (b)　メチルアミン (c)

問題 8.4
つぎの分子の物性に影響を与える分子間相互作用（双極子-双極子相互作用，ロンドン分散力，水素結合）を述べよ．
(a) エタン，CH_3CH_3
(b) エタノール，CH_3CH_2OH
(c) 塩化エチル，CH_3CH_2Cl

8.3 気体と気体分子運動論

気体は液体や固体と全く異なる挙動を示す．たとえば気体は低い密度をもち，圧力をかけると小さい体積に圧縮することができるので，大きなタンクに貯蔵できる．対照的に，液体と固体は密度が高く圧縮しにくい．さらに，気体は温度を変化させることによって，液体や固体よりもその体積を大きくさせることができる．

気体の挙動は，**気体分子運動論**という一連の仮説に基づいて説明することが

気体分子運動論 (kinetic-molecular theory of gases) 気体の挙動を説明するための一連の仮説．

できる．以下の仮定が，気体について観測される性質をどのように説明できるか，見ることにしよう．

- 気体は多くの粒子，原子または分子を含んでおり，それらの相互間には何の引力もないため，自由に運動している．その乱雑な運動によって，異なる気体は素早く混合する．
- 気体分子そのものが占有される空間は，分子間の空間よりもはるかに小さい．気体によって占有される空間のほとんどは"空"であり，そのことから圧縮が容易で気体の密度が低いことを説明できる．
- 気体の平均運動エネルギーはケルビン値に比例する．したがって，気体分子は温度が上昇するとより運動エネルギーをもつようになり，より速く運動することになる(気体分子は想像するよりも速く運動している．室温におけるヘリウム原子の平均速度は 1.36 km/s であり，この値はライフルの銃弾の速度とほぼおなじである)．
- 気体分子同士，ほかの粒子との，あるいは気体の容器の壁面との衝突は弾性的である．すなわち，分子の運動エネルギーの総和は一定である．気体の容器壁面に対する圧力は，気体分子が壁面に衝突するために発生する．衝突が増加し，衝突が激しくなれば圧力は増大する．

気体分子運動論のすべての仮説に従う気体を**理想気体**と呼ぶ．しかし，実際には完全な理想気体は存在しない．非常に高い圧力あるいは非常に低い温度で気体分子同士が近接し，分子同士の相互作用が強い場合，すべての気体は，気体分子運動論による予想とはいささか異なる挙動を示す．しかし一般的には，通常の条件下では多くの気体はほぼ理想的な挙動を示す．

理想気体(ideal gas) 気体分子運動論のすべての仮説に従う気体．

圧力(P) (pressure) ある面積の表面を押す力．

8.4 圧　　力

私たちは空気圧の影響についてはなじみ深い．飛行機に乗っている時，飛行機が上昇する時は耳の鼓膜に圧力を感じ，下降する時は耳が痛くなる．自転車のタイヤに空気を入れる時，タイヤが固くなるまでタイヤの内側に空気を送り込むことなどである．

科学的には，**圧力**(P)は単位面積(A)あたりの表面に対して働く力(F)として，すなわち $P = F/A$ として定義される．たとえば自転車のタイヤで感じる圧力は，空気に含まれる分子がタイヤの内壁に衝突している力である．

地球上では私たちに大気圧がかかっている．つまり大気が上から私たちをおおっている(図 8.8)．しかし大気圧は一定ではなく，天候によって日ごとに変化するし，地表からの高度によっても異なる．重力によって，大気圧は地表でもっとも高くなり，標高が高くなるにつれて小さくなる．海面での大気圧は 14.7 psi*(= 101 325 Pa)，エベレスト山頂では 4.7 psi*(= 32 396 Pa)になる．

圧力についてもっともよく用いられる単位は**水銀圧**(mmHg)で，しばしばイタリアの物理学者であるトリチェリ(Evangelista Torricelli)にちなんで Torr も用いられる．このような一風変わった単位が用いられるのは，1600 年代初期に，トリチェリが最初に水銀**気圧計**をつくったことに由来する．図 8.9 に示すとおり，圧力計は上側をふさいで水銀を充填し，下側を水銀の入った皿に浸した細長い管によってできている．管の中の水銀は下の皿のほうに下がろうとするが，大気圧が皿の中の水銀を押し下げ，管の中の水銀を押し上げようとする力と釣り合う．管の中の水銀の高さは高度や天候によって変化するが，海面の標準大気圧では 760 mm になると定義されている．

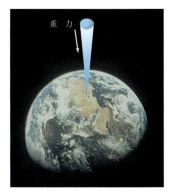

▲図 8.8
大気圧
地球の海面の高さで，14.7 ポンド(= 6.67 kg)の重さの空気が 1 平方インチ(= 6.452 cm²)にかかっている．これが大気圧(14.7 psi = 1.03 kg/cm²)である．

*(訳注)：米国で慣用的に用いられている．単位に psi(ポンド/平方インチ)があり，1 psi は 1 平方インチの面積に 1 ポンドが加わる力である．

8. 気体，液体，固体

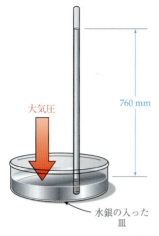

▲図 8.9
大気圧の測定
水銀気圧計は，密閉した管の中の水銀の高さから大気圧を測定する．管中の水銀に働く下向きの圧力が，外側で皿の中の水銀を下に押し，管中の水銀を上向きに押す力と釣り合っている．

▶図 8.10
ガラス玉の中の気体の圧力を測定するための，片側が開いた圧力計
(a) 気体を充填した容器内の圧力が大気圧より低い時，水銀の高さは開いているほうより高くなる．(b) 容器内の圧力が大気圧より高い時，水銀の高さは開いているほうより低くなる．

容器内の気体圧力は，しばしば片方の口が開いた**圧力計**（水銀圧力計とおなじ原理でつくられた単純なもの）で測定される．図 8.10 に示すとおり，圧力計は水銀を満たした U 字管からなり，一方は気体の入った容器につながり，反対側は大気側に開放されている．U 字管の右側と左側の水銀の高さの差が，容器内の気体の圧力と大気圧の差に相当する．もし容器内気体の圧力が大気圧よりも低ければ，水銀の高さは容器に接続した側のほうが高くなる（図 8.10a）．容器内気体の圧力が大気圧よりも高い場合には，水銀の高さは容器に接続した側のほうが，大気側よりも低くなる（図 8.10b）．

圧力は SI 単位（1.7 節）では**パスカル**（Pa）であり，1 Pa = 0.007 500 mmHg（または 1 mmHg = 133.32 Pa）である．現在はパスカル表示が一般的になっている．高い圧力はまだ**気圧**（atm）（1 atm = 760 mmHg）で表示されることもある．

圧力の単位：1 atm = 760 mmHg = 14.7 psi = 101 325 Pa
1 mmHg = 1 Torr = 133.32 Pa

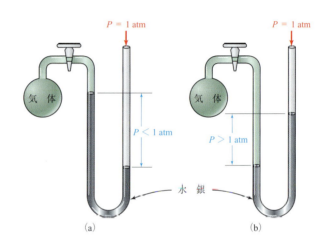

例題 8.3 圧力の単位変換：psi，大気圧，パスカル

空気を充填した典型的な自転車のタイヤの圧力は 55 psi である．これを大気圧で示すといくつになるか？ また Pa 単位ではいくつか？

解説 psi 単位の数値を，適切な変換係数を用いて atm，Pa 単位に計算する．

解答
段階 1：情報を特定する．
段階 2：解と単位を特定する．

圧力 = 55 psi
圧力 = ?? atm = ?? Pa

段階 3：変換係数を特定する．各単位で等しい値を計算し，atm と Pa に変換する．

$14.7 \text{ psi} = 1 \text{ atm} \longrightarrow \dfrac{1 \text{ atm}}{14.7 \text{ psi}}$

$14.7 \text{ psi} = 101\,325 \text{ Pa} \longrightarrow \dfrac{101\,325 \text{ Pa}}{14.7 \text{ psi}}$

段階 4：解く．適切な変換係数を使って等式を成立し，不要な単位を約す．

$(55 \text{ psi}) \times \left(\dfrac{1 \text{ atm}}{14.7 \text{ psi}}\right) = 3.7 \text{ atm}$

$(55 \text{ psi}) \times \left(\dfrac{101\,325 \text{ Pa}}{14.7 \text{ psi}}\right) = 3.8 \times 10^5 \text{ Pa}$

例　題　8.4　圧力の単位変換：mmHg から大気圧へ

密閉されたフラスコ内の圧力を圧力計で測定する．もしフラスコに接続されている管の中の水銀の高さが大気側に開いた水銀よりも 23.6 cm 高い場合，フラスコの中の圧力はいくらか？

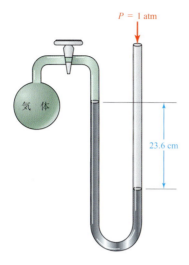

解　説　フラスコにつながった管の中の水銀のほうが，大気側よりも高いので，フラスコの中の圧力は大気圧（1 atm = 760 mmHg）より低い．二つの管の中の水銀の高さの違い（mmHg 単位）を気圧の違い（atm 単位）に変換する．

概　算　水銀の高さの違い（23.6 cm）は 1 atm に相当する水銀長の約 3 分の 1 である．したがって，フラスコ内の圧力は，大気圧よりも約 0.33 atm 小さいか，あるいは 0.67 atm と概算できる．

解　答
水銀の高さの違いが cm Hg で与えられているので，この値を mmHg 単位と atm 単位に変換する．その結果が，フラスコの中の圧力と大気圧の違いに相当する．

$$(23.6 \text{ cmHg}) \left(\frac{10 \text{ mmHg}}{\text{cmHg}} \right) \left(\frac{1 \text{ atm}}{760 \text{ mmHg}} \right) = 0.311 \text{ atm}$$

フラスコの中の圧力は，大気圧から上で求めた圧力差を引けば求められる．

$$1 \text{ atm} - 0.311 \text{ atm} = 0.689 \text{ atm}$$

確　認　この結果は 0.67 atm という概算値に一致する．

問題 8.5
35 000 フィート（= 10 668 m）の高さで飛行している航空機の外の圧力は 0.289 atm である．これは何 mmHg か？また，何 Pa か？

問題 8.6
大気中の CO_2 レベルの上昇は化石燃料の燃焼と関係がある（Chemistry in Action，"温室効果ガスと地球温暖化" 参照）．燃料をトウモロコシ由来のバイオエタノールやそのほかのバイオマス燃料に置き換えると大気中 CO_2 レベルはどのように変わるだろうか？説明せよ．

CHEMISTRY IN ACTION

温室効果ガスと地球温暖化

　地球をおおっている気体は，私たちが想像する単一の混合物とはほど遠い．高度が異なる層では，大気中の成分や存在比が異なる．それらの層中のガスが放射線を吸収することが，生命の維持に深くかかわっている．

　高度12 kmから50 kmの範囲に広がる成層圏は，オゾンを含んでいて，有害な紫外線を吸収する．対流圏は地表から高度12 kmのあいだに存在する．成層圏は人類の活動によってもっとも乱され，地表の状態にもっとも影響することは驚くことではない．なかでもいわゆる温室効果が今日のニュースをにぎわせている．

　温室効果とは，対流圏において気体が放射線を吸収して温度が上がることである．太陽から地表へ降り注ぐ放射線のほとんどは宇宙空間へ反射されるが，部分的に大気中のガス，とくに温室効果ガス(GHG)と呼ばれる水蒸気，二酸化炭素，メタンによって吸収される．吸収された放射線は大気を暖めて，地表温度を15℃(59°F)くらいにして安定化させる．温室効果がなければ，地表温度は−18℃(0°F)となり，生命は地球上で生き延びることができない．

　温室効果問題の根源は，過去数百年にわたる人類の活動が，地球上のデリケートな温度バランスを崩してしまったのではないかという危惧である．このまま放射線の吸収量が増え続けると，気体の温度が上昇し続け，地球全体の温度も上がり続けるであろう．

　大気中のCO_2濃度は過去150年で上昇しており，1850年には290 ppmだったCO_2濃度が現在400 ppmになっている．大気中のCO_2濃度上昇の主な要因は，化石燃料の燃焼であると考えられ，近年の平均地表温度の上昇に関与している．

　2007年11月に公表された"気候変動に関する政府間パネル(the Intergovernmental Panel on Climate Change (IPCC))の評価報告書"では，気候全体の温度上昇は明白であるとされ，平均地表温度と海上温度の上昇，雪の融解，地球レベルの平均海面上昇が報告されている．現在と同程度，またはそれ以上のGHGによる影響が続くと，21世紀中にさらなる温暖化と気候全体の変化がもたらされるであろう．

　地球温暖化による政治的および経済的影響に対して国際的世論が喚起され，京都議定書(国連の気候変動に関する枠組条約：the Kyoto Protocol to the United Nations Framework Convention on Climate Change (UNFCCC))が採択された．この京都議定書のもとで，それぞれの国家が，CO_2を含む温室効果ガスの生産と発熱の抑制に寄与しようとするものである．2010年4月現在，191の国が議定書に調印，了承した．これにより，ハイブリッド自動車のようなテクノロジーだけでなく，持続可能，再生可能なエネルギーを開発するよう市場に働きかけることになった．

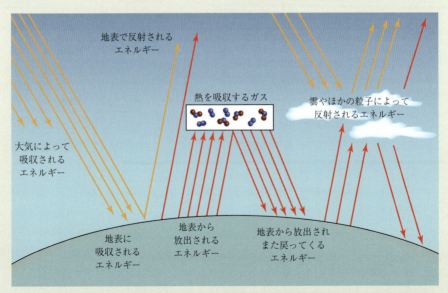

▲温室効果ガス(GHG)は地表で反射された熱を吸収し，地表温度の上昇をもたらす(地球温暖化)．

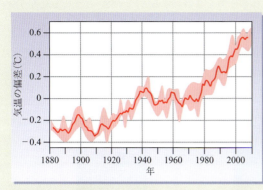
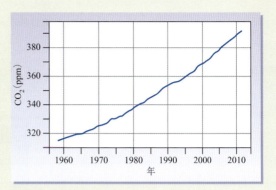

▲ 化石燃料の消費量の増加によって，大気中の CO_2 濃度と地球の平均気温は過去 150 年間で急激に上昇しており，地球の気候システムの深刻な変化を引きおこしている．

章末の "Chemistry in Action からの問題" 8.100, 8.101 を見ること．

基礎問題 8.7

大気圧が 750 mmHg とすると，下図の圧力計につながっているフラスコ内の気体の圧力は何 mmHg か？

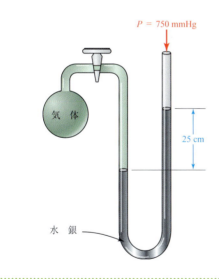

8.5　ボイルの法則：体積と圧力の関係

　すべての気体の物理的挙動は，何の元素でできていても，ほとんどおなじである．たとえば，ヘリウムと塩素(chlorine)の化学的挙動は全く違うが，物理的性質の多くは非常によく似ている．1700 年代に科学者たちは，現在，**気体の法則**と呼ばれる一般則を発見し，ある気体または気体の混合物の圧力(P)，体積(V)，温度(T)そして物質量(n)の予測を可能にした．体積と圧力の関係をあらわすボイルの法則から見ることにしよう．

　ピストン(プランジャー)が中で動くことのできるシリンダーがあり，その内部に気体のサンプルが入っているとしよう(図 8.11)．温度を一定にしながら，

気体の法則(gas law)　ある気体や混合気体の圧力，体積，温度の影響を予測するための一連の法則．

ピストンを押し下げて気体の圧力を2倍にするといったいどうなるだろうか？気体分子同士は無理矢理近づけられるので、気体の体積は小さくなる。

▶図 8.11
ボイルの法則
気体の体積は、圧力の増大に比例して小さくなる。たとえば気体の圧力が2倍になると体積は半分になる。

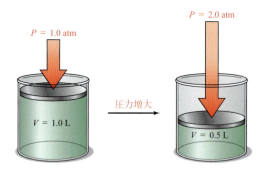

ボイルの法則（Boyle's law）によれば、一定温度の気体の体積はその圧力に反比例する。すなわち、体積と圧力は反対方向に変化する。圧力が上昇すれば体積は減少し、圧力が下がれば体積は増大する（図 8.12）。

この結果は気体分子運動論と一致する。気体が入っている空間はほとんど空なので、容易に圧縮して体積を小さくすることができる。平均運動エネルギーは一定なので、分子が容器の内壁に衝突する回数が増え、その結果圧力が増大する。

▶図 8.12
ボイルの法則
圧力と体積は逆数の関係にある。(a) は圧力が増すと体積が小さくなることを示す。(b) は V と $1/P$ の比例関係を示す。

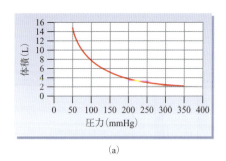
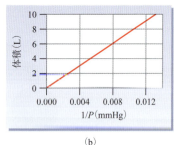

(a)　　　　　　　　　　(b)

ボイルの法則　気体の体積は一定の温度の気体の圧力に反比例する。すなわち、気体の量と温度が一定の時、P と V の積は定数になる（記号 ∝ は"比例する"ことを、k は定数を意味する）。

$$体積(V) \propto \frac{1}{体積(P)}$$

または　$PV = k$ 　（定数）

$P \times V$ は温度一定で一定量の気体について一定であるから、初期圧力 (P_1) と初期体積 (V_1) の積は、最終圧力 (P_2) と最終体積 (V_2) の積に等しくなければならない。したがって、ボイルの法則は初期圧力または初期体積が変化したあとの最終圧力と最終体積を求める時に有用である。

$$P_1V_1 = k \quad および \quad P_2V_2 = k$$

したがって　$P_1V_1 = P_2V_2$

また、　$P_2 = \dfrac{P_1V_1}{V_2}$ 　および　 $V_2 = \dfrac{P_1V_1}{P_2}$

ボイルの法則に従った例として、私たちが呼吸するたびになにがおきているかを考えてほしい。呼吸と呼吸のあいだ、肺の中の圧力は大気圧とおなじである。息を吸う時は、横隔膜が下がって胸郭が上がると胸腔体積が大きくなり、肺の中の圧力が低下する（図8.13）。そこで空気は肺の中の圧力を大気圧と一定にするために、空気が肺の中に入る。息を吐く時は、横隔膜が上がって胸郭が下がると胸腔体積が小さくなり、肺の中の圧力が高くなる。そこで肺の中の圧力を大気圧にまで下げようとして、肺の中の気体（空気とCO_2）が肺から出ていく。

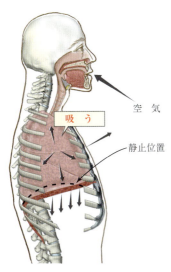
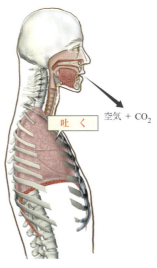

胸腔内の体積が大きくなり、肺の中の圧力は低下し、空気が中に流れ込む。

胸腔内の体積が小さくなる。肺の中の圧力は増大し、空気が外に出ていく。

◀ **図 8.13**
呼吸におけるボイルの法則
息を吸う時は、横隔膜が下がって胸郭が上がると胸腔内の体積が大きくなり圧力が低下するので、息を吸うことになる。息を吐く時は、胸腔内の体積が小さくなって圧力が増大するので、息が外に出ていく。

例題 8.5 ボイルの法則を使う：ある圧力のもとでの体積を求める

一般的な自動車エンジンで、シリンダー内部の燃料と空気の混合物の圧力が 1.0 atm から 9.5 atm に上昇する。圧縮前の体積が 750 mL の時、圧縮後の体積を求めよ。

解 説 ここではシリンダー内の気体の量と温度が一定であり、体積と圧力が変化するので、ボイルの法則を適用できる。ボイルの法則によれば、気体の圧力とその体積の積は一定である。すなわち

$$P_1 V_1 = P_2 V_2$$

である。
これら四つの変数のうち三つがわかれば、残りの変数を求めることができる。

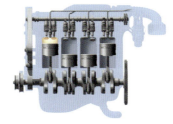

◀ 膨張と圧縮サイクルの動きを示す内燃機関の断面図。

概 算 圧力が約 10 倍 (1.0 atm から 9.5 atm) 増大するので、体積は約 10 分の 1、つまり 750 mL から約 75 mL と概算できる。

解 答

段階 1：情報を特定する． ボイルの法則の変数のうち，P_1，V_1 および P_2 が与えられている．

段階 2：解と単位を特定する．

段階 3：数式を特定する． この場合，与えられた変数を単純に入れ換える．

段階 4：解く． 式に与えられた値を代入する．単位を忘れずに約すと，未知の変数の単位が与えられる．

P_1 = 1.0 atm
V_1 = 75 mL
P_2 = 9.5 atm
V_2 = ?? mL

$$P_1V_1 = P_2V_2 \Rightarrow V_2 = \frac{P_1V_1}{P_2}$$

$$V_2 = \frac{P_1V_1}{P_2} = \frac{(1.0 \text{ atm})(750 \text{ mL})}{(9.5 \text{ atm})} = 79 \text{ mL}$$

確 認 概算値の 75 mL に近い値が得られた．

問題 8.8
呼吸のために用いる酸素タンクは体積 5.0 L，圧力 90 atm である．もし圧力を 1.0 atm に下げると，おなじ量の酸素の体積はいくらになるか？（ヒント：1.0 atm 下での気体の体積が，90 atm の圧力下の時よりも大きくなると思うか？それとも小さくなると思うか？）

問題 8.9
水素気体は，273 K，4.0 atm で，体積 3.2 L である．体積を 10.0 L に変化させるとその圧力はどうなるか？ 0.20 L に変化させるとどうか？

問題 8.10
血圧計で測定した典型的な血圧の値は，112/75 と報告されている（Chemistry in Action，"血圧"参照）．もし血圧計の単位が mmHg でなく，psi で表示されていたら，いくつになるだろうか．

8.6 シャルルの法則：体積と温度の関係

ピストン（プランジャー）とシリンダーがあり，その内部に気体が入っている例を再び考えてみよう．ピストンを自由に動くようにし，気体の圧力を一定にしながら気体のケルビン値を 2 倍にすると，いったいどうなるだろうか？ 気体分子は 2 倍のエネルギーで運動し，内壁に 2 倍の勢いで衝突する．圧力を一定に保つには，気体の体積は 2 倍にならなければならない（図 8.14）．

▲熱気球の気体の体積は加熱されて増加し，したがって密度が減少する結果，気球は上昇する．

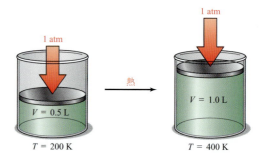

▲図 8.14
シャルルの法則
n と P が一定の時，気体の体積はそのケルビン値に比例する．ケルビン値が 2 倍になると体積も 2 倍になる．

CHEMISTRY IN ACTION

血　圧

　血圧測定は，循環器系の状態を知る迅速で簡便な方法である．血圧は年齢によっても変化するが，一般の成人男性では 120/80 mmHg，一般の成人女性では 110/70 mmHg である．血圧が異常に高い場合，心臓発作の危険性が高まっていることを示す．

　血圧は血管の種類によっても異なる．しかし，一般的には血圧は上腕部の動脈で心周期に応じて測定する．**収縮性**(systolic)血圧は，心臓が収縮した直後の最大血圧である．これは，心臓が最大量の血液を動脈に送り込むからである．一方，**拡張性**(distolic)血圧は，心周期の終わりの最小血圧である．

　血圧は通常**血圧計**で測定する．血圧計は，空気を抜くバルブと血圧計バンド(カフまたはマンシェット)，水銀圧力計でできている．(1) 血圧計バンドを上腕部の上腕動脈をおおうように巻き，約 200 mmHg までバンドを膨らませ，動脈を押しつぶして血流を停止させる．血圧計バンドから空気を少しずつ抜いて圧力を低下させる．(2) この圧力が収縮性血圧まで下がると血液が動脈を流れ出し，血流音が聴診器で聞こえるようになる．この音が聞こえはじめた時に血圧計に記録された血圧が，収縮性血圧

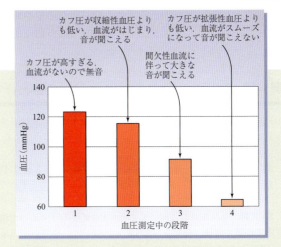

▲血圧を測定するあいだの各段階を，血流音とともに順番に並べたもの．

である．

　(3) この音は，バンドの中の血流が，拡張性血流がおきるくらい低くなるまで続く．(4) この時，血流はスムーズになって音が聞こえなくなり，この拡張性血流の血圧が圧力計に記録される．血圧計の記録は，通常，収縮性血圧／拡張性血圧で，たとえば 120/80 という形で記録される．上図は測定中におきる段階を示している．

章末の"Chemistry in Action からの問題" 8.102，8.103 を見ること．

　シャルルの法則(Charle's law)によると，量と圧力が一定の気体の体積はケルビン値に比例する．シャルルの法則が**比例**関係であるのに対し，ボイルの法則は**反比例**関係であることに注意する．温度が上昇あるいは下降すると，それに直接比例して体積が増大あるいは減少する(図 8.15)．

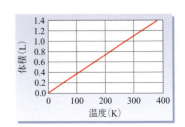

▲図 8.15
シャルルの法則
圧力が一定の時，一定量の気体の体積はそのケルビン値に比例する．温度が上昇すると体積も増大する．

| シャルルの法則 | 気体の量と圧力が一定の時，気体の体積はケルビン値に比例する．すなわち，気体の n と P が一定の時，V を T で割った商は定数になる． |

$$V \propto T \quad (単位\ K)$$

または　$\dfrac{V}{T} = k$ 　(定数)

または　$\dfrac{V_1}{T_1} = \dfrac{V_2}{T_2}$

　この結果は気体分子運動論に一致する．温度が高くなると，気体分子の平均運動エネルギーが上昇し，分子が容器の内壁に衝突するエネルギーが増大する．また，圧力を一定に保つために容器が大きくなるであろう．

　シャルルの法則の例として，熱気球の中の気体を熱した時のことを考えてほ

しい．気球の中の気体を熱すると気球を膨らませることができる．熱気球の内側の密度は外側の密度よりも小さくなり，浮力を生み出す．

例題 8.6 シャルルの法則を使う：ある温度のもとでの体積を求める

平均的な成人は1回の呼吸で 0.50 L の空気を吸っている．もし肺の中で，空気が室温(20℃ = 293 K)から体温(37℃ = 310 K)に温められたら，吸引された空気の体積はどうなるか？

解説 空気の量と圧力が一定になり，空気の体積と温度は変数なので，シャルルの法則が適用できる．四つの変数のうち三つがわかるので，シャルルの法則から残りの変数を求める．

概算 シャルルの法則によると，273 K から 310 K への温度上昇に比例して体積が増大すると予測できる．20 K 以内の温度上昇は，初期値の 273 K と比較して，小さい変化である．たとえば，温度の 10% 上昇は 27 K の変化に相当するので，20 K の変化は 10% 以内である．したがって，10% の温度変化なら，0.50 L の体積は 0.55 L 以下にしかならないと予想できる．

解答
段階 1. **情報を特定する．**シャルルの法則の四つの変数のうち，T_1，V_1 そして T_2 が与えられている．

$T_1 = 293$ K
$V_1 = 0.50$ L
$T_2 = 310$ K
$V_2 = ??$ L

段階 2. **解と単位を特定する．**

段階 3. **数式を特定する．**与えられた変数をシャルルの法則に代入し，未知の変数を入れ換える．

$$\frac{V_1}{T_1} = \frac{V_2}{T_2} \Rightarrow V_2 = \frac{V_2 T_2}{T_1}$$

段階 4. **解く．**与えられた値をシャルルの法則に代入し，単位を約す．

$$V_2 = \frac{V_1 T_2}{T_1} = \frac{(0.50 \text{ L})(310 \text{ K})}{293 \text{ K}} = 0.53 \text{ L}$$

確認 この結果は上記の概算値に一致する．

問題 8.11
塩素気体は 273 K，1 atm で 0.30 L の体積をもっている．体積を 1.0 L にするためには，温度(℃)を何℃にすればよいか？体積を 0.2 L まで小さくする場合はどうか？

8.7 ゲイ–リュサックの法則：圧力と温度の関係

つぎに，体積一定で，物質量一定の気体の入った密閉容器をもっているとしよう．温度(単位 K)を 2 倍にすると，いったいなにがおきるだろうか．気体分子は 2 倍のエネルギーで運動し，2 倍の力で容器の壁に衝突する．したがって，容器内の圧力は 2 倍になる．**ゲイ–リュサックの法則**(Gay-Lussac's law)によれば，体積一定で量が一定の気体の圧力はケルビン値に比例する．温度が上昇あるいは下降すると，それに伴って圧力は増加あるいは減少する(図 8.16)．

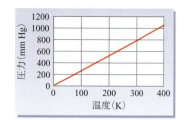

▲図 8.16 ゲイ–リュサックの法則
体積が一定の時，一定量の気体の圧力はケルビン値に比例する．温度が上昇すると圧力も増大する．

ゲイ–リュサックの法則 気体の量と体積が一定の時，気体の圧力はケルビン値に比例する．すなわち，気体の n と V が一定の時，P を T で割った商は定数になる．

8.7 ゲイ–リュサックの法則：圧力と温度の関係

$$P \propto T \quad (単位\ \text{K})$$

または $\dfrac{P}{T} = k$ （定数）

または $\dfrac{P_1}{T_1} = \dfrac{P_2}{T_2}$

気体分子運動論によると，分子の運動エネルギーは絶対温度に比例する．分子の速度エネルギーの平均値が増大すると，容器の内壁への衝突エネルギーが増大して圧力が増大する．ゲイ–リュサックの法則の例として，エアゾール缶を焼却炉に投げ入れた場合を考えてほしい．缶内が熱くなると，中の圧力が上昇し，缶は爆発するだろう（エアゾール缶には缶を過熱しないよう警告が書かれている）．

例題 8.7 ゲイ–リュサックの法則を使う：ある温度のもとでの圧力を求める

内圧が 4.5 atm のエアゾール缶を火の中に投げ入れて，温度が室温(20 ℃)から 600 ℃ に熱せられたらどうなるか？

解 説 空気の物質量と体積が一定であり，缶の内部気体の圧力と温度が変数なので，ゲイ–リュサックの法則が適用できる．四つの変数のうち三つがわかるので，ゲイ–リュサックの法則から残りの変数を求めることができる．

概 算 ゲイ–リュサックの法則によると，圧力が温度に比例する．ケルビン単位の温度が約 3 倍(約 300 K から約 900 K)になると，缶の内圧は約 3 倍に，すなわち 4.5 気圧から約 14 気圧に増大するであろう．

解 答
- **段階 1. 情報を特定する．** ゲイ–リュサックの法則の四つの変数のうち，P_1，T_1 そして T_2 が与えられている（T はケルビン単位であることに注意する）．
- **段階 2. 解と単位を特定する．**
- **段階 3. 数式を特定する．** 与えられた変数をゲイ–リュサックの法則の式に代入し，入れ換える．
- **段階 4. 解く．** 与えられた数値をゲイ–リュサックの式に代入し，単位を約す．

$P_1 = 4.5$ atm
$T_1 = 20\ ℃ = 293$ K
$T_2 = 600\ ℃ = 873$ K

$P_2 = ??$ L

$\dfrac{P_1}{T_1} = \dfrac{P_2}{T_2} \Rightarrow P_2 = \dfrac{P_1 T_2}{T_1}$

$P_2 = \dfrac{P_1 T_2}{T_1} = \dfrac{(4.5\ \text{atm})(873\ \cancel{\text{K}})}{293\ \cancel{\text{K}}} = 13$ atm

確 認 概算値の 14 atm に近い値が得られた．

問題 8.12
暑い日に車を運転するとタイヤの温度は上昇する．15 ℃ で 30 psi (= 206 786 Pa) のタイヤの圧力は，45 ℃ ではどうなるか？タイヤの中の空気の体積と量は変化しないものとする．

8.8 ボイル–シャルルの法則

一定量の気体では，PV，V/T，P/T が定数になることから，これらの関係を**ボイル–シャルルの法則**(Combined gas law)としてまとめることができる．この法則は気体の量が一定である限り成立する．

8. 気体，液体，固体

ボイル-シャルルの法則　$\dfrac{PV}{T} = k$　（一定値）

または　$\dfrac{P_1 V_1}{T_1} = \dfrac{P_2 V_2}{T_2}$

　もしこれら六つの変数のうち五つがわかれば，6番目の変数を算出することができる．さらに，T, P, V のうちどれかが定数なら，その値で両辺を割るか，その値を両辺に掛けることによって，ボイルの法則，シャルルの法則，またゲイ-リュサックの法則に導くことができる．結果として，**一定量の気体に関しては，ボイル-シャルルの法則だけを記憶しておけばよいことになる**．例題 8.8 は計算例である．

$\dfrac{P_1 V_1}{T_1} = \dfrac{P_2 V_2}{T_2}$　であるから，

T 一定では　$\dfrac{P_1 V_1}{T} = \dfrac{P_2 V_2}{T}$　が　$P_1 V_1 = P_2 V_2$　（ボイルの法則）

P 一定では　$\dfrac{P V_1}{T_1} = \dfrac{P V_2}{T_2}$　が　$\dfrac{V_1}{T_1} = \dfrac{V_2}{T_2}$　（シャルルの法則）

V 一定では　$\dfrac{P_1 V}{T_1} = \dfrac{P_2 V}{T_2}$　が　$\dfrac{P_1}{T_1} = \dfrac{P_2}{T_2}$　（ゲイ-リュサックの法則）

例 題　8.8　ボイル-シャルルの法則を使う：温度を求める

---

25 ℃, 1.0 atm 下, 6.3 L のヘリウムガスを 2.0 L のタンクに移し替え, 圧力を 2.8 atm にした. この圧力を保つために必要な温度は何 K か？

解 説　ヘリウムの量が一定で, 圧力, 体積, 温度が変数になるので, ボイル-シャルルの法則を適用する. 六つの変数のうち, P_1, V_1, T_1, P_2, V_2 がわかっているので, T_2 を求める.

概 算　体積が約 3 分の 1(6.3 L から 2.0 L)に減少し, 圧力が約 3 倍(1.0 atm から 2.8 atm)になるから, これら二つの変化は相殺される. したがって, 温度は大きく変化しないであろう. 体積減少率(3.2 分の 1)が圧力の増加率(2.8 倍)よりも少し大きいので, 温度はわずかに低下するであろう($T \propto V$).

解 答
段階 1. **情報を特定する．**混合気体の六つの変数のうち，P_1, V_1, T_1, P_2 そして V_2 が与えられる(T はケルビン単位に変換する).
段階 2. **解と単位を特定する．**
段階 3. **数式を特定する．**ボイル-シャルルの法則に与えられた変数を代入し，未知変数を入れ換える．
段階 4. **解く．**T_2 に対してボイル-シャルルの法則の式を解き，単位を約す．

$P_1 = 1.0$ atm,　$P_2 = 2.8$ atm
$V_1 = 6.3$ L,　$V_2 = 2.0$ L
$T_1 = 25$ ℃ $= 298$ K
$T_2 = ?\,?$ K

$\dfrac{P_1 V_1}{T_1} = \dfrac{P_2 V_2}{T_2} \Rightarrow T_2 = \dfrac{P_2 V_2 T_1}{P_1 V_1}$

$T_2 = \dfrac{P_2 V_2 T_1}{P_1 V_1} = \dfrac{(2.8 \text{ atm})(2.0 \text{ L})(298 \text{ K})}{(1.0 \text{ atm})(6.3 \text{ L})} = 260 \text{ K}\, (\Delta T = 2.38 \text{ ℃})$

確 認　温度のわずかな低下(38 ℃, 初期温度から 13% 低下)は, 概算値と一致する.

問題 8.13
ヘリウムを充塡した気球が 22 ℃ で 275 L の体積, 752 mmHg の圧力をもつ. 気球が 480 mmHg, 気温 −32 ℃ の高度まで上昇した. この高度で気球の体積はい

くらになるか？

問題 8.14
風船が下図に示した各条件下でふくらんでいる．圧力を 2 atm に，温度を 50 ℃ にした時，風船の体積は下図の (a), (b) どちらになるだろうか．

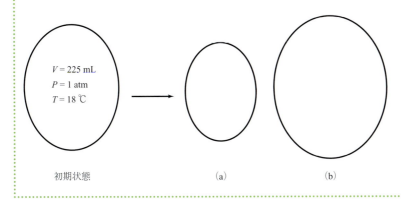

初期状態　　　(a)　　　(b)

$V = 225$ mL
$P = 1$ atm
$T = 18$ ℃

8.9　アボガドロの法則：体積と物質量の関係

ここで最後の気体の法則，すなわち気体の物質量（モル）が変化する場合を見ることにしよう．おなじ温度，おなじ圧力の二つの異なる気体をもつとする．二つの気体には，それぞれ何モルずつの分子が含まれているだろうか．**アボガドロの法則**（Avogadro's law）によると，一定圧力，一定温度における気体の体積は，気体分子の物質量に比例する（図 8.17）．2 倍の物質量をもつ気体は，体積も 2 倍になる．

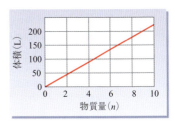

▲図 8.17
アボガドロの法則
体積と温度が一定の時，気体の体積はその物質量に比例する．物質量が増えると体積も増大する．

アボガドロの法則　圧力と温度が一定の時，気体の体積はその物質量に比例する．すなわち，P と T が一定なら，V を n で割った値は定数になる．

$$\text{体積}(V) \propto \text{物質量}(n)$$

または　$\dfrac{V}{n} = k$　（定数，すべての気体について）

または　$\dfrac{V_1}{n_1} = \dfrac{V_2}{n_2}$

気体中の分子はまわりの空間にくらべると非常に小さいので，気体分子運動論に基づくと，気体分子間の相互作用はほとんどなく，化学的性質に依存しない．したがって，式 $V/n = k$ の中の定数 k はすべての気体分子についておなじである．したがって，二つのどんな種類の気体でも，おなじ温度，おなじ圧力でそれらの体積を比較すれば，それら二つの分子量を比較することができる．

温度と圧力の値はどのような値でも，**おなじ値**でありさえすればよいことに注意する．しかし気体を単純に比較するためには，標準となる温度と体積（standard temperature and pressure, STP）（典型的な条件として 0 ℃（273 K）と 1 atm（760 mmHg））を設定しておくほうが便利である．

標準状態において，どんな気体でも 1 mol（6.02×10^{23} 分子）の体積は 22.4 L であり，この数値は**標準モル体積**（standard molar volume）と呼ばれる（図 8.18）．

標準状態(STP)（standard temerature and pressure）　0 ℃（273.15 K），1 atm（760 mmHg）．

標準状態における理想の標準モル体積（standard molar volume of any ideal gas at STP）　22.4 L/mol．

▶図 8.18
アボガドロの法則
それぞれの 22.4 L 容器には，0 ℃，1 atm 下で 1.00 mol の気体が入っている．それぞれの容器は，気体の重量(g 単位)が違っても，1 mol ずつを含んでいることに注目すること．

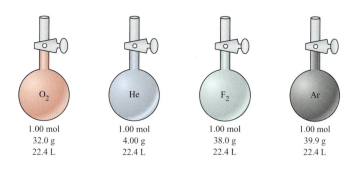

例題 8.9　アボガドロの法則を使う：標準状態にある体積の気体中に含まれる物質量を求める

標準状態にある気体の標準モル体積(22.4 L)を用いて，幅 4.11 m，奥行き 5.36 m，高さ 2.58 m の部屋の中に，標準状態の気体が何モルあるか，計算せよ．

解説　まず部屋の体積を計算し，標準モル体積を変換係数として使って気体の物質量(モル)を求める．

解答
段階 1. 情報を特定する．部屋の大きさが与えられている．

部屋の奥行き = 5.36 m
部屋の幅 = 4.11 m
部屋の高さ = 2.58 m

段階 2. 解と単位を特定する．

気体の物質量 = ?? mol

段階 3. 数式を特定する．部屋の体積は三つの長さの積である．体積(m^3)が得られたら，それを L 単位に変換する．つぎに標準状態におけるモル体積を使って気体の物質量(モル)を計算する．

部屋の体積 = (4.11 m)(5.36 m)(2.58 m) = 56.8 m^3

$$= 56.8\ m^3 \times \frac{1000\ L}{1\ m^3} = 5.68 \times 10^4\ L$$

$$1\ mol = 22.4\ L\ \rightarrow\ \frac{1\ mol}{22.4\ L}$$

段階 4. 解く．部屋の体積と標準状態におけるモル体積を使って式を立て，不要な単位を約す．

$$5.68 \times 10^4\ L \times \frac{1\ mol}{22.4\ L} = 2.54 \times 10^3\ mol$$

問題 8.15
標準状態にある 1.00×10^5 L の貯蔵庫の中に，メタンガス(CH_4)は何モル存在するか？ それはメタンガス何 g に相当するか？ またおなじ貯蔵庫に，二酸化炭素は何 g 貯蔵できるか？

---

*(訳注)："理想気体の状態方程式"と書かれている場合も多い．

8.10 理想気体の法則*

気体に関する四つの変数，P，V，T，n を**理想気体の法則**(ideal gas law)として一つにまとめることができる．もしこれらの四つのうち三つがわかれば，4番目の変数を算出することができる．

理想気体の法則　　$\dfrac{PV}{nT} = R$　（定数）　　または　　$PV = nRT$

気体定数(R)(gas constant)　理想気体の状態方程式中($PV=nRT$)の R．

理想気体の法則における定数 R(前出の k の代わりに用いている)は，**気体定数**と呼ばれる．その数値は，圧力の単位によって，以下のように異なる二つの値が用いられる．

$$\text{圧力の単位が大気圧の時：} R = 0.0821 \left(\frac{\text{L} \cdot \text{atm}}{\text{mol} \cdot \text{K}} \right)$$

$$\text{圧力の単位が mmHg の時：} R = 62.4 \left(\frac{\text{L} \cdot \text{mmHg}}{\text{mol} \cdot \text{K}} \right)$$

理想気体の法則を用いる時，問題とおなじ圧力単位をもつ R 値を用いることが重要である．また必要に応じて，体積を L（リットル）へ，温度を K（ケルビン）に変換する．

表 8.3 に種々の気体の法則を，例題 8.10，8.11 には理想気体の法則をどのように使うか示した．

表 8.3 気体の法則まとめ

	式	変数	定数
ボイルの法則	$P_1V_1=P_2V_2$	P, V	n, T
シャルルの法則	$V_1/T_1=V_2/T_2$	V, T	n, P
ゲイ–リュサックの法則	$P_1T_1=P_2/T_2$	P, T	n, V
ボイル–シャルルの法則	$P_1V_1/T_1=P_2V_2/T_2$	P, V, T	n
アボガドロの法則	$V_1/n_1=V_2/n_2$	V, n	P, T
理想気体の法則	$PV=nRT$	P, V, T, n	R

例題 8.10 理想気体の法則を使う：物質量を求める

3.8 L の平均的な肺容量をもつ成人の肺の中には，何モルの空気があるか計算せよ．ただし，1.0 atm 条件下にいて，平均的な体温は 37 ℃ であるとする．

解 説 P, V, T が与えられた時（$n=PV/RT$）の n の値を問うので，理想気体の問題になる．体積は L のまま，温度は K（ケルビン）に換えて計算する．

解 答

段階 1. 情報を特定する．理想気体の四つの変数のうち，三つが与えられている．

段階 2. 解と単位を特定する．

段階 3. 数式を特定する．理想気体の四つの変数のうち三つが与えられているので，代入して変数 n を解く（気圧は atm で与えられているので，R 値は $R=0.0821 \frac{\text{L} \cdot \text{atm}}{\text{mol} \cdot \text{K}}$ であらわされる）．

段階 4. 解く．与えられた数値と R を理想気体の式に代入し，n を解く．

$P=1.0$ atm
$V=3.8$ L
$T=37$ ℃ $=310$ K
気体の物質量，$n=\text{??}$ mol

$$PV=nRT \quad \Rightarrow \quad n=\frac{PV}{RT}$$

$$n=\frac{PV}{RT}=\frac{(1.0 \text{ atm})(3.8 \text{ L})}{\left(0.0821 \frac{\text{L} \cdot \text{atm}}{\text{mol} \cdot \text{K}}\right)(310 \text{ K})}=0.15 \text{ mol}$$

例題 8.11 理想気体の法則を使う：圧力を求める

気体のメタンは 43.8 L の容器に 5.54 kg 入りで販売されている．温度が 20.0 ℃（293.15 K）の時，容器内の圧力はいくらか？ メタン（CH_4）の分子量（MW）は 16.0 amu とする．

解 説 V, T, n が与えられた時の P の値を問われているので，理想気体の問題になる．n の値（$n=g/MW$）を計算するためには，直接的ではないにせよ十分な情報が与えられている．

解答

段階 1. **情報を特定する．** 理想気体の四つの変数うち V と T の二つが与えられている．n は与えられた情報から計算できる．

段階 2. **解と単位を特定する．**

段階 3. **数式を特定する．** 最初にシリンダー内のメタンの物質量（モル）をモル質量（16 g/mol）から変換して計算する．つぎに理想気体の法則を使って圧力を計算する．

段階 4. **解く．** 与えられた情報を適切な R の値を理想気体の式に代入し，P を解く．

$V = 43.8$ L
$T = 20\,°C = 293$ K

気体の圧力, $P = $?? atm

$$n = (5.54\,\cancel{kg}\,メタン)\left(\frac{1000\,g}{1\,\cancel{kg}}\right)\left(\frac{1\,mol}{16.0\,g}\right) = 346\,mol\,メタン$$

$$PV = nRT \Rightarrow P = \frac{nRT}{V}$$

$$P = \frac{nRT}{V} = \frac{(346\,\cancel{mol})\left(0.0821\,\frac{\cancel{L}\cdot atm}{\cancel{mol}\cdot \cancel{K}}\right)(293\,\cancel{K})}{43.8\,\cancel{L}} = 190\,atm$$

問題 8.16
体積 350 mL の芳香剤のエーロゾル缶には，3.2 g のプロパンガス（C_3H_8）が揮発剤として入っている．20 ℃における圧力はいくらか？

問題 8.17
風船を膨らませるためのヘリウムガスシリンダーは，25 ℃で 180 L の体積と 2200 psi（= 150 atm）の圧力をもっている．この中には何モルのヘリウムが入っているか？またその重さは何 g か？

基礎問題 8.18
下図（a）と（b）で，下に書かれた条件のもとで，可動性ピストンがだいたいどの位置にくるかを図示せよ（気体はいずれも 1 atm とし）．

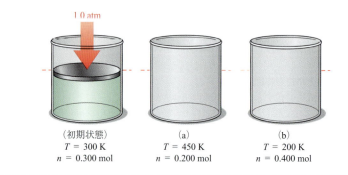

（初期状態）　　　　（a）　　　　　　（b）
$T = 300$ K　　　$T = 450$ K　　$T = 200$ K
$n = 0.300$ mol　$n = 0.200$ mol　$n = 0.400$ mol

8.11 分圧とドルトンの法則

気体分子運動論によると，気体のそれぞれの分子はそれらのあいだに引力が働かず，離れて存在しているため独立に運動する．それぞれの分子に対しては，隣りに存在する分子はほとんど影響しない．したがって，気体の**混合物**は純粋な気体と同様に挙動しおなじ法則に従う．

たとえば，乾燥した空気は酸素 21 %，窒素 78 %，アルゴン 1 %（体積）からなる．したがって，空気の圧力の 21 %は酸素，78 %は窒素，1 %はアルゴンによる．混合気体の圧力に対するそれぞれの気体分子の寄与は，それぞれの気体

の**分圧**と呼ばれる．**ドルトンの法則**(Dalton's law)によると，混合気体の総圧力は，それを構成する気体の分圧の総和になる．

分圧(partial pressure) ある気体の圧力の，総圧力中におよぼす割合．

ドルトンの法則

$$P_{総和} = P_{気体1} + P_{気体2} + \text{g}$$

総気圧が 760 mmHg の乾燥空気で，酸素分圧は 0.21×760 mmHg = 160 mmHg，窒素分圧は 0.78×760 mmHg = 593 mmHg，アルゴン分圧は 7 mmHg になる．**混合気体でそれぞれの気体が担う分圧は，それぞれの気体が単独で存在する場合の圧力とおなじになる**．表現を変えると，それぞれの気体によって生じる圧力は，その分子が容器の内壁に衝突する頻度による．しかし，その圧力はほかの気体が存在しても変化しない．それは異なる分子同士で影響をおよぼさないためである．

特定の気体の分圧をあらわすために，気体の圧力をあらわす P に下付き文字をつけることにする．たとえば，酸素分圧は P_{O_2} とあらわす．37 ℃，大気圧下，肺の中に存在する湿った空気は，海面の高度で以下のような平均的な組成をもつ．$P_{総和}$ は大気圧 760 mmHg に等しい．

$$\begin{aligned}P_{総和} &= P_{N_2} + P_{O_2} + P_{CO_2} + P_{H_2O} \\ &= 573 \text{ mmHg} + 100 \text{ mmHg} + 40 \text{ mmHg} + 47 \text{ mmHg} \\ &= 760 \text{ mmHg}\end{aligned}$$

空気の組成は高度が上がっても大きく変化しないが，総圧力は急激に低下する．高度の上昇とともに空気中の酸素分圧は低下し，高地での呼吸困難の原因になる．

例題 8.12 ドルトンの法則を使う：分圧を求める

暑い夏の日の湿った空気は，おおよそ 20％の酸素，75％の窒素，4％の水蒸気，1％のアルゴンを含んでいる．大気圧が 750 mmHg であれば，それぞれの気体の分圧はいくらか？

解説 ドルトンの法則によれば，混合気体に含まれるそれぞれの気体の分圧は，全気圧にそれぞれの気体の濃度比を掛けたものに等しい．この場合，

$$P_{総和} = P_{O_2} + P_{N_2} + P_{H_2O} + P_{Ar}$$

解答
酸素分圧(P_{O_2})： 0.20×750 mmHg = 150 mmHg
窒素分圧(P_{N_2})： 0.75×750 mmHg = 560 mmHg
水蒸気分圧(P_{H_2O})： 0.04×750 mmHg = 30 mmHg
アルゴン分圧(P_{Ar})： 0.01×750 mmHg = 8 mmHg
全圧 = 748 mmHg$_2$ ⟶ 750 mmHg（2 桁に丸める）

確認 分圧の合計が全圧力に一致する（誤差範囲内）．

問題 8.19
深海潜水士の呼吸に用いる気体の 98％がアルゴン，2.0％が酸素であり，全圧が 9.5 atm だとすると，それぞれの気体の分圧はいくらか？潜水用の気体に含まれる酸素分圧と大気における酸素分圧をくらべるとどうか？

> **問題 8.20**
> 肺の中の空気が以下に示した分圧をもつ時，それぞれの気体の組成を計算せよ．
> P_{N_2} = 573 mmHg, P_{O_2} = 100 mmHg, P_{CO_2} = 40 mmHg, P_{H_2O} = 47 mmHg(37 ℃，1 atm 条件下)．

> **問題 8.21**
> 8848 m の高度にあるエベレスト山頂の気圧は 265 mmHg しかない．この高度における肺の中の酸素分圧はいくらか？（酸素分圧が乾燥空気中とおなじだと仮定して．）

> 🔑 **基礎問題 8.22**
> He(分子量＝4 amu) と Xe(分子量＝131 amu) の混合気体があり(300 K)，全圧が 750 mmHg であるとする．He と Xe の分圧はそれぞれいくつか(青＝He，緑＝Xe)？
>
>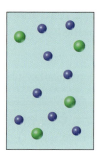

8.12 液 体

気体の中とおなじように，分子は液体の中でも・つねに運動している．液体の表面近くにある分子は十分なエネルギーをもっていると液体から飛び出し，**蒸気**と呼ばれる気体に逃げていく．開放系の容器では気体状の分子が液体からさまよい出し，これはすべての液体がなくなるまで続く（図 8.19a）．もちろん，これは**蒸発**ともいう．私たちはこの現象を，雨のあとの水たまりが蒸発する様子で知っている．

もし液体が密閉容器に入っているなら，気体分子は逃げていくことができないので状況は異なる．ランダムな分子運動によって分子が液体に戻ることがある．気体中の分子濃度が十分高いと，気体から液体になる分子数と液体から気体になる分子数が釣り合うようになる（図 8.19b）．この時点で，平衡状態にな

蒸気（vapor） 液体と平衡にある気体分子．

▶ **図 8.19**
液体から気体への分子の変換
（a）分子はふたの開いた容器から逃げ出し，やがて液体はすべて蒸発してしまう．(b) 密閉された容器からは分子は逃げられない．その代わり，液体から逃げ出す分子と液体に戻る分子が平衡に達する．気体中の分子の濃度は一定である．

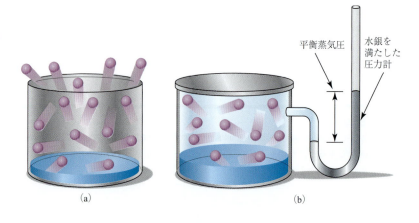

る化学反応と同様に動的平衡が成立する．蒸発と凝集がおなじ速度でおき，温度が変化しない限り容器内部の気体の濃度は不変である．

1分子がいったん液相から気相に逃げると，前述した気体の法則に従う．たとえば平衡状態にある密閉容器の中では，気体分子はドルトンの法則(8.11節)に従って，総圧力は各気体の分圧の和になる．この分圧を液体の**蒸気圧**と呼ぶ．

蒸気圧は温度と液体の化学的性質に依存する．温度が上昇すると，分子はよりエネルギーをもち気相へ逃げていく．そして，温度の上昇とともに蒸気圧は大気圧と等しくなるまで上昇する．この温度で，気体の泡が液体の表面下から発生し激しく沸騰する．正確に760 mmHgの大気圧では，いわゆる**標準沸点**と呼ばれる温度で沸騰がおきる．

液体の蒸気圧と沸点は，液体と構成する分子同志の分子間相互作用に依存する．たとえば，エーテル分子間には双極子-双極子相互作用が生じるが，これは水分子の分子間水素結合よりも弱い．その結果，エーテルの蒸気圧と沸点は水のそれよりも低い(図8.20)．

蒸気圧(vapor pressure) 液体と平衡にある気体分子の圧力．

▲ 臭素は色を呈しており，液体の上に赤の気体を見ることができる．

標準沸点(normal boiling point) 正確に1気圧下での沸点．

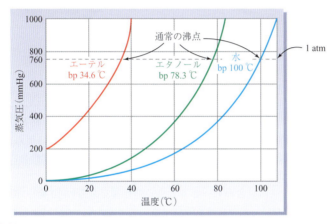

▲ 図 8.20
各温度におけるジエチルエーテル(エーテル)，エタノール，水の蒸気圧変化
液体の沸点で，蒸気圧は大気圧に一致する．一般的に記載されている沸点は760 mmHgでの値である．分子が平衡に達する．気体中の分子の濃度は一定である．

もし大気圧が高かったり低かったりすると，それに応じて沸点は変化する．たとえば，高い高度では大気圧は海面よりも小さく沸点も低い．エベレスト山頂(8848 m)では大気圧は245 mmHgであり，水の沸点は71℃である．大気圧が常圧よりも高い場合には沸点も高くなる．この原理は，**オートクレーブ**という強固な容器の中で水を加熱して圧力を高くすることによって，医療用および歯科用の器具を滅菌する時に利用される(170℃)．

液体に関する多くのなじみ深い性質は，これまで議論した分子間力によって説明できる．たとえば，水やガソリンは注いだ時にさらさらと流れるが，自動車油やメープルシロップはどろどろとしている．

液体が流れることに対する抵抗を**粘性**(viscosity)と呼ぶ．当然のこととして，粘性は液体の中でのそれぞれの分子の動きやすさ，つまり分子間力に依存する．低分子で無極性な化合物のガソリンのような物質は，分子間力が弱く粘性も低い．一方，グリセリン[HOCH$_2$CH(OH)CH$_2$OH]のような極性の高い分子は，強い分子間力をもち高い粘性をもつ．

もう一つのよく知られた液体の性質は，**表面張力**(surface tension)，すなわち液体が広がり表面積が大きくなることを防ぐ力である．ワックスを塗りたて

▲アメンボは，表面張力によって水の上に浮いて歩くことができる．

▶図 8.21
表面張力
表面張力は液体内部の力と表面の力の違いによって生じる．表面に存在する分子は，分子間相互作用が弱いので不安定である．したがって，液体は分子の表面積を小さくしようとする．

の車に水をつけると球のようになったり，アメンボが水の上を歩けるのは表面張力のおかげである．

　表面張力は，液体表面における分子間力と液体内部における分子間力の相違によって引きおこされる．液体内部の分子は，ほかの分子によって囲まれ最大の分子間力にさらされるが，液体表面の分子は隣接する分子が少ないので分子間力も小さい．したがって液体表面の分子は不安定化され，液体は表面積を小さくすることによってそのような不安定な分子の数を少なくしようとする（図8.21）．

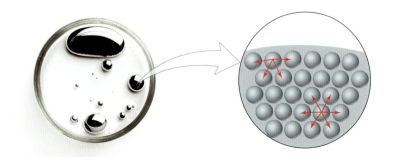

8.13　水：独特な液体

　私たちの世界は水によって成り立っている．水は地球表面の71%をおおい，ヒト成人の体の66%を構成しており，すべての生物にとって必要不可欠なものである．ヒトの血液中の水は物質を体中に循環させる輸送システムであり，すべての生命反応が進行する溶媒でもある．水は，その強い水素結合によってそのほかの化合物と異なる多くの性質をもっている．

　水は，ほかの液体を含めもっとも大きい熱容量をもち（2.10節），温度がわずかに変化するだけで大きな熱を吸収することができる．その結果，大きな湖などの水域があると気温とその一帯の天候は安定する．水の大きい熱容量のもう一つの利点は，外気の状態が変化しても人体に含まれる水が体内温度を安定化することである．

▲サンフランシスコの年間をとおした温暖な気候は，まわりの水の巨大な熱容量による．

▶▶▶ 1.13節で，ある物質1gの温度を1℃上昇させるのに必要な熱を比熱と定義したことを思い出してほしい．

　水は，熱容量の高さに加えて異常に高い**蒸発熱**（540 cal/g ＝ 2.3 kJ/g）をもつ．つまり，蒸発する時に非常に大量の熱を吸収することができる．私たちはぬれた肌に風が当たると水の蒸発を感じることができる．風を快適に感じると同時に，水が蒸発することによって肌や肺から熱が奪われるのを感じる．代謝によって発生した熱は血液によって肌に運ばれ，そこで水が細胞壁を通過して肌の表面に移動して蒸発する．代謝，すなわち熱の発生が速くなる時，血流は速くなり血管が膨張して熱はより速く表面に到達できる．

　水は，液体から固体に変化する時にも独特な挙動を示す．多くの物質は，液体よりも固体のほうが密度は増す．これは固体のほうが液体よりも分子が詰まっているからである．しかし水は違う．液体の水は3.98 ℃で1.000 g/mLという最大密度をもつが，凍ると密度が小さくなる．水が凍った時の密度は0.918 g/mLになる．

　水が凍ると，一つ一つの分子が四つの水分子と水素結合する（図8.22）．その結果できる構造は，液体よりも大きな隙間をもち密度が減少する．そのため氷は水に浮き，湖や川は表面から凍る．もしその反対のことがおきたら，冬になると魚は湖や川の底で氷の中に捕まり，死んでしまう．

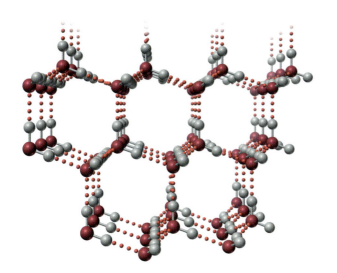

◀図 8.22
氷
氷は一つ一つの水分子が水素結合で規則的に並ぶことによってできている．氷の密度が水のそれよりも小さい理由は，空間の多いかご型構造によって説明できる．

8.14 固　　体

　私たちのまわりを見渡すと，多くの物質は液体や気体ではなく固体ということに気付くだろう．もちろんいろいろな種類の固体がある．鉄やアルミニウムは硬く金属的である．砂糖や食卓塩は結晶体であり壊れやすい．そのほか，多くのゴム製品，プラスチック製品のように軟らかかったり無定形固体のものがある．

　もっとも基本的な固体の分類は，結晶性固体と無定形固体である．**結晶性固体**は，その粒子（原子，イオン，分子のいずれであっても）は規則正しく整列して広がる．結晶性固体は通常平滑な表面と明瞭な角度をもつので，原子レベルの配列を見ることができる．

結晶性固体（crystalline solid）　原子，分子，イオンが規則正しく配列されている固体．

▲黄鉄鉱（左）やホタル石（右）のような結晶性個体は，平滑な表面と明瞭な角度をもつ．黄鉄鉱の八面体構造やホタル石の立方体構造は，原子レベルで分子が規則正しく並んでいることに由来する．

　結晶性固体はさらにイオン性，分子性，共有結合性，金属性に分類することができる．**イオン性固体**は，塩化ナトリウム（NaCl）のようにイオンから成り立つ．塩化ナトリウムの結晶は，Na^+ と Cl^- が三次元的に配置されていて，イオン結合によってできている（図 3.3 参照）．**分子性固体**はスクロースや氷のように，構成分子が分子間力で互いに保持される．たとえば氷の結晶は，H_2O 分子が互いに水素結合する（8.2 節）．**共有結合性固体**は，ダイヤモンド（図 8.23）や水晶（SiO_2）のように原子が共有結合によって巨大な三次元的ネットワーク内に固定される．実際，共有結合性固体は非常に大きな分子である．

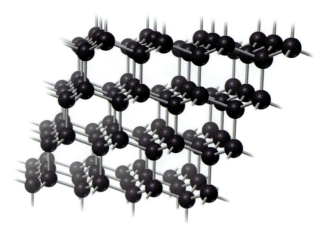

▲図 8.23
ダイヤモンド
ダイヤモンドは共有結合性固体であり，炭素同士が共有結合で結ばれた非常に大きな分子である．

銀や鉄のような**金属性固体**では，金属カチオンが三次元的に並び自由に動く電子の海の中に浸されている．この電子の海は，カチオンを結合させる糊の役割を果たすと同時に，電気伝導性を確保するための電荷キャリヤーとして働く．さらに，引力があらゆる方向に均一に向いていることが，金属が破砕性より展性をもつ理由を説明する．金属性固体が特定の位置に衝撃を受けると，特定の向きの結合が切断されずに電子がカチオンの新しい配列に適応する．

無定形固体(amorphous solid) 分子が規則正しく配列されていない固体．

無定形固体は，結晶性固体とは対照的に構成分子がばらばらに配置され，長い範囲にわたる規則正しい構造をもっていない．無定形固体は，液体を内部秩序が整う前に冷却する時，あるいは多くの高分子に見られるように分子が非常に大きくからみ合う時によく見られる．ガラス，タール，オパール石，固いキャンディ，これらは無定形固体になる．無定形固体は，明瞭な融点をもたず幅広い温度幅で融解すること，粉砕した時断面が真っすぐではなく曲がっていることなどが結晶性固体と異なる．

異なる種類の固体とその特徴を表8.4にまとめた．

表 8.4 個体の種類

物　質	最小単位	分子間力	性　質	例
イオン性固体	イオン	正電荷と負電荷のあいだの引力	砕けやすい，硬い，高沸点，結晶	$NaCl$，KI，$Ca_3(PO_4)_2$
分子性固体	分　子	分子間力	軟らかい，低～中程度の沸点，結晶	氷，ワックス，ドライアイス(CO_2)，固体状のすべての有機化合物
共有結合性固体	原　子	共有結合	非常に硬い，非常に高い沸点，結晶	ダイヤモンド，水晶(SiO_2)，タングステンカーバイド(WC)
金属または合金	金属原子	金属結合	光沢，軟らかい(Na)ものから硬いもの(Ti)，高い融点	元素(Fe, Cu, Sn, …)，ブロンズ($CuSn$ アロイ)，アマルガム(Hg＋ほかの金属)
無定形固体	原子，イオン分子（高分子を含む）	上記のいずれか	無定形固体，鋭い融点をもたない	ガラス，タール，プラスチック

8.15 状態変化

固体を加熱するとなにがおきるだろうか？エネルギーを加えれば加えるほど分子が伸びる，曲がる，もっと振動する．そして原子あるいはイオンはさらにエネルギーを得て振動する．もっとエネルギーが加えられて運動が激しくなると，融点に到達して分子はほかの分子の束縛から解放されて，物質が溶け始める．さらにエネルギーが加えられると，すべての分子が自由に運動するようになり液体になる．物質が完全に融解して融点に到達するための熱量を**融解熱**と呼ぶ．融解が終了し，さらに熱が加わると今度は液体の温度が上昇する．

液体から気体への変化は，固体が液体に変化した時とおなじ過程で進行する．ストーブの上に水を入れたフライパンをのせると，ストーブの熱によって水の温度が上昇する．いったん沸点に到達すると，さらなる熱によって水分子は隣りの分子から離れ気体になって逃げ出す．液体を完全に蒸発させて沸点に到達させるのに必要な熱量を，**蒸発熱**と呼ぶ．消毒用アルコール（イソプロピルアルコール）のように蒸発熱の小さい液体は速やかに蒸発するので，**揮発性**と呼ばれる．揮発性液体を肌にたらすと，その液体が体から熱を奪うので冷却効果がある．

物質に加えられたり，物質から取り除かれたりして物質の温度を変化させる熱量と，物質の相転移に使われる熱量は異なる．温度は，物質中の運動エネルギーであることを思い出してほしい（7.12 節）．物質の温度が，相転移温度（融点または沸点）よりも高かったり低い場合に少し熱を与えたり除いたりすると，運動エネルギーが変化する．すなわち温度が変化する．

ある温度変化に必要な熱については前述したが（1.13 節），ここでもう一度記述する．

$$\text{熱(cal または J)} = \text{質量(g)} \times \text{温度変化(℃)} \times \text{比熱}\left(\frac{\text{cal または J}}{g \times ℃}\right)$$

対照的に，物質の温度が相転移温度と一致している場合，熱は分子間相互作用を切断するために使われる．すべての粒子がつぎの相に変化するまで，温度は変化しない．相転移に必要なエネルギーは，物質の質量と融解熱（融解のため）または蒸発熱（沸騰のため）に依存する．

$$\text{熱(cal または J)} = \text{質量(g)} \times \text{融解熱}\left(\frac{\text{cal または J}}{g}\right)$$

$$\text{熱(cal または J)} = \text{質量(g)} \times \text{蒸発熱}\left(\frac{\text{cal または J}}{g}\right)$$

分子間力が強く，それを切断するために大量の熱が必要な場合，融解熱や蒸発熱は大きくなる．いくつかの一般的な物質の融解熱と蒸発熱を表 8.5 に示す．例えば，ブタンは分子間力が非常に小さいので，蒸発熱は小さい．一方，水は，その異常に強い水素結合により，非常に大きい蒸発熱をもつ．したがって水はほかの液体よりもゆっくり蒸発し，揮発するにも時間がかかり，その過程でより大きい熱を吸収する．いわゆる H_2O の**温度変化曲線**（加えられた熱量に対して温度をプロットしたもの）を図 8.24 に示す．

融解熱（heat of fusion） 融点に達した物質 1 g を完全に融解させるのに必要な熱量．

蒸発熱（heat of vaporization） 沸点に達した液体 1 g を完全に蒸発させるのに必要な熱量．

表 8.5　代表的な化合物の融点，沸点，蒸発熱

物　質	融点(℃)	沸点(℃)	融解熱 (cal/g；J/g)	蒸発熱 (cal/g；J/g)
アンモニア	−77.7	−33.4	84.0；351	327；1370
ブタン	−138.4	−0.5	19.2；80.3	92.5；387
エーテル	−116	34.6	23.5；98.3	85.6；358
エタノール	−117.3	78.5	26.1；109	200；837
イソプロピルアルコール	−89.5	82.4	21.4；89.5	159；665
ナトリウム	97.8	883	14.3；59.8	492；2060
水	0.0	100.0	79.7；333	540；2260

1cal＝4.184 J

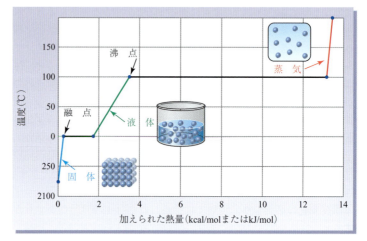

▲図 8.24
水の温度変化曲線．加熱時の温度と状態の変化を示す．
0℃と100℃における水平な直線は，それぞれ融解熱と蒸発熱をあらわす．

例　題　8.13　融解熱：融解に要する熱量を計算する．

防虫剤によく用いられるナフタレンは，35.7 cal/g の融解熱と 128.0 g/mol の分子量をもつ．0.300 mol のナフタレンを融解させるのに，何 kcal の熱量が必要か？

解　説　融解熱は，1 g を融解するために必要な熱量をいう．0.300 mol を融解するために必要な熱量を知るには，物質量（モル）に変換する．

概　算　ナフタレンのモル質量は 128.0 g/mol であり，0.300 mol はその約 3 分の 1（または約 40 g）に相当する．1 g を融解するのに約 35 cal または 150 J が必要なので，この約 40 倍の熱が必要であろう（35×40＝1400 cal または 150×40＝6000 cal ＝6 kJ）．

解　答
段階1. 情報を特定する．ナフタレンの融解熱(cal/g)と物質量(モル)が与えられている．
段階2. 解と単位を特定する．
段階3. 変換係数を特定する．最初にナフタレンの質量を，変換係数(128 g/mol)を使って mol から g へ変換する．つぎに融解熱を変換係数として計算し，ナフタレンの質量を融解するために必要な全熱量を計算する．

融解熱＝35.7 cal/g または 149 J/g
ナフタレンの物質量＝0.300 mol
熱量＝?? cal または J

$$(0.300 \; \text{mol ナフタレン}) \left(\frac{128.0 \; \text{g}}{1 \; \text{mol}}\right) = 38.4 \; \text{g ナフタレン}$$

融解熱＝35.7 cal/g または 149 J/g

8.15 状態変化

段階 4. 解く. ナフタレンの質量に融解熱を掛け，解く．

$$(38.4 \text{ g ナフタレン}) \left(\frac{35.7 \text{ cal}}{1 \text{ g ナフタレン}} \right) = 1370 \text{ cal} = 1.37 \text{ kcal}$$

または $(38.4 \text{ g ナフタレン}) \left(\frac{149 \text{ J}}{1 \text{ g ナフタレン}} \right) = 5720 \text{ J} = 5.72 \text{ J}$

確 認 この結果は概算値(1.4 kcal または 6 kJ)に一致する．

問題 8.23
1.50 mol のイソプロピルアルコール(分子量＝60.0 g/mol)を融解して蒸発させるのに必要な熱量は，何キロカロリーか？ イソプロピルアルコールの融解熱と蒸発熱は表 8.5 を参照のこと．

問題 8.24
2.5 mol の水蒸気の凝縮によって，何キロジュールの熱が放出されるだろうか？ 蒸発熱の値は表 8.5 をみよ．

問題 8.25
CO_2 の物理的状態は温度と圧力に依存する(Chemistry in Action, "環境に優しい溶媒としての CO_2" 参照)．50 気圧，25 ℃の条件下では，CO_2 はどのような状態をとるだろうか？

CHEMISTRY IN ACTION

環境に優しい溶媒としての CO_2

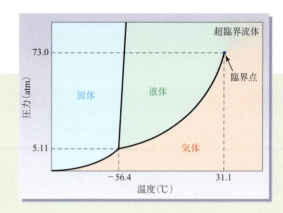

　二酸化炭素（CO_2）と聞くと，植物が光合成のために吸収したり，動物が吐き出す気体だと思うだろう．CO_2 の固体であるドライアイスが，非常に冷たい固体から気体へ昇華するところを見たことがあるかもしれない．しかし，なぜ CO_2 が溶媒になるのだろうか？二酸化炭素は室温では気体であり，液体ではない．それに，いくら冷却しても CO_2 は常圧では液体にならない．CO_2 は，1気圧下で $-78\,°C$ まで冷却すると，液体を経ずに，直接気体から固体（ドライアイス）になる．圧力をかけた時だけ，液体 CO_2 が存在し得る．$22.4\,°C$ の室温下では，気体の CO_2 分子を液体状態にまで近接させるために60気圧が必要である．仮に液体であったとしても，CO_2 は決して良い溶媒ではない．**超臨界状態**と呼ばれる異常でまれな状態になった時，CO_2 は初めて良好な溶媒となる．

　超臨界状態を理解するには，物質の物理的状態を決定する二つの因子を考える必要がある．固体中では，分子は非常に接近して詰まっており，分子間力を上回る運動エネルギーをもっていない．しかし，温度を上げていくと分子に運動エネルギーを与え，分子がばらばらになって液体や気体へ相転移をおこすことができる．気相中では，分子同士の距離は遠く離れていて相互作用はほとんどない．しかし圧力を増大させると分子同士を接近させて，最終的には分子間力によって液体や固体へ変えることができる．このように温度と圧力に依存した物理的状態の変化は，状態図によってあらわすことができる（右上図は CO_2 の**状態図**を示している）．

　超臨界状態は液体と気体の中間の状態にある．分子間には空間があるが，気体ほどではない．分子同士の距離は液体というには遠すぎるし，気体というには近すぎる．超臨界 CO_2 は，気圧が $72.8\,atm$ より大きく温度が $31.2\,°C$ より高い条件のもと（臨界点以上）で生成する．この高圧は，分子同士をむりやり近づけるが，気体の状態まで遠ざけないようにするために必要である．しかし，この温度がこれ以上になると，運動エネルギーによって液体のようになってしまう．

　CO_2 分子のあいだにはすでに空間があるので，溶解した化合物の分子が入り込むのは容易である．したがって超臨界 CO_2 は，非常に良好な溶媒である．超臨界 CO_2 の応用例としては，食品加工会社による，コーヒー豆からカフェインの除去や，バニラ，胡椒，ニンニク，クルミなどの種子からエキスを抽出することをあげることができる．化粧品や香水の会社では，花から香料油を抽出するのに超臨界 CO_2 を用いている．将来もっとも重要であると考えられる応用は，環境を汚染する塩素化溶媒を使わずに衣服のドライクリーニングを行うことであろう．

　溶媒として超臨界 CO_2 を用いることには，無毒性，不燃性であることなど多くの利点がある．しかしもっとも重要なことは，環境に優しいことである．工業的プロセスにおいて CO_2 を利用した閉鎖システムが設計されれば，CO_2 を使用後に回収し，再利用できる．現在使用されている塩素化された有機溶媒の代替えとして用いることができれば，大気中に放出されないし，水にも毒性の液体が流れ出ることがない．この新しいテクノロジーの将来は明るい．

章末の "Chemistry in Action からの問題" 8.104, 8.105 を見ること．

要約：章の目標と復習

1. 主な分子間相互作用はなにか？ それらは物質の状態にどのように影響するか？

主な**分子間力**が三つ存在し，固体中や液体中では，それらが分子同士を接近させている．**双極子−双極子相互作用**は，極性分子のあいだに働く電気的な引力である．**ロンドン分散力**は，非対称な電子の極在によって一時的に生じる分子の極性に由来し，すべての分子間で発生する．これらの分子間力は，分子量と分子の表面が大きくなることによって大きくなる．**水素結合**は三つの分子間力の中で一番強く，O，N，Fに結合したHとその近くに存在するO，N，Fとのあいだに発生する引力である（問題34〜37，116）．

2. 科学者は気体の挙動をどのように説明するか？

気体分子運動論によれば，気体の物理的挙動はその気体を構成する分子がランダムに非常に速く運動し，ほかの分子とのあいだに非常に大きい間隔があって，衝突してもエネルギーを失わないという仮定によって説明できる．気体の**圧力**は分子が容器の壁面に衝突することによって発生する（問題29，30，40，41，53，59，68，102，103，106）．

3. 温度・圧力・体積が変化すると，気体はどのように変化するか？

ボイルの法則によると，一定量の気体の体積は温度一定のもとで圧力に反比例する（$P_1V_1 = P_2V_2$）．**シャルルの法則**によると，一定量の気体の体積は圧力一定のもとで温度に比例する（$V_1/T_1 = V_2/T_2$）．**ゲーリュサックの法則**は，一定量の気体の圧力は体積一定のもとでケルビン値に比例する（$P_1/T_1 = P_2/T_2$）というものである．ボイルの法則，シャルルの法則，ゲーリュサックの法則を合わせると，**ボイル−シャルルの法則**（$P_1V_1/T_1 = P_2V_2/T_2$）を与え，一定量の気体の変化をあらわすことができる．**アボガドロの法則**によると，一定体積の気体は圧力と温度がおなじであればおなじ物質量の分子を含んでいる（$V_1/n_1 = V_2/n_2$）（問題26，27，32，38〜75，107，111，112，115）．

4. 理想気体の法則とはなにか？

左記の四つの法則を合わせると**理想気体の法則**（理想気体の状態方程式，$PV = nRT$）を与え，これは温度，圧力，体積，物質量の影響に関連している．**標準温度と標準気圧**，すなわち0℃，1気圧下ではどんな気体も1モルの気体の体積は22.4 Lである（問題108〜110，113〜115，118，119）．

5. 分圧とはなにか？

混合気体に含まれるそれぞれの気体の圧力は，その気体の**分圧**と呼ばれる．**ドルトンの法則**によると，混合気体の圧力はそれに含まれる各気体の分圧の総和である（問題33，86〜89，117）．

6. 固体にはどのような種類があるか？ それらはどのように違うか？

固体には，結晶性固体と無定形固体がある．**結晶性固体**は，構成分子が規則正しく配列している．**無定形固体**は，内部秩序に欠けており，はっきりした融点をもたない．結晶性固体にはいくつかの種類がある．**イオン性固体**は塩化ナトリウム（NaCl）のようにイオンからなる．**分子性固体**は，氷のように構成分子同士が分子間力によって結合している．**共有結合性固体**は，ダイヤモンドのようなものであり，原子同士が共有結合で結合して三次元的な広がりをもつ．銀や鉄のような**金属性固体**は，金属原子の巨大なつながりによってできており，電気伝導度のような金属特有の性質を有する（問題96〜99）．

7. 状態変化に影響を与える要因はなにか？

固体が加熱されると，融点においてその分子は自由に動きはじめ液体に変わりはじめる．一定量の固体を融解するのに必要な熱量を**融解熱**と呼ぶ．液体を加熱すると，液相と気相の圧力がおなじ値になるまで分子が液体表面から逃げ出していき，その結果その物質の蒸気圧に達する．液体の**沸点**では蒸気圧が大気圧に等しくなり，液体のすべてが気体になる．一定量の気体を蒸発させるのに必要な熱量を**蒸発熱**と呼ぶ（問題27，28，31，90〜95，98，99，104）．

KEY WORDS

圧力（P），p.235
アボガドロの法則，p.247
気体定数（R），p.248
気体の法則，p.239
気体分子運動論，p.234
ゲーリュサックの法則，p.244
結晶性固体，p.255
シャルルの法則，p.243
蒸気，p.252
蒸気圧，p.253
状態変化，p.227
蒸発熱，p.257

8. 気体，液体，固体

水素結合, p.232
双極子-双極子相互作用, p.230
ドルトンの法則, p.251
標準状態(STP), p.247
標準沸点, p.253
標準モル体積, p.247

沸点(bp), p.228
分　圧, p.251
分子間力, p.230
ボイルの法則, p.240
ボイル-シャルルの法則, p.245
無定形固体, p.256

融解熱, p.257
融点(mp), p.228
理想気体, p.235
理想気体の法則, p.248
ロンドン分散力, p.231

概念図：気体，液体，固体

概念図　物質の物理的状態(固体，液体，気体)は，分子の運動エネルギーよりも分子間力の強さに依存する．運動エネルギー(たとえば温度)が，分子をある一定の状態に保存するための力よりも大きい時，相転移がおこる．物質の物理的性質(融点，沸点など)は，分子間力の強さに依存し，それは分子構造と分子の形に依存する．これらの関係を図8.25に示す．

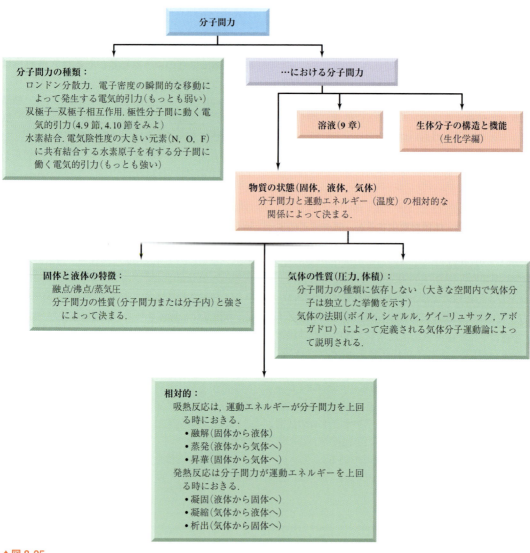

▲図 8.25

基本概念を理解するために

8.26 図のように可動性ピストンのついたシリンダー内に気体が入っているとする．下のような変化がおきた時，気体はどのようになるか図示せよ．

(a) 気圧一定で温度が 300 K から 450 K に上がった．
(b) 温度一定で圧力が 1 atm から 2 atm に増大した．
(c) 温度が 300 K から 200 K に下がり，圧力が 3 atm から 2 atm に減少した．

8.27 図(a)のように密閉容器の中に 350 K の気体試料が入っているとする．もし気体の沸点が 200 K だとすると気体の温度が 350 K から 150 K に下がった時におきると考えられる変化は，(b)〜(d)のどれか？また，気体の沸点が 100 K である場合，気体の温度が 150 K の時の気体は(b)〜(d)のうち，どのような状態になるだろうか？

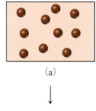

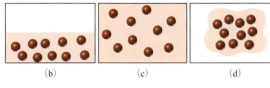

8.28 図(a)が 200 K の水の状態をあらわすとする．温度を 300 K に上げると，水の状態は(b)〜(d)のどれであらわされるか？

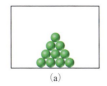
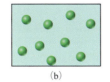
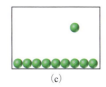
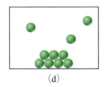

8.29 図のように三つの容器があり，二つの容器には異なる気体が入っていて残りの容器にはなにも入っていないとする．二つの栓を開き，平衡に達した後の様子を図示せよ．

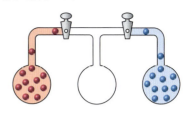

8.30 片方の開いた圧力計が栓 A を開いた時にどのように変化するか書け．

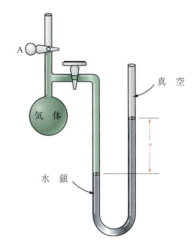

8.31 つぎのグラフはある物質の温度変化曲線である．

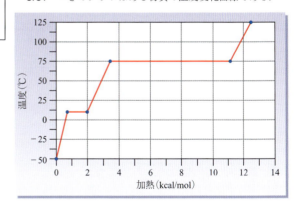

(a) この物質の融点は何℃か？
(b) この物質の沸点は何℃か？
(c) この物質のおおよその融解熱は何 kcal/mol か？
(d) この物質のおおよその蒸発熱は何 kcal/mol か？

8.32 図の(a)〜(c)の変化が生じた時，可動性ピストンがどの位置に移動するか，おおよその位置を図示せよ．

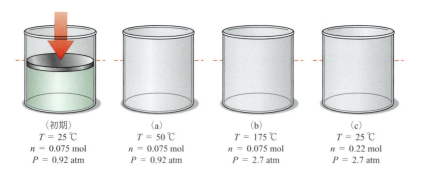

（初期）
$T = 25\,℃$
$n = 0.075$ mol
$P = 0.92$ atm

(a)
$T = 50\,℃$
$n = 0.075$ mol
$P = 0.92$ atm

(b)
$T = 175\,℃$
$n = 0.075$ mol
$P = 2.7$ atm

(c)
$T = 25\,℃$
$n = 0.22$ mol
$P = 2.7$ atm

8.33 図の容器中の気圧が 600 mmHg とすると，赤，黄，緑の気体分子の分圧は，それぞれいくつか？

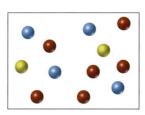

補 充 問 題

分子間力

8.34 つぎの分子間力をもつのはどのような性質の物質か？
 (a) ロンドン分散力
 (b) 双極子・双極子相互作用
 (c) 水素結合

8.35 つぎのそれぞれの化合物で，もっとも優位となる分子間力はなにか？
 (a) N_2　(b) HCN　(c) CCl_4
 (d) NH_3　(e) CH_3Cl　(f) CH_3COOH

8.36 ジメチルエーテル(CH_3OCH_3)とエタノール(CH_3CH_2OH)の組成はおなじ(C_2H_6O)であるが，ジメチルエーテルの沸点は $-25\,℃$ でエタノールの沸点は $78\,℃$ である．沸点が違う理由を説明せよ．

8.37 ヨウ素は室温で固体であるが(融点 113.5 ℃)，臭素は液体である(融点 $-7\,℃$)．この違いを，分子間力の観点から説明せよ．

気体および圧力

8.38 気圧 1 atm はどのように定義されるか？

8.39 汎用される圧力の単位を四つあげよ．

8.40 気体分子運動論の四つの法則をあげよ．

8.41 気体分子運動論では気圧をどのように定義するか？

8.42 下の値を mmHg 単位に変換せよ．
 (a) 標準圧力
 (b) 25.3 psi
 (c) 7.5 atm
 (d) 28.0 in. Hg (水銀柱 28 インチ)
 (e) 41.8 Pa

8.43 カリフォルニア州にある Whitney 山頂の気圧は 440 mmHg である．
 (a) これは何 atm に相当するか？
 (b) これは何 Pa か？

8.44 図 8.10 に示したように，片方が開放されている水銀気圧計の容器にある気体が入っている．容器に接続している側管の水銀の高さが，大気に接している側管の水銀よりも 17.6 cm 低い．大気圧は 754.3 mmHg である．容器の中の気圧(atm)はどのくらいか？容器の内圧は何 atm か？

8.45 図 8.10 に示した片方が開放されている水銀気圧計の容器にある気体が入っている．容器に接続している側管の水銀の高さが大気に接している側管の水銀よりも 28.3 cm 高い．大気圧は 1.021 atm である時，容器の中の気圧(atm 単位で)はどのくらいか？

ボイルの法則

8.46 ボイルの法則とはなにか？この法則が成り立つのは，なにを一定にした時か？

8.47 ボイルの法則によって記述される気体の挙動は，気体分子運動論のどの仮定によって説明できるだろうか？

8.48 600 mL のシリンダー中の気体の圧力は 65.0 mmHg である．この気体の圧力を 385 mmHg にするためには体積をどのくらいにすればよいか？

8.49 1 atm で風船の体積が 2.85 L である．風船の体積を 1.70 L に圧縮するための圧力はいくらか？

8.50 クロロフルオロカーボン(CFC)は，オゾン層を破壊する可能性があるため，冷却剤やスプレー缶の高圧ガスとしては使用されなくなっている．350 mL のスプレー缶中の CFC の圧力が 5.0 atm であるとす

補 充 問 題　265

8.51 気圧が 1 atm である海面高度で 1.25 L の体積をもつ風船がある．これが，気圧 220 mmHg の高度 35 000 フィート（= 10 668 m）では，どのくらいの体積になるか？

る．これが 1.0 atm になると体積はどうなるか？

8.67 風船を膨らませるために，ヘリウムの気体が入ったボンベがあり，25℃で体積が 2.30 L，圧力が 1850 atm である．25℃で，体積 1.5 L，圧力 1.25 atm の風船をいくつ膨らませることができるか？

シャルルの法則

8.52 シャルルの法則とはなにか？この法則が成り立つためには，なにを一定にした時か？
8.53 ボイルの法則は比例関係であるか，反比例関係であるか？
8.54 ある熱気球は 18℃で 960 L の体積をもっている．圧力を変えずに体積を 1200 L にするためには温度を何度（℃）にすればよいか？
8.55 ある熱気球が 875 L の体積をもっている．もし温度を 56℃にした時に体積が 955 L になるとすると，もともと温度は何度であったか？
8.56 ある気体は 38℃で 185 mL の体積をもっている．温度を 97℃にすると体積はいくらになるか？
8.57 ある風船が 25℃で 43.0 L の体積をもっている．2.8℃では体積はいくらか？

ゲイ-リュサックの法則

8.58 ゲイ-リュサックの法則とはなにか？この法則が成り立つためには，なにを一定にした時か？
8.59 ゲイ-リュサックの法則は，比例関係であるか，反比例関係であるか？
8.60 25℃，0.95 atm で実験用フラスコ中にある気体が密閉されていて，これを 117℃まで加熱する．内部の圧力はどれくらいになるか？
8.61 エアゾール缶の内圧が 25℃で 3.85 atm である．内圧を 18.0 atm まで上げるためには温度を何℃にすればよいか？

ボイル-シャルルの法則

8.62 ある気体が 0℃で体積 2.84 L，圧力 1.00 atm である．520 mmHg で 7.50 L の体積をもつのは温度が何℃の時か？
8.63 スキューバダイバーがもつ圧縮空気は 20℃で体積が 6.8 L，圧力 120 atm である．この空気の体積は標準状態（0℃，1.00 atm）ではいくらか？
8.64 HCl と Zn の反応で H_2 気体が発生し，それを集めたところ 26℃，圧力 752 mmHg で体積が 62.4 mL であった．標準状態（0℃，1.00 atm）では体積はいくらか？
8.65 気体の状態が下のように変化すると体積はどうなるか？
　(a) 圧力を半分にしてケルビン値を 2 倍にした場合
　(b) 圧力を 2 倍にしてケルビン値を 2 倍にした場合
8.66 気体の状態が下のように変化すると圧力はどうなるか？
　(a) 体積を半分にしてケルビン値を 2 倍にした場合
　(b) 体積を 2 倍にしてケルビン値を半分にした場合

アボガドロの法則

8.68 気体分子運動論を使ってアボガドロの法則を説明せよ．
8.69 標準温度と標準気圧（STP）はどのように定義されるか？
8.70 STP において 1.0 L の酸素には何個の分子が含まれているか？また何 g の O_2 が含まれているか？
8.71 STP では体積 48.6 L の気体には分子が何モル入っているか？
8.72 STP では 16.5 L の体積を占める CH_4 の重さはどれくらいか？
8.73 毒性の気体であるシアン化水素（HCN）を 1.75 g もっているとする．STP では体積はどれくらいか？
8.74 長さ 4.0 m，幅 5.0 m，高さ 2.5 m の標準的な部屋がある．部屋の中の空気は STP であり，酸素を 21%，窒素を 79% 含んでいるとすると，酸素の総体積はいくらか？
8.75 問題 8.74 の部屋の中の窒素の総体積はいくらか？

理想気体の法則

8.76 理想気体の法則とはなにか？
8.77 理想気体の法則はボイル-シャルルの法則となにが異なるか？
8.78 STP における 2.0 L の CO_2 と，300 K，1150 mmHg における 3.0 L の CH_4 では，どちらが分子を多く含むか？どちらの気体のほうが重いか？
8.79 300 K，500 mmHg で 2.0 L の CO_2 と，57℃，760 mmHg で 1.5 L の N_2 では，どちらの気体のほうが重いか？
8.80 294 K で 2.3 mol のヘリウムの体積が 0.15 L の時，圧力（atm）はいくらか？
8.81 1.6 atm で 3.5 mol の O_2 の体積が 27.0 L の時，温度（℃）はいくらか？
8.82 310 K で 15.0 g の CO_2 の体積が 0.30 L の時，圧力（mmHg 単位）はいくらか？
8.83 20.0 g の N_2 の体積が 4.00 L，圧力が 6.0 atm の時，温度（セルシウス単位）はいくらか？
8.84 18.0 g の O_2 の温度が 350 K，圧力が 550 mmHg の時，体積はいくらか？
8.85 温度 347 K，圧力 2.5 atm，体積 0.55 L の気体には何モルの分子が含まれるか？

分圧とドルトンの法則

8.86 分圧とはなにか？
8.87 ドルトンの法則とはなにか？
8.88 1.0 atm での空気中の酸素分圧が 160 mmHg とすると，大気圧が 440 mmHg になる高山の酸素分圧はいくつになるか？ただし，空気中の酸素の割合は変

8.89 減圧症にかかったスキューバダイバーの治療は，ヘリウム–酸素混合ガス(heliox)(21%酸素，79%ヘリウム)を用いて120 psiの高圧室で行われる．この条件下での高圧室内の O_2 分圧(mmHg単位)を計算せよ．

液体

8.90 液体の蒸気圧とはなにか？

8.91 通常の沸点における液体の蒸気圧の値はいくらか？

8.92 液体の沸点に対して圧力がおよぼす影響はなにか？

8.93 つぎの物質のどちらのほうが蒸気圧が高いか説明せよ：CH_3OH または CH_3Cl．

8.94 水の蒸発熱は 9.72 kcal/mol である．
(a) 3.00 mol の水を蒸発させるのに必要な熱量(kcal)はいくらか？
(b) 320 g の水蒸気が液化する時に，どれくらいの熱量(kcal)が放出されるか？

8.95 高体温の患者は，しばしば"アルコール浴"によって治療される．イソプロピルアルコール(消毒用アルコール)の蒸気圧は 159 cal/g である．イソプロピルアルコール 190 g (コップ約半分)の蒸発によってどのくらいの熱が取り除けるか？

固体

8.96 非結晶性固体と結晶性固体の違いはなにか？

8.97 結晶性固体の三つの種類をあげ，それぞれについて代表例を書け．

8.98 酢の代表的な有機成分である酢酸の凝集熱は 45.9 kcal/g である．1.75 mol の酢酸を融解するのに必要な熱量(kcal)はいくらか？

8.99 金属ナトリウムの凝集熱は 630 cal/mol である．262 g のナトリウムを融解するのに必要な熱量(kcal)はいくらか？

Chemistry in Action からの問題

8.100 地球温暖化がおきている証拠はなにか？[**温室効果ガスと地球温暖化**，p.238]

8.101 温室効果においてもっとも重要な三つの要素をあげよ．[**温室効果ガスと地球温暖化**，p.238]

8.102 心臓が収縮している時の血圧と，拡張している時の血圧の違いはなにか？180/110 という血圧は正常か？[**血圧**，p.243]

8.103 問題 8.102 にある血圧を atm 単位に変換せよ．[**血圧**，p.243]

8.104 超臨界状態とはなにか？[**環境に優しい溶媒としての CO_2**，p.260]

8.105 塩素化溶媒よりも超臨界 CO_2 を溶媒として用いる時の，環境への優位性はなにか？[**環境に優しい溶媒としての CO_2**，p.260]

全般的な質問と問題

8.106 温度が上昇して体積が変化しない場合，気圧が上昇する理由を気体分子運動論で説明せよ．

8.107 水素と酸素は，反応式 $2H_2(気) + O_2(気) \longrightarrow 2H_2O(気)$ に従って反応する．アボガドロの法則によると，STP で 2.5 L の酸素と反応するために何 L の水素が必要か？

8.108 STP で 3.0 L の水素と 1.5 L の酸素が反応して水を与える時，何モルの水が生成するか？100 ℃, 1 atm で水の気体の体積はいくらか？

8.109 成人男性が安静時に約 240 mL の CO_2 を吐き出す．これは，37 ℃，1 atm で何モルに相当するか？

8.110 安静にしている成人男性は，24 時間で何 g の CO_2 を吐き出すか？

8.111 STP 状態の H_2 が入った容器と O_2 が入った容器の二つの容器があるとする．容器を開けずに二つを区別できるか？

8.112 375 K，0.975 atm で，完全に膨らんだ体積 1.6×10^5 L の熱気球がある．気体が平均分子量 29 g/mol として，熱気球中の空気密度はいくらか？STP 状態の気体と比較せよ．

8.113 未知の気体試料が 10.0 g あり，温度 25 ℃，圧力 745 mmHg で 14.7 L の体積をもっている．この気体中に何モルの気体分子が含まれているか？この気体の分子量はいくらか？

8.114 STP において下の気体のいずれも，1 モルが 22.4 L の体積をもっている．気体の分子量はいくらか？また，STP における密度(g/L)を求めよ．
(a) CH_4 (b) CO_2 (c) O_2

8.115 スペースシャトルの外の気圧は，おおよそ 1 K で約 1×10^{-14} mmHg である．気体がほとんど水素(H または H_2)であるとすると，1 モルの原子で体積はどれくらいになるか？H 気体の密度は atm/L 単位でいくらか？

8.116 エチレングリコール，$C_2H_6O_2$ は両方の炭素に OH 基が結合している．
(a) エチレングリコールのルイス構造式を書け．
(b) クロロエタン(C_2H_5Cl)のルイス構造式を書け．
(c) クロロエタンはエチレングリコールより分子量がわずかに大きいが，沸点は非常に低い(エチレングリコールの 198 ℃に対し 3 ℃)．この理由を説明せよ．

8.117 スキューバダイビングにおける経験則は，10 m 深くなると 1 atm ずつ外圧が増大することである．圧縮空気タンクを持っているダイバーが深度 25 m へ潜ろうとしている．
(a) この深度における外圧はどのくらいか？(海面での圧力を 1 atm とする)
(b) タンク中に酸素(O_2) 20% と窒素(N_2) 80% が入っているとして，この深度における気体の分圧はそれぞれどのくらいであろうか？

8.118 工学の世界で使われているランキン温度(°R)は，ケルビンがセルシウス度に対応しているのと同様に，ファーレンハイト度(°F)に対応している．すなわち，1 °R はほぼ 1 °F とおなじであり，0 °R は絶対零

度である．
(a) 水が凍る温度は，ランキン温度スケールでは何度か？
(b) 気体定数 R をランキン温度スケールであらわすといくらか？ $(L\cdot atm)/(°R\cdot mol)$ 単位で書け．

8.119 イソオクタン，C_8H_{18} はガソリンに含まれ，その量によっていわゆるオクタン価を算出する．

(a) イソオンタンの燃焼によって CO_2 と H_2O が生成する反応式を書け．
(b) ガソリンが 100％イソオクタンであり，イソオクタンの密度が 0.792 g/L であると仮定する．米国の年間ガソリン消費量 4.6×10^{10} L から発生する CO_2 は，1 年間でいくら (kg) か？
(c) その CO_2 の体積は STP 下でいくら (L) か？

9 章

溶　　液

目　次
9.1　混合物と溶液
9.2　溶解の過程
9.3　固体水和物
9.4　溶解度
9.5　溶解度に対する温度の効果
9.6　溶解度に対する圧力の効果：ヘンリーの法則
9.7　濃度の単位
9.8　希　釈
9.9　溶液中のイオン：電解質
9.10　体液中の電解質：当量とミリ当量
9.11　溶液の性質
9.12　浸透と浸透圧
9.13　透　析

◀ジャイアントセコイアは，水と栄養素を根から約100 mの高さの頭頂部に運ぶために浸透圧（溶液の束一的性質）を利用している．

この章の目標

1. 溶液とはなにか？溶解性に影響をおよぼす因子はなにか？
   目標：異なる種類の混合物を定義でき，溶媒と溶質の構造，温度，圧力が溶解性におよぼす影響について説明できる．（◀◀ B, E.）
2. 溶液の濃度はどのようにあらわされるか？
   目標：溶液の濃度を表示するための一般的な方法を定義し，使用し，それらの表示方法の換算ができる．
3. 希釈はどのように行うか？
   目標：希釈によって調製した溶液の濃度が計算できるようになり，目的の溶液の調製方法を説明できる．
4. 電解質とはなにか？
   目標：強電解質，弱電解質および非電解質を識別し，電解質の濃度を表示できる．（◀◀ A.）
5. 溶液と純粋な溶媒との挙動の違いはなにか？
   目標：溶液の蒸気圧降下，沸点上昇，凝固点降下について説明できる．（◀◀ F, G.）
6. 浸透とはなにか？
   目標：浸透作用とその応用について記述できる．

復習事項

A. イオンとイオン化合物
   (3.1, 3.4 節)
B. エンタルピー変化
   (7.2 節)
C. 化学平衡
   (7.7 節)
D. ルシャトリエの法則
   (7.9 節)
E. 分子間力と水素結合
   (8.2 節)
F. 気体の分圧
   (8.11 節)
G. 蒸気圧
   (8.12 節)

　これまでの章で，私たちは主に純物質（単体と化合物の両者）について学んできた．しかし，私たちが日常生活の中で接するほとんどの物質は混合物である．たとえば，空気は主に酸素と窒素の気体状の混合物であり，血液は数多くの成分を含む液状の混合物である．また，多くの岩石は異なる鉱物の固体状の混合物である．この章では，均一な混合物である"**溶液**"にとくに注目して，混合物の特徴と性質について考察することにする．

9.1　混合物と溶液

　1.3 節で学んだように，**混合物**とは 2 種類以上の物質がそれぞれの化学的な性質を維持した状態で，緊密に混じり合ったものをいう．図 9.1 に示すように，混合物はその外観により**不均一混合物**または**均一混合物**に分類される．**不均一混合物**は混合状態が不均一であり，そのために異なる組成の部位が存在している．たとえば，ロッキーロードアイスクリーム*はひとさじごとに組成が異なる不均一混合物である．花崗岩やほかの多くの岩石も，異なる鉱物が不均一に混合した，ざらざらした形質をもっており，やはり不均一混合物である．これに対して**均一混合物**は混合状態が均一なため，全体にわたっておなじ組成をもっている．海水は，可溶性のイオン化合物の均一混合物の例である．
　均一混合物は，構成粒子の大きさに応じてさらに溶液とコロイドに分類される．もっとも重要な均一混合物の**溶液**は，典型的なイオンや低分子の大きさの粒子を含む（粒子の直径 0.1〜2 nm 程度）．ミルクや霧のような**コロイド**も外観上は均一だが，溶液より大きな粒子を含む（粒子の直径 2〜500 nm 程度）．
　液状の溶液とコロイド，そして不均一混合物はいくつかの方法により区別できる．たとえば溶液は透明だが（着色しているかもしれない），コロイドは粒子が小さければ透明に見える場合があるが，粒子が大きければ不透明になる．溶液と小さい粒子のコロイドは静置しても分離せず，粒子が小さいために沪過ではそれらの粒子を除くことはできない．"懸濁液"とも呼ばれる不均一混合物と大きい粒子のコロイドは不透明で，構成粒子は長時間静置すると徐々に沈殿する．塗装用のペンキはその 1 例である．

不均一混合物(heterogeneous mixture)　異なる組成の部分のある不均一な混合物．

＊（訳注）：チョコレートアイスにアーモンドとマシュマロが入ったもの．

均一混合物(homogeneous mixture)　完全に同一の組成をもつ均一な混合物．

溶液(solution)　典型的なイオンや低分子ほどの大きさの粒子を含む均一混合物．

コロイド(colloid)　直径 2〜500 nm 程度の粒子を含む均一混合物．

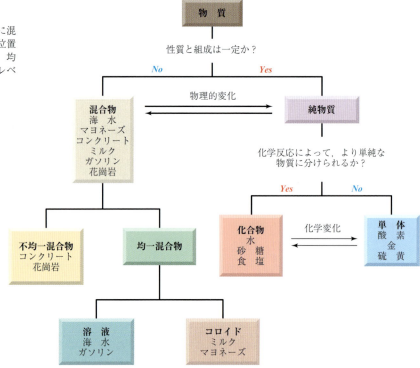

▶図 9.1
混合物の分類
不均一混合物の構成成分は均一に混じり合っておらず，混合物中の位置によって組成はまちまちである．均一混合物では構成成分が分子のレベルで均一に混じり合っている．

　表 9.1 に，溶液，コロイド，不均一混合物の例を示した．血液は 3 者の性質を併せもつ点で興味深い．血液の体積の 45 % は懸濁状態の赤血球と白血球からなり（静置すると徐々に沈殿する），残り 55 % は**プラズマ**（plasma，血漿）であり，溶液状態のイオンとコロイド状態のタンパク質分子が含まれる．

表 9.1 溶液，コロイド，不均一混合物の性質

混合物の種類	粒子の大きさ	例	性　質
溶　液	2.0 nm 未満	空気，海水，ガソリン，ワイン	光をとおす，静置しても分離しない，濾過できない．
コロイド	2.0〜500 nm	バター，ミルク，霧，真珠質	光をとおさないことが多い，静置しても分離しない，濾過できない．
不均一混合物	500 nm 以上	血液，ペンキ，エーロゾルスプレー	光をとおさない，静置すると分離する，濾過できる．

　溶液を考察する時には，液体に固体を溶解する場合を仮定することが多いが，表 9.2 に示すように溶解は物質の三態すべてに見られる．たとえば，14 金（金，銀，銅からなり，金の含有量は約 58 %）や真ちゅう（銅と亜鉛からなり，亜鉛の含有量は 10〜40 %）のような合金は，ある金属固体が別の金属固体に溶解した状態である．気体や固体が液体に溶解した溶液の場合，溶けている物質は**溶質**と呼ばれ，それを溶かすための液体は**溶媒**と呼ばれる．たとえば海水の場合，溶けている塩は溶質であり，水は溶媒である．ある液体がほかの液体に溶けている場合には，通常，少ないほうの成分を溶質，多いほうの成分を溶媒と考える．

溶質（solute）　溶媒に溶けている物質．

溶媒（solvent）　ほかの物質（溶質）を溶かすための物質．

表 9.2　異なる型式の溶解

溶解の型式	例
気体の中の気体	空気(酸素，窒素，アルゴンおよびほかの気体)
液体の中の気体	炭酸水(水に溶けた二酸化炭素)
固体の中の気体	金属パラジウム中の水素
液体の中の液体	ガソリン(炭化水素の混合物)
固体の中の液体	歯科用アマルガム(銀と水銀の合金)
液体の中の固体	海水(水に溶けた塩化ナトリウムおよびほかの塩類)
固体の中の固体	14 金のような合金(金，銀，銅からなる)

問題 9.1

つぎの液状混合物を，不均一混合物と均一混合物に分類せよ．また，均一混合物を溶液またはコロイドに分類せよ．

(a) オレンジジュース　　(b) リンゴジュース
(c) ハンドローション　　(d) お茶

9.2　溶解の過程

ある物質がある溶媒に溶解するかどうか，これはどのようにして決まるだろうか？ 溶解性は，主に純物質同士(溶質同士および溶媒同士)の引力と，溶質-溶媒間の引力の相対的な強さによって決まる．たとえばエタノールは水に溶解するが，これはエタノール分子と水分子のあいだに形成される水素結合(8.2節)が，水分子同士またはエタノール分子同士のあいだに形成される水素結合とほぼおなじ強さをもつからである．

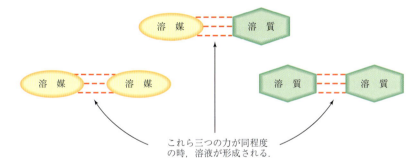

溶解するかどうかのおおまかな目安として，"似た物は似た物を溶かす(like dissolves like)"という経験的の原則があり，類似した分子間力をもつ物質同士は溶液を形成するが，異なる分子間力をもつ物質同士は溶液を形成しないことを意味する(8.2節)．

極性溶媒は極性のある溶質やイオンを溶解し，非極性溶媒は非極性の溶質を溶解する．したがって，水のように極性があり水素結合を形成できる化合物は，エタノールや塩化ナトリウムを溶解することができ，ヘキサン(C_6H_{14})のような非極性有機化合物は脂肪や油のような非極性の有機化合物を溶解することができる．しかし，"油と水は混じり合わない(oil and water don't mix)"ということわざで言いあらわされているように，水と油は互いに溶解することはない．水分子同士の分子間力はとても大きく，油と水の混合物を振り混ぜても，水は油の分子を追い出して再び水の層を形成する．

水に対する溶解性は，イオン化合物やエタノールに限ったことではない．糖類やアミノ酸のような多くの極性有機物質は水に溶解し，タンパク質ですら水

に溶解するものがある．クロロホルム($CHCl_3$)のように適度な極性をもつ小さな有機分子も，ある程度は水に溶解する．有機化合物を水と混合すると，少量は水に溶けるが残りの大部分は分離した液層を形成する．有機分子の水に対する溶解性は，炭素の数が増加するにつれて低下する．

イオン性固体が極性のある液体に溶解する過程は，図 9.2 に塩化ナトリウムを例として示したように視覚化することができる．塩化ナトリウム(NaCl)の結晶を水中に置くと，結晶表面のイオンが極性のある水分子と接することになる．その結果，正に帯電したナトリウムイオン(Na^+)は水分子の負に分極した酸素原子に引き付けられ，負に帯電した塩化物イオン(Cl^-)は正に分極した水素原子に引き付けられる．つぎに，一つのイオンといくつかの水分子のあいだに働く引力によって，そのイオンは結晶から引き離され，新しい結晶表面が露出する．最終的には結晶全体が溶解することになる．ナトリウムイオンと塩化物イオンは，溶液中では水分子によって完全に取り囲まれる(この現象は **溶媒和** と呼ばれ，溶媒が水である場合にはとくに **水和** という)．この時，水分子はイオンのまわりに緩やかな殻構造を形成し，電気的引力によりイオンを安定化する．

溶媒和(solvation) 溶けている溶質分子またはイオンのまわりに溶媒分子が集合する現象．

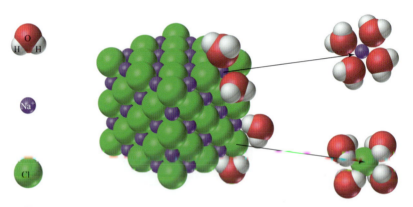

▲図 9.2
塩化ナトリウム結晶の水への溶解
極性の水分子が結晶の縁や角でナトリウムイオン(Na^+)および塩化物イオン(Cl^-)を囲み，結晶表面から溶液中に引き出して包み込む．水分子の負に分極した酸素原子と正に分極した水素原子が，それぞれどのように Na^+ と Cl^- のまわりに集合するか着目する．

溶媒への溶質の溶解は物理変化といえる．なぜなら溶液の構成成分は，それぞれの化学的性質を維持しているからである．たとえば砂糖が水に溶ける時，砂糖と水の分子は，それぞれが純粋な状態で存在しているときと同じ化学式をもっている．

すべての化学変化および物理変化とおなじように，物質の溶媒への溶解は熱変化(または **エンタルピー** 変化，7.2 節)に関係する．物質の中には発熱的に溶解することで溶液を暖めるものと，吸熱的に溶解して溶液を冷却するものがある．たとえば，塩化カルシウムを水に溶解する時，19.4 kcal/mol (81.2 kJ/mol) の熱エネルギーを **放出** するし，硝酸アンモニウム(NH_4NO_3)は 6.1 kcal/mol (25.5 kJ/mol) の熱エネルギーを **吸収** する．スポーツ選手たちは負傷の治療に簡易型の温湿布と冷湿布を用いるが，温湿布の袋は水と乾燥した $CaCl_2$ や $MgSO_4$ などの化学物質からなり，冷湿布は水と NH_4NO_3 からなっている．袋を強く押して水の袋を破ると固体の化学物質が溶解し，温度を上げたり下げたりする仕組みになっている．

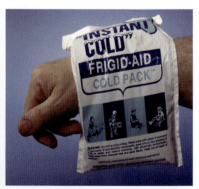

▲肉離れや捻挫の治療に使われる簡易型の冷湿布は，硝酸アンモニウムのような塩の溶液の吸熱エンタルピーを利用している．

例題 9.1 溶液の形成

つぎの物質の組合せのうち，どちらが溶液になると考えられるか？
(a) 四塩化炭素（CCl_4）とヘキサン（C_6H_{14}）
(b) オクタン（C_8H_{18}）とメタノール（CH_3OH）

解 説 それぞれの物質における分子間力の種類を特定する（8.2節）．類似した分子間力をもつ物質同士は溶液を形成する傾向にある．

解 答
(a) ヘキサンには極性のない C–H 結合と C–C 結合だけが含まれる．四塩化炭素は極性のある C–Cl 結合をもっているが，それらが四面体型の分子の中で対称的に配置されているため極性がない．両化合物の主要な分子間力は，ともにロンドン分散力であるため，溶液を形成する．
(b) オクタンは C–H 結合と C–C 結合のみもつため，非極性である（主要な分子間力は分散力である）．メタノールは極性のある C–O 結合と O–H 結合をもっているため極性であり，水素結合を形成する．両物質の分子間力は大きく異なっているため，溶液を形成しない．

問題 9.2
つぎの物質の組合せのうち，どれが溶液になると考えられるか？
(a) 四塩化炭素（CCl_4）と水
(b) ベンゼン（C_6H_6）と硫酸マグネシウム（$MgSO_4$）
(c) ヘキサン（C_6H_{14}）とヘプタン（C_7H_{16}）
(d) エタノール（C_2H_5OH）とヘプタノール（$C_7H_{15}OH$）

9.3 固体水和物

イオン化合物の中には，結晶状態であっても水分子を強く引き付けてしっかりと捕捉し，いわゆる固体水和物を形成するものがある．たとえば，装飾物や骨折の際のギプスをつくるために用いられる焼きセッコウは，硫酸カルシウムの半水和物（$CaSO_4 \cdot \frac{1}{2}H_2O$）である．この化学式の $CaSO_4$ と $\frac{1}{2}H_2O$ のあいだの点は結晶中の $CaSO_4$ 2 個あたり 1 個の H_2O が存在することをあらわしている．

$$CaSO_4 \cdot \frac{1}{2}H_2O \quad \text{固体水和物の1種}$$

焼きセッコウをすり潰して水と混ぜると**セッコウ**（gypsum）として知られている結晶性の二水和物（$CaSO_4 \cdot 2\,H_2O$）に徐々に変化する．その変化の過程で，セッコウは固さを増すとともに膨張する．この性質は型枠を満たしたり，骨折した手足にぴったりの型をつくるのに適している．表 9.3 にいくつかの固体水和物を示した．

さらに，湿った空気中の水蒸気を吸収して水和物になるほど強く水分子を引き付けるイオン化合物もある．そのような挙動を示す塩化カルシウム（$CaCl_2$）のような化合物は**吸湿性**であるといわれ，しばしば乾燥剤として用いられる．新品の MP3 プレーヤーやカメラなどの電子機器の配送の際に，梱包材の中に湿度を低く保つための吸湿性化合物（おそらくシリカゲル，SiO_2）の小さな袋が入っていることに気づいた人も多いだろう．

吸湿性（hygroscopic） まわりの大気から水分子を引き付ける性質．

表 9.3　固体水和物の例

化学式	名称	用途
$AlCl_3 \cdot 6H_2O$	塩化アルミニウム六水和物	発汗抑制剤
$CaSO_4 \cdot 2H_2O$	硫酸カルシウム二水和物（セッコウ）	接合剤，セッコウボード
$CaSO_4 \cdot \frac{1}{2} H_2O$	硫酸カルシウム半水和物（焼きセッコウ）	ギプス，鋳型
$CuSO_4 \cdot 5H_2O$	硫酸銅（II）五水和物（タンバン）	農薬，殺菌剤，局所防かび剤
$MgSO_4 \cdot 7H_2O$	硫酸マグネシウム七水和物（エプソム塩）	下剤，抗けいれん薬
$Na_2B_4O_7 \cdot 10H_2O$	四ホウ酸ナトリウム十水和物（ほう砂）	洗浄剤，防火剤
$Na_2S_2O_3 \cdot 5H_2O$	チオ硫酸ナトリウム五水和物（ハイポ）	写真定着液

問題 9.3
グラウバー塩として知られ，下剤として用いられる硫酸ナトリウム十水和物の化学式を書け．

問題 9.4
1.00 モルの硫酸ナトリウムを得るために必要なグラウバー塩の質量はどれだけになるか？

9.4　溶　解　度

9.2 節で，エタノールが水に溶解するのは，エタノール分子と水分子のあいだに形成される水素結合が，水分子同士あるいはエタノール分子同士のあいだに形成される水素結合とほぼおなじ強さをもつのがその理由と学んだ．実際，この場合の分子間力はとても類似しており，水とエタノールは**混和性**（互いにあらゆる比率で溶解し合う性質）である．エタノールを水に加える場合，どんなに多量に加えても溶解し続ける．

しかし，たいていの物質の溶解には限度があり，ある一定以上は溶けない．たとえば食塩水（NaCl 水溶液）をつくるよう頼まれたとしよう．まずいくらかの水を量りとり，固体の塩化ナトリウムを加えて，その混合物をかくはんするだろう．最初のうちは塩化ナトリウムはすぐに溶解するが，さらに塩化ナトリウムを加えていくと溶解する速度が遅くなる．最終的には，結晶から溶け出すナトリウムイオン（Na^+）と塩化物イオン（Cl^-）の数が溶液中から結晶に戻るイオンの数と等しくなり，平衡に達するため溶解は止まってしまう．この時点で，その溶液は**飽和**したと表現される．塩化ナトリウムは，100 mL の水に 20 ℃ で最大 35.8 g が溶解する．この限度量より多くの塩化ナトリウムを加えても，単に容器の底に沈殿することになる．

飽和溶液における平衡は可逆反応の平衡に似ている（7.7 節）．それらはともに動的な状態であり，原系から生成系に向かう過程の速度とその逆の過程の速度が等しくなり，**見かけ上の変化はおきない**．溶質粒子は固体表面から遊離し，それとおなじ速度で溶液中から固体に戻る．

$$溶質固体 \underset{結晶化}{\overset{溶解}{\rightleftarrows}} 溶液$$

ある特定の温度で，ある特定の量の溶媒に溶ける物質の最大量は，通常 100 mL あたりの質量（g/100 mL）であらわされ，その物質の**溶解度**と呼ばれる．溶解度はある特定の溶質と溶媒の組合せについての特徴的な性質であり，それとは異なる物質の組合せでは著しく異なる溶解度を示す．炭酸水素ナトリウム

混和性（miscible）　いかなる比率でも互いに溶解し合う性質．

飽和溶液（saturated solution）　溶かし得る最大量の溶質を含み，平衡に達した溶液．

溶解度（solubility）　ある特定の温度で，ある一定の量の溶媒に溶ける物質の最大量．

は，20℃，100 mL の水に 9.6 g しか溶けないが，スクロース（砂糖）はおなじ条件で 204 g も溶ける．

9.5 溶解度に対する温度の効果

お茶やコーヒーを入れたことのある人は誰でも知っているように，溶解度はしばしば温度によって劇的に変化する．たとえば，お茶の葉やコーヒー豆に含まれる化合物はお湯には容易に溶けるが冷水には溶けにくい．しかし温度の効果は物質ごとに異なっており，通常は予測できない．図 9.3a に示すように，たいていの分子性およびイオン性固体の溶解度は温度の上昇とともに増加するが，塩化ナトリウムの溶解度はほとんど変化せず，温度の上昇とともに溶解度が減少する硫酸セリウム[$Ce_2(SO_4)_3$]のような物質もある．

低温よりも高温で溶解しやすい固体は，しばしば**過飽和溶液**になる．過飽和溶液には飽和溶液よりも多量の溶質が溶けている．たとえば多量の物質を高温

過飽和溶液（supersaturated solution）
飽和溶液よりも多くの溶質を含む溶液であり，非平衡状態にある．

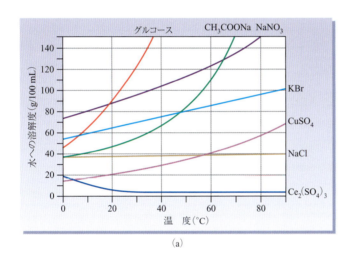

(a)

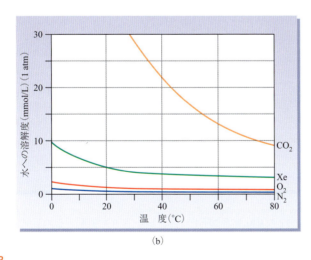

(b)

▲図 9.3
温度の関数としてあらわした(a)固体および(b)気体の水に対する溶解度
たいていの固体物質は温度の上昇とともに溶解しやすくなる（正確な関係は一般に複雑である）．それに対し，気体の溶解度は温度が上昇すると減少する．

で溶解したとしよう．その溶液が冷えるとともに溶解度が減少し，溶け切れなくなった過剰の溶質が平衡を維持するために沈殿してくると予想される．しかしきわめてゆっくりと冷却し，容器を静置した状態に保つと，溶質の結晶化はすぐにはおきずに過飽和溶液ができることがある．過飽和溶液は不安定な状態であり，微小な種結晶を加えたり容器を振り動かしたりすると結晶化がはじまり，溶質の劇的な沈殿がおきる(図9.4)．

固体と異なり，気体の溶解度に対する温度の効果は予測することができる．図9.3bからわかるように，熱を加えるとたいていの気体の溶解度は減少する(ヘリウムだけはよく知られた例外である)．この温度依存的な気体の溶解度の減少は，工場から出される暖かい水の排出口近くの小川や湖で気づくことができる．すなわち，水の温度が上昇するに従って溶存する酸素濃度が減少する結果，低酸素の状態に耐えられない魚が死滅する．

▲図 9.4
酢酸ナトリウムの過飽和水溶液
微小な種結晶を加えると速やかに大きな結晶に成長し，平衡に達するまで沈殿し続ける．

例　題　9.2　気体の溶解度：温度の効果

つぎの酸素に関する溶解度と温度のグラフから，25℃および35℃において水に溶解する酸素の濃度を見積もれ．酸素濃度は何%変化するか？

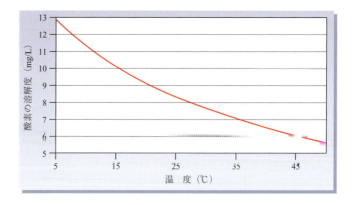

解　説　y 軸上に示された酸素の溶解度は，x 軸上の適当な温度を見つけて外挿することにより決定できる．%変化はつぎの式で計算される．

$$\frac{(25℃における溶解度) - (35℃における溶解度)}{(25℃における溶解度)} \times 100$$

解　答
グラフから，25℃における酸素の溶解度は 8.3 mg/L，35℃における溶解度は 7.0 mg/L と見積もることができる．したがって溶解度の%変化は，

$$\frac{8.3 - 7.0}{8.3} \times 100 = 16\%$$

> **問題 9.5**
> 60℃で 12.5 g の KBr を水 20 mL に溶かした(図9.3参照)．この溶液は飽和溶液，不飽和溶液，過飽和溶液のうちどれか？この溶液を 10℃に冷却するとなにがおこるか？

9.6 溶解度に対する圧力の効果：ヘンリーの法則

圧力は固体や液体の溶解度に対しては事実上まったく影響しないが，気体の溶解度に対しては大きな効果をもたらす．**ヘンリーの法則**（Henry's law）によれば，気体の液体に対する溶解度（あるいは濃度）は，液面上の気体の分圧に正比例する．着目する気体の分圧が2倍になれば溶解度も2倍になり，分圧が半分になれば溶解度も半減する（図9.5）．

▶▶▶ 8.11節で学んだように，ある混合気体を構成するおのおのの気体は，混合気体を構成するほかの気体とは独立に，おのおのの分圧をおよぼす（ドルトンの分圧の法則）．

(a) 平衡状態

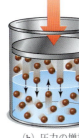
(b) 圧力の増加

(c) 平衡状態の回復

◀図9.5
ヘンリーの法則
ある気体の溶解度はその分圧に正比例する．分圧が増加すると，より多くの気体分子が溶解する．溶解は，溶けている気体と溶けていない気体とのあいだに平衡が回復するまで続く．

ヘンリーの法則　ある気体の溶解度（あるいは濃度）は，温度が一定であればその気体の分圧に正比例する．すなわち気体の濃度（C）をその分圧（P）で割った値は，温度が一定であれば定数（k）になる．

$$\frac{C}{P_{気体}} = k \quad (温度が一定の条件で)$$

ヘンリーの法則は，ルシャトリエの法則を用いて説明することができる．ある気体の飽和溶液では，その気体が溶液中に溶け込む速度と溶液中から出て行く速度が等しく，平衡が成立している．その系に気体圧力の増加という変動が加えられると，その圧力増加を軽減しようとしてより多くの気体分子が溶液中に溶け込むことになる．逆に気体の圧力を減らすと，その圧力減少を補うために気体分子が溶液中から液面上に放出される．

▶▶▶ルシャトリエの法則によれば，平衡状態の系にある変動を与えると，平衡はその変動を軽減する方向に移動する．

$$[圧力の増加 \longrightarrow]$$
$$気体 + 溶媒 \rightleftarrows 溶液$$

ヘンリーの法則の実例として，炭酸飲料やシャンパンのびんを開けた時におきる泡立ちを思い出してみよう．びんは1気圧を超える二酸化炭素の圧力で密封されており，二酸化炭素のいくらかは飲料に溶けた状態にある．びんを開けると二酸化炭素の圧力が低下し，溶けていた二酸化炭素が泡となって出てくる．

ヘンリーの法則を$P_{気体} = C/k$のように書きあらわすと，分圧が溶液中の気体の濃度をあらわす目的に使えることがわかり，とくに医療関係の研究領域ではごく一般的に用いられている．表9.4には空気中および血液中における気体濃度の典型的な値があげられており，おなじ濃度単位を使用することの利便性を示している．たとえば，水蒸気で飽和した肺胞気（肺の中の空気）の酸素分圧と動脈血中の酸素分圧を比べてみるとよい．血液中に溶けている気体は，肺の中の同じ気体と平衡に達するため，分圧の値はほとんど同じである．

CHEMISTRY IN ACTION

呼吸と酸素輸送

ほかのすべての動物とおなじく，人間も酸素を必要としている．呼吸をすると，吸い込まれた空気は気管支をとおって肺に達し，含まれる酸素は約1億5千万個の繊細な肺胞嚢の壁をとおして動脈内の血中に拡散した後，すべての体内組織に運ばれる．

血液中に溶解している酸素はわずか約3%であり，残りの酸素は**ヘム**分子が埋め込まれた巨大タンパク質の**ヘモグロビン**分子と化学的に結合する．ヘモグロビン1分子にはヘム4分子が含まれ，ヘム1分子には酸素1分子(O_2)を結合できる鉄1原子が含まれる．したがって，ヘモグロビン1分子には酸素が4分子まで結合できる．体内における酸素の輸送・供給システムは，ヘモグロビン(Hb)による酸素の取込みと放出に依存しており，下のような一連の平衡に従っている．

$$O_2(肺) \rightleftarrows O_2(血液) \quad (ヘンリーの法則)$$
$$Hb + 4\,O_2(血液) \rightleftarrows Hb(O_2)_4$$
$$Hb(O_2)_4 \rightleftarrows Hb + 4\,O_2(細胞)$$

酸素の配送は，分圧として測定されるさまざまな

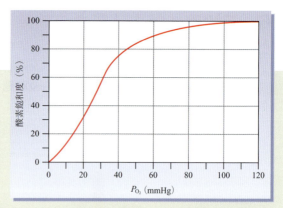

▲ヘモグロビンの酸素運搬曲線．ヘモグロビンの酸素結合部位の酸素飽和度は酸素の分圧(P_{O_2})に依存している．

組織における酸素濃度に依存している(P_{O_2}, 表9.4)．ある酸素分圧(P_{O_2})でヘモグロビンによって運ばれる酸素量は一般に酸素飽和度としてあらわされ，上図の曲線からで決定することができる．P_{O_2} =100 mmHgの時には肺での酸素飽和度は97.5%であり，このことはヘモグロビン1分子が最大結合数である酸素4分子近くを運搬していることを意味する．P_{O_2} = 26 mmHgであれば，酸素飽和度は50%に低下することになる．

体はいかにして十分量の酸素をさまざまな組織に供給できるのだろうか？ 大量の酸素が必要なときには（たとえば，激しい運動時），酸素分圧が低下して酸素不足になった筋肉細胞に対してヘモグロビン

表9.4 体液中の分圧と標準気体濃度

試料	分圧(mmHg)			
	P_{N_2}	P_{O_2}	P_{CO_2}	P_{H_2O}
吸気(乾燥状態)	597	159	0.3	3.7
肺胞気(飽和状態)	573	100	40	47
呼気(飽和状態)	569	116	28	47
動脈血	573	95	40	
静脈血	573	40	45	
末梢組織	573	40	45	

温度が一定のままで溶液面上の気体の分圧が変化した場合，その気体の新たな溶解度は容易に知ることができる．温度が一定であればC/Pは定数となるので，ヘンリーの法則はある変数がほかの変数の変化に応じてどのように変化するかを示す式に書き換えることができる．

$$\frac{C_1}{P_1} = \frac{C_2}{P_2} = k \quad (ある一定の温度で，kは一定)$$

例題9.3にこの方程式の使い方の実例を示す．

▲ 高地では大気中の酸素分圧が低く、ヘモグロビンを十分に飽和することができないため、酸素補給が必要になる。

から酸素が放出される．呼吸を激しく速くすることで血液中への酸素供給が増えると，ルシャトリエの法則（7.9節）によりすべての平衡が右側にシフトし，筋肉の酸素要求を満たすことになる．

コロラド州のレッドビルは標高3000 m以上の高地にあり，肺中の酸素分圧はわずか68 mmHgしかないが，そのような高地に住んでいる人たちはどうしているのだろうか？この分圧ではヘモグロビンの酸素飽和度はわずか90％であり，それは組織に供給できる酸素が少なくなることを意味している．そのような状況に対応して，人体はエリスロポエチン（EPO）と呼ばれるホルモンを生産する．このホルモンは，骨髄を刺激して赤血球とヘモグロビン分子を増産する作用をもっている．赤血球の増加は，酸素輸送能が増すことを意味し，前に述べた Hb + 4 O_2 の平衡を右にシフトさせることを意味している．

世界的レベルのスポーツ選手は，ヘモグロビンが増加すると酸素輸送能力が高まるという仕組みを，競技成績の向上に利用している．血中EPOレベルの上昇を目的とする生活法やトレーニング法をうたった高地のトレーニングセンターが続々と登場している．残念なことに，スポーツ選手の中にはEPOやその類似物質を注射したり，いわゆる血液ドーピングを行って不正に競技能力を向上させようとする人たちがいる．そのため，オリンピック委員会を含む多くのスポーツ連盟の運営組織ではそのような不正に対する検査を開始している．

章末の"Chemistry in Actionからの問題 9.90"を見ること．

例題 9.3 気体の溶解度：ヘンリーの法則

大気中の酸素分圧が159 mmHgの時，血液中の酸素溶解度は0.44 g/100 mLである．酸素の分圧が56 mmHgの11 000フィート（3400 m）の高度では血中酸素濃度はいくらか？

解説 ヘンリーの法則により気体の溶解度をその分圧で割った数値は一定である．

$$\frac{C_1}{P_1} = \frac{C_2}{P_2}$$

この方程式の四つの変数のうち P_1，C_1 および P_2 がわかっているので，C_2 を求めればよいことになる．

概算 圧力が約3分の1になっている（159 mmHg ⟶ 56 mmHg）．溶解度の圧力に対する比率は一定なので，溶解度も約3分の1になるはずである（0.44 g/100 mL ⟶ 約 0.15 g/100 mL）．

解答
段階1：情報を特定する．P_1，C_1 および P_2 の値がわかっている．

P_1 = 159 mmHg
C_1 = 0.44 g/100 mL
P_2 = 56 mmHg

段階2：解と単位を特定する．分圧 P_2 における酸素の溶解度（C_2）が問われている．

酸素の溶解度，C_2 = ?? g/100 mL

段階 3：変換係数または変換式を特定する．この場合，C_2 の値を求めるためにヘンリーの法則を書き換える．

段階 4：解く．方程式にわかっている値を代入し，C_2 の値を計算する．

$$\frac{C_1}{P_1} = \frac{C_2}{P_2} \Rightarrow C_2 = \frac{C_1 P_2}{P_1}$$

$$C_2 = \frac{C_1 P_2}{P_1} = \frac{(0.44\text{ g}/100\text{ mL})(56\text{ mm Hg})}{159\text{ mm Hg}} = 0.15\text{ g}/100\text{ mL}$$

確　認　計算結果は概算値と一致している．

問題 9.6
温度が 20 ℃，分圧が 760 mmHg の時，二酸化炭素の水への溶解度は 0.169 g/100 mL である．分圧が 2.5×10^4 mmHg の時，二酸化炭素の溶解度はいくらか？

問題 9.7
1 気圧 (1 atm) の大気中における二酸化炭素の分圧は，約 4.0×10^{-4} 気圧である．問題 9.6 のデータを用いて，栓を開けた炭酸水中の二酸化炭素の溶解度を求めよ．ただし温度は 20 ℃ とする．

問題 9.8
エベレスト山の頂上の大気圧はわずか 265 mmHg である．大気に酸素が 21 % 含まれるものとして，山頂の酸素分圧と山頂でのヘモグロビンの酸素飽和度を求めよ（Chemistry in Action，"呼吸と酸素輸送" 参照）．

9.7　濃度の単位

私たちは普段，オレンジジュースが薄いあるいは濃いなどと表現するが，研究では溶液の濃度についての正確な知識が必要になる．表 9.5 に示すように，濃度をあらわすためのいくつかの一般的な方法がある．単位は異なっているが，いずれの方法も，ある一定量の溶液中にどれくらいの溶質が存在するかを示す．

表 9.5　濃度をあらわすためのいくつかの単位

濃度の単位	溶質の単位	溶液の単位
パーセント濃度		
質量パーセント濃度，(m/m)%	質量 (g)	質量 (g)
体積パーセント濃度，(v/v)%	体積*	体積*
質量/体積パーセント濃度，(m/v)%	質量 (g)	体積 (mL)
百万分率 (ppm) 濃度，ppm	画分数*	100 万画分*
十億分率 (ppb) 濃度，ppb	画分数*	10 億画分*
モル濃度，mol/L，M	物質量 (mol)	体積 (L)

*溶質と溶液の単位がおなじであれば，どんな単位でも用いられる．

表 9.5 に記載した濃度単位について，一つずつ見ていくことにする．まずは**パーセント濃度**からはじめよう．

質量パーセント濃度 [(m/m)%] *
(mass/mass percent concentration)
溶液 100 g あたりの溶質の質量 (g) であらわされる濃度．

＊（訳注）：前回版では (w/w)% だったが，今版より (m/m)% で表記した．

パーセント濃度

パーセント濃度とは，溶液全体を 100 としたときの溶質の量を示している．溶質および溶液の量は質量または体積であらわすことができる．金属合金のような固溶体の濃度は一般に**質量パーセント濃度 [(m/m)%]** であらわせる．

$$(m/m)\%濃度 = \frac{溶質の質量(g)}{溶液の質量(g)} \times 100\%$$

たとえば，レッドゴールドの指輪には金が 19.20 g，銅が 4.80 g の割合で含まれているので，銅の質量パーセント濃度は以下のようにして計算できる．

$$(m/m)\%濃度\ Cu = \frac{銅の質量(g)}{銅の質量(g) + 金の質量(g)} \times 100\%$$

$$= \frac{4.80\ g}{4.80\ g + 19.20\ g} \times 100\% = 20.0\%$$

ある液体を別の液体に溶かすことにより得られる溶液の濃度は，溶質の体積を溶液の最終的な体積の百分率としてあらわすことが多く，**体積パーセント濃度[(v/v)%]** と呼ばれる．

体積パーセント濃度[(v/v)%]（volume/volume percent concentration） 溶液 100 mL あたりの溶質の体積(mL)であらわされる濃度．

$$(v/v)\%濃度 = \frac{溶質の体積(mL)}{溶液の体積(mL)} \times 100\%$$

たとえば，10.0 mL のエタノールを水に溶かして 100.0 mL の溶液をつくったとすると，エタノールの濃度は $(10.0\ mL/100.0\ mL) \times 100\% = 10.0(v/v)\%$ になる．

パーセント濃度を表示するための三つめの方法は，溶質の質量(g)を最終的な溶液の体積(mL)の百分率としてあらわす方法であり，**質量/体積パーセント濃度[(m/v)%]** と呼ばれる．質量/体積パーセント濃度は，溶液 1 mL に溶けている溶質の質量(g)に 100% を掛けることにより算出できる．

質量/体積パーセント濃度[(m/v)%]（mass/volume percent concentration） 溶液 100 mL あたりの溶質の質量(g)であらわされる濃度．

$$(m/v)\%濃度 = \frac{溶質の質量(g)}{溶液の体積(mL)} \times 100\%$$

たとえば，15 g のグルコースを十分量の水に溶解して 100 mL の溶液をつくったとすると，グルコース濃度は 15 g/100 mL，すなわち 15(m/v)% になる．

$$\frac{グルコース\ 15\ g}{溶液\ 100\ mL} \times 100\% = 15(m/v)\%$$

ある特定の質量/体積パーセント濃度の溶液 100 mL をつくるには，秤量した溶質を十分量の溶媒に溶かし，溶媒を追加して最終的に 100 mL となるようにするのであって，あらかじめ量りとった 100 mL の溶媒に溶かすわけではない（溶質を 100 mL の溶媒に溶かすと，溶液の最終的な体積は，溶質の体積が加わって 100 mL よりも少し多くなってしまうだろう）．実際に溶液をつくる際には，図 9.6 に示したように，適切な量の溶質を量りとって**メスフラスコ**に入

▶ 図 9.6
目的とする質量/体積パーセント濃度[(m/v)%]の溶液の調製
(a) 必要な量(グラム)の溶質を計量してメスフラスコに入れる．(b) 十分量の溶媒を加えて，ぐるぐる回すようにして溶質を溶かす．(c) メスフラスコの首の部分につけられた印まで溶媒を注意深く追加した後，均一になるように振り混ぜる．

(a)

(b)

(c)

れ，十分量の溶媒を加えて溶質を溶かしてからぴったり最終的な体積になるように溶媒を追加する．最後に，均一になるように溶液を振り混ぜる．例題 9.4 ～9.7 で，溶液のパーセント濃度の計算法，およびある量の溶液に溶けている溶質の量を決定するための変換係数として，パーセント濃度がどのように用いられるかについて学習する．

例題 9.4　変換係数としての質量パーセント： 溶液の質量から溶質の質量へ

宝飾品に使われる金の純度は一般にカラットであらわされる．24 カラット（24 金）は 100% の純度であることを示している．18 カラットの金（18 金）24 g の中には 18 g の金が含まれており，金の質量パーセント濃度[(m/m)%]は 75% となる．18 金の指輪 5.05 g に含まれる金の質量を計算せよ．

解　説　溶液（この場合は，指輪に使われている金の合金）の濃度と質量がわかっているので，(m/m)% を求める式を金の質量を求める式に書き換える．

概　算　75(m/m)% の溶液は 100 g の溶液あたり 75 g の溶質を含んでいるので，10 g の溶液だと 7.5 g の溶質が含まれていることになる．指輪の質量は 5 g（10 g の半分）より少し大きいので，指輪に含まれる金の量は 7.5 g の半分より少し大きいだろう（約 3.8 g）．

解　答

$$(5.05\,\text{g})\left(\frac{75\,\text{g の金}}{100\,\text{g の溶液}}\right) = 3.79\,\text{g の金}$$

確　認　計算結果は，概算値とほぼ一致している．

例題 9.5　変換係数としての体積パーセント： 溶液の体積から溶質の体積へ

5.0(v/v)% のメタノール溶液 75 mL をつくるためには，何 mL のメタノールが必要か？

解　説　溶液の体積（75 mL）と濃度[5.0(v/v)%]がわかっている．5.0(v/v)% は 100 mL の溶液中に溶質が 5.0 mL 溶けていることを意味している．必要なメタノールの量を算出するために，濃度を変換係数として用いる．

概　算　5.0(v/v)% の溶液 100 mL 中には 5 mL の溶質が含まれているので，溶液が 75 mL になれば溶質の量は 5 mL の 4 分の 3（つまり，3 mL と 4 mL のあいだ）になるはずである．

解　答

$$(75\,\text{mL の溶液})\left(\frac{5.0\,\text{mL のメタノール}}{100\,\text{mL の溶液}}\right) = 3.8\,\text{mL のメタノール}$$

確　認　計算結果は，3 mL と 4 mL のあいだ，という概算に合っている．

例題 9.6 溶液の濃度：質量/体積パーセント

抗血液凝固剤のヘパリンナトリウム塩 1.8 g を含む溶液 15 mL がある．この溶液の質量/体積パーセント濃度を求めよ．

解説 質量/体積パーセント濃度は溶質の質量(g)を溶液の体積(mL)で割った数値に 100% を掛けたものである．

概算 溶質の質量(1.8 g)は溶液の体積(15 mL)の 10 分の 1 より少し大きいので，質量/体積パーセント濃度は 10% より少し大きくなるはずである．

解答

$$(m/v)\%濃度 = \frac{ヘパリンナトリウム塩 1.8\ g}{15\ mL} \times 100\% = 12\ (m/v)\%$$

確認 計算結果は，10% より少し大きいという概算に合っている．

例題 9.7 変換係数としての質量/体積パーセント：体積から質量へ

濃度 1.5 (m/v) % の食塩水 250 mL をつくるためには，塩化ナトリウム (NaCl) が何 g 必要か？

解説 濃度と体積が与えられているので，質量/体積パーセント濃度を求める式を溶質の質量を求める式に書き換える．

概算 濃度 1.5 (m/v) % は 1% と 2% のあいだにある．1 (m/v) % の溶液 250 mL をつくるには 2.5 g の溶質が必要であり，2 (m/v) % の溶液 250 mL をつくるには 5.0 g の溶質が必要となる．したがって，1.5 (m/v) % の溶液 250 mL をつくるためには，2.5 g と 5.0 g のあいだの質量(約 3.8 g)の溶質が必要である．

解答

$$(m/v)\% = \frac{溶質の質量(g)}{溶液の体積(mL)} \times 100\% \quad であるから$$

$$溶質の質量(g) = \frac{[溶液の体積(mL)][(m/v)\%]}{100\%}$$

$$= \frac{(250)(1.5\%)}{100\%} = 3.75\ g = 3.8\ g\ NaCl$$

（有効数字 2 桁）

確認 計算結果は，概算値と一致している．

問題 9.9
ある金属合金には 15.8 (m/m) % のニッケルが含まれている．36.5 g のニッケルを含む金属合金の質量を求めよ．

問題 9.10
7.5(v/v)％の酢酸水溶液をつくるために，容積 500 mL のメスフラスコをどのように使えばよいか？

問題 9.11
臨床検査報告書では，濃度を mg/dL 単位で表示することがある．濃度が 8.6 mg/dL のカルシウムイオン(Ca^{2+})溶液を質量/体積パーセント濃度であらわせ．

問題 9.12
つぎの溶液をつくるために必要な溶質または溶媒の量はいくらか？
- (a) 125 mL の 16(m/v)％グルコース($C_6H_{12}O_6$)溶液をつくるために必要なグルコースの質量．
- (b) 1.20 g の塩化カリウム(KCl)を使って 2.0(m/v)％の KCl 溶液をつくるために必要な水の体積．

百万分率(ppm)濃度と十億分率(ppb)濃度

百万分率(ppm) (parts per million)
百万(10^6)画分あたりの画分数．

十億分率(ppb) (parts per billion)
十億(10^9)画分あたりの画分数．

　質量パーセント濃度[(m/m)％]，体積パーセント濃度[(v/v)％]，および質量/体積パーセント濃度[(m/v)％]は**百分率**(parts per hundred, pph)でもある．1％とは百画分あたりの1画分を意味するからである．痕跡量の汚染物質や不純物の濃度を考察する時のように，濃度がきわめて小さい時には**百万分率(ppm)**や**十億分率(ppb)**を用いるほうが便利である．溶質と溶媒の単位がおなじであれば，"parts(画分)"の単位は質量や体積に用いられるどんな単位であってもよい．

$$\text{ppm} = \frac{\text{溶質の質量(g)}}{\text{溶液の質量(g)}} \times 10^6 \quad \text{または} \quad \frac{\text{溶質の体積(mL)}}{\text{溶液の体積(mL)}} \times 10^6$$

$$\text{ppb} = \frac{\text{溶質の質量(g)}}{\text{溶液の質量(g)}} \times 10^9 \quad \text{または} \quad \frac{\text{溶質の体積(mL)}}{\text{溶液の体積(mL)}} \times 10^9$$

　たとえば，有機溶媒であるベンゼン(C_6H_6)の大気中における最大許容濃度は，現在，米国政府により 1 ppm と定められている．濃度 1 ppm とは，百万画分の空気(単位は何でもかまわない．たとえば mL 単位でもよい)のうち1画分がベンゼンの蒸気であり，残りの 999 999 画分はほかの気体であることを意味している．

$$1 \text{ ppm} = \frac{1 \text{ mL}}{1\,000\,000 \text{ mL}} \times 10^6$$

　水の密度は室温では約 1.0 g/mL であるから，きわめて希薄な水溶液 1.0 L (つまり 1000 mL)の重さは 1000 g と考えてよい．その場合，ppm 濃度は溶液 1 L 中に溶けている溶質の質量(mg 単位)に等しいと考えてよく[溶質(mg)/溶液(L)]，ppb は溶液 1 L 中に溶けている溶質の質量(μg 単位)に等しいと考えてよい[溶質(μg)/溶液(L)]．このことを説明するために，ppm 単位から mg/L 単位への変換を下に示した．

$$1 \text{ ppm} = \left(\frac{1 \text{ g 溶質}}{10^6 \text{ g 溶液}}\right)\left(\frac{1 \text{ mg 溶質}}{10^{-3} \text{ g 溶質}}\right)\left(\frac{10^3 \text{ g 溶液}}{1 \text{ L 溶液}}\right) = \frac{1 \text{ mg 溶質}}{1 \text{ L 溶液}}$$

例題 9.8 変換係数としての ppm：溶液の質量から溶質の質量へ

飲料水中のクロロホルム($CHCl_3$)の最大許容濃度は 100 ppb である．コップに 400 g(400 mL)の水が入っている時，許容されるクロロホルムは何 g か？

解説 溶液の量(400 g)と濃度(100 ppb)がわかっている．100 ppb という濃度はつぎのことを意味している．

$$100 \text{ ppb} = \frac{溶質の質量 (g)}{溶液の質量 (g)} \times 10^9$$

この式を溶質の質量を求める式に書き換える．

概算 濃度が 100 ppm ということは，1 g の溶液中に 100×10^{-9} g (1×10^{-7} g)の溶質が存在することを意味している．溶液が 400 g なので，溶質の量はこの量の 400 倍($400 \times 10^{-7} = 4 \times 10^{-5}$ g)となる．

解答

$$溶質の質量(g) = \frac{溶液の質量(g)}{10^9} \times 100 \text{ ppb}$$

$$= \frac{400 \text{ g}}{10^9} \times 100 \text{ ppb} = 4 \times 10^{-5} \text{ g} \text{ (つまり 0.04 mg)}$$

確認 計算結果は，概算値に一致している．

問題 9.13
20 kg の水道水に 32 mg のフッ化ナトリウム(NaF)を加えると，NaF の濃度は何 ppm になるか？*

*（訳注）：フッ素添加水には虫歯予防効果がある．

問題 9.14
飲料水中の鉛と銅の最大許容濃度は，それぞれ 0.015 mg/kg と 1.3 mg/kg である．これらの濃度を ppm であらわせ．また，100 g の飲料水中の鉛および銅の最大許容量を mg 単位で求めよ．

モル/体積-濃度：モル濃度

6 章では，化学反応の反応物と生成物の量的関係が**物質量**で計算されることを学んだ(6.1～6.3 節)．このように，研究で濃度をあらわすもっとも有用な方法は**モル濃度(mol/L, M)**である．モル濃度は，溶液 1 L 中に溶けている溶質の物質量であらわされる．たとえば，1.00 mol(すなわち，58.5 g)の塩化ナトリウム(NaCl)を水に溶かして 1 L の溶液をつくったとすると，その溶液の濃度は 1.00 mol/L(1.00 M)になる．溶液のモル濃度は溶質の物質量(mol)を溶液(溶質＋溶媒)の体積(L)で割ることにより算出できる．

モル濃度(mol/L, M)(molarity)
溶液 1 L あたりの溶質の物質量(mol)であらわされる濃度．

$$モル濃度 (mol/L, M) = \frac{溶質の物質量 (mol)}{溶液の体積 (L)}$$

必要なモル濃度の溶液をつくるには，溶質を溶媒に溶かして，溶液の**最終的**な体積が 1 L になるようにすることが重要であり，溶質をあらかじめ量りとっ

た1 Lの溶媒に溶かすわけではない．あらかじめ量りとった溶媒の体積が1 Lであっても，溶質を加えることによって最終的な溶液の体積が1 Lを少しだけ超えてしまうかもしれないからである．実際に溶液をつくるときには，図9.6に示したように，メスフラスコが使われる．

モル濃度は，溶液の体積とその溶液に含まれる溶質の物質量を関連づけるための変換係数として使用できる．ある溶液のモル濃度と体積がわかっていれば，溶質の物質量を計算することができるし，溶質の物質量と溶液のモル濃度がわかっていれば，その溶液の体積を算出できる．

$$モル濃度 = \frac{溶質の物質量(mol)}{溶液の体積(L)}$$

$$溶質の物質量 = モル濃度 \times 溶液の体積$$

$$溶液の体積 = \frac{溶質の物質量}{モル濃度}$$

図9.7のフローチャートは，化学反応の反応物と生成物の量を計算するためにモル濃度がどのように用いられるかを示している．また，例題9.10と9.11には計算の実例が示されている．問題9.17では**ミリモル濃度**(mmol/L, mM)が使われていることに注意する(1 mM = 0.001 M)．ミリモル濃度は体液中の濃度のような低い濃度をあらわすために医療関係の研究領域ではよく用いられる．

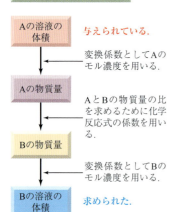

▲図9.7
モル濃度と変換
このフローチャートは，溶液中での化学反応の反応物と生成物の量を求めるために必要な，溶液の体積と物質量の変換にモル濃度をどのように用いるかまとめている．

例題 9.9 溶液の濃度：モル濃度

2.355 gの硫酸(H_2SO_4)を水に溶かして50.0 mLにした溶液のモル濃度を求めよ．ただし，硫酸のモル質量は98.1 g/molである．

解　説　モル濃度は溶液1 L中に溶けている溶質の物質量である(mol/L)．まず最初に，質量から物質量への変換により硫酸の物質量を求める必要がある．つぎに，その物質量を溶液の体積で割る．

概　算　硫酸のモル質量は約100 g/molなので，2.355 gはおよそ0.025 molになる．溶液の体積は50.0 mL（つまり0.05 L）なので，0.05 Lの溶液中に約0.025 molの硫酸が溶けていることになる．したがって，モル濃度は0.5 mol/Lと見積もることができる．

解　答
段階1：情報を特定する．硫酸の質量と溶液の最終的な体積が与えられている．
段階2：解と単位を特定する．モル濃度を答える必要がある．単位はmol/Lである．
段階3：変換係数と変換式を特定する．溶質の量と溶液の体積はすでにわかっているが，まず硫酸のモル質量を変換係数として用いて，硫酸の質量を物質量に変換しなければならない．体積についてもmL単位からL単位に変換する．
段階4：解く．モル濃度の算出式に溶質の物質量と溶液の体積を代入する．

硫酸(H_2SO_4)の質量 = 2.355 g
溶液の体積 = 50.0 mL

$$モル濃度 = \frac{硫酸の物質量}{溶液の体積}$$

$$(2.355 \text{ g H}_2\text{SO}_4)\left(\frac{1 \text{ mol H}_2\text{SO}_4}{98.1 \text{ g H}_2\text{SO}_4}\right) = 0.0240 \text{ mol H}_2\text{SO}_4$$

$$(50.0 \text{ mL})\left(\frac{1 \text{ L}}{1000 \text{ mL}}\right) = 0.0500 \text{ L}$$

$$モル濃度 = \frac{0.0240 \text{ mol H}_2\text{SO}_4}{0.0500 \text{ L}} = 0.480 \text{ mol/L}$$

確　認　計算結果は，概算値にほぼ一致している．

例題 9.10 変換係数としてのモル濃度：モル濃度から質量へ

0.065 mol/L の血中エタノール（EtOH）濃度は，昏睡状態を引きおこすのに十分な濃度である．大人の男性の総血液量が 5.6 L として，この濃度における血中エタノールの総質量を g 単位であらわせ．ただし，エタノールのモル質量は 46.0 g/mol である（図 9.7 のフローチャートを参考にして，どの変換が必要かを見つけ出す）．

解 説 モル濃度（0.065 mol/L）と体積（5.6 L）がわかっているので，血液中のエタノールの物質量を算出できる．あとは，物質量を質量に変換すればよい．

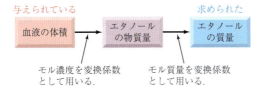

解 答

$$(5.6 \text{ L 血液})\left(\frac{0.065 \text{ mol EtOH}}{1 \text{ L 血液}}\right) = 0.36 \text{ mol EtOH}$$

$$(0.36 \text{ mol EtOH})\left(\frac{46.0 \text{ g EtOH}}{1 \text{ mol EtOH}}\right) = 17 \text{ g EtOH}$$

例題 9.11 変換係数としてのモル濃度：モル濃度から体積へ

私たちの胃の中では，塩酸（HCl）濃度にして約 0.1 mol/L の胃液が消化に役立っている．500 mg の水酸化マグネシウム［Mg(OH)$_2$］を含む制酸薬の錠剤を完全に中和するためには，何 mL の胃酸が必要か？ Mg(OH)$_2$ のモル質量は 58.3 g/mol であり，化学反応式は下のとおりである．

$$2 \text{ HCl}(水) + \text{Mg(OH)}_2(水) \longrightarrow \text{MgCl}_2(水) + 2\text{H}_2\text{O}(液)$$

解 説 HCl のモル濃度がわかっており，その体積が問われている．まず Mg(OH)$_2$ の質量を物質量に変換する．つぎに化学反応式の係数を用いて，反応する HCl の物質量を算出する．HCl の物質量がわかり，HCl 溶液のモル濃度（mol/L）がわかれば，その体積を求めることができる．

解 答

$$[500 \text{ mg Mg(OH)}_2]\left(\frac{1 \text{ g}}{1000 \text{ mg}}\right)\left[\frac{1 \text{ mol Mg(OH)}_2}{58.3 \text{ g Mg(OH)}_2}\right] = 0.008\,58 \text{ mol Mg(OH)}_2$$

$$[0.008\,58 \text{ mol Mg(OH)}_2]\left[\frac{2 \text{ mol HCl}}{1 \text{ mol Mg(OH)}_2}\right]\left(\frac{1 \text{ L HCl}}{0.1 \text{ mol HCl}}\right) = 0.2 \text{ L } (200 \text{ mL})$$

問題 9.15
160 mL 中に 50.0 g のビタミン B_1・塩酸塩 (モル質量 = 337 g/mol) が溶けている溶液のモル濃度はいくらか？

問題 9.16
つぎの溶液中にはそれぞれ何モルの溶質が存在するか？
(a) 0.35 mol/L $NaNO_3$ 溶液，175 mL
(b) 1.4 mol/L HNO_3 溶液，480 mL

問題 9.17
コレステロール (分子式 $C_{27}H_{46}O$) の血中濃度は約 5.0 mmol/L である．250 mL の血液中には何 g のコレステロールが存在するか？

問題 9.18
炭酸カルシウム ($CaCO_3$) は下の化学反応式に従って HCl と反応する．

$$2\,HCl(水) + CaCO_3(水) \longrightarrow CaCl_2(水) + H_2O(液) + CO_2(気)$$

(a) 0.12 mol/L の HCl 溶液 65 mL 中に存在する HCl は何 mol か？
(b) 問題 (a) の HCl 溶液と完全に反応する炭酸カルシウムの質量は何 g か？

9.8 希 釈

オレンジジュースから化学薬品まで，多くの溶液は高濃度の状態で保存され，使う時に希釈する．**希釈**とは，溶液の濃度を下げるために溶媒を追加することである．たとえば，缶入りの濃縮オレンジジュースを水で希釈して 1/2 ガロン*のオレンジジュースをつくったり，高濃度の薬や化学薬品を購入し，使用する前に希釈したりする．

覚えておかなければならない重要なことは，**溶質**の量は一定のままであり，溶媒を追加することで溶液の**体積**だけが変化することである．たとえば，最初と最後の溶液の濃度がモル濃度として与えられていれば，溶質の物質量は希釈の前後でおなじであり，モル濃度と体積を掛け合わせることにより決定できる．

$$物質量(mol) = モル濃度(mol/L) \times 体積(L)$$
$$モル濃度(mol/L) = 物質量(mol)/体積(L)$$

希釈の前後で溶質の物質量は変化しないので，下の式を導き出すことができる．この式で，M_c と V_c はそれぞれ希釈前の溶液のモル濃度と体積をあらわし，M_d と V_d は希釈後の溶液のモル濃度と体積をあらわしている．

$$溶質の物質量 = M_c V_c = M_d V_d$$

この式は，希釈後の溶液の濃度 M_d を求めるために下のように書き換えることができる．

$$M_d = M_c \frac{V_c}{V_d} \qquad \left(\frac{V_c}{V_d} は希釈係数\right)$$

この式から，希釈後のモル濃度 (M_d) は希釈前のモル濃度 (M_c) に**希釈係数**を掛けることで導き出せることがわかる．希釈係数は単に希釈前の体積と希釈後

*(訳注)：1 ガロン = 3.785 リットル (米)

希釈係数 (dilution factor) 希釈前の溶液の体積と希釈後の溶液の体積の比 (V_c/V_d).

の体積の比 (V_c/V_d) である．たとえば溶液の体積が 10 mL から 50 mL へ 5 倍に**増加**すると，希釈係数は 10 mL/50 mL (つまり 1/5) なので，モル濃度は 1/5 に**減少**する．例題 9.12 で希釈を計算する時に，この関係をどのように使うかを学習する．

溶液の濃度と体積の関係は，目的の希釈を行うために必要な希釈前溶液の体積を求めるためにも使える．

$$M_c V_c = M_d V_d \quad \text{だから}$$
$$V_c = V_d \times \frac{M_d}{M_c}$$

この式で，V_c は希釈前の溶液の体積であり，V_d は希釈後の溶液の体積である．希釈前の溶液の体積は，希釈後の体積 (V_d) に希釈後のモル濃度と希釈前のモル濃度の比 (M_d/M_c) を掛けることによって算出できる．たとえば溶液の濃度を 1/5 に減少させたいのであれば，希釈前の溶液の体積は希釈後の体積の 1/5 でなければならない．例題 9.13 で計算の仕方を学習する．

これまでの議論やこれ以降の例題ではモル濃度を濃度単位として用いているが，希釈に関する式はほかの単位にも当てはまる．つまり，一般式は $C_c V_c = C_d V_d$ となり，C はほかの濃度単位 [ppm，(m/v)% など] であってもよい．

例 題 9.12 溶液の希釈：濃度

3.5 mol/L グルコース溶液 75 mL を 450 mL に希釈すると，その希釈溶液の濃度はいくらか？

解 説 溶質の物質量は一定なので

$$M_c V_c = M_d V_d$$

この式の四つの変数のうち，希釈前のモル濃度 M_c (3.5 mol/L) と体積 V_c (75 mL) および希釈後の溶液の体積 V_d (450 mL) がわかっている．この問題では希釈後の溶液のモル濃度 M_d を答える．

概 算 溶液の体積が 75 mL から 450 mL へと 6 倍に増加しているので，濃度は 1/6 に減少する (3.5 mol/L から約 0.6 mol/L に減少)．

解 答
上の式を M_d を求める式に書き換え，与えられた数値を代入する．

$$M_d = \frac{M_c V_c}{V_d} = \frac{(3.5 \text{ mol/L グルコース})(75 \text{ mL})}{450 \text{ mL}} = 0.58 \text{ mol/L グルコース}$$

確 認 計算結果は，概算値にほぼ一致している．

例 題 9.13 溶液の希釈：体積

1.0 mol/L の水酸化ナトリウム (NaOH) 水溶液が市販されている．0.32 mol/L の水酸化ナトリウム水溶液 750 mL をつくるには，この市販溶液をどのように使えばよいか？

解 説 溶質の物質量は一定なので，

$$M_c V_c = M_d V_d$$

この式の四つの変数のうち，希釈前の溶液の濃度 M_c(1.0 mol/L)と希釈後の溶液の体積 V_d(750 mL)および濃度 M_d(0.32 mol/L)がわかっており，希釈前の溶液の体積 V_c が問われている．

概 算 濃度を 1.0 mol/L から 0.32 mol/L へと約 3 分の 1 に減少させるには，1.0 mol/L の溶液の体積を約 3 倍にすればよい．希釈後の体積が 750 mL なので，希釈前の体積はおよそ 250 mL と見積もることができる．

解 答 上の式を V_c を求める式に書き換え，与えられた数値を代入する．

$$V_c = \frac{V_d M_d}{M_c} = \frac{(750 \text{ mL})(0.32 \text{ mol/L})}{1.0 \text{ mol/L}} = 240 \text{ mL}$$

目的の溶液を調製するためには，240 mL の 1.0 mol/L 水酸化ナトリウム水溶液を水で希釈して 750 mL になるようにする．

確 認 計算結果は，概算値にほぼ一致している．

問題 9.19
アンモニア水溶液は 16.0 mol/L の濃度で販売されている．濃度 1.25 mol/L のアンモニア水溶液 500 mL をつくるためには，この溶液をどれだけ使用すればよいか？

問題 9.20
米国環境保護庁は，飲料水に含まれているヒ素(As)の最大許容濃度を 0.010 ppm に設定している．5.0 ppm のヒ素を含む水 1.5 L を 0.010 ppm にするためには，何 L まで希釈すればよいか？

9.9 溶液中のイオン：電解質

▶▶▶ 3.1 節で学んだように，電気が流れるのは，自由に動くことができる荷電粒子を含む媒体だけである．

図 9.8 には，電気回路をとおして電源につながれた電球の装置が示されている．その回路は，液体の入ったビーカーに浸した二つの金属片によって遮断されている．この金属片を純粋な水に浸すと電球は暗いままだが，塩化ナトリウム(NaCl)の水溶液に浸すと，回路が閉じ電球が光る．この簡単な実験から，イオン化合物の水溶液は電気をとおすことがわかる．

▶ 図 9.8
イオンの溶液が電気をとおすことを示す実験
(a) ビーカーの中に純水が入っていると回路は開いており，電気は流れず，電球は光らない．(b) ビーカーの中に濃厚な食塩水が入っていると回路が閉じ，電気が流れて電球が光る．

(a)　　　　　　　　　　(b)

塩化ナトリウムのような物質は水に溶けると電気をとおすため，**電解質**と呼ばれる．電気が伝導するのは，負に帯電した Cl^- イオンが電源の＋端子に接続された金属片に向かって溶液中を移動し，正に帯電した Na^+ イオンが－端子に接続された金属片に向かって移動するためである．予想されるように，溶液が電気をとおす能力は溶液中のイオン濃度に依存している．蒸留水は事実上全くイオンを含まないので，非導電性である．水道水には低濃度のイオンが溶けているので（主に Na^+，K^+，Mg^{2+}，Ca^{2+}，Cl^-）わずかに導電性があり，塩化ナトリウムの濃厚な溶液は強い導電性を示す．

塩化ナトリウムのように，水に溶けると完全にイオン化するようなイオン性の物質は**強電解質**と呼ばれる．酢酸（CH_3CO_2H）のような分子性の物質はごく部分的にイオン化するため，**弱電解質**と呼ばれる．一方，グルコースのような分子性の物質は水に溶けてもイオンを生じない**非電解質**である．

強電解質
完全にイオン化

$$NaCl(固) \xrightarrow[水中]{溶解} Na^+(水) + Cl^-(水)$$

弱電解質
部分的にイオン化

$$CH_3CO_2H(液) \xrightleftharpoons[水中]{溶解} CH_3CO_2^-(水) + H^+(水)$$

非電解質
イオン化しない

$$グルコース(固) \xrightarrow[水中]{溶解} グルコース(水)$$

電解質（electrolyte）水に溶けてイオンを生じ，電気をとおす物質．

強電解質（strong electrolyte）水に溶けて完全にイオン化する物質．

弱電解質（weak electrolyte）水に溶けてごく部分的にイオン化する物質．

非電解質（nonelectrolyte）水に溶けてもイオンを生じない物質．

9.10 体液中の電解質：当量とミリ当量

塩化ナトリウム（NaCl）と臭化カリウム（KBr）がおなじ溶液中に溶けている時には，どんなことがおきるだろうか？カチオン（K^+ と Na^+）とアニオン（Cl^- と Br^-）が混じり合っているが，イオン間の反応はおきないので，おなじ溶液を KCl と NaBr からつくってもよい．つまり，NaCl と KBr からつくった溶液があるということを議論してももはや意味がなく，異なる4種のイオンを含んだ溶液があるということが問題となる．

多種類のアニオンとカチオンを含んだ血液や，そのほかの体液でもおなじことがいえる．それらのイオンは混じり合っているので，特定のカチオンを特定のアニオンに割り当てること，つまり特定のイオン化合物について議論することは困難である．その代わりに，それぞれのイオンと正および負の電荷の総数だけに着目する．そのような混合物について議論するために，イオンの**当量**という用語が用いられる．

イオンの1**当量**（**Eq**）は，1 mol の電荷をもつイオン数に相当する．より一般的には，**グラム当量**（**g-Eq**）という単位が用いられ，1 mol の電荷をもつイオンの量（g単位）にあたる．イオンの1グラム当量は，イオンのモル質量を電荷の絶対値で割ることで算出できる．

$$イオンの1グラム当量 = \frac{イオンのモル質量(g)}{イオンの電荷}$$

イオンが＋1または－1の電荷をもっている時，1グラム当量は単にイオンのモル質量（g）である．つまりナトリウムイオン（Na^+）の1グラム当量は23 g になり，塩化物イオン（Cl^-）の1グラム当量は35.5 g になる．イオンが＋2または－2の電荷をもっている時は，イオンのモル質量を2で割った量が1グラム当量である．したがってマグネシウムイオン（Mg^{2+}）の1グラム当量は(24.3 g)/2 = 12.2 g になり，炭酸イオン（CO_3^{2-}）の1グラム当量は[12.0 g +（3×

当量(Eq)（equivalent）1 mol の電荷をもつイオンの数．

グラム当量(g-Eq)（gram-equivalent）イオンのモル質量を電荷で割った値．

16.0 g)]/2 = 30.0 g になる．グラム当量は溶液の体積をイオンの質量に変換する際に，有用な変換係数となる（例題 9.14 で学ぶ）．

1 L の溶液に含まれるイオンの当量数は，イオンのモル濃度（mol/L）にイオンの電荷を掛けることで算出できる．体液中のイオン濃度は一般に小さいため，臨床化学分野では当量ではなく**ミリ当量**（mEq）を用いて考察するほうが便利である．イオンの 1 ミリ当量は 1 当量の 1/1000 である．たとえば血液中の Na^+ の正常濃度は 0.14 Eq/L，すなわち 140 mEq/L とあらわされる．

$$1\ mEq = 0.001\ Eq \qquad 1\ Eq = 1000\ mEq$$

イオンのグラム当量は，1 当量あたりの質量（g 単位）または 1 ミリ当量あたりの質量（mg 単位）として，あらわされることに着目せよ．

表 9.6 に血漿中の主な電解質の平均濃度を示した．予想されるように，正に帯電した電解質のミリ当量値の合計と負に帯電した電解質のミリ当量値の合計とは，電気的中性を保つためには等しくなければならない．ところが，表 9.6 に示されているカチオンとアニオンのミリ当量の数値をそれぞれ合計すると，カチオンがアニオンより高濃度になっている．この差は**アニオンギャップ**（anion gap）と呼ばれ，負に帯電したタンパク質や有機酸のアニオンによって補われる．

表 9.6 血漿中の主な電解質の濃度

カチオン	濃度（mEq/L）
Na^+	136〜145
Ca^{2+}	4.5〜6.0
K^+	3.6〜5.0
Mg^{2+}	3

アニオン	濃度（mEq/L）
Cl^-	98〜106
HCO_3^-	25〜29
SO_4^{2-}, HPO_4^{2-}	2

例題 9.14 変換係数としての当量：体積から質量へ

血液中の Ca^{2+} の正常濃度は 5.0 mEq/L である．1.00 L の血液中には何 mg の Ca^{2+} が存在するか？

解説 体積と mEq/L であらわした濃度がわかっており，質量（mg 単位）が問われている．Ca^{2+} のグラム当量を計算し，下記のフローチャートが示すように，体積と質量のあいだの変換係数として濃度を用いる．

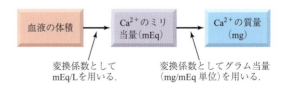

概算 カルシウムのモル質量は 40.08 g/mol であり，Ca^{2+} は 2+ の電荷をもっているので，Ca^{2+} の 1 グラム当量は約 20 g/Eq（または 20 mg/mEq）である．このことから，1.00 L の血液に溶けている 5.0 mEq の Ca^{2+} の質量は 5.0 mEq × 20 mg/mEq = 100 mg となる．

解 答

$$(1.00\,\text{L 血液}) \left(\frac{5.0\,\text{mEq Ca}^{2+}}{1.0\,\text{L 血液}} \right) \left(\frac{20.04\,\text{mg Ca}^{2+}}{1\,\text{mEq Ca}^{2+}} \right) = 100\,\text{mg Ca}^{2+}$$

確 認 計算結果は，概算値に一致している．

問題 9.21
つぎのイオンの 1 Eq は何 g に相当するか？ また，1 mEq は何 mg に相当するか？
　(a) K^+　(b) Br^-　(c) Mg^{2+}　(d) SO_4^{2-}　(e) Al^{3+}　(f) PO_4^{3-}

問題 9.22
表 9.6 のデータを見て，250 mL の血液中には何 mg の Mg^{2+} が存在するか計算せよ．

問題 9.23
電解質補給を目的としたスポーツドリンクには 20 mEq/L の Na^+ と 10 mEq/L の K^+ を含むものが多い(Chemistry in Action, "電解質，水分補給，スポーツドリンク"参照)．これらの濃度を質量/体積パーセント濃度[(m/v)％]に変換せよ．

9.11　溶液の性質

　溶液の性質は多くの点で純粋な溶媒の性質に類似しているが，いくつかの注目すべき重要な違いもある．その例として，溶液が純粋な溶媒よりも高い沸点と低い凝固点を示すことがあげられる．たとえば，純水は 100 ℃ で沸騰し，0 ℃ で凝固するが，1.0 mol/L NaCl 水溶液は 101.0 ℃ で沸騰し，-3.7 ℃ で凝固する．

　純粋な溶媒にくらべて溶液の沸点が上昇し，凝固点が低下する性質は**束一的性質**の例になる．束一的性質とは，溶質の**濃度**に依存し，溶質の種類には無関係な溶液の性質をいう．そのほかの束一的性質としては，純粋な溶媒にくらべて溶液の蒸気圧が低いことや，半透膜をとおした溶媒分子の移動現象である**浸透**があげられる．

束一的性質(colligative property)　溶質粒子の数だけに依存し，その種類にはよらない溶液の性質．

束一的性質
- 溶液は純粋な溶媒にくらべて，
  (1) 蒸気圧が低い．
  (2) 沸点が高い．
  (3) 凝固点が低い．
- 溶液と純粋な溶媒を半透膜で仕切ると浸透がおきる．

溶液の蒸気圧降下

　8.13 節で，液体の蒸気圧は液体表面に侵入する分子と液体表面から離脱する分子との平衡によって決まることを学んだ．液体表面に存在する十分なエネルギーをもった分子だけが蒸発することができる．もし，表面の液体(溶媒)分子が蒸発しないほかの粒子(溶質)によって置き換えられると，溶媒分子の蒸発速度が減少するため，溶液の蒸気圧は純粋な溶媒の蒸気圧よりも低くなる(図 9.9)．溶質粒子の**種類**とは無関係であり，その濃度だけが重要であることに注意する．

CHEMISTRY IN ACTION

電解質，水分補給，スポーツドリンク

電解質は多くの生理的プロセスにおいて不可欠なものであり，電解質レベルの大きな変化は，すぐに対応しないと命にかかわる事態を引きおこすこともある．コレラなどにより激しい下痢が続くと脱水症となり，ナトリウムのレベルが低下することがある（低ナトリウム血症）．電解質を回復するために，補水療法（oral rehydration therapy, ORT）が実施される．発展途上国で ORT が導入された結果，かつては 5 歳未満の子供の主な死亡原因であった，下痢による乳幼児死亡率が減少した．ORT の典型的な溶液は Na^+ (75 mEq/L)，K^+ (75 mEq/L)，Cl^- (65 mEq/L)，クエン酸イオン (10 mEq/L)，グルコース (75 mmol/L) を含んでいる．激しい運動により大量に汗をかいた時にも，脱水症と電解質の喪失がおこり得る．

汗の成分組成は大きく変動するが，典型的には，約 30〜40 mEq/L の Na^+ と 5〜10 mEq/L の K^+ が含まれる．そのほかには，Mg^{2+} のような少量の金属イオン，およびそれらの正電荷とバランスを保つのに十分な量の Cl^- が含まれる (35〜50 mEq/L)．水と電解質が補給されないと，脱水症，高体温症，熱射病，めまい，吐き気，筋肉のけいれん，胃機能障害などの異常を引きおこすことになる．おおまかにいって，きちんと体調管理されたスポーツ選手の最大の発汗許容量は，体重の 5%（約 70 kg の人間であれば約 3.5 L）である．

2, 3 時間までの短時間のスポーツによる発汗では，ただの水を飲むだけでも十分だが，相当量の電解質が失われるような，より長い運動の最中や運動の後の水分補給には炭水化物と電解質の混合飲料（スポーツドリンク）がはるかに優れている．よく知られているスポーツドリンクの中には高価な砂糖水にすぎないものもあるが，入念に調合され水分補給に非常に有効なものもある．栄養学的な見地から，スポーツドリンクに求められる基準は下記のとおりである．いくつかの乾燥粉末の混合物が市販されており，その中から選ぶことができる．

- スポーツドリンクには複雑な構造をもつ可溶性炭水化物が 6〜8%（約 230 g あたり約 15 g）含まれなければならず，単なる砂糖は味つけのためにごく少量でなければならない．一般にはマルトデキストリンと呼ばれている複雑な構造の炭水化物は，血流中にゆっくりとグルコースを供給することができる．徐々に供給されるグルコースは安定したエネルギー源になるだけではなく，胃からの水の

▲ 短時間の運動の水分補給は飲料水で十分だが，長時間運動ではスポーツドリンクに含まれるような電解質などの補給が必要となる．

吸収を高める作用をもっている．

- スポーツドリンクは，発汗により失われた電解質を補充するための電解質を含まなければならない．約 20 mEq/L の Na^+，10 mEq/L の K^+ および 4 mEq/L の Mg^{2+} が推奨されている．これらの濃度は，約 230 g の飲料に換算すると，ナトリウム，カリウム，マグネシウムがそれぞれ約 100 mg，100 mg，25 mg 含まれることに相当する．

- 炭酸は運動中に胃腸障害を引きおこす可能性があるので，スポーツドリンクに含まれてはならない．また利尿作用のあるカフェインを含んではならない．

- スポーツドリンクは運動選手が飲みたくなるように，おいしいものでなければならない．のどの渇きは水分要求の指標としては十分ではなく，多くの人々は飲料の風味がよくないと，必要とされる水分量を補充しないだろう．

複雑な構造の炭水化物，電解質および香味料のほかに，いくつかのスポーツドリンクにはビタミン A（β-カロテンとして），ビタミン C（アスコルビン酸），セレンが含まれており，細胞の損傷を防ぐ抗酸化剤として働いている．アミノ酸の 1 種のグルタミンを含んだスポーツドリンクもある．グルタミンは筋肉中の乳酸の蓄積を軽減すると考えられ，その結果，激しい運動のあとの筋肉の回復を助ける．

章末の "Chemistry in Action からの問題" 9.91, 9.92 を見ること．

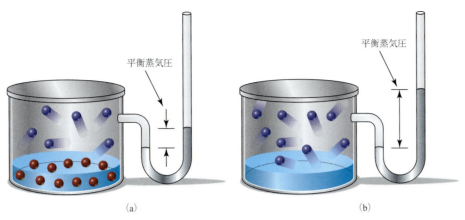

▲図 9.9
溶液の蒸気圧降下
溶液の蒸気圧(a)は，純粋な溶媒の蒸気圧(b)より小さい．これは，溶液表面から飛散する溶媒分子が純粋な溶媒の表面から飛散する溶媒分子よりも少ないことによる．

溶液の沸点上昇

　溶液の蒸気圧降下の結果，溶液の沸点が純粋な溶媒の沸点よりも高くなる現象がおきる．8.13 節で学んだように，液体の沸騰は液体の蒸気圧が大気圧に達した時におきるということを思い出すこと．ある特定の温度では，溶液の蒸気圧は純粋な溶媒の蒸気圧より低いので，溶液の蒸気圧を大気圧に到達させるためには，純粋な溶媒の時よりも高温まで加熱しなければならない．図 9.10 には，純水と 1.0 mol/L NaCl 溶液について，蒸気圧と温度の関係が示されている．純水の蒸気圧は 100.0 ℃ で大気圧(760 mmHg)に達するのに対し，NaCl 溶液の蒸気圧は 101.0 ℃ になるまで大気圧に達しない．

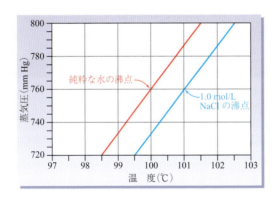

◀図 9.10
蒸気圧と温度
純水(赤線)および 1.0 mol/L NaCl 溶液(青線)の蒸気圧-温度曲線の拡大図．純水は 100.0 ℃ で沸騰するが，1.0 mol/L NaCl 溶液は 101.0 ℃ まで沸騰しない．

　1 kg の水の沸点は，どのような種類であれ 1 mol の溶質の粒子を加えるごとに 0.51 ℃ だけ上昇する．

$$\Delta T_\text{沸点} = \left(0.51\ ℃\ \frac{\text{kg 水}}{\text{mol 粒子}}\right)\left(\frac{\text{mol 粒子}}{\text{kg 水}}\right)$$

　したがって，1 kg の水にグルコースのような分子化合物を 1 mol 加えると，沸点は 100 ℃ から 100.51 ℃ に上昇するが，1 mol の NaCl を加えた場合には，2 × 0.51 ℃ = 1.02 ℃ だけ沸点が上昇する(沸点は 101.02 ℃ になる)．これは，その溶液が 2 mol の溶質粒子(Na^+ イオンと Cl^- イオン)を含んでいるからにほかならない．

例題 9.15 溶液の性質：沸点上昇

1.0 kg の水に 0.75 mol の KBr を溶解した溶液の沸点は何℃か？

解 説 沸点は 1 kg の水に 1 mol の溶質を加えるごとに 0.51℃上昇する．KBr は強電解質のため，1 mol の KBr が溶けるごとに 2 mol のイオン（K^+ と Br^-）が生じる．

概 算 水 1 kg あたり 1 mol のイオンがあると沸点は約 0.5℃上昇する．0.75 mol の KBr からは 1.5 mol のイオンが生じるので，沸点は（1.5 mol イオン）×（0.5℃/mol イオン）= 0.75℃だけ上昇するはずである．

解 答

$$\Delta T_{沸点} = \left(0.51℃ \frac{kg 水}{mol イオン}\right)\left(\frac{2 mol イオン}{1 mol KBr}\right)\left(\frac{0.75 mol KBr}{1.0 kg 水}\right) = 0.77℃$$

（分子・分母でkg水, molイオン, mol KBr が消去される）

純水の通常の沸点は 100℃なので，この溶液の沸点は 100.77℃になる．

確 認 0.77℃の沸点上昇は上の概算値（0.75℃）にほぼ一致している．

問題 9.24
0.5 kg の水に 0.67 mol の $MgCl_2$ を溶かした溶液をつくった．
(a) この溶液中には何 mol のイオンが存在するか？
(b) その溶液の沸点上昇は何℃か？

問題 9.25
1.0 kg の水に 1.0 mol のフッ化水素（HF）を溶解した時，その溶液の沸点は 100.5℃である．HF は強電解質かそれとも弱電解質か，説明せよ．

基礎問題 9.26
下の図は，ある溶媒とある溶液の蒸気圧−温度曲線を示している．
(a) それぞれの曲線は純粋な溶媒と溶液のどちらに相当するか？
(b) 溶液の沸点上昇はおよそ何℃か？
(c) 1 mol の溶質粒子が 1 kg の溶媒の沸点を 3.63℃上昇させたとすると，この溶液の濃度はおよそ何 mol/kg か？

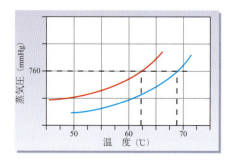

溶液の凝固点降下

溶液は純粋な溶媒よりも蒸気圧が低いため沸点が上昇するが，それと同時に凝固点の低下もおきる．寒冷地の自動車ドライバーは，自動車の冷却システムに使われる水に不凍液を加えることで，この凝固点降下現象を利用している．不凍液は不揮発性の溶質であり（通常エチレングリコール $HOCH_2CH_2OH$ が使われる），冷却水の凝固点を屋外の予想最低気温よりも低くするため，十分な濃度になるよう加えられる．おなじように，凍結した道路にまかれる塩は氷の凝固点を道路の温度よりも低くすることで，氷を融解させる．

凝固点降下は，蒸気圧降下に伴う沸点上昇とほとんどおなじ原因でおきる．溶液全体にわたって溶媒分子のあいだに溶質の分子が分散されるため，溶媒分子が規則正しく集まって結晶を形成することが困難になる．

不揮発性の溶質粒子が 1 mol 加えられるごとに，1 kg の水の凝固点は 1.86 ℃ だけ低下する．

$$\Delta T_{凝固点} = \left(-1.86\,℃\,\frac{\text{kg 水}}{\text{mol 粒子}}\right)\left(\frac{\text{mol 粒子}}{\text{kg 水}}\right)$$

したがって 1 kg の水に対して 1 mol の不凍液を加えると，凝固点は 0.00 ℃ から −1.86 ℃ に低下し，1 kg の水に対して 1 mol の NaCl（2 mol の溶質粒子に相当する）を加えると，凝固点は 0.00 ℃ から −3.72 ℃ に低下する．

例題 9.16 溶液の性質：凝固点降下

トマトの細胞はおおまかにいって，砂糖などの物質が溶けた水溶液である．トマトが −2.5 ℃ で凍るとすると，トマト細胞中に溶けている粒子の濃度はいくらか？ 1 kg の水に溶けている粒子の物質量 (mol/kg) で答えよ．

解 説 1 kg の水中に溶質が 1 mol 溶けるごとに凝固点は 1.86 ℃ 低下するので，2.5 ℃ の凝固点降下から溶質の濃度を計算できる．

概 算 水 1 kg に 1 mol の溶質が溶けるごとに凝固点は約 1.9 ℃ 低下する．凝固点が 2.5 ℃ (1.9 ℃ のさらに約 30%) 低下するためには，溶質の物質量も 1 mol よりさらに約 30% 増加する必要がある．つまり，濃度は 1.3 mol/kg となる．

解 答

$$\Delta T_{凝固点} = -2.5\,℃$$
$$= \left(-1.86\,℃\,\frac{\text{kg 水}}{\text{mol 溶質粒子}}\right)\left(\frac{??\,\text{mol 溶質粒子}}{1.0\,\text{kg 水}}\right)$$

この式を書き換えて，

$$(-2.5\,℃)\left(\frac{1}{-1.86\,℃}\,\frac{\text{mol 溶質粒子}}{\text{kg 水}}\right) = 1.3\,\frac{\text{mol 溶質粒子}}{\text{kg 水}}$$

確 認 計算値は，概算値 (1.3 mol/kg) に一致している．

問題 9.27
1 kg の水に 1 mol のグルコースを溶かした時，その溶液の凝固点は何 ℃ か？

> **問題 9.28**
> あるイオン性物質 0.5 mol を 1 kg の水に溶かした時，その溶液の凝固点は −2.8 ℃になった．この溶液に含まれるイオンは何 mol か？

9.12 浸透と浸透圧

細胞膜を形づくっている物質などは**半透性**である．そのような物質は水やほかの小さな分子を通過させるが，大きな溶質分子やイオンはとおさない．ある溶液と純粋な溶媒（あるいは，濃度の異なる二つの溶液）が半透膜によって仕切られると，溶媒分子は**浸透**と呼ばれる過程によりその膜を通過する．溶媒の膜通過はどちらの方向にもおきるが，純粋な溶媒から溶液方向への通過が有利であり，より頻繁におきる．その結果，純粋な溶媒側の液量が減少し，溶液側の液量は増加して濃度は薄くなる．

浸透をもっとも簡単に説明するために，分子レベルでなにがおきるか着目してみよう．図 9.11 に示すように，円筒管に入れられた溶液が，半透膜によって外側の容器に入れられた純粋な溶媒と仕切られているとしよう．外側の容器の溶媒分子は，その濃度がいくぶん高いために，円筒管の中の溶媒分子よりも高頻度で膜に接近する．したがってより頻繁に膜を通過する結果，円筒管に取り付けられた細い管の液面が上昇する．

浸透 (osmosis) 濃度が異なる二つの溶液が半透膜で仕切られている時に，溶媒が半透膜をとおして移動する現象．

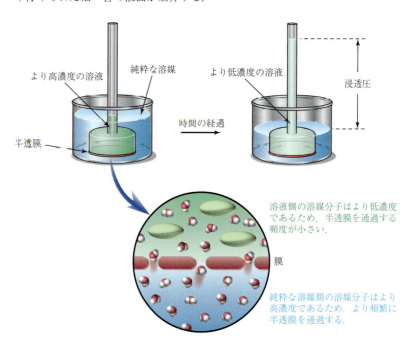

▶ **図 9.11**
浸透現象
円筒管に入れられた溶液は，半透膜によって外側の容器に入れられた純粋な溶媒と仕切られている．外側の容器の溶媒濃度は円筒管内の溶媒濃度よりも高いために，より高頻度で膜を通過する．その結果，円筒管に取り付けられた細い管の液面は，平衡に達するまで上昇する．平衡に達すると，細い管の中の液体の浸透圧により，溶媒移動は差し引きゼロになる．

細い管内の液面が上昇すると，上昇した分の液体の重さは圧力の増加を生むことになる．その圧力によって溶媒が半透膜をとおして押し戻され，溶媒の侵入と押し戻しの速度が等しくなった時に，液面の上昇が停止する．この平衡状態が成立するために必要な圧力を溶液の**浸透圧** (π) と呼び，つぎの式であらわされる．

$$\pi = \left(\frac{n}{V}\right)RT$$

浸透圧 (osmotic pressure) 半透膜を介した溶媒分子の正味の移動を停止させるために溶液に加えられる外圧．

この式で，n は溶液中の粒子の物質量(mol)であり，V は溶液の体積，R は気体定数(8.10 節)，T は溶液の絶対温度である．溶液の浸透圧の方程式が理想気

体の圧力の方程式，$P=(n/V)RT$，に似ていることに着目せよ．両者とも，圧力は気圧単位(atm)である．

　浸透圧は比較的希薄な溶液でも，きわめて高いといえる．たとえば，25℃における 0.15 mol/L の NaCl 溶液の浸透圧は 7.3 気圧であり，水の高さにして約 76 m にも相当する．

　ほかの束一的性質と同様に，浸透圧の大きさは溶質粒子の濃度にのみ依存し，溶質の種類とは無関係である．そこで，溶液中の粒子の濃度をあらわす新たな単位の**モル浸透圧濃度(osmol)**を用いる．ある溶液のモル浸透圧濃度は，溶液 1 L 中に溶けている溶質粒子（イオンであっても分子であってもよい）の物質量に等しい．たとえば，0.2 mol/L のグルコース溶液は 0.2 osmol のモル浸透圧濃度であるが，0.2 mol/L の NaCl 溶液は 0.2 mol の Na^+ イオンと 0.2 mol の Cl^- イオンを含んでいるので，モル浸透圧濃度は 0.4 osmol になる．

モル浸透圧濃度(osmol)（オスモル濃度，osmolarity）　溶液中に溶けているすべての粒子のモル濃度の合計．

　浸透は生物にとくに重要な意味をもっており，その理由は細胞膜の半透性にある．細胞の内外の液体は，浸透圧の増加による細胞膜の破裂を防ぐためにおなじモル浸透圧濃度でなければならない．

　血液では，赤血球のまわりの血漿のモル浸透圧濃度は約 0.30 osmol であり，赤血球細胞内液と**等張**である（すなわち赤血球内部とおなじモル浸透圧濃度をもつ）といわれる．赤血球を血漿からとり出して 0.15 mol/L NaCl 溶液（**生理食塩水**と呼ばれる）中に置くと，生理食塩水のモル浸透圧濃度(0.3 osmol)が血漿のモル浸透圧濃度と等しいため，赤血球には何の害もない．しかし，純水中や 0.3 osmol よりはるかに低いモル浸透圧濃度の溶液(**低張**)中に赤血球細胞を置いた場合には，水が膜を介して細胞内に移動するため，赤血球細胞が膨らんで破裂してしまう．この現象は**溶血**(hemolysis)と呼ばれる．

等張(isotonic)　おなじモル浸透圧濃度であること．

低張(hypotonic)　血漿や細胞よりもモル浸透圧濃度が低いこと．

　最後に，赤血球細胞を細胞内液よりも大きなモル浸透圧濃度の溶液(**高張**)中に置いた場合には，水が細胞内から細胞外に移動して細胞が収縮する現象(**鋸歯状化**，crenation)がおきる．赤血球をそれぞれ等張液，低張液，高張液中に置いた場合の写真を図 9.12 に示した．したがって静脈注射に用いられる溶液は，赤血球の破壊を防ぐために等張液でなければならない．

高張(hypertonic)　血漿や細胞よりもモル浸透圧濃度が高いこと．

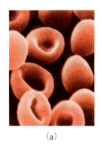 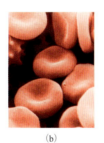 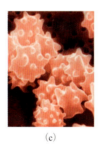

(a)　(b)　(c)

◀図 9.12
赤血球細胞
(a) 等張液中の赤血球細胞の外形は正常である．(b) 低張液中では水が侵入して膨張する．(c) 高張液中では水が流出して収縮する．

例題 9.17　溶液の性質：モル浸透圧濃度

点滴に用いられるグルコース溶液の濃度は 5.0 (m/v)% である．この溶液のモル浸透圧濃度はいくらか？ ただしグルコースのモル質量は 180 g/mol である．

解説　グルコースは分子性物質であり，溶液中でイオンにならないため，その溶液のモル浸透圧濃度はモル濃度に等しい．濃度が 5.0 (m/v)% のグルコース溶液には，溶液 100 mL あたりグルコースが 5.0 g 溶けていること（つまり 1 L 中に 50 g 溶けていること）を思い出すこと (9.7 節)．グルコースのモル濃度を算出するためには，質量から物質量への変換が必要となる．

概算　1 L の溶液には 50 g のグルコース（モル質量 180 g/mol）が含まれる．50 g のグルコースは 0.25 mol よりわずかに多いので，50 g/L の溶液は約 0.25 osmol（つまり，0.25 mol/L）になる．

解 答

段階1：情報を特定する． グルコースの質量/体積パーセント濃度，(m/v)％，がわかっている．

段階2：解と単位を特定する． モル浸透圧濃度が問われている．ここでは，グルコースは分子性物質でありイオンに解離しないため，モル浸透圧濃度はモル濃度に等しい．

段階3：変換係数を特定する． 質量/体積パーセント濃度は溶液100 mL中の溶質の質量(g単位)であり，モル濃度は溶液1 L中の溶質の物質量(mol単位)である．まず，mL単位をL単位に変換したのち，グルコースのモル質量を使ってg単位をmol単位に変換する．

段階4：解く． グルコースの質量/体積パーセント濃度から溶液1 L中のグルコースの質量(g)を算出し，それを物質量(mol)に変換する．

$$5.0\,(m/v)\% = \frac{5.0\text{ g グルコース}}{100\text{ mL 溶液}} \times 100\%$$

モル浸透圧濃度 = モル濃度 = ?? mol/L

$$\frac{\text{g グルコース}}{100\text{ mL}} \times \frac{1000\text{ mL}}{\text{L}} \longrightarrow \frac{\text{g グルコース}}{\text{L}}$$

$$\frac{\text{g グルコース}}{\text{L}} \times \frac{1\text{ mol グルコース}}{180\text{ g グルコース}} \longrightarrow \frac{\text{mol グルコース}}{\text{L}}$$

$$\left(\frac{5.0\text{ g グルコース}}{100\text{ mL 溶液}}\right)\left(\frac{1000\text{ mL}}{1\text{ L}}\right) = \frac{50\text{ g グルコース}}{\text{L 溶液}}$$

$$\left(\frac{50\text{ g グルコース}}{1\text{ L}}\right)\left(\frac{1\text{ mol}}{180\text{ g}}\right) = 0.28\text{ mol/L グルコース} = 0.28\text{ osmol}$$

確 認 モル浸透圧濃度の計算値は，概算値(0.25 osmol)にほぼ一致している．

例 題 9.18 溶液の性質：モル浸透圧濃度

モル浸透圧濃度 0.300 osmol の NaCl 溶液 1.50 L をつくるには NaCl が何 g 必要か？ ただし，NaCl のモル質量は 58.44 g/mol である．

解 説 NaCl はイオン性物質であり，解離して 2 mol のイオン(Na^+ と Cl^-)を生じるので，溶液のモル浸透圧濃度はモル濃度の 2 倍である．与えられた体積とモル浸透圧濃度から必要な NaCl の物質量を計算し，それを質量に変換する．

解 答

段階1：情報を特定する． つくろうとしている NaCl 溶液の体積とモル浸透圧濃度がわかっている．

段階2：解と単位を特定する． NaCl の質量が問われている．

段階3：変換係数を特定する． モル浸透圧濃度(osmol)と体積から溶質の物質量(mol)を算出し，NaCl のモル質量を使って物質量を質量に変換する．

段落4：解く． 1 mol の NaCl から 2 mol のイオンが生じることに注意して，適切な変換により NaCl の質量を算出する．

$V = 1.50\text{ L}$

$$0.300\text{ osmol} = \left(\frac{0.300\text{ mol イオン}}{\text{L}}\right)$$

NaClの質量 = ?? g

$$\left(\frac{\text{mol NaCl}}{\text{L}}\right) \times (\text{L}) = \text{mol NaCl}$$

$$(\text{mol NaCl}) \times \left(\frac{\text{g NaCl}}{\text{mol NaCl}}\right) = \text{g NaCl}$$

$$\left(\frac{0.300\text{ mol イオン}}{\text{L}}\right)\left(\frac{1\text{ mol NaCl}}{2\text{ mol イオン}}\right)(1.50\text{ L}) = 0.225\text{ mol NaCl}$$

$$(0.225\text{ mol NaCl})\left(\frac{58.44\text{ g NaCl}}{\text{mol NaCl}}\right) = 13.1\text{ g NaCl}$$

問題 9.29
つぎの溶液のモル浸透圧濃度はいくらか？
(a) 0.35 mol/L KBr
(b) 0.15 mol/L グルコース + 0.05 mol/L K_2SO_4

問題 9.30
典型的な小児用経口補水液には 90 mEq/L の Na^+，20 mEq/L の K^+，110 mEq/L の Cl^- および 2.0 (m/v)％のグルコース(モル質量は 180 g/mol)が含まれている．

(a) この補水液に含まれる各成分のモル濃度はそれぞれいくらか？
(b) この補水液のモル浸透圧濃度はいくらか？また，その値と血漿のモル浸透圧濃度を比べてみよ．

9.13 透　　析

透析(dialysis)は浸透に似ているが，透析膜の穴は浸透膜の穴よりも大きいため，溶媒分子とともに小さな溶質粒子も通過することができるが，タンパク質のような大きなコロイド粒子は通過できない（"大きい"分子と"小さい"分子の境界は明確ではなく，さまざまな穴の大きさをもつ透析膜を入手できる）．透析膜には動物の膀胱，羊皮紙，セロファンなどがある．

透析のもっとも重要な医学的用途は，おそらく人工腎臓装置における利用であり，その装置で腎不全患者の血液を浄化するための**血液透析**(hemodialysis)が行われる（図9.13）．血液は人体から体外へ導かれ，血漿とおなじ成分を数多く含む等張液（透析液）中につるされた長いセロファンの透析チューブにポンプで送り込まれる．透析液に含まれる物質——グルコース，NaCl，NaHCO₃，KClなど——は血液中とおなじ濃度になっているため，正味の膜通過はおきない．

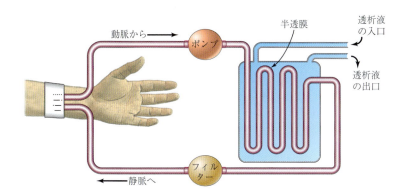

◀図9.13
血液の浄化に用いられる血液透析装置の働き
血液が動脈からコイル状のセロファン製の半透膜にポンプで送り込まれる．小さな老廃物は半透膜を通過して等張性の透析液で洗い流される．

尿素のような小さな老廃物は透析膜をとおって血液から透析液側に移動し洗い流されるが，細胞やタンパク質のような重要な血液成分はサイズが大きく透析膜を通過できない．さらに，電解質のバランスを補正するために，透析液の濃度を調整できる．透析液は2時間ごとに交換され，血液の透析には通常4～7時間が必要である．

前述のように，コロイド粒子は大きすぎて半透膜を通過できない．とくにタンパク質分子は半透膜を通過できないため，体液のモル浸透圧濃度の決定に重要な役割を果たしている．毛細血管壁で仕切られた血漿と細胞外液のあいだの水および溶質の分布は，血圧と浸透圧のバランスでコントロールされている．毛細血管内の血圧は血漿から水を押し出そうとし（沪過作用），コロイド状タンパク質分子による浸透圧は水を血漿内に取り込もうとする（再吸収作用）．この二つの作用のバランスは体内の部位によって異なっている．心臓から送り出された血液により，より高い血圧を示す毛細血管の動脈側末端では沪過作用が優勢であるが，血圧がより低い静脈側末端では再吸収が優勢となって，代謝によって生じた老廃物が血管内に取り込まれる．それらの老廃物は腎臓で取り除かれることになる．

CHEMISTRY IN ACTION

時限放出型薬剤*

　薬には，その種類よりもはるかに多くの製剤が存在する．汎用医薬品のアスピリン錠剤のように簡単なものでも，錠剤が粉々にならないようにするための結合剤，適正なサイズに整えて胃の中で分解しやすくするための増量剤，さらに製造装置に付着しないようにするための潤滑剤などが含まれている．時限放出型薬剤はさらに複雑である．

　時限放出型薬剤の普及は，1961年のコンタック充血除去剤までさかのぼることができる．そのアイデアはいたって単純だった．微小なビーズ状の薬をさまざまな厚さの徐溶性ポリマーでコーティングしてカプセルに詰めた．より薄くコーティングされた薬のビーズは速く溶けて速く薬を放出するのに対し，厚いコーティングの薬はゆっくりと溶けることになる．適正な厚さをもつ適正な数のビーズを一つのカプセルに詰めることにより，ある予想可能な時間にわたって薬剤を徐々に放出することが可能になる．

　時限放出型薬剤の技術は近年さらに高度なものとなり，送達される薬剤の種類も多くなってきた．たとえば，医薬の中には胃の内壁を傷つけたり，胃の中の強酸性によって分解してしまうものもあるが，そのような薬でも腸溶コーティングを施すことにより安全に送達することができる．腸溶コーティングでは高分子素材が用いられ，酸性には安定であるが，より塩基性の腸に送り込まれると反応して破壊される．

　さらに最近では，皮膚をとおした拡散によって薬剤を直接送達する皮膚パッチが開発されている．狭心症や乗り物酔いなどの病状を治療するための皮膚パッチが入手でき，タバコの禁断症状を和らげるニコチンパッチもある．皮膚をとおした巧妙な新型の時限放出型薬剤では，薬を貯留層から強制的に押し出すために浸透作用が用いられている．水に溶けない薬にのみ用いられるその製剤は，穴の開いた膜でおおわれた薬剤を含む層と半透膜でおおわれた吸湿性物質を含む層に分かれている．空気中の湿気が半透膜をとおって吸湿性物質を含む層に拡散すると浸透圧が増加し，もう一つの層の薬剤を微小な穴から押し出す仕掛けになっている．

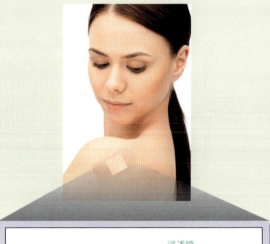

章末の"Chemistry in Actionからの問題" 9.93を見ること．

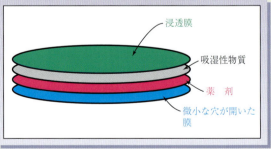

▲微小なビーズ状の薬がさまざまな厚さのゆっくりと溶けるポリマーでコーティングされているため，それぞれのビーズは異なる時間で溶けて薬剤を放出する．

---

*（訳注）：服用後，一定時間が経過してから有効成分が放出されるように設計された薬剤．

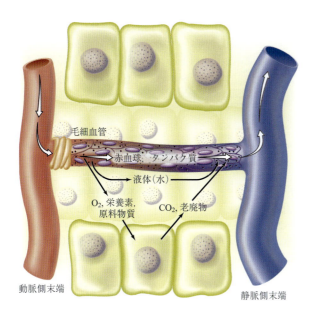

◀細胞への酸素と栄養素の送達および老廃物の除去は，浸透によりコントロールされている．

要約：章の目標と復習

1. 溶液とはなにか？ 溶解性に影響をおよぼす因子はなにか？

混合物は混合状態が**不均一**か**均一**かにより，不均一混合物と均一混合物に分類される．溶液はイオンや分子の大きさ（直径 2.0 nm 未満）の粒子を含む均一混合物だが，**コロイド**中にはより大きな粒子（直径 2.0〜500 nm）が存在する．

ある物質（**溶質**）をほかの物質（**溶媒**）に溶かす時，溶かすことができる最大量をその物質の**溶解度**と呼ぶ．物質同士の分子間力が似ている場合には，互いに溶解しやすい．固体の水への溶解度はしばしば温度の上昇とともに増加するが，気体の溶解度は逆に減少する．気体の溶解度は圧力によって大きな影響を受け，溶液上のその気体の分圧に正比例する（**ヘンリーの法則**）（問題 36〜43，94，105）．

2. 溶液の濃度はどのようにあらわされるか？

溶液の濃度は，モル濃度，質量パーセント濃度，質量/体積パーセント濃度，ppm 濃度（または ppb 濃度）などいくつかの方法であらわすことができる．モル浸透圧濃度は溶けているすべての粒子（イオンと分子）の全濃度をあらわすために用いられる．溶液 1 L あたりの溶質の物質量としてあらわされる**モル濃度**は，水溶液中における反応の反応物と生成物の量を計算する時にもっとも有用な方法である（問題 44〜65，86，88，89，91，94〜105，107，108）．

3. 希釈はどのように行うか？

希釈は，ある溶液に溶媒を追加することにより行われる．溶媒の量だけが変化し，溶質の量は変化しない．したがって，希釈した溶液のモル濃度と体積の積は希釈前の溶液のモル濃度と体積の積に等しい．

$M_c V_c = M_d V_d$ （問題 35，66〜71，98）．

4. 電解質とはなにか？

水に溶かすとイオンを形成して電流をとおす物質を**電解質**と呼ぶ．水中で完全にイオン化する物質は**強電解質**，部分的にイオン化する物質は**弱電解質**，イオン化しない物質は**非電解質**である．体液にはさまざまな電解質が少しずつ溶けており，それらの濃度は溶液 1 L に溶けているイオンの電荷の数（mol 単位）または**当量**（Eq）であらわされる（問題 32，33，72〜79，97，108）．

5. 溶液と純粋な溶媒との挙動の違いはなにか？

溶液と純粋な溶媒を比較すると，溶液のほうが，おなじ温度における蒸気圧が低い．また，溶液はより高い沸点およびより低い凝固点を示す．**束一的性質**と呼ばれるこれらの性質は溶質粒子の数にのみ依存し，溶質の種類には無関係である．（問題 32，33，43，80〜83，108）

6. 浸透とはなにか？

浸透は異なる濃度の溶液を半透膜で仕切った時におきる．溶媒分子は半透膜を通過するが，溶質とし

て溶けているイオンや分子は通過しない．溶媒は希薄な溶液側から濃厚な溶液側へ流入するが，この現象は，**浸透圧**がその流れを止めるのに十分な大きさに増加するまで続く．**透析**と呼ばれる浸透に似た現象は，より大きな穴が開いた膜を用いた時におきる．溶媒と小さな分子は透析に用いられる膜を通過するが，タンパク質などの大きな分子は通過しない（問題 31, 84, 85, 87）．

KEY WORDS

過飽和溶液，p.275
希釈係数，p.288
吸湿性，p.273
強電解質，p.291
均一混合物，p.269
グラム当量(g-Eq)，p.291
高　張，p.299
コロイド，p.269
混和性，p.274
質量パーセント濃度[(m/m)%]，p.280
質量/体積パーセント濃度[(m/v)%]，p.281

弱電解質，p.291
十億分率(ppb)，p.284
浸　透，p.298
浸透圧，p.298
束一的性質，p.293
体積パーセント濃度[(v/v)%]，p.281
低　張，p.299
電解質，p.291
等　張，p.299
当量(Eq)，p.291
非電解質，p.291
百万分率(ppm)，p.284

不均一混合物，p.269
ヘンリーの法則，p.277
飽和溶液，p.274
モル浸透圧濃度(osmol)，p.299
モル濃度(mol/L, M)，p.285
溶　液，p.269
溶解度，p.274
溶　質，p.270
溶　媒，p.270
溶媒和，p.272

概念図：溶液

溶液の形成は，溶質粒子と溶媒粒子のあいだの引力，温度，圧力(気体の場合)など，さまざまな要因に依存している．溶質が溶媒にどの程度溶けるかは，定性的にあらわすこともできるし，濃度単位を使って定量的に示すこともできる．化学で使われるもっとも一般的な濃度単位はモル濃度(溶液1 L 中の溶質の物質量，mol/L)であり，溶液中でおこる反応の量的関係を記述する際にも有用である．沸点や凝固点などの束一的性質は，溶液に溶けている溶質の量によって変化する．図 9.14 にこれらの関係を概念図として示した．

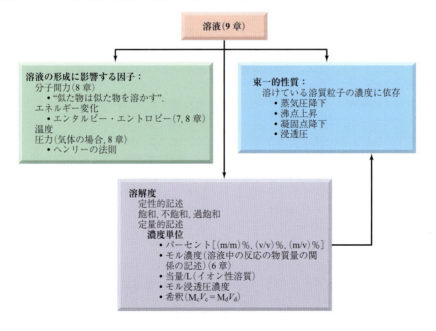

▲図 9.14

基本概念を理解するために

9.31 右側の純粋な溶媒と左側の溶液が半透膜で仕切られている．平衡に達した後の状況を描け．

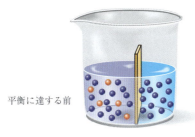
平衡に達する前

9.32 1 kg の水に 1 mol の塩化水素(HCl)を加えたら沸点が 1 ℃ 上昇したが，1 mol の CH_3CO_2H を 1 kg の水に加えたところ沸点の上昇は 0.5 ℃ であった．この事実を説明せよ．

9.33 フッ化水素(HF)は弱電解質，臭化水素(HBr)は強電解質である．1 mol の HF と 1 mol の HBr を，それぞれ 1 kg の水に溶かした溶液の沸点の変化を示しているのは，下図の二つの曲線のうちどちらか？

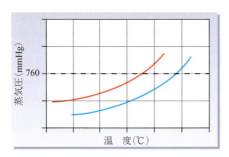

9.34 純粋な水(青)を満たしたビーカーおよびその水と同体積の 10 (m/v) % グルコース水溶液(緑)を満たしたビーカーがある．その二つのビーカーに蓋をしないで数日間放置したところ，一部の水が蒸発した．図(a)〜(c)のうち，その時の二つのビーカーの状況をもっとも適切にあらわしている図はどれか？説明せよ．

(a)　　　　(b)　　　　(c)

9.35 150 mL の 0.1 mol/L グルコース溶液が入ったビーカーが図(a)に示されている．このビーカーから 50.0 mL の溶液を取って，4 倍に希釈した．図(b)〜(d)のうち，その希釈溶液を示す図はどれか？

(a)　　　(b)　　　(c)　　　(d)

補 充 問 題

溶液と溶解度

9.36 均一混合物と不均一混合物の違いを述べよ．

9.37 溶液とコロイドをどのようにして見分けるか？

9.38 イオン性固体が水に溶解するのは，水のどんな性質によるか？

9.39 潤滑油はなぜ水に溶けないか？

9.40 つぎのうち，どれが溶液か？
(a) イタリア風サラダドレッシング
(b) 消毒用アルコール
(c) 池の水中の藻類
(d) ブラックコーヒー

9.41 主な分子間力から判断すると，下の液体の組合せのうち，どれが混和性か？
(a) H_2SO_4 と H_2O
(b) C_8H_{18}(オクタン) と C_6H_6(ベンゼン)
(c) CH_2Cl_2 と H_2O
(d) CS_2(二硫化炭素) と CCl_4(四塩化炭素)

9.42 NH_3 ガスの水への溶解度は 760.0 mmHg で 51.8 g/100 mL である．NH_3 の分圧が 225.0 mmHg に減少した時の NH_3 の溶解度はいくらか？

9.43 CO_2 の水に対する溶解度は，760 mmHg の CO_2 圧のとき 0.15 g/100 mL である．4.5 気圧(atm)の CO_2 圧でビン詰めされた炭酸飲料(水溶液)中の CO_2 の溶解度はいくらか？

溶液の濃度と希釈

9.44 飽和溶液は高濃度であるといえるか？逆に，高濃度の溶液は飽和溶液であるといえるか？

9.45 質量/体積パーセント濃度の定義を述べよ．それは，通常どんな種類の溶液に使われるか？

9.46 モル濃度の定義を述べよ．

9.47 体積パーセント濃度の定義を述べよ．それは，通常どんな種類の溶液に使われるか？

9.48 750.0 mL の 6.0 (v/v) % エタノール溶液をつくるにはどうすればよいか？

9.49 ホウ酸(H_3BO_3)の希釈水溶液はしばしば洗眼液として用いられる．500.0 mL の 0.50 (m/v) % ホウ酸溶液をつくるにはどうすればよいか？

9.50 250 mL の 0.10 mol/L NaCl 溶液をつくるにはどうすればよいか？

9.51 1.50 L の 7.50 (m/v) % $Mg(NO_3)_2$ 溶液をつくるにはどうすればよいか？

9.52 つぎの溶液の質量/体積パーセント濃度はいくらか？
(a) 0.078 mol の KCl が溶けている 75 mL の溶液
(b) 0.044 mol のスクロース($C_{12}H_{22}O_{11}$)が溶けている 380 mL の溶液

9.53 血中グルコース濃度はおよそ 90 mg/100 mL である．グルコースの質量/体積パーセント濃度はいくらか？またグルコースのモル濃度はいくらか？

9.54 つぎの溶液をつくるには，それぞれ何 mol の物質が必要か？
(a) 50.0 mL の 8.0 (m/v) % KCl 溶液 (KCl のモル質量 = 74.55 g/mol)
(b) 200.0 mL の 7.5 (m/v) % 酢酸溶液 (酢酸のモル質量 = 60.05 g/mol)

9.55 つぎの溶液のうち，どちらが濃いか？
(a) 0.50 mol/L KCl と 5.0 (m/v) % KCl
(b) 2.5 (m/v) % $NaHSO_4$ と 0.025 mol/L $NaHSO_4$

9.56 試薬びんに KOH が 23 g しか残っていないとすると，何 mL の 10.0 (m/v) % 溶液をつくることができるか？また何 mL の 0.25 mol/L 溶液をつくることができるか？

9.57 市販の過酸化水素(H_2O_2)溶液は 3 (m/v) % である．この濃度をモル濃度であらわせ．

9.58 ラットに対する青酸カリ(KCN)の致死量は，体重 1 kg あたり 10 mg である．この濃度を ppm であらわせ．

9.59 米国環境保護庁により定められている飲料水中の鉛の最大濃度は 15 ppb である（ヒント：1 ppb = 1 μg/L）．
(a) この濃度を mg/L であらわせ．
(b) この最大濃度の鉛で汚染された水を何 L 飲むと 1.0 μg の鉛を摂取したことになるか？

9.60 つぎの溶液のモル濃度はいくらか？
(a) 12.5 g の $NaHCO_3$ が溶けている 350.0 mL の溶液
(b) 45.0 g の H_2SO_4 が溶けている 300.0 mL の溶液
(c) 30.0 g の NaCl を溶かして 500 mL にした溶液

9.61 つぎの溶液には何 g の溶質が溶けているか？
(a) 200 mL の 0.30 mol/L 酢酸(CH_3CO_2H)
(b) 1.50 L の 0.25 mol/L NaOH
(c) 750 mL の 2.5 mol/L 硝酸(HNO_3)

9.62 0.0040 mol の HCl を得るには，0.75 mol/L HCl 溶液は何 mL 必要か？

9.63 モルヒネの類縁物質のナロルフィンは，ヘロイン使用者の禁断症状を治療するために使用される．ナロルフィンを 1.5 mg 投与するためには，0.40 (m/v) % ナロルフィン溶液は何 mL 必要か？

9.64 450 mL の 0.50 mol/L H_2SO_4 が入っているフラスコをうっかり床に落としてしまった．その硫酸を中和するためには何 g の $NaHCO_3$ をまく必要があるか？下の化学反応式を使って計算せよ*．

H_2SO_4(水) + 2 $NaHCO_3$(水) ⟶ Na_2SO_4(水) + 2 H_2O(液) + 2 CO_2(気)

9.65 写真の定着液の主成分であるチオ硫酸ナトリウム($Na_2S_2O_3$)は以下の化学反応式に従って臭化銀(AgBr)と反応し，臭化銀を溶かす．

AgBr(固) + 2 $Na_2S_2O_3$(水) ⟶ $Na_3Ag(S_2O_3)_2$(水) + NaBr(水)

(a) 0.450 g の AgBr と完全に反応するためには何 mol の $Na_2S_2O_3$ が必要か？
(b) 0.02 mol/L の $Na_2S_2O_3$ が何 mL あると，その物質量に相当するか？

9.66 濃縮オレンジジュースを希釈して，もとの 20 % の濃さにしたい．100 mL の濃縮オレンジジュースから何 mL の希釈ジュースがつくれるか？

9.67 0.500 mol/L の NaOH 溶液 100 mL から何 mL の 0.150 mol/L NaOH 希釈溶液をつくることができるか？

9.68 庭の植物を育てるために，285 ppm の硝酸カリウム(KNO_3)を含む水溶液が使われる．KNO_3 濃度が 75 ppm の溶液 2.0 L をつくるために必要なその水溶液の体積を求めよ．

9.69 65 mL の飽和食塩水を 480 mL に希釈したときに得られる食塩溶液の質量/体積パーセント濃度はいくらか？ただし，飽和食塩水の濃度は 37 (m/v) % とする．

9.70 濃塩酸(12.0 mol/L) は "muriatic acid" (塩酸の古名) の名称で家庭用および工業用として販売されている．25.0 mL の 12.0 mol/L HCl 溶液から何 mL の 0.500 mol/L HCl 溶液をつくることができるか？

9.71 $NaHCO_3$ の希釈溶液は，しばしば酸による火傷の治療に用いられる．750.0 mL の 0.0500 mol/L $NaHCO_3$ 溶液をつくるためには何 mL の 0.100 mol/L $NaHCO_3$ 溶液が必要か？

電解質

9.72 電解質とはなにか？

9.73 強電解質と非電解質の例をあげよ．

9.74 "血液中の Ca^{2+} 濃度が 3.0 mEq/L である" とはどういう意味か？

9.75 ある溶液に Na^+ が 5.0 mEq/L，Ca^{2+} が 12.0 mEq/L，Li^+ が 2.0 mEq/L の濃度で溶けている時，陰イオン濃度は全体で何 mEq/L になるか？

9.76 "Kaochlor" と呼ばれる 10 (m/v) % KCl 溶液は，カリウム欠乏症のための経口電解質補助剤である．Kaochlor 30 mL 中には何ミリ当量の K^+ が含まれるか？

---

*（訳注）：CO_2 の激しい発泡を伴う発熱反応であるため，慎重に行うこと．

補 充 問 題　307

9.77 つぎのイオンの1グラム当量を計算せよ．
(a) Ca^{2+}　(b) K^+
(c) SO_4^{2-}　(d) PO_4^{3-}

9.78 表9.6から血液中のCl^-イオンの濃度を調べ，Cl^-イオン1.0 gを得るために必要な血液の体積を求めよ．

9.79 正常な血液にはMg^{2+}が3 mEq/Lの濃度で含まれている．血液150 mL中に存在するMg^{2+}の質量(mg単位)を計算せよ．

溶液の性質

9.80 0.20 molのNaOHと0.20 molの$Ba(OH)_2$のうち，2.0 kgの水の凝固点をより大きく降下させるのはどちらか説明せよ．ただし，両化合物とも強電解質である．

9.81 0.500 mol/Lグルコースと0.300 mol/L KClのうち，どちらの沸点が高いか説明せよ．

9.82 メタノール(CH_3OH)は自動車フロントガラス用のウォッシャー液に不凍液として加えられることがある．5.00 kgの水の凝固点を−10 ℃に下げるためには何 molのメタノールが必要か？ただし，溶質1 molあたり1 kgの水の凝固点は1.86 ℃低下する．

9.83 あめ玉は純粋な砂糖と香味料を水に溶かし，沸騰させてつくられる．650 gの甘蔗糖(モル質量 342.3 g/mol)と水1.5 kgからつくられる溶液の沸点は何 ℃か？ただし，不揮発性の溶質1 molあたり1 kgの水の沸点は0.51 ℃上昇する．

浸　透

9.84 赤血球を純水中に置くと，なぜ赤血球は膨らんで破裂するのか？

9.85 "0.15 mol/L NaCl 溶液は血液と等張であり，蒸留水は低張である"とはどういう意味か？

9.86 つぎの溶液のうち，モル浸透圧濃度が高いのはどちらか？
(a) 0.25 mol/L KBrと0.20 mol/L Na_2SO_4
(b) 0.30 mol/L NaOHと3.0 (m/v)% NaOH

9.87 5.00 gのNaClが溶けている350.0 mLの溶液と35.0 gのグルコースが溶けている400.0 mLの溶液では，平衡状態においてどちらがより高い浸透圧を示すか．ただし，NaClのモル質量は58.5 g/mol，グルコースのモル質量は180 g/molである．

9.88 270 gの食塩(NaCl)を含む3.8 Lの漬け物液をつくった．この溶液のモル浸透圧濃度を計算せよ．

9.89 等張液の濃度は約0.30 osmolである必要がある．175 mLの等張液をつくるためにはKClがどれだけ必要か．

Chemistry in Actionからの問題

9.90 人体はどのようにして高地での酸素利用効率を高めているか？[呼吸と酸素輸送，p.278]

9.91 汗の中の主要な電解質はなにか？また，それらのおおよその濃度をmEq/L単位であらわせ．[電解質，水分補給，スポーツドリンク，p.294]

9.92 長時間の運動をしたあとの水分補給には普通の水よりスポーツドリンクが有効であるのはなぜか？[電解質，水分補給，スポーツドリンク，p.294]

9.93 薬剤の腸溶コーティングの働きはなにか？[時限放出型薬剤，p.302]

全般的な質問と問題

9.94 高圧(6気圧まで)の空気または酸素を供給する高圧室は，深海ダイバーの潜水病から一酸化炭素中毒まで，さまざまな病態の治療に使われる．
(a) 酸素濃度18%の空気で5気圧に加圧された高圧室の酸素分圧は何 mmHgか？
(b) その分圧における血液への酸素の溶解度は，何 g/100 mLか？ただし，酸素分圧1気圧のとき，酸素の溶解度は2.1 g/100 mLである．

9.95 問題9.94の酸素の溶解度をモル濃度であらわせ．

9.96 腎臓結石の中には尿酸(分子式：$C_5H_4N_4O_3$)を主成分とするものがある．尿酸の水に対する溶解度はわずか0.067 g/Lである．この濃度を(m/v)%，ppm，およびモル濃度であらわせ．

9.97 心停止患者の緊急治療では，塩化カルシウム溶液を直接心筋に注射することがある．5.0 mLの5.0 (m/v)%溶液を注射した場合，何 gの$CaCl_2$を投与したことになるか？また，Ca^{2+}については何 mEqか？

9.98 16 mol/L 硝酸(HNO_3)溶液が市販されている．
(a) 0.150 molのNHO_3を得るために必要な市販の硝酸の体積はいくらか？
(b) 0.20 mol/Lの硝酸溶液をつくるためには，問題(a)の硝酸を何 Lまで希釈すれば良いか？

9.99 ビタミンC(アスコルビン酸，$C_6H_8O_6$)の定量法の一つに，ビタミンCとヨウ素の反応を利用する方法がある．

$$C_6H_8O_6(水) + I_2(水) \longrightarrow C_6H_6O_6(水) + 2\,HI(水)$$

(a) あるフルーツジュース25.0 mLと0.0100 mol/LのI_2溶液を反応させたところ13.0 mLを要した．このフルーツジュース中に含まれるアスコルビン酸は何 molか？．
(b) このフルーツジュース中に含まれるアスコルビン酸のモル濃度はいくらか？
(c) 米国食品医薬品局は1日あたり60 mgのアスコルビン酸摂取を推奨している．60 mgのアスコルビン酸を摂取するためには，問題(a)のフルーツジュースを何 mL飲まなければならないか？

9.100 火傷やけがの治療に使われるリンガー溶液は，8.6 gのNaCl，0.30 gのKCl，および0.33 gの$CaCl_2$を水に溶かしてから1.00 Lに希釈することにより調製される．それぞれの成分のモル濃度はいくらか？

9.101 リンガー溶液のモル浸透圧濃度はいくらか？(問題9.100参照)．リンガー溶液は血漿(0.30 osmol)に対

して低張か，等張か，それとも高張か？

9.102 高コレステロールの治療に使われるスタチン系薬剤の標準的な投与量は 10 mg である．全血液の体積が 5.0 L であると仮定して，血液中の薬剤の質量/体積パーセント濃度を算出せよ．

9.103 健康な人の血液の密度が約 1.05 g/mL であると仮定して，問題 9.102 の薬剤濃度を ppm 単位で求めよ．

9.104 米国の全 50 州の法律では血中アルコール濃度が 0.080(v/v)％ある人は酔っていると見なされる．血液の体積が 5.0 L であると仮定すると，この濃度に相当するアルコールの体積はいくらか？

9.105 アンモニア(NH_3)は水にとてもよく溶ける(20 ℃，760 mmHg で 51.8 g/L)．
(a) アンモニアは水とどのように水素結合するかを示せ．
(b) 水に対するアンモニアの溶解度を mol/L 単位であらわせ．

9.106 青色の固体である塩化コバルト(Ⅱ)($CoCl_2$)は空気中の水を吸収してピンク色の固体の塩化コバルト(Ⅱ)六水和物になる．その平衡は空気中の湿気にとても敏感なため，$CoCl_2$ は湿度指示剤として使われている．
(a) この平衡の平衡反応式を書け．六水和物を生成するための反応物として，必ず水を含めること．
(b) 2.50 g の塩化コバルト(Ⅱ)六水和物が分解すると，何 g の水が生じるか？

9.107 35.0 mL の 0.200 mol/L Na_2SO_4(硫酸ナトリウム)と完全に反応させるために必要な 0.150 mol/L $BaCl_2$(塩化バリウム)は何 mL か？また，何 g の $BaSO_4$(硫酸バリウム)が生成するか？

9.108 多くの化合物は水溶液中でごく一部しかイオンに解離していない．たとえば，トリクロロ酢酸(CCl_3CO_2H)は水中で下の反応式に従って部分的に解離する．

$$CCl_3CO_2H(水) \rightleftharpoons H^+(水) + CCl_3CO_2^-(水)$$

1.00 mol のトリクロロ酢酸を 1.00 kg の水に溶かしてつくった溶液では，36％のトリクロロ酢酸が H^+ イオンと $CCl_3CO_2^-$ イオンに解離する．
(a) 1 kg の水に溶けているイオンとトリクロロ酢酸分子の物質量は合計いくらか？
(b) この溶液の凝固点は何 ℃ か？ただし，溶質粒子 1 mol あたり 1 kg の水の凝固点は 1.86 ℃ 低下する．

10 章

酸 と 塩 基

目 次

10.1 水溶液中の酸と塩基
10.2 代表的な酸と塩基
10.3 酸と塩基ブレンステッド–ローリーの定義
10.4 酸と塩基の強さ
10.5 酸解離定数
10.6 酸および塩基としての水
10.7 水溶液中の酸性度の測定：pH
10.8 pH を使った作業
10.9 実験室での酸性度の決定
10.10 緩衝液
10.11 酸と塩基の当量
10.12 代表的な酸塩基反応
10.13 滴 定
10.14 塩溶液の酸性度と塩基性度

◀ 酸は私たちが食べる多くの食品，たとえばトマトやコショウ，柑橘類に含まれている．

この章の目標

1. 酸および塩基とはなにか？
   目標：酸と塩基を理解し、一般的な酸・塩基の化学反応式が書ける。(◀◀◀ A.)
2. 酸と塩基の強さは、反応にどのような効果をおよぼすか？
   目標：酸解離定数 K_a を用いた酸強度を理解し、酸塩基平衡のどちらの向きに反応が進行するか予測できる。(◀◀◀ B, C.)
3. 水のイオン積定数とはなにか？
   目標：この定数を求める式が書け、その式から H_3O^+ あるいは OH^- の濃度を求めることができる。(◀◀◀ C.)
4. 酸性度を測る pH 尺度とはなにか？
   目標：pH の尺度が説明でき、H_3O^+ の濃度から pH を求められるようにする。(◀◀◀ D.)
5. 緩衝液とはなにか？
   目標：緩衝液は pH をどのように維持するか、また炭酸水素塩（重炭酸塩）は体内でどのようにして緩衝作用を果たすか、説明できる。(◀◀◀ C.)
6. 溶液の酸および塩基の濃度は、どのようにして求められるか？
   目標：滴定操作がどのように行われるか、また溶液中の酸あるいは塩基濃度を計算するために、滴定の結果をどのように使うか、理解する。(◀◀◀ A, E.)

復習事項

A. 酸、塩基、中和反応
   (3.11, 5.5 節)
B. 可逆反応と化学平衡
   (7.7 節)
C. 平衡式と平衡定数
   (7.8 節)
D. 濃度の単位：モル濃度
   (9.7 節)
E. イオンの当量
   (9.10 節)

酸！この言葉は、触れるとすべてを侵食する危険な腐食性の液体のイメージを抱かせる。少数のよく知られている物質、たとえば硫酸（H_2SO_4）は実際に危険な酸であるが、ほとんどの酸は比較的無害なものが多い。事実、たとえばアスコルビン酸（ビタミン C）のような多くの酸は生命の維持に欠かすことができない。私たちは、すでにいくつかの章で酸や塩基について触れてきたが、もっと詳しく学習する必要がある。

10.1 水溶液中の酸と塩基

3.11 節および 5.5 節で説明したことについて、体系的な学習に入る前に復習しておこう。

- 酸とは、水に溶解した時に水素イオン H^+ を放出する物質。
- 塩基とは、水に溶解した時に水酸化物イオン OH^- を放出する物質。
- 塩基で酸を中和すると、水と**塩**（salt）を与える。この塩は、塩基のカチオンと酸のアニオンからなるイオン化合物。

酸・塩基の上の定義はスイスの化学者、アレニウス（Svante Arrhenius）が 1887 年に提案し、現在でも非常に有用である。しかしその定義には限界がある。なぜなら水溶液でおきる反応に限定されるからである（酸・塩基の定義がどのように拡張されるかは、あとで述べる）。別の問題として、H^+ イオンが反応性に富んでいるため水中では存在できないことがある。その代わり H^+ は H_2O と反応して**オキソニウムイオン**＊（H_3O^+）になる。このことについてはすでに 3.11 節で述べた。HCl ガスが H_2O に溶解すると H_3O^+ と Cl^- が形成されることを例にしよう。4.9 節に述べたように、HCl の静電ポテンシャルマップでは水素が正電荷を帯びて電子が不足する状態（青）になっている。一方、水の酸素は負電荷を帯び電子に富んでいる状態になる（赤）。したがってアレニウスの定義は、酸は水中で H^+ よりも H_3O^+ を与えると解釈できる。しかし実際のところ、H_3O^+ 表記と H^+（水）の表記はしばしばおなじ意味で使われる。

オキソニウムイオン（oxonium ion）
酸と水が反応する時に生成される H_3O^+ イオン。

＊（訳注）：原書ではヒドロニウムイオン（hydronium ion）となっているが、本書では IUPAC 命名法に従い、オキソニウムイオンとする。

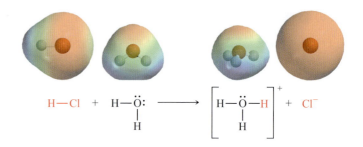

アレニウスの塩基の定義は確かに正しいが，塩基によってつくられる OH^- イオンには二つの供給源があることを理解しておくことが重要になる．金属の水酸化物，たとえば NaOH，KOH や $Ba(OH)_2$ は，すでに OH^- イオンをもつイオン化合物であり，水に溶けた時はただ単に OH^- イオンを放出する．しかしアンモニアなどの分子化合物はイオン化合物ではなく，その構造には OH^- イオンは含まれていない．それにもかかわらずそれらは塩基になる．なぜなら水に溶解すると水と反応し，NH_4^+ と OH^- イオンが生産されるからである (10.3 節参照)．

10.2　代表的な酸と塩基

　酸と塩基はさまざまな食品や消費物質に存在する．酸は一般的に酸味を呈し，ほとんどの酸っぱい食品は酸を含んでいる．たとえばレモン，オレンジやグレープフルーツはクエン酸を含み，そして乳酸飲料は乳酸を含んでいる．塩基は食品中にはそれほど目立たない．しかし私たちの大半は台所の流しやバスルームの洗面台の下に保存している．塩基は家庭用のクリーニング剤に存在する．たとえばトイレの芳香せっけんをはじめ，アンモニア入りの窓用スプレーや，排水管に詰まった髪の毛やグリースなどを溶かすクリーナーとして用いられている．

　酸と塩基のいくつかの例を下にあげた．化学の学習ではこれらの酸・塩基はもっとも一般的なものなので，ここで名称と化学式を覚えておくこと．

▲普及している家庭用洗剤は，NaOH や NH_3 の塩基を含んでいる．せっけんは植物油や動物性油脂を NaOH や KOH との反応で製造される．

- **硫酸**，H_2SO_4 は化学工業や薬品工業でおそらくもっとも重要な原料の一つであり，そしてほかのどの工業薬品よりも世界中でもっとも多量に製造されている．年間 4500 万トン以上米国で製造され，リン酸肥料を含めて非常に多くの工業的な製造に使われる．もっとも一般的な消費者の使用法として自動車のバッテリーの酸としての利用があげられる．バッテリーの酸を皮膚や衣類にはねかけて汚した人は，硫酸は非常に腐食性があり，痛みの伴うやけどの原因になることを知っている．

- **塩酸**，HCl すなわち歴史的に muriatic acid の名前で知られている塩酸にはたくさんの工業的な利用，たとえば金属の洗浄やフルクトース含量の高いコーンシロップの製造などがある．HCl 水溶液はまた，大部分の哺乳類の消化器系に"胃酸"として存在する．

- **リン酸**，H_3PO_4 はリン酸肥料の製造に多量に使用される．さらに食品添加物や練り歯みがきにも使われている．多くのソフトドリンクにはリン酸が含まれているため，酸味がする．

- **硝酸**，HNO_3 は多目的に使われる強い酸化剤である．たとえば硝酸アンモニウム肥料や軍事用の爆薬の製造などに使用される．皮膚にこぼすと皮膚のタンパク質と反応して特徴的な黄色斑点が残る．

- **酢酸**，CH_3CO_2H はビネガーの主要な有機成分である．すべての生きた細胞に存在し，有機溶媒，ラッカーの製造や被覆加工などの多くの工業生産過程に使用される．
- **水酸化ナトリウム**，NaOH は**カセイソーダ**(caustic soda)あるいは**カセイアルカリ液**(lye)とも呼ばれ，すべての塩基の中でもっとも一般的に使われている．工業的には鉱石からのアルミニウムの製錬や，ガラスの製造，動物脂肪からのせっけんの製造などに使用されている．NaOH の濃い水溶液は，皮膚に長いあいだ付着するとひどいやけどの原因になる．排水口の洗浄剤には，油や毛に含まれている脂肪やタンパク質と反応させるために NaOH がしばしば含まれる．
- **水酸化カルシウム**，$Ca(OH)_2$ は**消石灰**(slaked lime)とも呼ばれ，工業的には石灰(CaO)を水と処理して得る．モルタルやセメントの使用も含めて広く利用される．$Ca(OH)_2$ 水溶液はしばしば**石灰水**(lime water)と呼ばれる．
- **水酸化マグネシウム**，$Mg(OH)_2$ すなわち**マグネシア乳**(milk of magnesia)は食品添加物，練り歯みがきや医師の処方なしに購入できる薬物に含まれる．ロレイズ(Rolaids®)，ミランタ(Mylanta®)やマーロックス(Maalox®)のような医師の処方を必要としない制酸薬剤はすべて水酸化マグネシウムを含んでいる．
- **アンモニア**，NH_3 は主として化学肥料として使われるが，医薬品や爆薬の製造などほかの多くの工業生産にも使われる．アンモニアの希薄溶液は家庭用のガラスクリーナーとしてしばしば使用される．

10.3 酸と塩基のブレンステッド-ローリーの定義

10.1 節で説明したアレニウスの酸と塩基の定義は，水溶液の反応にのみ限定される．より一般的な定義が 1923 年，デンマークの化学者ブレンステッド(Johannes Brønsted)と英国の化学者ローリー(Thomas Lowry)によって提案された．**ブレンステッド-ローリー酸**は，ほかの分子やイオンに水素イオン H^+ を供与できる物質をいう．水素原子(atom)は陽子(プロトン)1 個と電子 1 個からできており，水素イオン(ion)H^+ は陽子(プロトン)そのものである．したがって酸を**プロトン供与体**(proton donor)という．水中の反応に限定する必要はなく，ブレンステッド-ローリー酸は水中でかなり高い濃度の H^+ 濃度を供与する必要もない．

3.11 節で説明したように，酸が異なれば違った数の H^+ を供与できる．HCl や HNO_3 のような 1 プロトンを供与できる酸は**一塩基酸**(monoprotic acid)と呼ばれる；H_2SO_4 には 2 プロトンがあるので**二塩基酸**(diprotic acid)という；H_3PO_4 には 3 プロトンがあるので**三塩基酸**(triprotic acid)である．プロトンとして供給される水素原子(酸性の水素原子)は，塩素や酸素原子といった電気陰性度が大きい原子に結合していることに気づくはずである．

H—Cl　　　　O=N—OH　　　　HO—S(=O)(=O)—OH　　　　HO—P(=O)(OH)—OH
塩酸　　　　硝酸　　　　硫酸　　　　リン酸
(一塩基酸)　(一塩基酸)　(二塩基酸)　(三塩基酸)

有機酸の 1 例になる酢酸(CH_3CO_2H)は水素 4 原子をもつ．電気陰性な酸素原子に結合している水素のみが + に分極することから酸性を示す．炭素に結合

> **ブレンステッド-ローリー酸**(Brønsted-Lowry acid)　水素イオン H^+ をほかの分子やイオンに供与できる物質．

している水素3原子は酸性を示さない．大部分の有機酸は多くの水素原子を含むが，$-CO_2H$ 基の水素(静電ポテンシャルマップで青)のみが酸性を示す．

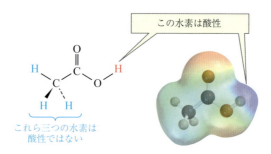

この水素は酸性

これら三つの水素は酸性ではない

下図に示すように，酢酸は H^+ (プロトン) を水分子に与える(ブレンステッド–ローリー酸の定義)ので，水と反応して H_3O^+ を生成する(アレニウス酸の定義)．

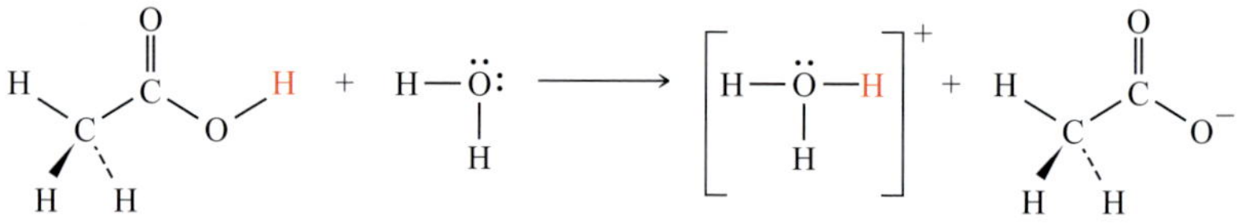

ブレンステッド–ローリー塩基(Brønsted-Lowry base) 酸の H^+ を受容できる物質．

ブレンステッド–ローリー酸は H^+ を**供与**(donate)する物質になるが，**ブレンステッド–ローリー塩基**は酸から H^+ を**受容**(accept)する物質になる．アンモニアは水からプロトンを受容する(ブレンステッド–ローリー塩基の定義)ことによって水と反応し OH^- を生成する(アレニウス塩基の定義)．

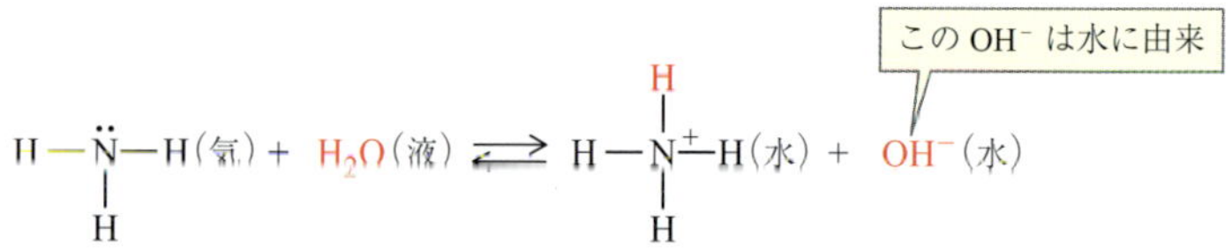

この OH^- は水に由来

その反応は水中でおきる必要はなく，また水中で高濃度の OH^- を供与する必要もない．たとえば気体の NH_3 は気体の HCl から H^+ を受け取る塩基として働き，イオン性固体 $NH_4^+Cl^-$ を生成する．

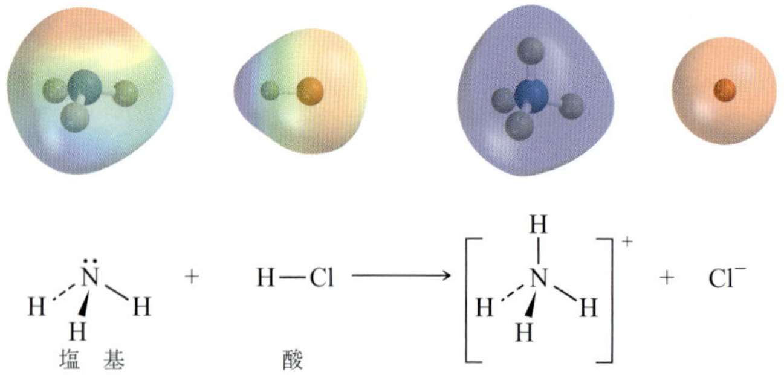

塩基　酸

酸と塩基の定義をひとくくりにすると，**酸塩基反応とはプロトンが移動する反応である**．プロトン供与体の酸とプロトン受容体の塩基のあいだの一般的な反応はつぎのようにあらわせる．

10.3 酸と塩基のブレンステッド–ローリーの定義

ここで HA はブレンステッド–ローリー酸を，B:あるいは B:⁻ はブレンステッド–ローリー塩基を示す．これらの酸塩基反応で重要なことは，B–H 結合の2電子は塩基から由来することである．曲がった矢印で示したように，電子は塩基の電子対から酸の水素原子へと流れる．すなわち，形成する B–H 結合は配位共有結合になる．事実，ブレンステッド–ローリー塩基はそのような非共有電子対をもたなければならない．それがないと酸の H⁺ を受け取ることができない．

▶▶ 配位共有結合は，二つの電子が，同じ原子から供給されることで形成されることを4.4節で学んだことを思い出すこと．

塩基は中性の B でも負に帯電した B⁻ でもよい．もし塩基が中性(B)の時は H⁺ が付加した後の生成物は正に帯電(BH⁺)する．アンモニアはその1例になる．

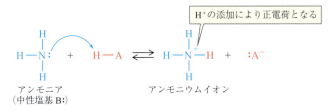

もし塩基が負に帯電している場合(B:⁻)，生成物は中性になる(BH)．水酸化物イオンはその1例になる．

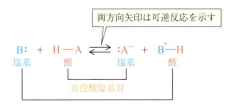

ブレンステッド–ローリーの定義の重要な結論は，酸塩基反応の**生成物**(product)そのものが酸にも塩基にもなり得ることである．酸 HA が塩基 B にプロトンを供与して生成した A⁻ 自身は，塩基になる．なぜなら A⁻ はプロトンを受容できるからにほかならない．同時に，生成した BH⁺ 自身はプロトンを供与できるので，酸になる．これは，酸塩基反応が可逆反応になることを意味する．しかし，ある反応ではしばしば平衡定数が大きすぎて逆反応が目立たない場合もある．

▶▶ 平衡定数が1よりも大きいときは正反応が進行し，1よりも小さいときは逆反応が進行する(7.8節)．

$$B: + H-A \rightleftharpoons :A^- + B^+-H$$
塩基　酸　　　塩基　　酸
共役酸塩基対

両方向矢印は可逆反応を示す

共役酸塩基対(conjugate acid-base pair) 化学式が水素イオン H⁺ のみによって異なる二つの物質．

共役塩基(conjugate base) 酸から H⁺ の脱離によって生成される物質．

共役酸(conjugate acid) 塩基に H⁺ の付加によって生成される物質．

B や BH⁺ あるいは HA や A⁻ のような組合せの化学種は，H⁺ 1個のみに違いが見出せる．この1組の化学種は**共役酸塩基対**と呼ばれる．そのためアニオン A⁻ は酸 HA の**共役塩基**であり，HA は塩基 A⁻ の**共役酸**である．同様に B

は酸 BH^+ の共役塩基であり，BH^+ は塩基 B の共役酸である．共役酸のプロトンの数は，つねに共役塩基のプロトン数よりも1個多い．たとえば酢酸と酢酸イオン，オキソニウムイオンと水，アンモニウムイオンとアンモニアは共役酸塩基対になる．

$$
\text{共役酸} \begin{cases} CH_3COOH \rightleftarrows H^+ + CH_3COO^- \\ H_3O^+ \rightleftarrows H^+ + H_2O \\ NH_4^+ \rightleftarrows H^+ + NH_3 \end{cases} \text{共役塩基}
$$

例題 10.1 酸と塩基：ブレンステッド-ローリーの酸と塩基の識別

つぎのそれぞれをブレンステッド-ローリーの酸かそれとも塩基か識別せよ．
(a) PO_4^{3-}　(b) $HClO_4$　(c) CN^-

解　説　ブレンステッド-ローリーの酸は H^+ を供与できる水素をもたなければならない．また，ブレンステッド-ローリーの塩基は H^+ と結合できる非共有電子対をもつ原子をもたなければならない．通常は，ブレンステッド-ローリーの塩基は酸から H^+ の脱離によって得られるアニオンである．

解　答
(a) リン酸アニオン (PO_4^{3-}) は，供与できるプロトンをもたないので，ブレンステッド-ローリー塩基である．リン酸 H_3PO_4 から三つプロトンを失うことによってできる．
(b) 過塩素酸 ($HClO_4$) は H^+ を供給できるので，ブレンステッド-ローリーの酸．
(c) シアン化物イオン (CN^-) は供与できるプロトンをもたないので，ブレンステッド-ローリー塩基である．シアン化水素から H^+ を脱離して得られる．

例題 10.2 酸と塩基：共役酸塩基対の識別

つぎの問いの化学式を書け．
(a) シアン化物イオン CN^- の共役酸
(b) 過塩素酸 $HClO_4$ の共役塩基

解　説　共役酸は塩基に H^+ を与えて形成される．共役塩基は酸から H^+ を取り除いてできる．

解　答
(a) HCN が CN^- の共役酸．
(b) ClO_4^- が $HClO_4$ の共役塩基．

問題 10.1
つぎの化合物のどれがブレンステッド-ローリー酸か？
(a) HCO_2H　(b) H_2S　(c) $SnCl_2$

問題 10.2
つぎの化合物のどれがブレンステッド-ローリー塩基か？
(a) SO_3^{2-}　(b) Ag^+　(c) F^-

問題 10.3

つぎの化学式を書け.
(a) HS⁻ の共役酸   (b) PO₄³⁻ の共役酸
(c) H₂CO₃ の共役塩基 (d) NH₄⁺ の共役塩基

基礎問題 10.4

つぎの反応に対してブレンステッド-ローリーの酸，塩基および共役酸塩基対を識別せよ．

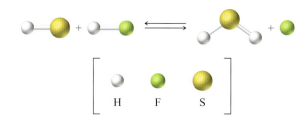

[H F S]

10.4　酸と塩基の強さ

いくつかの酸と塩基，たとえば硫酸(H_2SO_4)，塩酸(HCl)あるいは水酸化ナトリウム(NaOH)などは非常に腐食性が高い．これらは反応性に富んでおり，皮膚に触れると深刻な皮膚のただれがおきる．ほかの酸や塩基はそれほど反応性に富むことはない．酢酸(CH_3COOH，ビネガーの成分)やリン酸(H_3PO_4)は多くの食品に存在する．なぜいくつかの酸と塩基は比較的安全であり，ほかのものは非常に注意深く取り扱わなければならないのか？その答えは，酸や塩基に対してどの程度容易に活性イオン(H^+)や(OH^-)が生成されるかに関連している．

表 10.1 (p.318) で示されるように，酸のプロトンを引き渡す能力には差がある．この表の上位六つの酸は**強酸**であり，プロトンを容易に放出して本質的には 100 % **解離**する．すなわち水中で完全にイオンに分離する．そのほかの酸は**弱酸**に分類される．プロトンを放出しにくく，また水中での解離は実質的に 100 % 以下になる．おなじように，この表の上段の共役塩基はプロトンとほとんど親和性がないため**弱塩基**になる．一方，表の下段の共役塩基はプロトンをしっかりと保持するので**強塩基**になる．

硫酸のような二塩基酸は水中で 2 段階に解離する．最初の解離で HSO_4^- を与えるが，その解離はほとんど 100 % のため強酸になる．2 番目の解離は SO_4^{2-} を与えるが，その解離はきわめて少ない．なぜなら負に帯電した HSO_4^- アニオンから正に帯電した H^+ の分離は困難なためである．そのため HSO_4^- は弱酸になる．

$$H_2SO_4(液) + H_2O(液) \longrightarrow H_3O^+(水) + HSO_4^-(水)$$
$$HSO_4^-(水) + H_2O(液) \rightleftharpoons H_3O^+(水) + SO_4^{2-}(水)$$

表 10.1 の大きな特徴は，酸強度と塩基強度が逆の関係になっていることである．**酸強度が強ければその共役塩基は弱くなる．また，酸が弱ければ弱いほどその共役塩基は強くなる．**たとえば，HCl は強酸なので Cl⁻ は非常に弱い塩基になる．しかしながら，H_2O は非常に弱い酸なので OH⁻ は強い塩基になる．

なぜ酸の強度と塩基の強度は逆の関係にあるのか？この疑問に解答を得るためには，酸や塩基が強いあるいは弱いということはなにを意味するのかを考

強酸(strong acid)　H^+ を容易に手放し，水の中で本質的には 100 % 解離する酸．

解離(dissociation)　水の中で酸が分離し，H^+ とアニオンを与えること．

弱酸(weak acid)　H^+ を手放しにくく，水中で解離が 100 % 以下のもの．

弱塩基(weak base)　H^+ に対して親和力がわずかであり，プロトンを弱く保持する塩基．

強塩基(strong base)　H^+ に対して高い親和性を示し，プロトンを強く保持する塩基．

表 10.1　酸と共役塩基の相対的な強度

酸性度の増加		酸		共役塩基			塩基性度の増加
↑	強酸：100%解離	過塩素酸 硫　酸 ヨウ化水素酸 臭化水素酸 塩　酸 硝　酸	$HClO_4$ H_2SO_4 HI HBr HCl HNO_3	ClO_4^- HSO_4^- I^- Br^- Cl^- NO_3^-	過塩素酸イオン 硫酸水素イオン ヨウ化物イオン 臭化物イオン 塩化物イオン 硝酸イオン	塩基としてほとんど, もしくは全く反応せず	↓
		オキソニウムイオン	H_3O^+	H_2O	水		
	弱　酸	硫酸水素イオン リン酸 亜硝酸 フッ化水素酸 酢　酸	HSO_4^- H_3PO_4 HNO_2 HF CH_3COOH	SO_4^{2-} $H_2PO_4^-$ NO_2^- F^- CH_3COO^-	硫酸イオン リン酸二水素イオン 亜硝酸イオン フッ化物イオン 酢酸イオン	非常に弱い塩基	
	非常に弱い酸	炭　酸 リン酸二水素イオン アンモニウムイオン シアン化水素酸 炭酸水素イオン リン酸一水素イオン	H_2CO_3 $H_2PO_4^-$ NH_4^+ HCN HCO_3^- HPO_4^{2-}	HCO_3^- HPO_4^{2-} NH_3 CN^- CO_3^{2-} PO_4^{3-}	炭酸水素イオン リン酸一水素イオン アンモニア シアン化物イオン 炭酸イオン リン酸イオン	弱塩基	
		水	H_2O	OH^-	水酸化物イオン	強塩基	

える必要がある．強酸 H–A は容易にプロトンを放出する．すなわち，その共役塩基 A^- はそのプロトンとほとんど親和性がないことを意味する．これはプロトンと親和性のない物質という，まさに弱塩基の定義でもある．つぎの反応において正方向と逆方向の矢印の大きさが示すように，結果として逆反応がより少なくなる．

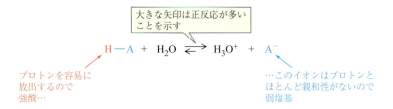

おなじように，弱酸のプロトン放出は困難であることからその共役塩基はプロトンと強い親和性をもつ．これはプロトンと高い親和性がある物質という，まさに強い塩基の定義でもある．その逆反応はより容易になる．

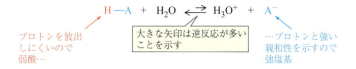

表 10.1 で示したように，酸の相対的な強度を知ることができればプロトン移動の反応の方向を予測することができる．**酸–塩基のプロトン移動の平衡はつねに強塩基と強酸との反応を優先させ，また弱酸と弱塩基の形成を促す**．すなわち，強酸（その弱い共役塩基はプロトンを保持できない）からプロトンが離れてつねに弱い酸（その強い共役塩基はプロトンをしっかりと保持する）になる．言いかえれば，プロトンの獲得において強酸はつねに勝利する．

CHEMISTRY IN ACTION

胃食道逆流症—胃酸過多症それとも低塩酸症？

強酸は金属をも溶かすことができる腐食性の強い物質である．誰もが強酸を摂取することを考えないであろう．しかしながら，胃内で分泌される胃液の主要な成分は，強酸の塩酸である．健康の保持と栄養摂取のためには，胃の酸性状態の環境が必要不可欠である．

酸はタンパク質の消化や微量栄養素，たとえばカルシウム，マグネシウム，鉄やビタミン B_{12} の吸収に必須である．また，胃酸は経口摂取された酵母や細菌を殺すことによって，腸内を無菌環境にする働きがある．食道は，食物や飲み物が胃に入る管である．胃液が食道まで込み上げると，胸やのどが焼けるような感覚を覚える．いわゆる胸焼けや胃酸過多と呼ばれる原因となる．食道の炎症が続くと胃食道逆流症 (gastro-esophageal reflux disease, GERD) となってしまう．何も対処しないと深刻な健康障害がおきる．

水素イオンと塩素イオンは，胃酸分泌の壁細胞の細胞質から別々に分泌される．その後，両者は結合し，通常 0.10 mol/L 濃度に近い塩酸となる．生成し

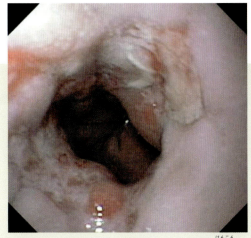

▲対処しないで放置すると，胃潰瘍や食道組織の瘢痕化を引きおこす．

た塩酸は，胃の空洞へ放出され，塩酸濃度は，0.01〜0.001 mol/L まで希釈される．食道と違って，胃は厚い粘液層に覆われており，塩酸という腐食性の溶液による損傷から胃を守っている．

胃酸過多に悩まされている人は，店頭販売で手に入る制酸薬［たとえばタムズ（TUMS®）やロレイズ（Rolaids®）］で苦痛が軽減される（10.12 節）．胃食道逆流症のような慢性疾患は，しばしば医師の処方薬の投与が必要である．2 種類の投与薬がある．一つは，プレバシッド（Prevacid®）やプリロセック（Prilosec®）のようなプロトンポンプ阻害剤であり，胃酸分泌細胞による H^+ の産生を阻害する．もう一つは，H_2 受容体遮断薬［タガメット（Tagamet®），ザンタック（Zantac®）やペプシッド（Pepcid®）］の使用により，胃酸が胃の内腔へ放出されるのを防ぐことができる．両者の薬は，胃酸の産生を減らし，胃食道逆流症の症状を軽減できる．

皮肉にも，胃食道逆流症の症状は，胃酸が十分でなくてもおきる．いわゆる**低塩酸症** (hypochlorhydria) として知られている．胃の内容物を小腸へ運ぶバルブの開閉は，胃酸の濃度によって制御されている．酸が不足してそのバルブが開かないと，胃の内容物が食道へ逆流されることになる．

章末の"Chemistry in Action からの問題" 10.94, 10.95 を見ること．

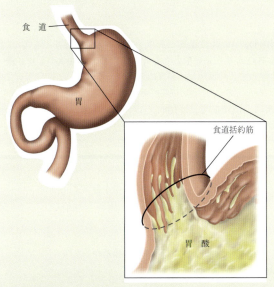

▲胃食道逆流症と関連のある，胸が焼けるような感覚やほかの症状は，胃の酸性内容物が食道へと逆流することが原因でおきる．

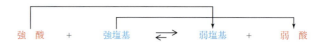

強酸 ＋ 強塩基 ⇌ 弱塩基 ＋ 弱酸

この法則を試してみよう．水と酢酸の反応および水酸化物イオンと酢酸の反応を比較してみる．反応式を書いて矢印の両側にある酸を特定し，つぎにどの酸が強いか，どの酸が弱いかを決める．たとえば水と酢酸の反応は，酢酸イオンとオキソニウムイオンを与える．酢酸は H_3O^+ よりも弱い酸なので，この反応は逆反応が優先する．

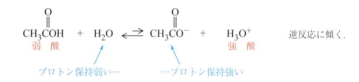

CH_3COH ＋ H_2O ⇌ CH_3CO^- ＋ H_3O^+　　逆反応に傾く．
弱酸　　　　　　　　　　強酸
　　プロトン保持弱い…　　　　　…プロトン保持強い

他方，水酸化物イオンと酢酸の反応では酢酸イオンと水を与える．これは酢酸は水より強い酸なので正反応が優先されるからにほかならない．

CH_3COH ＋ OH^- ⇌ CH_3CO^- ＋ H_2O　　正反応に傾く．
強酸　　　　　　　　　　弱酸
　　プロトン保持強い…　　　　　…プロトン保持弱い

例題 10.3　酸–塩基の強度：プロトン移動の反応の方向性を予測する

リン酸イオン(PO_4^{3-})と水とのあいだの等式で化学反応式を書いて，その平衡がどちらに傾いているか決定せよ．

解説　表 10.1 を参考にして，その反応に含まれる化学種の相対的な酸強度と塩基強度を把握する．酸–塩基のプロトン移動による平衡はより強い酸の反応を優先させ，より弱い酸の形成を促す．

解答
リン酸イオンは弱酸(HPO_4^{2-})の共役塩基であり，それゆえ強い塩基でもある．表 10.1 から HPO_4^{2-} は H_2O よりも強い酸とわかる．また OH^- は PO_4^{3-} よりも強い塩基とわかる．したがってこの反応は，逆反応の方向に進む．

PO_4^{3-}(水) ＋ H_2O(液) ⇌ HPO_4^{3-}(水) ＋ OH^-(水)
弱塩基　　　弱酸　　　　強酸　　　　強塩基

問題 10.5
表 10.1 を参考にして，つぎの各組のうちどちらが強い酸か答えよ．
　(a) H_2O と NH_4^+　　(b) H_2SO_4 と CH_3CO_2H　　(c) HCN と H_2CO_3

問題 10.6
表 10.1 を参考にして，つぎの各組のうちどちらが強い塩基か答えよ．
　(a) F^- と Br^-　　(b) OH^- と HCO_3^-

問題 10.7
リン酸水素イオンと水酸化物イオンのあいだの化学反応式を書け．またおのおのの酸塩基対を識別し，平衡がどの方向に傾いているか決定せよ．

問題 10.8

塩酸は胃液の主要な成分である（Chemistry in Action, "胃食道逆流症—胃酸過多症それとも低塩酸症？" 参照）．TUMS®のような制酸薬錠剤に含まれている主要成分の炭酸イオンと塩酸との反応は以下のとおりである．

$$HCl(水) + CO_3^{2-}(水) \rightleftharpoons HCO_3^-(水) + Cl^-(水)$$

この反応の共役酸塩基対を識別し，反応が進行しやすいのは，正反応か逆反応のどちらなのか矢印の大きさで示せ．

基礎問題 10.9

アミノ酸アラニンの静電ポテンシャルマップを下に示した．もっとも酸性の水素はどれか答えよ．

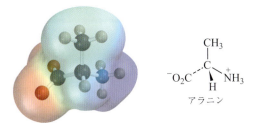

アラニン

10.5 酸解離定数

水と弱酸の反応はどの化学平衡ともおなじように，下の反応式によって書きあらわすことができる（7.8 節）．角カッコは，化学種のモル濃度(mol/L)を示す．

$$HA(水) + H_2O(液) \rightleftharpoons H_3O^+(水) + A^-(水)$$

$$K = \frac{[H_3O^+][A^-]}{[HA][H_2O]}$$

水は反応にも関与するが，溶媒でもあるのでその濃度は本質的には一定であり，その平衡には影響を与えない．平衡定数 K と水濃度 $[H_2O]$ をひとまとめにした定数は，**酸解離定数**（K_a）と呼ばれる．酸解離定数は，単にオキソニウムイオン濃度とその共役塩基の積を非解離の酸濃度 [HA] で割った値になる．

酸解離定数 $\quad K_a = K[H_2O] = \dfrac{[H_3O^+][A^-]}{[HA]}$

強酸の場合は H_3O^+ と A^- 濃度は HA 濃度よりもはるかに大きいので，K_a もまた大きい．事実，HCl のような強酸の場合 K_a は非常に大きいので，K_a を求めることは難しくあまり有用ではない．しかし，弱酸の場合は H_3O^+ と A^- 濃度は HA 濃度よりも小さいので，K_a は小さい．表 10.2 にいくつかの代表的な酸の K_a を示した．また重要なポイントをいくつかあげると，

- 強酸は解離が優位になるから，K_a は 1 よりも非常に大きくなる．
- 弱酸は解離が優位にならないから，K_a は 1 よりずっと小さい．
- 多塩基酸からの段階的な H^+ の供与は，その 1 段階前のものよりも難しくなる．したがって K_a 値は段階的に低くなる．
- $-CO_2H$ 基をもつ大部分の有機酸は，10^{-5} 程度の K_a をもつ．

酸解離定数（K_a）(acid dissociation constant) 酸(HA)が解離する平衡定数で $[H^+][A^-]/[HA]$ に等しい．

表 10.2　酸解離定数 K_a (25 ℃)

酸	K_a	酸	K_a
フッ化水素酸 (HF)	3.5×10^{-4}	**多塩基酸**	
シアン化水素酸 (HCN)	4.9×10^{-10}	硫　酸	
アンモニウムイオン (NH_4^+)	5.6×10^{-10}	H_2SO_4	大きい
		HSO_4^-	1.2×10^{-2}
有機酸		リン酸	
ギ酸 (HCOOH)	1.8×10^{-4}	H_3PO_4	7.5×10^{-3}
酢酸 (CH_3COOH)	1.8×10^{-5}	$H_2PO_4^-$	6.2×10^{-8}
プロピオン酸	1.3×10^{-5}	HPO_4^{2-}	2.2×10^{-13}
（CH_3CH_2COOH）		炭　酸	
アスコルビン酸（ビタミン C）	7.9×10^{-5}	H_2CO_3	4.3×10^{-7}
		HCO_3^-	5.6×10^{-11}

> **問題 10.10**
> 安息香酸の K_a（$C_6H_5CO_2H$）は 6.5×10^{-5}，クエン酸（$C_6H_8O_7$）の K_a は 7.2×10^{-4} である．安息香酸イオン（$C_6H_5CO_2^-$），クエン酸イオン（$C_6H_7O_7^-$）のどちらが強い共役塩基か？

10.6　酸および塩基としての水

水は H_3O^+ あるいは OH^- をもってないので，アレニウスの定義では酸でも塩基でもない．しかしブレンステッド–ローリーの定義では水は酸になることができ，また塩基にもなることができる．塩基に接触して水がブレンステッド–ローリー酸として反応する時，塩基へプロトンを**供与する**．たとえば，アンモニアと水の反応では水が H^+ をアンモニアへ供与しアンモニウムイオンになる．

$$NH_3 + H_2O \longrightarrow NH_4^+ + OH^-$$
アンモニア　　水　　　　アンモニウムイオン　水酸化物イオン
（塩基）　　（酸）　　　　（酸）　　　　　　（塩基）

酸と接触し水がブレンステッド–ローリー塩基として働く場合，酸から H^+ を受け取る．この反応は 10.1 節で説明したように，HCl のような酸が水に溶ける時におきる反応そのものになる．

水の2電子（非共有電子対）が H^+ と結合

$$H-\ddot{O}-H + H-Cl \longrightarrow H-\overset{+}{\underset{H}{O}}-H + Cl^-$$
　　水　　　（酸）　　　　オキソニウムイオン
　（塩基）

両性（amphoteric）酸としても，また塩基としても反応できる物質．

条件によって酸あるいは塩基として反応することができる水のような物質を，**両性**であるという．水が酸として作用する時には，H^+ を供与して OH^- になる．また塩基として働く場合には，H^+ を受容して H_3O^+ になる（注：HCO_3^-，$H_2PO_4^-$ および HPO_4^{2-} も両性である）．

水の解離

塩基が存在するとき，あるいは酸が存在するとき水がどのように振る舞うか

10.6 酸および塩基としての水

を見てきた．しかし，酸も塩基も存在しないときはどうか？ その場合は，水1分子は酸として，もう一つの分子は塩基として働き，H_3O^+ や OH^- イオンを形成する．

$$H_2O(液) + H_2O(液) \rightleftharpoons H_3O^+(水) + OH^-(水)$$

解離反応は，1 H_3O^+ や 1 OH^- イオンを与えるので，二つのイオン濃度は同一である．また，平衡時には逆反応が優位であるので，多くの H_3O^+ や OH^- イオンは平衡時には存在しない．25 ℃では，H_3O^+ や OH^- イオンともに 1.00×10^{-7} mol/L 濃度存在する．水の解離の平衡定数はつぎのように記される．

$$K = \frac{[H_3O^+][OH^-]}{[H_2O][H_2O]}$$

$$[H_3O^+] = [OH^-] = 1.00 \times 10^{-7} \text{ mol/L} \quad (25 ℃)$$

純粋な物質として水の濃度は本質的に一定である．したがって平衡定数 K と水の濃度 $[H_2O]$ をまとめて，**水のイオン積定数**(K_w)と呼ぶ新しい定数をつくる．これは単に H_3O^+ 濃度と OH^- 濃度の積であり，25 ℃では $K_w = 1.00 \times 10^{-14}$ になる．

▶▶ 純粋な液体と固体の平衡に関しては 7.8 節を参照．

水のイオン積定数（K_w）(ion-product constant for water) 水およびある水溶液中の H_3O^+ と OH^- のモル濃度の積($K_w = [H_3O^+][OH^-] = 1.00 \times 10^{-14}$)．

$$\begin{aligned}
\text{水のイオン積定数} \quad K_w &= K[H_2O][H_2O] \\
&= [H_3O^+][OH^-] \\
&= 1.00 \times 10^{-14} \quad (25 ℃)
\end{aligned}$$

この式の $K_w = [H_3O^+][OH^-]$ の重要なことは，純粋な水だけではなくすべての水溶液に当てはめることができることである．$[H_3O^+]$ と $[OH^-]$ の積はどのような水溶液でもつねに一定なので，片方の濃度がわかればもう一方の濃度が決定できる．たとえば $[H_3O^+]$ が高い酸性水溶液では $[OH^-]$ は低くなる．$[OH^-]$ が高い塩基性水溶液では $[H_3O^+]$ は低くなる．たとえば HCl は 100%解離するので，0.1 mol/L HCl 溶液では，$[H_3O^+] = 0.10$ mol/L となる．したがって，$[OH^-] = 1.0 \times 10^{-13}$ mol/L と計算できる．

$$K_w = [H_3O^+][OH^-] = 1.00 \times 10^{-14}$$

$$[OH^-] = \frac{K_w}{[H_3O^+]} = \frac{1.00 \times 10^{-14}}{0.10} = 1.00 \times 10^{-13} \text{ mol/L}$$

同様に 0.1 mol/L の NaOH 水溶液では $[OH^-] = 0.10$ mol/L なので，計算によって $[H_3O^+] = 1.00 \times 10^{-13}$ mol/L になる．

$$[H_3O^+] = \frac{K_w}{[OH^-]} = \frac{1.00 \times 10^{-14}}{0.10} = 1.00 \times 10^{-13} \text{ mol/L}$$

溶液の H_3O^+ 濃度や OH^- 濃度によって酸性，中性あるいは塩基性（アルカリ性）と呼ぶ．

酸性溶液　$[H_3O^+] > 10^{-7}$ mol/L　また　$[OH^-] < 10^{-7}$ mol/L
中性溶液　$[H_3O^+] = 10^{-7}$ mol/L　また　$[OH^-] = 10^{-7}$ mol/L
塩基性溶液　$[H_3O^+] < 10^{-7}$ mol/L　また　$[OH^-] > 10^{-7}$ mol/L

例題 10.4 水の解離定数：[OH⁻]を計算するための K_w

ミルクは 4.5×10^{-7} mol/L の H_3O^+ 濃度をもつ．$[OH^-]$ を計算せよ．その結果からミルクは酸性か，中性か，それとも塩基性か？

解 説 OH^- 濃度は K_w を $[H_3O^+]$ で割って得られる．酸性溶液は $[H_3O^+] > 10^{-7}$ mol/L であり，中性溶液は $[H_3O^+] = 10^{-7}$ mol/L，そして塩基性溶液は $[H_3O^+] < 10^{-7}$ mol/L である．

概 算 H_3O^+ 濃度が 10^{-7} mol/L よりもわずかに多いので，OH^- 濃度が 10^{-7} mol/L よりもわずかに少なく，10^{-8} の桁数になるだろう．

解 答

$$[OH^-] = \frac{K_w}{[H_3O^+]} = \frac{1.00 \times 10^{-14}}{4.5 \times 10^{-7}} = 2.2 \times 10^{-8} \text{ mol/L}$$

$[H_3O^+]$ は 1×10^{-7} mol/L よりわずかに大きいので，ミルクはわずかに酸性である．

確 認 OH^- 濃度は，概算値と同じ桁数であった．

問題 10.11
つぎの溶液は酸性か，それとも塩基性か？おのおのの $[OH^-]$ の値はいくらか？
(a) 家庭用のアンモニア，$[H_3O^+] = 3.1 \times 10^{-12}$ mol/L
(b) ビネガー，$[H_3O^+] = 4.0 \times 10^{-3}$ mol/L

10.7 水溶液中の酸性度の測定：pH

医学から化学，さらにはワイン加工に至るまで，多くの分野で溶液の H_3O^+ や OH^- 濃度を正確に知ることが求められる．血液の H_3O^+ 濃度が 4.0×10^{-8} の値からほんのわずかに変化した場合でも死に至る．

モル濃度を使って低い H_3O^+ 濃度を説明するのは難しく，ある場合は不便である．幸運にも H_3O^+ 濃度を表現し，また比較する時に便利な言葉がある．それは **pH 尺度** (pH scale) である．

水溶液の pH はその溶液の H_3O^+ 濃度を示し，通常 0 と 14 のあいだの数である．7 よりも小さい pH は酸性の溶液を示し，7 よりも大きい pH は塩基性を示す．また pH がぴったりと 7 の溶液は中性を示す．図 10.1 に pH 尺度と一般的な物質の pH を示した．

数学的には，**p 関数**は変数の常用対数のマイナス値として定義される．それゆえ，溶液の **pH** は H_3O^+ 濃度の常用対数のマイナス値である．

$$\text{pH} = -\log[H^+] \text{（あるいは}[H_3O^+]\text{）}$$

すでに対数を学んでいれば"ある数"の常用対数は"ある数"に等しくなる 10 の指数値になると理解できるだろう．したがって pH の定義を書き直すと，

$$[H_3O^+] = 10^{-\text{pH}}$$

たとえば 25 ℃ で $[H_3O^+] = 1 \times 10^{-7}$ mol/L の中性溶液では，pH が 7 になる．$[H_3O^+] = 1 \times 10^{-1}$ mol/L という強酸の溶液では pH が 1 になる．また，$[H_3O^+] = 1 \times 10^{-14}$ mol/L といった強い塩基の溶液では pH が 14 になる．

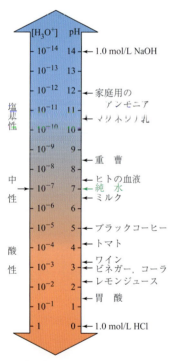

▲図 10.1
代表的な物質の pH 値と pH 尺度
低い pH は強酸性溶液に相当し，高い pH は強塩基性溶液に相当する．また，pH 7 は中性になる．

p 関数 (p function)　変数の常用対数のマイナス値 $pX = -\log(X)$．

pH　溶液の酸の強さの尺度；H_3O^+ 濃度の常用対数のマイナス値．

酸性溶液　pH < 7，[H_3O^+] > 1 × 10^{-7} mol/L
中性溶液　pH = 7，[H_3O^+] > 1 × 10^{-7} mol/L
塩基性溶液　pH > 7，[H_3O^+] < 1 × 10^{-7} mol/L

　pH 尺度は 10 の**累乗値**(logarithmic)という物差しなので，酸性度の全範囲をカバーしていることを忘れないこと(図 10.2)．pH の値がほんの 1 単位の変化で[H_3O^+]は 10 倍変化する．また pH の値が 2 単位の違いがあると[H_3O^+]が 100 倍もの違いがあること，また 12 単位の pH の変化は[H_3O^+]が 10^{12}(1 兆)倍も変化することを意味する．

　pH の値を感覚的に知る手だてとして，約 100 000 L の水が入っている(米国での)典型的な裏庭の水泳プールを考えてみよう．プールの pH を 7.0(中性)から 6.0 に下げるにはわずか 0.1 モルの HCl(3.7 g)を加えればよいが，プールの pH を 7.0 から 1.0 に下げるには 10 000 モルの HCl(370 kg!)が必要となる．

　対数の pH 尺度は，相対的な酸性度を報告するのに便利な方法であるが，H_2O^+ や OH^- 濃度を計算するときにも対数表示は有用である．水溶液中での H_3O^+ と OH^- との平衡は K_w と表記される．

$$K_w = [H_3O^+][OH^-] = 1 \times 10^{-14} \quad (25℃)$$

この式を対数のマイナス値にすると

$$-\log(K_w) = -\log[H_3O^+] - \log[OH^-]$$
$$-\log(1 \times 10^{-14}) = -\log[H_3O^+] - \log[OH^-]$$
$$\text{すなわち} \quad 14.00 = pH + pOH$$

K_w を対数にすると，OH^- 濃度から溶液の pH の計算が簡単になる．これを例題 10.7 で示した．

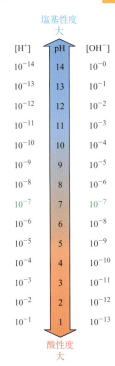

▲図 10.2
H^+ と OH^- 濃度に対する pH 尺度の相関関係

例題 10.5　酸性度の測定：[H_3O^+]から pH の計算

コーヒーの H_3O^+ 濃度は約 1×10^{-5} mol/L である．pH の値はいくらか？

解説　pH は H_3O^+ 濃度の常用対数のマイナス値である：
すなわち　pH = $-\log[H_3O^+]$

解答
1×10^{-5} mol/L の常用対数は -5.0 である．したがって pH は 5.0 となる．

例題 10.6　酸性度の測定：pH から[H_3O^+]の計算

レモンジュースの pH は約 2 である．[H_3O^+]はいくらか？

解説　[H_3O^+] = 10^{-pH}．

解答
pH = 2 なので，[H_3O^+] = 1×10^{-2} mol/L．

例題 10.7　K_w を使って $[H_3O^+]$ と pH の計算

クリーニング液は $[OH^-] = 1 \times 10^{-3}$ mol/L である．この液の pH はいくらか？

解説　pH を求めるためには，$[H_3O^+] = K_w/[OH^-]$ を使って，まず $[H_3O^+]$ の値を出す．あるいは，その溶液の pOH を計算し，pH = 14.00 − pOH の式から pH を求める．

解答
水のイオン積定数 K_w を変形すると

$$[H_3O^+] = \frac{K_w}{[OH^-]} = \frac{1.00 \times 10^{-14}}{1 \times 10^{-3}} = 1 \times 10^{-11} \text{ mol/L}$$

$$\text{pH} = -\log(1 \times 10^{-11}) = 11.0$$

K_w の平衡式を対数にすると，

$$\text{pH} = 14.0 - \text{pOH} = 14.0 - (-\log[OH^-])$$
$$\text{pH} = 14.0 - (-\log(1 \times 10^{-3}))$$
$$\text{pH} = 14.0 - 3.0 = 11.0$$

例題 10.8　酸性度の測定：強酸溶液の pH の計算

HCl 0.01 mol/L 溶液の pH 値はいくらか？

解説　まず $[H_3O^+]$ の値を求める．

解答
表 10.1 から，HCl は強酸なので 100%解離する．したがって $[H_3O^+]$ は HCl 濃度と等しい．$[H_3O^+] = 0.01$ mol/L，すなわち 1×10^{-2} mol/L なので，pH = 2.0．

問題 10.12
問題 10.11 の溶液の pH を計算せよ．

問題 10.13
つぎの pH をもつ溶液の H_3O^+ および OH^- イオンの濃度を求めよ．またどの溶液がもっとも酸性か，どの溶液がもっとも塩基性か？
　(a) pH 13.0　　(b) pH 3.0　　(c) pH 8.0

問題 10.14
0.010 mol/L の HNO_2 と 0.010 mol/L の HNO_3 とでは，どちらがより高い pH となるか？

10.8　pH を使った作業

　pH が整数の時は pH と H_3O^+ 濃度との変換は容易である．しかし pH が 7.4 といった血液の H_3O^+ 濃度をどのようにして求めるか？ また $[H_3O^+] = 4.6 \times 10^{-3}$ mol/L の pH をどのようにして求めるか．概算で見積もることで十分な場合もある．血液の pH(7.4) は pH 7 と pH 8 のあいだにあるので，その H_3O^+ 濃度は 1×10^{-7} mol/L と 1×10^{-8} mol/L のあいだにあることがわかるが，正確に求めるためには計算機が必要になる．
　pH から H_3O^+ 濃度に変換するには，pH のマイナスの値の**逆対数**(antiloga-

rithm)計算が必要になる．これは"INV"や"log"キーをもっている多くの計算機で可能である．$[H_3O^+]$からpHを求めるには，"log"キーや"expo"あるいは10の指数の"EE"キーを使う．これらの関数キーの使い方がわからない場合は計算機の使用説明書を読むこと．pHを求める時，計算機から得られた数字の符号はマイナスからプラスに変えるのを忘れないこと．

pH 7.4の血液中のH_3O^+濃度は

$$[H_3O^+] = \text{antilog}(-7.4)^* = 4 \times 10^{-8} \text{ mol/L}$$

＊（訳注）：antilog(−7.4)は$10^{-7.4}$を意味している．

$[H_3O^+] = 4.6 \times 10^{-3}$ mol/Lの溶液のpHは

$$pH = -\log(4.6 \times 10^{-3}) = -(-2.34) = 2.34$$

桁数についての重要なメモ

antilogの計算の場合，計算結果で得られる値は計算すべき数の小数点以下の桁数とおなじ桁数となる．一方logarithm計算の時は，計算結果で得られる値の小数点以下の桁数が計算しようとする桁数とおなじ桁数となる．

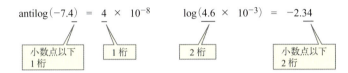

例題 10.9　pHを用いた作業：pHを$[H_3O^+]$に変換

ソフトドリンクは普通約pH 3.1である．$[H_3O^+]$の濃度はいくらか？

解説　pH値を$[H_3O^+]$に変換するには，$[H_3O^+] = 10^{-pH}$式に従って求める必要があるが，そのためには計算機のantilogarithm関数を使う．

概算　pHが3.0と4.0のあいだにあるので，$[H_3O^+]$は1×10^{-3}と1×10^{-4}のあいだに存在する．pH 3.1はpH 3.0に近い値である．それゆえ，$[H_3O^+]$は1×10^{-3} mol/Lよりわずかに低い．

解答　計算機上でマイナス符号でpH値の数字(−3.1)を入力し，"INV"そして"log"キーを押すと7.943×10^{-4}と答えが出てくる．pHは小数点以下1桁なので，概数で8×10^{-4}とする．

確認　計算で求めた8×10^{-4} mol/Lは1×10^{-3}と1×10^{-4}のあいだに存在する．かつ，概算したように1×10^{-3} mol/Lよりもわずかに低い濃度である．8×10^{-4} mol/Lは0.8×10^{-3} mol/Lであることを思い出すこと．

例題 10.10　pHを用いた作業：強酸水溶液のpH計算

$HClO_4$の0.0045 mol/LのpHはいくらか？

解説　まず$[H_3O^+]$を求め，つぎの式$pH = -\log[H_3O^+]$に当てはめる．$HClO_4$は強酸なので（表10.1），100％解離する．それゆえ，H_3O^+濃度は$HClO_4$濃度と等しい．

概算　$[H_3O^+] = 4.5 \times 10^{-3}$ mol/Lは1×10^{-2} mol/Lと1×10^{-3} mol/Lのほぼ中間

にある．したがって，pH は 2.0 と 3.0 の中間となると予想できる．しかしながら，対数尺度は直線的に比例しないので，中間点を見積もることは，簡単ではない．

解　答
$[H_3O^+]$ = 0.0045 mol/L = 4.5×10^{-3} mol/L　対数のマイナス値を計算すると pH = 2.35 mol/L となる．

確　認　計算値は，先に概算した pH と一致した．

例題 10.11　pH を用いた作業：強アルカリ水溶液の pH 計算

0.0032 mol/L NaOH の pH はいくらか？

解　説　NaOH は強塩基なので，OH^- 濃度は NaOH 濃度と等しい．OH^- 濃度が特定されれば，$[H_3O^+]$ を求めるためには，K_w を使用するか，それとも pOH を計算し pH + pOH = 14 から pH を計算できる．

概　算　$[OH^-]$ が 3.2×10^{-3} mol/L だということは，$[OH^-]$ は 1×10^{-2} と 1×10^{-2} mol/L の中間にほぼ近いと予想できる．なお，pOH は 2.0 と 3.0 のあいだにあることを示している．14 から pOH を差し引くと pH が 11 と 12 の中間になることが推測される．

解　答
対数のマイナス値，pH = $-\log(3.1 \times 10^{-12})$ = 11.51 となる．これとは別に pOH を計算し，K_w の対数値 14 から pOH を差し引く方法がある．
$[OH^-]$ = 0.0032 mol/L であるので，

$$[OH^-] = 0.0032 \text{ mol/L} = 3.2 \times 10^{-3} \text{ mol/L}$$
$$[H_3O^+] = \frac{K_w}{(3.2 \times 10^{-3})} = 3.1 \times 10^{-12} \text{ mol/L}$$

その OH^- 濃度は，二つの有効数字をもっていたので，求める pH は小数点以下 2 桁の有効数字をつける．

$$pOH = -\log(3.2 \times 10^{-3}) = 2.49$$
$$pH = 14.00 - 2.49 = 11.51$$

確　認　計算値は，概算したものと矛盾はない．

問題 10.15
つぎの溶液が酸性か塩基性か判断し，$[H_3O^+]$ および $[OH^-]$ の値を見積もり，そして酸性度の増加に応じて順位づけせよ．
 (a) サルビア，pH = 6.5
 (b) すい液，pH = 7.9
 (c) オレンジジュース，pH = 3.7
 (d) ワイン，pH = 3.5

問題 10.16
つぎの溶液の pH を求めよ．ただし，正しい有効数字で解答すること．
 (a) $[H_3O^+]$ = 5.3×10^{-9} mol/L の海水
 (b) $[H_3O^+]$ = 8.9×10^{-6} mol/L の尿

> **問題 10.17**
> HCl 0.0025 mol/L の pH の値はいくらか？

10.9 実験室での酸性度の決定

　水泳プールや温泉の維持管理から市営の水処理に至るまで，水の pH は水質の重要な尺度になる．溶液の pH を測定するにはいくつかの方法がある．精度は劣るが簡便な方法は**酸塩基指示薬**を使うことである．指示薬とは溶液の pH によって色が変化する色素のことである．たとえばよく知られている**リトマス**(litmus)色素は pH が 4.8 以下では赤で，pH 7.8 以上では青くなる．指示薬**フェノールフタレイン**(phenolphthalein)は pH 8.2 以下では無色で，pH 10 以上では赤くなる．pH を非常に簡便に知るための試験紙のキットが市販されている．これにはいくつかの指示薬が含まれており，**ユニバーサル指示薬**(universal indicator)と呼ばれる．これにより pH が 2〜10 の範囲でのおおよその pH を知ることができる(図 10.3a)．pH 試験紙を巻いたものも市販されている．この試験紙に溶液を 1 滴落として出る色と，pH の標準色を比較することによって，容易に pH を知ることができる(図 10.3b)．

酸塩基指示薬(acid-base indicator)
溶液の pH によって色を変える色素．

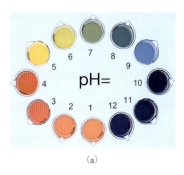
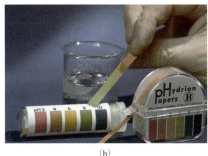

◀図 10.3
pH を求める
(a) 既知の pH 1〜12 の溶液での万能指示薬の色．(b) 紙片を用いて pH を調べる．紙片の色をパッケージのコードと比較すればおおよその pH がわかる．

　pH を精密に測定するためには，図 10.4 に示したような電子機器の pH メーターを使用する．電極を溶液に浸しそのメーターから pH を読み取ることができる．

10.10 緩衝液

　体の化学のほとんどは，血液やほかの体液の pH が狭い範囲内に維持されていることを前提にしている．これは**緩衝液**を使用することによって達成される．緩衝液は pH の急激な変化を防ぐために，ともに作用する物質の組合せからなっている．

　大部分の緩衝液は，弱酸とほぼ同量の共役塩基の混合物で成り立っている．たとえば 0.1 mol/L 酢酸と 0.1 mol/L 酢酸イオンを含むような溶液が考えられる．もし少量の OH^- が緩衝液に添加されるとその pH は上昇するが，その増加の程度は大きくない．なぜなら，その緩衝液の酸性の成分が添加された OH^- を中和するからである．また少量の H_3O^+ が添加されると pH は低下するが，緩衝液の塩基性成分が H_3O^+ を中和するのでその低下度合いは大きくない．

　なぜ緩衝作用があるのか，酸 HA の解離定数のための反応式をまず考えてみよう．

▲図 10.4
正確な pH を得るためには pH メーターを使用する
マグネシウムの懸濁液が酸性か塩基性かを調べている．

緩衝液(buffer)　急激な pH の変動を防ぐために働く物質の組合せ；通常は弱酸とその共役塩基．

$$HA(水) + H_2O(液) \rightleftharpoons A^-(水) + H_3O^+(水)$$

$$K_a = \frac{[H_3O^+][A^-]}{[HA]}$$

この式を下のように変形すると，$[H_3O^+]$ の値 (pH) は非解離の酸濃度とその共役塩基の濃度との比率 ($[HA]/[A^-]$) に依存することがわかる．

$$[H_3O^+] = K_a \frac{[HA]}{[A^-]}$$

酢酸と酢酸イオンの場合，

$$\underset{(0.10 \text{ mol/L})}{CH_3CO_2H(水)} + H_2O(液) \rightleftharpoons H_3O^+(水) + \underset{(0.10 \text{ mol/L})}{CH_3CO_2^-(水)}$$

$$[H_3O^+] = K_a \frac{[CH_3CO_2H]}{[CH_3CO_2^-]}$$

0.10 mol/L の酢酸と 0.10 mol/L の酢酸イオン緩衝液の pH は 4.74 である．そこに酸が添加されると，大部分が $CH_3CO_2^-$ と反応して酸が除去できる．平衡反応が左へ傾くので，CH_3CO_2H の濃度が増加し，$CH_3CO_2^-$ の濃度が低下する．しかし $[CH_3CO_2H]$ と $[CH_3CO_2^-]$ の変化が比較的小さい限り，$[CH_3CO_2H]/[CH_3CO_2^-]$ はほんのわずかしか変化しないので，pH の変化はほとんど見られない．

その緩衝液に塩基が添加されると，CH_3CO_2H と反応して添加された塩基の大部分は除去される．平衡反応は右へ傾くので，CH_3CO_2H の濃度が減少し，$CH_3CO_2^-$ の濃度が増加する．この場合も，濃度変化が比較的小さいあいだは pH に変化はほとんど見られない．

酸や塩基が添加された時，pH 変化がおきないようにする緩衝液の能力を図 10.5 に示す．0.010 mol の H_3O^+ を純粋な水 1.0 L に添加すると pH が 7 から 2 に変化する．また 0.010 mol の OH^- の添加は pH を 7 から 12 に変化させる．

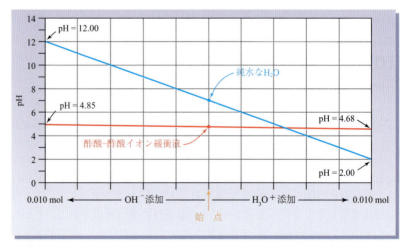

▲図 10.5
pH 変動の比較
0.010 mol の酸や 0.010 mol の塩基が，1.0 L の純水あるいは 0.10 mol/L 酢酸-0.10 mol/L 酢酸塩イオンに加えられた時，水の pH は 12 と 2 のあいだで大きく変動するが，緩衝液の pH は 4.85 と 4.68 のあいだの変動しかない．

しかしながら，0.10 mol/L 酢酸－0.10 mol/L 酢酸イオン緩衝液の 1 L 溶液に同量（0.01 mol/L）の HCl を添加する場合，pH の変化は 4.74 から 4.68 とわずかになる．おなじように，同量の塩基 NaOH の添加による pH の変化は 4.74 から 4.85 とわずかである．

K_a は下記の式で表される．

$$K_a = \frac{[\mathrm{H^+}][\mathrm{A^-}]}{[\mathrm{HA}]}$$

したがって $\quad \mathrm{pH} = \mathrm{p}K_a - \log\left(\dfrac{[\mathrm{HA}]}{[\mathrm{A^-}]}\right)$

または $\quad \mathrm{pH} = \mathrm{p}K_a + \log\left(\dfrac{[\mathrm{A^-}]}{[\mathrm{HA}]}\right)$

この表記は**ヘンダーソン-ハッセルバルヒの式**と知られている．この式は，とくに生物学や生化学の分野で緩衝液を取り扱う際には，非常に役に立つ．緩衝液を調製したり，緩衝液の pH に影響をおよぼす要因を考えたりするときに有用である．

緩衝液の効果的な pH 範囲は，酸 HA の $\mathrm{p}K_a$ および HA と共役塩基 $\mathrm{A^-}$ の相対的な濃度の両方に依存する．一般にもっとも有効な緩衝液はつぎの条件を満足する．

ヘンダーソン-ハッセルバルヒの式
（Henderson-Hasselbalch equation）
弱酸の平衡式 K_a の対数は，緩衝液を用いた実験に応用される．

- ほしい緩衝液の pH にほぼ等しい $\mathrm{p}K_a$ 値をもつ弱酸を使用すべきである．
- [HA] と [$\mathrm{A^-}$] の比率は 1 に近い値になるべきである．そうすれば酸を添加しても塩基を添加しても溶液の pH は大きく変化しない．
- 緩衝液中の [HA] と [$\mathrm{A^-}$] の量は，添加する酸あるいは塩基よりも約 10 倍濃いモル濃度になるべきである．そうすると [$\mathrm{A^-}$]/[HA] の比率は大きく変化しない．

体液の pH は主要な 3 種類の緩衝液の系によって維持されている．これらのうち，2 種類は炭酸と炭酸水素（$\mathrm{H_2CO_3 - HCO_3^-}$）の系およびリン酸二水素とリン酸一水素（$\mathrm{H_2PO_4^- - HPO_4^{2-}}$）の系である．これらは前に説明した酢酸緩衝液と全く同様の弱酸-共役塩基の相互関係にある．

$$\mathrm{H_2CO_3(水) + H_2O(液) \rightleftharpoons HCO_3^-(水) + H_3O^+(水)} \quad \mathrm{p}K_a = 6.37$$
$$\mathrm{H_2PO_4^-(水) + H_2O(液) \rightleftharpoons HPO_4^{2-}(水) + H_3O^+(水)} \quad \mathrm{p}K_a = 7.21$$

3 番目の緩衝液系は，タンパク質がプロトン受容体あるいはプロトン供与体として働く能力があるかどうかにかかわっている．

さらに先へ ▶▶▶ アシドーシスやアルカローシスを防ぐには，炭酸水素塩緩衝液の系による血液の pH の調節がいかに重要かを生化学編 12 章で学ぶ．

例題 10.12　緩衝液の調製の際，用いる弱酸の選択

pH 4.15 の緩衝液を調製するとき，表 10.2 にあるどの有機酸を使用したら，もっともよいか？

解説　緩衝液の pH は弱酸の $\mathrm{p}K_a$ によって変動する．$\mathrm{p}K_a = -\log(K_a)$ であることを思い出すこと．

解　答　表 10.2 の有機酸の K_a や pK_a 値を下記の表にまとめた．アスコルビン酸は，pK_a 4.10 なので，ほしい緩衝液の pH 4.15 にもっとも近い値をもっている．

有機酸	K_a	pK_a
ギ酸（HCOOH）	1.8×10^{-4}	3.74
酢酸（CH$_3$COOH）	1.8×10^{-5}	4.74
プロピオン酸（CH$_3$CH$_2$COOH）	1.3×10^{-5}	4.89
アスコルビン酸（ビタミン C）	7.9×10^{-5}	4.10

例題 10.13　緩衝液：緩衝液の pH の計算

0.100 mol/L HF と 0.120 mol/L NaF を含む緩衝液の pH はいくらか？ HF の K_a は 3.5×10^{-4} である．したがって，pK_a = 3.46 である．

解　説　ヘンダーソン-ハッセルバルヒの式に代入して pH を計算する．

$$\mathrm{pH} = \mathrm{p}K_a + \log\left(\frac{[\mathrm{F}^-]}{[\mathrm{HF}]}\right)$$

概　算　F$^-$ と HF の濃度が等しいとき，上式の対数値はゼロとなり，溶液の pH は HF の pK_a と同じ値になる．すなわち pH = 3.46 となる．しかし，共役塩基 F$^-$ の濃度 0.120 mol/L が HF の濃度 0.100 mol/L よりも若干高い．それゆえ，緩衝液の pH は，pK_a 値よりも高い（よりアルカリ性）．

解　答

$$\mathrm{pH} = \mathrm{p}K_a + \log\left(\frac{[\mathrm{F}^-]}{[\mathrm{HF}]}\right)$$

$$\mathrm{pH} = 3.46 + \log\left(\frac{0.120}{0.100}\right) = 3.46 + 0.08 = 3.54$$

確　認　pH 計算値 3.54 は，pK_a 3.46 よりもわずかに高いので，概算値と矛盾しない．

例題 10.14　緩衝液：添加した塩基が pH におよぼす効果を測定する

例題 10.13 の 0.100 mol/L フッ化水素酸 − 0.120 mol/L フッ化水素酸イオン緩衝液 1.00 L の系に，NaOH 0.020 mL を添加した時の pH はいくらになるか？

解　説　最初に，0.100 mol/L フッ化水素酸 − 0.120 mol/L フッ化水素酸イオン緩衝液は，例題 10.13 で計算したように pH が 3.54 になる．中和反応で示されるように，添加した塩基は酸と反応する．すなわち [HF] は減少し，[F$^-$] が増加する．

$$\mathrm{HF}(水) + \mathrm{OH}^-(水) \longrightarrow \mathrm{H_2O}(液) + \mathrm{F}^-(水)$$

HF と F$^-$ の濃度がわかれば，pH はヘンダーソン-ハッセルバルヒの式を用いて計算できる．

概　算　中和反応後には，共役塩基（F$^-$）がより多くなり，共役酸（HF）がより少なくなるので，pH は NaOH 添加前の pH 3.54 よりもわずかに高くなる．

解　答

NaOH の 0.020 mol が緩衝液の 1 L に添加されると，中和反応の結果 HF 濃度が 0.100 mol/L から 0.08 mol/L に減少する．同時に F$^-$ の濃度が 0.120 mol/L から 0.140 mol/L に増加する．これは中和によってさらに F$^-$ が生産されることによる．変化した値を用いて，

CHEMISTRY IN ACTION

体の中の緩衝液：アシドーシスとアルカローシス

十代の若者のロックコンサートでは集団的な失神の発作を経験する．慢性の痛みに多量のアスピリンを服用している人は失"見当識"状態になり，また呼吸困難な状態になる．1型糖尿病の人は疲労感や胃の痛みを嘆く．最近激しいトレーニングを行ったアスリートは筋けいれんや吐き気を患う．HIVの投薬を受けている患者は脱力感や手足のしびれに悩む．これらすべての人たちに共通していることはなにか？ すべて血液のpHが異常に変動し，アシドーシス（pH<7.35）あるいはアルカローシス（pH>7.45）として知られている状態にあることだ．

下の表に示したように，私たちの分泌液のpH範囲はその機能に適したものとなっている．細胞膜の安定性，機能するためにフォールデングする必要のある巨大タンパク質の分子の形および酵素活性はすべて適切なH_3O^+の濃度に依存する．体内の水分の1/3を含む血漿や細胞を取り巻く間質液は，わずかに塩基性でpHが7.35～7.45である．体の中でおこる非常に複雑な一連の反応と平衡はpHに過敏で，pH単位で0.2～0.3の変動でも深刻な生理学的症状をもたらす．

体液のpH	
体　液	pH
血　漿	7.4
間質液	7.4
細胞質	7.0
だ　液	5.8～7.1
胃　液	1.6～1.8
すい液	7.5～8.8
腸　液	6.3～8.0
尿	4.6～8.0
汗	4.0～6.8

炭酸-炭酸水素塩緩衝液系（10.10節）は，血清のpHを適切なpH範囲に維持する．血液に溶けているCO_2と炭酸水素塩の相対的な比率によってpHが変わる．炭酸は不安定であることから，平衡はCO_2とH_2O生成の方向に傾いており，余分な段階が炭酸水素塩緩衝液には存在する．

▲過換気症候群．興奮やストレスによる速い呼吸はCO_2を取り除き，血液のpHが上昇するため呼吸性アルカローシスとなってしまう．

$$CO_2(水) + H_2O(液) \rightleftharpoons$$
$$H_2CO_3(水) \rightleftharpoons HCO_3^-(水) + H_3O^+(水)$$

その結果として，炭酸水素塩緩衝液系は，CO_2の放出と密接に関連している．CO_2は細胞内で絶え間なくつくられ，放出するために肺に運ばれる．溶解したCO_2とHCO_3^-の平衡を大きく変動させる物質は，pHを上げたり下げたりできる．これはどうおきるのか，また体はこの変動をどう補正するか？

炭酸水素塩緩衝液，肺および腎臓の関係を次ページの図に示した．正常状態では，図に示されている反応は平衡関係にある．過剰な酸の添加（赤矢印）は，H_2CO_3の生成を促進し，結果的にはH_3O^+濃度を低下させる．酸を除去すると（青矢印），H_2CO_3の解離によってより多くのH_3O^+を生成する．このメカニズムによるpHの維持は，体液中の炭酸水素イオンの備蓄によって支えられている．このような緩衝液は，pHの重大な変化がおきないように，多くのH_3O^+を収容できる．

腎臓は，炭酸水素塩緩衝液系の働きを補助している．毎日体の中で生産される量と同量の酸が尿として排出される．この過程で，腎臓はHCO_3^-を細胞外液へ戻す．腎臓には炭酸水素塩の一部が備蓄されている．

呼吸性アシドーシス（respiratory acidosis）は呼吸数が減少することによっておきる．呼吸数が低下すると血液のCO_2濃度が高まり，その濃度に相当した分のpHが低下する．食べ物を吸い込んで気道が閉塞したことが原因なら，詰まったものを取り除いてやれば正常な呼吸へと回復し適切なpHに戻る．**代謝性アシドーシス**（metabolic acidosis）は，炭酸水素塩の濃度を減少させる酸が血中に過剰に存在することが原因でおきる．アスピリン（アセチルサリチル酸，有機化学編6.5節）を多量に服用するとオキソ

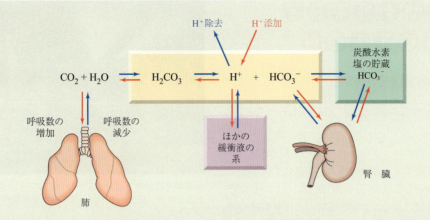

ニウムイオンが増加し，pH は低下する．激しい運動は筋肉に過剰の乳酸を発生させる．乳酸は血流へと放出される（生化学編 5.11 節）．肝臓は乳酸を体の主要なエネルギー源であるグルコースへと変換するが，この過程は炭酸水素イオンを消費し，pH を低下させる．いくつかの HIV の薬物療法は細胞のミトコンドリア（生化学編 3.3 節）を損傷し，細胞や血流の乳酸を増す．糖尿病患者の場合，インスリンが欠乏すると体が脂肪を燃焼する．このことにより，ケトンやケト酸（有機化学編 5 章）および血液の pH を低下させる有機化合物が発生する．

体は呼吸の速度や深さを増加してアシドーシスの修正を試みる．速い呼吸は CO_2 を"吹き出し"，CO_2－炭酸水素塩の平衡を左側に移動して pH は上昇する．正味の効果はアシドーシスの急激な逆転である．これは呼吸性アシドーシスの場合には十分だが，代謝性アシドーシスには臨時的な救済にしかならない．長期的な解決法は腎臓による過剰な酸の除去が可能かどうかにかかっている．これには，数時間を要する．

十代のファンたちはどうか．興奮の中で"過換気"症候群になってしまう．激しい呼吸速度が血液から CO_2 を排除し，**呼吸性アルカローシス**（respiratory alkalosis）を患うことになる．失神によって体は呼吸を低下し血液の CO_2 レベルを回復する．意識を取り戻すと再びロックに熱狂しはじめる．

章末の "Chemistry in Action からの問題" 10.96, 10.97 を見ること．

$$\text{pH} = 3.46 + \log\left(\frac{0.140}{0.080}\right) = 3.46 + 0.24 = 3.70$$

0.020 mol の添加による pH の上昇は，3.54 から 3.70 のほんのわずかなものになる．

確　認　最終的に求めた pH 3.70 は，pK_a 3.54 よりもわずかに高いので，概算値と矛盾しない．

問題 10.18

例題 10.13 の 0.100 mol/L フッ化水素酸－0.120 mol/L フッ化水素酸イオン緩衝液 1.00 L の系に，HNO_3 0.020 mol を添加した時 pH はいくらになるか？

問題 10.19

アンモニア-アンモニウム緩衝液が，しばしば DNA 研究で使われるポリメラーゼ連鎖反応（PCR）を最適化するために使用される．この緩衝液の平衡はつぎのようになる．

$$NH_4^+(水) + H_2O(液) \rightleftharpoons H_3O^+(水) + NH_3(水)$$

0.050 mol/L の塩化アンモニウムと 0.080 mol/L のアンモニアを含む緩衝液の pH

を計算せよ．ただしアンモニウムの K_a は 5.6×10^{-10} である．

問題 10.20
pH 7.40 の血清中での炭酸水素イオンと炭酸濃度（$[HCO_3^-]/[H_2CO_3]$）の比率はいくらになるか計算せよ（Chemistry in Action，"体の中の緩衝液：アシドーシスとアルカローシス"参照）．

基礎問題 10.21
CN^-（NaCl 塩から）と HCN を使って緩衝液が調製される．それらの量をつぎの図に示した．HCN の K_a を 4.9×10^{-10} として，この緩衝液の pH を求めよ．

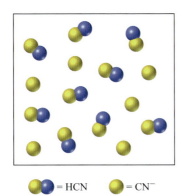

● ● = HCN   ● = CN^-

10.11　酸と塩基の当量

9.10 節で説明したように，イオンをつくる化合物よりもイオンそのものに関心がある場合は，**イオン当量**（equivalent, Eq）や**グラム当量**（g-Eq）という言葉を考えるほうが有効になる．おなじ理由で酸あるいは塩基の当量やグラム当量を考えることも有効になる．

イオンを取り扱う時の関心事はイオンの電荷である．それゆえ，イオンの 1 当量は 1 モルの電荷がもつイオンの数として定義される．またイオンの 1 グラム当量は，イオン電荷で割ったモル質量として定義される．酸と塩基の場合は，それぞれ式量単位あたりの H^+ イオンの数と OH^- イオンの数を示す．したがって，**酸 1 当量**は 1 モルの H^+ イオンを供与でき，1 グラム当量は H^+ イオン 1 モルを供与できる質量（グラム）のことである．同様に，**塩基 1 当量**は，1 モルの OH^- イオンを供与でき，1 グラム当量は OH^- イオン 1 モルを供与できる質量（グラム）のことになる．

酸の当量（equivalent of acid）　H^+ イオンを 1 モル含んでいるときの酸の量．

塩基の当量（equivalent of base）　OH^- イオンを 1 モル含んでいるときの塩基の量．

$$\text{酸の 1 グラム当量} = \frac{\text{酸のモル質量}}{\text{供与できる 1 式量あたりの } H^+ \text{ イオンの数}}$$

$$\text{塩基の 1 グラム当量} = \frac{\text{塩基のモル質量}}{\text{供与できる 1 式量あたりの } OH^- \text{ イオンの数}}$$

一塩基酸 HCl の 1 当量はその酸のモル質量の 36.5 g に等しい．

$$1\text{g-Eq HCl} = \frac{36.5 \text{ g}}{1 \text{ 式量あたり } 1 \text{ H}^+} = 36.5 \text{ g}$$

しかし，二塩基酸の H_2SO_4 の 1 当量は 49.0 g になる．

$$1\text{g-Eq H}_2\text{SO}_4 = \frac{98.0 \text{ g}}{1 \text{ 式量あたり 2 H}^+} = 49.0 \text{ g}$$

1 モルの H_2SO_4 は 2 モルの H^+ を供与できるので，酸のモル質量(98 g)を 2 で割った値に等しい．

$$\text{硫酸 } H_2SO_4 \text{ の 1 当量} = \frac{H_2SO_4 \text{ のモル質量}}{2} = \frac{98.0 \text{ g}}{2} = 49.0 \text{ g}$$

(H_2SO_4 は二塩基酸なので，2 で割る)

酸-塩基の当量を使うことによって二つの実用的な利点がある．第 1 に，酸や塩基の識別というよりも，溶液の酸性度や塩基性度にのみ関心が払われる場合は便利である．第 2 に，化学的性質が等しい量をあらわしていることである．HCl の 36.5 g や H_2SO_4 の 49.0 g は化学的に等価な量になる．なぜなら，これらの量はそれぞれ塩基 1 当量と反応するからである．**酸 1 当量は塩基 1 当量を中和する．**

酸-塩基の当量は実用的なので，臨床化学では時々モル濃度よりも**規定度**という言葉で酸や塩基濃度を表現する．酸あるいは塩基溶液の**規定度(N)**は，1 L 溶液あたりの当量(あるいはミリ当量)の数として定義される．たとえば，H_2SO_4 1 当量(49.0 g)を水に溶解して得た 1.0 L の溶液は 1.0 Eq/L，すなわち 1.0 N の濃度をあらわす．おなじように，酸 0.010 Eq/L を含む溶液は 0.010 N であり 10 mEq/L の濃度となる．

> **規定度(N)**(normality) 溶液 1 L あたり含まれる酸(または塩基)の当量として表される酸性度(または塩基性度)の尺度．

$$\text{規定度(N)} = \frac{\text{酸あるいは塩基の当量}}{\text{溶液の体積(L)}}$$

モル濃度(mol/L, M)と規定度(N)は，HCl のような一塩基酸の場合はおなじになる．しかし，二塩基酸や二塩基の場合はおなじ値にはならない．二塩基酸 H_2SO_4 の 1.0 当量(49.0 g = 0.50 mol)を希釈して 1.0 L 容にした溶液は**規定度**が 1.0 Eq/L，すなわち 1.0 N であるが，**モル濃度**では 0.50 mol/L である．どのような酸や塩基であろうと，規定度は化学式量単位ごとに供与できる H^+ あるいは OH^- イオンの数とモル濃度を掛けた値になる．

酸の規定度 =(酸のモル濃度)×(1 式量あたり供与できる H^+ イオンの数)
塩基の規定度 =(塩基のモル濃度)×(1 式量あたり供与できる OH^- イオンの数)

例題 10.15 当量：二塩基酸の質量を当量に変換する

二塩基酸 H_2S の 3.1 g は何当量に相当するか？ただし，H_2S のモル質量 = 34.0 g とする．

解説 酸，塩基の当量はつぎのように計算される．質量(g)をモル質量を使ってモルに変換し，それから生産される H^+ イオンの数を掛ける．

概算 3.1 g は 0.1 mol の H_2S よりも少し少ない．H_2S は二塩基酸(1 mol あたり 2 H^+)なので，H_2S 0.2 当量よりもわずかに少ないことをあらわしている．

解答

$$(3.1 \text{ g H}_2\text{S}) \left(\frac{1 \text{ mol H}_2\text{S}}{34.0 \text{ g H}_2\text{S}} \right) \left(\frac{2 \text{ Eq H}_2\text{S}}{1 \text{ mol H}_2\text{S}} \right) = 0.18 \text{ Eq H}_2\text{S}$$

> **確　認**　0.2 当量よりもわずかに低いと予想した概算値は，計算値 0.18 当量と矛盾はない．

例題 10.16　当量：当量濃度を計算する

H_2SO_4 の 6.5 g を希釈して 200 mL の容積にした．溶液の規定度はいくらになるか？また，1 L あたりのミリ当量に変換するといくらになるか？ただし，H_2SO_4 のモル質量は 98.0 である．

解　説　6.5 g 中に何当量の H_2SO_4 が含まれているか？酸のモル質量を変換係数として使って計算し，それから規定度を決定する．

解　答

段階 1：情報を特定する． H_2SO_4 のモル質量，溶かした質量と最終容量の情報がある．

H_2SO_4 のモル質量 = 98.0 g/mol
H_2SO_4 の質量 = 6.5 g
溶液の容量 = 200 mL

段階 2：単位を含めた解を特定する． 最終溶液の規定度が求められている．

規定度 = ??（当量/L）

段階 3：変換係数を特定する． H_2SO_4 の質量を mol に変換し，さらに H_2SO_4 の当量に変換する．それから，容量 mL を L に変換する．

$$(6.5 \text{ g } H_2SO_4) \left(\frac{1 \text{ mol } H_2SO_4}{98.0 \text{ g } H_2SO_4} \right) \left(\frac{2 \text{ Eq } H_2SO_4}{1 \text{ mol } H_2SO_4} \right)$$
$$= 0.132 \text{ Eq } H_2SO_4 \text{（まだ丸めてはいけない！）}$$

$$(200 \text{ mL}) \left(\frac{1 \text{ L}}{1000 \text{ mL}} \right) = 0.200 \text{ L}$$

段階 4：解く． 当量数を溶液の容量で割って規定度を求める．

$$\frac{0.132 \text{ Eq } H_2SO_4}{0.200 \text{ L}} + 0.66 \text{ N}$$

硫酸溶液の濃度は 0.66 N，すなわち 660 mEq/L である．

問題 10.22
つぎのものは何当量になるか？
(a) 5.0 g HNO_3　(b) 12.5 g $Ca(OH)_2$　(c) 4.5 g H_3PO_4

問題 10.23
問題 10.22 の個々の試料を水に溶解して 300.0 mL の容積になった時，溶液の規定度はいくらになるか？

10.12　代表的な酸塩基反応

多種類のブレンステッド–ローリーの酸塩基反応の中で，もっとも一般的なものとして水酸化物イオン，炭酸水素イオンあるいは炭酸イオン，そしてアンモニアや関連窒素含有化合物と酸との反応があげられる．これら 3 種類おのおのを簡単に見ることにしよう．

水酸化物イオンと酸の反応

酸は金属水酸化物と反応し，その中和反応で水と塩を与える．

$$\text{HCl（水）} + \text{KOH（水）} \longrightarrow \text{H}_2\text{O（液）} + \text{KCl（水）}$$
　　（酸）　　　（塩基）　　　　　（水）　　　（塩）

このような反応は，普通 1 本の矢印で書く．なぜなら平衡がかなり右側に偏っており，平衡定数は $K = 5 \times 10^{15}$ と非常に大きい(7.8 節)．このような反応すべての真イオン反応式(5.8 節)を書くと，なぜ酸塩基の当量が有効であるか，またなぜ中和反応で酸や塩基の性質が消えるのかがより明確になる．すなわちつぎの化学反応式で示すように，水素イオンと水酸化物イオンが水形成に使われるからである．

$$H^+(水) + OH^-(水) \longrightarrow H_2O(液)$$

> **問題 10.24**
> マーロックス(Maalox®)は医師の処方が不要の制酸薬であり，水酸化アルミニウム $Al(OH)_3$ や水酸化マグネシウム $Mg(OH)_2$ を含む．これらと胃酸(HCl)との化学反応式を書け．

▲図 10.6 大理石
主として $CaCO_3$ からなる大理石は，塩酸と反応すると CO_2 を発生して泡立つ．

酸と炭酸水素イオンおよび炭酸イオンとの反応

炭酸水素(重炭酸)イオン HCO_3^- は H^+ を受け取って酸と反応し，炭酸 H_2CO_3 を与える．同様に炭酸イオンは酸との反応で 2 プロトンを受け取る．しかし生成した H_2CO_3 は不安定で，急激に分解して二酸化炭素と水になる．

$$H^+(水) + HCO_3^-(水) \longrightarrow [H_2CO_3(水)] \longrightarrow H_2O(液) + CO_2(気)$$
$$2\,H^+(水) + CO_3^{2-}(水) \longrightarrow [H_2CO_3(水)] \longrightarrow H_2O(液) + CO_2(気)$$

大部分の金属炭酸塩は水には不溶である．たとえば大理石はほとんど純粋な炭酸カルシウム $CaCO_3$ といえる．しかし水に溶けた酸とは容易に反応する．事実，地質学者は炭酸塩を含有する岩石を調べる際，水溶性の HCl を 2，3 滴垂らし CO_2 の泡が発生するかどうか観察する(図 10.6)．この酸による CO_2 の発生は，大理石やライムストーンの芸術作品に損傷を与える(Chemistry in Action, "酸性雨", p.342 参照)．しかし，炭酸塩と酸のもっとも普及している用途としては，炭酸塩を含むタムズ(TUMS®)やロレイズ(Rolaids®)のような制酸薬として用いて，過剰な胃酸を中和することができる．

> **問題 10.25**
> つぎの化学反応式を書け．
> (a) $HCO_3^-(水) + H_2SO_4(水) \longrightarrow ?$
> (b) $CO_3^{2-}(水) + HNO_3(水) \longrightarrow ?$

酸とアンモニアの反応

酸はアンモニアと反応し，塩化アンモニウム NH_4Cl のようなアンモニウム塩を与える．この塩の大部分は水に可溶である．

$$NH_3(水) + HCl(水) \longrightarrow NH_4Cl(水)$$

生物組織は**アミン**(amine)と呼ばれる一連の化合物群をもっている．アミンは窒素原子が炭素と結合している．アミンはアンモニアとおなじように酸と反応し，水溶性の塩を生じる．たとえば，腐敗した魚に見られるメチルアミンは塩酸と反応する．

$$\text{H}-\overset{\text{H}}{\underset{\text{H}}{\text{C}}}-\overset{\text{H}}{\underset{\text{H}}{\text{N}}}: + \text{H}-\text{Cl} \longrightarrow \text{H}-\overset{\text{H}}{\underset{\text{H}}{\text{C}}}-\overset{\text{H}}{\underset{\text{H}}{\overset{+}{\text{N}}}}-\text{H} \quad \text{Cl}^-$$

メチルアミン　　　　　　　　　　塩化メチルアンモニウム

さらに先へ ▶▶▶ 植物や動物すべての生物に，そして多くの医薬品にアミンが存在することを有機化学編 4 章で学ぶ．アミノ酸と呼ばれるアミンはタンパク質の構成成分となる．これも生化学編 1 章で学ぶ．

問題 10.26
水溶液中でのアンモニアと硫酸の反応からなにができるか？

$$2\,\text{NH}_3(\text{水}) + \text{H}_2\text{SO}_4(\text{水}) \longrightarrow ?$$

問題 10.27
エチルアミン（$C_2H_5NH_2$）と塩酸が，どのように反応してエチルアンモニウム塩を生成するか示せ．

10.13 滴 定

溶液の pH を決定すると溶液の H_3O^+ の濃度がわかるが，これは必ずしも酸濃度の全体量をあらわしてはいない．なぜなら両者はおなじものではないからである．H_3O^+ の濃度はイオンに解離した酸の量をあらわしているが，酸濃度の総計は解離したものと非解離のものとの合計量になる．たとえば，酢酸の 0.10 mol/L 溶液は酸濃度全体で 0.10 mol/L である．しかし酢酸はたった 1% しか解離しない弱い酸なので，H_3O^+ 濃度はわずか 0.0013 mol/L（pH = 2.89）になる．

溶液の酸あるいは塩基の濃度の総計は，図 10.7 に示した**滴定**法を用いて求められる．ある塩酸溶液の酸濃度を求めたいと仮定する（ある NaOH 溶液の塩基濃度を求める必要性もおなじくらいよくあると思われる）．そのためには，HCl 溶液の容量を量りとり，酸塩基指示薬を添加することからはじめる．つぎ

滴定（titration）　溶液の酸あるいは塩基の全体量を決定する手段．

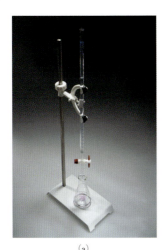 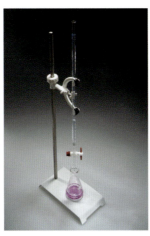

(a) 　　　　　　　　(b)

◀ 図 10.7
濃度既知の塩基溶液を用いた濃度未知の酸溶液の滴定
(a) 一定量の酸溶液を三角フラスコに量りとり，また指示薬を添加する．(b) 既知濃度の塩基が，指示薬の色が変化するまでビュレットから添加される．この時中和が完了する（終点）．

に，**ビュレット**（buret）と呼ばれる計量用ガラス管に既知濃度の NaOH を詰め，ゆっくりとその NaOH 溶液を中和反応が完了するまで HCl 溶液に添加する．その際，指示薬の色の変化が滴定が完了（**終点**，end point）した合図になる．

体積が既知の HCl と反応した NaOH 溶液の体積をビュレットから読み取れる．NaOH 溶液の濃度と消費した体積がわかると NaOH の物質量（モル）が計算でき，そして平衡式における係数によって，中和された HCl の物質量を求めることができる．HCl の物質量を HCl 溶液の体積で割ると濃度が得られる．この計算は 9.7 節で説明した物質量と体積の変換を含んでいる．計算の流れを図 10.8 に示した．また，例題 10.17 で酸濃度の全量をどのようにして求めるかを示す．

図 10.8 に示した反応は，酸 1 mol と塩基 1 mol とが滴定で中和反応を行った時のものである．この場合は，下記の式が成り立つ．

$$\text{酸のモル濃度} \times \text{酸の体積} = \text{塩基のモル濃度} \times \text{塩基の体積}$$

しかし，二塩基酸（H_2SO_4）と一酸塩基（NaOH）の中和反応の場合は，係数が同じではない．その際はモルの代わりに当量を用いる．つまり，モル濃度の変わりに規定度を使用する．

$$\text{酸の当量 Eq} = \text{塩基の当量 Eg}$$
$$\text{酸の規定度} \times \text{酸の体積} = \text{塩基の規定度} \times \text{塩基の体積}$$

規定度とモル濃度の変換方法は 10.11 節で説明した．

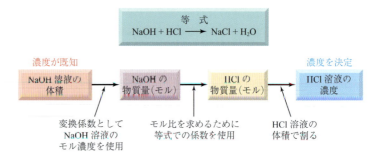

▲図 10.8
酸塩基滴定の流れ図
この図には，濃度が既知の NaOH 溶液を用いて，滴定によって HCl 溶液の濃度を決定するために必要な計算を要約した．各段階は，図 9.7 に示したものと類似している．

例題 10.17　滴定：全体の酸濃度を計算する

家庭用のビネガー（薄い酢酸溶液）5.00 mL を滴定したところ，終点に達するまでに 0.100 mol/L NaOH 溶液 44.5 mL が必要であった．ビネガーの酸濃度のモル濃度，規定度および 1 L あたりのミリ当量はいくらか？中和反応は下のようになる．

$$CH_3CO_2H(水) + NaOH(水) \longrightarrow CH_3CO_2^- Na^+(水) + H_2O(液)$$

解説　ビネガーのモル濃度を求めるには，5.00 mL 試料に溶けている酢酸の物質量（モル）を知る必要がある．図 10.8 の流れに沿って，NaOH 溶液の体積とモル濃度を使ってその物質量を求める．化学反応式から，そのモル比を使って酸の物質量を求める．それから酸溶液の体積で割ればよい．なぜなら，酢酸は一塩基酸なので溶液の規定度はモル濃度と数字的にはおなじになる．

概 算 5 mLのビネガーを完全に中和するために，約9倍量のNaOH溶液(44.5 mL)が必要であった．この中和反応の化学量論は1:1なので，ビネガー中の酢酸のモル濃度はNaOHのモル濃度の9倍高い，すなわち，およそ0.90 mol/Lとなるはずである．

解 答
既知の情報と適切な変換係数をその流れ図へ代入する．そして，ビネガー中の酢酸のモル濃度の解を求める．

$$(44.5 \text{ mL NaOH}) \left(\frac{0.100 \text{ mol NaOH}}{1000 \text{ mL NaOH}}\right) \left(\frac{1 \text{ mol CH}_3\text{CO}_2\text{H}}{1 \text{ mol NaOH}}\right)$$
$$\times \left(\frac{1}{0.005\,00 \text{ L}}\right) = 0.890 \text{ mol/L CH}_3\text{CO}_2\text{H}$$
$$= 0.890 \text{ N CH}_3\text{CO}_2\text{H}$$

この濃度をミリ当量であらわすと，

$$\frac{0.890 \text{ Eq}}{\text{L}} \times \frac{1000 \text{ mEq}}{1 \text{ Eq}} = 890 \text{ mEq/L}$$

酸の濃度は890 mEq/Lになる．

確 認 計算結果(0.890 mol/L)は，概算値0.90 mol/Lと非常に近い値である．

問題 10.28
ラベルが読み取れないほど古いボトルに残っている塩酸水溶液がある．この酸20.0 mLを滴定するのに0.25 mol/L NaOH 58.4 mLが必要だとすると，このHClのモル濃度はいくらになるか？

問題 10.29
0.200 mol/L H_2SO_4 の50.0 mLを中和するのに，0.150 mol/L NaOHは何mL必要か？中和反応はつぎのようになっている．

$$H_2SO_4(\text{水}) + 2\,NaOH(\text{水}) \longrightarrow Na_2SO_4(\text{水}) + 2\,H_2O(\text{液})$$

問題 10.30
濃度未知のKOH溶液の21.5 mLがある．これを中和するのに0.150 mol/LのH_2SO_4液が16.1 mL必要であった．
(a) 滴定が終点に達したときのH_2SO_4の物質量(モル)はいくらになるか？また，当量を求めよ．
(b) KOHのモル濃度はいくらか？

CHEMISTRY IN ACTION

酸性雨

海や湖から蒸発した水は液化して雨粒となり，大気中の少量の気体を溶かす．CO_2 が溶存しているので普通の状態では雨の pH は 5.6 に近く，わずかに酸性となる．なぜなら，大気中の CO_2 が溶けて炭酸となるからである．

$$CO_2(水) + H_2O(液) \rightleftharpoons H_2CO_3(水) \rightleftharpoons HCO_3^-(水) + H_3O^+(水)$$

しかしながら，世界の工業地帯ではここ 10 年雨水の酸性度が 100 倍以上増加し，pH が 3 から 3.5 となっている．

いわゆる**酸性雨**(acid rain)の主な原因は，工場や自動車の排出ガス汚染にある．毎年，大きな発電所や製錬所は何百万トンという二酸化硫黄を大気に発散し，空気によって酸化され SO_3 を生産している．酸化硫黄は雨に溶けて亜硫酸(H_2SO_3)や硫酸(H_2SO_4)になる．

$$SO_2(気) + H_2O(液) \longrightarrow H_2SO_3(水)$$
亜硫酸

$$SO_3(気) + H_2O(液) \longrightarrow H_2SO_4(水)$$
硫酸

窒素酸化物は石炭を燃焼する火力発電所や自動車エンジンでの N_2 と O_2 との高温反応で得られるが，これはさらに問題を深刻化させている．二酸化窒素(NO_2)が水に溶けて希硝酸(HNO_3)や一酸化窒素(NO)になる．

$$3 NO_2(気) + H_2O(液) \longrightarrow 2 HNO_3(水) + NO(気)$$

硫黄や窒素両者の酸化物は，火山や稲妻のような自然現象を起源とし，つねに大気に存在している．しかし工業化が進んだため，前世紀から急激にこれらの酸化物が増加してきている．結果として，より人工の密集した地域（ヨーロッパや合衆国の東海岸）では顕著な pH の低下が見られる．

自然の営みは非常に繊細なバランスを必要とするので，雨の pH で派生した変化にも，自然の営みは激変する．流域に土砂が運搬されてくるが，土砂は緩衝作用があり，酸性雨に存在する酸性物質を中和できる．ほかの地域，たとえば北部ニューヨーク州アディロンダック地域やカナダ南東部では，土壌に

▲フランスのランス大聖堂を飾るこの石灰岩の像は，酸性雨でひどく侵食されている．

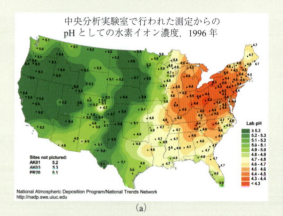

(a)

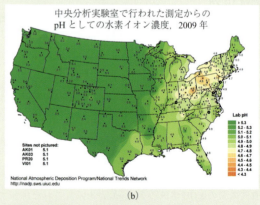

(b)

▲これらの地図は，米国での雨水の年平均 pH を 1996 年(a)と 2009 年(b)とで比較したものである．米国東部の多くで酸性雨総計量がかなり減少してきた．

よる緩衝作用が少ないので，生態学的には悪い影響を受けている．酸性雨は土壌からアルミニウム塩を遊離する．そのイオンは川に流れる．低い pH とア

ルミニウム濃度の増加は，魚や水中生活してない生物にも毒である．大木が激減する現象が，ヨーロッパ中央部や東部におきている．これは，酸性雨が土壌のpHを下げ，また葉から栄養分を浸出しているためと考えられる．

　幸運にも米国の酸の排出は，1990年の大気汚染防止改正法によって近年非常に減少した．SO_2やNO_2の産業排出は，1990年から2007年までのあいだ40%以上減少した．そのため，酸性雨の沈積がとくに米国東部やカナダで減少した（左図を参照）．しかし，環境科学者は，汚染物質の排出をさらに減少させることが，悪化した湖や川を回復するために必要であることを説いている．

章末の "Chemistry in Action からの問題" 10.98, 10.99 を見ること．

問題 10.31
酸性雨 50.00 mL を滴定したところ 0.0012 mol/L の NaOH が 9.30 mL 要した．酸性雨に含まれる全体の$[H_2O^+]$を求めよ．その際のpHはいくつか？（Chemistry in Action, "酸性雨" 参照）．

10.14　塩溶液の酸性度と塩基性度

　どのような塩溶液でも中性と考えたくなる．結局のところ塩は酸と塩基のあいだの中和反応で生成するので，実際には塩溶液は存在するイオンの種類によって中性，酸性あるいは塩基性になる．なぜならあるイオンは水と反応してH_3O^+を，別のイオンはOH^-を生成する．塩溶液の酸性度を予測するためには，中和反応で使用される酸と塩基の種類に従って，塩を分類することが便利である．分類といくつかの例を表10.3に示した．

表 10.3　塩溶液の酸性度と塩基性度

以下の酸に由来するアニオン	以下の塩基に由来するカチオン	溶　液	例
強　い	弱　い	酸　性	NH_4Cl, NH_4NO_3
弱　い	強　い	塩基性	$NaHCO_3$, KCH_3CO_2
強　い	強　い	中　性	$NaCl$, KBr, $Ca(NO_3)_2$
弱　い	弱　い	より多くの情報が必要	

　酸性度と塩基性度を予測する一般的な規則は，塩が形成される時の強いほうが優位になることである．すなわち，強酸と弱塩基から形成される塩は，強酸が優位であるので酸性を示す．弱酸と強塩基の塩は，塩基が優勢になるので塩基性を示す．強酸と強塩基の塩は，どちらも優勢とはならないので中性になる．つぎにいくつかの例をあげる．

強酸＋弱酸からなる塩 ⟶ 酸性溶液
　弱塩基（NH_3）と強酸（HCl）の反応によって形成されるNH_4Clのような塩は酸性溶液になる．Cl^-イオンは水と反応しないが，NH_3^+イオンはH_3O^+イオンを与える弱酸である．

$$NH_4^+(水) + H_2O(液) \rightleftharpoons NH_3(水) + H_3O^+(水)$$

弱酸＋強塩基からなる塩 ⟶ 塩基性溶液

弱酸(H_2CO_3)と強塩基(NaOH)の反応で生成する炭酸水素ナトリウムは塩基性を示す．Na^+イオンは水とは反応しないが，HCO_3^-イオンはOH^-イオンを与える弱塩基である．

$$HCO_3^-(水) + H_2O(液) \rightleftarrows H_2CO_3(水) + OH^-(水)$$

強酸＋強塩基からなる塩 ⟶ 中性溶液

強酸(HCl)と強塩基(NaOH)の反応で生成するNaClは中性になる．Cl^-，Na^+イオンどちらも水と反応しない．

弱酸＋弱塩基からなる塩 ⟶ 中性溶液

このタイプの塩のカチオンやアニオンは，いずれも水と反応する．したがって定量的な情報がないと，酸性かあるいは塩基性かは予測できない．水とより多く反応するイオンがpHを決定する．それはカチオンであるかもしれないし，アニオンであるかもしれない．

例題 10.18　塩溶液の酸性度および塩基性度

つぎの塩は酸性，塩基性あるいは中性溶液のいずれになるか予測せよ．
(a) $BaCl_2$　(b) NaCN　(c) NH_4NO_3

解説　酸，塩基の強弱の分類を知るには，表10.1を参考にする．

解答
(a) $BaCl_2$ は，強酸(HCl)と強塩基[$Ba(OH)_2$]から生成されるので中性溶液になる．
(b) NaCN は，弱酸と強塩基から生成されるので塩基性の溶液になる．
(c) NH_4NO_3 は，強酸(HNO_3)と弱酸(NH_3)とから生成されるので酸性溶液になる．

問題 10.32

つぎの塩は酸性，塩基性あるいは中性溶液のいずれになるか予測せよ．
(a) K_2SO_4　(b) Na_2HPO_4　(c) MgF_2　(d) NH_4Br

要約：章の目標と復習

1. 酸および塩基とはなにか？

ブレンステッド−ローリーの**定義**によれば，酸とは水素イオン(プロトン，H^+)を供与できる物質であり，塩基とは水素イオンを受け取ることができる物質である．塩基と酸の一般化した反応は可逆的なプロトンの移動反応を含んでいる．

$$B: + H-A \rightleftarrows A:^- + H-B^+$$

水溶液中では，水は塩基として働きプロトンを受け取って**オキソニウムイオン**を生成する．KOHのような金属水酸化物と酸との反応では水と塩を与える．炭酸水素イオン(HCO_3^-)あるいは炭酸イオン(CO_3^{2-})と酸との反応では水，塩およびCO_2ガスを与える．アンモニアと酸との反応ではアンモニウムイオンを与える(問題 33, 37, 38, 42, 43, 60, 94, 100, 102)．

2. 酸と塩基の強さは，反応にどのような効果をおよぼすか？

酸と塩基の種類が違えばプロトン授受能力に違いが見られる．**強酸**はプロトンを容易に放出し，水溶液中で 100% **解離**する．**弱酸**はプロトンを放出しにくく，水の中でほんのわずかに解離するので，解離型と非解離型とのあいだに平衡関係がある．おなじように，**強塩基**はプロトンを容易に，かつ強く保持する．**弱塩基**はプロトンに対しては親和性が低く，水溶液中で平衡関係にある．プロトンのやりとりよって関係づけられる二つの物質は**共役酸塩基対**と呼ばれる．酸の正確な強度は**酸解離定数**(K_a)によって定義される．

$$HA + H_2O \rightleftharpoons H_3O^+ + A^-$$

$$K_a = \frac{[H_3O^+][A^-]}{[HA]}$$

プロトンの移動反応はつねに弱い酸ができる方向に進行する(問題 34～36，38～41，44～55，58～65，99，104，108)．

3. 水のイオン積定数とはなにか？

水は**両性**である．酸あるいは塩基の両方の性質を併せもつ．水もわずかに解離して H_3O^+ イオンと OH^- イオンになる．水溶液中でのこれらのイオン濃度の積は**水のイオン積定数**(K_w)と呼ばれる．

$$K_w = [H_3O^+][OH^-] = 1.00 \times 10^{-14} \quad (25℃)$$

(問題 56，69～71，101)

4. 酸性度を測る pH 尺度とはなにか？

水溶液の酸性度あるいは塩基性度は **pH** で表現され，オキソニウムイオン$[H_3O^+]$の対数の負の値として定義される．pH 7 以下は酸性であり，pH が 7 と等しい場合は中性である．また pH 7 以上は塩基性を意味する(問題 57，61～71，76，78，94，96～101，104，110)．

5. 緩衝液とはなにか？

溶液の pH は**緩衝液**を使って制御できる．緩衝液は添加された H_3O^+ や OH^- をとり除く作用がある．多くの緩衝液はほぼ半量ずつの弱酸とその共役塩基からなる．血液中に存在する炭酸水素緩衝液および細胞に存在するリン酸水素緩衝液はとくに重要である(問題 72～79，105，107)．

6. 溶液の酸および塩基の濃度は，どのようにして求められるか？

酸(塩基)の濃度は，実験室内では塩基性度が既知の塩基(酸)の溶液を用いて**滴定**することによって決定される．滴定の終点(中和の完了)は，指示薬の色の変化で示される(問題 80～93，103，106，109，110)．

KEY WORDS

塩基のグラム当量，p.335
塩基の当量，p.335
オキソニウムイオン，p.311
解　離，p.317
緩衝液，p.329
規定度(N)，p.336
強塩基，p.317
強　酸，p.317
共役塩基，p.315

共役酸，p.315
共役酸塩基対，p.315
酸塩基指示薬，p.329
酸解離定数(K_a)，p.321
酸のグラム当量，p.335
酸の当量，p.335
弱塩基，p.317
弱　酸，p.317
滴　定，p.339

pH，p.324
p 関数，p.324
ブレンステッド-ローリー塩基，p.314
ブレンステッド-ローリー酸，p.313
ヘンダーソン-ハッセルバルヒの式，p.331
水のイオン積定数(K_w)，p.323
両　性，p.322

10. 酸 と 塩 基

概念図：酸と塩基

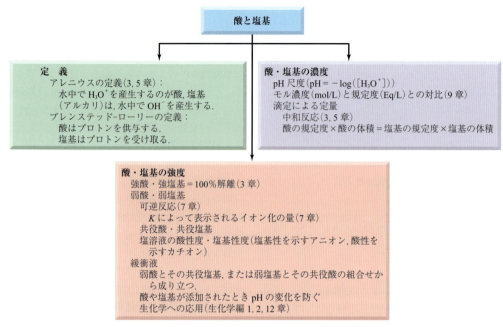

▲図 10.9
酸や塩基は，数多くの化学反応や生化学反応において重要な役割を担っている．また，一般的な物質の多くは，酸あるいは塩基に分類される．酸と塩基の関係は，相互にプロトンをやり取りすることと理解できる．または，それぞれ H_3O^+ や OH^- を水中で形成することを意味している．強酸や強塩基は，水溶液中で完全にイオン化する．他方，弱酸や弱塩基は，部分的にしかイオン化してなく，それぞれの共役塩基や共役酸と平衡関係を保っている．実用的，または定量的な応用とこれらの概念との関連性を図 10.9 に示した．

基本概念を理解するために

10.33 青の球で表示される OH^- の水溶液と，赤の球で表示される酸 H_nA の溶液を混合した．可能性のある結果がボックス(1)～(3)で表示される．これらのボックスの緑表示は，酸のアニオン A_n^- を示す．

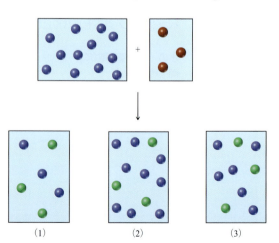

つぎの反応は，上の(1)～(3)のどれに相当するか？

(a) $HF + OH^- \longrightarrow H_2O + F^-$
(b) $H_2SO_3 + 2\,OH^- \longrightarrow 2\,H_2O + SO_3^{2-}$
(c) $H_3PO_4 + 3\,OH^- \longrightarrow 3\,H_2O + PO_4^{3-}$

10.34 酢酸(CH_3CO_2H)とエタノール(CH_3CH_2OH)の静電ポテンシャルマップを図に示す．これらの化合物のもっとも酸性な水素を識別せよ．またどちらの酸がより強い酸性か答えよ．

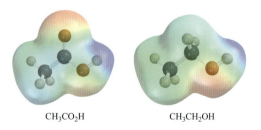

CH$_3$CO$_2$H   CH$_3$CH$_2$OH

10.35 つぎの図は水溶性の酸溶液を示している．水分子は示していない．

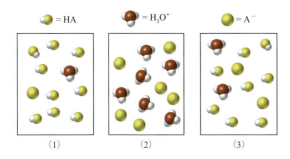

(a) どの図がもっとも弱い酸をあらわしているか？
(b) どの図がもっとも強い酸をあらわしているか？
(c) K_a 値のもっとも小さい酸はどの図か？

10.36 つぎの図は水溶性の二塩基酸をあらわしている．水分子は表示していない．

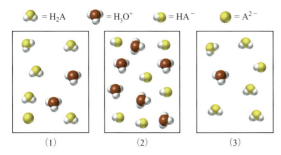

(a) どの図が弱い二塩基酸の溶液をあらわしているか？
(b) 実際は存在しない図はどれか？

10.37 ビュレット中の赤い球は H_3O^+ イオンを，三角フラスコ中の青い球は OH^- を示すと仮定する．酸を用いて塩基を滴定する実験を行う．もしビュレット内およびフラスコ内の体積が等しく，ビュレットの酸濃度が 1.00 mol/L とすると，フラスコ中の塩基濃度はいくらになるか？

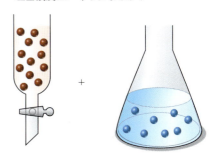

補 充 問 題

酸と塩基

10.38 HBr のような強酸が水に溶解するとなにがおきるか？
10.39 CH_3CO_2H のような弱酸が水に溶解するとなにがおきるか？
10.40 KOH のような強塩基が水に溶解した時なにがおきるか？
10.41 NH_3 のような弱塩基が溶解した時なにがおきるか？
10.42 一塩基酸と二塩基酸の違いはなにか？ それぞれの例をあげよ．
10.43 H^+ と H_3O^+ の違いはなにか？
10.44 つぎの物質のどれが強酸か？ 必要なら表 10.1 を参考にせよ．
(a) $HClO_4$ (b) H_2CO_3 (c) H_3PO_4
(d) NH_4^+ (e) HI (f) $H_2PO_4^-$
10.45 つぎの物質のどれが弱塩基か？ 必要なら表 10.1 を参考にせよ．
(a) NH_3 (b) $Ca(OH)_2$ (c) HPO_4^{2-}
(d) LiOH (e) CN^- (f) NH_2^-

ブレンステッド-ローリーの酸と塩基

10.46 つぎの物質はブレンステッド-ローリー塩基か，ブレンステッド-ローリー酸か，あるいはいずれでもないか？
(a) HCN (b) $CH_3CO_2^-$ (c) $AlCl_3$
(d) H_2CO_3 (e) Mg^{2+} (f) $CH_3NH_3^+$
10.47 つぎの反応式において，ブレンステッド-ローリーの酸と塩基を識別せよ．また共役酸塩基対をあげよ．
(a) CO_3^{2-}(水) + HCl(水) $\longrightarrow$ HCO_3^-(水) + Cl^-(水)
(b) H_3PO_4(水) + NH_3(水) $\longrightarrow$
$H_2PO_4^-$(水) + NH_4^+(水)
(c) NH_4^+(水) + CN^-(水) $\rightleftharpoons$ NH_3(水) + HCN(水)
(d) HBr(水) + OH^-(水) $\longrightarrow$ H_2O(液) + Br^-(水)
(e) $H_3PO_4^-$(水) + N_2H_4(水) $\rightleftharpoons$
HPO_4^{2-}(水) + $N_2H_5^+$(水)
10.48 つぎのブレンステッド-ローリー塩基の共役酸の化学式を書け．
(a) $ClCH_2CO_2^-$ (b) C_5H_5N
(c) SeO_4^{2-} (d) $(CH_3)_3N$
10.49 つぎのブレンステッド-ローリー酸の共役塩基の化学式を書け．
(a) HCN (b) $(CH_3)_2NH_2^+$
(c) H_3PO_4 (d) $HSeO_3^-$
10.50 多くの多塩基酸は水素を含むアニオンであり，両

性である．(a) HCO_3^-，(b) $H_2PO_4^-$ は強酸の HCl と反応する場合，塩基として働く．また NaOH との反応では酸として働く．これらの反応式を書け．

10.51 つぎにあげた各組のプロトン移動の平衡反応式を書け．共役酸塩基対を表示し，またこれらの平衡ではどちらが優位か決定せよ．
 (a) HCl と PO_4^{3-} (b) HCN と SO_4^{2-}
 (c) $HClO_4$ と NO_2^- (d) CH_3O^- と HF

10.52 炭酸ナトリウムは，ベーキングソーダとしても知られているが，胃酸過多の家庭用治療薬として普及している．また，酸性の流出物の中和剤として実験室でも使われている．つぎの化合物と炭酸水素ナトリウムとの化学反応式を書け．
 (a) 胃酸(HCl) (b) 硫酸(H_2SO_4)

10.53 10.12 節を参考にして，つぎの酸塩基反応の反応式を書け．
 (a) $LiOH + HNO_3 \longrightarrow$
 (b) $BaCO_3 + HI \longrightarrow$
 (c) $H_3PO_4 + KOH \longrightarrow$
 (d) $Ca(HCO_3)_2 + HCl \longrightarrow$
 (e) $Ba(OH)_2 + H_2SO_4 \longrightarrow$

酸と塩基の強さ：K_a および pH

10.54 K_a はどのように定義されるか？一般化した酸 HA に対する K_a の式を書け．

10.55 問題 10.54 で書いた式を，K_a を用いて $[H_3O^+]$ を求める式に変形せよ．

10.56 K_w はどのように定義されるか？また 25℃の時の数値を答えよ．

10.57 pH はどのように定義されるか？

10.58 0.10 mol/L HCl 溶液は pH = 1.00 である．しかし，0.10 mol/L CH_3COOH 溶液は pH = 2.88 である．これを説明せよ．

10.59 問題 10.58 の 0.1 mol/L CH_3COOH の $[H_3O^+]$ を求めよ．この弱酸の何%が解離しているか？

10.60 リン酸 H_3PO_4 の 3 段階の解離に対する解離定数を求める式を書け．

10.61 表 10.2 の K_a 値を参考にして，つぎの溶液を pH の増加順に並べよ．
 0.10 mol/L HCOOH，0.10 mol/L HF，
 0.10 mol/L H_2CO_3，0.10 mol/L HSO_4^-，
 0.10 mol/L NH_4^+

10.62 pH メーターの電極を尿の試料に浸けて pH を測定したところ，pH 7.9 であった．この試料は酸性か，塩基性か，それとも中性か？$[H_3O^+]$ の濃度を求めよ．

10.63 死に至る毒性化合物 HCN 0.10 mol/L は，pH が 5.2 となる．この溶液の $[H_3O^+]$ を求めよ．HCN は強酸か，それとも弱酸か？

10.64 ヒトの汗は pH 4.0～6.8 の範囲である．このとき $[H_3O^+]$ の濃度範囲を求めよ．また，この範囲は，10 進法での桁数の違いはどの程度か？

10.65 サルビアは，5.8～7.1 の pH 範囲をもつ．H_3O^+ のおよその濃度範囲を求めよ．

10.66 一塩基酸で強酸の 0.02 mol/L 溶液のおよその pH はいくらか？強塩基 KOH の 0.02 mol/L の pH はいくらになるか？

10.67 問題 10.62～10.65 の各溶液の pOH を求めよ．

10.68 計算機なしで，つぎの溶液の H_3O^+ 濃度が下記の pH，i～iv のどれに相当するか．
 (a) 新鮮な卵白：$[H_3O^+] = 2.5 \times 10^{-8}$ mol/L
 (b) アップルサイダー：$[H_3O^+] = 5.0 \times 10^{-4}$ mol/L
 (c) 家庭用のアンモニア：2.3×10^{-12} mol/L
 (d) ビネガー (酢酸)：4.0×10^{-3} mol/L

 i．pH = 3.30 ii．pH = 2.40
 iii．pH = 11.64 iv．pH = 7.60

10.69 問題 10.68 の各溶液での OH^- 濃度と pOH を求めよ．また，酸性度の増加順に並べよ．

10.70 つぎの pH をもつ溶液の H_3O^+ と OH^- 濃度を求めよ．
 (a) pH 4   (b) pH 11   (c) pH 0
 (d) pH 1.38 (e) pH 7.96

10.71 弱酸の 0.01 mol/L 溶液の約 12% が解離してイオンを形成する．このときの H_3O^+ と OH^- 濃度はいくらになるか？また，この溶液の pH を求めよ．

緩衝液

10.72 緩衝液の系での二つの成分はなにか？緩衝液はどのような仕組みで pH をほぼ一定にするのか？

10.73 つぎのどの系がよりよい緩衝液として期待できるか？説明せよ．
 $HNO_3 + Na^+NO_3^-$，$CH_3CO_2H + CH_3CO_2^-Na^+$

10.74 0.10 mol/L の酢酸と 0.10 mol/L の酢酸ナトリウムを含む緩衝液の pH は 4.74 である．
 (a) この緩衝液のヘンダーソン-ハッセルバルヒの式を書け．
 (b) この緩衝液に，少量の HNO_3 あるいは少量の NaOH を加えた時におきる反応式を書け．

10.75 約 9.5 の pH をもつ緩衝液を調製する場合，つぎの緩衝液のどちらを使用するか？
 (a) 0.08 mol/L $H_2PO_4^-$ – 0.12 mol/L HPO_4^{2-}
 (b) 0.08 mol/L NH_4^+ – 0.12 mol/L NH_3

10.76 0.200 mol/L シアン化水素酸(HCN) および 0.150 mol/L シアン化ナトリウム(NaCN)を含む緩衝液の pH はいくらか？シアン化水素酸の pK_a は 9.31 である．

10.77 問題 10.76 の緩衝液 1 L に，つぎの(a)と(b)の添加実験を行った．
 (a) HCl 0.02 mol を加えたときの[HCN]と$[CN^-]$ を求めよ．また，このときの pH はいくらか？
 (b) NaOH 0.02 mol を加えたときの[HCN]と$[CN^-]$ を求めよ．また，このときの pH はいくらか？

10.78 0.15 mol/L NH_4^+ および 0.10 mol/L NH_3 を含む緩衝液の pH はいくらか？NH_4^+ の pK_a は 9.25 である．

10.79 pHを9.25まで上昇するためには，問題10.78の緩衝液1LにNaOHの何モルを加える必要があるか？（ヒント：pH = pK_aのとき[NH_3]/[NH_4^+]の値はいくつか？）

酸と塩基溶液の濃度

10.80 酸・塩基の当量はなにを意味するか？

10.81 一塩基酸と多塩基酸のそれぞれのモル濃度を規定度と比較すると，どのような関係となるか？

10.82 つぎの酸と塩基のグラム当量を計算せよ．
(a) HNO_3 (b) H_3PO_4
(c) KOH (d) $Mg(OH)_2$

10.83 問題10.82で示した個々の酸と塩基0.15 Nの溶液を500 mLを調製するのに必要な重量を求めよ．

10.84 0.0050 N H_2SO_4の25 mLを中和するのに0.0050 N KOHが何mL必要か？また0.0050 mol/L H_2SO_4の25 mLを中和する場合は，0.0050 N KOHが何mL必要か？

10.85 0.12 mol/L H_2SO_4 75.0 mL溶液は何当量か？また，0.12 mol/L H_3PO_4 75.0 mL溶液の場合は何当量か？

10.86 つぎの酸あるいは塩基は何当量となるか．
(a) 0.25 molの$Mg(OH)_2$
(b) 2.5 gの$Mg(OH)_2$
(c) 15 gのCH_3CO_2H

10.87 152 mEqのクエン酸（三塩基酸：$C_6H_5O_7H_3$）を調製するための質量はいくらになるか？

10.88 5.0 gの$Ca(OH)_2$を溶解するのに十分な水を使って，溶液500.0 mLを調製した．その溶液のモル濃度および規定度を求めよ．

10.89 25 gのクエン酸（$C_6H_5O_7H_3$，三塩基酸）を溶解するのに十分な水を使って，溶液800 mLを調製した．その溶液のモル濃度および規定度を求めよ．

10.90 HCl溶液12.0 mLを滴定するのに0.12 mol/L NaOHが22.4 mL必要であった．そのHClのモル濃度はいくらになるか？

10.91 0.12 mol/L $Ba(OH)_2$の15.0 mLは何当量か？ 0.12 mol/L $Ba(OH)_2$溶液15.0 mLを滴定するのに必要な0.085 mol/L HNO_3の体積を求めよ．

10.92 KOH溶液の10.0 mLを滴定するのに，0.0250 mol/L H_2SO_4溶液の15.0 mLを必要とした．このKOH溶液のモル濃度はいくらになるか？

10.93 21.5 mLの塩基溶液の滴定の終点までに0.100 Nの酸溶液35.0 mLが必要だとすると，この塩基の規定度はいくらになるか？

Chemistry in Actionからの問題

10.94 胃内腔へ流出する際は，HCl濃度は0.01〜0.001 mol/Lに希釈される．[胃食道逆流症―胃酸過多症それとも低塩酸症？，p.319]
(a) 胃内腔でのpH範囲はいくらか？
(b) $NaHCO_3$による胃酸の中和の反応式を書け．
(c) pH 1.8の酸溶液15 mLを中和するためには，$NaHCO_3$の何gを使用したらよいか？

10.95 酸性の胃液の機能を説明せよ．[胃食道逆流症―胃酸過多症あるいは低塩酸症？，p.319]

10.96 代謝性アシドーシスは，炭酸水素塩を静脈内投与して処置される．この処置によって血清のpHがなぜ上昇するかを説明せよ．[体の中の緩衝液：アシドーシスとアルカローシス，p.333]

10.97 どの液体がもっとも酸性か？また，もっとも塩基性か？[体の中の緩衝液：アシドーシスとアルカローシス，p.333]

10.98 通常，雨のpHは約5.6である．雨の中のH_3O^+の濃度を求めよ．[酸性雨，p.342]

10.99 pHが1.5まで下がった酸性雨がヴァージニア西部で記録された．[酸性雨，p.342]
(a) この酸性雨でのH_3O^+濃度はいくらになるか？
(b) pH 1.57の溶液25 Lをつくるに何gのHNO_3が溶解しなければならないか？

全般的な質問と問題

10.100 25℃，一気圧下で塩化水素ガス15.0 Lを250.0 mLの水にバブリングした（吹き込んだ）．
(a) 塩酸ガスすべてが，この水に溶解したとすると，何molのHClが溶解していることになるか？
(b) このHCl溶液のpHを求めよ．

10.101 水がH_3O^+とOH^-への解離の程度は，温度によって異なる．0℃では，[H_3O^+] = 3.38×10^{-8} mol/L, 25℃では，[H_3O^+] = 1.00×10^{-7} mol/L, 50℃では[H_3O^+] = 2.34×10^{-7} mol/Lとなる．
(a) 0℃と50℃での水のpHを計算せよ．
(b) 0℃と50℃でのK_wを計算せよ．
(c) 水の解離反応は，吸熱か発熱か？

10.102 薬局で市販されている制酸剤アルカセルツァー®は$NaHCO_3$やアスピリン，クエン酸$C_6H_5O_7H_3$を含んでいる．なぜ，アルカセルツァー™は水に溶けると泡立つのか？また，どの成分が制酸剤として働くのか？

10.103 0.10 mol/L H_2SO_4溶液40.0 mLを終点まで滴定するためには，0.500 mol/L NaOHが何mL必要か？

10.104 0.20 N HClの50 mL溶液と0.20 N 酢酸の50 mL溶液とでは，どちらがより酸性か？どちらのオキソニウムイオンH_3O^+濃度が高いか？また，どちらがより低いpHをもつか？

10.105 血液のpHを制御するために，$H_2PO_4^-$とHPO_4^{2-}との平衡を使用する糸が一つの緩衝系としてあげられる．$H_2PO_4^-$のpK_aは7.21である．
(a) この緩衝系のヘンダーソン-ハッセルバルヒの式を書け．
(b) 血液の最適pHは7.40である．このときの[HPO_4^{2-}]と[$H_2PO_4^-$]との比率を求めよ．

10.106 濃度未知の$Ca(OH)_2$溶液30.0 mLを滴定するために，HClの0.15 N溶液が使われる．もし，140 mLのHClを必要としたら，$Ca(OH)_2$溶液の濃度と規定度はいくらか？

10.107 つぎの組合せの中で，有効な緩衝液となるのはどれか？また，個々の酸とその共役塩基が等しい濃度存在すると仮定した場合，それぞれの緩衝液のpHを計算せよ．

(a) NaF と HF (b) HClO₄ と NaClO₄
(c) NH₄Cl と NH₃ (d) KBr と HBr

10.108 アンモニウムイオンを分析する一つの方法は，NaOH を用いて加熱処理し，アンモニアガスを発生させることである．

$$NH_4^+(水) + OH^-(水) \longrightarrow NH_3(気) + H_2O(液)$$

(a) ブレンステッド-ローリーの酸塩基対を識別せよ．
(b) 60℃および 755 mmHg の状態で NH₃ が 2.86 L 発生するとしたら，NH₄Cl の何 g がその基になる試料に存在していたことになるか？

10.109 酸性雨を減らすためには，発電所の煙突から燃焼物が放出される前に，燃焼物を洗浄除去することが一つの方法としてあげられる．燃焼室や煙突へ石灰(CaO)を添加することによって，石灰が SO₂ と反応して亜硫酸カルシウムを形成するので洗浄除去できる．

$$CaO(水) + SO_2 + (気) \longrightarrow CaSO_3(水)$$

(a) 1 mol の SO₂ 除去に必要な石灰は何 g か？
(b) 1 kg の SO₂ 除去に必要な石灰は何 kg か？

10.110 酸化ナトリウム Na₂O は，水と反応し NaOH を与える．

(a) この化学反応式を書け．
(b) Na₂O の 1.55 g を水 500.0 mL と反応させた時の溶液の pH はいくらになるか？ただし，体積の変化はないものとする．
(c) (b)で生成した NaOH 溶液を中和するのに必要な 0.0100 mol/L の HCl の体積(mL)はいくらになるか？

11 章

核 化 学

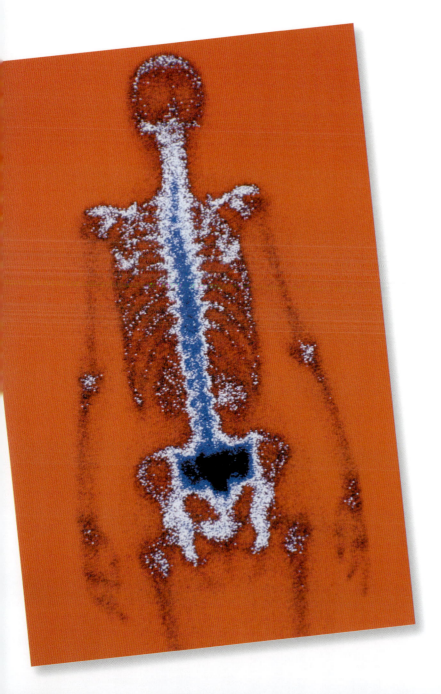

目 次

- 11.1 核反応
- 11.2 放射能の発見とその性質
- 11.3 安定同位体と放射性同位体
- 11.4 壊変
- 11.5 放射性核種の半減期
- 11.6 壊変系列
- 11.7 電離放射線
- 11.8 放射線の検出
- 11.9 放射線量の単位
- 11.10 人工核変換
- 11.11 核分裂と核融合

◀この全身骨スキャンをはじめとして,多くの医療診断技術は放射性同位元素の特性を利用している.

この章の目標

1. 核反応とはなにか？核反応式をどのように書くか？
   目標：核反応式を正確に書きあらわすことができる．(◀◀ A，B，C．)
2. 放射線にはどのような種類があるか？
   目標：代表的な3種類の放射線(α線，β線，γ線)の性質を答えられる．
3. 核反応の速度はどのようにあらわされるか？
   目標：半減期とはなにかを理解し，半減期の何倍かの時間が経過した後に残存する放射性同位元素の量を計算できる．
4. 電離放射線とはなにか？
   目標：それぞれの電離放射線の性質と生体におよぼす影響を答えられる．
5. 放射線量はどう表記するか？
   目標：放射線量を表記する単位を答えられる．
6. 核変換とはなにか？
   目標：核衝撃について答えられ，核衝撃の反応を，両辺で釣り合いのとれた式であらわすことができる．(◀◀ A，B，C．)
7. 核分裂と核融合とはなにか？
   目標：核分裂と核融合について説明できる．

復習事項

A. 原子説 (2.1節)
B. 元素と原子番号 (2.2節)
C. 同位体 (2.3節)

これまで考察したすべての反応は，原子間の結合のみが変化し原子そのものは変化しない．しかし新聞やテレビなどで報じられているように，原子そのものが変化して，ある原子が別の原子へ変換することはよく知られている．核兵器，核エネルギーそして家屋内の放射性ラドンガス，これらはすべて社会的に重要な話題であり，これらはすべて**核化学**(nuclear chemistry)—原子核の性質や反応の学問に関連している．

11.1　核　反　応

2.2節で述べたように，原子はその**原子番号** Z(atomic number)と**質量数** A(mass number)によって規定される．原子番号は元素記号の左下に表示され，核に存在する陽子数をあらわし，元素を特定する．質量数は元素記号の左肩に表示され，陽子(p)と中性子(n)の総称である**核子**の総数をあらわす．もっとも一般的な炭素の同位体は6陽子と6中性子，つまり12核子をもつ．

核子(nucleon)　陽子と中性子の総称．

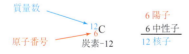

原子番号が等しく質量数が異なる原子は同位元素あるいは**同位体**(isotope)と呼ばれ，ある特定の同位体の核は**核種**と呼ばれる．炭素には13種の同位体の存在が知られている—二つの同位体(^{12}C および ^{13}C)は一般によくあるもので，一つの同位体(^{14}C)は大気圏上層で宇宙線からの中性子が ^{14}N と反応することによりわずかにつくられる．そのほかの10種の同位体は人工的に製造される．一般によくある2種の同位体は安定同位体であり，それ以外の同位体は自発的に**核反応**をおこして別の元素へ変換する．たとえば炭素-14は不安定な同位体であり，ゆっくり分解して窒素-14と一つの電子に変換される．この反応をつぎのようにあらわす．

▶▶ ある原子の異なる同位元素は，それぞれ同じ数の陽子を有し，中性子の数のみ異なる(2.3節)．

核種(nuclide)　ある元素のある特定の同位体の原子核．

核反応(nuclear reaction)　原子核を変化させる反応で，通常，ある元素を別の元素に変化させる．

$$^{14}_{6}\text{C} \longrightarrow {}^{14}_{7}\text{N} + {}^{0}_{-1}\text{e}$$

この時放出される電子は $_{-1}^{0}\text{e}$ と表記され，左肩の 0 はこの電子の質量が陽子や中性子にくらべると実質的に 0 であることを示し，左下の -1 は電荷が -1 であることを示す（この場合の左下の表記は原子番号を示すものではない．11.4 節で，電子をこのように表記する理由を述べる）．

^{14}C の自発的な壊変のような核反応は，さまざまな点から化学反応と区別される．

- **核**（nuclear）反応は原子の核の変化であり，通常別の元素をつくる．それに対して，**化学**（chemical）反応は原子を取り巻く外殻電子の分布が変化するものであり，決して核を変えることも，異なる元素をつくることもない．
- すべての同位体は化学反応に対してはおなじようにふるまうが，核反応に対しては全く異なる反応性を示す．
- 核反応速度は，反応温度や圧力さらには触媒を加えても変化しない．
- 原子の核反応は，化学物質として存在する場合も単体として存在する場合も，本質的にはおなじになる．
- 核反応に伴うエネルギーの変化は，化学反応によるエネルギー変化にくらべて数百万倍高い．たとえば，ウラン-235 1.0 g が核変換反応する時に発生するエネルギーは 3.4×10^8 kcal（1.4×10^9 kJ）になるが，メタン 1.0 g が燃焼して発生するエネルギーはわずか 12 kcal（50 kJ）である．

11.2　放射能の発見とその性質

放射能（radioactivity）の発見は 1896 年にさかのぼる．この年フランスの物理学者アンリ・ベクレル（Henri Becquerel）が驚くべきことを発見した．ベクレルがりん光の性質—光を急に消しても残る，ある鉱物やほかの物質の青白い微光—を研究している時，偶然にもウランを含む鉱物を黒い紙でおおった写真乾板の上にのせ，そのまま日光の当たらない引き出しに入れた．写真を現像し，鉱物の影絵ができているのを見つけベクレルは大変驚いた．彼はこれらの現象から，この鉱物は紙を透過して写真を感光する何らかの物質を放出すると結論づけた．

マリー・キュリー（Marie Sklodowska Curie）と彼女の夫ピエール（Pierre）は，彼らが**放射能**と命名した新しい現象の研究に着手していた．彼らは放射能の発生源がウラン（U）元素であること，そして彼らがポロニウム（Po）およびラジウム（Ra）と命名した未知の元素もまた，放射性元素であることを明らかにした．これらの業績から，ベクレルとキュリー夫妻は 1903 年にノーベル物理学賞を受賞した．

その後，英国の科学者アーネスト・ラザフォード（Ernest Rutherford）により放射線には少なくとも 2 種類存在することが明らかにされ，彼はギリシャ語のアルファベットの最初の 2 文字にちなんで**アルファ**（α）と**ベータ**（β）と名付けた．そのあとすぐ 3 種類目の放射線が発見され，3 番目のギリシャ文字にちなんで**ガンマ**（γ）と名づけられた．

その後の研究で，これら 3 種の放射線が反対の電荷をもつ二つの電極板のあいだを通過する時，異なった挙動をすることが観察された．α 線は陰極板側へ曲がることから正電荷をもつこと，それに対し，β 線は陽極板側へ曲がることから陰電荷をもつこと，一方，γ 線は陽極方向にも陰極方向にも曲がらないことから電荷をもたないことが明らかになった（図 11.1）．

放射能（radioactivity）　核からの自発的な放射線の放出．

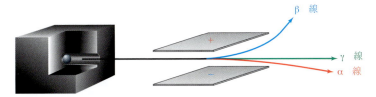

▲ 図 11.1
α 線, β 線, γ 線に対する電場の影響
遮へいされた箱の放射線源が放射線を放出し，帯電した 2 枚の電極板のあいだを通過する．α 線は陰極板側へ向かい，β 線は陽極板側へ向かい，γ 線は進路を変えない．

 α 線と β 線が質量の測定が可能な粒子であるのに対して，**ガンマ(γ)線**は質量をもたない高エネルギーの電磁波であることが発見されたあとまもなく，3 種類の放射線の電荷以外の違いも明らかになった．ラザフォードは，**ベータ(β)粒子**は電子であり，**アルファ(α)粒子**は実はヘリウムの原子核 He^{2+} であることを明らかにした（ヘリウム原子は 2 陽子と 2 中性子，そして 2 電子からなることを思い出してほしい．2 電子が奪われると，その結果生じるヘリウムの核，すなわち α 粒子は 2 陽子と 2 中性子のみをもつ）．
 さらに，3 種の放射線は物質の透過力が異なる．α 粒子は比較的大きな質量をもつため，その速度は遅く（最大で光速の 1/10），数枚の紙あるいは皮膚表面で止めることができる．β 粒子は α 粒子にくらべてはるかに質量が小さいため，最大で光速の 9/10 の速度を示し，また，α 線のおよそ 100 倍の高い透過力をもつ．β 粒子を止めるには木片あるいは防護服が必要になる．これがないと β 粒子は皮膚を透過して火傷やほかの障害をおこす．γ 線の速度は光速とおなじ（3.00×10^8 m/s）で，α 粒子のおよそ 1000 倍の高い透過力をもつ．γ 線を止めるには数センチメートルの厚さの鉛が必要であり，これがないと γ 線は身体内部の臓器にまで到達して損傷させる．
 これら 3 種の放射線の性質を表 11.1 にまとめた．α 粒子は +2 の電荷をもつイオンであるが，通常は電荷を表記せずに ^4He とあらわすことに注意すること．β 粒子は通常，前述のように $_{-1}^{0}e$ とあらわす．

ガンマ(γ)線（γ radiation） 高エネルギーの電磁波からなる放射線．

▶▶▶ γ 線およびそのほかの電磁波スペクトルについては，2 章の Chemistry in Action, "原子と光"を参照．

ベータ(β)粒子（β particle） 放射線として放出される電子（e^-）．

アルファ(α)粒子（α particle） α 壊変の際に放出されるヘリウムの核（He^{2+}）．

表 11.1 α 線，β 線，γ 線の性質

放射線の種類	記号	電荷	成分	質量 (amu)	速度	相対的な透過力
α	α, $_2^4He$	+2	ヘリウム原子核	4	光速の 10% まで	低い (1)
β	β, $_{-1}^{0}e$	−1	電子	1/1823	光速の 90% まで	中程度 (100)
γ	γ, $_0^0γ$	0	高エネルギー電磁波	0	光速 (3.00×10^8 m/s)	高い (1000)

11.3 安定同位体と放射性同位体

 周期表のすべての元素は少なくとも 1 種類の放射性の同位体，つまり**放射性同位体**を有し，現在までに 3300 種以上の放射性同位体が知られている．これらの放射能は不安定な原子核をもつ結果であるが，この不安定性の正確な原因は明らかではない．不安定な放射性の原子核，つまり**放射性核種**が自発的により安定な原子核に変化する時に放射線が放出される．
 周期表の第 3 周期までの元素では，安定性は，おおよそ陽子と中性子が同数であることと関係がある（図 11.2）．たとえば水素の場合，$_1^1H$（プロチウム，protium）と $_1^2H$（デューテリウム，deuterium）は安定同位体であるが，$_1^3H$（トリチウム，tritium）は放射性同位体である．元素が重くなると，安定な原子核では

放射性同位体（radioisotope） 放射線を放出する同位体．

放射性核種（radionuclide） 放射性同位体の原子核．

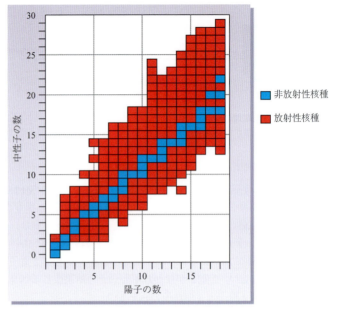

▲図 11.2
周期表の最初から 18 番目までの同位元素のための中性子数と陽子数のプロット
安定な(放射性でない)同位元素では，中性子の数と陽子の数がおなじか，ほぼ等しい．

中性子の数が陽子にくらべて多くなる．たとえば鉛-208($^{208}_{82}$Pb)はもっとも多く存在する鉛の安定な同位体であり，核内に 126 個の中性子と 82 個の陽子をもつ．しかしながら，これまで知られている 35 の鉛の同位体のうちわずか 3 種が安定同位体であり，32 が放射性同位体である．実際，すべての元素のうち安定同位体はわずか 264 である．ビスマス(原子番号 83)よりも原子番号の大きい元素の同位体のすべてが放射性である．

現在知られている 3300 種以上の放射性同位体の大半は，11.10 節で述べる反応により高エネルギー粒子加速器で製造される．これらの同位体は天然には存在しないことから，**人工放射性同位体**(artificial radioisotope)と呼ばれる．周期表でウランよりも後ろに位置する元素(超ウラン元素；これらはウランよりも重い)は人工的に製造される．$^{238}_{92}$U のような地殻に存在する非常に少量の放射性同位体は，**天然放射性同位体**(natural radioisotope)と呼ばれる．

放射能を別にすれば，おなじ元素の異なる放射性同位体は安定同位体と化学的におなじ性質をもつ．このことが**トレーサー**(tracer)としての大きな実用性の理由となる．放射性の原子で標識した化合物は，対応する非放射性化合物と全くおなじ反応を進める．その違いは，標識化合物は放射線の検出器によりどこにあるかがわかることにあり，これについては p.375, Chemistry in Action, "画像診断"で考察する．

11.4 壊　　　変

α 線や β 線の放出の影響について少し考えてみよう．もし放射能が不安定な原子核から小さい粒子を自発的に放出する現象に関連するのなら，原子核そのものが変化しなければならない．かつてはある元素の原子が別の元素の原子に変わるとは考えられなかったが，この驚くべき発見は放射能の理解からなされた．不安定な核から自発的に粒子が放出されることを**壊変**あるいは**放射性壊変**

壊変(decay, disintegration)　不安定な核から自発的に粒子を放出すること．

（radioactive decay）と呼び，一つの元素が別の元素に変化することを**核変換**という．

核変換（transmutation） ある元素が別の元素に変わること．

壊変： 放射性同位元素 ⟶ 新しい元素 ＋ 放出された粒子

壊変がおきた時に核がどのように変化するか考えてみよう．

α 放出

ウラン-238（$^{238}_{92}$U）原子が α 粒子を放出する時，核は2陽子と2中性子を失う．核の陽子の数は92から90になるので，原子そのものはウランからトリウムに変化する．さらに核子の総数が4減るので，ウラン-238はトリウム-234（$^{234}_{90}$Th）に変化する（図 11.3）．

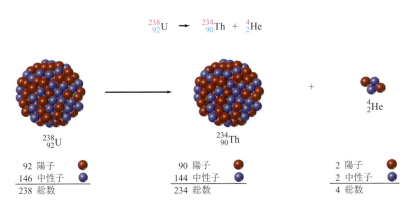

◀ 図 11.3
α 粒子の放出
ウラン-238 原子から α 粒子が放出されてトリウム-234 を生成する．

矢印の両側で原子の種類は同一ではないので，核反応の式は通常の化学の感覚では矢印の両側で釣り合いがとれていないことに注意する．そのかわり，反応の矢印の両側で核子の総数がおなじであり，核と放出された粒子（陽子あるいは電子）の電荷の合計が矢印の両側でおなじである時，核反応式は釣り合いがとれているという．たとえば，$^{238}_{92}$U が $^{4}_{2}$He と $^{234}_{90}$Th を与える壊変では，核反応式の両側で核子の数は 238 であり，92 の核電荷が存在する．

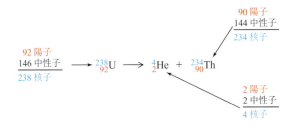

例題 11.1 核反応式を完成する：α 放出

ポロニウム-208 はマリー・キュリーが研究した α 放射体の一つである．ポロニウム-208 の α 壊変の式を書き，その結果生成する元素を特定せよ．

解説 ポロニウムの原子番号（84）を周期表から調べ，そしてポロニウムの元素記号を用いて核反応式のわかっている部分を書く．

$$^{208}_{84}\text{Po} \longrightarrow {}^{4}_{2}\text{He} + \text{?}$$

つぎに生成する元素の質量数と原子番号を計算し，核反応式を書く．

解 答

生成する核種の質量数は 208 − 4 = 204，原子番号は 84 − 2 = 82 になる．周期表から原子番号 82 の元素は鉛(Pb)とわかる．

$$^{208}_{84}\text{Po} \longrightarrow {}^{4}_{2}\text{He} + {}^{204}_{82}\text{Pb}$$

核反応式の(矢印の)両側で質量数と原子番号がおなじことを確認する．

質量数：208 = 204 + 4　　原子番号：84 = 2 + 82

問題 11.1

ラジウムを含む石材でつくられた多くの家屋で高濃度の放射性ラドン-222 ($^{222}_{86}$Rn)が検出され，健康を損なう可能性が指摘されている．ラドン-222 からの α 放出による生成物はなにか？

問題 11.2

α 放出によりラドン-222 になるのはラジウムのどの同位体か？

β 放出

α 放出により核から 2 陽子と 2 中性子が失われるが，β 放出では中性子が**分解**(decomposition)して陽子と電子を与える．この過程はつぎのようにあらわされる．

$$^{1}_{0}\text{n} \longrightarrow {}^{1}_{1}\text{p} + {}^{0}_{-1}\text{e}$$

ここで電子($_{-1}^{0}$e)は β 粒子として放出され，陽子は核内に保持される．β 放出の際に放出される電子は核に由来し，核を取り囲む軌道から放出されないことに注意すること．11.1 節における窒素-14 を生成する炭素-14 の分解は，β 壊変の例である．

β 放出の結果，1 陽子が生成するために原子番号は 1 **増加**する．しかし中性子が陽子に変化しても核子の総数は変化しないので，原子の質量数は変化しない．たとえば甲状腺の異常の検出に使用される放射性同位体のヨウ素-131 ($^{131}_{53}$I)は，β 放出による壊変をおこし，キセノン-131 ($^{131}_{54}$Xe)を与える．

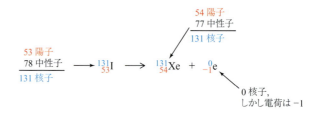

この反応式では，β 粒子の質量はほぼ 0 なので上付き文字(質量数)は両辺で等しくなり，β 粒子は −1 の電荷をもつので下付き文字が両辺で等しくなることに注意すること．

例題 11.2　核反応式を完成する：β 放出

クロム-55 が β 壊変する時の核反応式を書け．

解説　この核反応式についてわかっている箇所を書く．

$$^{55}_{24}\text{Cr} \longrightarrow {}^{0}_{-1}\text{e} + ?$$

つぎに生成する元素の質量数と原子番号を計算し，式を書く．

解　答
生成する元素の質量数は 55 のまま変わらず，原子番号は一つ増えて 24 + 1 = 25 になる．したがって生成する元素はマンガン-55 である．

$$^{55}_{24}\text{Cr} \longrightarrow {}^{0}_{-1}\text{e} + {}^{55}_{25}\text{Mn}$$

矢印の両側で質量数と原子番号がおなじことを確認する．
　　　質量数：　　55 = 0 + 55　　原子番号：　　24 = −1 + 25

問題 11.3
ストロンチウム-89 は短寿命の β 放射体であり，しばしば骨腫瘍の治療に用いられる．ストロンチウム-89 の壊変の核反応式を書け．

問題 11.4
β 放出によって，つぎの核種が生成する時の核反応式を書け．
　(a) $^{3}_{2}\text{He}$　　(b) $^{210}_{83}\text{Bi}$　　(c) $^{20}_{10}\text{Ne}$

γ 線放出

γ 線は高エネルギーな電磁波のため，α 粒子や β 粒子の場合とは異なり，γ 線の放出では質量数や原子番号は変化しない．γ 線放出は単独でもおきるが，核変換反応で生成した新しい核種が過剰のエネルギーを γ 線として放出するため，通常は α あるいは β 放出を伴う．

γ 線放出は質量数や原子番号に影響しないので，核反応式から除外されることがある．しかし γ 線は大変重要である．γ 線は，その高い透過力のため，人にとってもっとも危険な種類の外部放射線であり，同時にさまざまな医学的な利用に有益である．たとえば，コバルト-60 はがん組織を殺傷する透過力の高い γ 線源として，がん治療に利用されている．

$$^{60}_{27}\text{Co} \longrightarrow {}^{60}_{28}\text{Ni} + {}^{0}_{-1}\text{e} + {}^{0}_{0}\gamma$$

陽電子放出

α 放出，β 放出そして γ 放出のほかに，**陽電子放出**(positron emission)と呼ばれる通常よくある放射性壊変があり，核内の陽子が中性子に変わるとともに**陽電子**(ポジトロン；${}^{0}_{1}\text{e}$ または β^{+})を放出する．"正の電子"と考えられる陽電子は，電子とおなじ質量であるが正の電荷をもつ．この過程はつぎのようにあらわされる．

$$^{1}_{1}\text{p} \longrightarrow {}^{1}_{0}\text{n} + {}^{0}_{1}\text{e}$$

陽電子の放出の結果，生成する核の原子番号が一つ減る．これは陽子が中性子に変わるためで，質量は変わらない．たとえば，カリウム-40 は陽電子を放出してアルゴン-40 を与える．この核反応は岩石の年代を調べる地質学では重要である．矢印右側の下付きの数字の合計 (18 + 1 = 19) は矢印左側の $^{40}_{19}\text{K}$ の下付きの数字とおなじことをもう一度確認すること．

陽電子(positron)　正電荷の電子であり，電子とおなじ質量をもつが正電荷である．

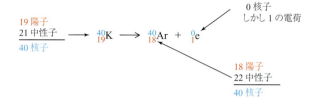

電子捕獲

電子捕獲(EC)（electron capture） 核がまわりの電子雲から内殻電子を奪う結果，陽子が中性子に変換する過程．

電子捕獲は EC と表記され，核がまわりの電子雲から内殻電子を捕獲する結果，陽子は中性子に変換し，エネルギーが γ 線として放出される．生成する核の質量数は変化しないが，原子番号は陽電子放出と同様に一つ減る．水銀-197 が金-197 へ変換する例をあげる．

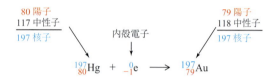

この反応を利用してお金持ちになろうなどと考えないようにすること．水銀-197 は天然に存在する Hg の同位体ではなく，一般的には 11.10 節で述べる核変換反応によって製造される．

図 11.2 を見るとわかるように，比較的軽い元素の安定同位体のほとんどは，ほぼ同数の陽子と中性子を有する．この事実に留意すれば，もっともおこりやすい壊変の形式を予測することができる．陽子よりも中性子の数が多い不安定な同位体は，中性子を陽子へ変換する β 壊変をおこしやすく，一方，中性子よりも陽子の数が多い不安定な同位体は，陽子を中性子へ変換する陽電子放出または電子捕獲を起こしやすい．また，非常に重い同位体 ($Z > 83$) は，中性子と陽子の両方を失う α 壊変をもっともおこしやすく，原子番号を減少させる．

これまで述べてきた 5 種類の壊変の過程を表 11.2 にまとめた．

表 11.2 壊変の過程

過程	記号	原子番号の変化	質量数の変化	中性子数の変化
α 放出	$^4_2$He または α	−2	−4	−2
β 放出	$^{\ 0}_{-1}$e または β^{-1}*	+1	0	−1
γ 線放出	γ	0	0	0
陽電子放出	$^0_1$e または β^+	−1	0	+1
電子捕獲	E.C.	−1	0	+1

*二つの β 壊変については，下付きの数字は電荷を示す．β^- あるいは β 粒子は −1 の電荷を帯び，一方 β^+ あるいは陽電子は +1 の電荷を帯びる．

例題 11.3 核反応式を完成する：電子捕獲と陽電子放出

つぎの過程で進行する核反応式を両辺で釣り合いがとれるように書け．

(a) ポロニウム-204 による電子捕獲：$^{204}_{84}$Po + $^{\ 0}_{-1}$e ⟶ ?

(b) キセノン-118 の陽電子放出：$^{118}_{54}$Xe ⟶ $^0_1$e + ?

解説 核反応式を書く上で大切なことは，矢印の左右で核子の数がおなじになっているか，そして電荷の数がおなじになっているか確かめることである．

解　答

(a) 電子捕獲では質量数は変化しないが原子番号は一つ減少し，ビスマス-204 を与える：$^{204}_{84}\text{Po} + ^{\ 0}_{-1}\text{e} \longrightarrow ^{204}_{83}\text{Bi}$

核反応式の両辺で核子の数と電荷がおなじになることを確認する．

質量数：　204 + 0 = 204　　　原子番号：　84 + (−1) = 83

(b) 陽電子放出では質量数は変化しないが原子番号は一つ減少し，ヨウ素-118 を与える：$^{118}_{54}\text{Xe} \longrightarrow ^{0}_{1}\text{e} + ^{118}_{53}\text{I}$

確　認　　質量数：　118 = 0 + 118　　　原子番号：　54 = 1 + 53

問題 11.5

つぎの放射性同位体が陽電子放出する時の核反応式を書け．

(a) $^{38}_{20}\text{Ca}$　　(b) $^{118}_{54}\text{Xe}$　　(c) $^{79}_{37}\text{Rb}$

問題 11.6

電子捕獲によって，つぎの放射性同位体が生成する時の核反応式を書け．

(a) $^{62}_{29}\text{Cu}$　　(b) $^{110}_{49}\text{In}$　　(c) $^{81}_{35}\text{Br}$

基礎問題 11.7

グラフ中の赤い矢印は，核反応中に原子核でおこる変化を示している．この反応の前後の同位体はなにか？　また，この壊変過程の種類を答えよ．

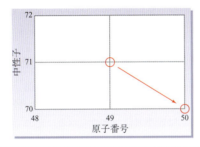

11.5　放射性核種の半減期

壊変の速度はそれぞれの放射性同位体によって大きく異なる．ウラン-238 などのように人が感知できないくらいゆっくりとした速さ（数十億年）で壊変するものもあれば，炭素-17 のように 1000 分の 1 秒の単位であらわされる時間*で壊変するものもある．

壊変の速度は，ある放射性物質が減衰して半分になるまでの時間と定義される**半減期**（$t_{1/2}$）であらわされる．たとえばヨウ素-131 の半減期は 8.021 日である．いまたとえば 1000 g の $^{131}_{53}\text{I}$ が存在すると，8.021 日後には半分が壊変して $^{131}_{54}\text{Xe}$ になるので，もとの量の 50%（0.500 g）になる．さらに 8.021 日が経過すると（全体では 16.063 日）もとの量の 25%（0.250 g）となり，さらにその 8.021 日後には（全体では 24.084 日）もとの量の 12.5%（0.125 g）だけが残存する．その後も同様に減衰する．どのような放射性物質であっても，半減期が経過するたびに半分ずつ減衰する．どの同位体でも，半減期は試料の大きさ，温度，そのほかの条件によって変化しない．放射性壊変の半減期を短くしたり，長くしたり，あるいは変化させる方法は知られていない．

*（訳注）：参考として，^{17}C の半減期は 193 ms．

半減期（$t_{1/2}$）(half-life)　ある放射性物質が減衰して半分になるまでに要する時間．

CHEMISTRY IN ACTION

放射能の医学利用

核医学の手法がはじめて医療に用いられたのは1901年にさかのぼる．この年に，フランスの医師アンリ・ダンロ (Henri Danlos) が結核菌による皮膚損傷の治療にラジウムをはじめて使用した．それ以来，放射能の医学利用は診断においても治療においても現代医学にとって重要な位置を占めるようになった．現在，放射線の利用は三つに大別される．(1) インビボ (*in vivo*) 核医学検査，(2) 放射線による治療，(3) 画像診断である[*1]．ここでは，はじめの二つについて説明する．三つめの画像診断については p.375 の Chemistry in Action, "画像診断"で述べる．

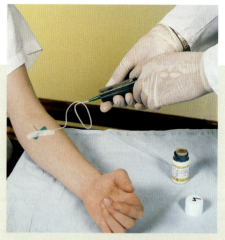

▲放射性クロム-51 (標識赤血球) を少量投与したあと，希釈倍率を算出することで患者の血液量が求められる．

インビボ核医学検査

インビボ検査とは生体内でおきていることを調べる検査であり，対象とする臓器あるいは体全体の機能を調べる目的で行われる．放射性医薬品を患者に投与して，その薬剤の吸収，排泄，希釈状態，集積性などを採取した血液や尿から判定する．

放射性薬剤を用いたさまざまなインビボ核医学検査のうち，うっ血性心不全，高血圧，および心不全の一般的な指標である全身の血液量を測定する方法は，簡便である．放射能が既知の放射性クロム-51で標識した赤血球を患者に投与し，全身に均一に行き渡らせる．適切な時間が経過したあとに血液を採取し，投与した赤血球の放射能と血液中の放射能から血液量を測定することが可能である[*2]．この方法は**同位体希釈法**とおなじ原理であり，つぎのようにあらわされる．

$$R_{sample} = R_{tracer} \left(\frac{W_{sample}}{W_{system} + W_{tracer}} \right)$$

ここで，R_{sample} は採取した血液の放射能，R_{tracer} は体に投与した放射能を，そして W は採取した血液，全身および標識体の重量あるいは体積をあらわす．

放射線治療

放射線治療では，がんなどの疾患組織を殺傷する武器として放射線を利用する．放射線治療には体外から放射線を照射する外部照射治療法と，体内に放射性物質を投与し，目的とする組織に集積させて内部から照射する内用放射線治療法の二つの方法がある．外部照射によるがん治療では，しばしばコバルト-60から放出される γ 線が使用される．高放射能の線源が厚い鉛の容器に入れられていて，その容器に開いている穴を腫瘍の方向に向けることで放射線を腫瘍に集中させる．その結果，腫瘍に線源からの放射線が最大限照射され，体のほかの部位への照射は最小限にとどめられる．それでも体の健常部位は放射線の影響を受け，この治療を受けた患者の多くが放射線宿酔を示す．

内用放射線治療は，外部照射治療よりもはるかに選択的である．たとえば甲状腺疾患の治療では，ヨウ素-131を患者に投与する．きわめて強い β 線を放出する放射性ヨウ素 (^{131}I) は，投与後甲状腺に集

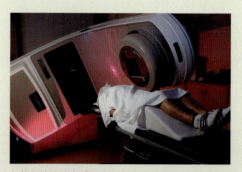

▲放射線治療を受けるがん患者．放射性同位体の治療への応用．

[*1] (訳注)：インビボ核医学検査には，放射性医薬品を投与して行う画像診断も含まれる．
[*2] (訳注)：赤血球の標識には，現在 ^{51}Cr ではなく ^{99m}Tc (テクネチウム) が使用されている．

積し，ヨウ素を含有する甲状腺ホルモンの一つ，チロキシンに組み込まれる．その結果，^{131}I は甲状腺に選択的に集積することになる．β線は数 mm 程度しか透過しないため，^{131}I から放出される放射線は周辺の疾患組織のみを殺傷する．女性の生殖腺などの腫瘍を治療するため，腫瘍周辺に放射性物質を（針状などの形で）埋め込むこともなされている[*3]．

ホウ素中性子捕捉療法（boron neutron capture therapy；BNCT）は比較的新しい技術である．まず，ホウ素を含有する薬剤を投与し，がんへ集積させ，ついで，腫瘍へ原子炉から得られる中性子線を照射する．ホウ素は中性子を吸収して核変換をおこし，α粒子とリチウム核を生成する．これらの高いエネルギーを有する粒子は，透過力が低く，近傍の腫瘍組織を殺傷することができる．一方で，周囲の健康な組織を温存することができる．BNCT の欠点の一つは原子炉に行く必要があることで，そのため，この治療は限られた地域でしか受けることができない．

章末の"Chemistry in Action"からの問題 11.70，11.71 を見ること．

[*3]（訳注）：日本では，前立腺がんの治療に使用されている．

$$1000\ g\ {}^{131}_{53}I \xrightarrow{8日} 0.500\ g\ {}^{131}_{53}I \xrightarrow{8日} 0.250\ g\ {}^{131}_{53}I \xrightarrow{8日} 0.125\ g\ {}^{131}_{53}I \longrightarrow$$

	1 半減期	2 半減期（計 16 日）	3 半減期（計 24 日）
100%	50%残存	25%残存	12.5%残存

半減期が経過するたびに残存する放射性同位体の割合を図 11.4 に示した．その割合は，次式で計算できる．

$$残存する割合 = (0.5)^n$$

ここで n は，経過した半減期の数である．

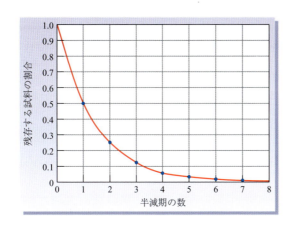

◀図 11.4
放射性核種の経時的な減衰
すべての壊変は，その半減期が，年，日，時間，分，秒のどの単位であってもこの曲線に従う．すなわち，1 半減期が経過したあとに残存する試料の割合は 0.5，2 半減期後に残存する割合は 0.25，3 半減期後に残存する割合は 0.125，というようになる．

よく知られている半減期の利用は，考古学上の遺物の年代を決定することを目的とした放射性炭素による年代測定である．この方法は，上層大気中で窒素原子と宇宙線由来の中性子が衝突することにより，ゆっくりと絶え間なく放射性炭素-14（^{14}C）が生成することを利用したものである．^{14}C 原子は酸素と結合し，$^{14}CO_2$ となり，ゆっくりと通常の $^{12}CO_2$ と混ざり，光合成により植物に取り込まれる．これらの植物が動物に摂取されると，^{14}C は食物連鎖に入り，すべての生物にあまねく分布する．

植物または動物が生存しているかぎり，生物が摂取するのと同じ量の ^{14}C を排泄または呼気する動的平衡が確立される．その結果として，生きている生物

における ^{14}C の ^{12}C に対する比は，環境における比と同じ（約 $1/10^{12}$）になっている．しかし，植物または動物が死ぬと，もう ^{14}C を摂取しないので，生物内での $^{14}C/^{12}C$ の比は ^{14}C の壊変に伴ってゆっくりと減少する．生物の死後5730年（^{14}C の半減期）で $^{14}C/^{12}C$ の比は 1/2 に，死後 11 460 年で $^{14}C/^{12}C$ の比は 1/4 に減少する．かつて生きていた生物の化石に残っている ^{14}C の量を測定することによって，考古学者はその生物がどれくらい前に死んだのかを決定することができる．この技術の正確さは，試料が古いほど低下するが，1000〜20 000 年前の遺物であれば，十分な正確さで年代を特定できる．

　有用な放射性同位体の半減期を表 11.3 に示した．医療で患者に投与される放射性同位体の半減期はきわめて短いため，急速に減衰するので長期間，体に残るようなことはない．

表 11.3　有用な放射性同位体の半減期

放射性同位体	表記	放射線	半減期	用途
トリチウム	$^{3}_{1}H$	β	12.33 年	生化学でのトレーサー
炭素-14	$^{14}_{6}C$	β	5730 年	考古学年代測定
ナトリウム-24	$^{24}_{11}Na$	β	14.959 時間	循環血液の検査
リン-32	$^{32}_{15}P$	β	14.262 日	白血病の治療
カリウム-40	$^{40}_{19}K$	β, β$^+$	1.2774×10^9 年	地質学での年代測定
コバルト-60	$^{60}_{27}Co$	β, γ	5.271 年	がん治療
ヒ素-74	$^{74}_{33}As$	β$^+$	17.77 日	脳腫瘍の診断
テクネチウム-99m*	$^{99m}_{43}Tc$	γ	6.01 時間	局所脳血流量の測定
ヨウ素-131	$^{131}_{53}I$	β	8.021 日	甲状腺の治療
ウラニウム-235	$^{235}_{92}U$	α, γ	7.038×10^8 年	原子炉

*テクネチウム-99m の m は準安定を示し，この核種は γ 線のみを放出するが，そのとき質量数や原子番号は変化しない．

例題 11.4　核反応：半減期

白血病の治療に用いられる放射性同位体のリン-32 の半減期は約 14 日である．8 週間後には，およそ何パーセントのリン-32 が残存することになるか？

解　説　8 週間のあいだに何半減期が経過したことになるか計算し，その数が整数の場合は，半減期ごとに最初の量(100%)に 1/2 を掛ける．

解　答
$^{32}_{15}P$ の半減期は 14 日（2 週間）なので，8 週間で 4 半減期が経過したことになる．したがって残存する量は，

$$\text{残存量} = 100\% \times (0.5)^4 = 100\% \times \underbrace{\left(\frac{1}{2} \times \frac{1}{2} \times \frac{1}{2} \times \frac{1}{2}\right)}_{\text{4 半減期}}$$
$$= 100\% \times \frac{1}{16} = 6.25\%$$

例題 11.5　核反応：半減期

表 11.3 に示すように，ヨウ素-131 は約 8 日の半減期を有する．20 日後に残存する割合を求めよ．

解　説　何半減期が経過したかを計算する．その数が整数でない場合(すなわち分数である場合)，残存する放射性同位体の割合を求めるには，次式を用いる．

$$残存する割合 = (0.5)^n$$

概　算　ヨウ素-131 の半減期は 8 日なので，20 日は 2.5 半減期である．残存する割合は，0.25（2 半減期後に残存する割合）と 0.125（3 半減期後に残存する割合）のあいだである．経過した半減期の数と残存する割合とは比例しないので（図 11.4 参照），残存する割合は正確にはこれらの中間の値ではないが，わずかに低いほうの割合に近く，0.17 となる．

解　答
$$残存する割合 = (0.5)^n = (0.5)^{2.5} = 0.177$$

確　認　残存する割合は，概算値である 0.17 に近い．

問題 11.8
考古学で年代推定に使用される炭素-14 の半減期は 5730 年である．17 000 年前の試料中に残る $^{14}_{6}C$ は何パーセントか？

問題 11.9
トレーサーとして，クロム-51 を含む赤血球の試料 1.0 mL を患者に投与した．数時間後，5.0 mL の血液試料を採取し，その放射能を，投与したトレーサー試料の放射能と比較した．採取した試料の放射能がもとのトレーサーの 0.10% であった場合，患者の全身の血液量を計算せよ（p.362, Chemistry in Action, "放射能の医学利用"参照）．

基礎問題 11.10
つぎのような減衰曲線を示す放射性核種の半減期を求めよ．

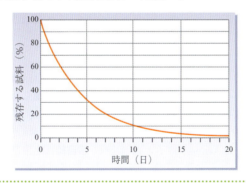

11.6　壊変系列

　放射性同位体が壊変する時，核の変化がおきて別の元素が生成する．こうして生成した元素の多くは安定同位体になるが，時には生成核が放射性同位体であり，さらに壊変することもある．実際，放射性同位体の中には安定な（非放射性の）核になるまで核が壊変する，**壊変系列**を示すものが存在する．これはとくに原子番号の大きな元素に見られる．たとえばウラン-238（^{238}U）は，14 回の連続する核反応を受け最後は鉛-206（^{206}Pb）で止まる（図 11.5）．

壊変系列（decay series）　質量数の大きな放射性同位体から非放射性の同位体を与えるまでの連続的な核の壊変．

▶図 11.5
²³⁸U から ²⁰⁶Pb への壊変系列
最終的に生成する ²⁰⁶Pb 以外のすべての同位体は放射性で壊変する．長い斜めの矢印は α 粒子の放出を示し，水平方向の短い矢印は β 粒子の放出をあらわす．

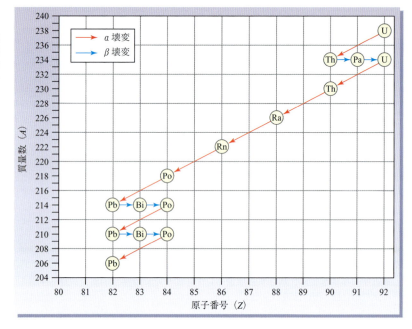

　ラジウム-226 は，ウラン-238 の壊変系列における中間体の放射性核種の一つである．ラジウム-226 は 1600 年の半減期を有し，α 壊変して気体であるラドン-222 を生成する．ラジウムを含む岩石，土壌そして建材からラドン-222 が生成し，地下の割れ目から拡散して，住宅やそのほかの建物の空気中に入り込む．ラドンそのものは気体で，吸入しても体に取り込まれずに肺を通り抜ける．しかし，ラドン-222 が肺で α 壊変するようなことがあると，固体のポロニウム-218（²¹⁸Po）が生成する．²¹⁸Po は α 粒子を放出して壊変するので肺に障害を与える可能性がある．

11.7　電離放射線

電離放射線（ionizing radiation）　高エネルギー放射線の一般名．

X 線（X ray）　γ 線よりも少ないエネルギーの電磁波．

＊（訳注）：γ 線は原子核から放出されるのに対し，X 線は電子が関与して核外で放出されるところも異なる．両者はこの点で区別されている．

宇宙線（cosmic ray）　大気圏外から地上に降り注ぐ高エネルギー粒子の混合物であり，主に陽子とさまざまな原子核で構成される．

　すべての種類の高エネルギー放射線は**電離放射線**と総称されることが多い．これには，α 粒子，β 粒子，γ 線だけでなく **X 線**や**宇宙線**も含まれる．**X 線**は γ 線と同様に質量をもたない高エネルギーの電磁波である．両者のあいだで唯一異なるのは，X 線のエネルギーは γ 線にくらべていくぶん低いことである＊（2 章，Chemistry in Action，"原子と光"参照）．**宇宙線**は宇宙空間から地球上に降り注ぐ高エネルギー粒子の総称であり，これらは陽子といくらかの α および β 粒子で構成される．

　すべての電離放射線は分子との相互作用により軌道電子をはじき飛ばし，原子や分子をきわめて反応性の高いイオンに変換する．

$$\text{分 子} \xrightarrow{\text{電離放射線}} \text{イオン} + e^-$$

　反応性に富んだイオンは付近に存在するほかの分子と反応し，次々と反応をおこすことができる断片をつくる．このように，高線量の電離放射線は生細胞の化学反応の微妙なバランスを破壊し，最終的には生物体に死をもたらす可能性がある．

　少量の電離放射線は目に見える症状をもたらさないが，電離放射線が細胞の

核を打ち遺伝機構を損傷するときわめて危険である．結果的におきる変化は，遺伝子の変異を生じ発がんや細胞死を誘発する可能性がある．骨髄，リンパ系，腸管内層，胎芽などの分裂の盛んな細胞の核はもっとも損傷しやすい．がん細胞も分裂が盛んな細胞であるので，電離放射線の影響に対して高い感受性を示す．そのため，放射線治療は多くの種類のがんに有効な治療法である（p.362, Chemistry in Action, "放射能の医学利用"参照）．電離放射線の性質を表11.4に示した．

表 11.4　電離放射線の性質

放射線の種類	エネルギー*	水中の透過距離**
α	3〜9 MeV	0.02〜0.04 mm
β	0〜3 MeV	0〜4 mm
X	100 eV〜10 keV	0.01〜1 cm
γ	10 keV〜10 MeV	1〜20 cm

* 原子を構成する粒子の陽子，中性子，電子，さらに電磁波のエネルギーはエレクトロンボルト(eV)という単位であらわされる．1 eV＝6.703×10^{-19} cal あるいは 2.805×10^{-18} J である．

** 放射線強度が半分になる距離．

　放射線のエネルギー，体からの距離，被ばくした時間，線源が体外あるいは体内かにより，体への電離放射線の影響は大きく異なる．線源が体外にある場合，γ線やX線がα粒子やβ粒子よりも有害なのは，衣服や皮膚を透過して体内の細胞にまで到達するためである．α粒子は衣服や肌で止められ，β粒子は木片や数枚の衣服で止められる．しかし，α粒子とβ粒子は体内で放出される時，そのすべてのエネルギーを周辺の組織に与えるため，非常に危険である．α粒子を放出する核種は体内でとくに有害であり，そのため医療への応用にはほとんど使用されていない．

　X線やそのほかの電離放射線の作業従事者は，放射線源を厚い鉛や密度の高い物質でおおい自分たちを保護する．放射線の強度(I)は線源からの距離の二乗に反比例するため，作業者と線源とのあいだの距離を調整することも放射線からの保護には有効になる．線源から異なる距離1，および2における放射線の強度はつぎの式で与えられる．

$$\frac{I_1}{I_2} = \frac{d_2^2}{d_1^2}$$

たとえば，ある線源が 1.0 m の距離で 16 units の放射線強度を示すとする．線源からの距離を2倍の 2.0 m とすると放射線の強度は 1/4 になる．

$$\frac{16 \text{ units}}{I_2} = \frac{(2 \text{ m})^2}{(1 \text{ m})^2}$$

$$I_2 = 16 \text{ units} \times \frac{1 \text{ m}^2}{4 \text{ m}^2} = 4 \text{ units}$$

例題 11.6　電離放射線：放射線強度と線源からの距離

ある線源が 2.4 m 離れた位置で 75 units の放射線強度を示す時，放射線の強度 25 units とするにはどれくらいの距離をとればよいか？

解説　放射線の強度(I)はつぎの式に従い距離(d)の二乗に反比例する．

$$\frac{I_1}{I_2} = \frac{d_2^2}{d_1^2}$$

この式の四つの値のうち三つ(I_1, I_2 と d_1)が既知であり，d_2 を計算すればよい．

概　算　放射線強度を 75 units から 25 units に(1/3 に)減少させるには，距離を $\sqrt{3} = 1.7$ 倍にしなければならない．したがって，距離は 2.4 m から約 4 m に増加する．

解　答

段階 1：情報を特定する．四つの値のうちの三つがわかっている．

$I_1 = 75$ units
$I_2 = 25$ units
$d_1 = 2.4$ m
$d_2 = $??? m

段階 2：解と単位を特定する．

段階 3：計算式を立てる．計算式の強度と距離を変形して d_2 を求める式を立てる．

$$\frac{I_1}{I_2} = \frac{d_2^2}{d_1^2}$$

$$d_2^2 = \frac{I_1 d_1^2}{I_2} \Rightarrow d_2 = \sqrt{\frac{I_1 d_1^2}{I_2}}$$

段階 4：解く．既知の値を代入して不要な単位を約す．

$$d_2 = \sqrt{\frac{(75 \text{ units})(2.4 \text{ m})^2}{(25 \text{ units})}} = 4.2 \text{ m}$$

確　認　計算した結果は，約 4 m という概算と一致する．

問題 11.11
ある β 線を放出する放射線源は 4.0 m 離れたところで 250 units の放射線強度を示す．線源からどれだけの距離をとれば，もとの強度の 1/10 になるか？

11.8　放射線の検出

　放射線はわずかではあるが自然界でつねに発生している．しかし，そのことに人類が気づいてから 100 年も経っていない．問題は放射線が可視化できないことにある．私たちはどれほど高線量の放射線であっても五感(目，耳，鼻，皮膚，舌)で感じることはできない．しかし，放射線の電離作用を利用すると放射線を検出することができる．

　放射線被ばくを検出するもっとも簡便な装置は，放射線業務に従事する人が身につけている個人線量計である．その一つであるフィルムバッジでは，フィルムは光で感光しないようにつくられている．しかし放射線がバッジに当たるとフィルムを感光する(ベクレルの発見を思い出そう)．定期的にフィルムを現像して標品と比較することで放射線被ばくが調べられる．

　実験室内で放射線の検出をするのにもっとも適している測定器は**シンチレーションカウンター**(scintillation counter)である．この機器は，**蛍光体**(phosphor)と呼ばれる物質に放射線が当たると発光することを利用したものである．発光数は電気的に測定され電気信号に変換される．

　もっともよく知られている放射線測定器は**ガイガー計数管**(Geiger counter)であろう．このアルゴンガスが充満した計数管には二つの電極がある(図 11.6)．この管は電気伝導物質でおおわれた壁面の陰極と中央のワイヤー状の陽極から構成され，両極間に高電圧がかけられている．放射線が窓から管内に入射する

▲個人線量計は放射線の被ばくの測定に汎用される．

と，アルゴン原子と衝突して電離させる結果，中央の陽極と周辺の陰極とのあいだに小さな電流が流れる．この電流を検出，増幅し，そしてクリック音を発生させる，あるいは記録する．さらに多くの放射線が入射するとクリック音の頻度が増す．ガイガー計数管は広い場所で放射線源を探す場合や放射線の強度を測定するのに適している．

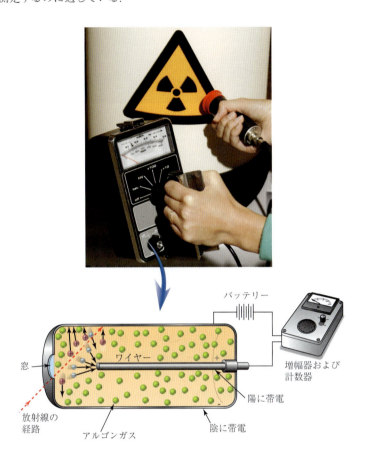

◀ 図 11.6
ガイガー計数管による放射線測定
薄膜の窓から放射線が管内に入射すると，アルゴン原子を電離して電子を生成し，管の壁面の陰極と中央の陽極とのあいだに小さな電流が流れる．この電流を機器に記録する．

11.9 放射線量の単位

　放射線の強度は，放射線のどの性質を測定するかによってさまざまな単位であらわされる（表 11.5）．壊変の数をあらわす単位のほか，放射線の照射量あるいは照射の生物学的影響をあらわす単位がある．

表 11.5　放射線量の一般的な単位

単　位	測定対象	補　足
キュリー（Ci）	壊変数	1 秒間の壊変数 3.7×10^{10} に等しい放射線量
レントゲン（R）	イオン化の強度	乾燥空気 1 cm³ 中に 2.1×10^9 個のイオンをつくる放射線量
ラド（rad）	物質 1 g に吸収されるエネルギー	1 rad ≒ 1 R
レム（rem）	組織への影響	1 R の X 線とおなじ障害を与える放射線量
シーベルト（Sv）	組織への影響	1 Sv = 100 rem

CHEMISTRY IN ACTION

食品への放射線照射

食品に放射線を照射して有害細菌を死滅する方法は新しいものではない．これは放射線研究の初期にまでさかのぼる．しかし米国陸軍の科学者が，放射線を照射すると牛挽肉が長持ちすることを見出した1940年代までは本格的には研究されなかった．さらにこの方法が普及するまでには長い時間を要し，一般化したのは食中毒で(多くの)死者が発生した最近になってからである．

食品への放射線照射の原理は簡単なものである．すなわち，細菌やそのほかの生物体が付着した食品に電離放射線，通常はコバルト-60かセシウム-137が放出するγ線を照射することで，細菌やそのほかの生物の遺伝物質を破壊して，これらを死滅させることによる．しかし，放射線はウイルスや狂牛病の原因であるプリオン(生化学編1章 Chemistry in Action，"プリオン：病気を引きおこすタンパク質"参照)を死滅させることはできない．照射する放射線量は，要求される効果によって変えられる．たとえば，果物が熟れるのを遅くするには，0.25～0.75 kGyの放射線の照射が必要であり，包装した食肉の滅菌には25～70 kGyの高い放射線の照射が必要である．食品の変化はほとんどおきることがなく，食品が放射化されることもない．実際に食品の放射線照射で問題になるのは，その効果が強すぎることである．放射線によりほとんどすべての生物体は死滅することがわかってからは，食品生産者は通常行うべき衛生的な取扱いを省略する誘惑にとらわれている．

食品の放射線照射は米国よりもヨーロッパで頻繁に行われている．ベルギー，フランスそしてオランダでは食品の放射線照射が盛んで，1年間に10 000～20 000トンの食品に利用されている．現在，40ヵ国以上で食品の放射線照射が行われていて，世界中で1年間に500 000トン以上の食品が処理されている．米国で食品の放射線照射に対してもっとも懸念されていたことの一つは，電離放射線の照射により，食品中で放射線分解生成物が生じる可能性である．米国食品医薬品局(FDA)は精査したあと，食品の放射線照射は安全であり，ビタミンやそのほかの栄養素の含有量を測定可能な量の範囲では変化させないと宣言した．1986年にはスパイス(香辛料)，果物，豚肉，野菜への照射が認められ，1990年には鶏肉，そして1997年には赤肉とりわけ牛挽肉が認可を受けた．2000年には，鶏卵やもやし種子にまで拡大された．食品会社が肉の放射線照射を標準的な方法で取り入れたら，大量の商品の回収や消費者の重大な健康被害を招く大腸菌やサルモネラ菌の汚染は，過去のことになるだろう．

章末の"Chemistry in Action"からの問題11.72, 11.73を見ること．

▲食品の放射線照射は，細菌を死滅させ食品の寿命を長くする．放射線照射された食品のほとんどには，その食品が放射線照射されたものであることがわかるように，緑色のRadura印のラベルが貼ってある*．

*(訳注)：日本では，食品衛生法で食品への放射線の照射は禁じられている(ばれいしょ(ジャガイモ)の発芽防止目的のための照射は除く)．

- **キュリー** キュリー(curie：Ci)，ミリキュリー(millicurie：mCi)そして**マイクロキュリー**(microcurie：μCi)は，ある物質の1秒間におきる放射壊変の数をあらわす単位である．1キュリーはラジウム1gの壊変速度であり，1秒あたりの壊変数3.7×10^{10}に等しく，1 mCi = 0.001 Ci = 1秒あたり3.7×10^7の壊変数，1 μCi = 0.000 001 Ci = 1秒あたり3.7×10^4の壊変数である．

  経口投与あるいは静脈投与される放射性物質の量は通常ミリキュリーであらわされる*1．投与量を算出するには，同位体溶液1 mLあたりの減衰速度を求める必要がある．放射性物質の濃度は壊変に伴い絶えず減少するため，その減衰速度(放射能)は投与直前に測定する必要がある．たとえば，甲状腺機能を測定するためのヨウ素-131を含む溶液について，1 mLあたりの壊変速度が0.020 mCi/mLで，0.050 mCi投与する必要があるとする．この時投与する溶液量はつぎのようになる．

$$\frac{0.05 \text{ mCi}}{\text{投与量}} \times \frac{1 \text{ mL }^{131}\text{I 溶液}}{0.020 \text{ mCi}} = \frac{2.5 \text{ mL }^{131}\text{I 溶液}}{\text{投与量}}$$

*1(訳注)：日本では現在，後述のベクレルであらわしている．

- **レントゲン** レントゲン(roentgen：R)はγ線あるいはX線の電離強度をあらわす単位である．言いかえると，レントゲンは放射線が物質に影響を与える能力をあらわす単位である．1 Rは大気圧の乾燥空気1 cm³あたりに2.1×10^9単位の電荷を生成する放射線量である．電離放射線が1原子に衝突するごとに1イオンあるいは1単位の電荷が生成する．

- **ラド** ラド(rad：吸収線量)は，放射線が照射されることによって物質1 gに吸収されたエネルギーをあらわす単位であり，物質1 gあたり1×10^{-5} Jのエネルギー吸収がある時の吸収線量が1 radである．吸収されるエネルギーは照射される物質および放射線の種類によって異なる．しかし，多くの場合レントゲンとラドの値は非常に近く，X線やγ線に使われる時にはおなじと考えられ，1 R≒1 radになる．

- **レム** レム(rem：人に対するレントゲン相当量)は，放射線照射による組織の障害の程度をあらわす単位である．1 remは1 RのX線とおなじ影響を引きおこす放射線量(等価線量)をあらわす．レムは種類の異なる放射線に対しても，同一の尺度で人への影響をあらわす単位であるため，医療用途に適している．レムは

$$\text{レム} = \text{ラド} \times \text{RBE}$$

で計算できる．ここで，RBEは**生物学的効果比**であり，放射線のエネルギーや種類によって，人への影響が異なることを考慮するためのものである．放射線照射の実際の生物学的な効果は，放射線の種類とエネルギーの両方に大きく依存するが，X線，γ線，β線(β粒子)のRBEは実質的に等しく(RBE＝1)，α線(α粒子)のRBEは20である．たとえば，1 radのα線は1 radのγ線にくらべ組織に対して20倍障害を与えるが，1 remのα線とγ線は組織におなじ程度の障害を与える．このように，レムは電離強度と生物学的な影響の両者を考慮した単位であるが，ラドは強度のみを対象にした単位である．

- **SI単位***2　SI単位では，1秒あたりに放射壊変する数をあらわす単位として**ベクレル**(becqurel：Bq)が用いられ，1秒間に1個壊変するとき1 Bqである．SI単位では吸収線量には**グレイ**(gray：Gy)が用いられ，1 Gy = 100 radである．放射線の生体への影響をあらわす単位には**シーベルト**(sievert：Sv)が使用され，1 Svは100 remに等しい．

*2(訳注)：日本では現在，SI単位が用いられている．

種々の線量を受けた時の生物学的影響を表 11.6 に示した．この影響を見て恐ろしいと感じるかもしれないが，一般の人々が 1 年間に受ける放射線はおよそ 0.27 rem になる．こうした**バックグラウンド放射線**(background radiation)の約 80％は自然界(岩石や宇宙線)に由来し，残りの 20％は民生品や X 線診断などの医療行為に由来する．原子力発電所からの放射線の漏洩や 1950 年代の核兵器実験による放射性降下物の影響はほとんど見られない．

表 11.6　人への短時間の放射線照射による生物学的影響

線量(rem)	生物学的影響
0〜25	検出可能な影響は見られない
25〜100	白血球数の一時的な減少
100〜200	悪心，嘔吐，長期的な白血球数の減少
200〜300	嘔吐，下痢，食欲不振，だるさ
300〜600	嘔吐，下痢，出血，時には死に至ることもある
600 以上	ほぼすべての場合で死亡

問題 11.12
1986 年に発生したロシア，チェルノブイリ原子力発電所での惨事により，バックグラウンド放射線の量が世界中のすべての地域で約 5 mrem 増加したと計算される．この増加分は，一般人が 1 年間に受ける放射線量を何パーセント増加させたことになるか？

問題 11.13
すい臓の疾患の診断に使用される放射性同位体セレニウム-75 溶液の放射能濃度を投与直前に測定したところ 44 μCi/mL であった．3.98 mL を患者に静脈内投与したとき，どれだけの放射能(μCi)のセレニウム-75 を患者に投与したことになるか？

問題 11.14
ジャガイモの発芽防止を目的とした一般的な食物の放射線照射では，0.20 kGy の放射線を照射する．放射線量が主に γ 線によるものであるとき，この放射線量は何ラドになるか？また，大部分が α 線によるときは，何ラドになるか？
(p.370，Chemistry in Action，"食品への放射線照射"参照)

11.10　人工核変換

これまで知られている約 3300 種の放射性同位元素のうち，天然に存在するものはごくわずかである．多くは，核衝撃反応により別の元素に変換する**人工核変換**によって安定な同位体から製造される．

ある原子に高(運動)エネルギーの陽子，中性子，α 粒子あるいはほかの元素の核などの粒子を衝突させると，その際に不安定な核が生成する．それによって核変換がおこり別の元素が生成する．たとえば宇宙線由来の中性子と大気中の窒素が衝突する時，^{14}N から ^{14}C への核変換が大気圏上層で進行する．この衝突の中で，窒素核と中性子が融合して窒素核から陽子($^{1}_{1}H$)を追い出す．

$$^{14}_{7}N + ^{1}_{0}n \longrightarrow ^{14}_{6}C + ^{1}_{1}H$$

人工核変換により，これまで地上で発見されていない新たな元素をつくることができる．実際，原子番号が 92 よりも大きい**超ウラン元素**(transuranium ele-

人工核変換(artificial transmutation)
核反応により，ある原子を別の原子に変換すること．

ment)は衝撃反応によりつくられた．たとえば，プルトニウム-241(^{241}Pu)はウラン-238(^{238}U)に α 粒子を衝突させることで得られる．

$$^{238}_{92}U + ^{4}_{2}He \longrightarrow ^{241}_{94}Pu + ^{1}_{0}n$$

プルトニウム-241 はそれ自身が半減期 14.35 年の放射性核種であり，β 放出による壊変でアメリシウム-241(^{241}Am)を与える．アメリシウム-241 は半減期 432.2 年で α 放出で壊変する（アメリシウムの名前を聞いたことがあったとすれば，それは，この元素が煙感知器に使用されているからである）．

$$^{241}_{94}Pu \longrightarrow ^{241}_{95}Am + ^{0}_{-1}e$$

人工核変換の核反応式ではすべて，両辺で釣り合いがとれていることに注意すべきである．質量数の和と電荷の和はそれぞれ反応式の両辺でおなじになる．

▲煙感知器には少量のアメリシウム-241 が使われている．この放射性同位体から放出される α 粒子が感知器内の空気を電離し，小さな電流が流れる．煙が感知器内へ入るとイオンが煙の分子と結合するため電気伝導度が低下し，それに連動して警報音が鳴る．

例題 11.7 核反応を等式にする：人工核変換

カリホルニウム-246 はウラン-238 の衝撃反応で生成される．この反応で 4 個の中性子がつくられるとすると，衝撃に使われたのはどの元素か？

解説 まず，この核反応のわかっている部分を書く．

$$^{238}_{92}U + ? \longrightarrow ^{236}_{98}Cf + 4 ^{1}_{0}n$$

つぎに，両辺で釣り合いをとるのに必要な核子と電荷の数を計算する．この例の場合，左辺には 238 個の核子があり，右辺には 246 + 4 = 250 個の核子が存在する．したがって，衝撃に使われた粒子は 250 − 238 = 12 個の核子をもつはずである．さらに，左辺には 92 の核電荷があり，右辺には 98 の核電荷が存在する．したがって，衝撃に使われた粒子は 98 − 92 = 6 個の陽子をもつはずである．

解答
求める元素は $^{12}_{6}C$ である．

$$^{238}_{92}U + ^{12}_{6}C \longrightarrow ^{236}_{98}Cf + 4 ^{1}_{0}n$$

問題 11.15
煙感知器に使用されるアメリシウム-241 が α 壊変するとどのような元素になるか？

問題 11.16
カリフォルニア大学バークレイ校で 1949 年に世界ではじめて製造された元素バークリウムは，$^{241}_{95}Am$ に α 粒子を衝突させる核反応で得られる．この反応では，2 個の中性子も放出される．この核変換で生成するバークリウムはどのような核種か？核反応式を書け．

問題 11.17
アルゴン-40 に陽子が衝突した場合の核反応式を書け．

$$^{40}_{18}Ar + ^{1}_{1}H \longrightarrow ? + ^{1}_{0}n$$

*(訳注)：原著には，陽電子放射型断層撮影法(PET)とあるが，正しくは右記のとおりと考えられる．

> **問題 11.18**
> テクネチウム-99m(Tc-99m)は，単一光子放射型コンピュータ断層撮影法(SPECT)による検査*(Chemistry in Action，"画像診断"参照)を含め，広く診断の用途に使われている．Tc-99m の半減期は 6 時間である．Tc-99m の放射能がもとの放射能の 0.1% まで減少するには，どれくらいの時間がかかるか？

11.11　核分裂と核融合

ここまで，さまざまな元素に粒子を衝撃すると人工の核変換反応が進行し，新しいそして通常はもとの元素よりも重い元素が生成することを学んできた．しかし，ごくわずかな同位体については，かぎられた反応条件下で，別の種類の核反応がおきることがある．すなわち，ある種の大変重い核が分裂したり，ある種の大変軽い核が融合する．重い核が分裂する**核分裂**と軽い核同士が結合する**核融合**の二つの過程は，それぞれ 1930 年代後半と 1940 年代前半に発見されて以来，世界を変えてきた．

核分裂(nuclear fission)　質量の大きな核の分裂．

核融合(nuclear fusion)　質量の小さい核の結合．

これらの核反応に伴って生じる莫大なエネルギーは，質量がエネルギーに変換されたことによるもので，つぎのアインシュタインの式によって予測することができる．

$$E = mc^2$$

ここで，E はエネルギー，m は核反応に伴う質量変化（質量の減少量），c は光速(3.0×10^8 m/s)である．この式に基づくと，1 μg の質量変化（質量減少）がおきたときには，2.15×10^4 kcal (9.00×10^4 kJ) ものエネルギーが放出されることになる！

核分裂

ウラン-235 は核分裂する唯一の天然に存在する同位体である．この同位体が比較的速度の遅い中性子束と衝突すると，その核が分裂してほかの元素の同位体を生成する．このとき，400 とおり以上のさまざまな分裂の仕方をし，800 種以上の核分裂生成物が確認されている．もっともおこる頻度の高い経路はバリウム-142 とクリプトン-91 を生成する分裂であり，分裂の際に生成する 2 個の中性子と核分裂を誘発するために使われた 1 個の中性子を伴う．

$$^{1}_{0}n + ^{235}_{92}U \longrightarrow ^{142}_{56}Ba + ^{91}_{36}Kr + 3\,^{1}_{0}n$$

連鎖反応(chain reaction)　一度はじまると自発的に継続する反応．

上の核反応式に示すように，1 個の中性子が ^{235}U の核分裂を誘発するのに使われ，3 個の中性子が放出される．その結果，核の**連鎖反応**が進行する．すなわち，1 個の中性子が 3 個の中性子を放出する一つの核分裂を開始し，その 3 個の中性子は三つの新たな核分裂を開始させ，9 個の中性子を放出する．その 9 個の中性子は九つの核分裂を引きおこし，27 個の中性子を放出する．このようにして，この反応は反応速度を増して永遠に続く(図 11.7)．核分裂反応で生成する中性子が高いエネルギーをもっていることは注意に値する．これらの中性子の透過性は α 粒子や β 粒子よりも高く，γ 線より低い．核分裂炉では，中性子を減速して反応を制御しなければならない．^{235}U が少量の場合，生成した多くの中性子はつぎの核反応をおこさずに反応場から消失するため，連鎖反応は進行しない．十分な量，すなわち**臨界質量**以上の ^{235}U が存在する場合，連鎖反応は自己持続する．^{235}U の体積を少量に維持できる高圧下では連鎖反応

臨界質量(critical mass)　核の連鎖反応を維持するのに必要とされる放射性物質の最少量．

CHEMISTRY IN ACTION

画像診断

私たちは一般的なX線画像(X線を体に照射し，透過したX線の強度をフィルムに記録したもの)を見る機会が多い．しかしX線撮像は，現在，一般に臨床で行われている多くの非侵襲的な画像診断技術の一つにすぎない．

放射性物質で標識した化合物の体内における分布の状態から目的とする臓器や組織の健康状態(病態)に関する情報を得る診断法は，もっとも汎用されている臨床画像診断法の一つである．体の特定の臓器や組織に集積する放射性医薬品を注射して，γ線カメラなどで体外からその分布状態を画像としてとらえる．病状によっては正常部位よりも疾患部位に放射性医薬品が多く集積し，その結果全身にくらべて疾患部位は放射能の高い部位として画像化される．あるいは逆に疾患部位が正常部位よりも放射性医薬品の集積が少ない場合，全身にくらべて放射能の低い部分として画像化される．

こうした画像診断に使用される放射性同位体のうち，テクネチウム-99m はもっとも広汎に使用されている．その半減期は6時間と短いので，患者の放射線被ばくを最小限に抑えることが可能である．右上の写真に示す脳検査の画像のような体の画像が，がんやそのほかの多くの疾患の診断に重要なツールとなっている．

臨床診断で現在使用されているいくつかの診断技術は，コンピュータを利用して体の"スライス"の画像(断層像)を得る**断層撮影**技術を利用したものである．通常 **CAT** または **CT** 検査と略称されるX線コンピュータ断層撮影法では，X線線源とリング状に並んだX線検出器が患者の体の周囲をすばやく回転走査し，最大で90 000もの断層の情報を収集する．CT検査は，放射性物質を使用することなく，がんなどによる形態の異常を検出することができる．

断層撮影法と放射性薬剤を用いた画像診断を組み合わせることにより，放射性薬剤の集積を横断画像としてとらえることができる．その1例である**陽電子放出型断層撮影法**(positron emission tomography, PET)では，陽電子を放出し，最終的には γ 線を与える放射性同位体を利用している．酸素-15, 窒素-13, 炭素-11, そしてフッ素-18 は，多くの生理

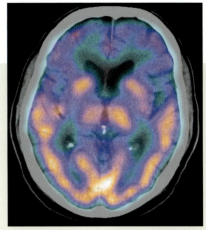

▲ 20 mCi の Tc-99m 標識放射性医薬品を投与したあとに SPECT[*1] により得られた72歳男性の脳の画像．この結果から，痴呆症とうつ病の鑑別ができる．

活性物質に容易に導入することができるため，PETに汎用されている．たとえば，^{18}F で標識したグルコースの誘導体(グルコース2位のヒドロキシル基を ^{18}F で置き換えたもの)は，さまざまな刺激に対する脳の応答を調べるのに有用である[*2]．PET検査で問題となるのは，必要な放射性同位体の半減期が大変短い(^{15}O：2分，^{13}N：10分，^{11}C：20分，^{18}F：110分)ため，使用する直前に臨床の現場で合成する必要があることである．したがって病院側は放射性核種の製造から化学合成までの施設を設置し，これを維持する必要があるため PET の費用は大変高価になる．

磁気共鳴撮影法(magnetic resonance imaging, MRI)は，強力な磁場の中で生体内の特定の原子核(通常は水素原子核)と相互作用するラジオ波を照射する臨床診断技術である．CTの場合よりも MRI の画像のほうが，軟部組織間のコントラストがずっと優れている．この技術は当初，核磁気共鳴撮影法と呼ばれていたが，"核"という言葉が一般の人に対して，負の印象を与える電離放射線を思いおこさせるため，この言葉は取り除かれた．この言葉から想像されるのに反して，MRI では全く放射線を使用しない．

章末の "Chemistry in Action" からの問題 11.74, 11.75 を見ること．

[*1](訳注)：原著には PET とあるが，単一光子放出型コンピュータ断層撮影法(SPECT)の誤りと考えられる．
[*2](訳注)：FDG(2-フルオロ-2-デオキシグルコース)は日本ではがんの検出や心筋の機能診断にも使用されている．

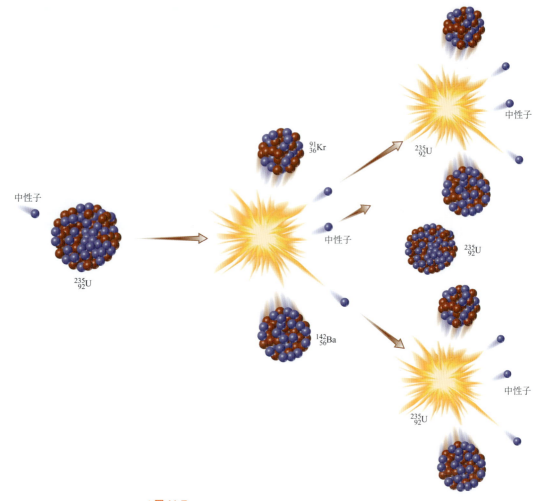

▲図 11.7
連鎖反応
各核分裂反応で複数個の中性子が生成し，さらに核分裂反応を進行させる．その反応速度は各段階で速くなる．通常，こうした連鎖反応により，図に示す二つの核分裂生成物以外にも多くの核分裂生成物が生成される．

は速やかに進行し，核爆発がおこる．^{235}U では，臨界質量は約 56 kg である．しかしその量は，^{235}U のまわりに ^{238}U のコーティングをほどこすことによって，その場から逃れようとする中性子を反射させることで約 15 kg にまで低減することができる．

　核分裂により莫大な量の熱が発生する．たとえば，たった 1.0 g のウラン-235 から 3.4×10^8 kcal（1.4×10^9 kJ）の熱が発生する．この熱を利用して水を水蒸気に変えて大きな発電機を回し，電力を生産することができる．全世界の原子力発電所でつくられる電力のほぼ 50 % は，米国，フランス，日本によるものだが，米国で消費される電力のうち原子力によってつくられているのは，たったの約 19 % である．フランスでは，電力のほぼ 80 % が原子力発電所でつくられている．

　原子力発電所について公の場で活発に議論されている二つの主たる反対意見は，その安全性と放射性廃棄物処理の問題である．通常の原子力発電所の状況では核爆発がおきる心配はないが，事故がおこると，核燃料を保管する容器が破壊され，環境中に放射性物質がばらまかれるという深刻な放射線災害がおこ

る可能性がある．過去35年間で，このような例がいくつかおきた．もっともよく知られているのは，1979年の米国ペンシルバニア州スリーマイル島での事故，ほかに1986年のウクライナ，チェルノブイリでの事故，そしてもっとも最近おきたのは，2011年の津波で損傷した日本の福島第一原子力発電所における事故である．しかし，原子力発電所からの放射性廃棄物の処理のほうが，おそらくより深刻な問題であろう．廃棄物に含まれる放射性物質の多くは大変長い半減期をもつため，人が近寄っても安全なレベルにまで減衰するのに数百年から数千年は待つ必要がある．このような危険な物質をいかに安全に処理するかという問題はまだ解決されていない．

問題 11.19
ウラン-235の核分裂反応によりテルル-137とともに生成する核種はなにか？

$$^{235}_{92}U + ^{1}_{0}n \longrightarrow ^{137}_{52}Te + 2^{1}_{0}n + ?$$

核融合

^{235}Uのような重い原子核が**核分裂**（fission）をおこしてエネルギーを放出するように，水素の同位体のような軽い原子核が**核融合**（fusion）をおこすと大量のエネルギーを放出する．実際，太陽やほかの恒星では水素核の融合反応でヘリウムを生成してエネルギーを生産している．太陽でおこっていると考えられるのはつぎのようなヘリウム-4（^{4}He）を生成する連続的な反応である．

$$^{1}_{1}H + ^{2}_{1}H \longrightarrow ^{3}_{2}He$$
$$^{3}_{2}He + ^{3}_{2}He \longrightarrow ^{4}_{2}He + 2^{1}_{1}H$$
$$^{3}_{2}He + ^{1}_{1}H \longrightarrow ^{4}_{2}He + ^{0}_{1}e$$

恒星で見出される条件，つまり，温度がおよそ2×10^7 Kで，圧力が10^5気圧に迫るという条件では，原子核は，周囲の電子が分離された状態で存在し，また，核融合が容易に進行するだけの運動エネルギーをもつ．太陽やそのほかの恒星では，その中心部で水素やほかの軽い元素が融合して，より重い元素へと変換する熱核融合反応によりエネルギーを生産している．しかし地球上では，核融合がおこるために必要な反応条件をつくるのは容易ではない．50年以上のあいだ，多くの科学者が，米国ニュージャージー州にあるプリンストン大学の大型トカマク装置（Tokamak Fusion Test Reactor，TFTR）や英国にある欧州連合のプラズマ実験装置（Joint European Torus，JET）などの実験施設で核融合に必要な条件をつくろうと試みてきた．最近では核融合炉の設計が進歩し，その商業化がつぎの20年のあいだに達成されると期待されている．

もし夢が現実のものとなれば，核融合を制御することができるようになり，安価で放射能汚染のない究極のエネルギー源を手に入れることができる．燃料は重水素（^{2}H）であり，これは海洋から無尽蔵に得られる．放射性物質が副反応物質として生成することはほとんど考えられない．

問題 11.20
おこり得る核融合反応の一つは，二つの重水素の核が衝突することによるものである．次式中の不明な粒子を特定し，反応式を完成せよ．

$$^{2}_{1}H + ^{2}_{1}H \longrightarrow ^{1}_{0}n + ?$$

要約：章の目標と復習

1. 核反応とはなにか？核反応式をどのように書くか？

核反応とは原子核が変換を受ける反応であり、その結果ある元素が別の元素に変化する。α粒子を失うと新しい原子になり、原子番号はもとの原子より2小さくなる。β粒子を失うと原子番号がもとの元素よりも一つ大きい原子になる。

$$\alpha 放出: {}^{238}_{92}U \longrightarrow {}^{234}_{90}Th + {}^{4}_{2}He$$
$$\beta 放出: {}^{131}_{53}I \longrightarrow {}^{131}_{54}Xe + {}^{0}_{-1}e$$

核反応式の矢印の両側では核子（陽子と中性子）の数の和は等しく、核と放出粒子の電荷数の和も矢印の両側では等しい（問題22, 24, 26, 38, 40, 41, 44～53, 81, 82, 84, 85, 90～95）。

2. 放射線にはどのような種類があるか？

放射能とは不安定な原子核から自発的に放射線を放出することである。α線、β線、γ線は代表的な3種の放射線である。α線の本体はヘリウムの原子核であり、2個の陽子と2個の中性子から構成される小さい粒子である（${}^{4}_{2}He$）。β線の本体は電子（${}^{0}_{-1}e$）であり、γ線の本体は高エネルギーの電磁波である。周期表のすべての元素には放射性の同位体、すなわち**放射性同位体**が少なくとも一つは存在する（問題22, 25, 27, 29, 30～32, 40, 41, 44～47, 49, 81, 82, 93）。

3. 核反応の速度はどのようにあらわされるか？

核反応の速度は**半減期**（$t_{1/2}$）であらわされる。ここで、1半減期とは、もともと存在した放射性物質が壊変して半分になるまでに要する時間である（問題21, 23, 28, 29, 54～59, 77, 83, 85）。

4. 電離放射線とはなにか？

α粒子、β粒子、γ線、X線のすべての高エネルギーの放射線は**電離放射線**と呼ばれる。これらすべての放射線は原子と衝突すると軌道電子を追い出し、細胞に致命的となり得る反応性に富んだイオンを与える。γ線とX線はもっとも透過性が高く、体外被ばくを考えた場合もっとも有害である。これに対して、α粒子とβ粒子は内部被ばくを考えた場合にもっとも危険である。なぜならば、それらは高エネルギーで、周辺の組織に障害を与えるからである（問題33～37, 63, 65, 72, 76, 84, 86, 87）。

5. 放射線量をどう表記するか？

放射線の強度は放射線のどの性質をあらわすかによって、さまざまな単位であらわされる。**キュリー**（**Ci**）は1秒間に壊変する原子の数をあらわす単位である。**レントゲン**（**R**）は放射線の電離能力をあらわす単位である。それに対して**ラド**は物質1gに吸収される放射線のエネルギー量をあらわす単位である。そして**レム**は、放射線により受ける組織障害の程度をあらわす。人が放射線を被ばくしたとき、25レムをこえると、放射線の影響があらわれるようになり、600レム以上の被ばくでは死に至る（問題60～69, 79, 80）。

6. 核変換とはなにか？

核変換とは核反応によりある元素が別の元素へ変化することである。多くの放射性同位体は天然に存在するものではなく、ある原子に高エネルギー粒子を衝突させることで製造される。加速された粒子と原子との衝突で核の変化がおこり、**人工核変換**によって新たな元素が製造される（問題38, 39, 48, 50, 51, 53, 90, 94, 95）。

7. 核分裂と核融合とはなにか？

${}^{235}_{92}U$ などのごく限られた同位体では、中性子が衝突すると、核がより小さい核に分裂する。**核分裂**では莫大なエネルギーが放出されるため、この反応は発電に利用されている。**核融合**とはトリチウムや重水素などの小さい核が結合してより重い核になることである（問題42, 43, 48, 88, 91, 92）。

KEY WORDS

アルファ（α）粒子, p.355	核子, p.353	核融合, p.374
宇宙線, p.366	核種, p.353	ガンマ（γ）線, p.355
X線, p.366	核反応, p.353	人工核変換, p.372
壊変, p.356	核分裂, p.374	電子捕獲（EC）, p.360
壊変系列, p.365	核変換, p.357	電離放射線, p.366

基本概念を理解するために

11.21 マグネシウム-28 は β 線を放出してアルミニウム-28 に壊変する．いま，黄丸がマグネシウム原子を，青丸がアルミニウム原子をあらわすとすると，下の反応では，何半減期が経過したことになるか？

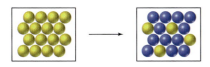

11.22 問題 11.21 の壊変反応をあらわす核反応式を書け．

11.23 図 11.4 を参考にして，約 4 半減期経過した時の $^{28}_{12}\text{Mg}$ の状態を問題 11.21 にならって書け．

11.24 青丸が中性子を，赤丸が陽子をあらわす時，つぎの図であらわされる核種を，元素記号を用いて答えよ．

11.25 下図はプルトニウム-241 ($^{241}_{94}\text{Pu}$) の壊変系列の一部を示す．右向きの短い矢印と左向きの長い矢印のいずれが α 放出で，いずれが β 放出をあらわすか？

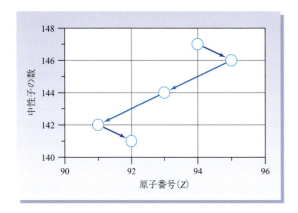

11.26 問題 11.25 で示した壊変系列の五つの原子核すべてを特定せよ．

11.27 下図の核反応を示す同位体はなにか？また，壊変の過程はなにか？

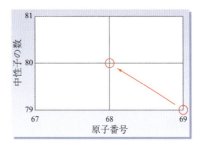

11.28 下図の壊変曲線を示す放射性核種の半減期を求めよ．

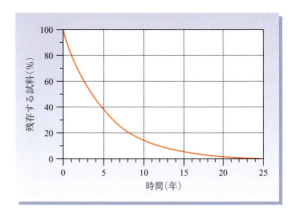

11.29 下図の壊変曲線の間違っているところはなにか？説明せよ．

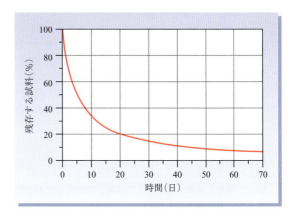

補充問題

放射能

11.30 ある物質が放射性であるとは，どのような意味をもつか？

11.31 α線，β線，γ線，の違いを書け．

11.32 核反応が化学反応と異なる五つの点のうちの三つをあげよ．

11.33 化学物質中の原子に電離放射線が衝突するとなにがおきるか？

11.34 電離放射線はどのようにして細胞を損傷するか？

11.35 バックグラウンド放射線の主な原因はなにか？

11.36 電子が存在しない核はどのようにしてβ壊変の際に電子を放出するか？

11.37 α粒子とヘリウム原子の違いはなにか？

壊変と核変換

11.38 核反応式が両辺で釣り合いがとれているとはどういう意味か？

11.39 超ウラン元素とはなにか？これらはどのようにつくられるか？

11.40 α粒子を放出した原子の質量数と原子番号はどう変わるか？β粒子を放出した場合はどうか？

11.41 γ線を放出した原子の質量数と原子番号はどう変わるか？陽電子を放出した場合はどうか？

11.42 通常の壊変と核分裂とはどのように違うか？

11.43 ウラン-235の分裂のどのような性質から連鎖反応がおきるか？

11.44 つぎのβ放射体が壊変した時，生成するのはなにか？
(a) $^{35}_{16}S$ (b) $^{24}_{10}Ne$ (c) $^{90}_{38}Sr$

11.45 α壊変してつぎの核種を生成する放射性核種はなにか？
(a) $^{186}_{76}Os$ (b) $^{204}_{85}At$ (c) $^{241}_{94}Pu$

11.46 これらの核反応式のそれぞれについて，両辺で釣り合いがとれるようにするために必要な放射性同位元素を特定せよ．
(a) $? + ^{4}_{2}He \longrightarrow ^{113}_{49}In$
(b) $? + ^{4}_{2}He \longrightarrow ^{13}_{7}N + ^{1}_{0}n$

11.47 これらの核反応式のそれぞれについて，両辺で釣り合いがとれるようにするために必要な放射性同位元素を特定せよ．
(a) $^{26}_{11}Na \longrightarrow ? + ^{0}_{-1}e$ (b) $^{212}_{83}Bi \longrightarrow ? + ^{4}_{2}He$

11.48 $^{235}_{92}U$の核分裂をあらわすつぎの式を両辺で釣り合いがとれるようにせよ．
(a) $^{235}_{92}U + ^{1}_{0}n \longrightarrow ^{160}_{62}Sm + ^{72}_{30}Zn + ?^{1}_{0}n$
(b) $^{235}_{92}U + ^{1}_{0}n \longrightarrow ^{87}_{35}Br + ? + 3^{1}_{0}n$

11.49 つぎの核反応式を完成し，それぞれがα壊変，β壊変，陽電子放出，または電子捕獲のいずれであるかを特定せよ．
(a) $^{126}_{50}Sn \longrightarrow ? + ^{126}_{51}Sb$
(b) $^{210}_{88}Ra \longrightarrow ? + ^{206}_{86}Rn$
(c) $^{76}_{36}Kr + ? \longrightarrow ^{76}_{35}Br$

11.50 錬金術師は何年ものあいだ，卑金属を金に変換できないかと夢見ていた．水銀-198に中性子を照射すると金-198が生成することからこの夢は現実となった．この反応で金-198とともに生成する粒子はなにか？また，この核反応式を書け．

11.51 コバルト-60（半減期5.3年）は食品の照射，がんの治療，外科器具の殺菌に使用される．コバルト-60は原子炉でコバルト-59の照射により得られる．またコバルト-60はニッケル-60に壊変する．これらのコバルト-60の生成，壊変をあらわす核反応式を書け．

11.52 ビスマス-212は単クローン抗体に結合することができ，さまざまながんの治療への応用が期待されている．このビスマス-212は，親同位体が4回のα壊変と1回のβ壊変からなる一連の壊変を受けて得られる（これらの壊変は任意の順番をとり得る）．この一連の壊変の親同位体はなにか？

11.53 マイトネリウム-266（$^{266}_{109}Mt$）は，1982年にビスマス-209を鉄-59で衝撃することで製造された．この反応で$^{266}_{109}Mt$以外になにが生成するか？また，この核変換の反応式を両辺で釣り合いがとれるように書け．

半減期

11.54 原子力発電で生成する放射性廃棄物に含まれるストロンチウム-90の半減期が28.8年であることの意味はなにか？

11.55 放射性の試料の量が最初の量の35%まで減少したとき，何半減期が経過しているか？また，10%の場合は？

11.56 セレン-75は半減期が120日のβ放射体であるが，すい臓の診断に使用されている（訳注：現在，日本では使用されていない）．
(a) 0.050 gのセレン-75の試料が0.010 gに減少するまでに，どれくらいの時間がかかるか？
(b) 0.050 gのセレン-75の試料を1年間保存したら，およそどれくらいが残存しているか？（ヒント：1年で何半減期が経過するか？）

11.57 はじめに存在したセレン-75の75%の放射能が消失するには，どれくらいの期間が必要となるか？99%が消失する場合はどうか？（問題11.56を見ること）

11.58 水銀-197の半減期は64.1時間である．腎臓の検査に5.0 ng投与された患者には7日後にどれくらいの水銀-197が残存しているか？30日後ではどうか？

11.59 白血病の治療に使用されるβ放射体の金-198は2.695日の半減期を有する．標準的な治療では体重1 kgあたり約1.0 mCi投与する．
(a) 金-198がβ放出するとなにが生成するか？

(b) 30.0 mCi の金-198 が壊変して 3.75 mCi になるのにどれくらいの期間を要するか？

(c) 70.0 kg の患者には，何 mCi の金-198 を投与することになるか？

放射能の計測

11.60 ガイガー計数管の測定原理を書け．

11.61 フィルムバッジの測定原理を書け．

11.62 シンチレーションカウンターの測定原理を書け．

11.63 なぜ，レムは，放射線の体におよぼす影響を評価するのに適した単位なのか？．

11.64 短時間放射線を浴びた場合，人に障害があらわれるようになる線量はおおよそ何レムか？

11.65 左の用語と関連する語句を右から選べ．
1. キュリー　　（a）放射線の電離の強度
2. レム　　　　（b）組織に与える障害の程度
3. ラド　　　　（c）1 秒間に壊変する数
4. レントゲン　（d）物質 1 g の吸収線量

11.66 テクネチウム-99m はある種の骨がんの外科手術の際に目印として使用されている．患者は 28 mCi のテクネチウム-99m を手術の 6〜12 時間前に投与される．1 mL あたりの放射能が 15 mCi である時，患者に何 mL 投与すればいいか？

11.67 ナトリウム-24 は循環系の診断や慢性白血病の治療に使用される．治療には 180 μCi/（kg 体重）を食塩水（NaCl）の溶液で投与する．
(a) 体重 68 kg の成人の患者に対する投与量（mCi）を求めよ．
(b) 体重 68 kg の成人に使用する時，6.5 mCi/mL の溶液を何 mL 投与すればよいか？

11.68 2.0 m 離れた位置でのセレン-75 の放射線量は 300 レムである．
(a) 16 m の距離での強度は何レムか？
(b) 25 m の距離での強度は何レムか？

11.69 1 m の距離で 650 レムの強度を示す放射線源の場合，放射線の影響があらわれないレベルである 25 レム未満にするには，どれくらいの距離が必要か？

Chemistry in Action からの問題

11.70 核医学で使われる代表的な三つの手法を書け．[**放射能の医学利用**，p.362]

11.71 1.25 μCi/mL の溶液 2 mL を患者の血液中に投与する．血液中で均一になった後 1.00 mL を採血したところ，この血液 1 mL 中に 2.6×10^{-4} μCi の放射能を認めた．患者の全血液量を求めよ．[**放射能の医学利用**，p.362]

11.72 食品への放射線照射の目的はなにか？また，どのような効果があるか？[**食品への放射線照射**，p.370]

11.73 食品の放射線照射にはどのような放射線が使用されるか？[**食品への放射線照射**，p.370]

11.74 従来の X 線診断にくらべて，X 線 CT や PET が優れる点はなにか？[**画像診断**，p.375]

11.75 X 線 CT や PET と比べ，MRI が優れる点はなにか？[**画像診断**，p.375]

全般的な質問と問題

11.76 典型的なフィルムバッジ線量計は，特定のタイプの放射線量を検出するためのフィルターを含む．フィルムバッジは鉛ホイルフィルターを含む領域，プラスチックフィルムフィルターを含む領域，およびフィルターのない領域で構成される．どの領域が α 線による被ばく量を測定するためのものか？どの領域が β 線の被ばく量を測定するためのものか？どの領域が γ 線の被ばく量を測定するためのものか？説明せよ．

11.77 $^{14}C/^{12}C$ 比が現在の値の 1/8 である乾燥豆が古い洞窟で見つかった．この豆は何年前のものか？

11.78 有害化学廃液はほかの化学物質で無害化されることが多い．たとえば，H_2SO_4 廃液は $NaHCO_3$ で中和される．原子力発電で生成する有害放射性廃棄物はなぜこのように簡単に無害化できないか？

11.79 なぜ，フィルムバッジにくらべてシンチレーションカウンターやガイガー計数管は，放射線もれの検出や放射線源の発見に有用か？

11.80 10 m の距離でガイガー計数管が 28 カウント毎分（cpm）の放射能を記録した．5 m の距離における放射能（cpm）はいくらか？

11.81 カルシウム-40 よりも軽い元素の安定同位体の大部分は核内に同数の陽子と中性子をもつ．中性子よりも陽子が多い同位体は，どのような壊変形式をとる可能性がもっとも高いか？また，陽子よりも中性子が多い場合はどうか？

11.82 脳や心筋機能の診断に使用されるテクネチウム-99m（^{99m}Tc）はモリブデン-99（^{99}Mo）の壊変から得られる．
(a) どのタイプの壊変形式によって，^{99}Mo は壊変し，^{99m}Tc を生成するか？
(b) モリブデン-99（^{99}Mo）は天然に存在する核種に中性子を照射して得られる．もし 1 個の中性子が吸収され，この過程では副生成物が生成しないとすると，^{99}Mo の原料となる核種はなにか？

11.83 テクネチウム-99m の半減期（問題 11.82）は 6.01 時間である．15 μCi の試料を投与した時，体外へ排泄されないと仮定すると，24 時間後の放射能はいくらか？

11.84 α 放射体であるプルトニウム-238 は心臓のペースメーカーの電源として使用される．
(a) この α 放出の過程をあらわす核反応式を，両辺の釣り合いがとれるように書け．
(b) ペースメーカーが胸腔へ埋められるまで，金属ケースに電源を保管するのはなぜか？

11.85 β 放射体であり，循環器系の疾患の診断に使用されるナトリウム-24 は，15 時間の半減期をもつ．

(a) この β 放出の過程をあらわす核反応式を，両辺の釣り合いがとれるように書け．
(b) 50 時間後には，ナトリウム-24 の何割が残っているか？

11.86 1986 年のロシア，チェルノブイリ原子力発電所の事故で高線量の放射性落下物が現在のウクライナに落下した結果，人で流産が多発し，多くの家畜が重度の障害をもった状態で生まれた．なぜ，胎芽や胎児はとくに放射線の影響を受けやすいか？

11.87 電離放射線の線量当量を考える一つの方法として，放射線をクッキーに見立ててみる．いま，α，β，γ 線，中性子の 4 種類のクッキーがあると考える．どのクッキーを食べ，どのクッキーを手にもち，どのクッキーをポケットに入れ，どのクッキーを投げ捨てるか？

11.88 エネルギーを生産する方法として核融合が核分裂にくらべて優れる主な点はなにか？また問題点はなにか？

11.89 原子炉で鉛を金に変換することは技術的には可能であっても（問題 11.50），経済的ではない．金を鉛に変換するほうがはるかに容易である．この過程には一連の中性子衝撃が関与し，次式のように要約される．

$$^{197}_{79}\text{Au} + ?^{1}_{0}\text{n} \longrightarrow {}^{204}_{82}\text{Pb} + ?{}^{0}_{-1}\text{e}$$

この式の中の中性子の数と β 粒子の数を求めよ．

11.90 つぎの核変換の反応式を両辺で釣り合いがとれるように書け．
(a) $^{253}_{100}\text{Fm} + ? \longrightarrow {}^{256}_{101}\text{Md} + {}^{1}_{0}\text{n}$
(b) $^{250}_{98}\text{Cf} + {}^{11}_{5}\text{B} \longrightarrow ? + 4{}^{1}_{0}\text{n}$

11.91 ウランでもっとも存在比の高い ^{238}U は核分裂しない．しかし増殖炉では，^{238}U 原子は 1 個の中性子を取り込み，2 個の β 粒子を放出して核分裂をおこすことのできるプルトニウムの同位体に変換され，原子炉で核燃料として使用できるようになる．この核反応式を，両辺が釣り合うように書け．

11.92 ホウ素は中性子を吸収して，連鎖反応が超臨界状態にならないようにできることから，原子炉で制御棒として使用される．ホウ素は中性子を吸収すると α 粒子を放出して壊変する．次式を，両辺の釣り合いがとれるように書け．

$$^{10}_{5}\text{B} + {}^{1}_{0}\text{n} \longrightarrow ? + {}^{4}_{2}\text{He}$$

11.93 トリウム-232 は 10 段階からなる壊変を経て最終的に鉛-208 になる．この壊変でどれだけの α 粒子と β 粒子が放出されるか？

11.94 ウラン-238 原子を衝撃させるとカリホルニウム-246 が生成する．この反応で 4 個の中性子が副産物として生成する場合，衝撃に使用した粒子はなにか？

11.95 もっとも最近発見された 117 番目の元素（ウンウンセプチウム，Uus）は，バークリウム-249 をカルシウム-48 で衝撃する核変換反応により合成される．Uus の二つの同位体が同定された．

$$^{48}_{20}\text{Ca} + {}^{249}_{97}\text{Bk} \longrightarrow {}^{294}_{117}\text{Uus} + ?{}^{1}_{0}\text{n}$$
$$^{48}_{20}\text{Ca} + {}^{249}_{97}\text{Bk} \longrightarrow {}^{293}_{117}\text{Uus} + ?{}^{1}_{0}\text{n}$$

それぞれの反応において，何個の中性子が生成されるか？

補遺 A
科学的記数法

科学的記数法とは？

化学で扱う数値は，一般的に非常に大きいか非常に小さい．たとえば水 1.0 mL 中には，約 33 000 000 000 000 000 000 000 の H_2O 分子があり，H_2O 分子の H と O の距離は，0.000 000 000 095 7 m になる．記数法を使うと，このような数値を 3.3×10^{22} 分子および 9.57×10^{-11} m のように簡単にあらわすことができる．**科学的記数法**(scientific notation または**指数的記数法** exponential notation)では，1 から 10 の数字に 10 の累乗(冪)を掛けて数をあらわす．この方法では，指数を 10 の右上の小さい数字であらわす．

数	累乗	指数
1 000 000	1×10^6	6
100 000	1×10^5	5
10 000	1×10^4	4
1000	1×10^3	3
100	1×10^2	2
10	1×10^1	1
1		
0.1	1×10^{-1}	-1
0.01	1×10^{-2}	-2
0.001	1×10^{-3}	-3
0.0001	1×10^{-4}	-4
0.000 01	1×10^{-5}	-5
0.000 001	1×10^{-6}	-6
0.000 000 1	1×10^{-7}	-7

1 より大きい数値は**正の指数**(positive exponent)をもち，何回 10 を掛けると実際の数値になるかを示している．たとえば 5.2×10^3 は，5.2 に 10 を 3 回掛けることを意味している．

$$5.2 \times 10^3 = 5.2 \times 10 \times 10 \times 10 = 5.2 \times 1000 = 5200$$

ここでは，小数点を 3 回右に移動させることに注意する．

$$5200.\underset{1\,2\,3}{}$$

正の指数の数字は，小数点を**何回右に移動させなければならないか**を示している．

1 より小さい数値は**負の指数**(negative exponent)をもち，何回 10 で割ると(あるいは 0.1 を掛けると)実際の数値になるかを示している．たとえば 3.7×10^{-2} は，3.7 を 10 で 2 回割ることを意味している．

$$3.7 \times 10^{-2} = \frac{3.7}{10 \times 10} = \frac{3.7}{100} = 0.037$$

ここでは，小数点を 2 回左に移動させることに注意する．

$$0.037$$

負の指数の数字は，小数点を**何回左に移動させなければならないか**を示している．

科学的記数法での数字のあらわしかた

普通の数値を科学的記数法に換算するには，どうすればよいだろうか？数値が 10 以上の時は，1 から 10 のあいだの数字になるまで小数点を**左**に n 回移す．つぎに，その数字に 10^n を掛ける．たとえば 8137.6 は 8.1376×10^3 になる．

$$8137.6 = 8.1376 \times 10^3$$

小数点を左に移した回数

1 から 10 のあいだの数字になるように，小数点を左に 3 回移す

小数点を左に 3 回移すことは，$10 \times 10 \times 10 = 1000 = 10^3$ で割ったことになる．そこで，10^3 を掛ければもとの数値とおなじになる．

1 以下の数値を変換するには，1 から 10 のあいだの数字になるまで小数点を**右**に n 回移す．つぎに，その数字に 10^{-n} を掛ける．たとえば 0.012 は 1.2×10^{-2} になる

$$0.012 = 1.2 \times 10^{-2}$$

小数点を右に移した回数

1 から 10 のあいだの数字になるように，小数点を右に 2 回移す

小数点を右に 2 回移すことは，$10 \times 10 = 100$ を掛けたことになる．そこで，10^{-2} を掛ければもとの数値とおなじになる（$10^2 \times 10^{-2} = 10^0 = 1$）．

つぎの表にいくつかの例をあげた．科学的記数法を普通の記数法に変換するには，上と反対のやり方をすればよい．つまり，5.84×10^4 は小数点を 4 回右に移す（$5.84 \times 10^4 = 58\,400$）．$3.5 \times 10^{-1}$ は小数点を左に 1 回移す（$3.5 \times 10^{-1} = 0.35$）．1 から 10 のあいだの数字では，$10^0 = 1$ なので科学的記数法を使用しない．

数	科学的記数法
58 400	5.84×10^4
0.35	3.5×10^{-1}
7.296	$7.296 \times 10^0 = 7.296 \times 1$

科学的記数法を使う演算

加算減算

科学的記数法で加算と減算をするには，指数が一致していなければならない．つまり 7.16×10^3 と 1.32×10^2 を足すには，まず後ろの数字を 0.132×10^3 と書き直してから計算する．

$$\begin{array}{r} 7.16 \times 10^3 \\ + 0.132 \times 10^3 \\ \hline 7.29 \times 10^3 \end{array}$$

答えは，3桁の有効数字になる（有効数字については基礎化学編1.9節を参照）．もう一つの方法は，最初の数字を 71.6×10^2 と書き直して計算する．

$$\begin{array}{r} 71.6 \times 10^2 \\ + 1.32 \times 10^2 \\ \hline 72.9 \times 10^2 \end{array} = 7.29 \times 10^3$$

減算もおなじような方法で計算する．

$$\begin{array}{r} 7.16 \times 10^3 \\ - 0.132 \times 10^3 \\ \hline 7.03 \times 10^3 \end{array} \quad \text{もしくは} \quad \begin{array}{r} 71.6 \times 10^2 \\ - 1.32 \times 10^2 \\ \hline 70.3 \times 10^2 \end{array} = 7.03 \times 10^3$$

乗算

科学的記数法で乗算をするには，まず指数の前の数字の掛け算をして，つぎに指数を計算する．たとえば，

$(2.5 \times 10^4)(4.7 \times 10^7) = (2.5)(4.7) \times 10^{4+7} = 12 \times 10^{11} = 1.2 \times 10^{12}$

$(3.46 \times 10^5)(2.2 \times 10^{-2}) = (3.46)(2.2) \times 10^{5+(-2)} = 7.6 \times 10^3$

両方とも答えを有効数字にする．

除算

科学的記数法で除算するには，指数の前の数字の割り算をして，つぎに指数を計算する．たとえば，

$$\frac{3 \times 10^6}{7.2 \times 10^2} = \frac{3}{7.2} \times 10^{6-2} = 0.4 \times 10^4 = 4 \times 10^3 \text{（有効数字1桁）}$$

$$\frac{7.50 \times 10^{-5}}{2.5 \times 10^{-7}} = \frac{7.50}{2.5} \times 10^{-5-(-7)} = 3.0 \times 10^2 \text{（有効数字2桁）}$$

両方とも答えを有効数字にする．

科学的記述法と計算機

関数電子計算機で科学的記数法の計算ができる．指数関数の扱い方は，計算機の使用マニュアルを参照するとよい．一般的な計算機で $A \times 10^n$ を入れるには，(i) A の数値を入れる，(ii) EXP, EE または E のキーを押す，(iii) 指数の n を入れる．指数が負の時は，n を入れる前に $+/-$ のキーを押す（10の数字を入

れる必要はないことに注意する).計算機には E の左側に A が,右側に指数の n が $A \times 10^n$ の数値として表示される.たとえば 4.625×10^2 は,4.625E02 のように表示される.

指数を加減乗除するには,普通のように計算機を使えばよい.指数を合わせることは,計算機で加減するためには必要はない;計算機は自動的に指数を合わせてくれる.しかし計算機は,計算結果の有効数字を合わせてくれないことに注意する.有効数字を絶えず注意するのに役立つことが往々にしてあるので,計算の途中経過を紙に書き残すのがよい.

問題 A.1
計算機を使わずに以下を計算せよ.有効数字を合わせた科学的記数法で答える.
- (a) $(1.50 \times 10^4) + (5.04 \times 10^3)$
- (b) $(2.5 \times 10^{-2}) - (5.0 \times 10^{-3})$
- (c) $(6.3 \times 10^{15}) \times (10.1 \times 10^3)$
- (d) $(2.5 \times 10^{-3}) \times (3.2 \times 10^{-4})$
- (e) $(8.4 \times 10^4) \div (3.0 \times 10^6)$
- (f) $(5.530 \times 10^{-2}) \div (2.5 \times 10^{-5})$

解 答
- (a) 2.00×10^4
- (b) 2.0×10^{-2}
- (c) 6.4×10^{19}
- (d) 8.0×10^{-7}
- (e) 2.8×10^{-2}
- (f) 2.2×10^3

問題 A.2
計算機を使って以下を計算せよ.正確に有効数字を合わせて結果を科学的記数法で答える.
- (a) $(9.72 \times 10^{-1}) + (3.4823 \times 10^2)$
- (b) $(3.772 \times 10^3) - (2.891 \times 10^4)$
- (c) $(1.956 \times 10^3) \div (6.02 \times 10^{23})$
- (d) $3.2811 \times (9.45 \times 10^{21})$
- (e) $(1.0015 \times 10^3) \div (5.202 \times 10^{-9})$
- (f) $(6.56 \times 10^{-6}) \times (9.238 \times 10^{-4})$

解 答
- (a) 3.4920×10^2
- (b) -2.514×10^4
- (c) 3.25×10^{-21}
- (d) 3.10×10^{22}
- (e) 1.925×10^{11}
- (f) 6.06×10^{-9}

補遺 B
換算表

長さ　SI 単位：メートル(m)
1 メートル = 0.001 キロメートル(km)
　　　　　 = 100 センチメートル(cm)
　　　　　 = 1.0936 ヤード(yd)
1 センチメートル = 10 ミリメートル(mm)
　　　　　　　　 = 0.3937 インチ(in.)
1 ナノメートル = 1×10^{-9} メートル
1 オングストローム(Å) = 1×10^{-10} メートル
1 インチ = 2.54 センチメートル
1 マイル = 1.6094 キロメートル

量　SI 単位：立方メートル(m^3)
1 立方メートル = 1000 リットル(L)
1 リットル = 1000 立方センチメートル(cm^3)
　　　　　 = 1000 ミリリットル(mL)
　　　　　 = 1.056 710 クォーツ(qt)
1 立方インチ = 16.4 立方センチメートル

温度　SI 単位：ケルビン(K)
0 K = −273.15 ℃
　　 = −459.67 °F
°F = (9/5) ℃ + 32°; °F = (1.8×℃) + 32

℃ = (5/9)(°F − 32°); ℃ = $\frac{(°F - 32°)}{1.8}$

K = ℃ + 273.15°

(訳注：ケルビンの記号には°をつけない)

質量　SI 単位：キログラム(kg)
1 キログラム = 1000 グラム(g)
　　　　　　 = 2.205 ポンド(lb)
1 グラム = 1000 ミリグラム(mg)
　　　　 = 0.035 27 オンス(oz)
1 ポンド = 453.6 グラム
1 原子質量単位 = 1.660 54×10^{-24} グラム

圧力　SI 単位：パスカル(Pa)
1 パスカル = 9.869×10^{-6} 気圧
1 気圧 = 101 325 パスカル
　　　 = 760 mmHg(トール)
　　　 = 14.70 lb/in^2

エネルギー　SI 単位：ジュール(J)
1 ジュール = 0.239 01 カロリー(cal)
1 カロリー = 4.184 ジュール

(訳注 1) SI 単位：1960 年の第 11 回国際度量衡総会で決議された国際統一単位．
定義："メートルは 1 秒の 2 億 9979 万 2458 分の 1 時間に光が真空中を伝わる行程の長さ"
(訳注 2) 量の値の規制：量の値は数と単位の積としてあらわす．数値は常に単位の前に置き，あいだには積の印とみなす空白を入れる．セルシウス度(℃)は通常の扱いとして空白を入れるが，平面角の度，分，秒(°, ′, ″)については空白を入れない(例外とする)．％は慣例として空白を入れない場合が多い．

(訳注 3)：10 の整数倍をあらわす接頭語

倍数	接頭語		記号	倍数	接頭語		記号
10^{-18}	atto	アト	a	10	deca	デカ	da
10^{-15}	femto	フェムト	f	10^2	hecto	ヘクト	h
10^{-12}	pico	ピコ	p	10^3	kilo	キロ	k
10^{-9}	nano	ナノ	n	10^6	mega	メガ	M
10^{-6}	micro	マイクロ	μ	10^9	giga	ギガ	G
10^{-3}	milli	ミリ	m	10^{12}	tera	テラ	T
10^{-2}	centi	センチ	c	10^{15}	peta	ペタ	P
10^{-1}	deci	デシ	d	10^{18}	exa	エクサ	E

用語解説

アキラル（achiral） キラルの反対；対称性がなく，鏡像体がない．

亜原子粒子（subatomic particle） 原子の基本的な3要素；陽子，中性子，電子．

アゴニスト（作用薬）（agonist） 受容体と結合して，受容体の正常な生化学反応を惹起または遅延する物質．

アシドーシス（酸性症）（acidosis） 血漿のpHが7.35以下になったためにおこる，呼吸や代謝の異常状態．

アシル基（acyl group） 官能基，RC=O.

アセタール（acetal） おなじ炭素原子に結合する二つの-OR基をもつ化合物．

アセチル基（acetyl group） 官能基，$CH_3C=O$.

アセチル-CoA（acetyl coenzyme A, acetyl-CoA） アセチル置換した補酵素A；アセチル基をクエン酸回路に運ぶ一般的な中間体．

圧力（P）（pressure） 表面を押す単位面積あたりの力．

アデノシン三リン酸（ATP）（adenosine triphosphate） エネルギーを運ぶ主要な分子；1リン酸基を脱離してADPになり自由エネルギーを放出する．

アニオン（anion） 負に荷電したイオン．

アノマー（anomer） ヘミアセタール炭素（アノメリック炭素）の置換基の立体が異なるだけの環状の糖；α体は-OH基が-CH_2OH基の反対側にある；β体は-OH基が-CH_2OH基とおなじ側にある．

アノマー炭素（anomeric carbon atom） 環状糖のヘミアセタールの炭素原子；-OH基と環内のOに結合するC原子．

油（oil） 不飽和脂肪酸を多く含むトリアシルグリセロールの液体の混合物．

アボガドロ定数（N_A）（Avogadro's number） 1モルの物質中の分子の数，6.02×10^{23}.

アボガドロの法則（Avogadro's law） おなじ温度と圧力下では，おなじ体積の気体はおなじ数の分子を含む（V/n＝定数，または$V_1/n_1 = V_2/n_2$）．

アミド（amide） 炭素原子や窒素原子に結合したカルボニル基をもつ化合物 $RCONR'_2$；R'基はアルキル基または水素原子．

アミノ基（amino group） 官能基，$-NH_2$.

アミノ基転移（transamination） アミノ酸のアミノ基とα-ケト酸のケト基との交換．

アミノ酸（amino acid） アミノ基とカルボン酸基を含む分子．

アミノ酸プール（amino acid pool） 体内の遊離アミノ酸の総量．

アミノ末端（N末端）アミノ酸（amino-terminal (N-terminal) amino acid） タンパク質の末端で，遊離の-NH_3^+基をもつアミノ酸．

アミン（amine） 窒素に結合する一つ以上の有機基をもつ化合物；第一級 RNH_2；第二級 R_2NH；第三級 R_3N.

アルカリ金属（alkali metal） 周期表の1族の元素．

アルカリ土類金属（alkaline earth metal） 周期表の2族の元素．

アルカロイド（alkaloid） 窒素を包含する天然の植物成分で，通常塩基性を示し，苦味があり毒性がある．

アルカロシス（alkalosis） 血漿のpHが7.45以上になる，呼吸や代謝の異常状態．

アルカン（alkane） 単結合だけもつ炭化水素化合物．

アルキル基（alkyl group） 水素1原子が除去されたアルカンの残りの部分．

アルキン（alkyne） 炭素-炭素間に三重結合を含む炭化水素．

アルケン（alkene） 炭素-炭素間に二重結合を含む炭化水素．

アルコキシ基（alkoxy group） 官能基，-OR.

アルコキシドイオン（alkoxide ion） アルコールが脱水素してできるアニオン，RO^-.

アルコール（alcohol） 飽和アルカンのような炭素原子に結合した-OH基をもつ化合物，R-OH.

アルコール発酵（alcohol fermentation） 嫌気的にグルコースを分解してエタノールと二酸化炭素にする酵母の酵素による作用．

アルデヒド（aldehyde） 炭素1原子と水素1原子に結合したカルボニル基をもつ化合物，RCHO.

アルドース（aldose） アルデヒドのカルボニル基を含む単糖．

アルファ（α-）アミノ酸（alpha (α-) amino acid） アミノ基が-COOH基の隣りの炭素原子に結合するアミノ酸．

アルファ（α-）ヘリックス（alpha (α-) helix） タンパク質の鎖が，骨格に沿ったペプチド基のあいだの水素結合によって安定化される右巻きのコイルをつくる，タンパク質の二次構造．

アルファ（α）粒子（alpha (α) particle） アルファ（α）線として放射されるヘリウム核（He^{2+}）．

アロステリック酵素（allosteric enzyme） 活性部位以外の場所に活性化物質や阻害剤が結合すると，その活性が制御される酵素．

アロステリック制御（allosteric control） タンパク質のある場所に制御因子が結合することにより，おなじタンパク質がほかの場所で別の化合物と結合する能力に影響を及ぼす相互作用．

アンタゴニスト（antagonist） 受容体の正常な生化学的反応を遮断または阻害する物質．

アンチコドン（anticodon） mRNA上の相補的な配列（コドン）を認識するtRNA上の三つの核酸の配列．

アンモニウムイオン（ammonium ion） 水素がアンモニアかアミン（第一級，第二級または第三級）に付加してできる陽性イオン．

アンモニウム塩（ammonium salt） アンモニアのカチオンとアニオンからできているイオン性化合物：アミン塩．

イオン（ion） 電気的に荷電した原子

用語解説 A-7

または基.

イオン化エネルギー（ionization energy） 気体状態の1原子から1電子を除去するために必要なエネルギー．

イオン化合物（ionic compound） イオン結合を含む化合物．

イオン結合（ionic bond） 結晶中の反対荷電のイオン間の電気的引力．

イオン性固体（ionic solid） イオン結合で集合した結晶性固体．

イオン体積定数，水の（K_w）（ion-product constant of water） 水およびある溶液中の H_3O^+ と OH^- のモル濃度の積（$K_w = [H_3O^+][OH^-]$）．

イオン反応式（ionic equation） イオンがよくわかるように示した反応式．

異化，異化作用（catabolism） 食物分子を分解し，生化学的なエネルギーを発生させる代謝の反応経路．

イコサノイド（icosanoid） 炭素数20の不飽和カルボン酸から誘導される脂質．

異性体（isomer） 同一の分子式をもつ異なる構造の化合物．

イソプロピル基（isopropyl group） 分枝アルキル基，$-CH(CH_3)_2$．

一塩基多型（single-nucleotide polymorphism） DNAにおける一般的な1塩基対の変異．

1,4結合（1,4 link） ある糖のC1位のヘミアセタールのヒドロキシ基と，ほかの糖のC4位のヒドロキシ基が結合するグリコシド結合．

遺伝子（gene） 一本鎖ポリペプチドの合成を指図するDNAの部分．

遺伝子暗号（genetic code） タンパク質合成でアミノ酸配列を決定する，mRNAの3文字暗号（コドン）のヌクレオチド配列．

遺伝子（酵素）制御（genetic (enzyme) control） 酵素の合成を制御する酵素活性の制御．

イントロン（intron） 遺伝子（エクソン）領域の間のDNA部分；転写され，その後 mRNA から除去される．

宇宙線（cosmic ray） 宇宙から地球に降り注ぐ，高エネルギー粒子（プロトンや種々の原子核）の混合物．

運動エネルギー（kinetic energy） 物体が動く時のエネルギー．

液体（liquid） 容器を満たすような形を変える，明確な体積をもつ物質．

エクソン（exon） 遺伝子の一部で，タンパク質部分をコードするDNAのヌクレオチド配列．

SI単位（SI unit） 国際単位で規定された測定値の単位．

エステル（ester） 炭素原子と$-OR$基に結合したカルボニル基をもつ化合物，$RCOOR'$．

エステル化（esterification） アルコールとカルボン酸が結合してエステルと水を生成する反応．

sブロック元素（s-block element） 1族元素（水素，アルカリ金属），2族元素（ベリリウム，マグネシウム，アルカリ土類金属）およびヘリウムのこと．周期ごとに二つの電子がs軌道に満たされる．

エチル基（ethyl group） アルキル基，$-C_2H_5$．

エックス（X）線（X ray） γ線より弱いエネルギーを伴う電磁放射．

ATPシンターゼ（ATP synthase） 水素イオンが通過するミトコンドリア内膜にある酵素の複合体で，ADPからATPが合成される．

エーテル（ether） 二つの有機基に結合した酸素原子をもつ化合物，$R-O-R'$．

エナンチオマー，光学異性体（enantiomer, optical isomer） キラル分子の二つの鏡像体．

エネルギー（energy） 仕事をする，または熱を供給する能力．

エネルギー保存の法則（law of conversion of energy） 物理的または化学的変化のあいだ，エネルギーは生産も分解もされない．

fブロック元素（f-block element） ランタノイドおよびアクチノイドなどの内部遷移元素のこと．f軌道を電子が満たす．

L糖（L-sugar） カルボニル基からもっとも遠いキラル炭素原子上の$-OH$基が，Fischer 投影法で左側に位置する単糖．

塩（salt） 酸と塩基の反応で形成されるイオン化合物．

塩基（base） 水中で OH^- イオンを供給する物質．

塩基の対合（base pairing） DNA 二重らせんのような，水素結合で結合した塩基対（G-CとA-T）．

塩基の当量（equivalent of base） 1モルの OH^- イオンを含む塩基の量．

炎症（inflammation） 炎症性応答の結果；膨張，赤み，発熱，痛みなど．

炎症応答（inflammatory response） 抗原または組織の損傷でおこされる非特異的防御機構．

エンタルピー（H）（enthalpy） 物質の熱力学的性質を規定する関数の一つ．H．物質が発熱して熱を出すとエンタルピーが下がり，吸熱して外部より熱を受け取るとエンタルピーが上がる．

エンタルピー変化（ΔH）（enthalpy change） 反応熱の別称．

エントロピー（S） ある系における不確かさの数量的大きさ．

エントロピー変化（ΔS） 化学反応あるいは物理的変化がおきたときの不確かさの増加量（$\Delta S > 0$）あるいは減少（$\Delta S < 0$）量．

オクテット則（octet rule） 主族の元素は，8個の価電子構造をつくる傾向が大きい．

温度（temperature） 物質がどれほど温かいか，または冷たいかの尺度．

概数（rounding off） 有効数字以外の数字を削除する方法．

解糖（glycolysis） グルコース1分子が分解し，ピルビン酸2分子とエネルギーを生成する生化学経路．

壊変（nuclear decay） 不安定な核からの粒子の連続的な放出．

壊変系列（decay series） 重放射性同位体が非放射性元素に壊変する一連の系列．

解離（dissociation） 水中で H^+ とアニオンになる酸の分裂．

化学（chemistry） 物質の性質，特性，変換の科学．

化学式（chemical formula） 化合物を構成する元素記号に元素数を下付きに表記した式．

化学式単位（formula unit） 化合物の最小単位を識別する式．

科学的記数法（scientific notation） 1から10までの数値と累乗を使う表記法．

科学的方法（scientific method） 知識を広げ，洗練するための観察，仮説，実験の系統的な過程．

化学反応（chemical reaction） 一つ以上の物質の性質や要素が変化する過程．

化学反応式（chemical equation） 分子

式や構造式で化学反応を表記した式．

化学平衡（chemical equilibrium） 可逆反応（forward and reverse reaction）の比がおなじ状態．

化学変化（chemical change） 物質の化学的性質の変化．

可逆反応（reversible reaction） 正反応（反応物から生成物へ）と逆反応（生成物から反応物へ）がともにおこる反応．

核酸（nucleic acid） ヌクレオチドのポリマー．

核子（nucleon） 陽子と中性子を示す用語．

核種（nuclide） 元素の特定の同位元素の核．

核反応（nuclear reaction） ある元素からほかの元素に変化する原子核を変化させる反応．

核分裂（nuclear fission） 重核の分解．

核変換（transmutation） ある元素が別の元素に変わること．

核融合（nuclear fusion） 軽核の結合．

化合物（chemical compound） 化学反応で単純な物質に分解し得る純粋な物質．

加水分解（hydrolysis） 一つ以上の結合が切れ，水の H− と −OH が切れた結合の原子に付加する．

カチオン（cation） 正に荷電したイオン．

活性化，酵素の（activation of enzyme） 酵素の作用を活性化あるいは増加させる過程．

活性化エネルギー（E_{act}）（activation energy） 反応のエネルギー障壁を越えるために，反応物に必要なエネルギー量．反応速度を決定する．

活性タンパク質（native protein） 生物体に自然に存在する形（二次構造，三次構造，四次構造）のタンパク質．

活性部位（active site） 酵素の特別な形をしたポケットで，基質と結合するために必要な化学的な構造．

価電子（valence electron） 原子の最外殻にある電子．

過飽和溶液（supersaturated solution） 溶解可能な量より多い溶質を含む溶液；非平衡状態．

カルボキシ末端（C 末端）アミノ酸（carboxyl-terminal（C-terminal）amino acid） タンパク質の末端の遊離 −COO⁻ 基をもつアミノ酸．

カルボキシ基（carboxyl group） 官能基．−COOH．

カルボニル化合物（carbonyl compound） C=O 基を含む化合物．

カルボニル基（carbonyl group） 炭素原子と酸素原子が二重結合している官能基，C=O．

カルボニル置換反応（carbonyl-group substitution reaction） アシル基のカルボニル炭素に結合した官能基を，新しい官能基に置き換える（置換）反応．

カルボン酸（carboxylic acid） 炭素原子と −OH 基が結合したカルボニル基をもつ化合物，RCOOH．

カルボン酸アニオン（carboxylate anion） カルボン酸がイオン化してできるアニオン，RCOO⁻．

カルボン酸塩（carboxylic acid salt） カルボン酸アニオンとカチオンを含むイオン性化合物．

間隙液（interstitial fluid） 細胞を囲む液体；細胞外液．

還元（reduction） 原子による 1 電子以上の獲得．

還元剤（reducing agent） 電子を渡す，またはほかの反応物の酸化数を増して還元を起こす反応物．

還元的アミノ化（reductive amination） NH_4^+ との反応による α-ケト酸のアミノ酸への変換．

還元糖（reducing sugar） 塩基性溶液中で弱い酸化剤と反応する炭水化物．

緩衝液（buffer） pH の急激な変化を抑制するように働く物質の組合せ．一般的に弱酸とその共役塩基．

官能基（functional group） 特徴的な構造と化学的性質をもつ分子内の原子または原子の基．

官能基異性体（functional group isomer） おなじ化学式をもちながら，結合の違いによって化学的に異なる族に属する異性体．エチルアルコールとエチルエーテルがその一例．

ガンマ（γ）線（gamma radiation） 高エネルギー電磁波の放射活性．

貴ガス（希ガス）（noble gas） 周期表 18 族の元素．

基質（substrate） 酵素触媒反応の反応物．

希釈率（dilution factor） 初めと終わりの溶液の体積比（V_1/V_2）．

気体（gas） 体積も形も決めることができない物質．

気体定数（R）（gas constant） R であらわされる，理想気体法則における定数．$PV = nRT$．

気体の法則（gas law） 気体または気体の混合物の圧力（P），体積（V），温度（T）の影響を予測する一連の法則．

気体反応の法則（combined gas law） 気体の圧力と体積の積は温度に比例する（$PV/T =$ 定数，または $P_1V_1/T_1 = P_2V_2/T_2$）．

気体分子運動論（kinetic-molecular theory of gas） 気体の動きを説明する一群の仮定．

規定度（N）（normality） 溶液 1 L 中に酸（塩基）が何当量含まれているかをあらわす酸（塩基）の濃度の単位．

軌道（orbital） 原子や分子中における電子の状態をあらわす波動関数．

吸エルゴン的（endergonic） 非連続反応あるいは過程で，自由エネルギーを吸収し正の ΔG をもつ．

吸湿性（hygroscopic） まわりの気体から水分子を吸収する能力をもつこと．

球状タンパク質（globular protein） 外側に親水性基が配置して密に折りたたまれた水溶性タンパク質．

吸熱的（endothermic） 熱を吸収して正の ΔG をもつ過程または反応．

強塩基（strong base） H⁺ に親和性が高く，しっかり保持する塩基．

競合（酵素）阻害（competitive (enzyme) inhibition） 阻害剤が酵素の活性部位と結合して基質と競合する酵素の制御．

強酸（strong acid） 容易に H⁺ を引き渡す酸で，基本的に 100%解離する．

強電解質（strong electrolyte） 水に溶解すると完全にイオン化する物質．

共鳴（resonance） 分子の真の構造が複数の普通の構造となる現象．

共役塩基（conjugate base） 酸から H⁺ を放出した物質．

共役酸（conjugate acid） 塩基に H⁺ が付加した物質．

共役酸塩基対（conjugate acid-base pair） 水素イオン H⁺ だけが異なる分子式の 2 分子．

共有結合（covalent bond） 原子間で電子を共有して形成する結合．

極性共有結合（polar covalent bond） 電子が，他方の原子より一方の原子に強く引き付けられる結合．

キラル（chiral） 右手と左手の関係（左右像）をもつこと；互いに重なり合わない二つの鏡像体（mirrorimage form）をもつことができる．

キラル炭素，キラル中心（chiral carbon atom, chiral center） 四つの異なる基に結合した炭素原子．

均一混合物（homogeneous mixture） 全体におなじ成分の均一な混合物．

金属（metal） 熱と電気をよく通す光沢のある可鍛性の元素．

クエン酸回路（citric acid cycle）（クレブス回路，TCA 回路，トリカルボン酸回路） 還元補酵素と二酸化炭素で運搬されるエネルギーを，アセチル基を分解して生産する一連の生化学反応．

薬（drug） 体外から導入されると，体内の機能を変化させる物質．

組換え DNA（recombinant DNA） 異種の DNA を含有する DNA．

グラム当量（g-Eq）（gram equivalent） イオンの質量をイオンの荷電数で割った値．

グリコーゲン形成（glycogenesis） グリコーゲン合成の生化学経路．

グリコーゲン分解（glycogenolysis） グリコーゲンを遊離グルコースに分解する生化学経路．

グリコシド（glycoside） 単糖がアルコールと反応して水分子を失って生成する環状アセタール．

グリコシド結合（glycoside bond） 単糖のアノマー炭素原子と−OR 基の結合．

グリコール（glycol） 隣り合う炭素に二つの−OH 基をもつジアルコールまたはジオール．

グリセロリン脂質（glycerophospholipid, phosphoglyceride） グリセロールが二つの脂肪酸および一つのリン酸とエステル結合でつながる脂質で，リン酸基はさらにアミノアルコール（あるいはほかのアルコール）とエステル結合でつながる．

クローン（clone） 単一の祖先からの組織，細胞あるいは DNA 部分のおなじ複製．

係数（coefficient） 化学反応式を量的に一致させるため，分子式の前におく数値．

ゲイ-リュサックの法則（Gay-Lussac's law） 定容の気体では，圧力はケルビン値に比例する（$P/T=$ 定数，または $P_1/T_1 = P_2/T_2$）．

血液凝固（blood clot） 血が傷ついた場所で形成する，フィブリン線維と閉じ込められた血球細胞の網状組織．

結合解離エネルギー（bond dissociation energy） 隔離された気体状態の分子の結合を切って，原子を分離するエネルギー量．

結合角（bond angle） 分子内の隣接する 3 原子による角度．

結合距離（bond length） 共有結合の核間の最適な距離．

血漿（blood plasma） 血液中から血球を除いた部分；細胞外液．

結晶性固体（crystalline solid） 原子，分子あるいはイオンが規則正しく配列する固体．

血清（blood serum） 凝固した後に残る血液の液体部分．

ケトアシドーシス（ketoacidosis） ケトン体の蓄積による血中 pH の低下．

ケトース（ketose） ケトンのカルボニル基を含む単糖．

ケトン（ketone） おなじまたは異なる有機基の炭素 2 原子が結合したカルボニル基をもつ化合物，$R_2C=O$, RCOR′．

ケトン体（ketone body） 肝臓で生成する化合物で，筋肉および脳組織で燃料として利用される；3-ヒドロキシ酪酸，アセト酢酸，アセトン．

ケトン体生成（ketogenesis） アセチル-CoA からのケトン体合成．

ゲノミクス（genomics） 全遺伝子と機能の科学．

ゲノム（genome） 生物の染色体の全遺伝子情報；その大きさは塩基対の数で決定される．

けん化（saponification） 水溶性水酸化物イオンにより，アルコールとカルボン酸の金属塩を生成するエステルの反応．

嫌気(性)（anaerobic） 無酸素状態．

原子（atom） 元素の最小かつもっとも単純な粒子．

原子価殻電子対反発モデル（VSEPR モデル）（valence shell electron pair repulsion model） 原子のまわりがどれだけの数の電子雲の荷電におおわれているかを知ることによって分子の形を予測し，電子雲が可能な限り互いに遠くになるように予想する方法．

原子価殻（valence shell） 原子のもっとも外側の電子殻．

原子核（nucleus） 陽子と中性子からなる，高密度の原子の中心．

原子質量単位（amu）（atomic mass unit） 原子の質量をあらわす単位；1 amu = 1/12 で，炭素 12 の質量を基準とする．

原子説（atomic theory） 英国人科学者 John Dalton によって提唱された，物質の化学反応を説明するための一連の仮定．

原子番号（Z）（atomic number） 原子中の陽子数．

原子量（atomic weight） 原子の平均質量．

元素（element） 化学的にそれ以上分解できない最小単位の基本物質．

限定試薬（limiting reagent） 化学反応で最初に消費される試薬．

好気(性)（aerobic） 酸素が存在する状態．

高血糖（hyperglycemia） 正常より高濃度な血中グルコース．

抗原（antigen） 免疫反応を引きおこす体外の物質．

抗酸化物質（antioxidant） 酸化剤による酸化反応を止める物質．

酵素（enzyme） 生物反応に対して触媒として働くタンパク質などの分子．

構造異性体（constitutional isomer） おなじ分子式だが，原子の結合が異なる化合物．

構造式（structural formula） 共有結合をあらわす線を使って原子間の結合をあらわす分子の表記法．

抗体（イムノグロブリン）（antibody (immunoglobulin)） 抗原を認識する糖タンパク質．

高張（hypertonic） 血漿や細胞よりも浸透圧の高い状態．

固体（solid） 規定できる形態と体積をもつ物質．

コドン（codon） mRNA 鎖のリボヌクレオチド 3 分子の配列で，特定の

アミノ酸を暗号化する，あるいは翻訳を止めるヌクレオチド3分子の配列（停止コドン）．

コロイド（colloid）　直径2〜500 nmの範囲の粒子を含む均一な混合物．

混合物（mixture）　それぞれの化学的性質を維持する2種以上の物質の混合物．

コンホーマー（conformer）　原子間の結合が等しい複数の分子構造．

コンホメーション，立体配座（conformation）　分子における原子の特定の三次元的な配置．

混和性（miscible）　すべての割合で溶解する性質．

再吸収（腎臓の）（reabsorption, kidny）　腎細管で泝過された溶質の移動．

細胞外液（extracellular fluid）　細胞外の液体．

細胞質（cytoplasm）　真核細胞の細胞膜と核膜の間の部分．

細胞質ゾル（cytosol）　細胞内のオルガネラを囲む細胞質の液体．

細胞内液（intracellular fluid）　細胞内の液体．

酸（acid）　水中で H^+ イオンを供給する物質．

酸塩基（pH）指示薬（acid-base indicator）　溶液の pH に応じて色が変化する色素．

酸化（oxidation）　原子から一つ以上の電子が失われること．

酸解離定数（K_a）（acid dissociation constant）　酸（HA）が解離する平衡定数で $[H^+][A^-]/[HA]$ に等しい．

酸化-還元反応，レドックス反応（oxidation-reduction, Redox reaction）　電子がある原子からほかの原子へ移動する反応．

酸化剤（oxidizing agent）　電子を得ることによって酸化をおこす，あるいはほかの反応物の酸化数を増す反応物．

酸化数（oxidation number）　原子が中性か，電子が多いか少ないかを示す数字．

酸化的脱アミノ化（oxidative deamination）　NH_4^+ の除去によるアミノ酸の $-NH_2$ の α-ケト基への変換．

酸化的リン酸化（oxidative phosphorylation）　電子伝達系から放出されるエネルギーを使う ADP からの ATP の合成．

残基（アミノ酸の）（residue, amino acid）　ポリペプチド鎖のアミノ酸．

三重結合（triple bond）　3対の電子を共有する共有結合．

酸の当量（equivalent of acid）　1モルの H^+ イオンを含む酸の量．

ジアステレオマー（diastereomer）　互いに鏡像体とならない立体異性体．

糸球体泝液（glomerular filtrate）　糸球体（glomerulu）からネフロン（nephron）に入る液体；血漿を泝過する．

式量（formula weight）　任意の化合物の式1分子に含まれる原子の原子量の総和．

シクロアルカン（cycloalkane）　環状炭素原子を含むアルカン．

シクロアルケン（cycloalkene）　環状炭素原子を含むアルケン．

止血（hemostasis）　血流の停止．

自己免疫疾患（autoimmune disease）　正常な体内の物質を抗原として認識して抗体をつくる免疫系の異常．

脂質（lipid）　非極性有機溶媒に可溶な，植物または動物由来の天然有機化合物．

脂質二重層（lipid bilayer）　細胞膜の基本構造単位；脂質分子の疎水性基が内側に向き合う膜脂質分子から構成される二重層．

シス-トランス異性体（cis-trans isomer）　原子間の結合はおなじで，二重結合に結合する基の位置が異なるために三次元構造が異なるアルケン．シス体は，水素原子が二重結合のおなじ側；トランス体は反対側．

ジスルフィド（disulfide）　硫黄と硫黄の結合で構成される化合物，RS−SR．

ジスルフィド結合（disulfide bond）　2分子のシステイン側鎖で形成される S−S 結合；二つのペプチド鎖を結合することができ，ペプチド鎖にループをつくる．

実収量（actual yield）　反応で実際に生成した生成物の量．

質量（mass）　物体の量の測定単位．

質量パーセント濃度[(m/m)%]　溶液の 100 g あたりの溶質の g 数をあらわした濃度．

質量/体積パーセント濃度[(m/v)%]　溶液 100 mL あたりの溶質の g 数をあらわした濃度．

質量数（A）（mass number）　原子中の陽子と中性子の総数．

質量保存の法則（law of conversion of mass）　物理的または化学的変化のあいだ，物質は生産も分解もされない．

GTP（guanosine triphosphate）　ATPとおなじくエネルギーを運搬する分子；リン酸基を失うとエネルギーを放出して GDP になる．

GDP（guanosine diphosphate）　リン酸基と結合する，あるいは解裂してエネルギーを運搬する分子．

シナプス（synapse）　ニューロンの先端と標的細胞が互いに接合する場所．

自発的な過程（spontaneous process）　1度反応が始まると，系外の影響を受けずに進む過程または反応．

脂肪（fat）　トリアシルグリセロールの混合物で，高い比率で飽和脂肪酸を多く含むため固体になる．

脂肪酸（fatty acid）　長鎖カルボン酸；動物性脂肪や植物油の脂肪酸は，一般的に炭素原子数が 12〜22．

弱塩基（weak base）　H^+ との親和性が弱く，H^+ の保持力が弱い塩基．

弱酸（weak acid）　水中で H^+ を供給しにくく，解離度が100%以下の酸．

弱電解質（weak electrolyte）　水中で部分的にしかイオン化しない物質．

シャルルの法則（Charles's law）　定圧の気体の体積は絶対温度（Kelvin temperature）に比例する（$V/T=$定数　または　$V_1/T_1=V_2/T_2$）．

自由エネルギー変化（ΔG）（free-energy change）　自発変化に対する基準（負の ΔG；$\Delta G = \Delta H - T\Delta S$）．

周期（period）　周期表の横7段．

周期表（periodic table）　原子番号が増加する順番に並ぶ元素表で，化学的類似性に従って族に分類される．

十億分率（**ppb**）（parts per billion）　溶液を10億（10^9）としたときの溶質の重量比あるいは体積比．

収率（percent yield）　化学反応の理論収量と実収量の百分率．

重量（weight）　地球またはほかの大きな物体から物体に作用する引力の尺度．

主殻（電子）（shell (electron)）　エネルギーに従う原子内の電子の一群．

主族元素（main group element）　周期

表の左側 2 族（1, 2 族）と右側 6 族（13～18 族）の元素．典型元素のこと．

受動輸送（passive transport）　濃度の高い所から低い所へ，エネルギーを消費することなく細胞膜を横切る物質の移動．

純物質（pure substance）　隅から隅まで一律の化学的な組織をもつ物質．

消化（digestion）　食物を小さい分子に分解することを意味する一般的な用語．

蒸気（vapor）　液体と平衡状態にある気体分子．

蒸気圧（vapor pressure）　液体と平衡状態にある気体分子の分圧．

状態変化（change of state）　液体から気体のように，ある状態からほかの状態へ物質が変化すること．

蒸発熱（heat of vaporization）　沸点に到達した液体を完全に気化するのに必要な熱量．

触媒（catalyst）　化学反応の速度を増すが，それ自身は変化しない物質．

真イオン反応式（net ionic equation）　自らは変化しないイオンを除いた反応式．

神経伝達物質（neurotransmitter）　ニューロンとニューロンまたは神経刺激を伝達する標的細胞のあいだを動く化学物質．

人工核変換（artificial transmutation）　ある原子がほかの原子になる核分裂反応による変化．

親水性（hydrophilic）　水を好む性質；親水性物質は水に可溶．

浸透（osmosis）　異なる濃度の二つの溶液を隔離している浸透膜を横切る溶媒の通過．

浸透圧（osmotic pressure）　浸透膜を横切る溶媒分子の通過を停止させる，より高濃度の溶液にかかる外圧の総量．

水素化（hydrogenation）　多重結合に H_2 が付加して飽和化合物を生成する反応．

水素結合（hydrogen bond）　電気的に陰性な O, N, F などの原子に結合した水素原子と，ほかの電気的に陰性な O, N, F 原子が引き合うこと．

水和（hydration）　多重結合に水が付加してアルコールを生成する反応．

ステロイド（steroid）　つぎのような四環性炭素骨格に基づく構造の脂質．

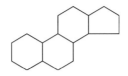

スフィンゴ脂質（sphingolipid）　アミノアルコールスフィンゴシンから誘導される脂質．

正四面体（regular tetrahedron）　おなじ大きさの 4 個の正三角形の面をもつ立体．

生成物（product）　化学反応で形成される物質で，化学反応式では矢印の右側に描く．

セカンドメッセンジャー（second messenger）　親水性のホルモンまたは神経伝達物質が，細胞表面の受容体と結合した時に細胞内に放出される化学物質．

赤血球（erythrocyte）　血中の赤色細胞；血中の気体を輸送する．

セッケン（soap）　動物性脂肪のけん化でつくられる脂肪酸の塩の混合物．

遷移金属元素（transition metal element）　周期表の中央付近の 10 族（3～12 族）の元素．

繊維状タンパク質（fibrous protein）　繊維状または板状のタンパク質を形成する硬い不溶性のタンパク質．

全血（whole blood）　血漿と血液細胞．

線構造（line structure）　原子を示さずに構造を描く簡便法；炭素原子は線の交点にあり，水素は充足していると考える．

染色体（クロモソーム）（chromosome）　タンパク質と DNA の複合体；細胞分裂期に見ることができる．

セントロメア（centromere）　染色体の中心領域．

双極子–双極子相互作用（dipole-dipole force）　極性分子の正と負の末端が引き合う力．

阻害, 酵素の（inhibition of an enzyme）　酵素の活動を遅延または停止させる過程．

族（group）　周期表の元素の縦 18 列．

束一的性質（collogative property）　溶解する粒子の数に依存し，化学的性質には依存しない溶液の性質．

側鎖（side chain；amino acid）　アミノ酸のカルボキシ基の隣りの炭素に結合する基．アミノ酸によって異なる．

促進拡散（facilitated diffusion）　形を変える輸送タンパク質の補助により細胞膜を横切る能動輸送．

疎水性（hydrophobic）　水を嫌う性質；疎水性物質は水に不溶．

第一級炭素原子（primary carbon atom）　ほかの炭素 1 原子と結合した炭素原子．

第三級炭素原子（tertiary carbon atom）　ほかの炭素 3 原子と結合した炭素原子．

体積パーセント濃度 [(v/v)%]（volume/volume percent concentration）　溶液 100 mL 中に溶解している溶質の体積（ミリリットル）としてあらわされる濃度．

第二級炭素原子（secondary carbon atom）　ほかの炭素 2 原子と結合した炭素原子．

第四級アンモニウムイオン（quaternary ammonium ion）　窒素原子に四つの有機基が結合した正のイオン．

第四級アンモニウム塩（quaternary ammonium salt）　第四級アンモニウムイオンとアニオンで構成されるイオン化合物．

第四級炭素原子（quaternary carbon atom）　ほかの炭素 4 原子と結合した炭素原子．

多型（polymorphism）　集団内の DNA 配列における変異．

多原子イオン（polyatomic ion）　1 原子以上で構成されるイオン．

脱水（dehydration）　アルコールから水が脱離してアルケン生成する．

脱離反応（elimination reaction）　隣り合った炭素 2 原子から基を失い，飽和の反応物が不飽和物質を生成する反応の一般的な型．

多糖（複雑な炭水化物）（polysaccharide）　単糖の重合体となる炭水化物．

多不飽和脂肪酸（polyunsaturated fatty acid）　二つ以上の C=C 二重結合をもつ長鎖脂肪酸．

単位（unit）　標準的な計量に用いられる定義された量．

ターンオーバー数（turnover number）　1 分子の酵素が単位時間あたりに作用する基質分子．

炭化水素（hydrocarbon）　炭素と水素

のみを含む有機化合物.

単結合（single bond） 1対の電子を共有して形成される共有結合.

胆汁（bile） 消化のあいだに肝臓から分泌され，胆囊から小腸へ放出される液体；胆汁酸と二酸化炭素イオンなどの電解質を含む.

胆汁酸（bile acid） 胆汁に分泌されるコレステロール類縁体の酸.

短縮構造（condensed structure） C−CやC−Hの結合を省略して構造を描く簡単な方法.

単純拡散（simple diffusion） 細胞膜を通る拡散の無作為な動きによる受動輸送.

単純タンパク質（simple protein） アミノ酸のみで構成されるタンパク質.

炭水化物（carbohydrate） 天然のポリヒドロキシケトンとアルデヒドからなる非常に多くの糖質（糖類）の総称.

単糖（monosaccharide, simple sugar） 炭素3〜7原子の炭水化物.

タンパク質（protein） アミド（ペプチド）結合で多くのアミノ酸がつながった大きい生体分子.

タンパク質の一次構造（primary protein structure） タンパク質でアミノ酸がペプチド結合でつながる配列.

タンパク質の二次構造（secondary protein structure） 規則正しい繰返し構造（例．α-ヘリックス，β-シート）．近接するタンパク質鎖の部分で，骨格原子の間の水素結合でつくられる.

タンパク質の三次構造（tertiary protein structure） 全タンパク鎖がコイル状になり，特異な三次元型に折りたたまれている構造.

タンパク質の四次構造（quaternary protein structure） 二つ以上のタンパク質が集合して形成する規則正しい大きな構造.

チオール（thiol） −SH基を含む化合物，R−SH.

置換基（substituent） 母体に結合する原子または基.

置換反応（substitution reaction） 分子の原子または基が，ほかの原子または基で置換される一般的な反応の型.

チモーゲン（zymogen） 化学的な変化を受けた後に活性酵素になる化合物.

中性子（neutron） 電気的に中性な原子より小さい粒子.

中和反応（neutralization reaction） 酸と塩基の反応.

直鎖アルカン（straight-chain alkane） すべての炭素が直線に並んだアルカン.

沈殿（precipitate） 化学反応のあいだに溶液内に生成する不溶性の固体.

低血糖（hypoglycemia） 正常より低濃度の血中グルコース.

低張（hypotonic） 血漿や細胞の周りよりも浸透圧が低い状態.

デオキシリボ核酸（DNA）（deoxyribonucleic acid） 遺伝情報を蓄積する核酸；デオキシリボ核酸の重合体.

デオキシリボヌクレオチド（deoxyribonucleotide） 2-デオキシ-D-リボースを含むヌクレオチド.

滴定（titration） 溶液の酸または塩基の全量を決定する方法.

D糖（D-sugar） Fischer投影法でキラル炭素原子上の右側に，カルボニル基からもっとも遠い−OH基をもつ単糖.

dブロック元素（d-block element） 鉄族，銅族などの遷移元素の総称．d軌道に入る電子の配置で物性が決定される.

テロメア（telomere） 染色体の末端．ヒトでは，反復する長いヌクレオチド鎖を含む領域.

転位反応（rearrangement reaction） 分子の結合が再配列して異性体が生成するような一般的な反応型.

電解質（electrolyte） 水に溶解するとイオンをつくり，電気を通す物質.

電気陰性度（electronegativity） 共有結合で電子を引き寄せる原子の能力.

電子（electron） 負に荷電した粒子.

電子親和力（electron affinity） 気体状態で1電子が1原子と付加して放出されるエネルギー.

電子伝達系（electron-transport chain） 還元補酵素から酸素へ電子を渡し，ATP形成へと続く一連の生化学反応.

電子配置（electron configuration） 原子殻と副殻における電子固有の配列.

電子捕獲（EC）（electron capture） 核が電子雲から内殻電子を捕捉する過程，陽子が中性子になる.

転写（transcription） DNA情報を読んでRNAを合成する過程.

点電子記号（electron dot structure） 価電子の数をあらわすために原子のまわりに点を置く原子の表記法.

電離放射線（ionizing radiation） 高エネルギー放射線の一般名.

同位体（アイソトープ）（isotope） おなじ原子番号で異なる質量数をもつ原子.

同化，同化作用（anabolism） 小さい分子から大きい生体分子を構築する代謝反応.

等式の反応式（balanced equation） 原子の数と種類が反応式の矢印の両側で等しい化学平衡をあらわす式.

糖脂質（glycolipid） スフィンゴシンのC2位の−NH_2に脂肪酸が結合し，糖がC1位の−OH基に結合したスフィンゴ脂質.

糖新生（gluconeogenesis） 乳酸，アミノ酸，またはグリセロールなどの非炭水化物からグルコースを合成する生化学経路.

糖タンパク質（glycoprotein） 短い炭水化物鎖を含むタンパク質.

等張（isotonic） 同じ浸透圧をもつこと.

等電点（pI）（isoelectric point） アミノ酸の試料が同数の+と−の荷電をもつpH.

糖尿病（diabetes mellitus） インスリンの不足または，インスリンが細胞膜を横切るためのグルコースによる活性化ができないためにおこる症状.

当量（Eq）（equivalent） イオンでは，荷電1モルに等しい量.

特異性（酵素の）（specificity, enzyme） 特定の基質，特定の反応または特定の反応型に対する酵素活性の制限.

特性（property） 物質や物体を特定するのに有益な特性.

トランスファーRNA(tRNA)（transfer RNA） タンパク質を合成する場所にアミノ酸を輸送するRNA.

トリアシルグリセロール（トリグリセリド）（triacylglycerol） 脂肪酸3分子によるグリセロールのトリエステル.

ドルトンの法則（Dalton's law） 気体の混合物による全圧力は，個々の気体の分圧の総量に等しい．

内遷移金属元素（inner transition metal element） 周期表の底辺に分離して並ぶ14族の元素．

内分泌系（endocrine system） 特別な細胞，組織，内分泌腺の系で，ホルモンを分泌し，神経系とともに体内の恒常性を維持し環境の変化に対応する．

二元化合物（binary compound） 二つの異なる元素の組合せからなる化合物．

二重結合（double bond） 2電子対を共有してできる共有結合．

二重らせん（double helix） スクリュー型に互いにからみ合う二つのらせん．ほとんどの生物では，DNAの二つのポリヌクレオチド鎖は二重らせんを形成する．

二糖（disaccharide） 単糖2分子で構成される炭水化物．

ニトロ化（nitration） 芳香環上の水素がニトロ基（-NO$_2$）に置換する反応．

尿素回路（urea cycle） 尿素を生成して排出する生化学的な回路．

ヌクレオシド（nucleoside） 環状のアミン塩基に結合した五炭糖；ヌクレオチドに似ているがリン酸基をもたない．

ヌクレオチド（nucleotide） 環状のアミン塩基と一つのリン酸基が結合した五炭糖（ヌクレオシド－リン酸）；核酸のモノマー．

熱（heat） 二つの物体が接触する時，熱い物体から冷たい物体へ移動する動的なエネルギー．

燃焼（combustion） 炎をつくる化学反応で，一般的に酸素との燃焼をいう．

濃度（concentration） 混合物のある物質の量の尺度．

能動輸送（active transport） エネルギー（たとえばATP）を使って細胞膜を横切る物質の移動．

濃度勾配（concentration gradient） おなじ系内の濃度の差．

配位共有結合（coordinate covalent bond） 2電子が同一原子から供出されて形成される共有結合．

発エルゴン的（exergonic） 自由エネルギーを放出し，負のΔGをもつ連続的な反応または過程．

発酵（fermentation） 嫌気条件下でのエネルギー生産．

発熱的（exothermic） 熱を放出し，負のΔHをもつ過程または反応．

ハロゲン（halogen） 周期表の17族の元素．

ハロゲン化（アルケンの）（halogenation, alkene） 1,2-ジハロゲン化合物を生成する多重結合へのCl_2あるいはBr_2の付加．

ハロゲン化（芳香族の）（halogenation, aromatic） 芳香環の水素原子がハロゲン原子（-X）で置換されること．

ハロゲン化アルキル（alkyl halide） アルキル基がハロゲン原子に結合した化合物，R-X．

ハロゲン化水素化（hydrohalogenation） 多重結合にHClまたはHBrが付加してハロゲン化アルキルを生成する反応．

半減期（$t_{1/2}$）（half-time） 放射性物質が半分分解するのに要する時間．

反応機構（reaction mechanism） 古い結合が壊れて新しい結合ができる反応の各段階の記述法．

反応速度（reaction rate） 反応がどれだけ速くおこるかの尺度．

反応熱（ΔH）（heat of reaction） 反応で吸収または放出される熱量．

反応物（reactant） 化学反応で変化する物質で，化学反応式では矢印の左側に描く．

ピーエイチ（pH） 溶液の酸性度の尺度；H_3O^+濃度の負の常用対数．

非拮抗（酵素）阻害（uncompetitive (enzyme) inhibition） 阻害剤が酵素の活性部位以外の場所に結合し，酵素の活性部位の形が変化して酵素活性を下げる制御．

非共有（孤立）電子対（lone pair） 結合に使われない電子対．

非共有力（noncovalent forces） 共有結合以外の，分子間あるいは分子内の引力．

非金属（nonmetal） 熱と電気の伝導度が低い元素．

p関数（p function） 負の対数．$pX = -(\log X)$．

比重（specific gravity） 同一温度の水の密度で物質の密度を割った値．

ビタミン（vitamin） 体内で合成されないので，食餌から微量を摂取しなければならない必須の有機分子．

必須アミノ酸（essential amino acid） 体内で合成されないので，食餌から摂取しなければならないアミノ酸．

非電解質（nonelectrolyte） 水に溶解した時にイオンを生成しない物質．

ヒドロニウムイオン（hydronium ion） 酸が水と反応した時に生成するH_3O^+イオン．（IUPAC名：オキソニウムイオン）

比熱（specific heat） 物質1gの温度を1℃上昇させるために必要な熱量．

非必須アミノ酸（nonessential amino acid） 体内で合成されるので食餌から摂取する必要のない11種のアミノ酸の一つ．

百万分率（ppm）（parts per million） 溶液を100万（10^6）としたときの溶質の重量比あるいは体積比．

pブロック元素（p-block element） 13〜18族に属する元素．典型元素．p軌道に元素が満たされる．

標準状態（STP）（standard temperature and pressure） 0℃（273 K），1気圧（760 mmHg）として定義される気体の標準状態．

標準沸点（normal boiling point） 正確に1気圧の時の沸点．

標準モル体積（standard molar volume） 標準温度と圧力の気体1モルの体積（22.4 L）．

Fischer投影法（Fischer projection） 手前の結合をあらわす水平線と，後ろの結合をあらわす垂直線の2本の線を交点にキラル炭素原子を表記する構造．糖類では，アルデヒドまたはケトンを上に置く．

フィードバック制御（feedback control） 経路後半の反応生成物による酵素活性の制御．

フィブリン（fibrin） 血液凝固の繊維質骨格を形成する不溶性タンパク質．

フェニル(基)（phenyl） 官能基，C_6H_5-．

フェノール（phenol） 芳香環に直接-OH基が結合している化合物，Ar-OH．

不可逆(酵素)阻害（irreversible (enzyme) inhibition） 阻害剤が活性部位と共有結合して永遠に防げる，酵素の不活性化．

付加反応（addition reaction） 物質X-

Yが不飽和結合に付加して，単結合の飽和化合物になる一般的な反応型．

付加反応（アルデヒドとケトンの）（addition reaction, aldehyde and ketone） アルコールなどの化合物が炭素-酸素の二重結合に付加して炭素-酸素単結合になる付加反応．

不均一混合物（heterogeneous mixture） 異種物質の不均一な混合物．

副殻（電子）（subshell (electron)） 電子が占有する空間域の形に従う殻内の電子群．

複合タンパク質（conjugated protein） 一つ以上の非アミノ酸を構造に含むタンパク質．

複製（replication） 細胞分裂の際につくられるDNA複製の過程．

複素環（heterocycle） 炭素に加え，窒素またはほかの原子で構成される環．

物質（matter） 宇宙をつくる物理的物質；質量をもち空間を占有するもの．

物質の三態（state of matter） 物質の物理的状態で固体，液体，気体．

沸点(bp)（boiling point） 液体と気体が平衡状態になる温度．

物理変化（physical change） 物質あるいは物体の化学的状態に影響しない変化．

物理量（physical quantity） 測定可能な物理的性質．

不飽和（unsaturated） 水素原子の付加が可能な，炭素-炭素間に多重結合を含む分子．

不飽和脂肪酸（unsaturated fatty acid） 炭素-炭素間に一つ以上の二重結合を含む長鎖カルボン酸．

不飽和度（degree of unsaturation） 分子中の炭素-炭素二重結合の数．

フリーラジカル（free radical） 不対電子をもつ原子または分子．

ブレンステッド-ローリー塩基（Brønsted-Lowry base） 酸から水素イオンH^+を受容できる物質．

ブレンステッド-ローリー酸（Brønsted-Lowry acid） 水素イオンH^+を，ほかの分子やイオンに供給する物質．

プロピル基（propyl group） 直鎖アルキル基，$-CH_2CH_2CH_3$．

分圧（partial pressure） 混合物中のある気体の圧力．

分子（molecule） 共有結合で保持された原子の集団．

分枝アルカン（branched-chain alkane） 炭素が分枝する結合をもつアルカン．

分子化合物（molecular compound） イオン以外の分子で構成される化合物．

分子間力（intermolecular force） 分子間で働き，溶液や固体の分子を緊密に保つ力．

分子式（molecular formula） 化合物1分子の原子の数と種類を示す式．

分子量（molecular weight） 分子中の原子の原子量の総計．

分泌（腎臓の）（secretion, kidney） 腎細管での溶質の沪液への移動．

平衡定数(K)（equilibrium constant） 反応の平衡定数をあらわす数値．

ベータ($β$-)酸化経路（beta ($β$-) oxidation pathway） 脂肪酸を一度に炭素2原子ずつ分解してアセチル-CoAにする生化学的反応を反復する経路．

ベータ($β$-)シート（beta ($β$-) sheet） 同一あるいは異なる分子の隣接するタンパク質の鎖が，骨格に沿って水素結合によって規則的に配置しているタンパク質の二次構造．

ベータ($β$)粒子（beta ($β$) particle） ベク線($β$)として放射される電子(e^-)．

ヘテロ核リボ核酸（heterogeneous nuclear RNA） イントロンとエクソンを含む，はじめに合成されるmRNAの混合物．

ペプチド結合（peptide bond） 二つのアミノ酸をつなぐアミド結合．

ヘミアセタール（hemiacetal） アルコール様の$-OH$基とエーテル様の$-OR$基の両方が同一の炭素原子に結合した化合物．

変異原性（mutagen） 変異をおこす物質．

変異体（mutation） DNA複製に伴う塩基配列の誤り．

変換係数（conversion factor） 二つの単位の関係を示す式．

変性（denaturation） 非共有結合の相互作用やジスルフィド結合の崩壊のため，ペプチド結合と一次構造は維持しているが，二次，三次，四次構造を失うこと．

変旋光（mutarotation） 糖の環状のアノマーと直鎖型の間の平衡によって起こる偏光の回転の変化．

ヘンダーソン-ハッセルバルヒの式（Henderson-Hasselbalch equation） 弱酸の平衡式K_aの対数は，緩衝液を用いた実験に応用される．

ペントースリン酸回路（pentose phosphate pathway） リボース（五炭糖），NADPH，リン酸化糖などをグルコースから生成する生化学経路；解糖系の代替．

ヘンリーの法則（Henry's law） 定温では，液体中の気体の溶解性はその分圧に比例する．

ボイルの法則（Boyle's law） 一定温度における気体の圧力は体積に反比例する．（$PV=$定数，$P_1V_1=P_2V_2$）

傍観イオン（spectator ion） 反応式の矢印の両側で変化のないイオン．

芳香性（aromatic） ベンゼンのような環を包含する化合物群．

放射性核種（radionuclide） 放射性同位体の原子核．

放射性同位体（radioisotope） 放射活性な同位体．

放射能（radioactivity） 核からの放射線の自発的な照射．

飽和（saturated） 炭素原子が最大数の水素原子と結合した分子．

飽和溶液（saturated solution） 平衡状態で可溶化している溶質が最大量を含む溶液．

飽和脂肪酸（saturated fatty acid） 炭素-炭素の単結合のみを含む長鎖カルボン酸．

補酵素（コエンザイム）（coenzyme） 酵素の働きを補助する有機分子．

ポジトロン（陽電子）（positron） 電子とおなじ質量をもつ正に荷電した電子．

補助因子（cofactor） 酵素の触媒作用に必須の酵素の非タンパク質部分；金属イオンあるいは補酵素．

ポテンシャルエネルギー（potential energy） 位置，組成，形などによってたくわえられるエネルギー．

ポリマー（polymer） 多くの小分子が集まって繰り返し結合によってつくられる大きい分子．重合体．

ホルモン（hormone） 内分泌系の細胞から分泌され，反応をおこす受容体の細胞まで血流で輸送される化学

用語解説　A-15

メッセンジャー．

翻訳（translation）　RNAによるタンパク質合成の過程．

Markovnikov（マルコフニコフ）則（Markovnikov's law）　アルケンへHXが付加する時，Hはもっとも多くH′が結合している炭素に付加し，XはH′の少ない炭素に付加する．

ミセル（micelle）　セッケンまたは界面活性分子が集合し，疎水性基が中心で親水性基が表面にある球状の集団．

密度（density）　物質の質量に対する体積に依存する物理的性質；単位体積あたりの質量．

ミトコンドリア（mitochondrion, 複数形 mitochondria）　小分子が分解されて生物体にエネルギーを供給する卵形のオルガネラ．

ミトコンドリアマトリックス（mitochondria matrix）　ミトコンドリアの内膜に囲まれた空間．

無定形固体（amorphous solid）　規則的な配列をもたない粒子の固体．

メタロイド（半金属）（metalloid）　金属と非金属の中間的な性質をもつ元素．

メチル基（methyl group）　アルキル基，$-CH_3$．

メチレン基（methylene）　$-CH_2$単位の名称．

メッセンジャーRNA（mRNA）（messenger RNA）　遺伝暗号をDNAから転写し，タンパク質合成を指示するRNA．

免疫応答（immune response）　ウイルス，細菌，毒物質，感染細胞などの特異抗原の認識に依存する免疫系の防御機構．

モノマー（monomer）　ポリマーをつくるために使われる小さい分子．

モル（mole）　6.02×10^{23}単位に相当する物質の総計．

モル質量（molar mass）　物質1モルの質量（グラム）で，分子量に等しい数．

モル浸透圧濃度，オスモル濃度（osmolarity, osmol）　溶液中の溶解しているすべての粒子のモル総数．

モル濃度（mol/L, M）（molarity）　溶液1Lあたりの溶質の物質量をあらわす濃度．

問題解法FLM（factor-label method）　不要な単位を約し，必要な単位のみを残した反応式を用いる解法．

融解熱（heat of fusion）　融点に到達した物質を完全に融かすために必要な熱量．

有機化学（organic chemistry）　炭素化合物の化学．

有効数字（significant figure）　値をあらわすために使われる意味のある数．

融点（mp）（melting point）　固体と液体が平衡状態になる温度．

誘導適合モデル（induced-fit model）　酵素が柔軟な結合部位をもち，形を変えて基質に最適に結合して反応を触媒する酵素活性のモデル．

溶液（solution）　典型的なイオンや低分子の大きさの粒子を含む均一な混合物．

溶解度（solubility）　特定の温度で任意の量の溶媒に溶ける物質の最大量．

溶質（solute）　液体に溶けている物質．

陽子（プロトン）（proton）　正に荷電した原子より小さい粒子．

溶媒（solvent）　ほかの物質を溶解している液体．

溶媒和（solvation）　溶解した溶質分子またはイオンのまわりを囲む溶媒分子の集合．

理想気体（ideal gas）　気体分子運動論のすべての仮定に準じる気体．

理想気体の法則（ideal gas law）　理想気体の圧力，体積，温度，量に関する一般式；$PV=nRT$．

立体異性体（stereoisomer）　おなじ分子式と構造式をもつが，原子の空間的な配置が異なる異性体．

リボ核酸（RNA）（ribonucleic acid）　タンパク質合成で使うための遺伝情報を入れる核酸（伝令，転移，リボゾーム）．リボヌクレオチドの集合体．

リポゲネシス（lipogenesis）　アセチル-CoAから脂肪酸が合成される生化学経路．

リポソーム（liposome）　脂質二重層が水を囲む球状の微細な被膜粒子．

リボソーム（ribosome）　タンパク質合成が行われる細胞内の構造．タンパク質とrRNAからなる．

リボソームRNA（rRNA）（ribosomal RNA）　リボソーム中のRNAとタンパク質の複合体．

リポタンパク質（lipoprotein）　脂質を輸送する脂質-タンパク質の複合体．

リボヌクレオチド（ribonucleotide）　D-リボースを含むヌクレオチド．

硫酸化（sulfonation）　スルホン酸基（$-SO_3H$）による芳香環上の水素の置換反応．

流動化（トリアシルグリセロールの）（mobilization, of triacylglycerol）　脂肪組織でのトリアシルグリセロールの加水分解と血流中への脂肪酸の放出．

両性（amphoteric）　酸または塩基として反応する物質の説明．

両性イオン（zwitterion）　＋と－の電荷を一つずつもつ中性の双極子イオン．

理論収量（theoretical yield）　限定試薬がすべて反応したと仮定したときの生成物の量．

臨界質量（critical mass）　核反応を持続するのに必要な放射性物質の最小量．

リン酸エステル（phosphate ester）　アルコールとリン酸の反応で生成する化合物；モノエステル $ROPO_3H_2$；ジエステル $(RO)_2PO_3H$；トリエステル $(RO)_3PO$；二リン酸または三リン酸．

リン酸化（phosphorylation）　有機分子間でのリン酸基$-PO_3^{2-}$の移動．

リン酸基（phosphoryl group）　有機リン酸の$-PO_3^{2-}$基．

リン脂質（phospholipid）　リン酸とアルコール（グリセロールやスフィンゴシン）の間のエステル結合をもつ脂質．

ルイス塩基（Lewis base）　不対電子をもつ化合物．

ルイス構造（Lewis structure）　原子と非共有電子対の結合をあらわした分子の表記法．

ルシャトリエの法則（Le Châtelier's principle）　平衡状態の系に圧力が加わる時，平衡は圧力を開放する方向に向かう．

レセプター（受容体）（receptor）　ホルモン，神経伝達物質，そのほかの生化学的活性分子が標的細胞の応答をうながす分子またはその一部．

連鎖反応（chain reaction）　連続的に進む反応．

沪過（腎臓の）（filtration, kidney） 糸球体（glomerulus）を通して血漿腎臓のネフロン（nephron）に入る沪過.

ロンドン分散力（London dispersion force） 分子内電子の一定の運動をもたらす短時間の引力.

ワックス（wax） 長鎖アルコールと長鎖脂肪酸のエステル混合物.

問題の解答

各章の"問題","基本概念を理解するために"の問題,および偶数番号の"章末問題"に簡単な解答を記載した.

1 章
1.1 物理変化：(a),(d)；化学変化：(b),(c) **1.2** 固体 **1.3** 混合物(不均一)：(a),(d)；純物質(元素)：(b),(c) **1.6** (a) 2 (b) 1 (c) 6 (d) 5 (e) 4 (f) 3 **1.7** (a) 窒素 1 原子,水素 3 原子 (b) ナトリウム 1 原子,水素 1 原子,炭素 1 原子,酸素 3 原子 (c) 炭素 8 原子,水素 18 原子 (d) 炭素 6 原子,水素 8 原子,酸素 6 原子 **1.8** 半金属は金属と非金属のあいだ **1.9** 金属；物理的な特性—化合物の溶解性,蒸発しやすい性質；化学的な特性—反応して可溶性化合物を形成する **1.10** (a) 0.01 m (b) 0.1 g (c) 1000 m (d) 0.000 001 s (e) 0.000 000 001 g **1.11** (a) 3 (b) 4 (c) 5 (d) 2 **1.12** 32.5℃；3桁の有効数字 **1.13** (a) 5.8×10^{-2} g (b) 4.6792×10^4 m (c) 6.072×10^{-3} cm (d) 3.453×10^2 kg **1.14** (a) 48 850 mg (b) 0.000 008 3 m (c) 0.0400 m **1.15** (a) 6.3000×10^5 (b) 1.30×10^3 (c) 7.942×10^{11} **1.16** (a) 2.30 g (b) 188.38 mL (c) 0.009 L (d) 1.000 kg **1.17** (a) 50.9 mL (b) 0.078 g (c) 11.9 m (d) 51 mg (e) 103 **1.18** (a) 0.016 g (b) 2.5 L (c) 990 dL **1.19** 84 mL **1.20** 7.36 m/s **1.21** 大人 9.5 mg/kg, 幼児 36 mg/kg **1.22** 59.8℃ **1.23** 184.15 K **1.24** 5950 cal **1.25** 0.21 cal/g・℃ **1.26** 水に浮く；密度 0.637 g/cm³ **1.27** 8.392 mL **1.28** 大きい **1.29** 気体；ヘリウム(He),ネオン(Ne),アルゴン(Ar),クリプトン(Kr),キセノン(Xe),ラドン(Rn),硬貨に使われる金属：銅(Cu),銀(Ag),金(Au) **1.30** 赤：バナジウム,金属；緑：ホウ素,半金属；青：臭素(非金属) **1.31** アメリシウム,金属 **1.32** (a) 0.978 (b) 3 (c) 低い **1.33** 小さいシリンダーのほうがより正確；目盛が小さい **1.34** 8.0 cm **1.35** 前；0.11 mL,後；0.25 mL,体積：0.14 mL **1.36** クロロホルム **1.38** 物理変化：(a),(d)；化学変化：(b),(c) **1.40** 気体は明確な形あるいは量をもたない；液体は明確な形をもたないが,明確な量をもつ；固体は明確な量と明確な形をもつ **1.42** 気体 **1.44** 混合物：(a),(b),(d),(f)；純物質：(c),(e) **1.46** (a) 反応物：過酸化水素；生成物：水,酸素 (b) 化合物：過酸化水素,水；元素：酸素 **1.48** 金属：光沢がある,展性がある,熱と電気を伝導する；不導体：気体あるいは割れやすい固体,不導体；半金属：金属と非金属のあいだの性状 **1.50** (a) Gd (b) Ge (c) Tc (d) As (e) Cd **1.52** (a) Br (b) Mn (c) C (d) K **1.54** 炭素,水素,窒素,酸素；10 原子 **1.56** $C_{13}H_{18}O_2$ **1.58** 物量は数と単位からなる **1.60** (a) 立方センチメートル (b) デシメートル (c) ミリメートル (d) ナノリットル (e) ミリグラム (f) 立方メートル **1.62** 10^9 pg, 3.5×10^4 pg **1.64** (a) 9.457×10^3 (b) 7×10^{-5} (c) 2.000×10^{10} (d) 1.2345×10^{-2} (e) 6.5238×10^2 **1.66** (a) 6 (b) 3 (c) 3 (d) 4 (e) 1〜5 (f) 2〜3 **1.68** (a) 6 400 000 m, 6 378 130 m (b) $6.378 137 \times 10^6$ m **1.70** (a) 12.1 g (b) 96.19 cm (c) 263 mL (d) 20.9 mg **1.72** (a) 0.3614 cg (b) 0.0120 ML (c) 0.0144 mm (d) 60.3 ng (e) 1.745 dL (f) 1.5×10^3 cm **1.74** (a) 97.8 kg (b) 0.133 mL (c) 0.46 ng (d) 2.99 Mm **1.76** (a) 1667 m/min (b) 28 m/s **1.78** (a) 6×10^{-4} cm (b) 2×10^3 細胞；4×10^3 細胞 **1.80** 10 g **1.82** 6×10^{10} 細胞 **1.84** 537 cal = 0.537 kcal **1.86** 0.092 cal/g・℃ **1.88** 水銀 76℃,鉄 40.7℃ **1.90** 0.179 cm³ **1.92** 11.4 g/cm³ **1.94** 159 mL **1.96** 炭素 9,水素 8,酸素 4；21 原子；固体 **1.98** 270 K **1.100** (a) BMI = 29.3 (b) BMI = 23.8 (c) BMI = 24.5；(a)の人 **1.102** 非金属,固体,不導体,展性はない **1.106** (a) 3.5×10^5 cal；1.46×10^6 J (b) 9.86 ℃ **1.108** 3.9×10^{-2} g/dL 鉄,8.3×10^{-3} g/dL カルシウム,2.24×10^{-1} g/dL コレステロール **1.110** 7.8×10^6 mL/日 **1.112** 0.13 g **1.114** 4.4 g **1.116** 2200 mL **1.118** 大さじ 2.2 **1.120** 鉄 **1.122** 浮く

2 章
2.1 1.39×10^{-8} g **2.2** いずれも 6.02×10^{23} 原子 **2.3** グラム質量の数字が原子質量に等しい時,6.02×10^{23} 原子が存在する. **2.4** 1.1×10^{-15} 分の 1(または 1.1×10^{-13}%) **2.5** (a) Re (b) Sr (c) Te **2.6** 27 陽子,33 中性子,27 電子 **2.7** 答えは一致する. **2.8** $^{79}_{35}$Br, $^{81}_{35}$Br **2.9** $^{35}_{17}$Cl, $^{37}_{17}$Cl **2.10** 13 族,第 3 周期 **2.11** 銀,カルシウム **2.12** 窒素(2),リン(3),ヒ素(4),アンチモン(5),ビスマス(6) **2.13** 金属：Ti(チタン),Sc(スカンジウム).非金属：Se(セレン),Ar(アルゴン),At(アスタチン).メタロイド：Te(テルル). **2.14** (a) クリプトン：18 族第 4 周期；(ii),(iv),(v) (b) ストロンチウム：2 族第 5 周期；(i),(iv) (c) 窒素：15 族第 2 週期；(ii),(iv) (d) コバルト：9 族第 3 周期；(i),(iii) **2.15** 13 個の He-4 原子核；4 個の中性子 **2.16** (a) Na-23, 1 族,第 3 周期,金属 (b) O-18, 16 族,第 6 周期,非金属 **2.17** 12 個の電子,マグネシウム **2.18** 硫黄,主族(16 族),非金属,最後の電子は 3p 軌道にある. **2.19** (a) $1s^2 2s^2 2p^2$ (b) $1s^2 2s^2 2p^6 3s^2 3p^1$ (c) $1s^2 2s^2 2p^6 3s^2 3p^5$ (d) $1s^2 2s^2 2p^6 3s^2 3p^6 4s^1$ **2.20** 4p³,すべての電子が対になっていない. **2.21** ガリウム **2.22** (a) $1s^2 2s^2 2p^5$；[He]$2s^2 2p^5$ (b) $1s^2 2s^2 2p^6 3s^2 3p^1$；[Ne]$3s^2 3p^1$ (c) $1s^2 2s^2 2p^6 3s^2 3p^6 4s^2 3d^{10} 4p^3$；[Ar]$4s^2 3d^{10} 4p^3$ **2.23** 2 族 **2.24** 17 族, $1s^2 2s^2 2p^6 3s^2 3p^5$ **2.25** 16 族, $ns^2 np^4$ **2.26** ·X̤· **2.27** :R̈n· ·P̈b· :Ẍe: ·Ra· **2.28** 赤 = 700〜800 nm,青 = 400〜480 nm；青がより高エネルギー

2.29

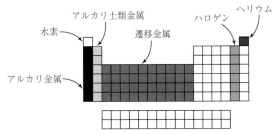

2.30 赤：気体(フッ素),青：原子番号 79(金),緑：(カルシウム)；ベリリウム,マグネシウム,ストロンチウム,バリウムも同類

2.31

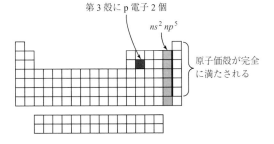

2.32 セレン **2.33** $1s^2 2s^2 2p^6 3s^2 3p^6 4s^2 3d^{10} 4p^3$ **2.34** 物質は原子からなる.元素が異なれば原子が異なる.原子は化学反応で変化しない. **2.36** (a) 3.4702×10^{-22} g (b) 2.1801×10^{-22} g (c)

6.6465×10⁻²⁴ g **2.38** 14.01 g **2.40** 6.022×10²³ 原子 **2.42** 陽子（正電荷，1 amu），中性子（無電荷，1 amu），電子（負電荷，0.0005 amu） **2.44** 18, 20, 22 **2.46** (a)と(c) **2.48** (a) $^{14}_{6}$C (b) $^{39}_{19}$K (c) $^{20}_{10}$Ne **2.50** $^{12}_{6}$C-6 中性子，$^{13}_{6}$C-7 中性子，$^{14}_{6}$C-8 中性子 **2.52** 63.55 amu **2.54** 3s と 3p 副殻を満たすには 8 電子が必要であるため． **2.56** Am，金属 **2.58** (a) 金属，(b) 遷移金属 (c) 3d **2.60** (a) Rb：(i)，(v)，(vii) (b) W：(i)，(iv) (c) Ge：(iii)，(v) (d) Kr：(ii)，(v)，(vi) **2.62** セレン **2.64** ナトリウム，カリウム，ルビジウム，セシウム，フランシウム **2.66** 2 **2.68** 第 1 殻：2，第 2 殻：8，第 3 殻：18 **2.70** 第 3 殻：3，第 4 殻：4，第 5 殻：5 **2.72** 10，ネオン **2.74** (a) 2 対，2 不対 (b) 4 対，1 不対 (c) 2 不対 **2.76** 2, 1, 2, 1, 3 **2.78** 2, ·Mg· **2.80** ベリリウム：2s，ヒ素：4p **2.82** (a) 8, :K̈r: (b) 4, ·C̈· (c) 2, ·C̈a· (d) 1, K· (e) 3, ·B̈· (f) 7, :C̈l: **2.84** 走査型トンネル顕微鏡は，より高い分解能をもつ． **2.86** H, He **2.88** (a) 紫外線 (b) ガンマ波 (c) X 線 **2.90** He, Ne, Ar, Kr, Xe, Rn **2.92** テルル原子はヨウ素原子よりも多くの中性子をもつため． **2.94** 1 (2 e)，2 (8 e)，3 (18 e)，4 (32 e)，5 (18 e)，6 (4 e) **2.96** 79.90 amu **2.98** 2 族，第 5 周期，金属，38 陽子，Sr，·Sr· **2.100** 2, 8, 18, 18, 4；金属 **2.102** (a) 4s 副殻が 3d 副殻より先に満たされる．(b) 2s 副殻が 2p 副殻より先に満たされる．(c) ケイ素は 14 電子をもつ：1s² 2s² 2p⁶ 3s² 3p² (d) 3s 電子のスピンは互いに逆向き． **2.104** より高い s 副殻を満たす代わりに，d 副殻をすべてあるいは半分満たす． **2.106** 7p

3 章

3.1 Mg^{2+}，カチオン **3.2** S^{2-}，アニオン **3.3** O^{2-}，アニオン **3.4** Kr よりも低いが，ほかのほとんどの元素より高い **3.5** (a) B (b) Ca (c) Sc **3.6** (a) H (b) S (c) Cr **3.7** 普通のイオン化合物：高い融点をもつ結晶性固体，溶融された時あるいは溶液中でよい伝導体．イオン液体：低融点，低沸点で，伝導性は低いものから中程度のものまで． **3.8** カリウム($1s^2 2s^2 2p^6 3s^2 3p^6 4s^1$) は，1 個の電子を失ってアルゴン配置をとる **3.9** アルミニウムは，3 個の電子を失って Al^{3+} を生成する **3.10** X：+ ·Ÿ: → X^{2+} + :Ÿ:²⁻ **3.11** カルシウム 3.12 (a) Ba → Ba^{2+} + 2e⁻， :B̈a: (c) Br + e⁻ → Br⁻， :B̈r:⁻ **3.13** 29 L **3.14** (a) 銅(II)イオン (b) フッ化物イオン (c) マグネシウムイオン (d) 硫化物イオン **3.15** (a) Ag^+ (b) Fe^{2+} (c) Cu^+ (d) Te^{2-} **3.16** Na^+，ナトリウムイオン；K^+，カリウムイオン；Ca^{2+}，カルシウムイオン；Cl^-，塩化物イオン **3.17** (a) 硝酸イオン (b) シアン化物イオン (c) 水酸化物イオン (d) リン酸水素イオン **3.18** 1 族：Na^+，K^+；2 族：Ca^{2+}，Mg^{2+}；遷移金属：Fe^{2+}；ハロゲン：Cl⁻ **3.19** (a) AgI (b) Ag_2O (c) Ag_3PO_4 **3.20** (a) Na_2SO_4 (b) $FeSO_4$ (c) $Cr_2(SO_4)_3$ **3.21** $(NH_4)_2CO_3$ **3.22** $Al_2(SO_4)_3$, $Al(CH_3CO_2)_3$ **3.23** 青：K_2S，赤：$BaBr_2$，緑：Al_2O_3 **3.24** Ca_3N_2；Ca^{2+}，N^{3-} **3.25** 硫化銀(I)；Ag^+ **3.26** (a) 酸化スズ(IV) (b) シアン化カルシウム (c) 炭酸ナトリウム (d) 酸化銅(I) (e) 水酸化バリウム (f) 硝酸鉄(II) **3.27** (a) Li_3PO_4 (b) $CuCO_3$ (c) $Al_2(SO_3)_3$ (d) CuF (e) $Fe_2(SO_4)_3$ (f) NH_4Cl **3.28** Cr_2O_3，酸化クロム **3.29** 酸：(a)，(d)；塩基：(b)，(c) **3.30** (a) HCl (b) H_2SO_4 **3.31**

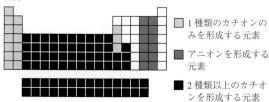

1種類のカチオンのみを形成する元素
アニオンを形成する元素
2種類以上のカチオンを形成する元素

ほかの元素はアニオンやカチオンを容易には形成しない．

3.32

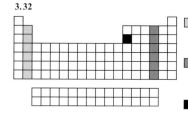

一般的に 2 価のカチオン（+2）を形成する元素
一般的に 2 価のアニオン（−2）を形成する元素
3 価のカチオン（+3）を形成する元素

3.33 (a) O^{2-} (b) Na^+ (c) Ca^{2+} (d) Fe^{3+} **3.34** (a) Na 原子（より大きい）(b) Na^+ イオン（より小さい） **3.35** (a) Cl 原子（より小さい）(b) Cl⁻ イオン（より大きい） **3.36** 塩化鉄(II)，$FeCl_2$；塩化鉄(III)，$FeCl_3$；酸化鉄(II)，FeO；酸化鉄(III)，Fe_2O_3；塩化鉛(II)，$PbCl_2$；塩化鉛(IV)，$PbCl_4$；酸化鉛(II)，PbO；酸化鉛(IV)，PbO_2 **3.37** (a) ZnS (b) $PbBr_2$ (c) CrF_3 (d) Al_2O_3 **3.38** (a) Ca → Ca^{2+} + 2e⁻ (b) Au → Au^+ + e⁻ (c) F + e⁻ → F⁻ (d) Cr → Cr^{3+} + 3e⁻ **3.40** 真：(d)；偽：(a)，(b)，(c) **3.42** 主族元素は，貴ガスの電子配置をもつよう反応が進むこと． **3.44** Se^{2-} **3.46** (a) Sr (b) Br **3.48** (a) $1s^2 2s^2 2p^6 3s^2 3p^6 4s^2 3d^{10} 4p^6$ (b) $1s^2 2s^2 2p^6 3s^2 3p^6 4s^2 3d^{10} 4p^6$ (c) $1s^2 2s^2 2p^6 3s^2 3p^6$ (d) $1s^2 2s^2 2p^6 3s^2 3p^6 4s^2 3d^{10} 4p^6 5s^2 4d^{10} 5p^6$ (e) $1s^2 2s^2 2p^6$ **3.50** (a) O (b) Li (c) Zn (d) N **3.52** いずれも存在しない **3.54** Cr^{2+}：$1s^2 2s^2 2p^6 3s^2 3p^6 3d^4$；$Cr^{3+}$：$1s^2 2s^2 2p^6 3s^2 3p^6 3d^3$ **3.56** 大きい **3.58** (a) 硫化物イオン (b) スズ(II)イオン (c) ストロンチウムイオン (d) マグネシウムイオン (e) 金(I)イオン **3.60** (a) Se^{2-} (b) O^{2-} (c) Ag^+ **3.62** (a) OH^- (b) HSO_4^- (c) $CH_3CO_2^-$ (d) MnO_4^- (e) OCl^- (f) NO_3^- (g) CO_3^{2-} (h) $Cr_2O_7^{2-}$ **3.64** (a) $Al(SO_4)_3$ (b) Ag_2SO_4 (c) $ZnSO_4$ (d) $BaSO_4$ **3.66** (a) $NaHCO_3$ (b) KNO_3 (c) $CaCO_3$ (d) NH_4NO_3

3.68

	S^{2-}	Cl^-	PO_4^{3-}	CO_3^{2-}
銅(II)	CuS	$CuCl_2$	$Cu_3(PO_4)_2$	$CuCO_3$
Ca^{2+}	CaS	$CaCl_2$	$Ca_3(PO_4)_2$	$CaCO_3$
NH_4^+	$(NH_4)_2S$	NH_4Cl	$(NH_4)_3PO_4$	$(NH_4)_2CO_3$
鉄(III)	Fe_2S_3	$FeCl_3$	$FePO_4$	$Fe_2(CO_3)_3$

3.70 硫化銅(II)，塩化銅(II)，リン酸銅(II)，炭酸銅(II)；硫化カルシウム，塩化カルシウム，リン酸カルシウム，炭酸カルシウム；硫化アンモニウム，塩化アンモニウム，リン酸アンモニウム，炭酸アンモニウム；硫化鉄(III)，塩化鉄(III)，リン酸鉄(III)，炭酸鉄(III) **3.72** (a) 炭酸マグネシウム (b) 酢酸カルシウム (c) シアン化銀(I) (d) 二クロム酸ナトリウム **3.74** $Ca_3(PO_4)_2$ **3.76** 酸は水中で H^+ イオンを放出し，塩基は水中で OH^- イオンを放出する **3.78** (a) H_2CO_3 → $2H^+$ + CO_3^{2-} (b) HCN → H^+ + CN^- (c) $Mg(OH)_2$ → Mg^{2+} + $2OH^-$ (d) KOH → K^+ + OH^- **3.80** かさ高いカチオンは最密充填をとりにくく，結晶化しにくい． **3.82** 2300 mg；茶さじ 4 杯 **3.84** ナトリウムは体液が失われるのを防ぎ，筋肉の収縮と神経インパルスの伝達に必要 **3.86** カルシウムイオン：$10 Ca^{2+}$，リン酸イオン：$6 PO_4^{3-}$，水酸化物イオン：$2 OH^-$ **3.88** H^- はヘリウムの電子配置($1s^2$)をもつため． **3.90** (a) CrO_3 (b) VCl_5 (c) MnO_2 (d) MoS_2 **3.92** (a) −1 (b) 鉄(III)あたりグルコン酸イオン 3 分子 **3.94** (a) $Co(CN)_2$ (b) UO_3 (c) $SnSO_4$ (d) MnO_2 (e) K_3PO_4 (f) Ca_3P_2 (g) $LiHSO_4$ (h) $Al(OH)_3$ **3.96** (a) 金属 (b) 非金属 (c) X_2Y_3 (d) X：13 族；Y：16 族

4 章

4.1 :Ï:Ï:；キセノン **4.2** (a) P 3, H 1 (b) Se 2, H 1 (c) H 1, Cl 1 (d) Si 4, F 1 **4.3** $PbCl_2$ = イオン結合；$PbCl_4$ = 共有結合 **4.4** (a) CH_2Cl_2 (b) BH_3 (c) NI_3 (d) $SiCl_4$

4.5 最外殻電子数は C が 8, O が 8, H が 2

4.6 (caffeine structure)

4.7 AlCl$_3$ は共有結合化合物であり，Al$_2$O$_3$ はイオン化合物であるため．

4.8 (methylamine Lewis structure)

4.9 (a) H–Ö–H with CH$_3$ (methanol) (b) H–C≡C–H (acetylene) (c) NCl$_3$

4.10 (a) Cl–C(=O)–Cl (b) :Ö–Cl:⁻ (c) H–Ö–Ö–H (d) Cl–S–Cl

4.11 HNO$_3$ structure :Ö–N(=O)–Ö–H

4.12 (a) C$_6$H$_{10}$O$_2$ (b) (structure)

4.13 :C≡O: :N̈=Ö: CO は配位共有結合をつくれるため，反応性が高い．NO は1個の不対電子をもっているため，反応性が高い．

4.14 [BF$_4$]⁻ 正四面体型

4.15 クロロホルム，CHCl$_3$—四面体型；1,1-ジクロロエチレン，平面 **4.16** a = 正四面体型, b = 平面三角形型 **4.17** いずれも折れ曲がり型

4.18 (a) 折れ曲がり型 (b) 正四面体型 (c) 正四面体型 (d) 平面三角形型 (e) 三角錐型

4.19 H = P < S < N < O

4.20 (a) 極性共有結合 (b) イオン結合 (c) 非極性共有結合 $\delta+$I—Cl$\delta-$ (d) 極性共有結合 $\delta+$P—Br$\delta-$

4.21 H$_2$C=O with arrows, $\delta+$ $\delta-$

4.22 炭素は正四面体型，酸素は折れ曲がり型になる．極性分子である

4.23 CH$_3$Li, $\delta-$C, $\delta+$Li

4.24 (a) 二塩化二硫黄 (b) 一塩化ヨウ素 (c) 三塩化ヨウ素

4.25 (a) SeF$_4$ (b) P$_2$O$_5$ (c) BrF$_3$

4.26 (CH$_3$)$_2$C=CHCH$_2$CH$_2$C(CH$_3$)=CHCH$_2$OH ゲラニオール
短縮構造：CH$_3$C(CH$_3$)CHCH$_2$CH$_2$C(CH$_3$)CHCH$_2$OH

4.27 (a) 正四面体型 (b) 三角錐型 (c) 平面三角形型 **4.28** (c) が正方形型

4.29 (a) C$_8$H$_9$NO$_2$ (b) (structure)

(c) –CH$_3$ 炭素以外はすべて平面三角形型．–CH$_3$ 炭素は正四面体型．窒素は三角錐型．

4.30 (structure)

4.31 (a) C$_{13}$H$_{10}$N$_2$O$_4$ (b) (structure)

4.32 電子密度は O 原子で高く，NH$_2$ の H で低い（構造：電子豊富な酸素）

4.34 配位共有結合で2個の電子は片方の同一原子に由来する．

4.36 共有結合 (a), (b)；イオン結合 (c), (d), (e) **4.38** 16族であり2個の共有結合 **4.40** (b), (c) **4.42** 14族であり SnCl$_4$

4.44 N–O 結合 **4.46** (a) 分子式は原子の数と種類を示す；構造式は原子がどのように結合しているかをあらわす．(b) 構造式は原子間の結合をあらわす．；短縮構造式は原子をあらわすが，結合を示さない．(c) 価電子の不対電子は，結合には使われない．；共有電子対は2個の原子によって占有される． **4.48** (a) 10；三重結合 (b) 18；N, O 間の二重結合 (c) 24；C, O 間の二重結合 (d) 20 **4.50** 水素が多すぎるため．

4.52 (a) H–Ö–N=Ö (b) H$_3$C–C≡N (c) H–F

4.54 (a) CH$_3$CH$_2$CH$_3$ (b) H$_2$C=CHCH$_3$ (c) CH$_3$CH$_2$Cl **4.56** CH$_3$COOH

4.58 (a) H–Ö–N=Ö (b) Ö=Ö–Ö: (c) H$_3$C–C=Ö

4.60 H$_3$C–Ö–CH$_3$ ジメチルエーテル

4.62 Cl$_2$C=CCl$_2$ テトラクロロエチレンは二重結合一つを含む

4.64 H−N̈−Ö−H
         |
         H

4.66 (a) [H−C(=Ö)−Ö̈:]⁻ (b) [Ö̈−S̈−Ö̈:]²⁻ (c) [:S̈−C≡N:]⁻
     (d) [Ö̈−P(=Ö)−Ö̈:]³⁻ (e) [Ö̈−Cl̈−Ö̈:]⁻

4.68 正四面体型；三角錐型；折れ曲がり型 4.70 (a), (b) 正四面体型 (c), (d) 平面三角形型 (e) 三角錐型 4.72 正四面体型炭素である−CH_3 以外は, すべて平面三角形型 4.74 ほかのアルカリ金属と同様に, 弱い電子陰性度を有する 4.76 $Cl > C > Cu > Ca > Cs$ 4.78 (a) $\overset{\delta-}{O}-\overset{\delta+}{Cl}$ (b), (c), (d) 非極性 (e) $\overset{\delta-}{C}=\overset{\delta+}{O}$ 4.80 $PH_3 < HCl < H_2O < CF_4$

4.82 (a) H→Cl 極性 (b) P 極性 (c) 極性 (d) 非極性

4.84 S−H 結合は非極性であるため 4.86 (a) 二酸化セレン (b) 四酸化キセノン (c) 五硫化二窒素 (d) 三リン化四セレン 4.88 (a) $SiCl_4$ (b) NaH (c) SbF_5 (d) OsO_4 4.90 動脈壁を弛緩させるため. 4.92 炭水化物, DNA, タンパク質はいずれも自然界で見られる高分子である. 4.94 $CH_3(CH_2)C=CHCH_2CH_2(CH_3)CH_2CH_2OH$

4.96 (a) H−C(=O)−C(H)(H)−H H−C(H)(H)−C(=O)−H
(b) C=O 炭素は平面三角形型；ほかの炭素は正四面体型. (c) C−O 結合は極性を有する. 4.98 (a) C は四つの結合を形成, (b) N は三つの結合を形成, (c) S は二つの結合を形成, (d) 正しい

4.100 (a) [H−P(H)(H)−H]⁺ (b) 正四面体型 (c) 一つの配位共有結合を有する (d) 19 p と 18 e⁻ を有する 4.102 (a) 塩化カルシウム (b) 二塩化テルル (c) 三フッ化ホウ素 (d) 硫酸マグネシウム (e) 酸化カリウム (f) フッ化鉄(Ⅲ) (g) 三フッ化リン

4.104 :C̈l−C(Cl:)(:C̈l:)−Ö−H 4.106 :Ö−C(H)−C(=Ö)−Ö−H

4.108 (a) :C̈l−C(=Ö)−Ö−H (b) H−C(H)(H)−C≡C−H

5 章

5.1 (a) 固体の塩化コバルト(Ⅱ)と気体のフッ化水素から, 固体のフッ化コバルト(Ⅱ)と気体の塩化水素が生じる. (b) 硝酸鉛(Ⅱ)の水溶液とヨウ化カリウムの水溶液から, 固体のヨウ化鉛(Ⅱ)と硝酸カリウムの水溶液が生じる 5.2 等式：(a), (c) 5.3 $3 O_2 \rightarrow 2 O_3$
5.4 (a) $Ca(OH)_2 + 2 HCl \rightarrow CaCl_2 + 2 H_2O$
    (b) $4 Al + 3 O_2 \rightarrow 2 Al_2O_3$
    (c) $2 CH_3CH_3 + 7 O_2 \rightarrow 4 CO_2 + 6 H_2O$
    (d) $2 AgNO_3 + MgCl_2 \rightarrow 2 AgCl + Mg(NO_3)_2$
5.5 $2 A + B_2 \rightarrow A_2B_2$ 5.6 (a) 沈殿反応 (b) 酸化還元反応 (c) 酸−塩基中和反応 5.7 $6 CO_2 + 6 H_2O \rightarrow C_6H_{12}O_6 + 6 O_2$；酸化還元反応
5.8 可溶：(b), (d), 不溶：(a), (c), (e)
5.9 (a) $NiCl_2(水) + (NH_4)_2S(水) \rightarrow NiS(固) + 2 NH_4Cl(水)$；沈殿反応
    (b) $2 AgNO_3(水) + CaBr_2(水) \rightarrow Ca(NO_3)_2(水) + 2 AgBr(固)$；沈殿反応
5.10 $CaCl_2(水) + Na_2C_2O_4(水) \rightarrow CaC_2O_4(固) + 2 NaCl(水)$
5.11 (a) $2 CsOH(水) + H_2SO_4(水) \rightarrow Cs_2SO_4(水) + 2 H_2O(液)$
     (b) $Ca(HO)_2(水) + 2 CH_3CO_2H(水) \rightarrow Ca(CH_3CO_2)_2(水) + 2 H_2O(液)$
     (c) $NaHCO_3(水) + HBr(水) \rightarrow NaBr(水) + CO_2(気) + H_2O(液)$
5.12 (a) 酸化された反応物(還元剤)：Fe, 還元された反応物(酸化剤)：Cu^{2+} (b) 酸化された反応物(還元剤)：Mg, 還元された反応物(酸化剤)：Cl_2 (c) 酸化された反応物(還元剤)：Al, 還元された反応物(酸化剤)：Cr_2O_3 5.13 $2 K(固) + Br_2(液) \rightarrow 2 KBr(固)$；酸化剤：$Br_2$, 還元剤：K 5.14 Li が酸化され, I_2 は還元された.
5.15 (a) V(Ⅲ), 塩化バナジウム(Ⅲ) (b) Sn(Ⅳ), 塩化スズ(Ⅳ) (c) Cr(Ⅵ), 三酸化クロム(Ⅵ) (d) Cu(Ⅱ), 硝酸銅(Ⅱ) (e) Ni(Ⅱ), 硫酸ニッケル(Ⅱ) 5.16 (a) 酸化反応ではない (b) Na は 0 から +1 に酸化されている；H は +1 から 0 に還元されている (c) C は 0 から +4 に酸化されている；O は 0 から −2 に還元されている (d) 酸化還元反応ではない (e) S は +4 から +6 に酸化；Mn は +7 から +2 に還元 5.17 (b) 酸化剤：H_2, 還元剤：Na (c) 酸化剤：O_2, 還元剤：C (e) 酸化剤：MnO_4^-, 還元剤：SO_2
5.18 (a) $Zn(固) + Pb^{2+}(水) \rightarrow Zn^{2+}(水) + Pb(固)$
     (b) $OH^-(水) + H^+(水) \rightarrow H_2O(液)$
     (c) $2 Fe^{3+}(水) + Sn^{2+}(水) \rightarrow 2 Fe^{2+}(水) + Sn^{4+}(水)$
5.19 (a) 酸化還元反応 (b) 中和反応 (c) 酸化還元反応 5.20 (d) 5.21 (c) 5.22 反応物：(d), 生成物：(c)
5.23 (a) 箱(1) (b) 箱(2) (c) 箱(3) 5.24 $2 Ag^+ + CO_3^{2-}$；$2 Ag^+ + CrO_4^{2-}$；埋由：生成物から, カチオンは +1 でアニオンは −2 ということがわかる. それより Ca^{2+} や Ni^{2+} および Cl^- と NO_3^- は除外される. また, 生成物は沈殿するので, 溶解性を考えると, Na_2CO_3 および Na_2CrO_4 は 1 属のカチオンを含んでいるので溶解性である. Ag_2CrO_4 は不溶性なので, Ag^+ と CrO_4^{2-} となる. 5.25 (a) $CaCl_2$ (b) $NaCO_3$ (c) $CaCO_3$(沈殿) 傍観イオン：Na^+, Cl^- 5.26 等式では, 原子の数と種類は反応式の矢印の両側おいておなじになる
5.28 (a) $SO_2(気) + H_2O(気) \rightarrow H_2SO_3(水)$
     (b) $2 K(固) + Br_2(液) \rightarrow 2 KBr(固)$
     (c) $C_3H_8(気) + 5 O_2(気) \rightarrow 3 CO_2(気) + 4 H_2O(液)$
5.30 (a) $2 C_2H_6(気) + 7 O_2(気) \rightarrow 4 CO_2(気) + 6 H_2O(気)$
     (b) 等式
     (c) $2 Mg(固) + O_2(気) \rightarrow 2 MgO(固)$
     (d) $2 K(固) + 2 H_2O(液) \rightarrow 2 KOH(水) + H_2(気)$
5.32 (a) $Hg(NO_3)_2(水) + 2 LiI(水) \rightarrow 2 LiNO_3(水) + HgI_2(固)$
     (b) $I_2(固) + 5 Cl_2(気) \rightarrow 2 ICl_5(固)$
     (c) $4 Al(固) + 3 O_2(気) \rightarrow 2 Al_2O_3(固)$
     (d) $CuSO_4(水) + 2 AgNO_3(水) \rightarrow Ag_2SO_4(固) + Cu(NO_3)_2(水)$
     (e) $2 Mn(NO_3)_3(水) + 3 Na_2S(水) \rightarrow Mn_2S_3(固) + 6 NaNO_3(水)$
5.34 (a) $2 C_4H_{10}(気) + 13 O_2(気) \rightarrow 8 CO_2(気) + 10 H_2O(液)$
     (b) $C_2H_6O(気) + 3 O_2(気) \rightarrow 2 CO_2(気) + 3 H_2O(液)$
     (c) $2 C_8H_{18}(気) + 25 O_2(気) \rightarrow 16 CO_2(気) + 18 H_2O(液)$
5.38 (a) 酸化還元反応 (b) 中和反応 (c) 沈殿反応 (d) 中和反応
5.40 (a) $Ba^{2+}(水) + SO_4^{2-}(水) \rightarrow BaSO_4(固)$

(b) Zn(固) + 2 H$^+$(水) → Zn^{2+}(水) + H$_2$(気)
5.42 沈殿反応：(a)，(d)，(e)，酸化還元反応：(b)，(c) **5.44** Ba(NO$_3$)$_2$
5.46 (a) 2 NaBr(水) + Hg$_2$(NO$_3$)$_2$(水) →
  Hg$_2$Br$_2$(固) + 2 NaNO$_3$(水)
(d) (NH$_4$)$_2$CO$_3$(水) + CaCl$_2$(水) →
  CaCO$_3$(固) + 2 NH$_4$Cl(水)
(e) 2 KOH(水) + MnBr$_2$(水) → Mn(OH)$_2$(固) + 2 KBr(水)
(f) 3 Na$_2$S(水) + 2 Al(NO$_3$)$_3$(水) → Al$_2$S$_3$(固) + 6 NaNO$_3$(水)
5.48 (a) 2 Au^{3+}(水) + 3 Sn(固) → 3 Sn^{2+}(水) + 2 Au(固)
(b) 2 I$^-$(水) + Br$_2$(液) → 2 Br$^-$(水) + I$_2$(固)
(c) 2 Ag$^+$(水) + Fe(固) → Fe^{2+}(水) + 2 Ag(固)
5.50 (a) Sr(OH)$_2$(水) + FeSO$_4$(水) → SrSO$_4$(固) + Fe(OH)$_2$(固)
(b) S^{2-}(水) + Zn^{2+}(水) → ZnS(固)
5.52 もっとも容易に酸化される元素：左側に位置する金属，もっとも容易に還元される元素：6および7族 **5.54** 酸化数が増加：(b)，(c)，酸化数が減少：(a)，(d) **5.56** (a) Co：+3 (b) Fe：+2 (c) U：+6 (d) Cu：+2 (e) Ti：+4 (f) Sn：+2
5.58 (a) 酸化される元素：S，還元される元素：O (b) 酸化される元素：Na，還元される元素：Cl (c) 酸化される元素：Zn，還元される元素：Cu (d) 酸化される元素：Cl，還元される元素：F
5.60 (a) N$_2$O$_4$(液) + 2 N$_2$H$_4$(液) → 3 N$_2$(気) + 4 H$_2$O(気)
(b) CaH$_2$(固) + 2 H$_2$O(液) → Ca(OH)$_2$(水) + 2 H$_2$(気)
(c) 2 Al(固) + 6 H$_2$O(液) → 2 Al(OH)$_3$(固) + 3 H$_2$(気)
5.62 酸化剤：N$_2$O$_4$，H$_2$O，還元剤：N$_2$H$_4$，CaH$_2$，Al
5.64 (a) 2 C$_5$H$_4$N$_4$ + 3 O$_2$ → 2 C$_5$H$_4$N$_4$O$_3$ (d) 酸化還元反応式
5.66 Mn^{2+}は酸化剤で，Znは還元剤である．
5.68 (a) Li$_2$O(固) + H$_2$O(気) → 2 LiOH(固) (b) 酸化還元反応ではない．理由は，すべての酸化数が変化していない．
5.70 (a) Al(OH)$_3$(水) + 3 HNO$_3$(水) → Al(NO$_3$)$_3$(水) + 3 H$_2$O(液)：中和反応
(b) 3 AgNO$_3$(水) + FeCl$_3$(水) → 3 AgCl(固) + Fe(NO$_3$)$_3$(水)：沈殿反応
(c) (NH$_4$)$_2$Cr$_2$O$_7$(固) → Cr$_2$O$_3$(固) + 4 H$_2$O(気) + N$_2$(気)：酸化還元反応
(d) Mn$_2$(CO$_3$)$_3$(固) → Mn$_2$O$_3$(固) + 3 CO$_2$(気)：酸化還元反応
5.72 (a) 2 SO$_2$(気) + O$_2$(気) → 2 SO$_3$(気)
(b) SO$_3$(気) + H$_2$O(液) → H$_2$SO$_4$(液)
(c) SO$_2$：+4；SO$_3$，H$_2$SO$_4$：+6
5.74 (a) +6 (b) エタノール中は−2，CO$_2$中は+4 (c) 酸化剤：Cr$_2$O$_7^{2-}$，還元剤：C$_2$H$_5$OH
5.76 Fe^{3+}(水) + 3 NaOH(水) → Fe(OH)$_3$(固) + 3 Na$^+$(水)
Fe^{3+}(水) + 3 OH$^-$(水) → Fe(OH)$_3$(固)
5.78 2 Bi^{3+}(水) + 3 S^{2-}(水) → Bi$_2$S$_3$(固)
5.80 CO$_2$(気) + 2 NH$_3$(気) → NH$_2$CONH$_2$(固) + H$_2$O(液)
5.82 (a) 反応物：Mn = +4，I = −1，生成物：Mn = +2，I = −1
(b) 酸化剤 = MnO$_2$，還元剤 = NaI

6 章

6.1 (a) 206.0 amu (b) 232.0 amu **6.2** 1.71×10^{21} 分子 **6.3** 0.15 g
6.4 111.0 amu **6.5** 0.217 mol；4.6 g **6.6** 5.00 g のほうがより重い **6.7** 油の分子を球と仮定すると，油の膜内に収納できる分子数が増えるため，アボガドロ定数の見積もり値は大きくなる．油の密度やモル質量を小さくすると，ある個数の油の分子を含む油膜の質量が小さくなるため，やはりアボガドロ定数の見積もり値は大きくなる **6.8** (a) Ni + 2 HCl → NiCl$_2$ + H$_2$；4.90 mol (b) 6.00 mol **6.9** 6 CO$_2$ + 6 H$_2$O → C$_6$H$_{12}$O$_6$ + 6 O$_2$；90.0 mol の CO$_2$
6.10 (a) 39.6 mol (b) 13.8 g **6.11** 6.31 g の WO$_3$；0.163 g の H$_2$ **6.12** 44.7 g；57.0 % **6.13** 47.3 g **6.14** 1.4×10^{-4} mol，3.2×10^{-4} mol **6.15** A$_2$ **6.16** C$_5$H$_{11}$NO$_2$S；分子量=149.1 amu **6.17** (a) A$_2$ + 3 B → 2 AB$_3$ (b) 2 mol の AB$_3$；0.67 mol の AB$_3$ **6.18** 10 AB (2 B$_2$ だけ余る) **6.19** 青い分子が限定試薬である．収率は 73 % **6.20** 22 g；31 g **6.22** 分子量=1分子に含まれる原子の原子量の総和；式量=化学式単位あたりに含まれる原子の原子量の総和；モル質量=物質によらず 6.022×10^{23} 個の分子あるいは化学式単位のグラム単位での質量 **6.24** 5.25 mol のイオンが含まれる
6.26 10.6 g **6.28** (a) 1 mol (b) 1 mol (c) 2 mol **6.30** 6.44×10^{-4} mol **6.32** 284.5 g **6.34** (a) 0.0132 mol (b) 0.0536 mol (c) 0.0608 mol (d) 0.0129 mol **6.36** 0.27 g；9.0×10^{20} 分子のアスピリン **6.38** 1.4×10^{-3} mol；0.18 g **6.40** (a) C$_4$H$_8$O$_2$(液) + 2 H$_2$(気) → 2 C$_2$H$_6$O(液) (b) 3.0 mol (d) 12.5 g (e) 0.55 g
6.42 (a) N$_2$(気) + 3 H$_2$(気) → 2 NH$_3$ (b) 0.471 mol (c) 16.1 g
6.44 (a) Fe$_2$O$_3$(固) + 3 CO(気) → 2 Fe(固) + 3 CO$_2$(気) (b) 1.59 g (c) 141 g **6.46** 158 kg **6.48** 6×10^9 mol の H$_2$SO$_4$；6×10^8 kg の H$_2$SO$_4$ **6.50** 17 mol の SO$_2$ **6.52** CO$_2$ が限定試薬である (b) 11.4 g (c) 83.8 % **6.54** CH$_4$(気) + 2 Cl$_2$(気) → CH$_2$Cl$_2$(液) + 2 HCl (気) 444 g (c) 202 g **6.56** (a) HNO$_3$ 53.6 g (0.436 mol) **6.58** 油が広がった面積の測定，油の密度の見積もり，油のモル質量の見積もり，油の質量の見積もり **6.60** FeSO$_4$；151.9 g/mol；91.8 mg の Fe **6.62** 6×10^{13} 分子 **6.64** (a) C$_{12}$H$_{22}$O$_{11}$(固) → 12 C(固) + 11 H$_2$O(液) (b) 25.3 g の C (c) 8.94 g の H$_2$O
6.66 (a) 6.40 g (b) 104 g **6.68** (a) 4 NH$_3$(気) + 5 O$_2$(気) → 4 NO(気) + 6 H$_2$O(気) (b) 30.0 g の NO **6.70** (a) BaCl$_2$(水) + Na$_2$SO$_4$(水) → BaSO$_4$(固) + 2 NaCl(水) (b) 45.0 g **6.72** 45 g (b) 78 % **6.74** (a) P$_4$(固) + 10 Cl$_2$(気) → 4 PCl$_5$(固) (b) 102 g の PCl$_5$
6.76 (a) 6 NH$_4$ClO$_4$(固) + 10 Al(固) → 4 Al$_2$O$_3$(固) + 2 AlCl$_3$(固) + 12 H$_2$O(気) + 3 N$_2$(気) (b) 310 mol の気体

7 章

7.1 (a) ΔH = + 652 kcal/mol (2720 kJ/mol) (b) 吸熱的
7.2 (a) 吸熱的 (b) 200 kcal；836 kJ (c) 74.2 kcal；310 kJ **7.3** 91 kcal；380 kJ **7.4** 303 kcal/mol；6.4 kcal/g **7.5** (a) 増加 (b) 減少 (c) 減少 **7.6** (a) 31.3 kcal/mol；131 kJ/mol；非自発的 (b) 高温で自発的におきる **7.7** (a) + 0.06 kcal/mol (+ 0.25 kJ/mol)；非自発的 (b) 0.00 kcal/mol；平衡 (c) − 0.05 kcal/mol (− 0.21 kJ/mol)；自発的 **7.8** (a) 正 (b) すべての温度で自発的
7.9 **7.10**

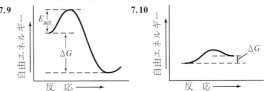

7.11 (a) 図7.4の青曲線を見よ (b) 温度を上昇させる，試薬の濃度を増加させる，触媒を加える **7.12** 1260 g
7.13
(a) $K = \dfrac{[NO_2]^2}{[N_2O_4]}$ (b) $K = \dfrac{[H_2O]^2}{[H_2S]^2[O_2]}$ (c) $K = \dfrac{[Br_2][F_2]^5}{[BrF_5]^2}$

7.14 (a) 生成物 (b) 反応物 (c) 生成物

7.15 $K = 29.0$

7.16
(a) $K = \dfrac{[AB]^2}{[A_2][B_2]}$；$K = \dfrac{[AB]^2}{[A_2][B]^2}$ (b) $K = 0.11$；$K = 0.89$

7.17 加圧あるいは温度低下によって促進できる
7.18 (a) 反応物側へ移動 (b) 生成物側へ移動 (c) 生成物側へ移動
7.19 Cu$_2$O(固) + C(固) → 2 Cu(固) + CO(気)；ΔG = − 3.8 kJ (− 1.0 kcal)

7.20 ΔH は正；ΔS は正；ΔG は負
7.21 ΔH は負；ΔS は負；ΔG は負
7.22 (a) $2A_2 + B_2 \rightarrow 2A_2B$ (b) ΔH は負；ΔS は負；ΔG は負
7.23 (a) 青の曲線は速い反応をあらわす (b) 赤の曲線は自発的である
7.24

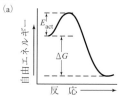 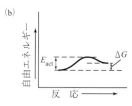

7.25 (a) 正 (b) 低温で非自発的；高温で自発的 **7.26** 小さい
7.28 (a) $Br_2(液) + 7.4\text{ kcal/mol} \rightarrow Br_2(気)$ (b) 43 kcal (c) 15.9 kJ
7.30 (a) $2C_2H_2(気) + 5O_2(気) \rightarrow 4CO_2(気) + 2H_2O(気)$ (b) -579 kcal/mol (-2420 kJ/mol) (c) 11.2 kcal/g (47 kJ/g)；もっとも高いエネルギー値の一つ
7.32 (a) $C_6H_{12}O_6 + 6O_2 \rightarrow 6CO_2 + 6H_2O$ (b) -1.0×10^3 kcal/mol (-4.2×10^3 kJ/mol) (c) +57 kcal (+240 kJ)
7.34 エントロピーを増加：(a)；エントロピーを減少：(b), (c)
7.36 熱の放出あるいは吸収，およびエントロピーの増加あるいは減少
7.38 ΔH は，通常 $T\Delta S$ より大きいため
7.40 (a) 吸熱的 (b) 増加 (c) $T\Delta S$ は ΔH より大きい
7.42 (a) $H_2(気) + Br_2(液) \rightarrow 2HBr(気)$ (b) 増加 (c) 自発的である．それは ΔH は負，ΔS は正であるため．(d) $\Delta G = -25.6$ kcal/mol (-107 kJ/mol)
7.44 反応物が反応障壁を乗り越えるために必要とするエネルギー量
7.46

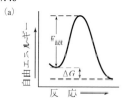 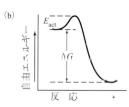

7.48 触媒は活性化エネルギーを下げる **7.50** (a) 考えられる (b) 反応速度が低いため **7.52** 平衡状態では，正反応と逆反応の速度が等しい．反応物と生成物の量が等しい必要はない
7.54
(a) $K = \dfrac{[CO_2]^2}{[CO]^2[O_2]}$ (b) $K = \dfrac{[H_2][MgCl_2]}{[HCl]^2}$

(c) $K = \dfrac{[H_3O^+][F^-]}{[HF]}$ (d) $K = \dfrac{[SO_2]}{[O_2]}$

7.56 $K = 7.19 \times 10^{-3}$；反応物が好ましい **7.58** (a) 0.0869 mol/L (b) 0.0232 mol/L **7.60** 反応物の量が多くなる **7.62** (a) 吸熱的 (b) 反応物が好ましい (c) (1) オゾン側へ移動 (2) オゾン側へ移動 (3) 酸素側へ移動 (4) 影響しない (5) オゾン側へ移動
7.64 (a) 減少 (b) おなじまま (c) 増加 **7.66** 増加 **7.68** (a) 増加 (b) 減少 (c) おなじまま (d) 減少 **7.70** 脂肪 **7.72** 甲状腺，視床下部
7.74 ADP + ホスホエノールピルビン酸 $\rightarrow$ ピルビン酸 + ATP；-31.4 kJ/mol
7.76 (a) $C_2H_5OH(液) + 3O_2(気) \rightarrow 2CO_2(気) + 3H_2O(気)$ (b) 負 (c) 35.5 kcal (d) 5.63 g (e) 5.60 kcal/mL (23.4 kJ/mL)
7.78 (a) $Fe_3O_4(固) + 4H_2(気) \rightarrow 3Fe(固) + 4H_2O(気)$ $\Delta H = +36$ kcal/mol (b) 12 kcal (50 kJ) (c) 3.6 g H_2 (d) 反応物

7.80 (a) 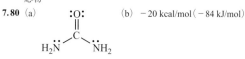 (b) -20 kcal/mol (-84 kJ/mol)

7.82 (a) $4NH_3(気) + 5O_2(気) \rightarrow 4NO(気) + 6H_2O(気) + 熱$
(b) $K = \dfrac{[NO]^4[H_2O]^6}{[NH_3]^2[O_2]^5}$
(c) (1) 反応物側へ移動 (2) 反応物側へ移動 (3) 反応物側へ移動 (4) 生成物側へ移動
7.84 (a) 発エルゴン的 (b) $\Delta G = -10$ kcal/mol (-42 kJ/mol) **7.86** -1.91 kcal (-7.99 kJ)；発熱的

8章

8.1 (a) ΔH で不利；ΔS で有利 (b) +0.02 kcal/mol (+0.09 kJ/mol) (c) $\Delta H = -9.72$ kcal/mol (-40.6 kJ/mol)；$\Delta S = -2.61$ cal/(mol·K) [-109 J/(mol·K)] **8.2** (a) 減少する (b) 増大する
8.3 (a), (c) **8.4** (a) ロンドン分散力 (b) 水素結合，双極子–双極子相互作用，ロンドン分散力 (c) 双極子–双極子相互作用，ロンドン分散力 **8.5** 220 mmHg；4.25 psi；2.93×10^4 Pa **8.6** 大気中 CO_2 濃度は変化しない **8.7** 1000 mmHg **8.8** 450 L **8.9** 1.3 L, 18 L **8.10** 2.16 psi/1.45 psi **8.11** 637℃；-91℃ **8.12** 33 psi **8.13** 352 L **8.14** 風船 (a) **8.15** 4.46×10^3 mol；7.14×10^4 g CH_4；1.96×10^5 g CO_2 **8.16** 5.0 atm **8.17** 1100 mol；4400 g
8.18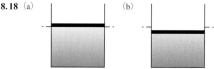

8.19 9.3 atm He；0.19 atm O_2 **8.20** 75.4% N_2, 13.2% O_2, 5.3% CO_2, 6.2% H_2O **8.21** 35.0 mmHg **8.22** $P_{He} = 500$ mmHg；$P_{Xe} = 250$ mmHg **8.23** 1.93 kcal, 14.3 kcal **8.24** 102 kJ **8.25** 気体
8.26

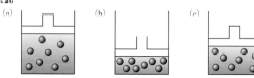

(a) 体積が 50% 増大する (b) 体積が 50% 減少する (c) 体積は変化しない **8.27** (b)；(c) **8.28** (c)

8.29

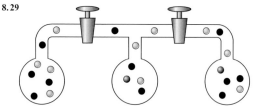

8.30 A

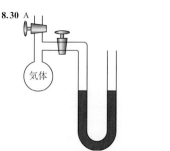

8.31 (a) 10 ℃ (b) 75 ℃ (c) 1 kcal/mol (d) 7.5 kcal/mol
8.32 (a)

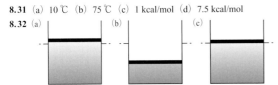

8.33 赤＝360 mmHg，黄＝120 mmHg；全圧＝720 mmHg **8.34**
(a) すべての分子 (b) 極性共有結合を有する分子 (c) －OH または－NH基を有する分子 **8.36** エタノールは水素結合を生成する **8.38** 1気圧は正確に760 mmHgである **8.40** (1) 気体は非常に小さい粒子を含んでおり，それらは互いにほとんど力をおよぼしあわずにランダムに運動する (2) 気体の粒子によって占有される空間の大きさは，小さい (3) 気体分子の平均運動エネルギーは，ケルビン値に比例する (4) 粒子間の衝突は弾性的である
8.42 (a) 760 mmHg (b) 1310 mmHg (c) $5.7×10^3$ mmHg (d) 711 mmHg (e) 0.314 mmHg **8.44** 930 mmHg；1.22 atm **8.46** nとTが一定の場合，VはPに反比例する **8.48** 101 mL **8.50** 1.75 L
8.52 nとPが一定の場合，VはTに比例する **8.54** 364 K＝91 ℃
8.56 220 mL **8.58** nとVが一定の場合，PはTに比例する **8.60** 1.2 atm **8.62** 493 K＝220 ℃ **8.64** 68.4 mL **8.66** (a) Pは4倍になる (b) Pは4分の1になる **8.68** 気体粒子は非常に離れていて相互作用はないので，化学的性質は重要ではない **8.70** $2.7×10^{22}$ 分子＞L；1.4 g **8.72** 11.8 g **8.74** 15 kg **8.76** $PV=nRT$
8.78 Cl_2 は分子数は少ないが，より重い **8.80** 370 atm；5400 psi
8.82 $2.2×10^4$ mmHg **8.84** 22.3 L **8.86** 混合気体における1成分の分圧に与える寄与 **8.88** 93 mmHg **8.90** 液体の上に上がる蒸気の分圧 **8.92** 圧力が増大すると溶液の沸点を上昇させ，圧力の低下は沸点を下降させる **8.94** (a) 29.2 kcal (b) 173 kcal
8.96 結晶性固体中の原子は，整然とした規則正しい配列をもつ
8.98 4.82 kcal **8.100** 大気中 CO_2 の増加，地球温度の上昇 **8.102** 収縮性血圧は筋収縮後の最大血圧のことで，拡張性血圧は心弛緩期の最低血圧のこと **8.104** 超臨界液体は，液体と気体の間の中間の性状 **8.106** 温度が上昇すると，分子衝突は激しくなる
8.108 0.13 mol；4.0 L **8.110** 590 g/d **8.112** 0.92 g/L；STP状態の空気より低密度 **8.114** (a) 0.714 g/L (b) 1.96 g/L (c) 1.43 g/L
8.116 (a)

(c) エチレングリコールは水素結合を生成する **8.118** (a) 492 °R
(b) $R=0.0455$ (L・atm)/(mol・°R)

9 章

9.1 (a) 不均一混合物 (b) 均一混合物，溶液 (c) 均一混合物，コロイド (d) 均一溶液 **9.2** (c)，(d) **9.3** $Na_2SO_4\cdot 10H_2O$ **9.4** 322 g **9.5** 不飽和；冷却すると過飽和になる **9.6** 5.6 g/100 mL
9.7 $6.8×10^{-5}$ g/100 mL **9.8** 56 mmHg；～90％飽和 **9.9** 231 g
9.10 38 mL の酢酸をメスフラスコに入れ，500 mL まで希釈する
9.11 0.0086 (m/v) ％ **9.12** (a) 20 g (b) 60 mL **9.13** 1.6 ppm
9.14 Pb：0.015 ppm，0.0015 mg；Cu：1.3 ppm，0.13 mg **9.15** 0.927 mol/L **9.16** (a) 0.061 mol (b) 0.67 mol **9.17** 0.48 g **9.18** (a) 0.0078 mol (b) 0.39 g **9.19** 39.1 mL **9.20** 750 L **9.21** (a) 39.1 g；39.1 mg (b) 79.9 g；79.9 mg (c) 12.2 g；12.2 mg (d) 48.0 g；48.0 mg (e) 9.0 g；9.0 mg (f) 31.7 g；31.7 mg **9.22** 9.0 mg
9.23 Na^+＝0.046 (m/v) ％；K^+＝0.039 (m/v) ％ **9.24** (a) 2.0 mol (b) 2.0 ℃ **9.25** 弱電解質 **9.26** (a) 赤の曲線は純粋な溶媒；青の曲線は溶液 (b) 70 ℃ (c) 2.0 mol/kg **9.27** －1.9 ℃ **9.28** 1.5 mol **9.29** (a) 0.70 osmol (b) 0.30 osmol **9.30** (a) 0.090 mol/L Na^+；0.020 mol/L K^+；0.110 mol/L Cl^-；0.11 mol/L グルコース (b) 0.33 osmol

9.31

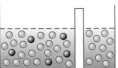 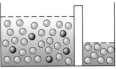

平衡前　　　　　　　平衡状態

9.32 HCl は完全にイオンに解離する；酢酸は少しだけ解離する
9.33 上の赤い曲線：HF，下の青い曲線：HBr **9.34** (a) **9.35** (d) **9.36** 均一混合物：混合状態が均一，不均一混合物：混合状態が不均一 **9.38** 極性 **9.40** (b)， **9.42** 15.3 g/100 mL
9.44 飽和溶液は高濃度であることも，そうでないこともある；高濃度溶液は飽和溶液であることも，そうでないこともある
9.46 モル濃度は，溶液1Lあたりの溶質の物質量 (mol) **9.48** 45 mL のエタノールを水に溶かして 750 mL まで薄める **9.50** 1.5 g の NaCl を水に溶かして 250 mL の溶液にする **9.52** (a) 7.7 (m/v) ％ (b) 3.9 (m/v) ％ **9.54** (a) 0.054 mol (b) 0.25 mol **9.56** 230 mL，1600 mL **9.58** 10 ppm **9.60** (a) 0.425 mol/L (b) 1.53 mol/L (c) 1.03 mol/L **9.62** 5.3 mL **9.64** 38 g **9.66** 500 mL
9.68 0.53 L **9.70** 600 mL **9.72** 水に溶かした時に電気を通す物質 **9.74** Ca^{2+} の濃度は 0.0015 mol/L **9.76** 40 mEq **9.78** 0.28 L
9.80 $Ba(OH)_2$ **9.82** 26.9 mol **9.84** 細胞の内部は水よりモル浸透圧濃度が高いので，水が細胞内に侵入し圧力が上昇するため．
9.86 (a) 0.20 mol/L Na_2SO_4 (b) 3.0 (m/v) ％ NaOH **9.88** 2.4 osmol
9.90 人体はより多くのヘモグロビンをつくる **9.92** スポーツドリンクは電解質，炭水化物，ビタミンを含むため **9.94** (a) 680 mmHg (b) 1.9 g/100 mL **9.96** (a) 0.0067 (m/v) ％ (b) 67 ppm (c) 0.000 40 mol/L **9.98** (a) 9.4 mL (b) 0.57 L **9.100** NaCl：0.147 mol/L；KCl：0.0040 mol/L；$CaCl_2$：0.0030 mol/L **9.102** 0.000 20 (m/v) ％ **9.104** 4.0 mL **9.106** (a) $CoCl_2$（固）＋$6H_2O$（液）→$CoCl_2\cdot 6H_2O$（固） (b) 1.13 g **9.108** (a) 1.36 mol (b) －2.53 ℃

10 章

10.1 (a)，(b) **10.2** (a)，(c) **10.3** (a) H_2S (b) HPO_4^{2-} (c) HCO_3^- (d) NH_3 **10.4** 酸：HF, H_2S；塩基：HS^-, F^-；共役酸塩基対：H_2S と HS^-, HF と F^- **10.5** (a) NH_4^+ (b) H_2SO_4 (c) H_2CO_3 **10.6** (a) F^- (b) OH^- **10.7** $HPO_4^{2-}+OH^- \rightleftharpoons PO_4^{3-}+H_2O$；正反応が優位 **10.8** HCl（水）＋$CO_3^{2-}$（水）$\rightleftharpoons$ HCO_3^-（水）＋Cl^-（水）；共役酸塩基対：HCO_3^- と CO_3^{2-}, HCl と Cl^-；正反応が優位 **10.9** アンモニウム上の水素がもっとも酸性 **10.10** 安息香酸イオン **10.11** (a) 塩基性，$[OH^-]=3.2×10^{-3}$ mol/L (b) 酸性，$[OH^-]=2.5×10^{-12}$ mol/L **10.12** (a) 11.51 (b) 2.40 **10.13** (a) $[H_3O^+]=1×10^{-13}$ mol/L；$[OH^-]=0.1$ mol/L (b) $[H_3O^+]=1×10^{-3}$ mol/L；$[OH^-]=1×10^{-11}$ mol/L, (c) $[H_3O^+]=1×10^{-8}$ mol/L；$[OH^-]=1×10^{-6}$ mol/L；(b) もっとも強い酸性，(a) もっとも強い塩基性 **10.14** 0.010 mol/L HNO_2；より弱酸 **10.15** (a) 酸性，$[H_3O^+]=3×10^{-7}$ mol/L；$[OH^-]=3×10^{-8}$ mol/L (b) もっとも強い塩基性，$[H_3O^+]=1×10^{-8}$ mol/L；$[OH^-]=1×10^{-6}$ mol/L (c) 酸性，$[H_3O^+]=2×10^{-4}$ mol/L；$[OH^-]=5×10^{-11}$ mol/L (d) もっとも強い酸性，$[H_3O^+]=3×10^{-4}$ mol/L；$[OH^-]=3×10^{-11}$ mol/L
10.16 (a) 8.28 (b) 5.05 **10.17** 2.60 **10.18** 3.38 **10.19** 9.45 **10.20** 炭酸水素/炭酸＝10/1 **10.21** 9.13 **10.22** (a) 0.079 Eq (b) 0.338 Eq (c) 0.14 Eq **10.23** (a) 0.26 N (b) 1.13 N (c) 0.47 N **10.24** $Al(OH)_3+3HCl \rightarrow AlCl_3+3H_2O$；$Mg(OH)_2+2HCl \rightarrow MgCl_2+2H_2O$ **10.25** (a) $2HCO_3^-$（水）＋H_2SO_4（水）→$2H_2O$（液）＋$2CO_2$（気）＋SO_4^{2-}（水） (b) CO_3^{2-}（水）＋$2HNO_3$（水）→H_2O（液）＋CO_2（気）＋$2NO_3^-$（水） **10.26** $2NH_3$（水）＋H_2SO_4（水）→$(NH_4)_2SO_4$（水）
10.27 $CH_3CH_2NH_2+HCl \rightarrow CH_3CH_2NH_3^+Cl^-$ **10.28** 0.730 mol/L
10.29 133 mL **10.30** (a) $2.41×10^{-3}$ mol/L；$4.83×10^{-3}$ Eq (b) 0.225 mol/L

10.31 2.23×10^{-4} mol/L；pH＝3.65　**10.32** (a) 中性 (b) 塩基性 (c) 塩基性 (d) 酸性　**10.33** (a) ボックス(1) (b) ボックス(3) (c) ボックス(2)　**10.34** O–Hの水素がもっとも強い酸性；酢酸　**10.35** (a) ボックス(1) (b) ボックス(2) (c) ボックス(1)　**10.36** (a) ボックス(3) (b) ボックス(1)　**10.37** 0.67 mol/L　**10.38** HBrがイオンに解離する　**10.40** KOHがイオンに解離する　**10.42** 一塩基酸がプロトンを一つ供与する。二塩基酸はプロトンを二つ供与する。**10.44** (a), (e)　**10.46** (a) 酸 (b) 塩基 (c) どちらでもない (d) 酸 (e) どちらでもない (f) 酸　**10.48** (a) $CH_2ClCO_2^-$ (b) $C_5H_5NH^+$ (c) $HSeO_4^-$ (d) $(CH_3)_3NH^+$　**10.50** (a) HCO_3^- + HCl → H_2O + CO_2 + Cl^-；HCO_3^- + NaOH → H_2O + Na^+ + CO_3^{2-} (b) $H_2PO_4^-$ + HCl → H_3PO_4 + Cl^-；$H_2PO_4^-$ + NaOH → H_2O + Na^+ + HPO_4^{2-}　**10.52** (a) HCl + $NaHCO_3$ → H_2O + CO_2 + NaCl (b) H_2SO_4 + 2 $NaHCO_3$ → 2 H_2O + 2 CO_2 + Na_2SO_4

10.54 $K_a = \dfrac{[H_3O^+][A^-]}{[HA]}$　**10.56** $K_w = [H_3O^+][OH^-] = 1.0 \times 10^{-14}$

10.58 酢酸は弱い酸であるので，部分的にしか解離しないため。
10.60
$K_a = \dfrac{[H_2PO_4^-][H_3O^+]}{[H_3PO_4]}$, $K_a = \dfrac{[HPO_4^-][H_3O^+]}{[H_2PO_4^{2-}]}$, $K_a = \dfrac{[PO_4^3][H_3O^+]}{[HPO_4^-]}$

10.62 塩基性；1×10^{-8} mol/L　**10.64** $[H_3O^+] = 1 \times 10^{-4} \sim 1.6 \times 10^{-7}$ mol/L；10進法で3桁　**10.66** pH=1.7；pH=12.3　**10.68** (a) iv (b) i (c) iii (d) ii　**10.70** (a) 1×10^{-4} mol/L；1×10^{-10} mol/L；(b) 1×10^{-11} mol/L；1×10^{-3} mol/L (c) 1 mol/L；1×10^{-14} mol/L (d) 4.2×10^{-2} mol/L；2.4×10^{-13} mol/L (e) 1.1×10^{-8} mol/L；9.1×10^{-7} mol/L　**10.72** 緩衝液は，弱酸とそのアニオンとで構成される。酸は，添加された塩基を中和し，また，アニオンは添加された酸を中和する。

10.74 (a) pH = pK_a + log $\dfrac{[CH_3CO_2^-]}{[CH_3CO_2H]}$ = 4.74 + log $\dfrac{[0.100]}{[0.100]}$ = 4.74

(b) $CH_3CO_2^-Na^+ + H_3O^+$ → $CH_3CO_2H + Na^+$；$CH_3CO_2H + OH^-$ → $CH_3CO_2^- + H_2O$　**10.76** 9.19　**10.78** 9.07　**10.80** 当量とは，産生されるH_3O^+またはOH^-の数で割った式量(g)を指す。**10.82** 63.0 g；32.7 g；56.1 g；29.3 g　**10.84** 25 mL；50 mL　**10.86** (a) 0.50 Eq (b) 0.084 Eq (c) 0.25 Eq　**10.88** 0.13 mol/L；0.26 N　**10.90** 0.23 mol/L　**10.92** 0.075 mol/L　**10.94** (a) pH＝2～3 (b) $NaHCO_3$ + HCl → CO_2 + H_2O + NaCl (c) 20 mg　**10.96** 静脈内の炭酸水素塩は，血液中の水素イオンを中和し，pHをもとに戻すため。**10.98** 3×10^{-6} mol/L　**10.100** (a) 0.613 mol (b) pH＝－0.39
10.102 クエン酸が，炭酸水素ナトリウムと反応しCO_2を放出する。制酸剤としてはたらくのが炭酸水素ナトリウム($NaHCO_3$)
10.104 両方が同じ量の酸をもっている。HClのほうが高濃度の$[H_3O^+]$をもっており，低いpHをもつ。　**10.106** 0.35 mol/L；0.70 N　**10.108** (a) NH_4^+，酸；OH^-，塩基；NH_3，共役塩基；H_2O，共役酸 (b) 5.56 g　**10.110** (a) Na_2O(水) + H_2O(液) → 2 NaOH(水) (b) 13.0 (c) 5000 mL (5.00 L)

11 章

11.1 $^{218}_{84}Po$　**11.2** $^{226}_{88}Ra$　**11.3** $^{89}_{38}Sr$ → $^{0}_{-1}e$ + $^{89}_{39}Y$

11.4 (a) $^{3}_{1}H$ → $^{0}_{-1}e$ + $^{3}_{2}He$ (b) $^{210}_{82}Pb$ → $^{0}_{-1}e$ + $^{210}_{83}Bi$ (c) $^{20}_{9}F$ → $^{0}_{-1}e$ + $^{20}_{10}Ne$
11.5 (a) $^{38}_{20}Ca$ → $^{0}_{-1}e$ + $^{38}_{19}K$ (b) $^{118}_{54}Xe$ → $^{0}_{-1}e$ + $^{118}_{53}I$ (c) $^{79}_{37}Rb$ → $^{0}_{-1}e$ + $^{79}_{36}Kr$
11.6 (a) $^{62}_{29}Zn$ + $^{0}_{-1}e$ → $^{62}_{28}Cu$ (b) $^{110}_{50}Sn$ + $^{0}_{-1}e$ → $^{110}_{49}In$ (c) $^{81}_{36}Kr$ + $^{0}_{-1}e$ → $^{81}_{35}Br$
11.7 $^{120}_{49}In$ → $^{0}_{-1}e$ + $^{120}_{50}Sn$　**11.8** 13 %　**11.9** 5.0 L　**11.10** 3日
11.11 13 m　**11.12** 2%　**11.13** 175 μCi　**11.14** 2×10^4 rem；4×10^5 rem　**11.15** $^{237}_{93}Np$　**11.16** $^{241}_{95}Am$ + $^{4}_{2}He$ → 2 $^{1}_{0}n$ + $^{243}_{97}Bk$　**11.17** $^{40}_{18}Ar$ + $^{1}_{1}H$ → $^{1}_{0}n$ + $^{40}_{19}K$　**11.18** 60時間(10 半減期)　**11.19** $^{235}_{92}U$ + $^{1}_{0}n$ → 2 $^{1}_{0}n$ + $^{137}_{52}Te$ + $^{97}_{40}Zr$　**11.20** $^{3}_{2}He$　**11.21** 2 半減期　**11.22** $^{28}_{12}Mg$ → $^{0}_{-1}e$ + $^{28}_{13}Al$
11.23

● アルミニウム－28
○ マグネシウム－28

11.24 $^{14}_{6}C$　**11.25** 短い矢印はβ放出をあらわす；長い矢印はα放出をあらわす
11.26 $^{241}_{94}Pu$ → $^{241}_{95}Am$ → $^{237}_{93}Np$ → $^{233}_{91}Pa$ → $^{233}_{92}U$
11.27 $^{148}_{69}Tm$ → $^{0}_{-1}e$ + $^{148}_{70}Er$ または $^{148}_{69}Tm$ + $^{0}_{-1}e$ → $^{148}_{68}Er$
11.28 3.5 年　**11.29** 曲線は壊変をあらわさない　**11.30** 不安定な原子核の壊変によって放射線を放出する　**11.32** 核反応は原子の種類を変え，温度や触媒の影響を受けることなく，しばしば大きなエネルギーを放出する。化学反応は原子の種類を変えることなく，温度や触媒の影響を受け，比較的小さなエネルギー変化を伴う　**11.34** DNAの結合を切断することによる　**11.36** 中性子が壊変して陽子と電子を生成する　**11.38** 核子数と電荷数が両側で一致する　**11.40** α放出：Zは2減少し，Aは4減少する；β放出：Zは1増加しAは不変(Z= 原子番号，A= 質量数)　**11.42** 核分裂では原子核はより小さい原子核になる　**11.44** (a) $^{35}_{17}Cl$ (b) $^{24}_{11}Na$ (c) $^{90}_{39}Y$　**11.46** (a) $^{109}_{47}Ag$ (b) $^{10}_{5}B$　**11.48** (a) $^{4}_{2}α$ (b) n (c) $^{146}_{57}La$　**11.50** $^{198}_{80}Hg$ + $^{1}_{0}n$ → $^{198}_{79}Au$ + $^{1}_{1}H$；陽子　**11.52** $^{228}_{90}Th$　**11.54** 28.8 年で試料の半分は壊変する　**11.56** (a) 2.3 半減期 (b) 0.0061 g　**11.58** 1 ng；3×10^{-3} ng　**11.60** ガイガー計数管(GM 計数管)の内壁は負に荷電している。そして中心部のワイヤーは正に荷電している。放射線がGM管内のアルゴンガスを電離し，壁とワイヤーの間に電流が流れる　**11.62** シンチレーションカウンターは，蛍光体に放射線が衝突した時の発光数を計測する　**11.64** 25 rem 以上　**11.66** 1.9 mL　**11.68** (a) 4.7 rem (b) 1.9 rem
11.70 インビボ核医学検査，内用放射線治療，ホウ素中性子捕捉療法　**11.72** 照射はDNAを破壊することで殺菌する　**11.74** 三次元画像を含めた，より多くのデータが得られる　**11.76** フィルターなし―α線；プラスチック―β線；ホイル―γ線　**11.78** 壊変はそれぞれの核種に固有の特徴であり，外的な要因に影響されないため　**11.80** 112 cpm　**11.82** (a) β放出 (b) モリブデン－98　**11.84** (a) $^{238}_{94}Pu$ → $^{4}_{2}He$ + $^{234}_{92}U$ (b) 放射線の遮へいのため
11.86 細胞が急速に分裂するため　**11.88** 利点：有害副産物がほとんどない，燃料が安価；不利点：高温が必要
11.90 (a) $^{253}_{99}Es$ + $^{4}_{2}He$ → $^{256}_{101}Md$ + $^{1}_{0}n$ (b) $^{250}_{98}Cf$ + $^{11}_{5}B$ → $^{257}_{103}Lr$ + 4 $^{1}_{0}n$
11.92 $^{10}_{5}B$ + $^{1}_{0}n$ → $^{7}_{3}Li$ + $^{4}_{2}He$　**11.94** $^{238}_{92}U$ + 3 $^{4}_{2}He$ → $^{246}_{98}Cf$ + 4 $^{1}_{0}n$

Credits

Text and Art Credits

Chapter 8: 238, Adapted from NASA, Goddard Institute for Space Studies, Surface Temperature Analysis (GIS Temp), http://data.giss.nasa.gov/gistemp.

Photo Credits

Chapter 1: 2, imagebroker.net/SuperStock; **5,** Richard Megna/Fundamental Photographs; **8,** PhilSigin/iStockphoto; **12(a) middle,** Norov Dmitriy/iStockphoto; **12(b) middle,** Ben Mills; **12(c) middle,** Shutterstock; **12(a) bottom,** Andraž Cerar/Shutterstock; **12(b) bottom,** Leeuwtje/iStockphoto; **12(c) bottom,** Ben Mills; **13(a),** Russell Lappa/Photo Researchers, Inc.; **13(b),** Texas Instruments Inc.; **14(a),** Richard Megna/Fundamental Photographs; **14(b),** Richard Megna/Fundamental Photographs; **14(c),** Richard Megna/Fundamental Photographs; **15,** eROMAZe/iStockphoto; **17,** Centers for Disease Control; **18,** Richard Megna/Fundamental Photographs; **19,** Pearson Education/McCracken Photographers; **20,** artkamalov/Shutterstock; **22,** Pearson Education/Eric Schrader; **24,** Pearson Education/Eric Schrader; **25,** tdbp/Alamy; **28,** Pearson Education/Michal Heron; **29,** Richard Megna/Fundamental Photographs; **31,** Stockbyte/Photolibrary; **33 top,** Claire VD/Shutterstock; **33 bottom,** BD Adams; **34,** Ivica Drusany/iStockphoto; **37,** Pearson Education/Eric Schrader.

Chapter 2: 42, Katie Dickinson/Shutterstock; **44,** AP Photo/Donna Carson; **46,** IBM Research, Almaden Research Center; **51,** Richard Megna/Fundamental Photographs; **53,** Richard Megna/Fundamental Photographs; **55,** NASA, ESA and H.E. Bond (STScI); **56,** Michael Neary Photography/iStockphoto; **66,** James Benet/iStockphoto.

Chapter 3: 72, Juan Jose Rodriguez Velandia/Shutterstock; **74,** Pearson Education/Eric Schrader; **76(a),** Richard Megna/Fundamental Photographs; **76(b),** Richard Megna/Fundamental Photographs; **78 top,** NASA; **78 middle,** Richard Megna/Fundamental Photographs; **79 both,** Dimitris S. Argyropoulos; **85,** Daniella Zalcman/Shutterstock; **95,** Steve Gschmeissner/SPL/Photo Researchers, Inc.

Chapter 4: 102, David R. Frazier Photolibrary, Inc./Alamy; **104,** Martin Barraud/Alamy; **119,** Upsidedowndog/iStockphoto; **123,** Claudia Veja/Alamy; **130,** Yakobchuk Vasyl/Shutterstock.

Chapter 5: 138, Harald Sund/Brand X Pictures/Getty Images; **143,** David R. Frazier/Photo Researchers, Inc.; **145,** Richard Megna/Fundamental Photographs; **147,** Dr. P. Marazzi/Photo Researchers, Inc.; **150 left,** Richard Megna/Fundamental Photographs; **150 right,** Richard Megna/Fundamental Photographs; **154 top,** Luca DiCecco/Alamy; **154 bottom,** David Young-Wolff/PhotoEdit.

Chapter 6: 166, AFP/Getty Images/Newscom; **168,** Richard Megna/Fundamental Photographs; **173 left,** Library of Congress; **173 right,** Science Photo Library/Photo Researchers, Inc.; **181,** Jane Norton/Shutterstock.

Chapter 7: 188, Ron Lewis/Icon SMI/Newscom; **192,** Richard Megna/Fundamental Photographs; **196,** discpicture/Shutterstock; **197,** GeoStock/Getty Images; **198, left,** Aaron Amat/Shutterstock; **198, right,** Samuel Perry/Shutterstock; **206,** AC/General Motors/Peter Arnold Images/Photolibrary; **207,** Reuters/Vladimir Davydov; **209,** Photolibrary/Indexopen; **218,** Myles Dumas/iStockphoto.

Chapter 8: 226, Tony Waltham/AGE Fotostock; **235,** NASA; **241,** Stephen Sweet/iStockphoto; **242,** Laura Stone/Shutterstock; **253,** Richard Megna/Fundamental Photographs; **254 top,** Alexei Zaycev/iStockphoto; **254 middle,** Harry Taylor/Dorling Kindersley; **254 bottom,** AGE Fotostock; **255 left,** Jens Mayer/Shutterstock; **255 right,** Jonny Kristoffersson/iStockphoto.

Chapter 9: 268, Phil Schermeister/NGS Images; **272,** Pearson Education/Tom Bochsler; **276,** Richard Megna/Fundamental Photographs; **279,** AP Photo/Gurinder Osan; **281(a),** Richard Megna/Fundamental Photographs; **281(b),** Richard Megna/Fundamental Photographs; **281(c),** Richard Megna/Fundamental Photographs; **290(a),** Richard Megna/Fundamental Photographs; **290(b),** Richard Megna/Fundamental Photographs; **294,** Jason Getz/Atlanta Journal-Constitution/MCT/Newscom; **299(a),** Sam Singer; **299(b),** Sam Singer; **299(c),** Sam Singer; **302 left,** Martin Dohrn/SPL/Photo Researchers, Inc.; **302 right,** Lev Dolgachov/Shutterstock.

Chapter 10: 310, Liga Lauzuma/iStockphoto; **312,** Pearson Education/Eric Schrader; **319,** Gastrolab/Photo Researchers, Inc.; **329(a) middle,** Richard Megna/Fundamental Photographs; **329(b) middle,** Pearson Education/Tom Bochsler; **329 bottom,** Pearson Education/Tom Bochsler; **333,** Robert Caplin/Newscom; **338,** Pearson Education/Eric Schrader; **339(a),** Richard Megna/Fundamental Photographs; **339(b),** Richard Megna/Fundamental Photographs; **342 top,** RMAX/iStockphoto; **342 bottom,** National Atmospheric Deposition Program.

Chapter 11: 352, P. Berndt/Custom Medical Stock Photo/Newscom; **362 top,** Simon Fraser/RVI/SPL/Photo Researchers, Inc.; **362 bottom,** Media Minds/Alamy; **368,** Stanford Dosimetry, LLC; **369,** Mark Kostich/iStockphoto; **370,** Tony Freeman/PhotoEdit; **373,** Stephen Uber/iStockphoto; **375,** Cust om Medical Stock Photo.

索　引

和　文

あ

アインシュタインの式　374
アイソトープ → 同位体
亜塩素酸　117
アクチノイド　51
亜原子粒子　44
アシドーシス　333
亜硝酸　94
アスピリン　8
アセチレン　109
アセトアルデヒド　113
圧力（P）　235
圧力計　236
アニオン　74, 83
　　——を示す -ide　129
アニオンギャップ　292
アボガドロ　173
アボガドロ定数（N_A）　169
アボガドロの法則　247
アミン　338
アリストテレス　43
亜硫酸イオン　87
アルカリ金属　53, 75, 151
アルカリ電池　155
アルカリ土類金属　53, 151
アルカローシス　333
アルゴン　80
アルファ粒子 → α粒子
アルミニウム　82
アルミニウムイオン　84
アレニウス　311, 313
アレニウスの定義　312
アロプリノール　147
安定同位体　353
アンモニア　313, 337
アンモニアイオン　111
アンモニウムイオン　87

硫　黄　82
イオン　74
イオン液体　79
　室温での——（RTIL）　79
イオン化エネルギー　75, 151
イオン化合物　78, 140
イオン結合　73, 77

イオン式　87
イオン性固体　78, 255
イオン組成式　112
イオン電荷　83
イオン反応式　158
イオン輸送　85
医　学　87
胃酸過多症　319
胃食道逆流症（GERD）　319
一塩基酸　313
一酸化炭素（CO）　119
一酸化窒素　119
陰イオン → アニオン
インビボ核医学検査　362

宇宙線　353, 366
運動エネルギー　189

栄養学　84
液　体　5
液体鏡　79
エストロゲン補充療法　95
エタン　113
エチレン　109, 112
エネルギー　29
エネルギー保存の法則　191
塩　144
塩化水素　14
塩化鉄（Ⅱ）　91
塩化鉄（Ⅲ）　91
塩化ナトリウム　77
塩化ビニル　116
塩化物イオン　86
塩　基　94, 311, 344
　　——の濃度　345
　　——の強さ　345
塩基性度　318
　塩溶液の——　343
塩基性溶液　323, 344
塩　酸　14, 94, 312
塩　素　77
塩素原子　77
塩素酸ナトリウム　143
エンタルピー（H）　191
エンタルピー変化（ΔH）　191, 228, 272
エントロピー（S）　198
エントロピー変化（ΔS）　198

オキソニウムイオン　87, 93, 311
オクテット　106

オクテット則　80, 103, 106
オゾン　144, 238
オートクレーブ　253
折れ曲がり型（分子）　118, 120
温室効果　238
温室効果ガス　238
温　度　29

か

ガイガー計数管　368
概　数　23
海　馬　119
外部照射治療法　362
壊　変　356
壊変系列　365
解　離　317
化　学　4, 87
化学結合　73
化学式　10
化学式単位　89
科学の記数法　21
科学的方法　4
化学特性　5
化学反応　7, 139
化学反応式　139
化学平衡　208
化学変化　4
可逆反応　208
核　酸　147
核　子　353
核　種　353
拡張性　243
核反応　353
核分裂　374
核変換　357
核融合　374
核　力　45
化合物　7
過酸化水素　117
可視化　66
カセイソーダ　313
カチオン　74, 83
活性化エネルギー（E_{act}）　203
価電子　62, 74
荷電粒子　74
過飽和溶液　275
過マンガン酸カリウム　91
カリウム　84
カリウムイオン　84

索 引

カルシウム 60
カルシウム補助剤 95
カロリメーター 196
還　元 149
還元剤 150
緩衝液 329, 345
　　──の調製 331
乾燥剤 273
乾電池 155
ガンマ線 → γ線

貴ガス（希ガス） 54, 75
希　釈 288
希釈係数 288
気　体 5
気体定数（R） 248
気体の法則 239
気体分子運動論 234
基底状態 66
規定度（N） 336
軌　道 56
揮発性 257
逆対数 326
逆反応 208
吸エルゴン的 199
吸湿性 273
吸　収 272
吸熱的 190
吸熱反応 216, 227
キュリー（Ci） 371
強塩基 317, 345
凝　固 228, 229
凝固点降下 297
強　酸 317, 345
凝　縮 229
強電解質 291
共役塩基 315
共役酸 315
共役酸塩基対 315, 345
共役反応 218
共有化合物 145
共有結合 73, 103
共有結合性固体 255
共有電子対 104
供与（H^+の） 314
極　性 125
極性共有結合 124
鋸歯状化 299
巨大天体望遠鏡 79
距離の単位 18
キログラム（kg） 16
均一混合物 6, 269
金　属 11, 12, 51, 54
金属カリウム 84
金属性固体 256
金属ナトリウム 84

筋肉収縮 87

グアニル酸シクラーゼ 119
空軌道 109
グラム（g） 16
グラム当量（g-Eq） 291, 335
グリーン溶媒 79
グレイ（Gy） 371
クロム 84
クロム（Ⅱ） 86
クロム（Ⅲ） 86

蛍光体 368
軽水素 48
係　数 140
ゲイ-リュサックの法則 244
血　圧 243
血液凝固 87
血液透析 301
血管拡張作用 119
結合解離エネルギー 190
結合角 118, 121
結　晶 77
結晶性固体 255
ゲラニオール 130, 131
ケルビン（K） 16, 29
ケルビン値 235
原　子 10, 43
原子価殻 62, 74
原子価殻電子対反発（VSEPR）モデル 118
原子核 44
原子質量単位 44
原子説 43
原子の構造 45
原子番号（Z） 47, 353
原子量 49
元　素 7
懸濁液 269
限定試薬 178

合　金 270
高血圧 85
構造式 112
高　張 299
高分子 79, 123
五塩化リン 130
呼吸作用 152
呼吸性アシドーシス 333
誤差解析 24
五酸化二リン 131
固　体 5
固体水和物 273
骨粗鬆症 95
骨密度 95
コラーゲン繊維 95
孤立電子対 → 非共有電子対

コロイド 269
混合物 6, 269
混和性 274

さ

サイクリック GMP（cGMP） 119
細胞外液 87
細胞内液 87
酢　酸 94, 313
酢酸イオン 87
サリチル酸 8
酸 94, 311, 344
　　──の強さ 345
　　──の濃度 345
三塩基酸 313
酸塩基指示薬 329
酸塩基中和反応 144
酸塩基反応 314
酸塩基平衡 87
酸　化 149
酸解離定数（K_a） 321
酸化還元反応 145, 149
三角錐型（分子） 118, 120
酸化剤 150
酸化状態 154
酸化数 154
酸化物イオン 86
三酸化二窒素 130
三次元配列（イオンの） 77
三重結合 108
三重水素 48
酸性雨 342
酸性度 318, 329, 345
　　塩溶液の── 343
酸性溶液 323, 343
酸　素 60, 82
三フッ化臭素 131
三ヨウ化窒素 131

次亜塩素酸ナトリウム 91
シアン化水素 115
四塩化ケイ素 131
四塩化ゲルマニウム 130
塩（食塩） 85
紫外線 66
磁気共鳴撮影法（MRI） 375
式　量 167
1,1-ジクロロエチレン 124
実収量 178
質　量 18
質量/体積パーセント濃度［(m/v)％］ 281
質量数（A） 47, 353
質量単位 18
質量パーセント濃度［(m/m)％］ 280
質量保存の法則 140

A-27

シトロネロール　130
自発的な過程　198
シーベルト（Sv）　371
弱塩基　317
弱酸　317, 345
弱電解質　291
シャルルの法則　243
自由エネルギー変化（ΔG）　199, 228
十億分率（ppb）　284
臭化物イオン　86
周期性　52
周期表　11, 50, 52, 73
収縮性　243
重水素　48
終点　340
充填配列　77
収率　178
重量　18
主殻（電子）　56
主族元素　76, 82
受容（H^+の）　314
シュレーディンガー　55
純物質　6
昇華　228
消化液　87
蒸気　252
蒸気圧　253, 293
蒸気圧降下　295
硝酸　94, 117, 312
硝酸銀　91
消石灰　313
状態図　260
状態変化　5, 227
蒸発　229, 252
蒸発熱　254, 257
触媒　205
真イオン反応式　158
神経インパルス　87
人工核変換　372
人工放射性同位体　356
腎臓結石　147
シンチレーションカウンター　368
浸透　298
浸透圧　298

水銀　15
水銀（Ⅰ）　86
水銀（Ⅱ）　86
水銀圧　235
水銀気圧計　235
水銀毒　15
水酸化カリウム　94
水酸化カルシウム　91, 313
水酸化ナトリウム　94, 313
水酸化バリウム　94
水酸化物イオン　87, 93, 337

水酸化マグネシウム　91, 313
推奨摂取量（RDI）　85
水素　58
水素イオン　88, 93
水素結合　230, 232
水和　272
スズ（Ⅲ）　86
スズ（Ⅳ）　86
スズイオン　85
スピン　56
スペースフィリングモデル　114
正四面体型（分子）　118, 120, 121
生成物　7, 14, 140, 315
成層圏　238
静電的相互作用　104
静電ポテンシャルマップ　124, 127, 314
正反応　208
生物　87
生物学的効果比　371
生命　82
生理食塩水　299
赤外線　66
析出　229
セッコウ　273
セルシウス度（℃）　16, 29
セルロース　79
セレン化水素（H_2Se）　124
遷移金属　82
遷移元素　82
全電磁スペクトル　66

双極子-双極子相互作用　230
走査型トンネル顕微鏡（STM）　46
相変化　227
束一的性質　293
組成　4
組成式　89

た

体液　82
代謝性アシドーシス　333
体積　288
　──の単位　19
体積パーセント濃度［(v/v)％］　281
体内代謝　196
対流圏　238
多原子イオン　86, 141
タムズ　338
単位　15
単一光子放出型コンピュータ断層撮影法
　（SPECT）　375
単結合　108
炭酸　94
炭酸アンモニウム　91

炭酸イオン　87, 337
炭酸水素イオン　337
炭酸水素ナトリウム　91
炭酸マグネシウム　91
炭酸リチウム　91
短縮構造式　113
炭素　76
地球温暖化　238
窒素　76
中性子　44, 353
中性溶液　323, 344
中和反応　148
超ウラン元素　372
腸溶コーティング　302
超臨界CO_2　260
超臨界状態　260
直線型（分子）　118, 120
沈殿　144
沈殿反応　144
痛風　147
低塩酸症　319
低張　299
デオキシリボ核酸（DNA）　73
滴定　339
鉄　84
鉄（Ⅱ）　86
鉄（Ⅲ）　86
鉄イオン　84
鉄欠乏性貧血　84, 181
デーベライナー　51
デモクリトス　43
電解質　291, 294
電荷雲　118
　荷電した──　118
電気陰性度　125, 313
電気伝導性　77
電子　44, 73
電子殻　80
電子親和力　75, 96, 151
電子配置　58, 73
電子捕獲（EC）　360
点電子記号　65, 80, 105
天然ガス　143
天然放射性同位体　356
電離放射線　366

銅（Ⅰ）　86
銅（Ⅱ）　86
銅イオン　84
同位体　48, 353
等価線量　371
等式の反応式　140
透析　301

索　引

同族元素　81
等　張　299
導電性　291
当量（Eq）　291, 335
　　塩基の――　335
　　酸の――　335
特　性　4
トムソン　46
トリチェリ　235
ドルトン　44, 46
ドルトンの法則　251
トレーサー　356

な

内用放射線治療　362
長さの単位　18
ナトリウム　60, 77, 84
ナトリウムイオン　84

二塩化硫黄　117
二塩基酸　313
二元化合物　129
二原子分子　141
二酸化炭素（CO_2）　260
二酸化窒素（NO_2）　119
二重結合　108
尿　管　147
尿　酸　147
尿比重計　33
二硫化炭素　131

ネオン　60, 80
熱　189
燃　焼　152
粘　性　253
粘稠液　79

濃　度　204, 293

は

配位化合物　111
配位共有結合　110, 315
バイオマス　79
破骨細胞　95
発エルゴン的　199
バックグラウンド放射線　372
発熱過程　228
発熱的　190
発熱反応　216
発熱変化　227
ハーバー法　142
ハロゲン　53, 75
半金属 → メタロイド
半減期（$t_{1/2}$）　361

半透性　298
反応性　4
反応速度　203
反応熱（ΔH）　191
反応物　7, 14, 140

光　66
非共有電子対　112
非金属　11, 12, 51, 54, 83
非自発的な過程　198
比　重　33
比重計　33
ビスホスホネート　95
被占軌道　109
必須元素　82
非電解質　291
ヒドロキシアパタイト　95
比　熱　30
皮膚パッチ　302
百分率（pph, %）　284
百万分率（ppm）　284
ビュレット　340
秒（s）　16
病原性微生物　91
標準状態（STP）　247
標準沸点　253
標準モル体積　247
漂　白　152
表面張力　253

ファーレンハイト度（°F）　30
フェノールフタレイン　329
不均一混合物　6, 269
副殻（電子）　56, 61
腐　食　152
フッ化物イオン　86
物　質　4
物質の三態　5
物質量（モル）　247, 288
フッ素　60
沸点（bp）　78, 228
沸　騰　78
物理特性　5
物理変化　4
物理量　15
ブテン　109
負電荷　74
不凍液　297
部分電荷　124
プラスチック　123
プラズマ　270
フランクリン　173
ブレンステッド-ローリー塩基　314
ブレンステッド-ローリー酸　313
フロオロアパタイト　95
ブロック　61

プロトン供与体　313
分　圧　250, 251
分　解　358
分　子　103, 111
分子化合物　105
分子間力　111, 230
分子式　112
分子性固体　255
分子性物質　154
分子量（MW）　167

平衡式　210
平衡蒸気圧　252
平衡定数（K）　210
平面型（分子）　118
平面三角型（分子）　120
ベクレル（Bq）　371
ベータ粒子 → β粒子
ヘモグロビン　87, 119, 181
ヘリウム　59
ベリリウム　59
変換係数　16, 25
ヘンダーソン-ハッセルバルヒの式　331
ヘンリーの法則　277

ボイル-シャルルの法則　245
ボイルの法則　240
方鉛鉱 → 硫化鉛
傍観イオン　158
放射性医薬品　362, 375
放射性壊変　356
放射性核種　355
放射性同位体　355
　　天然――　356
放射線治療　362
放射能　354
放　出　272
ホウ素　59, 76
ホウ素中性子捕捉療法（BNCT）　363
飽　和　274
飽和溶液　274
補水療法　294
ホスゲン　117
ポテンシャルエネルギー　189
ポリエチレン　123
ポリカーボネイト　124
ボールアンドスティックモデル　114

ま

マーロックス　338
マイクロ波　66
マグネシア乳　313
マグネシウムイオン　84
マーロックス　313

水
　——のイオン積定数（K_w）　323, 345
　——の解離　322
密　度　32
ミランタ　313
ミリカン　46
ミリ当量（mEq）　292
ミリモル濃度（mmol/L, mM）　286

無定形固体　256

メスフラスコ　281
メタロイド　11, 13, 51, 54
メチルアミン　117
メチルリチウム　128
メートル（m）　16
メートル単位　16
メンデレーエフ　51

モル　168
モル質量　168, 171
モル浸透圧濃度（osmol）　299
モル濃度（mol/L, M）　285, 336
問題解法 FLM　25

や

冶　金　152

融　解　78, 228
融解熱　257
有機化合物　109, 129
有効数字　19
融点（mp）　78, 228
ユニバーサル指示薬　329

陽イオン → カチオン
溶　液　269
溶解度　146, 274
ヨウ化物イオン　86
溶　血　299
陽子（プロトン）　44, 93, 313, 353
溶　質　270, 288
陽電子　359
陽電子放出　359
陽電子放出型断層撮影法（PET）　375
溶　媒　270
溶媒和　272
四フッ化セレン　131

ら

ラザフォード　46
ラジオ波　66
ラド（rad）　371
ランタノイド　51

理想気体　235

理想気体の法則　248
リチウム　59
リットル（L）　16
立方メートル（m³）　16
リトマス　329
硫化水素（H_2S）　124
硫化鉛　140
硫化物イオン　86
硫　酸　94, 312
硫酸イオン　86, 87
硫酸マグネシウム　91
量子化　56
両　性　322
理論収率　178
臨界質量　374
リン酸　94, 312
リン酸イオン　87

ルイス構造　112, 113
ルシャトリエの法則　213, 277

励　起　66
レム（rem）　371
連鎖反応　374
レントゲン（R）　371

ロレイズ　313, 338
ロンドン分散力　230, 231

欧文

10 の累乗　325
8 電子配置　103

α particle　355
α-ヘリックス　232
α 線　354
α 放出　357
α 粒子　355

β particle　355
β 線　354
β 放出　358
β 粒子　355

γ radiation　355
γ 線　66, 354, 355

A

accept　314
acid　94
acid-base indicator　329
acid-base neutralization reaction　144
acid dissociation constant（K_a）321
acid rain　342
activation energy（E_{act}）203
actual yield　178
alkali metal　53
alkaline　155
alkaline earth metal　53
amine　338
amorphous solid　256
amphoteric　322
amu　44
anion　74
anion gap　292
antilogarithm　326
Arrhenius, Svante　311
artificial radioisotope　356
artificial transmutation　372
aspirin　8
atom　10, 43
atomic mass unit　44
atomic number（Z）47, 353
atomic theory　43
atomic weight　49
Avogadro's law　247
Avogadro's number（N_A）169

B

background radiation　372
balanced　140

balanced equation　140
ball-and-stick model　114
base　94
becqurel（Bq）371
BF_4^-　124
binary compound　129
bisphosphonate　95
bleaching　152
block　61
boiling point（bp）228
bond angle　118
bond dissociation energy　190
boron neutron capture therapy（BNCT）363
Boyle's law　240
Brønsted-Lowry acid　313
Brønsted-Lowry base　314
buffer　329
buret　340

C

$Ca(OH)_2$　313
CAT　375
catalyst　205
cation　74
caustic soda　313
cGMP　119
chain reaction　374
change of state　5, 227
Charles's law　243
chemical bond　73
chemical change　4
chemical composition　4
chemical compound　7
chemical equation　139
chemical equilibrium　208
chemical formula　10
chemical reaction　7
chemical reactivity　4
chemistry　4
CO　119
coefficient　140
colloid　269
combined gas law　245
combustion　152
concentration　204
condensed structure　113
conjugate acid　315
conjugate acid-base pair　315
conjugate base　315
conversion factor　25
coordinate covalent bond　110
coordination compound　111
corrosion　152
cosmic ray　366
covalent bond　73

covalent compound　145
crenation　299
critical mass　374
crystalline solid　255
CT　375
curie（Ci）371

D

d-block element　61
d ブロック元素　61
dalton　44
Dalton, John　44
Dalton's law　251
decay　356
decay series　365
decomposition　358
delta　124
density　32
deuterium　48
dialysis　301
dilution factor　288
dipole-dipole force　230
diprotic acid　313
disintegration　356
dissociation　317
distolic　243
DNA　73
Döbereiner, Johann　51
donate　314
double bond　108
dry cell　155

E

electrolyte　291
electron　44
electron affinity　75
electron capture（EC）360
electron configuration　58
electron-dot symbol　65, 80
electronegativity　125
electrostatic potential map　124
element　7
end point　340
endergonic　199
endothermic　190
energy　29
enthalpy change（ΔH）191
enthalpy（H）191
entropy（S）198
entropy change（ΔS）198
equilibrium constant（K）210
equivalent（Eq）291, 335
equivalent of acid　335
equivalent of base　335

索引

excited   66
exergonic   199
exothermic   190

F

f-block element   61
fブロック元素   61
factor-label method   25
fluorapatite   95
formula unit   89
formula weight   167
free-energy change（ΔG）   199

G

gas   5
gas constant（R）   248
gas law   239
gastro-esophageal reflux disease（GERD）   319
Gay-Lussac's law   244
Geiger counter   368
gram-equivalent（g-Eq）   291, 335
gray（Gy）   371
ground state   66
guanylate cyclase   119
gypsum   273

H

H_2S 124
H_2Se 124
half-life（$t_{1/2}$）   361
halogen   53
heat   189
heat of fusion   257
heat of reaction   191
heat of vaporization   257
hemodialysis   301
hemolysis   299
Henderson-Hasselbalch equation   331
Henry's law   277
heterogeneous mixture   6, 269
homogeneous mixture   6, 269
hydrochloric acid   14
hydrogen bond   232
hydrogen chloride   14
hydrometer   33
hydroxyapatite   95
hygroscopic   273
hypertonic   299
hypochlorhydria   319
hypotonic   299

I

ideal gas   235
ideal gas law   248
intermolecular force   111, 230
ion   74
ionic bond   73, 77
ionic compound   78
ionic equation   158
ionic solid   78
ionization energy   75
ionizing radiation   366
ion-product constant for water（K_w）   323
IR線   66
isotonic   299
isotope   48, 353

K

kinetic energy   189
kinetic-molecular theory of gases   234

L

law of conservation of energy   191
law of conservation of mass   140
Le Châtelier's principle   213
light   66
limiting reagent   178
liquid   5
litmus   329
London dispersion force   231
lone pair   112

M

Maalox®   313, 338
magnetic resonance imaging（MRI）   375
mass   18
mass number（A）   47, 353
mass/mass percent concentration［(m/m)％］   280
mass/volume percent concentration［(m/v)％］   281
matter   4
melting point（mp）   228
Mendeleev, Dmitr   51
metabolic acidosis   333
metal   11, 54
metalloid   11, 54
metallurgy   152
$Mg(OH)_2$ 313
milk of magnesia   313
Millikan, Robert   46
miscible   274
mixture   6

molar mass   168
molarity（mol/L, M）   285
mole   168
molecular compound   105
molecular formula   112
molecular weight（MW）   167
molecule   111
monoprotic acid   313
Mylanta®   313

N

natural radioisotope   356
net ionic equation   158
neutralization reaction   148
neutron   44
NH_3 313
NO   119
NO_2 119
noble gas   54
nonelectrolyte   291
nonmetal   11, 54
normal boiling point   253
normality（N）   336
nuclear fission   374
nuclear fusion   374
nuclear reaction   353
nucleon   353
nucleus   44
nuclide   353

U

octet   106
octet rule   80
orbital   56
osmolarity（osmol）   299
osmosis   298
osmotic pressure   298
osteoclast   95
osteoporosis   95
oxidation   149
oxidation number   154
oxidation-reduction reaction   145
oxidation state   154
oxidizing agent   150
oxonium ion   311

P

p-block element   61
p function   324
p関数   324
pブロック元素   61
partial charge   124
partial pressure   251

parts per billion（ppb） 284
parts per hundred（pph, %） 284
parts per million（ppm） 284
percent yield 178
periodic table 11
periodicity 52
pH 324
pH scale 324
pH 尺度 324, 345
pH 変動 330
phenolphthalein 329
phosphor 368
physical change 4
physical quantity 15
plasma 270
polar covalent bond 124
polyatomic ion 86
positron 359
positron emission 359
positron emission tomography（PET） 375
potential energy 189
ppb 284
pph 284
ppm 284
precipitate 144
precipitation reaction 144
pressure（P） 235
product 7, 140, 315
property 4
protium 48
proton 44
proton donor 313
pure substance 6

Q

quantized 56

R

rad 371
radioactive decay 357
radioactivity 354
radioisotope 355
radionuclide 355
reactant 7, 140
reaction rate 203
redox reaction 145
reducing agent 150
reduction 149
rem 371
respiration 152
respiratory acidosis 333

reversible reaction 208
roentgen（R） 371
Rolaids® 313, 338
room temperature ionic liquid（RTIL） 79
rounded off 23
Rutherford, Ernest 46

S

s-block element 61
s ブロック元素 61
salicylic acid 8
salt 144
saturated 274
saturated solution 274
scanning tunneling microscope（STM） 46
Schrödinger, Erwin 55
scientific method 4
scientific notation 21
scintillation counter 368
shell（electron） 56
SI units 16
SI 単位 16, 371
sievert（Sv） 371
significant figure 19
simplest formula 89
single bond 108
slaked lime 313
solid 5
solubility 146, 274
solute 270
solution 269
solvation 272
solvent 270
space-filling model 114
specific gravity 33
specific heat 30
SPECT 375
spectator ion 158
spin 56
spontaneous process 198
standard molar volume 247
standard temperature and pressure（STP） 247
states of matter 5
STM 46
strong acid 317
strong base 317
strong electrolyte 291
structural formula 112
subatomic particle 44
subshell（electron） 56
supersaturated solution 275

surface tension 253
systolic 243

T

temperature 29
theoretical yield 178
Thomson, J. J. 46
titration 339
Torricelli, Evangelista 235
tracer 356
transmutation 357
transuranium element 372
triple bond 108
triprotic acid 313
tritium 48
TUMS® 338

U

unit 15
universal indicator 329
uric acid 147
urinometer 33
UV 線 66

V

valence electron 62
valence shell 62
valence-shell electron-pair repulsion
　（VSEPR）model 118
vapor 252
vapor pressure 253
vasodilator 119
viscosity 253
volume/volume percent concentration
　[（v/v）%] 281
VSEPR モデル 118

W

weak acid 317
weak base 317
weak electrolyte 291
weight 18

X

X ray 366
X 線 66, 366
X 線コンピュータ断層撮影法 375

第4版（原書7版）
マクマリー 生物有機化学 基礎化学 編

平成27年1月25日　発　　　行
令和6年1月10日　第6刷発行

監訳者　菅　原　二　三　男

発行者　池　田　和　博

発行所　丸善出版株式会社
〒101-0051 東京都千代田区神田神保町二丁目17番
編　集：電話（03）3512-3262／FAX（03）3512-3272
営　業：電話（03）3512-3256／FAX（03）3512-3270
https://www.maruzen-publishing.co.jp

©Fumio Sugawara, 2015

組版印刷・シナノ印刷株式会社／製本・株式会社 松岳社
ISBN 978-4-621-08895-1 C3043　　　　Printed in Japan

本書の無断複写は著作権法上での例外を除き禁じられています．

生化学分子で重要な官能基

官能基	構造	生体分子の種類
アミノ基	$-NH_3^+$, $-NH_2$	アルカロイドおよび神経伝達物質，アミノ酸，タンパク質（有機化学編 5.1, 5.3, 5.6 節；生化学編 1.3, 1.7, 11.6 節）
ヒドロキシ基	$-OH$	単糖類（炭水化物），グリセロール，トリアシルグリセロール（脂質）の構成要素（有機化学編 3.1, 3.2 節；生化学編 3.1, 6.2 節）
カルボニル基	$\overset{O}{\underset{}{-\overset{\|}{C}-}}$	単糖類（炭水化物），異化作用における炭素原子の転移に用いられるアセチル基（CH_3CO）に含まれる（有機化学編 4.1, 6.4 節；生化学編 3.4, 4.4, 4.8 節）
カルボキシ基	$-\overset{O}{\overset{\|}{C}}-OH$, $-\overset{O}{\overset{\|}{C}}-O^-$	アミノ酸，タンパク質，脂肪酸（脂質）（有機化学編 6.1 節；生化学編 1.3, 1.7, 6.2 節）
アミド基	$-\overset{O}{\overset{\|}{C}}-\underset{\|}{N}-$	タンパク質中のアミノ酸に結合．アミノ基とカルボキシ基の反応によって形成される（有機化学編 6.1, 6.4 節；生化学編 1.7 節）
カルボン酸エステル	$-\overset{O}{\overset{\|}{C}}-O-R$	トリアシルグリセロール（およびほかの脂質），カルボキシ基とヒドロキシ基の反応によって形成される（有機化学編 6.1, 6.4 節；生化学編 6.2 節）
リン酸：モノ-, ジ-, トリ-	$-\overset{\|}{\underset{\|}{C}}-O-\overset{O}{\underset{O^-}{\overset{\|}{P}}}-O^-$ $-\overset{\|}{\underset{\|}{C}}-O-\overset{O}{\underset{O^-}{\overset{\|}{P}}}-O-\overset{O}{\underset{O^-}{\overset{\|}{P}}}-O^-$ $-\overset{\|}{\underset{\|}{C}}-O-\overset{O}{\underset{O^-}{\overset{\|}{P}}}-O-\overset{O}{\underset{O^-}{\overset{\|}{P}}}-O-\overset{O}{\underset{O^-}{\overset{\|}{P}}}-O^-$	ATP，代謝の中間生成物（有機化学編 6.6 節；生化学編 4.4 節，および代謝の節全般）
ヘミアセタール基 ヘミケタール基	$-\overset{\|}{\underset{\|}{C}}-OH$ $\;\;\;OR$	単糖類の環形成．カルボニル基のヒドロキシ基との反応によって形成（有機化学編 4.7 節；生化学編 3.3 節）
アセタール基 ケタール基	$-\overset{\|}{\underset{\|}{C}}-OR$ $\;\;\;OR$	二糖類や多糖類中の単糖どうしを結合．カルボニル基のヒドロキシ基との反応によって形成（有機化学編 4.7 節；生化学編 3.3, 3.5 節）
チオール スルフィド ジスルフィド	$-SH$ $-S-$ $-S-S-$	アミノ酸のシステイン，メチオニン中にみられる．タンパク質の構成成分（有機化学編 3.8 節；生化学編 1.3, 1.8, 1.10 節）